Sabine Moses VIII '85

U & S Fachbuch
Bartels · Physiologie – Lehrbuch und Atlas

Physiologie

Lehrbuch und Atlas

Heinz Bartels und Rut Bartels

2. überarbeitete Auflage

297 Abbildungen und 19 Tabellen,
davon 277 farbige Abbildungen von Günther Marks

Urban & Schwarzenberg
München – Wien – Baltimore 1983

Anschrift der Verfasser:
Prof. Dr. med. Heinz Bartels, Rut Bartels (Ärztin), Zentrum Physiologie der Medizinischen Hochschule Hannover, Konstanty-Gutschow-Str. 8, 3000 Hannover 61.

Illustrationen:
Günther Marks, Atelier für Gebrauchsgraphik und Design, Weltistr. 54 B, 8000 München 71.

CIP-Kurztitelaufnahme der Deutschen Bibliothek

> **Bartels, Heinz:**
> Physiologie : Lehrbuch u. Atlas / Heinz Bartels u. Rut Bartels. – 2., überarb. Aufl. – München ; Wien ; Baltimore : Urban und Schwarzenberg, 1983. – (U–&–S–Fachbuch)
> ISBN 3–541–09052–9
>
> NE: Bartels, Rut:

$$\frac{4 \quad 3 \quad 2 \quad 1}{87 \quad 86 \quad 85 \quad 84}$$

Gebrauchsnamen, Handelsnamen, Warenbezeichnungen und dergleichen, die in diesem Buch ohne besondere Kennzeichnung aufgeführt sind, berechtigen nicht zu der Annahme, daß solche Namen ohne weiteres von jedem benützt werden dürfen. Vielmehr kann es sich auch dann um gesetzlich geschützte Warenzeichen handeln.
Alle Rechte, auch die des Nachdruckes, der Wiedergabe in jeder Form und der Übersetzung in andere Sprachen, behalten sich Urheber und Verleger vor. Es ist ohne schriftliche Genehmigung des Verlages nicht erlaubt, das Buch oder Teile daraus auf photomechanischem Weg (Photokopie, Mikrokopie) zu vervielfältigen oder unter Verwendung elektronischer bzw. mechanischer Systeme zu speichern, systematisch auszuwerten oder zu verbreiten (mit Ausnahme der in den §§ 53, 54 URG ausdrücklich genannten Sonderfälle).
Gesamtherstellung: Pustet, Regensburg. Printed in Germany.
© Urban & Schwarzenberg 1983

ISBN 3-541-09052-9

Vorwort zur 1. Auflage

Die Anregung des Verlages, ein neuartiges Lehrbuch der Physiologie für Medizinische Assistenz- und medizinisch-technische Berufe zu schreiben, war unter einer ganzen Reihe von Gesichtspunkten reizvoll.

Einmal wurde die Möglichkeit geboten, **didaktische Hilfsmittel** wie mehrfarbige Illustrationen, Rasterunterlagen bei den kurzen Zusammenfassungen etc. in reichem Maße zu verwenden. Zum anderen konnte ein bestimmtes Konzept verfolgt werden, bei dem die **Grundlagen der naturwissenschaftlichen Fächer** in stärkerem Maße als es bisher üblich war, sich in das Stoffgebiet integrieren ließen.

Aufgrund langjähriger Unterrichtserfahrung waren konkrete Vorstellungen vorhanden, in welcher Form der Stoff allgemeinverständlich und doch wissenschaftlich korrekt dargestellt werden könnte.

Oft wird Physiologie, die Lehre von den normalen, nicht krankhaften Funktionen des Körpers, bereits in frühen Ausbildungsstadien einzelner medizinischer Assistenzberufe stark spezialisiert gelehrt. Wir glauben jedoch, daß man sich bei der Diagnostik und Behandlung von Krankheiten nicht auf spezielle Organe und Organsysteme beschränken darf. Der Mensch als Ganzes steht im Vordergrund. Ein **Grundwissen der normalen Lebensfunktionen** schafft die Voraussetzung, das Krankhafte, Pathologische besser zu erkennen und zu beeinflussen.

Das Verständnis der Funktionen des Körpers sollte auf **physikalischen und chemischen Vorgängen der Zelle** aufbauen, denn alleinige Hinweise auf spezielle Lehrbücher der Chemie und Physik scheint uns keine gute Lösung. Diese Bücher sind zwar eine wichtige Ergänzung, können aber meist nicht ausreichend Bezug auf die Gesamtschau der Physiologie des Menschen nehmen. Wir haben deshalb versucht, in den einleitenden Kapiteln, die sich mit der Physik, Chemie und den chemischen Umsetzungen der Zelle befassen, Voraussetzungen für das Verständnis von Funktionen einzelner Organe und Organsysteme zu schaffen. Das geregelte Zusammenwirken, die **Koordination von Organfunktionen** ist im Kapitel „Nervensystem" und ganz besonders im Kapitel „Das hormonelle System" dargestellt.

Da sich die Mitarbeit von in medizinischen Assistenzberufen Tätigen besonders auf Gebiete wie Stoffwechsel, Ernährung und Verdauung, Herz-Kreislauf, Atmung sowie auf Betreuung Schwangerer, Gebärender, Neugeborener und deren Mütter erstreckt, sind diese Abschnitte etwas ausführlicher behandelt, ebenso wie diejenigen **Untersuchungsmethoden,** die unter Heranziehung des medizinischen Assistenzpersonals durchgeführt werden.

Medizinische Namen, Begriffe und Sachverhalte sind so einfach wie möglich erklärt, ebenso sich wiederholende Wortstämme (z. B. hypo, hyper) und die gebräuchlichen **Abkürzungen. Grundeinheiten,** abgeleitete Einheiten, sowie Standardvorsilben für alle gebräuchlichen Einheiten **(SI-Einheiten)** sind in Tabellen zusammengefaßt und erklärt.

Vorausgesetzt werden Grundkenntnisse in der **Anatomie,** wie sie für die gleiche Zielgruppe von H. Lippert in seinem Buch „Anatomie, Text und Atlas" vermittelt werden.

Wenngleich das Buch vor allem für die Ausbildung zu medizinischen Assistenzberufen konzipiert ist, kann es u. E. auch in Studienfächern hilfreich sein, bei denen Kenntnisse der Physiologie des Menschen gefordert werden, z. B. **Biologie, Bioche-**

Vorwort

mie, Leibeserziehung, Psychologie oder **biomedizinische Technik.**

Unser Dank gilt dem Verlag Urban & Schwarzenberg, der auf viele besondere Wünsche, die uns für die Gestaltung des Buches wichtig erschienen, einging. Besonderen Dank schulden wir Herrn Professor Dr. H.-J. Clemens, der zu diesem Buch einen weit über die übliche Verlagsbetreuung hinausgehenden Beitrag leistete. Einen wichtigen Bestandteil des Buches bilden die Illustrationen, die Herr G. Marks, dankenswerterweise stets auf unsere Vorstellungen eingehend, zu unserer großen Zufriedenheit gestaltete.

Schließlich sind wir Herrn Dipl.-Ingenieur K.-D. Jürgens, Wiss. Mitarbeiter des Instituts für Physiologie der Medizinischen Hochschule Hannover, besonders zu Dank verpflichtet, da er das Manuskript und die Fahnenkorrektur mit großer Sorgfalt kritisch bearbeitet hat. Dr. med. M. Bartels, Facharzt für Psychiatrie und Neurologie an der Universität Tübingen, danken wir für die kritische Durchsicht der Kapitel Nerv, Muskel und Nervensystem. Selbstverständlich fühlen wir uns für noch bestehende Fehler allein verantwortlich und sind für kritische Stellungnahmen dankbar.

Hannover, März 1980

Heinz und Rut Bartels

Vorwort zur 2. Auflage

Die zweite Auflage des Buches ist in Zielsetzung und Didaktik unverändert geblieben. Erweitert wurden vor allem Gebiete wie Wärmehaushalt mit Wärme- und Hydrotherapie, Salz- und Wasserhaushalt, künstliche Niere und Physiologie des Schlafes. Wichtige Hinweise und Ergänzungen wurden eingearbeitet. Sie stammen meist aus dem Kreise derjenigen, die das Buch für den Unterricht verwenden. Besonderer Dank gilt Prof. Heinz und Prof. Rimpler (Biochemie und Chemie) und Prof. Stolte (Salz-Wasser-Haushalt und künstliche Niere).

Es hat sich gezeigt, daß das Buch sowohl von Angehörigen der medizinischen Assistenzberufe verwendet wird, als auch Studierenden der Medizin, Zahnmedizin und Biologie zur Einführung in die Physiologie dient. Für kritische Stellungnahme sind wir weiterhin dankbar.

Hannover, im Frühjahr 1983

Heinz und Rut Bartels

SI-Einheiten im Meßwesen

Die Bundesrepublik Deutschland hat die Einführung dieser durch ein internationales Komitee erarbeiteten Einheiten im Juli 1969 gesetzlich beschlossen und Ausführungs- sowie Übergangsbestimmungen im Juni 1970 erlassen. Danach sollen ab 1980 nur noch die neuen und von vielen Staaten der Erde anerkannten Einheiten verwendet werden. Dies dient nicht nur der internationalen Zusammenarbeit und Verständigung, sondern das System hat auch den großen Vorteil, daß lästige Umrechnungen entfallen; es handelt sich um „kohärente" (zusammenhängende) Einheiten. So ergibt sich aus der Einheit der Kraft, 1 N (Newton) und der Einheit der Fläche, 1 m^2, diejenige der Kraft/Fläche, 1 N/m^2, die dem Druck von 1 Pa (Pascal) entspricht. Die Einheit der Energie (z. B. Arbeit, Wärmemenge), 1 Joule = 1 Nm (Kraft mal Meter) = 1 Ws (Wattsekunde). Im Folgenden sind Grundeinheiten, daraus abgeleitete Einheiten und die standardisierten Vorsilben für dezimale Vielfache und Teile von Einheiten zusammengestellt. Für die Medizin sind einige Abweichungen zugelassen, weil es u. a. sehr ungeschickt wäre, die Atem- oder Herzfrequenz pro Sekunde anstatt pro Minute anzugeben (vgl. hierzu „SI-Einheiten in der Medizin" von H. Lippert, Verlag Urban & Schwarzenberg, 2. Aufl. 1979).

Grundeinheiten.

Größe	Name	Symbol
Länge	Meter	m
Masse	Kilogramm	kg
Zeit	Sekunde	s
Elektrischer Strom	Ampère	A
Thermodynamische Temperatur	Kelvin	K
Lichtstärke	Candela	cd
Stoffmenge	Mol	mol

SI-Einheiten im Meßwesen

Abgeleitete Einheiten.

Fläche	Quadratmeter	m^2
Volumen	Kubikmeter	m^3
Flüssigkeitsvolumen	Liter	l
Konzentration		
Masse	Kilogramm/Liter	kg/l
Substanz	Mol/Liter	mol/l
Osmotische Konzentration	Osmol/Liter	osmol/l
Elektrisches Potential	Volt	V
Energie	Joule	J
Kraft	Newton	N
Druck	Pascal	Pa
Frequenz	Hertz	Hz
Temperatur	Grad Celsius	°C

Standardvorsilben für alle SI - Einheiten.

Vorsilbe	Abkürzung	Größe
Giga	G	10^9
Mega	M	10^6
Kilo	k	10^3
Hekto	h	10^2
Deka	da	10^1
Deci	d	10^{-1}
Centi	c	10^{-2}
Milli	m	10^{-3}
Mikro	µ	10^{-6}
Nano	n	10^{-9}
Pico	p	10^{-12}
Femto	f	10^{-15}

Inhaltsverzeichnis

Vorwort V
S I – Einheiten im Meßwesen IX

Einleitung 1

I. Allgemeine Physiologie

1. **Die Zelle** 6
2. **Chemische Zusammensetzung der Zelle** 8
   - Das Atom 8
   - Das Molekül 9
   - Isotope, Molekül- und Ionenbindung 10
   - Kohlenhydrate 12
   - Fette und fettähnliche Verbindungen 13
   - Eiweiße 16
3. **Ionen, Säuren, Basen, pH, Puffer** 18
   - pH-Wert 18
   - Zustände der Materie 20
   - Lösungen 21
   - Gaspartialdrucke 22
4. **Chemische Umsetzungen in der Zelle** 24
   - Photosynthese 24
   - ATP, ADP, AMP und cAMP 25
   - Das Energiegleichgewicht 26
   - Enzyme und Coenzyme 27
   - Wege des Stoffwechsels 29
     1. Abbau der Glukose 29
     2. Abbau der Fettsäuren 30
     3. Abbau der Aminosäuren 31
     4. Der Citratzyklus 32
     5. Die Atmungskette 33
   - Die biologische Oxidation und Reduktion 34
   - Proteinsynthese und Vererbung 34
   - Der genetische Code 36
5. **Transportvorgänge** 40
   - Diffusion 40
   - Filtration 41
   - Osmose 42

Inhaltsverzeichnis

      Transport mit Trägermolekülen 43
      Transport von Eiweißen und anderen großen Molekülen 43
      Phagozytose 43
      Pinozytose 43
      Massenfluß 44

6. Elektrische Erscheinungen des Nervensystems 46
      Die Erregungsleitung im Nervensystem 48
      Funktionsprüfungen der Nerven 49
      Signalübermittlung 50

7. Elektrische und mechanische Erscheinungen der Muskulatur 52
      Skelettmuskel 52
      Herzmuskel 55
      Glatte Muskulatur 55
      Elektromyographie 55

8. Regelung biologischer Vorgänge 57

II. Stoffaufnahme, Transport und Ausscheidung

9. Ernährung und Energiegewinn 64
      Einleitung 64
      Die Nahrung 64
      Spurenelemente, Vitamine 67
      Energiebedarf 71
      Untersuchungsmethoden 73
      Grundumsatz, Leistungsumsatz 76

10. Verdauung 81
      Mund 82
      Speiseröhre 87
      Magen 90
      Dünndarm 94
      Dickdarm 98
      Absorption 99
      Leber 100
      Untersuchungsmethoden 105

11. Blut 108
      Stofftransport 108
      Menge und Zusammensetzung 109
      Die roten Blutkörperchen 110
      Die weißen Blutkörperchen 112
      Die Blutplättchen 115
      Die Milz und ihre Funktion 116
      Der rote Blutfarbstoff 117
      Blutstillung 120

Inhaltsverzeichnis

    Blutgerinnung 122
    Fibrinolyse, Gerinnungshemmer 123
    Abwehrfunktion 125
    Blutgruppen 129
    Untersuchungsmethoden 132

12. Kreislauf 135

    Herz 137
    Elektrokardiogramm 140
    Kreislauf-Mechanik 144
    Regelung der Herzleistung 146
    Gefäßsystem und Strömungsgesetze 149
    Blutdruck 151
    Kapillarfunktion 153
    Venensystem 155
    Kreislaufregulation 158
    Untersuchungsmethoden 163
    Lymphsystem 166

13. Atmung 167

    Gasaustausch 167
    Atemmechanik 170
    Allgemeine Untersuchungsmethoden 175
    Lungenvolumina und ihre Messung 177
    Belüftung der Lunge 181
    Künstliche Beatmung 182
    Belüftung – Durchblutung 185
    Regulation der Atmung 186
    Rauchen 189

14. Wärmehaushalt 191

    Die Körpertemperatur 191
    Regulation des Wärmehaushalts 192
    Wärmeproduktion und Wärmeabgabe 193
    Fieber 196
    Wärmetherapie 197

15. Wasser-Salz-Haushalt und Nierenfunktion 199

    Nierenfunktion 200
    Hormonelle Regulation der Wasserrückgewinnung 205
    Hormonelle Regulation der Na^+-Rückgewinnung 206
    Glukoserückgewinnung 207
    Durst 207
    Untersuchungsmethoden 208

16. Säuren – Basen – Haushalt 211

    Untersuchungsmethoden 213

Inhaltsverzeichnis

III. Verarbeitung von Umwelteinflüssen

Einleitung 216
Allgemeine Sinnesphysiologie 217

17. Lichtsinn 220

Das Auge 220
Akkommodation 222
Alters-, Weit- und Kurzsichtigkeit 224
Sehschärfe 225
Farbsehen, Dunkelanpassung 228
Untersuchungsmethoden 231

18. Gehörsinn 233

Schallwellen 233
Schalleitung 234
Untersuchungsmethoden 238

19. Geschmacks- und Geruchssinn 239

20. Hautsinne 241

Druck – Berührung 241
Temperatur – Schmerz 242
Oberflächen-, Tiefen-, Eingeweideschmerz 243

21. Gleichgewichtssinn 244

Körperlage 244
Nystagmus 245
Untersuchungsmethoden 247

IV. Koordinierende Systeme

Nervöse und humorale Koordination 250

22. Das Nervensystem 251

Körpermotorik 251
Rückenmark 257
Höhere motorische Rindenzentren 264
Empfindungsverarbeitung 265
Elektrische Erscheinungen des Gehirns, EEG 268
Das periphere autonome Nervensystem 270
Das zentrale autonome Nervensystem 273
Gehirndurchblutung 276
Gehirn – Rückenmarksflüssigkeit 277

23. Das Verhalten 279

Angeborenes Verhalten 279
Erlerntes Verhalten – Erlernte Reaktion 281

Inhaltsverzeichnis

24. Das hormonelle System 283

    Wirkungsmechanismen von Hormonen 283
    Hormone des Hypothalamus 285
    Hormone der Hypophyse 287
    Hormon der Zirbeldrüse 288
    Hormone der Schilddrüse 289
    Hormone der Nebenschilddrüsen 293
    Hormon des Thymus 295
    Hormone der Nebennierenrinde 296
    Hormone des Nebennierenmarks 299
    Hormone der Bauchspeicheldrüse 300
    Gewebshormone 305
    Sexualhormone des Mannes 308
    Sexualhormone der Frau 309
    Menstruationszyklus und hormonelle Steuerung 311

V. Fortpflanzung

25. Empfängnis, Schwangerschaft, Geburt 316

    Befruchtung 317
    Die Plazenta 318
    Anpassungsvorgänge an die Schwangerschaft 321
    Hormonhaushalt 322
    Geburt 324
    Wochenbett 326
    Empfängnisverhütung 327

26. Das Neugeborene 328

    Bildquellennachweis 331
    Sachverzeichnis 333

Einleitung

Kreislauf des Lebendigen

Die **Physiologie** ist die Lehre von den **Lebensvorgängen**; die wörtliche Übersetzung ist: Die Lehre vom Körper. Wichtige Voraussetzung für das Verständnis der Lebensvorgänge ist die Kenntnis vom **Bau des Körpers** (Morphologie), die von der **Anatomie** vermittelt wird.

Das Verständnis vom Bau und den Vorgängen des Lebendigen erfordert eine Abgrenzung zwischen Lebendigem und Unbelebtem, bzw. die wesentlichen **Merkmale, die Leben kennzeichnen**, zu kennen. Das sind vor allem:

1. Stoffwechsel, 2. Fortpflanzung, 3. Wachstum.

Alle lebenden Organismen nehmen Stoffe auf und verändern sie in ihren Zellen unter Aufnahme oder Abgabe von Energie zu anderen Stoffarten („wechseln" die Stoffe). Diese Stoffe werden entweder als Bestandteile in die Zellen eingebaut oder dienen zum Aufbau neuer Zellen (Fortpflanzung, Wachstum), oder sie werden ausgeschieden.

Zwischen den beiden großen Gruppen des Lebendigen, den Pflanzen und Tieren, besteht ein wichtiger Stoff- und Energieaustausch, der in Abb. E-1 vereinfacht dargestellt ist. Das erste Leben auf der Erde entstand im Meerwasser und war pflanzlicher Art. Aus dem **Kohlendioxid** (CO_2) der **Atmosphäre** und **Wasser** (H_2O) kann die Pflanze mit Hilfe der **Sonnenenergie Kohlenhydrate** (CH_2O) aufbauen. Die Pflanzen bestehen zum größten Teil aus Kohlenhydraten, von denen wir Zucker am besten kennen. Rohr- oder Rübenzucker besteht aus zwei ähnlichen Molekülen: Fruktose und Glukose. Stärke und Pflanzenfasern bestehen aus vielen solchen Molekülen (Polysaccharide). Es entstehen also Riesen- bzw. Makromoleküle aus H_2O und CO_2. Bei der Synthese wird **Sauerstoff** frei.

Die Tiere nehmen als Nahrung Pflanzen direkt oder indirekt über tierische Nahrung auf, da die Tiere wiederum pflanzliche Nah-

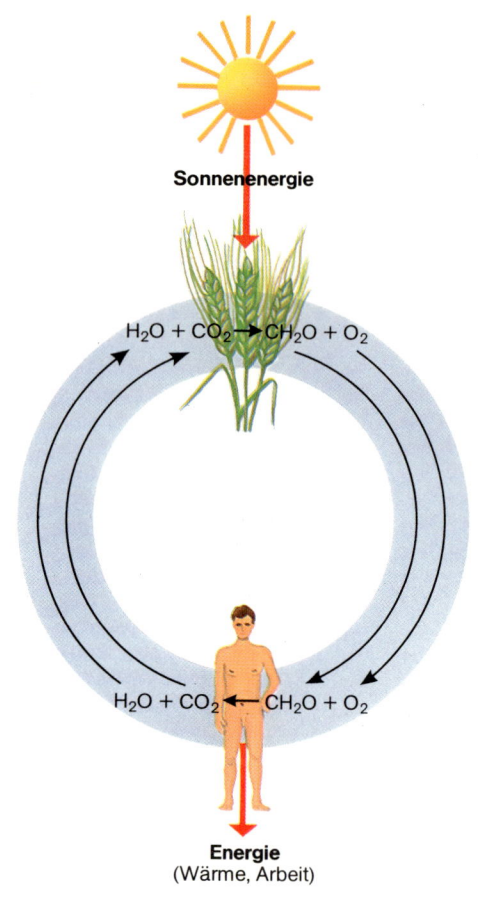

Abb. E-1. Abhängigkeit des Lebens der Tiere von pflanzlichem Leben.

rung aufgenommen oder Tiere gefressen haben, die sich pflanzlich ernähren.

Im Körper des Tieres (und des Menschen) werden Pflanzen (und tierische Nahrung) mit Sauerstoff um- und abgebaut. Bei **Kohlenhydraten** sind die **Abbauprodukte Wasser** (Oxidationswasser) und **Kohlendioxid**. Bei diesem Abbau wird soviel **Energie** frei, wie zum Aufbau in der Pflanze an Sonnenenergie aufgenommen wurde. Dieser Stoffwechselkreislauf der belebten Natur zeigt, daß tierisches Leben letztlich vom pflanzlichen Leben und pflanzliches Leben von der Sonnenenergie, Wasser und dem Kohlendioxid der Atmosphäre abhängen.

Transportsysteme

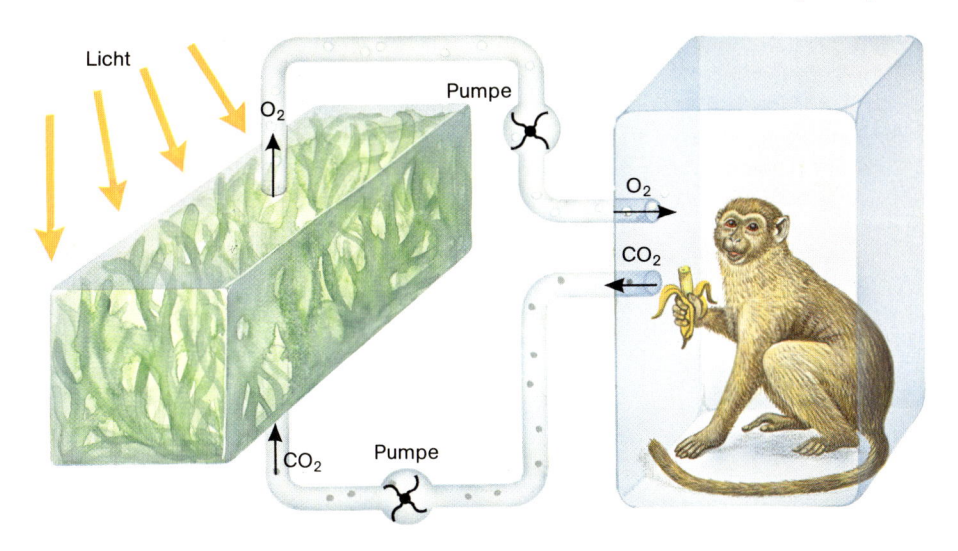

Abb. E-2. Kreislauf der Atemgase zwischen Mensch und Pflanze. Ein Rhesus-Affe kann von dem Sauerstoff leben, den die Algen unter Sonneneinfluß mit CO_2 und Wasser beim Aufbau von Kohlenhydraten bilden.

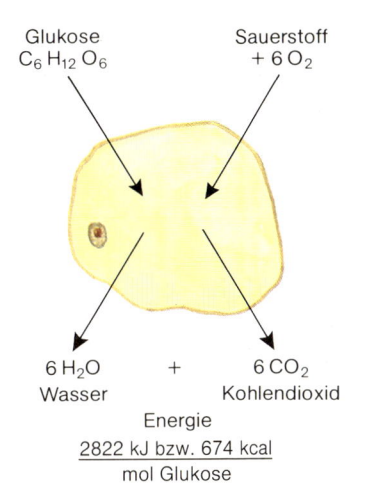

Abb. E-3. Abbau des Kohlenhydrates Glukose mit Sauerstoff in der tierischen Zelle zu Wasser und Kohlendioxid, unter Freisetzung von Energie.

Diese Erkenntnisse hat man auch für die Raumfahrt nutzbar gemacht (Abb. E-2). In einem geschlossenen Atemgaskreislauf können Menschen tagelang mit dem von Algen unter Lichteinwirkung erzeugten Sauerstoff leben. Die Algen ihrerseits verbrauchen das Kohlendioxid, das der Mensch abgibt.

Der Transport von Nahrungsstoffen und Gasen in die Zellen und der Abtransport von Abbauprodukten geschehen beim **einzelligen Lebewesen** vor allem infolge von Konzentrationsunterschieden, d. h. durch Diffusion. Das Konzentrationsgefälle kann im Meer- oder Süßwasser dadurch aufrechterhalten werden, daß die Nahrungsstoffe in der Zelle abgebaut werden; es besteht also immer für Nährstoffe ein Gefälle **in** die Zelle hinein, für Abbauprodukte **aus** der Zelle heraus (Abb. E-3). Ein **vielzelliger Organismus**, wie ihn auch der Mensch darstellt, konnte nur entstehen, weil **Transportsysteme** entwickelt wurden, die die Körperzellen in ähnlicher Weise, z. B. durch Diffusion, versorgen wie die Einzeller. Bei Säugetieren und Vögeln ist es der Blutkreislauf, der so fein verzweigte Blutgefäße (Haargefäße, Kapillaren) hat, daß in vielen Organen, wie Muskeln, Gehirn oder Leber, nur wenige Zellen zwischen zwei Haargefäßen liegen. Dadurch

Organe

können die Zellen durch Diffusion ausreichend mit Sauerstoff versorgt werden.

Für die **Aufnahme von Nahrungsstoffen** ist ein **Verdauungssystem**, für diejenige **von Sauerstoff** ein **Atmungssystem** erforderlich. Für die **Ausscheidung von Stoffen** sorgen **Enddarm, Niere und Lunge**.

Die **normale Funktion** dieser Systeme und ihre **Regulation** bei unterschiedlicher Beanspruchung kennenzulernen, ist das Hauptanliegen der Physiologie. Erst wenn die normale Funktion verstanden wird, können entgleiste Funktionen – **Krankheiten** – erkannt und beurteilt werden.

I. Allgemeine Physiologie

1. Die Zelle

Beim Einzeller laufen alle Lebensfunktionen, Stoffwechsel, Wachstum, Fortpflanzung, in einer Zelle ab. Bei höheren Organismen ist die Zelle der kleinste Baustein. Für die vielen unterschiedlichen Aufgaben in einem vielzelligen Organismus haben sich die Zellen in verschiedener Weise spezialisiert (s. unten). So gibt es Zellen im Verdauungssystem, die für die Aufnahme von Nahrungsstoffen, und andere, die für die Herstellung und Abgabe von Verdauungssäften (Drüsenzellen) spezialisiert sind. Im Ausscheidungsorgan Niere nehmen speziell gebaute Zellen den Austausch von Wasser und Elektrolyten (Natrium-, Kalium-, Chlorid- und Bikarbonationen) vor. Besonders flache, dünne Zellen für den Gasaustausch befinden sich in den Lungenbläschen, und für Bewegungsabläufe sind Muskelzellen entwickelt worden. Um die Tätigkeit der unterschiedlich spezialisierten Zellgruppen (Gewebe, Organe) aufeinander abzustimmen, zu koordinieren, war es notwendig, einen weiteren Zelltyp zu entwickeln und daraus ein System aufzubauen, das in der Lage ist, Informationen im Körper über größere Strecken hinweg zu übermitteln: die Nervenzellen und das Zentralnervensystem.

Entsprechend der unterschiedlichen Funktion sind die Zellen auch unterschied-

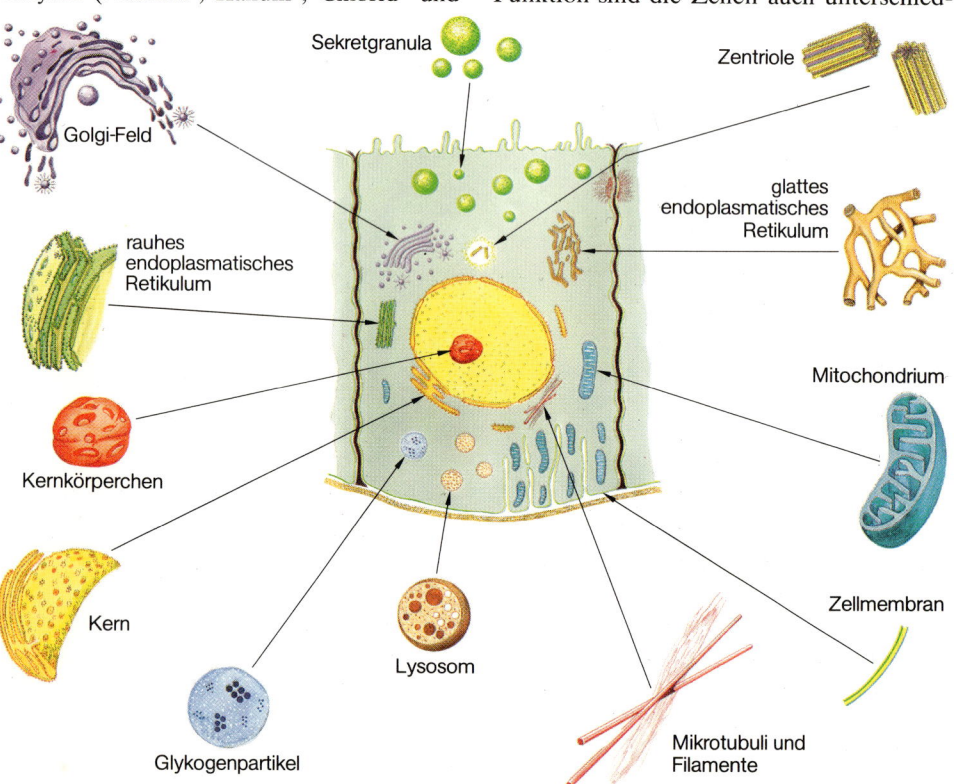

Abb. 1-1. Halbschematische Darstellung einer tierischen Zelle mit ihren Organellen.

Zellfunktionen

lich gebaut. Die meisten Zellen haben einen Durchmesser im Bereich von etwa $1/100$ mm (10 µm). Den größten Durchmesser hat die menschliche Eizelle mit mehr als $1/10$ mm (ca. 140 µm). Muskelzellen (Myofibrillen), die für Bewegungen spezialisiert sind, erreichen eine Länge von ca. 10 cm (100 000 µm), und die langen Fortsätze (Neuriten) der Nervenfasern, die zur raschen Informationsübermittlung vom und zum Zentralnervensystem spezialisiert sind, können mehr als einen Meter lang sein, das sind mehr als 1 000 000 µm, also das 100 000fache des Durchmessers der meisten Zellen.

Die Zellen besitzen, mit wenigen Ausnahmen (z. B. reifer Erythrozyt des Menschen), einen von einer Membran umgebenen Zellkern (Abb. 1–1). Der Zellkern ist Träger der Erbanlagen, seine Hauptfunktion ist, diese bei der Zellteilung an die neugebildete Zelle weiterzugeben. Im Zellkern befinden sich die „Baupläne" mit genauen Angaben über alle Eigenschaften, die sowohl das Individuum als Ganzes als auch das Zellspezifische betreffen. Die „Baupläne" sind in den **Chromosomen**, komplizierten Riesenmolekülen (Desoxyribonukleinsäuren = DNA[1]), niedergelegt und werden in jede neugebildete Zelle übertragen. Bei der Teilung einer menschlichen Leberzelle beispielsweise entsteht eine neue Leberzelle der Gattung Mensch, in deren DNA u. a. sowohl niedergelegt ist, ob das Individuum männlich oder weiblich ist, als auch, welche speziellen Leberenzyme in der Zelle hergestellt werden können.

Neben dem Zellkern existieren innerhalb der Zelle Strukturen, „Organe" der Zelle, daher **Organellen** genannt, deren Funktionen größtenteils bekannt sind:

Das endoplasmatische Retikulum ist ein schlauchartiges Gebilde, dessen Membran mit Körnchen besetzt sein kann (rauhes oder granuläres endoplasmatisches Retikulum). Die Körnchen sind **Ribosomen**, die aus **Ribonukleinsäuren** (RNA[1]) bestehen; dort werden die Eiweiße hergestellt. Bestimmte Drüsenzellen enthalten körnchenfreies endoplasmatisches Retikulum, in denen bestimmte Hormone (s. Kap. 24) hergestellt werden.

Der Golgi-Apparat besteht aus einer Ansammlung dünner Schläuche und Bläschen und ist vermutlich eine Art „Verpackungsmaschine" für Eiweiße. Der Golgi-Apparat ist besonders ausgeprägt in Drüsenzellen zu finden, in denen Hormone oder Enzyme als Körnchen verpackt vorkommen und auf diese Weise auch aus der Zelle freigesetzt werden.

Mitochondrien sind wurstförmige Gebilde mit leistenartiger Innenstruktur. Sie sind die „Kraftwerke" der Zellen, in denen aus dem Abbau von Kohlenhydraten **energiereiche Phosphorverbindungen**, z. B. **Adenosintriphosphat** (ATP), gebildet werden. Für das gesamte Tier- und Pflanzenreich ist ATP der Hauptlieferant von Energie. Daher sind Mitochondrien in Zellen, die besonders aktiv sind, wie z. B. Herzmuskelzellen, sehr zahlreich vorhanden.

Lysosomen sind bläschenartige, unregelmäßig geformte Organellen. Sie sind sozusagen das Verdauungssystem der Zelle. Lysosomen enthalten Verdauungsenzyme, die zellfremde Substanzen (auch Bakterien) verdauen und unschädlich machen. Auch zelleigene Bestandteile, die unbrauchbar geworden sind, werden von Lysosomen umschlossen, angedaut und in Bläschen aus der Zelle befördert.

Weitere Zellbestandteile werden in den einzelnen Kapiteln näher besprochen.

Mit stets sich verfeinernden Techniken der Elektronenmikroskopie entdeckt man immer mehr Einzelheiten der Zellstruktur. Man muß sich aber klarmachen, daß es sich bei den Bildern um „Momentaufnahmen" handelt, und daß die Zellbestandteile sich in ständiger Bewegung befinden, um ihre Aufgaben bei den chemischen Umsetzungen innerhalb der Zelle zu erfüllen.

---

[1] Man verwendet die englische Bezeichnung (A = acid = Säure).

2. Chemische Zusammensetzung der Zelle

Um die chemische Zusammensetzung der Zellen und ihre Stoffwechselleistungen zu verstehen, muß man sich etwas näher mit den Atomen, Molekülen und ihrem Bindungsverhalten beschäftigen.

Wie die kleinste Einheit des Lebendigen die Zelle ist, so ist das Atom die kleinste Einheit der Materie.

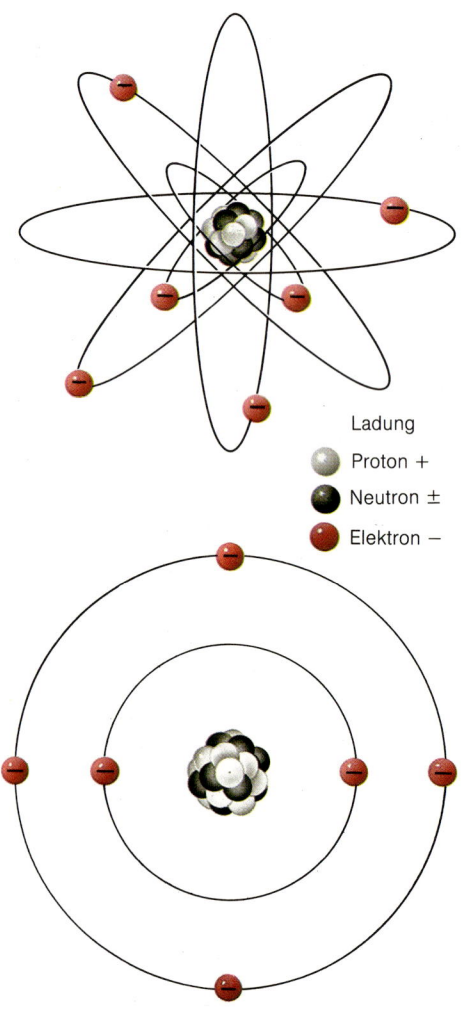

Ladung
○ Proton +
● Neutron ±
● Elektron −

Das Atom besteht aus zwei funktionell wichtigen Teilen, einem **Kern** und einer **Hülle** (Abb. 2–1). Der Atomkern enthält (elektrisch neutrale) **Neutronen** und (positiv geladene) **Protonen**. Die den Kern in der Hülle umkreisenden **Elektronen** sind negativ geladen. Alle Elektronen, die den Kern in gleichem mittleren Abstand umkreisen, bilden eine **Schale**, die man sich als Kugeloberfläche vorstellen kann. Das in der Abbildung räumlich dargestellte Kohlenstoffatom besitzt einen

Atomkern mit   6 Neutronen
           und   6 Protonen
2 Schalen mit zus. 6 Elektronen

Daraus kann man sehen, daß das C-Atom elektrisch neutral ist. Da jedes Atom die gleiche Zahl an Elektronen und Protonen hat, verhalten sich alle Atome nach außen neutral. Protonen und Neutronen liegen im Atomkern auf engstem Raum beieinander, zusammengehalten von starken **atomaren Kräften**, aus denen bei der Kernspaltung ungeheure Mengen an Energie freiwerden. Dieses geschieht z. B. auch bei der Explosion einer Atombombe.

Aus Abb. 2–1 ist ferner zu ersehen, daß 2 Elektronen den Kern in gleichem Abstand umkreisen; sie bilden die erste Schale. Die 4 übrigen Elektronen, die den Kern in größerem Abstand umkreisen, bilden die zweite Schale. Ein Atom kann 1 bis 7 Schalen besit-

Abb. 2-1. Atommodell nach *Bohr* am Beispiel des Kohlenstoffs. Die Elektronen kreisen auf Schalen oder „Hüllen", Ellipsen darstellend. Im unteren Teil ist das Modell noch weiter schematisiert dargestellt.

Atommasse, Molekül

Tabelle 2–1. Einige Atome und ihre Zusammensetzung.

Ordnungszahl	Name	Symbol	Protonenzahl	Neutronenzahl	Elektronenzahl	Atomgewicht
1	Wasserstoff	H	1	0	1	1
6	Kohlenstoff	C	6	6	6	12
7	Stickstoff	N	7	7	7	14
8	Sauerstoff	O	8	8	8	16
104	Kurtschatowium*	Ku	104	154	104	258

* Dieses Element wurde erst in jüngster Zeit entdeckt; es hat das höchste bisher bekannte Atomgewicht.

zen. Jede Schale kann maximal nur mit einer bestimmten Zahl von Elektronen beladen sein, z. B. mit 2 auf der ersten Schale, 8 auf der zweiten Schale usw., und bis 98 Elektronen auf der siebten Schale. Die Elektronen der Schalen spielen eine wichtige Rolle bei allen chemischen Reaktionen, besonders diejenigen der Außenschale.

Die Atommasse (früher Atomgewicht). Die Atommasse eines Elementes wird (seit *Dalton* 1766–1844) in einer Zahl ausgedrückt, die angibt, wieviel mal schwerer es als Wasserstoff (= 1) ist, also eine relative Angabe. Wie aus Tabelle 2–1 zu ersehen ist, besitzt das Wasserstoffatom im Kern nur 1 Proton, kein Neutron; es wäre sonst doppelt so schwer, denn Protonen und Neutronen sind gleich schwer, jedoch jeweils ca. 2000mal schwerer als ein Elektron. Das bedeutet, daß die Elektronen „nicht ins Gewicht" fallen, und daß der Atomkern die Hauptmasse, nämlich zu 99,9%, des Atoms darstellt.

Man fand, daß das Atomgewicht, besser gesagt die Atommasse, von Wasserstoff $1{,}673 \cdot 10^{-24}$ g ist, eine fast unvorstellbar kleine Zahl mit 23 Nullen hinter dem Komma und vor dem eigentlichen Wert. Daher wird praktisch immer noch das obengenannte „relative Atomgewicht" bzw. die „relative Masse" benutzt, und man macht keine wesentlichen Fehler dabei.

Neuerdings nimmt man den Kohlenstoff als Bezugselement, weil er in den meisten Verbindungen, besonders in den organischen, vorkommt.

Die „atomare Masseneinheit" ist $1/12$ des C-Isotops 12. Die relative Masse des Wasserstoffatoms ist danach 1,00797.

Das Molekulargewicht (eigentlich Molekularmasse)

Ein Molekül setzt sich aus zwei oder mehreren Atomen zusammen. Sein Gewicht wird, wie das Atomgewicht, relativ angegeben. Es ist **die Summe aller Atomgewichte** derjenigen Atome, auch Elemente genannt, aus denen es besteht.

Das Mol

1 Mol einer Verbindung entspricht dem **Molekulargewicht (auch Formelgewicht) in Gramm.**

Beispiel:
Kochsalz besteht aus

1 Atom Natrium, Atomgewicht 22,990 und
1 Atom Chlor,   Atomgewicht 35,453

Formelgewicht von NaCl =   58,443

1 Mol Kochsalz sind 58,4 g NaCl. Dementsprechend gibt das Gewicht einer bestimmten Menge einer Verbindung, geteilt durch das Molekulargewicht, an um wieviel Mole es sich handelt:

$$\frac{100 \text{ g}}{58{,}4 \text{ g/mol}} = 1{,}7 \text{ mol}$$

Isotope

Konzentrationen von Stoffen in Lösungen sollten möglichst in Mol pro Liter angegeben werden (mol/l). Auf Grund der Molangabe läßt sich die **Anzahl der Moleküle** des gelösten Stoffes errechnen, denn **1 Mol jeder Verbindung** besteht **aus $6 \cdot 10^{23}$ Molekülen**. Eine physiologische Kochsalzlösung ist 0,9%ig, d. h. in einem Liter Wasser sind 9 g Kochsalz gelöst; das sind in Mol umgerechnet:

$$\frac{9 \text{ g/l}}{58,4 \text{ g/mol}} = 0,154 \text{ mol/l} = 154 \text{ mmol/l}$$

Konzentrationen in Körpersäften (z. B. in Blut oder Lymphe) werden meist in Millimol/l (mmol/l), Mikromol/l (μmol/l = 10^{-6} mol/l) oder gar Nanomol/l (nmol/l = 10^{-9} mol/l) angegeben.

Isotope

In der Natur liegen von demselben Element (= Atom) oft mehrere Formen vor, die man **Isotope** (gr.: am gleichen Ort stehend, im Periodensystem der Elemente) nennt. Sie verhalten sich zwar chemisch gleich, haben auch gleichviel Protonen, unterscheiden sich aber voneinander in der Zahl ihrer Neutronen, wodurch auch ihre Atomgewichte geringfügige Unterschiede aufweisen. Atomkerne, besonders solche mit hohen Protonenzahlen, sind von Natur aus „radioaktiv". Sie geben Strahlen ab und zerfallen mit unterschiedlicher Geschwindigkeit.

Künstliche Radioaktivität kann man durch Beschuß von Atomkernen mit radioaktiven Strahlen erzeugen; es entstehen künstliche Isotope, die man sich u. a. in der Medizin nutzbar macht. Ein solches Isotop ist z. B. das Jod 131 (^{131}J), mit dessen Hilfe man die Funktion der Schilddrüse untersuchen kann. Das verabreichte Jod sendet radioaktive Strahlen aus, die mit einer Art Geigerzähler aufgefangen werden. So kann man die Jod-Isotope im Körper lokalisieren und die Geschwindigkeit, mit der sie in die Schilddrüse eingebaut, umgesetzt und wieder ausgeschieden werden, feststellen.

Da radioaktive Strahlen Gewebe zum Zerfall bringen, kann man zur Diagnostik nur Isotope anwenden, die ihre Radioaktivität schnell verlieren bzw. schnell ausgeschieden werden.

Molekülbindung

Wir haben bereits gesehen, daß die **Außenschale** der Atome wichtig für die Molekülbindung ist. Der positiv geladene Atomkern übt auf die negativ geladenen Elektronen der Schalen eine Anziehungskraft aus, die mit dem Quadrat der Entfernung abnimmt. Die Elektronen der Außenschale haben daher eine erhöhte „Reaktionsbereitschaft" bzw. Neigung, mit anderen Atomen eine Molekülbindung einzugehen. Man nennt sie auch **Valenzelektronen**. Bei einer chemischen Verbindung nehmen die beteiligten Atome Elektronen auf oder geben sie ab **(Ionenbindung)**, oder benachbarte Atome haben Elektronen gemeinsam **(Elektronenpaarbindung)**.

Die im Körper am häufigsten vorkommenden Atome, auch Elemente genannt, sind: Wasserstoff (zu 63%), Sauerstoff (26%), Kohlenstoff (9%) und Stickstoff (1%). Sie alle haben das Bestreben, ihre Außenschale auf 8 Elektronen „aufzufüllen", und besitzen ein hohes Maß an Bereitschaft, Molekülbindungen einzugehen. Wasserstoff besitzt 1 Elektron in der Außenschale und kann damit 1 Bindung eingehen, Sauerstoff bindet an 2 Stellen, in vielen organischen Verbindungen oft als Doppelbindung. Stickstoff besitzt 3 Bindungsmöglichkeiten und Kohlenstoff 4.

C-Atome bilden das Grundgerüst vieler **großer Moleküle**. Als Beispiel kennen wir bereits Glukose ($C_6H_{12}O_6$) mit einem Molekulargewicht von 180. Riesenmoleküle des Kohlenstoffs sind die Zellulose und die Eiweiße. Der rote Blutfarbstoff Hämoglobin z. B. hat ein Molekulargewicht von ca. 64 500, Plasmaeiweiße haben Molekulargewichte bis zu 400 000. Abb. 2-2 zeigt ein-

Molekülbindung

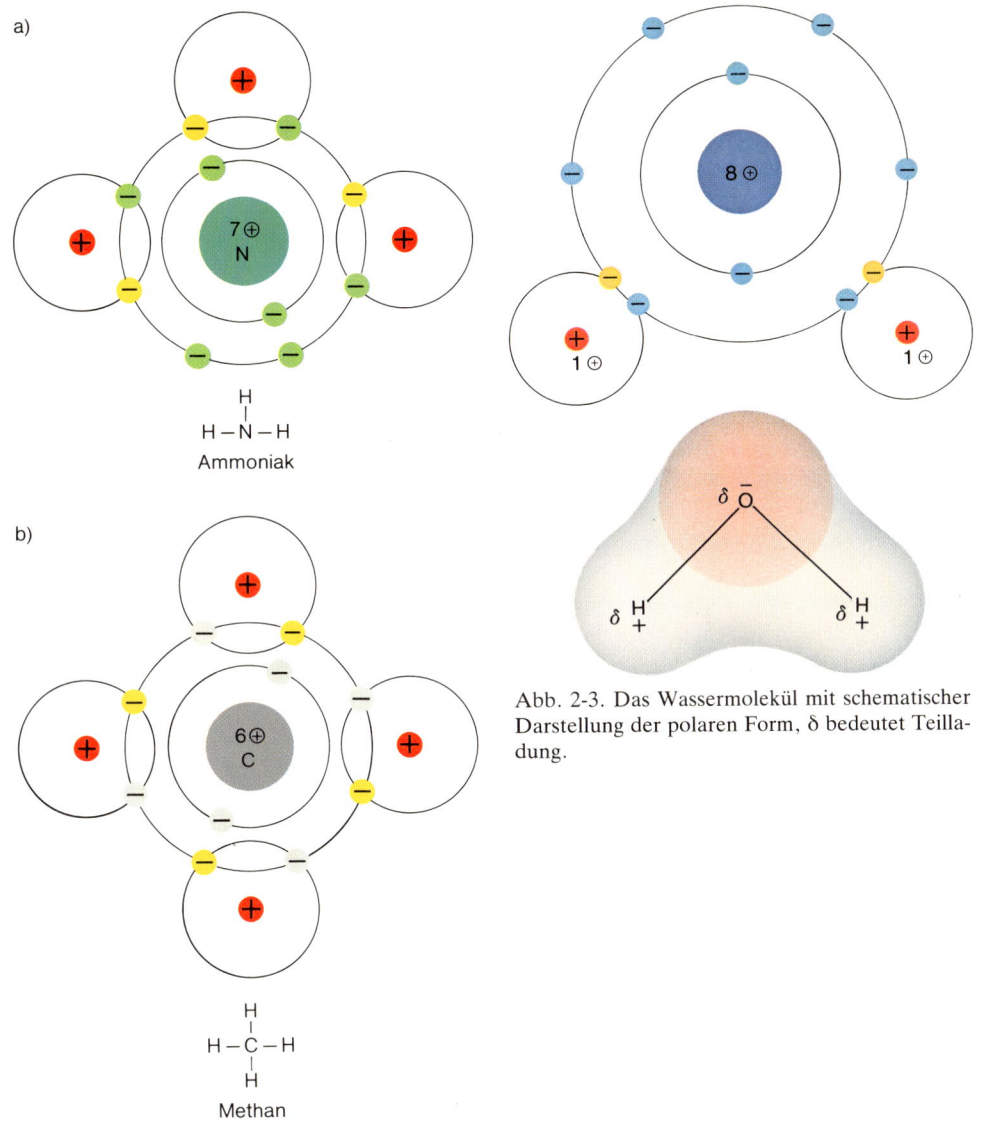

a)

H
|
H—N—H
Ammoniak

b)

H
|
H—C—H
|
H
Methan

Abb. 2-2. Darstellung der Bindung von Wasserstoff-Atomen an das Stickstoffatom (Ammoniak) bzw. an das Kohlenstoff-Atom (Methan).

Abb. 2-3. Das Wassermolekül mit schematischer Darstellung der polaren Form, δ bedeutet Teilladung.

fache Verbindungen zwischen Stickstoff und Wasserstoff (Ammoniak) und die Kohlenwasserstoffverbindung Methan.

Polarisierte Moleküle (polare M.) nennt man Moleküle, innerhalb denen die elektrischen Ladungen nicht symmetrisch verteilt sind, und dadurch eine Teilladung (δ) aufweisen, wie z. B. im Wassermolekül (Abb. 2-3). Im Wassermolekül werden die negativ geladenen Elektronen der beiden H-Atome vom Kern des Sauerstoffatoms mit seinen 8 Protonen stärker angezogen als von ihren eigenen Atomkernen mit jeweils nur einer positiven Ladung. Dadurch wird das Sauer-

Ionenbindung

Natrium-Atom **Chlorid-Atom**

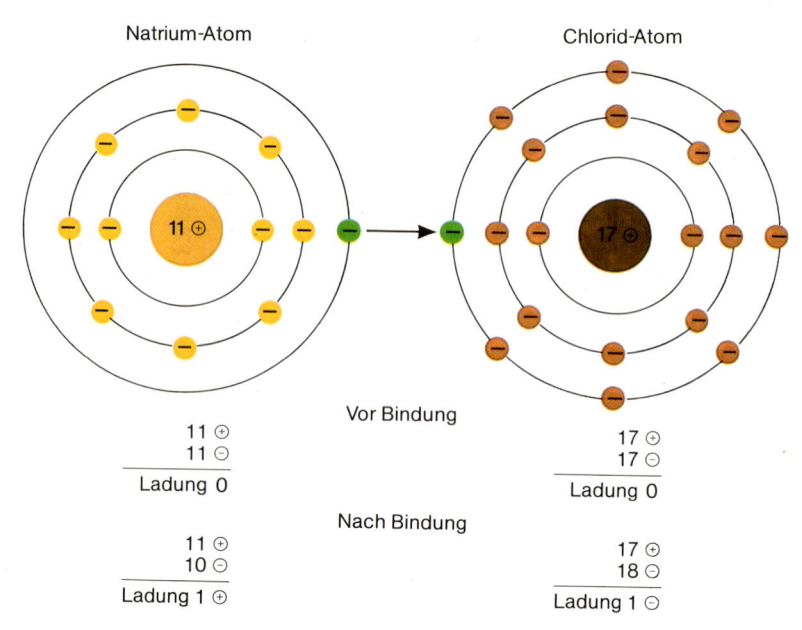

Vor Bindung

11 ⊕
11 ⊖
Ladung 0

17 ⊕
17 ⊖
Ladung 0

Nach Bindung

11 ⊕
10 ⊖
Ladung 1 ⊕

17 ⊕
18 ⊖
Ladung 1 ⊖

Abb. 2-4. Chemische Bindung im Natriumchlorid.

stoff-Atom schwach negativ, die beiden Wasserstoff-Atome schwach positiv (Abb. 2-3). Das Molekül ist ein Dipol. Polarisierte Moleküle haben mehr Möglichkeiten, mit anderen Molekülen zu reagieren. Die Polarität des Wassermoleküls ist von großer Bedeutung für biologische Vorgänge, da sich fast der ganze Stoffwechsel in wäßrigen Lösungen abspielt.

Ionenbindung

Der Übergang von Elektronen von einem Atom auf das andere wird als Ionenbindung bezeichnet. Bei der Kochsalzbildung gibt das Natriumatom ein Elektron an das Chloratom ab und hat durch das überschüssige Proton eine **positive Ladung**, es wird zum **Kation**. Durch die Übernahme eines Elektrons erhält das Chloratom eine **negative Ladung** und wird zum **Anion**. Geladene Atome werden **Ionen** genannt und durch entgegengesetzte Ladungen zusammengehalten. Moleküle können in wäßrigen Lösungen in ihre Ionen zerfallen, dissoziieren.

Elektrolyse

Wenn man in eine ionenhaltige Flüssigkeit, die man Elektrolyt nennt, zwei Elektroden einbringt und eine Gleichspannung anlegt, wandern die negativ geladenen Ionen zum positiven Pol, der **Anode**; man nennt sie daher auch **Anionen**. Zum negativen Pol, der **Kathode**, wandern die positiv geladenen Ionen, die man **Kationen** nennt. Durch diesen Vorgang, die Elektrolyse, kann man dissoziierte Moleküle trennen und durch Entladung an den entsprechenden Elektroden in ihre Atome umwandeln. Dieses Verhalten, die Wanderung von Ionen unter dem Einfluß des elektrischen Feldes ist auch die Grundlage der **Elektrophorese** zur Trennung von Eiweißen unterschiedlicher elektrischer Ladung (s. 3-20).

Die wichtigsten biologischen Stoffgruppen

Kohlenhydrate sind Verbindungen von Kohlenstoff mit Wasserstoff und Sauerstoff, wobei das Verhältnis der Atome zueinander

Kohlenhydrate

meist, aber nicht immer, ein Vielfaches der Formel CH_2O (s. Abb. E-1) ist. Wenn 3 C-Atome vorhanden sind, spricht man von **Triosen** ($C_3H_6O_3$), bei 5 C-Atomen von **Pentosen** und 6 C-Atomen von **Hexosen**. Der überwiegende Teil von Kohlenhydraten, den wir als Nahrung aufnehmen (Kartoffel, Reis, Teigwaren, Zucker), besteht aus Hexose-Bausteinen. Es sind dies vor allem **Glukose, Fruktose** und **Galaktose**. Abb. 2-5 zeigt die Glukose in der Aldehydschreibweise, wie sie oft beim Aufzeigen chemischer Umsetzungen verwendet wird. Die **Ringform** gibt jedoch eine bessere Vorstellung über die räumliche Anordnung des Moleküls, das wegen seiner vielen polaren OH-Gruppen gut wasserlöslich ist.

In der Nahrung kommen häufig Doppelzucker vor, **Disaccharide**, vor allem **Rohr-** oder **Rübenzucker**, der aus einer Verbindung von Glukose und Fruktose unter Wasserabspaltung (glukosidische Bindung) entsteht (Abb. 2-5b). Bei der Verdauung werden die Disaccharide durch **Hydrolyse** (Wasseranlagerung) gespalten, um ins Blut aufgenommen werden zu können (s. 10-94). Der **Milchzucker** (Laktose) kommt zu 6% in der Frauenmilch, zu 4,5% in der Kuhmilch vor und besteht aus Glukose und Galaktose. **Maltose** besteht aus 2 Molekülen Glukose, kommt aber in der Nahrung selten vor, sondern entsteht erst im Mund und im Darm durch Spaltung aus höheren Zuckern.

Höhere Zucker, Polysaccharide, sind z. B. **Stärke**, die in Kartoffeln, Getreide und Reis vorkommt, **Glykogen** in Fleisch und Leber, und **Zellulose,** ein pflanzlicher Faserstoff. Polysaccharide sind Verbindungen von vielen Hunderten Glukosemolekülen. Dazu gehören das Muskelglykogen mit einem Molekulargewicht von 1 Million und Leberglykogen mit sogar 16 Millionen. Obwohl Kohlenhydrate nur etwa 1% des Körpergewichtes ausmachen, sind sie wichtige Energiespender für den Zellstoffwechsel. Manche Gewebe, wie das Gehirn, können z. B. nur Glukose als Energiespender nutzen. Die Pentose **Ribose** spielt als Bestandteil des **Adenosintriphosphats** (ATP) und der **Nukleinsäuren** (Ribo-Nuklein-Säuren, RNA, und Desoxy-Ribo-Nukleinsäuren, DNA) eine wichtige Rolle.

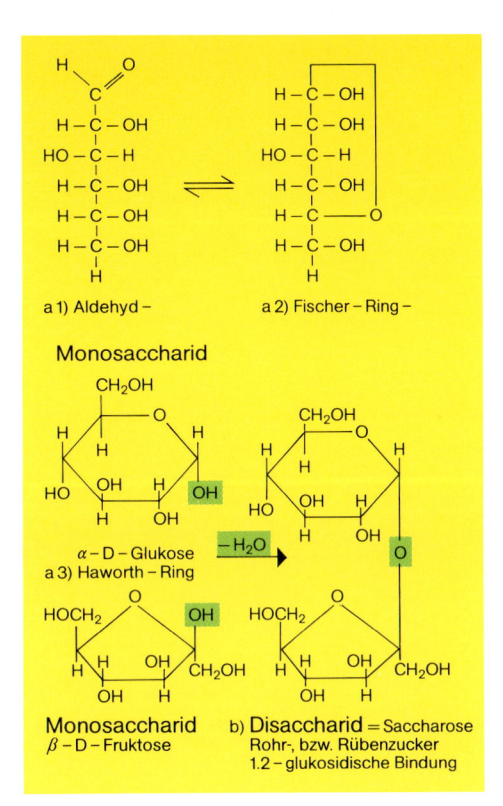

Abb. 2-5. a) Glukosemolekül in Aldehydschreibweise und in Ringform. b) Rohr- oder Rübenzucker, die glukosidische Bindung zwischen Glukose und Fruktose erfolgt durch Wasserabspaltung.

Fette und fettähnliche Stoffe

Fette sind die einzigen Nahrungsstoffe, die der Körper in nennenswerter Menge als **Energiespeicher** nutzen kann. Während Glykogen, die Speicherform der Kohlenhydrate, nur in Mengen von 300 bis 500 g vorkommt und die Energieversorgung des Körpers kaum über einen Tag aufrechterhalten kann, werden Fette kilogrammweise gespeichert.

Fette

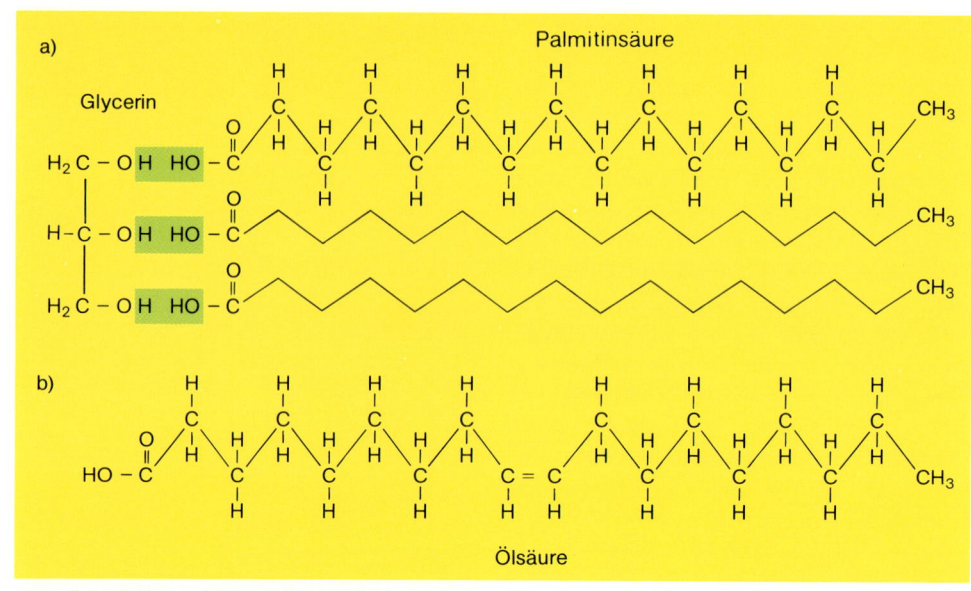

Abb. 2-6. a) Fettmolekül. Triglycerid mit gesättigter Fettsäure Palmitinsäure. b) Einfach ungesättigte Fettsäure Ölsäure.

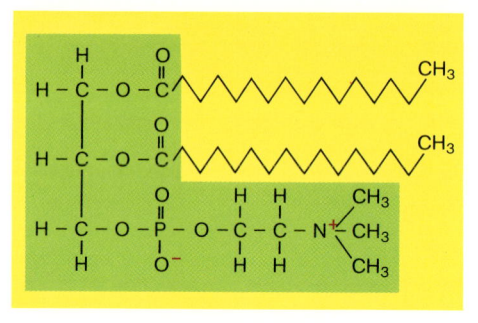

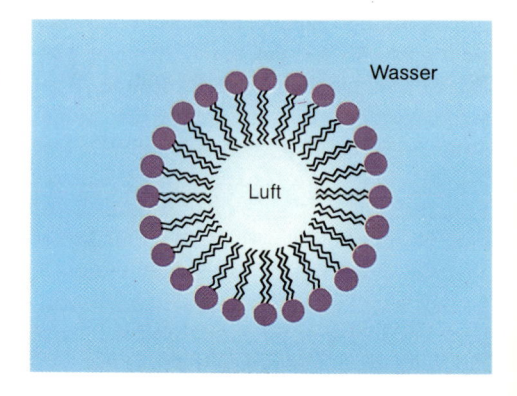

Abb. 2-7. Das Phospholipid Lecithin mit 2 Fettsäuren.
Abb. 2-8. Phospholipidmoleküle an der Grenzfläche Wasser–Luft. Die Fettsäure„schwänze" sind hydrophob (wasserfliehend).

Dies geschieht im Unterhautfettgewebe und im Bereich der Eingeweide. Im ersten Fall bildet Fett eine gute Wärmeisolationsschicht, im zweiten Fall bietet es einen gewissen Schutz gegen Gewalteinwirkung von außen, oder es hält Organe, wie die Nieren, in einer bestimmten Lage. Übergewicht besteht praktisch nur aus Fett. Es wird vorwiegend im Bereich der Hüften, des Bauches, der Oberschenkel und der Oberarme angesetzt.

Die Anfälligkeit für Krankheiten nimmt durch Übergewicht erheblich zu. Die Skelettbelastung, besonders die der **Wirbelsäule** mit ihren **Bandscheiben** und die des Bänder-

Steroide

apparates der Füße (Plattfüße), ist erheblich vergrößert. Ablagerungen von Fett in den Wänden der großen Arterien führen zu Kreislaufstörungen, z. B. Bluthochdruck. Diese Blutgefäßveränderungen werden begünstigt, wenn der Anteil an **gesättigten Fettsäuren** in der Nahrung hoch ist (s. u.). Diese kommen besonders in tierischen Fetten, z. B. Speck und Milchfett (Butter), vor.

Chemisch sind Fette organische Stoffe aus Kohlenstoff, Wasserstoff und Sauerstoff; sie sind leichter als Wasser und **nicht wasserlöslich**. Fette bestehen aus dem **3wertigen Alkohol Glycerin**, $C_3H_5(OH)_3$, und **3 höheren Fettsäuren**, daher **Triglyceride** genannt. Höhere Fettsäuren sind **Palmitinsäure, $C_{15}H_{31}COOH$**, oder **Stearinsäure, $C_{17}H_{35}COOH$, beides gesättigte Fettsäuren**, oder **Ölsäure**, $C_{17}H_{33}COOH$, und **Linolsäure**, $C_{17}H_{31}COOH$, **beides ungesättigte Fettsäuren** (Abb. 2-6).

Gesättigte Fettsäuren besitzen keine Doppelbindung in der Kohlenstoffkette. Zu jedem C-Atom gehören 2 H-Atome.

Ungesättigte Fettsäuren besitzen **eine** oder **mehrere** Doppelbindungen, die meist in der Mitte der Kohlenstoffkette liegen (Abb. 2-6b).

Fette, die nur aus gesättigten Fettsäuren bestehen, z. B. Kokosfett aus Palmitinsäure, sind bei Zimmertemperatur fest. Je mehr Doppelbindungen vorhanden sind, um so niedriger ist der Schmelzpunkt (Pflanzenmargarine, Olivenöl, Leinöl).

In den Fettdepots des Körpers wird Fett in Form von Triglyceridmolekülen gespeichert.

Die Nahrungsfette sind meist Gemische aus verschiedenen Triglyceriden. Sie werden von Enzymen (s. 3-30f.), Lipasen, zu Glycerin und Fettsäuren gespalten. Was davon nicht für den Stoffwechsel benötigt wird, kommt in die Fettdepots. Dazu müssen wieder **Triglyceride aufgebaut** werden. In der Leber und im Fettgewebe geschieht dies mit dem Coenzym A (s. u.) unter Zufuhr von Energie in Form von Adenosintriphosphat ATP. Weitere wichtige Körperfette sind **Phospholi-**

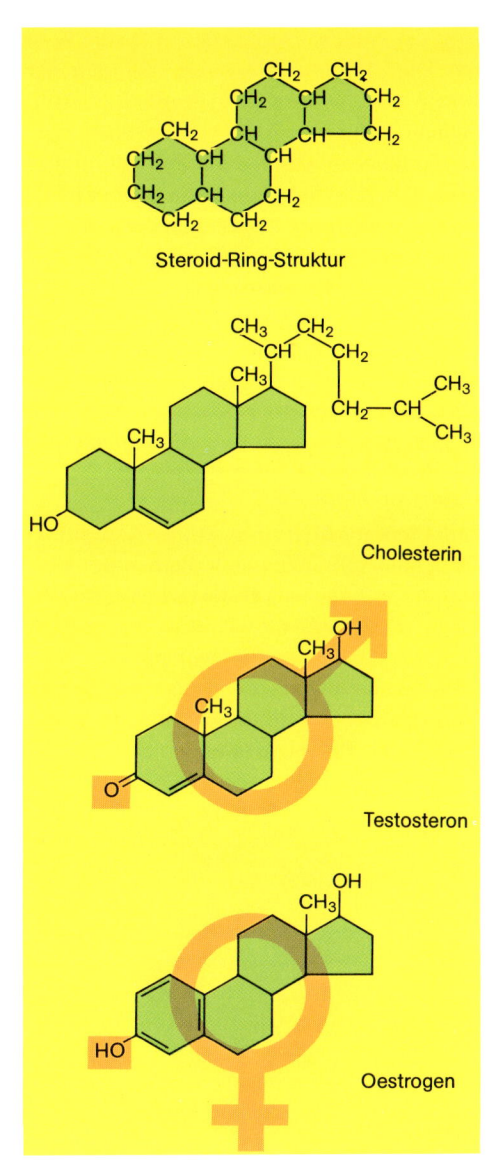

Abb. 2-9. Einige Beispiele von Steroiden: Cholesterin, Testosteron, männliches und Oestrogen, weibliches Geschlechtshormon.

pide. Abb. 2-7 zeigt, daß bei diesen Fetten Glycerin mit **zwei Fettsäuren** und das restliche C-Atom mit **einer Phosphatgruppe verbunden** ist, die oft noch eine stickstoffhaltige Gruppe enthält. Phospholipide sind nur gering wasserlöslich und ordnen sich an Wassergrenzflächen charakteristisch an. Dabei

15

Eiweiße

zeigt der polarisierte Teil (s. 2-14) zum Wasser. Die „Fettsäureschwänze" wenden sich vom Wasser ab, sie sind **hydrophob** (wasserfliehend). Phospholipide spielen eine wichtige Rolle beim Aufbau von Zellmembranen (Abb. 2-8). Das **Sphingomyelin** ist ein wichtiger Bestandteil der Nervenmarkscheiden.

Ähnliche Verbindungen, ohne Phosphorsäure, sind die **Cerebroside** und **Ganglioside**, die besonders im Gehirn (Cerebrum) und den Nerven vorkommen, die **Glykolipide.**

Steroide werden ebenfalls zu den fettähnlichen Substanzen des Körpers gerechnet, da sie nicht wasserlöslich sind. Es handelt sich um **ringförmige Kohlenwasserstoffe,** deren wichtigste Verbindungen in Abb. 2-9 gezeigt sind. **Cholesterin** ist ein wichtiger Bestandteil der Zellmembranen, außerdem eine Vorstufe der männlichen **(Testosteron)** und weiblichen **(Östrogen)** Geschlechtshormone sowie der Hormone der Nebennierenrinde **Cortison** und **Aldosteron.** Zu den Fettstoffen gehören weiterhin die **Vitamine A, D, E** und **K** sowie die **Prostaglandine** (s. 24-305).

Eiweiße

Eiweiße (Proteine) bilden das Grundgerüst aller Zellen und Gewebe. Neben dieser **Stützfunktion** spielen sie eine wichtige Rolle bei vielen Stoffwechselvorgängen. Spezielle Eiweißmoleküle, **Enzyme** (Biokatalysatoren), beschleunigen eine Reihe von Reaktionen, die u. a. der **Energiefreisetzung** dienen. **Biologische Regulationen** werden häufig durch **Hormone**, Botenstoffe, vorgenommen, die meist Proteine sind. Auch **der rote Blutfarbstoff**, Hämoglobin, ist ein Eiweiß. Schließlich sind Abwehrstoffe, **Antikörper**, Proteine, die körperfremde Eiweiße (Bakterien, Viren und ihre Stoffwechselprodukte) abwehren und unschädlich machen.

Proteine enthalten außer Kohlenstoff, Wasserstoff und Sauerstoff noch **Stickstoff**. Ihre Bausteine sind **Aminosäuren**, die sich, wie ihr Name sagt, aus einer **Aminogruppe** (NH_2) und einer Säure- bzw. **Carboxylgruppe** (COOH) zusammensetzen. Man

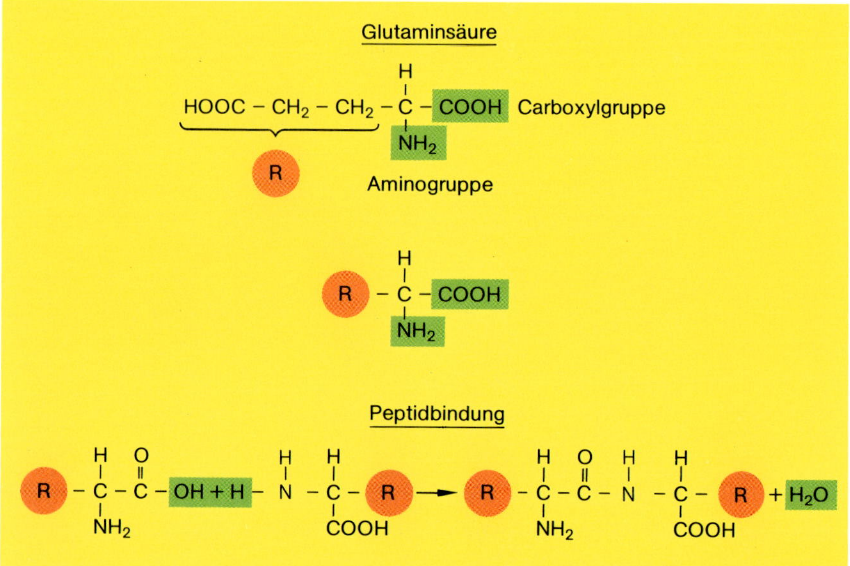

Abb. 2-10. Glutaminsäure (oben) und allgemeine Schreibweise der Aminosäuren (Mitte), bei der R für „Rest" oder „Radikal" steht, dadurch werden sich wiederholende Gruppen, wie z. B. Aminosäurereste oder Fettsäurereste, gekennzeichnet. Unten ist die Entstehung der Peptidbindung dargestellt.

Peptide

kennt etwa 20 verschiedene Aminosäuren; daraus ergeben sich viele Möglichkeiten der Aneinanderreihung (Aminosäuresequenzen) und fast unbegrenzte Kombinationsmöglichkeiten. Es gibt artspezifische Proteine. So unterscheidet sich z. B. das Insulin des Rindes von demjenigen des Schafes. Viele Proteine sind sogar von Mensch zu Mensch verschieden. Nahe Verwandte, eineiige Zwillinge, haben die ähnlichsten Proteine; relativ ähnlich sind die Eiweiße unter Geschwistern, eine Tatsache, die man bei Gewebs- und Organverpflanzungen beachten muß.

Ein Beispiel für eine Aminosäure, die **Glutaminsäure**, zeigt Abb. 2-10. Im Proteinmolekül sind die Aminosäuren durch **Peptidbrücken** miteinander verbunden, je nach der Anzahl der Aminosäuren heißen sie z. B. Bi-, Tri-, Octa-, Deca- oder Polypeptide. Die Peptidbindung erfolgt zwischen Carboxyl- und Aminogruppe unter Abspaltung von Wasser. Lange Polypeptidketten sind meist gefaltet oder spiralig gewunden. Um diese Form zu stabilisieren, besitzen sie Schwefelbrücken, **Disulfidbindungen,** die aus zwei benachbarten SH-Gruppen (-SH HS-) durch Abspaltung von 2 H-Atomen entstehen (S---S). Weiter dienen zur Stabilisierung von spiralig gewundenen Eiweißformen **Wasserstoffbrücken** (Abb. 2-11).

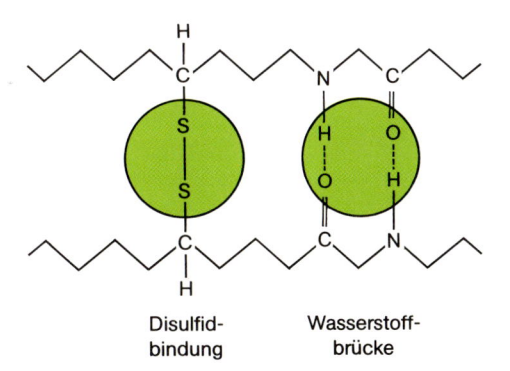

Abb. 2-11. Eiweißketten können durch Disulfidbindung und/oder Wasserstoffbrücken miteinander verbunden sein.

Kurzgefaßt:

Die kleinste Einheit der Materie, das **Atom**, besteht aus dem Kern mit **Protonen** und **Neutronen** und der Hülle mit **Elektronen. Die Atommasse** wird relativ angegeben, Wasserstoff hat die Atommasse 1, Kohlenstoff 12. **Isotope** sind in der Natur vorkommende Atome desselben Elements mit unterschiedlicher Neutronenzahl und z. T. radioaktiv. Künstliche Isotope, durch Atomkernbeschuß erzeugt, dienen zu diagnostischen Zwecken. Als **Molekularmasse** wird die Summe der relativen Atommassen einer Verbindung in Gramm bezeichnet. Ein **Mol** (mol) eines Stoffes ist diejenige Menge in g, die das Molekulargewicht angibt (in Lösungen mol/l).

Die chemische Verbindung von Atomen, die **Molekülbildung**, kann durch Aufnahme bzw. Abgabe von Elektronen der beteiligten Atome **(Ionenbindung)** oder dadurch entstehen, daß zwei Atome Elektronen gemeinsam haben **(Elektronenpaarbindung). Polarisierte Moleküle** sind Moleküle mit unsymmetrischer Ladungsverteilung, wie z. B. das Wassermolekül. Bei der Ionenbindung entstehen elektrisch geladene Atome, die man **Ionen** nennt. Negativ geladene Ionen **(Anionen)** wandern im elektrischen Feld zum Pluspol **(Anode)**, positiv geladene **(Kationen)** zum negativen Pol **(Kathode)**.

Die wichtigsten biologischen **Stoffe** lassen sich den **Kohlenhydraten** (Glukose, Fruktose, Galaktose und höhere Zucker wie Glykogen und Zellulose), den **Fetten** und **fettähnlichen Stoffen** (Triglyceride, gesättigte und ungesättigte Fettsäuren, Ganglioside, Steroide, Vitamine A, D, E und K sowie Prostaglandine) und den **Eiweißen** (Aminosäuren, Polypeptide) zuordnen.

3. Ionen, Säuren, Basen, pH, Puffer

Für die biochemischen Umsetzungen in Körperflüssigkeiten und Zellen ist die **Konzentration von H^+-Ionen** von entscheidender Bedeutung; sie wird in sehr engen Grenzen konstant, d. h. auf gleicher Höhe gehalten. Man kann aber genausogut sagen, daß die **Konzentration von OH^--Ionen** in Körperflüssigkeiten konstant gehalten wird, denn das Produkt der Konzentration von H^+-Ionen und OH^--Ionen, das **Ionenprodukt**, ist ebenfalls konstant:

$$[H^+] \cdot [OH^-] = \text{konstant.}*$$

Ob eine Lösung **sauer** oder **alkalisch** (basisch) ist, hängt davon ab, welcher **Anteil am Ionenprodukt**, die H^+- oder die OH^--Ionen, überwiegt. Wenn der Anteil an H^+-Ionen überwiegt, ist die Lösung sauer; sie ist eine **Säure**. Wenn der Anteil an OH^--Ionen überwiegt, ist sie alkalisch, und es handelt sich um eine **Base** (Lauge). Sind die Anteile gleich, 1:1, so ist die Lösung neutral.

Ob eine Lösung sauer oder basisch bzw. neutral ist, läßt sich (außer mit dem pH-Meter) mit **Indikatoren** prüfen. Ein Beispiel dafür ist das Lackmuspapier, das sich in einer Säure rot, in einer Lauge blau verfärbt. Andere Farbstoffindikatoren, die auch im Kliniklabor, z. B. zur Feststellung des Säuregrades von Magensaft, verwendet werden, sind Methylorange, Methylrot und Phenolphthalein.

Starke und schwache Säuren

Starke Säuren dissoziieren (s. 2-12) in wäßrigen Lösungen stärker als schwache, z. B. Salzsäure zu über 90%, Schwefelsäure zu etwa 60%, Essigsäure nur zu ca. 1,3% und Kohlensäure nur zu 0,17%. Schwache Säuren spielen, wie wir noch sehen werden, bei der Pufferung (s. unten) in Körperflüssigkeiten eine große Rolle.

Der pH-Wert

Wasser ist ebenfalls in geringem Maße in Ionen zerfallen, und zwar nicht, wie man früher annahm, in H^+- und OH^--Ionen, sondern hauptsächlich in H_3O^+- und OH^--Ionen (H_3O^+ hat gegenüber H_2O ein zusätzliches H^+-Ion). Wir wissen, daß Wasser, vor allem destilliertes Wasser, neutral ist. Es enthält also gleiche Anteile an H_3O^+- und OH^--Ionen: In 1 Liter Wasser befinden sich bei 22° C 0,0000001 mol H_3O^+- und dieselbe Menge OH^--Ionen oder zweckmäßiger in Potenzschreibweise $1 \cdot 10^{-7}$ mol. Das **Ionenprodukt** von Wasser und allen **neutralen Lösungen** beträgt:

$$(1 \cdot 10^{-7}) \cdot (1 \cdot 10^{-7}) = 1 \cdot 10^{-14}$$

Die H^+-Ionenkonzentration einer **sauren Lösung** ist stets **höher** als $1 \cdot 10^{-7}$, z. B. $1 \cdot 10^{-6}$, $1 \cdot 10^{-5}$, $1 \cdot 10^{-4}$ usw. Die H^+-Ionenkonzentration einer **alkalischen Lösung** ist stets **niedriger** als $1 \cdot 10^{-7}$, z. B. $1 \cdot 10^{-8}$, $1 \cdot 10^{-9}$, $1 \cdot 10^{-10}$ usw. Anstelle der H^+-Ionenkonzentration verwendet man meistens den pH-Wert, der als **negativer dekadischer Logarithmus der H^+-Ionenkonzentration** definiert ist:

$$\text{pH} = -\log [H^+]*$$

Eine neutrale Lösung hat demnach einen pH-Wert von

$$-\log 10^{-7} = 7.$$

---

* Die Klammerschreibweise bedeutet: Konzentration von ...

Puffer

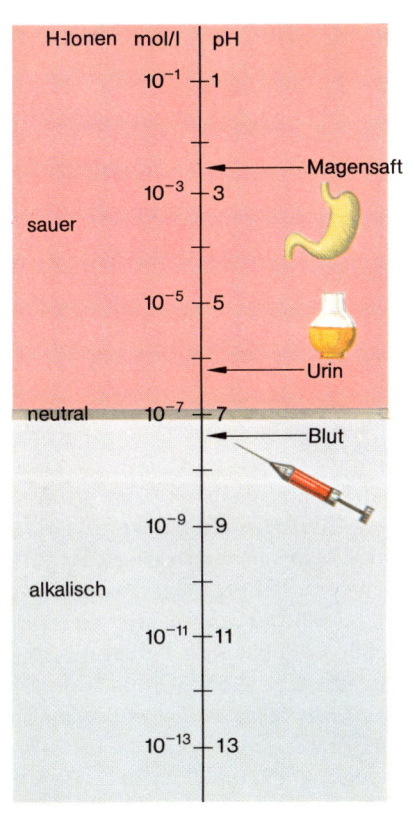

Abb. 3-1. pH-Skala mit Neutralpunkt und den Werten einiger wichtiger Körperflüssigkeiten.

Abb. 3-1 zeigt eine pH-Skala (logarithmisch aufgetragen), den Neutralpunkt, die pH-Werte von Blut, Urin und Magensaft sowie die Richtung, in die die Säuerung bzw. die Alkalisierung zunimmt.

Wie bereits erwähnt, werden die pH-Werte der Körperflüssigkeiten in sehr engen Grenzen konstant gehalten. Obwohl bei verschiedenen Stoffwechselprozessen große Mengen an Säuren erzeugt werden (z. B. Kohlensäure, Milchsäure, Nukleinsäure und Phosphorsäure) und in die Blutbahn gelangen, bewegt sich beim Gesunden der arterielle pH-Wert des Blutes nur zwischen 7,39 und 7,45, der venöse zwischen 7,37 und 7,42. Die **Pufferung**, das Abfangen durch Bindung oder Ausscheidung überschüssiger H^+-Ionen (oder OH^--Ionen) geschieht durch folgende Mechanismen:

1. Puffersysteme des Blutes und anderer Körperflüssigkeiten.
2. Abgabe von CO_2 durch die Lunge.
3. Ausscheidung von Säuren durch die Niere.

Der Abgabemechanismus von CO_2 durch die Lunge ist in den Kapiteln 11 und 13, der von Säuren durch die Niere im Kapitel 15 beschrieben.

Natriumbikarbonat, $NaHCO_3$ auch **Natriumhydrogenkarbonat** genannt, ist der wichtigste Puffer des Blutes und anderer Körpersäfte. Seine Wirkung läßt sich in einem Beispiel zeigen. Wenn man zu einer bikarbonathaltigen Lösung Salzsäure gießt, ändert sich der pH-Wert kaum, obwohl HCl eine starke Säure ist. Es findet folgende Reaktion statt:

$$HCl + NaHCO_3 \rightleftharpoons NaCl + H_2CO_3$$
$$H_2CO_3 \rightleftharpoons H_2O + CO_2 \uparrow$$

Es entsteht ein Salz, in unserem Falle Kochsalz NaCl, und flüchtige Kohlensäure.

Ein Beispiel für die Pufferung von Milchsäure (Laktat), wie sie z. B. bei Muskelarbeit entsteht, ist:

$$Laktat + NaHCO_3 \rightleftharpoons NaLaktat + H_2CO_3$$
$$H_2CO_3 \rightleftharpoons H_2O + CO_2 \uparrow$$

Natriumbikarbonat übernimmt den Hauptanteil der Pufferung im Blut, aber auch Hämoglobin als schwache Säure wirkt puffernd. Weitere Puffer sind die Plasmaeiweiße und Phosphate. Das Bikarbonat im Blut wurde früher auch als Alkalireserve bezeichnet, weil eine große Menge zur Pufferung von H^+-Ionen vorhanden ist. Die Säuerung **(Azidose)** tritt im allgemeinen häufiger auf als ein OH^--Ionenüberschuß **(Alkalose)**. Die Alkalireserve wird heute durch den **Standardbikarbonatwert** angegeben (s. 16-212).

Isoelektrischer Punkt

Aminosäuren und Eiweiße als Puffer

Die Bezeichnung **Aminosäure** deutet bereits auf Eigenschaften ihrer Bestandteile hin. Die Stickstoff- oder **Aminogruppe NH$_2$** ist **basisch**, die Säuregruppe **Carboxylgruppe COOH** reagiert **sauer**. Abb. 3-2 zeigt die Aminosäure **Glycin** a) in saurer, positiv geladener Form, b) in basischer, negativ geladener Form und c) in neutralem Zustand mit einer positiven und einer negativen Ladung. Diesen Zustand nennt man **isoelektrisch**, denn dann würde Glycin in einem elektrischen Feld weder zur Anode noch zur Kathode wandern. Der **isoelektrische Punkt**, bei dem eine chemische Verbindung gleichviel positive und negative Ladungen hat, liegt bei einem bestimmten pH-Wert der Lösungsmittel vor. Durch Registrieren der pH-Wert-Änderung beim Zusetzen von Säuren oder Laugen (Titrieren) läßt sich der isoelektrische Punkt bestimmen. Verschiedene Plasmaeiweißkörper haben unterschiedliche isoelektrische Punkte; daher tragen sie bei einem bestimmten pH-Wert unterschiedlich viele Ladungen. Dadurch ist ihre Wanderungsgeschwindigkeit in einem elektrischen Feld unterschiedlich groß, und sie lassen sich daher trennen (**Elektrophorese**).

Die in Abb. 3-2 dargestellten unterschiedlichen Zustände von Glycin erreicht man, wenn man einer Glycinlösung einmal H$^+$-Ionen zufügt, wodurch die Ionisierung (Dissoziierung) der Carboxylgruppen herabgesetzt wird und das Molekül eine positive Ladung aufweist; es ist **sauer**. Gibt man OH$^-$-Ionen in die Lösung, so gibt die Aminogruppe ein Proton (H$^+$-Ion) ab; das Molekül erhält eine negative Ladung – es wird **basisch**.

Verbindungen, die ein derartiges Verhalten zeigen, heißen **Ampholyte**.

Diese Ampholyteigenschaft der Aminosäuren ist bei der Peptidbindung in Eiweißen noch insoweit vorhanden, als noch freie Säure- und Aminogruppen vorliegen. Als Beispiel dafür zeigt Abb. 3-3 ein Tripeptid mit einer freien Säuregruppe und einer freien Aminogruppe. Auch hier gilt, daß nur schwache Säuren und Laugen als Puffer wirken. Beim pH-Wert des Blutes puffert vor allem das Histidin.

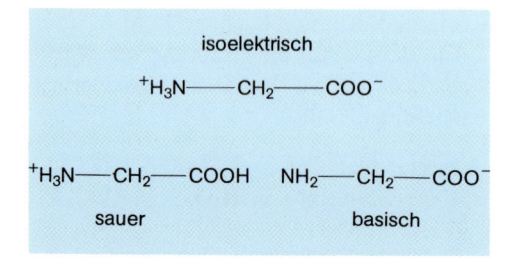

Abb. 3-2. Aminosäure Glycin in saurer und basischer Form.

Zustände der Materie

Materie besteht aus Aggregaten (Anhäufungen) von Molekülen, die mehr oder weniger dicht gepackt sind.

Aggregatzustände können **fest, flüssig** oder **gasförmig** sein. Im Körper kommen alle drei Zustände vor. Feste Bestandteile sind z. B. Zähne, Haare, Fingernägel und vor al-

Abb. 3-3. Tripeptid mit freier Säuregruppe (rechts) und freier Aminogruppe (links). R^1, R^2, R^3 sind Orte, an denen die *Reste* oder *Radikale* der Aminosäuren angelagert sind.

Aggregatzustände

lem die Knochen. Die Atemluft ist gasförmig; den größten Anteil nimmt jedoch die flüssige Materie ein. Der Wasseranteil des menschlichen Körpers liegt zwischen 50 und 70%. Er hängt vom Fettanteil ab, bei 10% Fett beträgt er 66%, bei 33% Fett 51%.

Durch zwischenmolekulare Kräfte werden Moleküle zusammengehalten und ziehen sich gegenseitig an.

Durch die kinetische Energie der Molekularbewegung haben die Moleküle das Bestreben, auseinanderzuweichen, sich zu zerstreuen.

Moleküle sind in jedem Aggregatzustand immer in Bewegung, in gasförmigem Zustand mit großer, in festem Zustand mit geringer Geschwindigkeit. Die Moleküle stoßen bei ihrer Bewegung miteinander zusammen, wobei sie aber keine Energie verlieren, denn ihre Zusammenstöße sind elastisch.

Der Aggregatzustand hängt wesentlich davon ab, in welchem Raum sich die Moleküle bewegen können. Wenn sie dicht gepackt sind, bedeutet das, daß die elektrischen Kräfte der Anziehung überwiegen, die Kräfte der Molekularbewegung stark beschränkt sind und die Moleküle nur vibrieren. **Die Materie ist dann fest.**

Wenn sich beide Kräfte etwa die Waage halten, können sich die Moleküle freier bewegen und treffen öfter aufeinander; die **Materie ist flüssig.**

Überwiegt die kinetische Energie der Molekularbewegung, so bewegen sich die Moleküle völlig frei und streben auseinander, die **Materie ist gasförmig.**

Man kann die Materie, zum Beispiel Wassermoleküle, aus ihrem festen Zustand, Eis, in ihren wäßrigen und schließlich gasförmigen Zustand, Wasserdampf, durch Zufuhr von Wärme überführen, in umgekehrter Richtung durch Abkühlung.

Chemische Reaktionen spielen sich im Körper ganz überwiegend in wäßrigen Lösungen ab. In ihnen können a) ausreichend hohe Konzentrationen von reaktionsbereiten Molekülen enthalten sein, und b) kann die Molekularbewegung (besonders bei der Körpertemperatur des Warmblüters) so groß sein, daß Moleküle verschiedener Art genügend oft aufeinandertreffen und miteinander reagieren können.

In festem Zustand sind die Moleküle zwar viel enger gepackt und daher in höherer Konzentration als in wäßriger Lösung vorhanden, doch die Wahrscheinlichkeit, daß sie mit anderen Molekülen zusammentreffen und reagieren können, ist wegen der eingeschränkten Beweglichkeit gering.

Lösungen

Wenn feste Stoffe lose elektrische Bindungen mit Flüssigkeiten, z. B. den polarisierten Wassermolekülen, eingehen, entstehen Lösungen. Ein einfaches Beispiel dafür ist die Lösung von Kochsalz (NaCl) in Wasser (Abb. 3-4) mit der Anordnung der positiven polaren Gruppen der Wassermoleküle um das Anion Cl^- und der negativen Gruppen um das Kation Na^+. Die meisten Gewebe des Körpers, Blut-, Lymph-, Gehirn- bzw. Rückenmarksflüssigkeit bestehen zu großen Teilen aus Lösungen.

Mengen von Stoffen in Lösungen werden, wie auf S. 10 besprochen, in Mol oder Teilen eines Mols (mmol usw.) pro Liter angegeben.

Mengen von Gasen müssen wegen der starken Temperatur- und Druckabhängigkeit der Gasvolumina auf eine bestimmte Temperatur und einen bestimmten Druck bezogen werden. Den Sauerstoffverbrauch gibt man z. B. bei 0° C und 101,3 kPa (760 Torr) an (s. 9-76). 1 Mol O_2 nimmt unter den genannten Bedingungen 22,4 l Volumen ein. Je größer der Druck (P) ist, unter dem ein Gas steht, desto kleiner ist bei gleicher Teilchenzahl sein Volumen (V), d. h.

$$P \cdot V = \text{konstant}$$

Wenn ein Mol O_2 also nur das Volumen von einem Liter einnimmt, dann errechnet sich

Gaspartialdruck

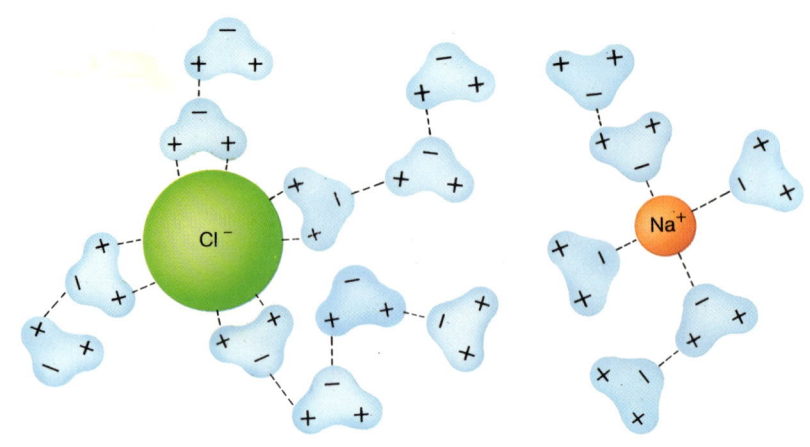

Abb. 3-4. Anordnung des dissoziierten NaCl-Moleküls in einer wäßrigen Lösung (n. *Vander* 1975).

der Druck, den es ausübt, aus folgender Gleichung

$$P_1 V_1 = P_2 V_2 \text{ also } P_2 = \frac{P_1 V_1}{V_2} = \frac{101{,}3 \text{ kPa} \cdot 22{,}4 \text{ l}}{1 \text{ l}} = 2269 \text{ kPa}$$

In einem **Gemisch von verschiedenen Gasen**, wie es z. B. die Luft darstellt (20,93% O_2, 0,03% CO_2 und 79,04% N_2 einschließlich Edelgase), übt jedes Gas einen Druck am Gesamtdruck aus, der seinem prozentualen Konzentrationsanteil entspricht. Dieser „Teildruck" wird **Partialdruck** genannt. Auf Meereshöhe ist der atmosphärische Druck (P_L = Luftdruck) im Bereich von 100 ± 10 kPa. Der **Sauerstoffpartialdruck** (P_{O2}) verhält sich zum Gesamtdruck wie der O_2-Prozentanteil zum Gesamtgas (100%)

Gase lösen sich auch in Flüssigkeiten und Geweben (physikalische Löslichkeit), wobei die gelöste Menge vom Partialdruck, der Art des Gases, der Art der Flüssigkeit und der Temperatur abhängt. In 1 Liter Blut lösen sich bei 37°C und 100 kPa Sauerstoffdruck 23,6 ml Sauerstoff. Da der höchste O_2-Partialdruck im Körper (in den Lungenkapillaren) nur etwa 13 kPa beträgt, sind unter dieser Bedingung in 1 Liter Blut nur

$$\frac{13}{100} \cdot 23{,}6 = 3{,}07 \text{ ml } O_2$$

physikalisch gelöst. Im Körper chemisch gebundene Gasmengen wie O_2 und CO_2 werden zweckmäßig in mol/l bzw. mmol/l angegeben.

$$\frac{P_{O2}}{P_L} = \frac{O_2 \%}{100\%} \text{ also } P_{O2} = \frac{P_L \cdot O_2 \%}{100\%} = \frac{100 \text{ kPa} \cdot 20{,}93\%}{100\%} = 20{,}93 \text{ kPa}$$

Ionen, pH, Puffer

Kurzgefaßt:

Für die meisten chemischen Umsetzungen im Körper ist die **H^+-Ionenkonzentration** wichtig. In den meisten Körperflüssigkeiten überwiegen die OH^--Ionen geringfügig. Das Ionen-Produkt des Wassers $[H^+] \cdot [OH^-]$ ist konstant. Eine Lösung, in der die H^+-Ionen überwiegen, ist sauer, eine in der die OH^--Ionen überwiegen, alkalisch. Die H^+-Ionenkonzentration wird durch den **pH-Wert** ausgedrückt, der als negativer Logarithmus der H^+-Ionenkonzentration definiert ist.

$$pH = -\log [H^+].$$

Eine Lösung mit der H^+-Ionenkonzentration von 10^{-4} mol/l hat einen pH-Wert $= -\log 10^{-4} = 4$; sie ist sauer.

Die **Pufferung** beim Stoffwechsel vorwiegend entstehender H^+-Ionen geschieht durch schwache Säuren und deren Salze, vor allem Bikarbonat und Hämoglobin im Blut und Phosphate in den Gewebezellen. Der Bikarbonatpuffer wird dadurch zum wichtigsten Puffer, daß das durch Säuerung aus H_2CO_3 neben H_2O entstandene CO_2 durch die Lunge abgegeben werden kann und dadurch der pH-Wert des Blutes in engen Grenzen konstant bleibt. Die Niere kann durch Veränderung der H^+-Ionen-Ausscheidung die Pufferung unterstützen. Plasmaeiweißkörper können puffernd wirken, da sie basische NH^2- und saure COOH-Gruppen haben; sie sind **Ampholyte**. Bei bestimmten pH-Werten haben sie gleichviel positive und negative Ladungen; sie sind elektrisch neutral **(isoelektrischer Punkt)**. Unterschiedliche Ladungen bei einem bestimmten pH-Wert ermöglichen die Trennung verschiedener Eiweiße im elektrischen Feld (Elektrophorese). Die **Aggregatzustände** fest, flüssig und gasförmig ergeben sich durch unterschiedliche Wirkungen der kinetischen Energie der Molekularbewegung und der zwischenmolekularen Anziehungskräfte.

Lösungen enthalten Stoffe in loser elektrischer Bindung.

Gasvolumina sind temperatur- und druckabhängig. In **Gasgemischen** üben einzelne Gase einen ihrem prozentualen Anteil entsprechenden Druck, **Partialdruck**, aus.

Auch **Gase** lösen sich **in Flüssigkeiten** entsprechend ihrem Partialdruck, der Art der Flüssigkeit und der Höhe der Temperatur.

4. Chemische Umsetzungen in der Zelle

Ehe wir auf die chemischen Umsetzungen in der tierischen Zelle im einzelnen eingehen, müssen wir den für alle Lebewesen wichtigsten biochemischen Vorgang, die Photosynthese kennenlernen, die in den grünen Pflanzen stattfindet. Besondere Abschnitte sind den energiespeichernden- und übermittelnden Verbindungen, z. B. Adenosintriphosphat (ATP), den Enzymen und Coenzymen, den Nukleinsäuren (DNA, RNA) und der Eiweißsynthese gewidmet.

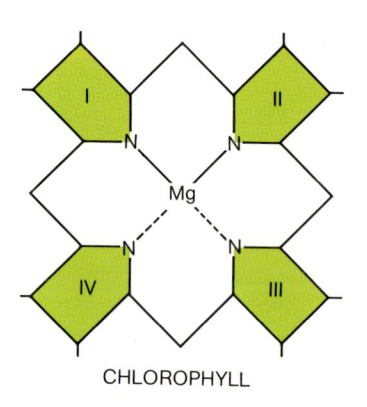

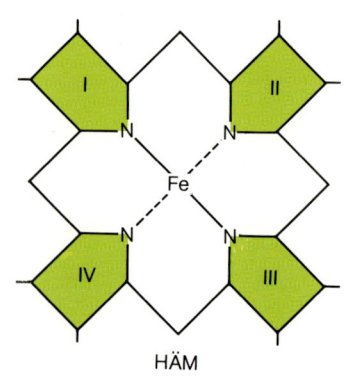

Abb. 4-1. Pflanzenfarbstoff Chlorophyll, roter Blutfarbstoff Häm.

Photosynthese

Ohne Sonnenenergie ist weder das pflanzliche noch das tierische Leben denkbar. Auf unseren Planeten Erde treffen nur 50 milliardstel Prozent der ausgestrahlten Sonnenenergie und davon kann ca. 1 Prozent durch die Pflanzen eingefangen werden. Das Einfangen von Strahlungsenergie in Form von **Lichtquanten** und der damit verbundene Aufbau organischer Verbindungen wird als Photosynthese bezeichnet. Photosynthese findet in den **Chloroplasten**, mikroskopisch sichtbaren Zellorganellen der Pflanzen, statt. Sie enthalten den grünen Pflanzenfarbstoff **Chlorophyll**, der in der Lage ist, Lichtquanten einzufangen. Chlorophyll, wörtlich Blattfarbstoff, hat in seiner chemischen Struktur große Ähnlichkeit mit dem roten Blutfarbstoff **Häm** (Abb. 4-1), der Bestandteil des Hämoglobinmoleküls ist. Chlorophyll besitzt ein zentrales Magnesiumatom, Häm an dessen Stelle ein Eisenatom.

Durch das Auffangen von Lichtquanten wird das Farbstoffmolekül Chlorophyll auf ein höheres energetisches Niveau angehoben und die „überschüssige" Energie wird von den sogenannten Akzeptormolekülen aufgenommen. Es handelt sich um **Redoxkörper** (s. S. 34).

Cytochrome, die Elektronen aufnehmen und weitertransportieren können. „Physikalische" Energie wird auf diese Weise in chemisch gebundene Energie umgesetzt und u. a. zur Bildung von **ATP** und **NADP.H** benutzt. An beide Verbindungen wird mit Hilfe der Lichtquanten anorganisches Phosphat gebunden. Der Vorgang wird daher als **Photophosphorylierung** bezeichnet. ATP ist, wie wir später noch sehen werden, ein Energiespeicher, NADP.H ein Transportmolekül für Wasserstoff.

Energiereiche Phosphate

Zum photosynthetischen Aufbau von Kohlenhydraten, z. B. Glukose, sind außer Lichtquanten **Kohlenstoff** und **Wasserstoff** erforderlich:

$$6\,CO_2 + 6\,H_2O \xrightarrow{\text{Lichtquanten}} C_6H_{12}O_6 + 6\,H_2O$$
$$\text{(Glukose)}$$

Wasserstoff und der für den tierischen Organismus lebensnotwendige **Sauerstoff** entstehen bei der **Wasser-Photolyse**:

$$2\,H_2O \xrightarrow{\text{Lichtquanten}} O_2 + 4\,H^+ + 4\,e^-$$

(e ist die Abkürzung für Elektron). Dem Vorgang der Wasser-Photolyse entspricht in umgekehrter Weise die Atmungskette in der tierischen Zelle (s. S. 33), in deren Verlauf der beim Stoffwechsel anfallende Wasserstoff energetisch mit Sauerstoff zu Wasser zusammengefügt wird.

Kohlenstoff-Bindung aus der Umgebungsluft ist ein weiterer Vorgang im Laufe der Photosynthese, für den jedoch keine Lichtquanten erforderlich sind. Akzeptormolekül für CO_2 ist **Ribulosebiphosphat**, ein 5er Zukker. Nach Anlagerung von CO_2 entstehen 2 Mol Phosphoglycerat, die enzymatisch zu Triosephosphat, einem 3er Zucker umgebildet werden.

Stickstoff-Assimilation

Mensch und Tier sind ferner auf die Fähigkeit der Pflanzen angewiesen, anorganischen Stickstoff aus ihren Nährböden aufzunehmen, wo er als Nitrat vorliegt. Stickstoff wird stufenweise an Wasserstoff gebunden und dient dem Aufbau vieler organischer Stickstoffverbindungen, z. B. Aminosäuren. Interessant ist, daß die meisten Pflanzen in der Lage sind, alle für den tierischen Organismus wichtigen, ,,essentiellen" Aminosäuren (s. S. 66) zu synthetisieren, eine Fähigkeit, die höhere Tiere und der Mensch nicht besitzen. Manche Pflanzen, vor allem Leguminosen (Erbsen, Lupinen), können indirekt den reichlich vorhandenen Luftstickstoff nutzen.

Durch Zusammenleben mit sogen. Knöllchenbakterien, die Luftstickstoff assimilieren, erhalten sie Stickstoff im Austausch mit Kohlenhydraten, auf die die Bakterien angewiesen sind. In der Land- und Forstwirtschaft werden Leguminosen angepflanzt, um stickstoffarme Böden zu verbessern.

> **Kurzgefaßt:**
>
> Die Photosynthese ist der wichtigste biochemische Prozeß überhaupt, ohne den weder pflanzliches noch tierisches Leben denkbar wäre. Seine Bedeutung liegt darin, daß **Wasser ,,photolytisch" gespalten wird** und den für die chemischen Umsetzungen in der tierischen Zelle unentbehrlichen **Sauerstoff** liefert in der **Photophosphorylierung** und der **Kohlenstoffbindung**, wobei aus dem atmosphärischen Gas Kohlendioxid (CO_2) **Kohlenstoff** gewonnen wird, ohne den weder Kohlenhydrate noch Eiweiße noch Fette und andere unentbehrliche organische Verbindungen synthetisiert werden können. Der Photosynthese entspricht der umgekehrte Prozeß der **Atmungskette** (s. u.), in dessen Verlauf der im Stoffwechsel anfallende Wasserstoff mit Sauerstoff zu Wasser verbunden wird.

ATP, ADP, AMP und cAMP

Diese Verbindungen bezeichnet man als **Adenosin-Nucleotide**, sie bestehen aus Adenin, einer Base, dem Zucker Ribose und Phosphorsäure (Abb. 4-2).

ATP, **Adenosintriphosphat**, dient jeder lebenden Zelle als Energiespeicher:

$$\text{Ade} - \text{Rib} - \text{P} \sim \text{P} \sim \text{P}$$

Die Energie ist in Form zweier energiereicher Pyrophosphatbindungen ($\sim$) enthalten. Sie dient u. a. dem aktiven Stofftransport durch Zellmembranen und liefert Energie für die Muskelzusammenziehung.

Energiegleichgewicht

ADP, Adenosindiphosphat, enthält zwei Phosphatreste, die über eine Phosphatbindung verknüpft sind. Die enthaltene Energie kann zur ATP-Bildung benutzt werden:

$$2\ ADP \rightleftarrows ATP + AMP$$

AMP, Adenosinmonophosphat, ihr Phosphatrest ist mit der Ribose durch eine Esterverbindung verknüpft. AMP spielt eine Rolle bei der Aktivierung von Fettsäuren (s. S. 30) und von Aminosäuren für die Proteinsynthese (s. S. 34).

cAMP, zyklisches Adenosinmonophosphat, entsteht bei Spaltung von ATP durch das Enzym **Adenylatcyklase.** Der Phosphatrest ist zyklisch (ringförmig) über zwei Esterbindungen mit der Ribose verbunden. Das cAMP spielt als **sekundärer Botenstoff** bei der Wirkung bestimmter Hormone (primäre Botenstoffe), eine Art Vermittlerrolle. Das Hormon wird außen an der Zellwand an einen Hormonrezeptor gebunden, über den dann das Adenylatcyklase-System an der Innenseite der Zellmembran angeregt wird. Es erhöht z. B. den Abbau von Glykogen in der Leber und fördert den Abbau von Fett aus den Fettgeweben (Lipolyse).

Das Energiegleichgewicht

Die Zelle hat das Bestreben, ein bestimmtes Energiegleichgewicht aufrechtzuerhalten, das den Charakter eines **Fließgleichgewichts** hat. Dieses Streben nach dem energetischen Gleichgewicht ist sozusagen die Triebfeder für die ständig in der Zelle ablaufenden energiefreisetzenden und energieverbrauchenden Prozesse, zumal durch die Membran laufend Substanzen aufgenommen und abgegeben werden.

Energiefreisetzende Prozesse nennt man **exergonisch** (Abb. 4-3a). In der Körperzelle ist der Zuckerabbau ein Beispiel dafür. Die

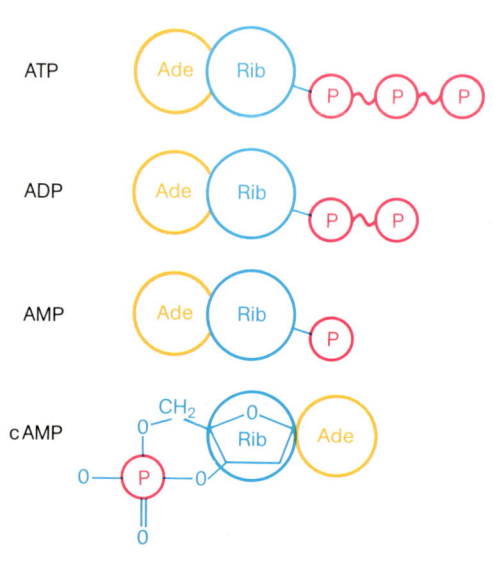

Abb. 4-2. Die Nucleotide ATP, ADP, AMP und cAMP, letzteres mit eingezeichneter Strukturformel. Ade = Adenosin, Rib = Ribose, P = Phosphat. An den mit einer roten Wellenlinie gekennzeichneten Stellen kann bei Abspaltung des Phosphats (P) Energie freigesetzt werden.

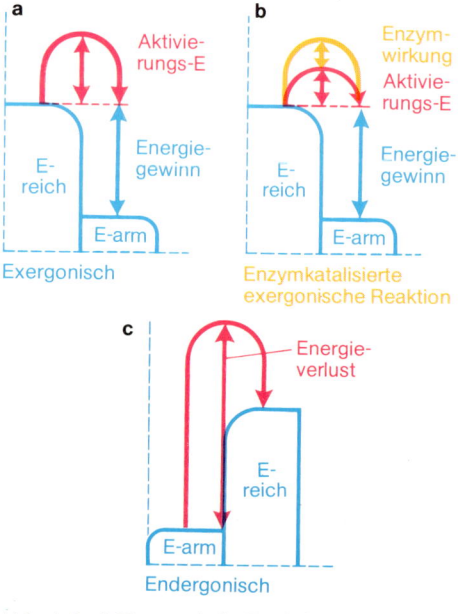

Abb. 4-3. a) Exergonische Reaktion, z. B. Abbau einer energiereichen zu einer energiearmen Verbindung. Die aufzubringende Aktivierungsenergie ist ein Verlust, der bei b) einer enzymkatalysierten Reaktion vermindert ist. c) Endergonische Reaktion, z. B. Aufbau einer energiereichen Verbindung.

Energie, die nötig ist, um einen derartigen Prozeß zu aktivieren, vergleichbar mit der Zündung bei einem Verbrennungsvorgang, die **Aktivierungsenergie**, ist in bezug auf die Energiebilanz ein **Verlust**.

Wenn aus energiearmen energiereiche Verbindungen aufgebaut werden, handelt es sich um einen **endergonischen** Prozeß (Abb. 4-3c). Die dazu notwendige Energie wird in der Regel durch die Spaltung von ATP bereitgestellt. Der Aufbau von Depotfett aus Fettsäuren in der Zelle ist ein Beispiel dafür.

Ein Teil der Aktivierungsenergie kann durch Katalysatoren eingespart werden. Ein Katalysator versetzt die Moleküle in einen reaktionsbereiteren Zustand. Im lebenden Organismus übernehmen **Enzyme** (s. u.) diese Aufgabe. Abb. 4-3b zeigt schematisch eine Reaktion mit Enzymbeteiligung.

Enzyme und Coenzyme

Die Chemie und physiologische Chemie der Enzyme und Coenzyme ist ein großes Gebiet. Hier können daher nur einige wichtige Merkmale dieser Substanzen beschrieben werden.

Die **Enzymdiagnostik** gewinnt zunehmend an Bedeutung; sie ergibt Informationen über normale oder gestörte Stoffwechselvorgänge sowie über die Funktionstüchtigkeit von Organen, die spezielle Enzyme herstellen. Beispiel: Ausfall oder Abnahme von Leberenzymen bei entzündlichen Leberprozessen.

Die Benennnung der Enzyme und Coenzyme richtet sich nach ihrer Wirkung auf eine bestimmte Substanz, das **Substrat**. Wird eine Oxidation angeregt, heißen sie Oxid**asen**; katalysieren sie den Abbau von Eiweißen (Proteinen), sind es Protein**asen**, oder die Abspaltung von Phosphat, Phosphat**asen**. Wenn Umstellungen innerhalb eines Moleküls katalysiert werden, sogenannte Isomere entstehen, handelt es sich um Isomer**asen**. Enzyme, die die Übertragung von Aminogruppen vermitteln, heißen Aminotransfer**asen**, handelt es sich dabei um eine ganz spezielle Aminosäure, z. B. Alanin, kommt dies in der Bezeichnung Alanin-Transami**nase** zum Ausdruck.

Chemisch gesehen gehören die Enzyme zur Klasse der Proteine. Manche Enzyme benötigen für ihre Wirkung sogen. **Coenzyme**, Nichteiweiße, die mehr oder weniger leicht vom Enzym abzutrennen sind. Wenn Coenzyme fest mit dem Protein verbunden sind, bezeichnet man sie als ,,prosthetische (hinzutretende) Gruppen''. Der Komplex ist ein Proteid.

Wirkungsweise. So verschiedenartig die Wirkung einzelner Enzyme auch sein mag, ihre Hauptaufgabe besteht darin, die Umsetzrate chemischer Reaktionen zu beschleunigen. Sie erhöhen die Reaktionsbereitschaft der Moleküle. Das Enzym wirkt auf ein bestimmtes **Substrat**, das Ergebnis der Reaktion ist das **Produkt. Dabei bleibt das Enzym unverändert.** Abb. 4-4 zeigt ein solches Verhalten. Anders ist es mit den Coenzymen, die bei der Reaktion eine Veränderung erfahren:

$$NAD + 2\,[H] \rightarrow NAD.H + H$$

Der Punkt vor dem H soll andeuten, daß das Molekül leicht Wasserstoff aufnimmt oder abgibt.

Viele Coenzyme gehören chemisch zu den **Nucleotiden**. Sie enthalten **Phosphorsäure, Zuckerbestandteile** (Ribose) und **Stickstoffbestandteile**. Diese chemische Kombination haben wir bereits kennengelernt: ATP, ADP, AMP und NAD.H sind Coenzyme. **Vitamine**, z. B. Vitamin B_2 (Riboflavin), können Bestandteile von Coenzymen sein.

Eine besondere Eigenschaft der Enzyme ist ihre **Wirkungsspezifität**. Darunter versteht man, daß sie nur eine spezielle Umsetzung katalysieren, z. B. eine Oxidase die Oxidation oder eine Transaminase die Übertragung einer Aminogruppe.

Unter **Substratspezifität** versteht man die Eigenschaft bestimmter Enzyme, ihre Wirkung nur auf bestimmte Substrate auszuüben. Das Enzym paßt zum Substrat wie das

Glukoseabbau

Schloß zum Schlüssel. Das Enzymmolekül ist im Vergleich zum Substratmolekül sehr groß, was Abb. 4-4 zum Ausdruck bringen soll.

Enzymkatalysierte Reaktionen sind **temperaturabhängig.** Die Umsetzungsrate nimmt mit dem Temperaturanstieg exponentiell zu, fällt aber nach Erreichen eines bestimmten Wärmegrades rasch ab. Wird die Temperatur so hoch, daß das Enzym geschädigt wird, d. h. die Eiweißstruktur zusammenbricht, erreicht die Rate den Nullpunkt. Für den Menschen als Warmblüter heißt das, daß bei normaler Körpertemperatur (37 °C) die Umsetzungsrate „physiologisch günstig" ist. Bei erhöhter Temperatur (Fieber) steigt sie zwar noch an, fällt aber über 40 °C sehr schnell ab.

Enzymkatalysierte Reaktionen sind ferner **pH-abhängig.** In der Zelle ist ein **pH-Wert von 7,2** optimal. Wie wir später noch sehen werden, liegen die pH-Optima extrazellulärer Enzyme, der Verdauungsenzyme, in ganz anderen pH-Bereichen.

Wenn sich in der Zelle ein bestimmtes Substrat ansammelt, wird die Enzymtätigkeit beschleunigt. Sammelt sich das Produkt an, wird sie gehemmt; man spricht von **Produkthemmung.** Beides dient der Wiederherstellung des energetischen Gleichgewichts. Man kennt verschiedene Mechanismen der **Enzymhemmung.** Als Beispiel gehen wir auf die **kompetitive Hemmung** etwas näher ein. Sie ist in Abb. 4-4 schematisch dargestellt (engl. compete = konkurrieren). Eine dem Substrat ähnliche Substanz, die teilweise in das Enzymschloß paßt, konkurriert mit dem Substrat, indem sie sich selbst an das Enzym anlagert und dessen Wirkung blockiert. Wenn aber die Substratkonzentration eine bestimmte Höhe erreicht hat, wird die Hemmung aufgehoben.

Im Citrat-Zyklus (s. u.) wird das Enzym Succinat-Dehydrogenase, das die Oxidation der Bernsteinsäure (Succinat) katalysiert, **kompetitiv** durch die sehr ähnliche Äpfelsäure (Malat) gehemmt.

Die Enzymwirkung wird auch kommerziell ausgenutzt. Bestimmten sogenannten biologischen Waschmitteln werden eiweißspaltende Enzyme zugesetzt, um Eiweißflecke, z. B. Blutflecke, zu entfernen.

> **Kurzgefaßt:**
> **Enzyme** sind Eiweiße, katalysieren Reaktionen, **ohne** selbst **verändert zu werden. Coenzyme** sind keine Eiweiße, oft **Nucleotide**, z. B. ADP, AMP und NADP; **sie werden bei der Reaktion verändert. Nucleotide** enthalten Ribose-, Phosphor- und Stickstoffbestandteile.
>
> Enzyme wirken katalytisch auf das **Substrat** (oder Substrate), Ergebnis ist ein **Produkt** (oder Produkte). Ein Enzym paßt zum Substrat wie ein Schloß zum Schlüssel. Die Aktivität der Enzyme ist pH- und temperaturabhängig.

Abb. 4-4. a) Enzymkatalysierte Reaktion. Das Enzym paßt zum Substrat wie das Schloß zum Schlüssel. E-S = Enzym-Substrat. Das Enzym bleibt unverändert. Es entstehen hier 2 Produkte. b) Kompetitive Hemmung. Ein dem spezifischen Substrat ähnlicher Stoff blockiert die Enzym-Substratreaktion.

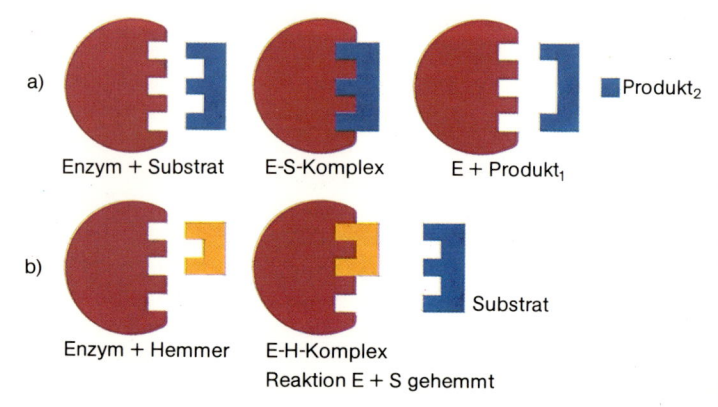

a) Enzym + Substrat → E-S-Komplex → E + Produkt₁, Produkt₂

b) Enzym + Hemmer → E-H-Komplex, Substrat
Reaktion E + S gehemmt

Pentosephosphatzyklus

Wege des Zellstoffwechsels

Im folgenden wird der Abbau der Nährstoffe **Zucker, Fett** und **Eiweiß** beschrieben, die in den meisten Zellen in Form von **Glukose, Fettsäuren** und **Aminosäuren** vorliegen. In Zellen, die als Fettspeicher dienen, oder in denen die Speicherform der Kohlenhydrate, **Glykogen,** vorkommt, gibt es spezielle Stoffwechselwege. Dies gilt auch für spezialisierte Zellen, etwa solche, die Hormone bilden oder z. B. am Knochenaufbau oder -abbau beteiligt sind.

Wie schon mehrfach festgestellt, ist das Ziel des Abbaus von Nährstoffen der Energiegewinn, Energie in Form von ATP-Molekülen, aus denen sie jederzeit zur Aufrechterhaltung der Funktion und der Struktur der Zelle freigesetzt werden kann.

1. Abbau der Glukose

Glukose kann mit Sauerstoff zu Kohlendioxid und Wasser „verbrannt" werden, wobei Energie freigesetzt wird:

$C_6H_{12}O_6 + 6\ O_2 \rightarrow 6\ CO_2 + 6\ H_2O +$ 2822 kJ/mol

Aus 1 mol Glukose könnten ca. 98 mol ATP gewonnen werden, da die Bindung eines Phosphats an ADP etwa 29 kJ erfordert. Dies wäre theoretisch möglich, wenn nicht durch den stufenweisen Abbau der Glukose Energie in Form von Wärme abgegeben würde, insgesamt ca. 1720 kJ/mol. 1 mol Glukose liefert deshalb nur 38 mol ATP.

Im Laufe des Glukoseabbaus werden drei Wege benutzt: Die Glykolyse, der Citratzyklus und die Atmungskette. Die Beschreibung des Citratzyklus und der Atmungskette erfolgt nach der des Fettsäure- und Aminosäureabbaus, da Produkte daraus in beide Stoffwechselwege eingehen.

Die Glykolyse

Glykolyse heißt Auflösung von Zucker. Der glykolytische Abbau kann ohne Sauerstoffverbrauch, **anaerob,** ablaufen, z. B. in Muskelzellen, wenn in Folge Stoffwechselsteigerung bei Arbeit die Speicherform des Zuckers, Glykogen, abgebaut wird. Dabei kann allerdings nur $\frac{1}{20}$ der Energiemenge gewonnen werden, die beim **aeroben** Abbau in Anwesenheit von Sauerstoff freigesetzt wird.

Bei der **aeroben Glykolyse** entstehen aus: 1 Molekül Glukose $\rightarrow$ 2 Moleküle Pyruvat (Brenztraubensäure)

$$C_6H_{12}O_6 \rightarrow 2\ H_3C - \underset{\underset{O}{\|}}{C} - COOH$$

Bei der **anaeroben Glykolyse** entstehen aus: 1 Molekül Glukose $\rightarrow$ 2 Molekül Lactat (Milchsäure)

$$C_6H_{12}O_6 \rightarrow 2\ H_3C - \underset{\underset{OH}{|}}{CH} - COOH$$

Auch bei der anaeroben Glykolyse entsteht zuerst Pyruvat, das aber **nicht** zu Acetyl-Coenzym A umgebaut und in den Citratzyklus eingespeist, sondern durch das Enzym Lactatdehydrogenase (LDH) zu Milchsäure reduziert wird. Im Herzmuskel und in der Leber kann Laktat oxidiert und dadurch energetisch genutzt werden.

Unter aeroben Bedingungen wird Pyruvat zu Acetyl-Coenzym A umgewandelt, das denn im Citratcyklus weiter oxidiert wird. Der Abbau von Glukose zu Pyruvat erfordert insgesamt 10 Schritte (s. Abb. 4-5).

Als **Phosphorylierung** bezeichnet man die bei der Glykolyse stattfindende Phosphatübertragung. Bei Schritt 1 und 3 wird aus dem Abbau von ATP zu ADP je ein Phosphat übertragen, zur Phosphorylierung bei Schritt 6 wird anorganisches Phosphat aufgenommen. Man bezeichnet dies als Substrat(ketten)phosphorylierung. Bei Schritt 7 und 10 werden je 2 ATP-Moleküle gewonnen. Die Bilanz aus dem glykolytischen Abbau eines Glukosemoleküls beträgt 2 ATP-Moleküle und 2 Pyruvatmoleküle. Phosphorylierte Verbindungen zeigen eine charakteristische Eigenschaft, sie können die Zellmem-

Fettsäurenabbau

bran nicht durchdringen, d. h. die Zelle nicht mehr verlassen.

Der Pentosephosphatzyklus

Vom Glukose-6-Phosphat ausgehend (Schritt 2), gibt es eine Abzweigung, einen Stoffwechselweg, bei dem ein Zucker mit 5 Kohlenstoffatomen (Pentose), **Ribose**, als Ribose-5-Phosphat gebildet wird. Dieser Zucker dient der Bildung von Ribonucleinsäure RNA, die auch die Vorstufe von Desoxyribonucleinsäure DNA darstellt. Diese Verbindungen spielen bei der Zellteilung und Biosynthese der Eiweiße eine wichtige Rolle (s. S. 34f.). Der Pentosephosphatzyklus wird daher besonders in Wachstumsperioden des Organismus in Anspruch genommen, wenn eine lebhafte Zellteilung stattfindet.

> **Kurzgefaßt:**
>
> Durch **Glykolyse** wird Glukose zu Pyruvat abgebaut, das bei Anwesenheit von Sauerstoff teils zu Acetyl-CoA, teilweise Oxalacetat umgebildet und im Citratzyklus weiter abgebaut wird.
>
> Anaerob entsteht aus Pyruvat Milchsäure. Der **Pentosephosphatzyklus** dient der Bildung von 5-C-Zuckern, Ribosen, die zum Aufbau von Zellkernmaterial (Nukleinsäuren) benötigt werden.

2. Abbau der Fettsäuren

Der Abbau von Nahrungsfett erfolgt vorwiegend im Dünndarm (s. 10-96). Triglyceride werden bei der Aufnahme in den Darm durch Lipasen zu Glycerin und Monoglyceriden gespalten, in der Darmschleimhaut aber wieder zu Triglyceriden aufgebaut. Diese werden in Form winziger Fettkügelchen, den Chylomikronen, in der Lymphbahn transportiert. Die Triglyceride werden in Glycerin und Fettsäuren gespalten. Glycerin, als 3-C-Kohlenhydrat, kann nach Phosphorylierung glykolitisch abgebaut werden.

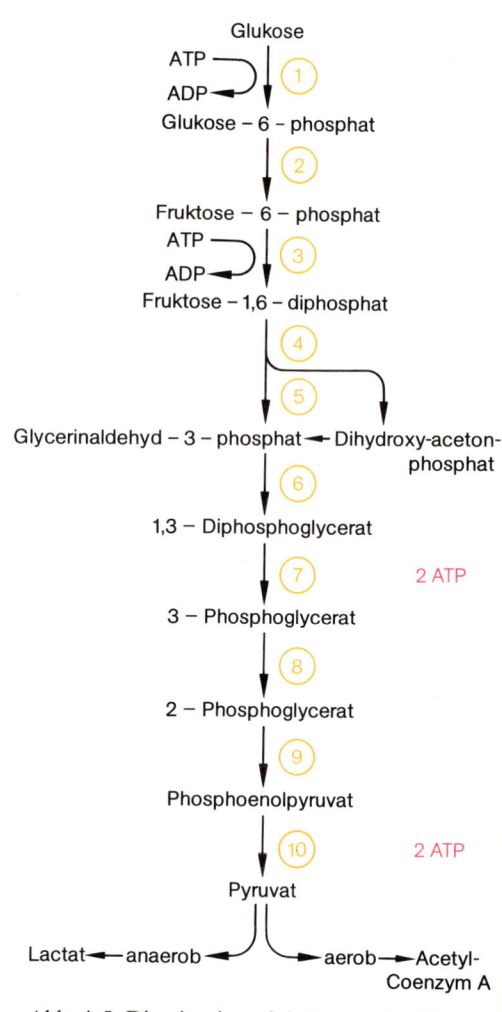

Abb. 4-5. Die einzelnen Schritte bei der Glykolyse. Bilanz: 2 ATP werden verbraucht, 4 ATP werden erzeugt = 2 ATP sind der Gewinn.

Als β-**Oxidation** wird der Abbau der Fettsäuren bezeichnet (Abb. 4-6). Dabei werden die Fettsäuren schrittweise um 2-C-Einheiten verkürzt, das Endprodukt ist **Acetyl-Coenzym A**, auch „aktivierte Essigsäure" genannt. Diese Verbindung ist etwas energiereicher als ATP.

Zu Beginn der β-Oxidation werden die Fettsäuren aktiviert, d. h. in CoA-Verbindungen umgewandelt. Dabei geht 1 ATP verloren, es wird zu AMP und Pyrophos-

Aminosäurenabbau

phat, P – P abgebaut. Bei beiden Oxidationen innerhalb des Fettsäureabbaus erfolgt die Übertragung von Wasserstoff auf FAD (Flavinadenin-dinukleotid) und NAD (Nicotinadenindinukleotid). Das Aufbrechen der C-C-Bindung geschieht bei Reaktionsschritt 4, bei dem auch an die nun verkürzte Fettsäure erneut Coenzym A angelagert wird, wonach sich der Vorgang wiederholt, bis die ganze Fettsäure zu Acetyl-Coenzym A abgebaut ist. Eine C_{18}-Fettsäure ergibt 9 Moleküle „aktivierte Essigsäure", die vorwiegend in den Citratzyklus eingespeist wird (s. Abb. 4-7).

Ketonkörper

Bei **Hunger, Fasten** und der **Zuckerkrankheit** (s. 24-302) werden vermehrt Triglyceride abgebaut. Die anfallenden Fettsäuren werden dann nicht mehr vollständig bis zu Acetyl-CoA, sondern nur noch bis zu Acetoacetyl-CoA, das 4 Kohlenstoffatome enthält. Es entsteht **Acetoacetat**, das zu **Hydroxybuttersäure** reduziert bzw. zu **Aceton** decarboxyliert werden kann. Die drei letztgenannten Verbindungen sind **Ketonkörper**. Der erhöhte Anfall von Ketonkörper (Säuren) führt zur Abnahme der pH-Werte im Blut, zur **Azidose**, die, weil stoffwechselbedingt, als **metabolisch** bezeichnet wird. Aceton ist „flüchtig" und wird teilweise mit der Ausatemluft abgegeben. Diese riecht aromatisch, „nach frischem Obst", ein wichtiges diagnostisches Zeichen bei unbehandelten Zuckerkranken, Hungernden und Fastenden.

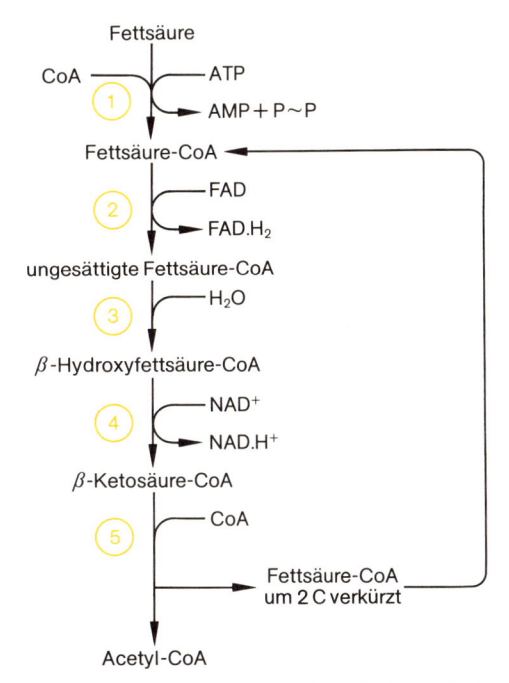

Abb. 4-6. Fettsäureabbau, β-Oxidation. Nach Bildung der um 2 C-Atome verkürzten Fettsäure-CoA-Verbindung erfolgen weitere Oxidationen, bis die Fettsäurekette zu Acetyl-Co A, „aktivierter Essigsäure", abgebaut ist. Diese wird größtenteils in den Citratzyklus eingespeist.

> **Kurzgefaßt:**
>
> Nach Abspaltung des **Glycerins** von den **Fettsäuren** werden letztere duch Abtrennungen von C-Atomen und Oxidation, **β-Oxidation**, abgebaut. Das Endprodukt, die aktivierte Essigsäure, wird zum größten Teil in den Citratzyklus eingespeist. **Glycerin** wird glykolytisch abgebaut. Anhäufung von **Ketonkörper** führt zur metabolischen Azidose.

3. Abbau der Aminosäuren

Durch spezifische Proteinasen werden die Proteine in ihre Bausteine, die Aminosäuren, gespalten, die sich im Zellinnern ansammeln. Deren Abbau ist kompliziert, da spezifische Enzyme nötig sind, um die einzelnen Aminosäuren abzubauen. Im wesentlichen stehen drei Reaktionswege zur Verfügung: a) **Decarboxylierung**, b) **Transaminierung** und c) **Desaminierung**.

Citratzyklus

a) Die Decarboxylierung

Spezifische Enzyme, **Decarboxylasen**, spalten die Aminosäuren zu CO_2 und den primären **Aminen**, die der Eigenart der betreffenden Aminosäuren entsprechen. Viele der Zwischenprodukte haben eine ganz spezielle Wirkung. Aus der Aminosäure **Histidin** entsteht **Histamin** (s. 24-307), aus **Cystein-Cysteamin**, ein Bestandteil des Coenzyms A, oder aus **5-Hydroxytryptophan, Serotonin**. Die teilweise hochaktiven Substanzen können durch Amin-Oxidasen inaktiviert werden. Man kennt Monoamin-Oxidasen (abgekürzt MAO) und Diamin-Oxidasen (DAO).

b) Die Transaminierung

Spezielle Enzyme, **Transaminasen**, übernehmen die Aminogruppe NH_2 einer Aminosäure und geben sie an ein anderes Kohlenstoffskelett ab, woraus eine neue Aminosäure entsteht. Dieser Prozeß ist umkehrbar und spielt sowohl beim Abbau als auch beim Umbau von Aminosäuren eine Rolle. Interessant ist, daß im Laufe der Entwicklung (Evolution) die Fähigkeit, bestimmte Kohlenstoffketten herzustellen, verlorengegangen ist. Entsprechende Aminosäuren, ohne die der Körper nicht existieren kann, müssen daher mit der Nahrung zugeführt werden. Man nennt sie „essentielle" Aminosäuren (s. 9-67).

c) Die Desaminierung

Der Aminosäure wird durch eine spezifische **Dehydrogenase** Wasserstoff entzogen und anschließend Wasser zugesetzt. Es entsteht **Ammoniak** (NH_3) und eine **Ketosäure**, z. B.:

Glutaminsäure + NAD^+ + H_2O →
NH_3 + α-Ketoglutarsäure + NAD.H + H^+

Harnstoffbildung

Ammoniak, NH_3 bzw. NH_4^+, als Zwischen- oder Endprodukt des Proteinstoffwechsels, ist für die Zelle stark schädigend und muß in eine „harmlosere" Form, **Harnstoff**, überführt werden. Dieser kann im Harn durch die Niere ausgeschieden werden. Die Harnstoffbildung ist ein endergonischer Prozeß, verbraucht also Energie.

$$HCO_3^- + NH_4^+ + NH_3 \rightarrow H_2N-\overset{O}{\underset{\|}{C}}-NH_2 + 2H_2O$$

Bikarbonat + Ammoniak → Harnstoff + Wasser

> **Kurzgefaßt:**
>
> Aminosäuren werden durch **Decarboxylierung** zu CO_2 und Aminen zerlegt, durch **Transaminierung** und **Desaminierung** teils abgebaut, teils zu anderen Aminosäuren umgebaut. Das Endprodukt **Ammoniak** (schädigend) wird zu **Harnstoff** umgebaut und im Harn ausgeschieden.

4. Der Citratzyklus

Der Citratzyklus, auch treffend als **Drehscheibe des Stoffwechsels** bezeichnet, ist ein Sammelbecken für Zwischenprodukte des Kohlenhydrat-, Fett- und Eiweißstoffwechsels. Aus Zwischenprodukten des Citratstoffwechsels selbst können körpereigene Stoffe aufgebaut werden, z. B. Asparaginsäure und Glutaminsäure oder, über die „aktivierte Bernsteinsäure" (Coenzym A-Succinat), die Häm-Gruppe des roten Blutfarbstoffs, **jedoch keine Kohlenhydrate**. Andererseits ist der Citratzyklus, in Verbindung mit der Atmungskette, eine **gemeinsame Endstrecke** des Zellstoffwechsels, auf der pro mol aktivierter Essigsäure 12 mol ATP ge-

Atmungskette

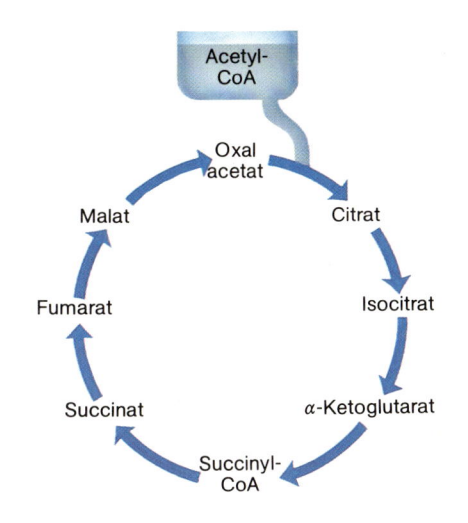

Abb. 4-7. Der Citratzyklus.

bildet werden. Der Citratzyklus wird, wie Abb. 4-7 zeigt, gespeist durch **Acetyl-Coenzym A**, dem Endprodukt des Fettsäureabbaus. Aus **Pyruvat**, dem Endprodukt der Glykolyse, entsteht ebenfalls, nach Abgabe von CO_2 und H_2, **Acetyl-Coenzym A** und wird in dieser Form vom Citratzyklus übernommen. Beim ersten Schritt reagiert Acetyl-Coenzym A mit Oxalacetat (Substrat), es entsteht als erstes Produkt die 6-C-Verbindung Citrat, wonach der Zyklus seinen Namen hat. Durch enzymatische Dehydrierung und Decarboxylierung wird stufenweise Wasserstoff und Kohlendioxid freigesetzt, bis sich der Ring, nach erneuter Bildung von Oxalacetat, schließt.

Der Citratzyklus läuft nur in enger Verbindung mit der Atmungskette ab.

5. Die Atmungskette

Die Zellatmung findet in den Mitochondrien statt. Ihre Aufgabe ist es, den an die Coenzyme gebundenen Wasserstoff bzw. Elektronen, die aus Dehydrierungsreaktionen aus der Glykolyse, dem Citratcyklus und anderen Stoffwechselwegen stammen, zum Sauerstoff zu führen. Dabei entsteht Wasser und Energie in Form von ATP. Für diese komplex ablaufenden Vorgänge ist in der inneren Mitochondrienmembran ein System angelagert, das aus Proteinen und Coenzymen besteht, das u. a. auch Cytochrome enthält. Cytochrome sind dem Häm des roten Blutfarbstoffs ähnliche Verbindungen. Das letzte Glied in dieser sogenannten Atmungskette ist Cytochrom a, das 4 Elektronen auf den Sauerstoff, unter Bildung von Wasser, überträgt:

$$O_2 + 4e + 4H^+ \rightarrow 2H_2O$$

Die freiwerdende Energie wird nicht schlagartig frei, sondern in „kleinen Portionen", sie bewirken eine Phosphorylierung von ADP zu ATP. Für die Coenzyme NADH und FADH kann folgende Gesamtgleichung aufgestellt werden:

$NADH + 3 ADP + 3 Phosphat + H^+ + \frac{1}{2} O_2$
$\rightarrow NAD^+ + 3 ATP + H_2O$
$FADH_2 + 2 ADP + 2 Phosphat + \frac{1}{2} O_2 \rightarrow$
$FAD + 2 ATP + H_2O$

Man bezeichnet die Kopplung von Atmungskette und Phosphorylierung als **oxidative Phosphorylierung**. Sie geschieht an der inneren Mitochondrienmembran, den Leisten, die durch ihre Faltung eine große Oberfläche ergeben (Abb. 1-1). In Abb. 4-8 sind alle Stoffwechselwege der Nahrungsstoffe und ihre Verknüpfungen schematisch dargestellt.

> **Kurzgefaßt:**
>
> **Citratzyklus** und **Atmungskette** sind gemeinsame Endstrecken des Zellstoffwechsels, Bildung von CO_2, H_2 und H_2O. Aus Zwischenprodukten des Citratzyklus können einige Aminosäuren und andere körpereigene Stoffe, jedoch **keine** Kohlenhydrate, aufgebaut werden.

Biologische Oxidation u. Reduktion

Die biologische Oxidation und Reduktion

Der Abbau biologischer Kohlenstoffverbindungen zu Kohlendioxid und Wasser wurde früher als **Verbrennung unter Sauerstoffzufuhr und Wärmebildung** beschrieben.

Es hat sich aber gezeigt, daß, besonders beim Warmblüter, Oxidationsvorgänge wesentlich rationeller ablaufen. Nur ein Teil der freiwerdenden Energie erscheint als Wärme; wichtige Produkte sind energiereiche chemische Verbindungen, vor allem Adenosintriphosphat, ATP.

Heute beschreibt man **Oxidation** mit **Entzug von Elektronen**. Bei oxidativen Stoffwechselvorgängen entspricht dem Elektronenentzug die Abgabe von H_2-Molekülen, die **Dehydrierung**, meist durch Nucleotide, z. B. NADP.H oder FAD.H_2.

Bei der **Reduktion** werden Elektronen aufgenommen; es sind **Hydrierungsprozesse**. Sog. **Redoxkörper** sind z. B. Vitamin C und die Cytochrome.

Proteinsynthese und Vererbung

Zwischen dem mehr oder weniger abstrakten Begriff der Vererbung und dem konkreten biologischen Vorgang der Proteinsynthese besteht ein enger Zusammenhang. Trägt ein Mensch z. B. das Erbmerkmal: dunkle Hautfarbe, so heißt das, daß er bestimmte Enzyme, also Proteine, herstellen kann, die Reaktionen zur Bildung bestimmter Hautpigmente katalysieren.

Alle ererbten und vererbbaren Merkmale sind in verschlüsselter Form in bestimmten Molekülstrukturen niedergelegt. Als Erbmaterial wurde früher der Eiweißanteil der Zellkerne angesehen, man stellte sich ein besonders kompliziert gebautes Eiweißmolekül vor, bis man herausfand, daß es sich um relativ einfach gebaute DNA-Moleküle handelt.

Das DNA-Molekül Desoxyribonukleinsäure (s. 2-7) besteht chemisch aus **Desoxyribose**, einem 5C-Zucker, **Phosphaten** und 4 verschiedenen Stickstoffbasen: **Adenin,**

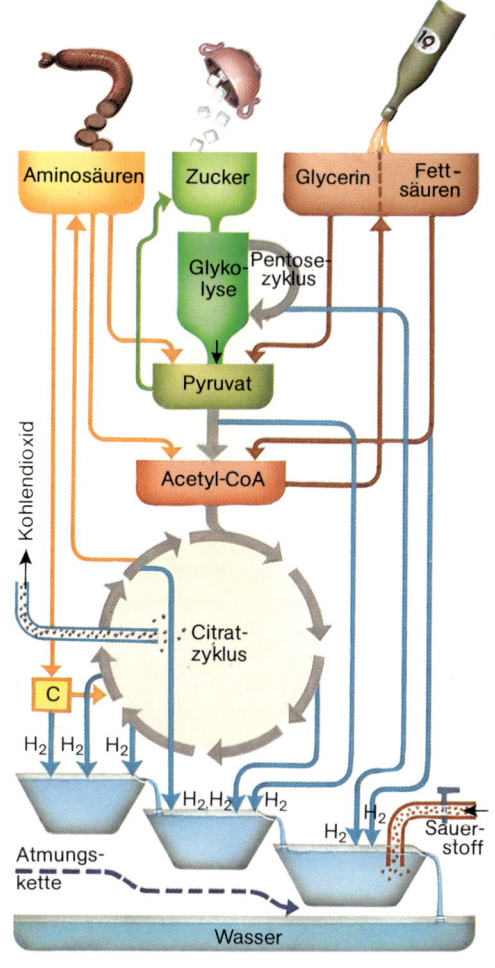

Abb. 4-8. Schematische Darstellung des Stoffwechsels der Nahrungsstoffe in der Zelle. Entsprechende Linien (Pfeilrichtung) sollen zeigen, in welche „Töpfe" die Abbauprodukte fließen und aus welchen „Töpfen" ein Aufbau von Aminosäuren, Zucker und Fett möglich ist. C = Kohlenstoffskelette aus dem Aminosäurenabbau, die über den Citratzyklus teils zur Herstellung von CO_2, teils von Aminosäuren verwendet werden.

Thymin, Cytosin und **Guanin**, kurz A, T, C und G. Es gehört, wie RNA, zur Gruppe der **Nukleinsäuren** (deutsch: Kernsäuren). Die Molekülstruktur konnte 1955 von *Watson* und *Crick* als **Doppel-Helix-Modell** aufge-

Proteinsynthese

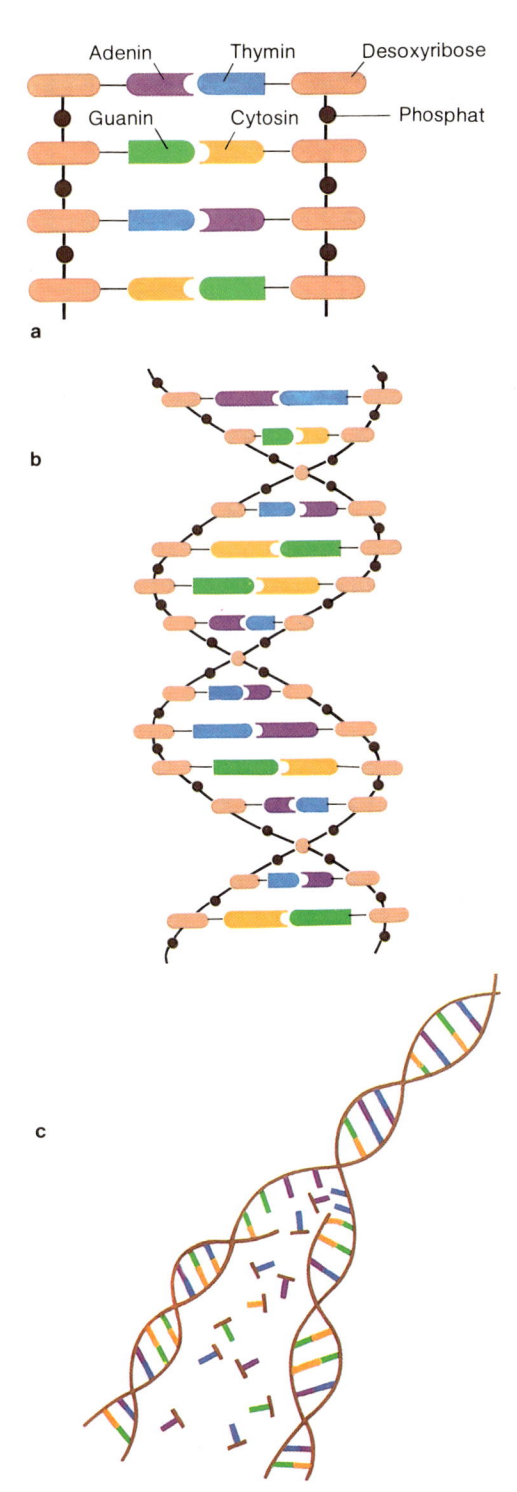

klärt werden. Man kann sich den Bau des Moleküls auch als Strickleiter vorstellen (Abb. 4-9a). Die beiden äußeren Stricke entsprechen den Zucker-Phosphatsträngen, die Sprossen den paarweise über Wasserstoffbrücken gekoppelten Stickstoffbasen **Adenin, Thymin, Guanin** und **Cytosin**, wobei nur die Kombination A-T oder T-A und G-C oder C-G möglich ist. Die **Reihenfolge** der Basenpaare ist variabel, dieselben Paare können z. B. mehrmals hintereinander vorkommen. Abb. 4-9b soll die Schraubenform des Moleküls zeigen, Abb. 4-9c seine Verdopplung.

Vor einer Zellteilung (Mitose) trennen sich die Stränge an den Wasserstoffbrücken der Basen, vergleichbar dem Öffnen eines Reißverschlusses. Passende Basen-, Zucker- und Phosphatteile aus der Umgebung lagern sich an die Molekülhälften an, so entstehen zwei identische Doppelstränge. Normalerweise, wenn keine Zellteilung stattfindet, sind die DNA-Moleküle fadenförmige, leicht gewundene Gebilde, ein lockeres Netzwerk von unterschiedlicher Dichte. Bei der Zellteilung winden sie sich stärker und verdichten sich zu Strängen, die sich intensiv anfärben und daher **Chromosome** (gr. Chroma, Farbe) genannt werden, **Gene** sind einzelne, verdichtete DNA-Moleküle (s. oben). Es entstehen zwei identische Chromosomensätze, die nach der abgeschlossenen Zellteilung in den Kernen der Tochterzellen wieder eine aufgelockerte Form annehmen.

Im Kern sind die DNA-Moleküle in eine Grundsubstanz aus Proteinen eingelagert, von denen die **Histone** eine besondere Bedeutung haben. Sie besitzen **basische** Seitengruppen, die die **sauren** Phosphatgruppen

Abb. 4-9. DNA a) Anordnung der Bausteine. b) Die Doppel-Helix. c) DNA-Verdopplung. Jeder der beiden Doppelstränge besteht aus einem „alten" und einem neugebildeten Strang.

Genetischer Code

der DNA **neutralisieren**. Sie stellen eine Art Verpackungsmaterial der DNA-Moleküle dar und können die Transkription (s. u.) bestimmter DNA-Abschnitte blockieren.

Das RNA-Molekül

Die Ribonukleinsäure besitzt im Gegensatz zum DNA-Molekül mit seinen 2 Strängen nur **einen,** aber ebenfalls **schraubenartig gewundenen Strang**. Der Zuckeranteil besteht aus **Ribose**, anstatt Desoxyribose, und die Stickstoffbase Thymin ist ersetzt durch **Uracil**, kurz U. Man unterscheidet:
Messenger-RNA, m-RNA (message, engl. Nachricht)
Transfer-RNA, t-RNA (transfer, engl. übertragen)
Ribosomen-RNA, r-RNA (riband, engl. Band)
Die einzelnen Ribonukleinsäuren haben unterschiedliche Funktionen, wie wir im folgenden sehen werden.

Der genetische Code

Die Eigenart der Eiweiße liegt in der Reihenfolge ihrer Aminosäurebestandteile, ihrer Länge und räumlichen Struktur. Die Peptidbindung ist ein **energetisches Problem**, die korrekte Reihenfolge der Aminosäuren, die Aminosäurensequenz, ein Problem der **Information** und **Informationsübertragung**. Energetische Probleme können über den ATP-ADP-AMP-Mechanismus gelöst werden. Die einzelnen Aminosäuren werden „aktiviert" (s. u.).

Die Information und Informationsübertragung, die Aminosäuresequenz betreffend, liegt in verschlüsselter Form in den RNA- bzw. DNA-Molekülen vor. Sie muß entschlüsselt und in eine entsprechende Aminosäuresequenz übertragen werden. Die Struktur des RNA-Moleküls läßt erkennen, daß die Information in der linearen Reihenfolge der vier Basen entlang der DNA-Ketten codiert sein muß. Entsprechende Experimente an Bakterien-RNA haben ergeben, welche Basenanordnung einer bestimmten Aminosäure im Protein entspricht. Man kann sich ausrechnen, daß eine einzelne Base als Codewort nicht in Frage kommen kann, da 4 unterschiedliche Basen, A, G, T und C, nur 4 Möglichkeiten ergeben, aus den 20 Aminosäuren eine bestimmte auszuwählen. Zwei aufeinanderfolgende Basen ergeben $4 \cdot 4 = 16$ Kombinationen, das ist auch noch nicht ausreichend. Tatsächlich konnte man feststellen, daß die unterschiedliche Reihenfolge von 3 **Stickstoffbasen, Tripletts** genannt, zur Entzifferung des genetischen Codes benutzt werden. Allerdings ergeben sich daraus $4 \cdot 4 \cdot 4 = 64$ unterschiedliche Kombinationen, 44 zuviel. Man nannte sie früher „Unsinn"-Tripletts. Nachdem es aber gelungen war, den ganzen Code zu entziffern, stellte man fest, daß für einige Aminosäuren 2–3 Tripletts, auch **Codons** genannt, von gleicher Bedeutung sind. Man spricht nun von den sozusagen „überflüssigen" Tripletts als vom „degenerierten" Code. Tabelle 4-1 zeigt den genetischen Code für alle 20 Aminosäuren.

Start und **Stop**: AUG und GUG sind Startcodons. Sie sind gleichzeitig die Codons der Aminosäuren Methionin und Valin. Stopsignale sind die Tripletts UAA, UAG und UGA, die keiner Aminosäure als Codon dienen. Start- bzw. Stop-Mechanismen sind bisher nur an Coli-Bakterien genauer untersucht.

Der genetische Code ist universell, d. h., **er gilt für alle Lebewesen**, nicht nur für Bakterien und Viren, an denen man seine Grundlagen erforscht hatte.

Die Ribosomen

Ribosomen, so benannt nach ihrem Gehalt an Ribonukleinsäure (r-RNA), sind Teilchen von 15-20 nm Durchmesser. Sie besitzen einen Proteinanteil und bestehen aus 2 Untereinheiten verschiedener Größe, die sich mit

Ribosomen

Tabelle 4–1. Der genetische Code der Aminosäuren.

Erste Position	Zweite Position				Dritte Position
	U	C	A	G	
U	Phe	Ser	Tyr	Cys	U
	Phe	Ser	Tyr	Cys	C
	Leu	Ser	**Stop**	**Stop**	A
	Leu	Ser	**Stop**	Trp	G
C	Leu	Pro	His	Arg	U
	Leu	Pro	His	Arg	C
	Leu	Pro	Gln	Arg	A
	Leu	Pro	Gln	Arg	G
A	Ile	Thr	Asn	Ser	U
	Ile	Thr	Asn	Ser	C
	Ile	Thr	Lys	Arg	A
	Met/*St.*	Thr	Lys	Arg	G
G	Val	Ala	Asp	Gly	U
	Val	Ala	Asp	Gly	C
	Val	Ala	Glu	Gly	A
	Val/*St.*	Ala	Glu	Gly	G

St. = Start.

der Ultrazentrifuge nach unterschiedlichen Sedimentationskonstanten trennen lassen, 60 S und 40 S. Sie kommen im Plasma teils einzeln oder aneinandergereiht (Polysomen) vor oder sind an das endoplasmatische Retikulum (s. 1-7) gebunden. Die Ribosomen spielen eine wichtige Rolle bei der Übertragung der Codons der m-RNA auf die spezifische t-RNA einer Aminosäure (Anticodon) und letztlich dem Entstehen der Aminosäuresequenz. Im Anticodon einiger Aminosäuren-t-RNAs (z. B. Alanin, Valin, Serin) ist Uracil (U) durch Inosin (I) ersetzt, das mit U, C und A der m-RNA Paare bilden kann, wodurch mehrere „degenerierte" Tripletts der t-RNA für eine Aminosäure als „richtig" übersetzt werden können.

Der Ablauf der Proteinsynthese

1. DNA überschreibt die Information an die messenger-RNA.
   a) Der DNA-Doppelstrang öffnet sich an einer bestimmten Stelle, ähnlich wie bei der Verdopplung. Freie Nucleotideinheiten werden zu einem Strang durch Basenpaarung aneinandergereiht. Am m-RNA-Strang befindet sich Uracil statt Thymin, das sich entsprechend mit Adenin paart. Die m-RNA ist ein spiegelbildlicher Abdruck, eine Matrize, und enthält nun die genetische Information.
   b) Die m-RNA verläßt den Kern durch die großen Poren der Membran und nimmt mit der kleineren Einheit (40 S) eines Ribosoms Verbindung auf.
2. Die freien Aminosäuren werden aktiviert.
   a) ATP reagiert mit der Säuregruppe der Aminosäure unter Freisetzung von 2 Phosphaten.
   b) t-RNA, die das spezielle Erkenntnistriplett, auch **Anticodon** genannt, enthält, wird enzymatisch an die Aminosäure angelagert:
   Aminosäure + ATP + t-RNA → Amisosäure-t-RNA + AMP + 2 Phosphate
   Die Aminosäure mit Anticodon nimmt mit der größeren Einheit (60 S) eines Ribosoms Verbindung auf.
3. Die Proteinkette entsteht im Ribosom (s.

Polypeptidketten

Abb. 4-10), wo sich gleichzeitig 2 Aminosäure-t-RNA-Komplexe befinden, deren Anticodon dem Codon der m-RNA entspricht. Die Aminosäure wird von ihrer t-RNA abgetrennt und in der richtigen Folge an die Polypeptide gereiht. Dies wiederholt sich, bis ein Stop-Codon erscheint und das Protein vollständig ist. Proteine mit 150 Aminosäuren können nachweislich in ca. 60 Sekunden gebildet werden.

Die m-RNA bleibt erhalten und kann immer wieder benutzt werden; auch können an einem Strang mehrere Proteine nacheinander entstehen. Auch die t-RNA-Bruchstücke werden wiederholt benutzt.

Mutation

Man hat ausgerechnet, daß die DNA-Stränge, die sich im Kern einer einzigen menschlichen Körperzelle befinden, ausgezogen und aneinandergereiht eine Länge von 90 cm ergeben. Etwa 50 Millionen Zellen werden pro Sekunde im Körper neu gebildet (dieselbe Anzahl geht zugrunde). Die neuen Zellen entstehen durch Teilungsvorgänge, und man kann sich ausrechnen, daß sich dabei ein DNA-Strang von 45 000 km Länge verdoppelt, der mehr als 1mal den Erdumfang (40 000 km) ausmacht. Dabei öffnet sich, wie beschrieben, der Doppelstrang reißverschlußartig, und die „richtige" Ba-

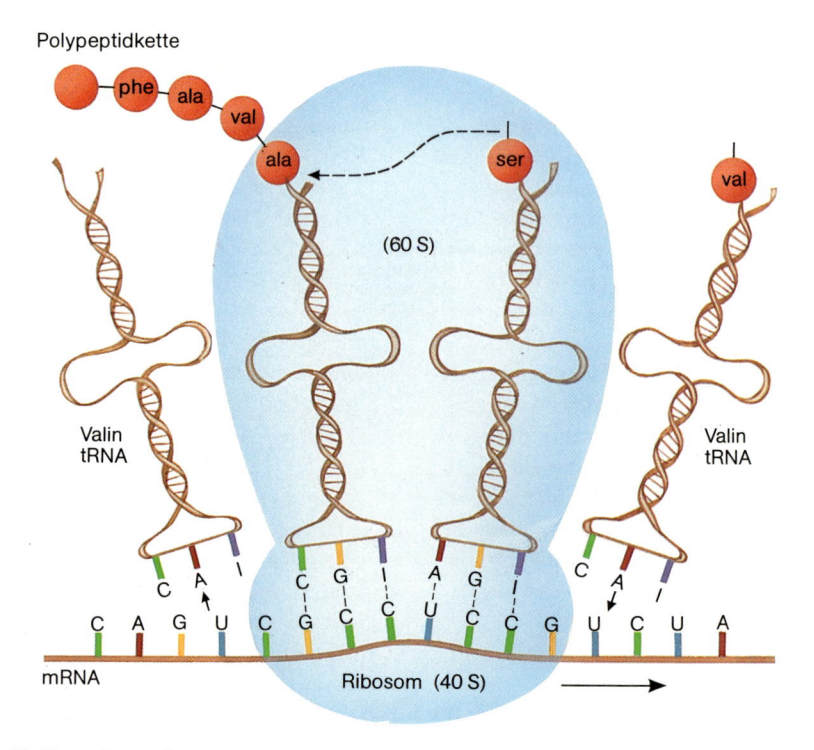

Abb. 4-10. Entstehung einer Polypeptidkette in einem Ribosom. Zwei Aminosäuren passen mit ihrem spezifischen Anticodon in die Matrize der m-RNA. Sie werden an die links oben entstehende Eiweißkette gereiht, weitere Aminosäuren folgen, bis am m-RNA-Strang ein Stop-Codon erscheint und die Eiweißkette abfällt. Die t-RNA-Bruchstücke werden wiederverwendet (nach *Vander*, 1975).

senpaarung ist die Voraussetzung, daß in der neuen Zelle die „richtigen" Eiweiße gebildet werden. Was täglich an Kernmaterial neu gebildet wird, kann man sich kaum vorstellen, und es ist erstaunlich, wie selten Irrtümer bei der Basenpaarung vorkommen. Wenn eine einzige Base an einer „falschen" Stelle angelagert wird, ist die Basenfolge verändert, ein verändertes Triplett ist die Folge. Bei der Eiweißsynthese wird aufgrund des veränderten Tripletts eine „falsche" Aminosäure an die Peptidkette gereiht, die Aminosäuresequenz ist verändert. Betrifft dies z. B. ein Enzym an seiner funktionell wichtigen Stelle, kann die Enzymfunktion gesteigert oder eventuell so verändert sein, daß ein anderes Substrat bevorzugt wird, oder daß es keine Funktion ausüben kann.

Wenn eine derartige **Mutation** (mutare, lat. = verändern) z. B. eine Leberzelle des Erwachsenen betrifft, kann die Zelle absterben, ohne daß das Individuum beeinträchtigt wird, denn Tausende von Leberzellen mit ähnlichen Funktionen sind noch vorhanden und werden laufend neu gebildet. Findet dieselbe Mutation zu einem Zeitpunkt statt, in dem die Leber angelegt wird, etwa um den 21.-27. Tag nach der Befruchtung, können alle Leberzellen den Enzymdefekt aufweisen, und das Individuum ist schwer geschädigt.

Mutationen, die in Keimzellen, Ei- oder Samenzellen, auftreten, schädigen zwar das Individuum nicht, jedoch seine Kinder. Genmutationen, die sich von Generation zu Generation vererben, sind z. B. Ursache der Rot-Grün-Blindheit, der Bluterkrankheit und anderer Erbkrankheiten. Oft ist dabei nur ein einziges Enzym, durch Austausch einer einzigen Aminosäure, defekt. Mutationen treten gehäuft unter besonderen Umweltbedingungen auf, z. B. bei kosmischer Höhenstrahlung, intensiver Bestrahlung mit ultraviolettem Licht, natürlicher oder künstlicher radioaktiver Strahleneinwirkung. Chemische Auslöser von Mutationen, sog. **Mutagene**, sind u. a. Nitritsubstanzen, Kampfgase (Senfgas) oder das Gift der Herbstzeitlosen, Kolchizin.

Kurz sei noch darauf hingewiesen, daß das Entstehen höherer Organismen aus niederen Organismen im Laufe der Entwicklungsgeschichte (Evolution) nur durch Mutationen möglich war. Durch das Prinzip der „natürlichen Auslese" konnten nur Organismen überleben, denen es durch bestimmte Mutationen und deren Vererbung gelungen war, sich Umweltveränderungen anzupassen, wie Kälteeinbrüchen (Eiszeit), großer Hitze, extremer Trockenheit oder Feuchtigkeit.

Kurzgefaßt:

DNA-Moleküle, doppelsträngig, enthalten den genetischen Code.

m-RNA-Moleküle, einsträngig, enthalten einen spiegelbildlichen Abdruck, eine Matritze des genetischen Codes.

t-RNA-Moleküle enthalten den Anticodon für 3 aufeinanderfolgende Stickstoffbasen (Triplett, Codon), spiegelbildlich der m-RNA.

Jeder Aminosäure entspricht 1 (bzw. 2-3) Codon, den sie durch ihren speziellen t-RNA-Anticodon erkennen kann.

Im **Ribosom** treffen sich m-RNA und t-RNA-Aminosäurekomplex, und die Eiweißkette kann in vorgesehener Reihenfolge der Aminosäuren (Aminosäuresequenz) gebildet werden.

Mutationen können durch Fehler bei der Übertragung des genetischen Codes entstehen.

5. Transportvorgänge

Der Transport von Stoffen von einem Ort des Körpers zum anderen ist ein wichtiger Vorgang des Lebendigen. Nahrungsstoffe müssen aus der Umwelt in den Körper aufgenommen werden, sie bzw. ihre Bausteine müssen in die Zellen zur Energiegewinnung transportiert werden. Abbauprodukte müssen zur weiteren Verwendung oder Ausscheidung aus den Zellen abtransportiert werden. Botenstoffe (Hormone) werden in Zellen gebildet, treten ins Blut ein und werden im Blutkreislauf zu bestimmten Organen transportiert, wo sie meist wieder in Zellen eindringen müssen, um ihre Wirkung zu entfalten.

Wir gebrauchen den Begriff Transport für alle Ortsveränderungen von Stoffen, Flüssigkeiten und Gasvolumina, wenngleich in jüngerer Zeit versucht wird, den Begriff auf solche Prozesse zu beschränken, bei denen für den Ablauf eine Energiezufuhr erforderlich ist, auch **aktiver** Transport genannt; der Gegensatz dazu ist **passiver Transport,** worunter vor allem Diffusion und Osmose (s. u.) fallen.

Die **Zellmembranen** sind einerseits Hindernisse für den Stofftransport, andererseits ermöglichen sie, bei einer begrenzten Durchlässigkeit **(Permeabilität),** für bestimmte Stoffe nötige Konzentrationsunterschiede zwischen Zellinnerem und dem Zwischenzellraum (Interstitium) aufrechtzuerhalten. In ähnlicher Weise trennen die **Blut- und Lymphgefäßwände** den Zwischenzellraum vom Blutplasma bzw. der Lymphflüssigkeit. Die Vorgänge, die den Transport von Stoffen über diese Hindernisse hinweg möglich machen, sind: **Diffusion, Filtration, Osmose, Transport mit Trägermolekülen, Pinozytose und Phagozytose.**

Diffusion ist die Wanderung von Teilchen (Molekülen, Ionen) vom Ort höherer zum Ort niederer Konzentrationen. Die Ursache ist, daß sich die Teilchen, z. B. in Wasser, dauernd bewegen. Der englische Botaniker *Brown* beobachtete 1827 unter dem Mikroskop, daß Blütenstaub (Pollen) sich im Wasser unregelmäßig hin- und herbewegte. Die Bewegung ist sprunghaft, weil Teilchen auf andere prallen und dann abgestoßen werden. Man nennt das bis heute **Brownsche Molekularbewegung.** Daß sich die Teilchen in größerer Zahl zum Ort niederer Konzentration bewegen, liegt daran, daß sie dort seltener mit anderen Teilchen zusammenstoßen. Zwar werden immer auch Moleküle zu Orten

Tabelle 5−1. Molekulargewichte und Diffusionskoeffizienten einiger Moleküle.

Molekül	Molekulargewicht	D (cm^2/sec) bei 20^{0}C
O_2	32	$1,9 \cdot 10^{-5}$
NaCl	58	$1,6 \cdot 10^{-5}$
$CaCl_2$	111	$1,3 \cdot 10^{-5}$
Glukose	180	$6,7 \cdot 10^{-6}$
Hämoglobin	65000	$6,9 \cdot 10^{-7}$
Desoxyribonukleinsäure	6000000	$1,3 \cdot 10^{-8}$

Nach: Harned und Owen: The Physical Chemistry of Electrolytic Solutions, 3rd ed., Van Nostrand Reinhold, New York 1958; und Tanford: Physical Chemistry of Macromolecules, Wiley, New York 1961.

Filtration

höherer Konzentration wandern, aber im Mittel werden mehr zu Orten niederer Konzentration gelangen, das nennt man **diffundieren**. Die Beweglichkeit der Teilchen hängt vom Lösungsmittel, allgemeiner von dem Medium ab, in dem sie sich befinden, denn auch in Gasen und festen Körpern gibt es Diffusion. In Gasen ist sie am größten. Außerdem hängt die Beweglichkeit von der Molekülgröße ab. Tabelle 5-1 gibt eine Zusammenstellung von verschieden großen Molekülen und deren „Diffusionsfähigkeit", ausgedrückt durch den **Diffusionskoeffizienten D**. Außer dem Gewicht spielt auch die Form der Moleküle eine Rolle bei der Geschwindigkeit der Diffusion.

Verglichen mit anderen Transportvorgängen ist der Diffusionsprozeß langsam. In den Zellmembranen und deren kleinen Dimensionen von 1/1000 mm und weniger spielt er jedoch eine wichtige Rolle. Wie langsam der Prozeß ist, wird uns klar, wenn wir daran denken, wie lange es dauert, bis sich Zucker in einem Getränk gleichmäßig verteilt. Selbst in einem heißen Getränk, in dem die Diffusionsgeschwindigkeit groß ist, dauert uns die Verteilung zu lange, wir rühren um, d. h. wir erzeugten Konvektion (s. 5-44).

Die Menge M eines Stoffes, die pro Zeit t durch eine Membran der Fläche F und Dicke d diffundiert, ist vom Konzentrationsunterschied des Stoffes auf beiden Seiten (c_1-c_2) abhängig. Vereinfacht lautet die Gesetzmäßigkeit:

$$\frac{M}{t} = D \frac{F}{d} (c_1 - c_2),$$

wobei D der schon genannte Diffusionskoeffizient ist. Tabelle 5-1 zeigt, wie klein er z. B. für die Moleküle O_2 und Glukose in wäßriger Lösung bei 20° C ist. Sauerstoff würde durch eine Membran von 1 mm Dicke und 1 m² Fläche bei einem Konzentrationsgefälle von 21 ml O_2/dl (c_1) mit $c_2 = 0$ nur 0,5 ml O_2 pro min diffundieren. Da die Austauschflächen des Körpers sehr groß sind, in der Lunge z. B.

ca. 70 m², und die Membranen sehr dünn, sind, in der Lunge 1/1000 mm, können dort bis zu 5000 ml O_2/min diffundieren.

Filtration ist Transport von Flüssigkeiten durch ein Filter oder eine Membran, die nicht alle Teilchen der Flüssigkeit passieren können (Porengröße). Die **Filtratmenge** wird durch die **Druckdifferenz** zwischen beiden Seiten des Filters und dessen Fläche bestimmt (Abb. 5-1). Im Körper findet Filtration hauptsächlich in den Haargefäßen (Kapillaren) statt (s. 12-136). Die Druckdifferenz zwischen Kapillarinnerem und dem Zwischenzellraum bestimmt bei einer gegebenen Austauschfläche, hier Kapillaroberfläche, die Filtratmenge. Die „Porenweite" der Kapillarwand läßt nur eine Filtration von Teilchen bis zu einem Molekulargewicht von ca. 60 000 zu, d. h., Blutkörperchen und Eiweiße verlassen die Blutbahn nicht; man

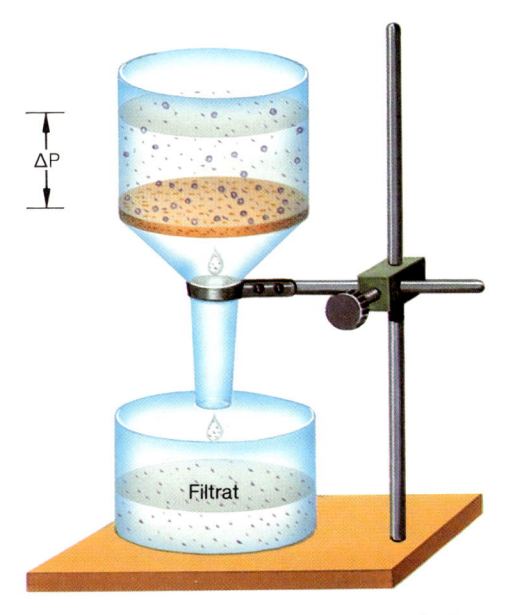

Abb. 5-1. Filtration. Das Filter läßt nur das Lösungsmittel und die kleinen Teilchen durchtreten. Der Filtrationsdruck ΔP wird durch die Höhe der Wassersäule im Trichter erzeugt.

Osmose

spricht von **Ultrafiltration.** In den Nieren werden ca. 10% des sie durchströmenden Blutes abfiltriert, das sind etwa 170 l Filtrat innerhalb 24 Stunden.

Osmose kann man als Diffusion von Lösungsmittel entsprechend seinem Konzentrationsgefälle durch eine nur für das Lösungsmittel durchlässige Membran bezeichnen. In Abb. 5-2 ist anfangs (A) die Konzentration von Lösungsmittel auf der linken Seite der Membran geringer als rechts, weil Teilchen, die nicht durch die Membran diffundieren können, in der Lösung links sind. Das Lösungsmittel diffundiert entsprechend seinem Konzentrationsgefälle von rechts nach links. Dies geschieht so lange, bis die der Diffusion entgegenwirkende Kraft, der Druck der Wassersäule, den Vorgang zum Stehen bringt (B). Die Kraft, mit der sich das Lösungsmittel in die Lösung mit höherer Konzentration anderer Teilchen bewegt, kann also durch die Höhendifferenz der beiden Flüssigkeitsspiegel (Druckdifferenz) gemessen werden. Es ist eine Kraft pro Fläche, ein Druck; man spricht deshalb vom **osmotischen Druck** (P_{osm}). Er ist von der Anzahl der Teilchen (n) in einem bestimmten Volumen (V), von der Temperatur (T) und einer Konstanten (R) wie folgt abhängig:

$$P_{osm}V = nRT.$$

Da jede 1-molare Lösung pro Liter (1 mol/l) die gleiche Anzahl von Teilchen enthält (s. 2-10), müßte auch ihr osmotischer Druck gleich sein, nämlich 2270 kPa (22,4 Atmosphären). Das ist aber aus zwei Gründen nicht der Fall: 1. in höher konzentrierten Lösungen, wie sie z. B. eine solche von 1 mol/l darstellt, beeinflussen sich die Moleküle infolge ihrer dichten Packung gegenseitig, und der gemessene osmotische Druck ist niederer als der errechnete. Man gebraucht deshalb auch die Bezeichnung **osmotische Aktivität.**

2. Verbindungen, die aus 2 Ionenarten bestehen, wie z. B. Kochsalz aus Na^+ und Cl^- (s. 2-12), ergeben die doppelte Teilchenzahl und damit den doppelten osmotischen Druck.

Um die osmotischen Drucke verschiedener Lösungen miteinander vergleichen zu können, hat man die Bezeichnung **osmol** eingeführt. Eine Glukoselösung von 180 g/l ist, da das Molekulargewicht 180 ist, 1 mol/l und auch 1 osmol/l (gekürzt osm/l). Eine Kochsalzlösung von 58 g/l (5,8%) ist, da das Molekulargewicht 58 g beträgt, ebenfalls 1 molar (1 mol/l), aber wegen der Dissoziation in 2 Ionen 2 osm/l.

Demnach haben eine 1-molare Glukoselösung und eine 1/2-molare Kochsalzlösung

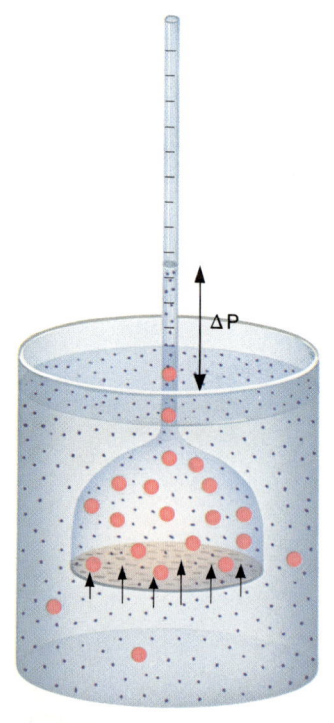

Abb. 5-2. Osmose. Nur die kleinen Teilchen und das Lösungsmittel können diffundieren. Im Endzustand (B) ist der durch die Höhendifferenz der beiden Flüssigkeitsspiegel verursachte Druck gleich dem osmotischen Druck.

den gleichen osmotischen Druck (1 osm/l), sie sind einander **isoton** (gleicher Druck). Eine **physiologische Kochsalzlösung** mit 0,9% NaCl (Molekulargewicht 58,44) ist dem Inhalt der roten Blutkörperchen isoton, sie hat eine Konzentration von 0,154 mol/l; das entspricht einer Osmolarität von 0,308 osm/l.

Bei den niederen Konzentrationen vieler Stoffe in den Körperflüssigkeiten bevorzugt man die Bezeichnung milliosmol (mosm/l). Die o. a. Lösung wird daher als 308 mosm/l angegeben. Lösungen, die einen höheren osmotischen Druck, als er im Inneren der roten Blutkörperchen herrscht, haben, nennt man **hyperton**. Wasser diffundiert aus den Zellen in die Lösung, die Zellen schrumpfen. Umgekehrt schwellen sie bzw. platzen sogar, wenn die Lösung **hypoton** ist (s. 11-112).

Der osmotische Druck der Kochsalzlösung ist:

0,31 osm/l · 2270 kPa/osm/l = 704 kPa (7 Atmosphären).

Man muß sich darüber im klaren sein, daß dieser hohe osmotische Druck an keiner Stelle im Körper wirksam wird. Er kann nur an einer Membran auftreten, die nur für Wasser durchlässig ist, und die gibt es im Körper nicht. Durch die Kapillarwände treten alle Teilchen außer den Eiweißen des Plasmas (und natürlich den Blutzellen). Osmotisch wirksam (effektiv) können also nur die Eiweißmoleküle werden; man spricht deshalb auch vom **effektiven osmotischen Druck**, der im Plasma etwa 3 bis 4 kPa beträgt und also verschwindend klein ist gegenüber dem errechneten für die nur wasserdurchlässige Membran von über 700 kPa. Dennoch ist dieser kleine osmotische Druck entscheidend für den Flüssigkeitswechsel zwischen Blutgefäßen und Zwischenzellraum (s. 12-152 u. 15-199). Weil dieser Druck nur durch die großen Moleküle, allgemeiner Kolloide genannt, zustande kommt, nennt man ihn **kolloidosmotischer Druck**. Der effektive osmotische Druck wird also von der Durchlässigkeit der betreffenden Membran und der Anzahl jener Teilchen bestimmt, die nicht durch die Membran diffundieren können.

Transport mit Trägermolekülen

Der Durchtritt von Molekülen durch eine Membran oder auch der Transport innerhalb von Zellen kann durch Bindung an Trägermoleküle (Carrier) erleichtert werden. Wenn der Transport in Richtung der niederen Konzentration des transportierten Moleküls verläuft, nennt man das **erleichterte Diffusion,** besser wäre die Bezeichnung **beschleunigte Diffusion.** Geschieht der Transport entgegen dem Konzentrationsgefälle, spricht man von **aktivem Transport.** Er erfordert Energiezufuhr, die in der Zelle meist durch Spaltung von ATP (s. 4-25) geliefert wird.

Transport von Eiweißen und anderen großen Molekülen

Keiner der bisher genannten Transportvorgänge würde den Transport von Eiweißen, also Polypeptiden, durch Membranen ohne vorherige Spaltung in Aminosäuren ermöglichen. Man weiß aber, daß eine Reihe von Hormonen, die Polypeptide sind, ungespalten Zellen verlassen oder in solche eintreten. Dafür kommen zwei Vorgänge in Frage:

1. Die **Phagozytose,** das Fressen der Zellen, wie es einige weiße Blutzellen vor allem mit Bakterien machen. Der Vorgang kann unter dem Mikroskop beobachtet werden. Die Zelle „umfließt" die Bakterien, bis sie ganz eingeschlossen sind (Abb. 5-3).

2. Die **Pinozytose,** wörtlich übersetzt das „Zelltrinken", auch **Bläschentransport** genannt, ist der gleiche Prozeß für kleinere Teilchen. Abb. 5-4 stellt den Vorgang schematisch dar. Man stellt sich vor, daß die Zelloberfläche Strukturen hat, an die sich die Teilchen anlagern. Die Zellmembran stülpt sich dann an dieser Stelle bis zur intrazellulären Abschnürung ein. Die Membran wird

Pinozytose

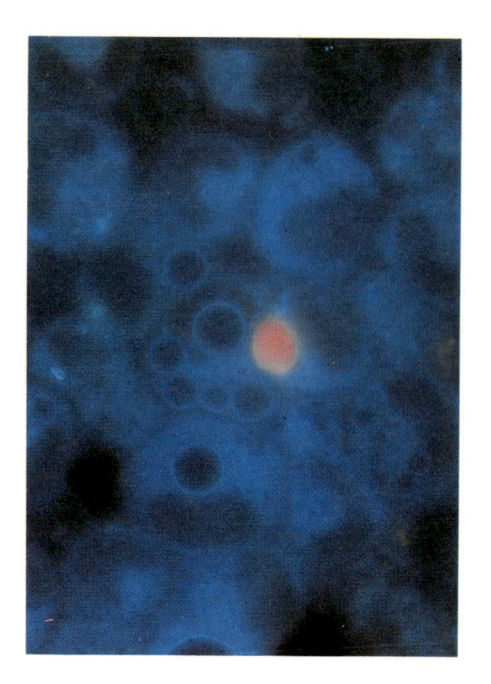

Abb. 5-3. Phagozytose bei Makrophagen. Scharf abgegrenzt sind intensiv blaue, durch Pinozytose aufgenommene Paraffintropfen in den Makrophagen zu sehen. Die Reste des Kernes einer phagozytierten Zelle fluoreszieren intensiv rot in einem Phagozyten mit großem, blau angefärbten Kern. (Präparat: Prof. *Wittekind*, Freiburg)

Abb. 5-4. Pinozytose (nach *Bennett J.*, Biophys. Biochem. Cytology 2 Suppl. **99**, 1956).

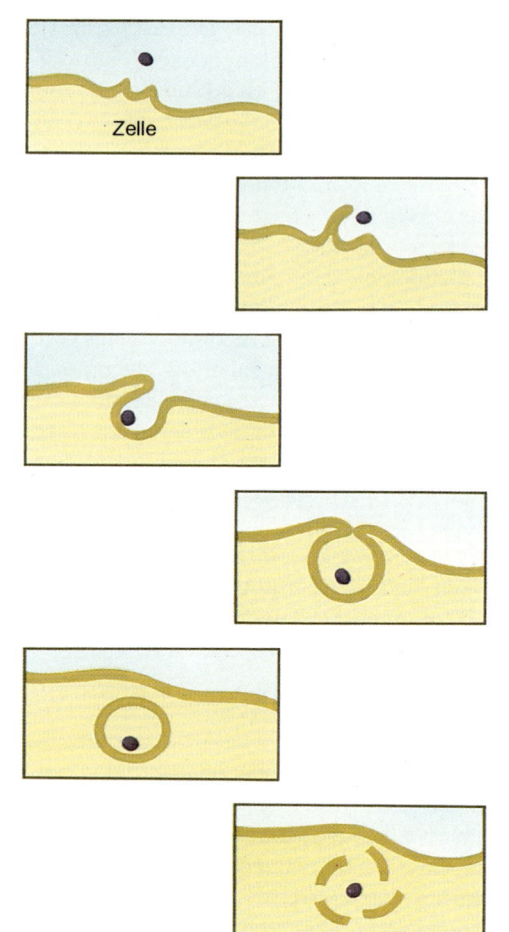

dann in der Zelle aufgelöst. Der umgekehrte Vorgang wird **Emeiozytose,** wörtlich „Zellerbrechen", genannt.

Massenfluß

Die größten Volumina werden über die größten Strecken im Körper durch den Vorgang des Massenflusses **(Konvektion)** befördert. Er ist leicht einsehbar, z. B. wird das Wasser in einem Fluß oder einem Gartenschlauch so befördert. Die erforderliche Kraft wird durch das Wassergefälle zwischen Quelle und Flußmündung oder Wasserreservoir und Schlauchmündung geliefert (Abb. 5-5). Im Körper wird das **Blut** so befördert. Das Herz erzeugt im wesentlichen die erforderliche Druckdifferenz (ΔP). Die **Atemgase** werden ebenfalls durch Massenfluß befördert. Bei der Einatmung wird durch Erweiterung des Brustkorbes und damit der Lunge eine Druckdifferenz zur Außenluft erzeugt. Luft strömt in die Lunge; bei der Ausatmung geschieht das Umgekehrte.

Massenfluß

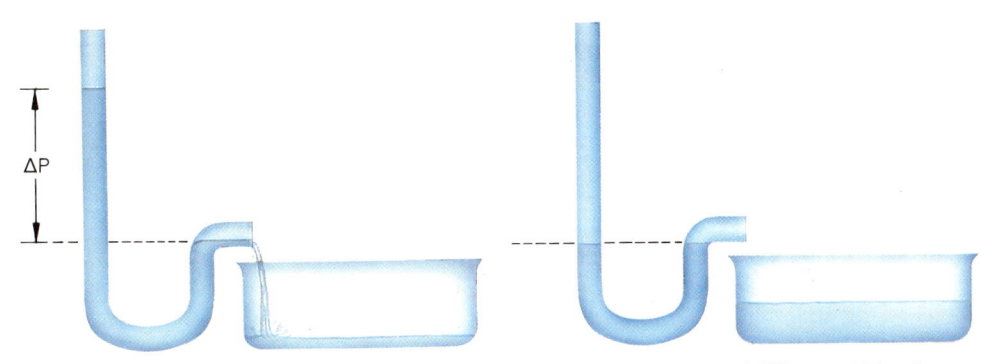

Abb. 5-5. Beispiel zum Massenfluß. Die Flußmenge wird durch die Wasserdruckdifferenz ΔP bestimmt.

Kurzgefaßt:

Diffusion ist Wanderung von Teilchen vom Ort hoher zum Ort niederer Konzentration. Der Prozeß spielt eine Hauptrolle beim Austausch von Gasen in der Lunge und den Geweben sowie beim Austausch kleinerer Moleküle zwischen Blutgefäßen und Geweben, zwischen Darm und Blutkreislauf sowie in der Niere. **Filtration** ist Abpressung von Flüssigkeiten durch Membranen, die nicht alle Teilchen der Flüssigkeit passieren lassen. Der Vorgang spielt eine Rolle beim Flüssigkeitsaustausch in den Kapillaren und der Niere. **Osmose** ist eine durch eine Membran, die nur Lösungsmittel passieren läßt, modifizierte Diffusion. Die osmotische Kraft/Fläche, der **osmotische Druck,** wird außer von einer Konstanten und der Temperatur von der Teilchenzahl, die die Membran nicht passieren kann, bestimmt. Der osmotische Druck des Plasmas ist etwa 704 kPa. Der osmotische Druck der Plasmaeiweiße (**kolloidosmotischer Druck**) spielt beim Flüssigkeitswechsel zwischen Kapillarblut und Geweben eine wichtige Rolle. Transport von Stoffen mit **Trägermolekülen** (Carrier) beschleunigt bei Transport in Richtung der niederen Konzentration die Diffusion (**erleichterte Diffusion**), bei Transport entgegen dem Konzentrationsgefälle handelt es sich um einen Energie verbrauchenden **aktiven Transport.**

Große Moleküle, wie z. B. Eiweiße, können von Freßzellen aufgenommen werden **(Phagozytose)** oder durch Einschluß von Bläschen (**Pinozytose**) transportiert werden.

Große Gasvolumina (Atemwege) und Flüssigkeitsvolumina (Blut und Lymphe) werden durch **Massenfluß (Konvektion)** befördert. Der Fluß geschieht entsprechend dem Druckgefälle.

6. Elektrische Erscheinungen des Nervensystems

An allen Zellgrenzen sind elektrische Spannungen (Potentiale) zu messen, da die Verteilung von geladenen Teilchen zwischen Zellinnerem und -äußerem (s. oben) ungleichmäßig ist. In den meisten Zellen des menschlichen Körpers ist z. B. die Kaliumkonzentration (K^+) erheblich höher als im Zwischenzellraum (Interstitium); umgekehrt verhält es sich mit der Natriumkonzentration (Na^+). Die Zellgrenzen sind für die einzelnen Ionen (s. 5-40) unterschiedlich durchlässig. Durch zwei Tatsachen, 1.) das **Konzentrationsgefälle** ladungstragender Teilchen (Ionen) und 2.) die **Durchlässigkeit** für nur eine Ladungsträgerart, entsteht an der Zellgrenze ein elektrisches Potential (Abb. 6-1). Der „Kraft" der **Diffusion** der positiven Ladungsträger (Kationen) wirkt die Kraft der **elektrostatischen Anziehung** entgegen, d. h. je größer der Konzentrationsunterschied für das potentialbildende Ion, desto größer die „Spannung" zwischen den beiden Seiten der Membran.

Bei **Muskel- und Nervenzellen** sind die Konzentrationsunterschiede für das Kaliumion besonders groß; es ist nämlich etwa 50mal mehr K^+ in den Zellen als außen. Entsprechend hoch ist auch die Spannung von etwa -90 mV. Man muß sich vorstellen, daß die Kaliumionen, bedingt durch den Konzentrationsunterschied, die Tendenz aufweisen, aus der Zelle herauszudiffundieren. Da die zugehörigen negativen Ladungsträger, die Anionen (vorwiegend Eiweißmoleküle), die Membran nicht passieren können, stellt sich ein Gleichgewicht zwischen dem Zug der Kationen (Diffusion) nach außen und der elektrostatischen Anziehung der beiden Ionenarten ein. Die Anionen legen sich der Innenseite der Membran an, die Kationen befinden sich in der Membran bzw. an deren Außenseite (Abb. 6-1). Dieser Zustand besteht bei Zellen in Ruhe, weswegen man das Potential **Ruhepotential** nennt. Es entsteht fast ausschließlich durch den Kaliumkonzentrationsunterschied vom Zellinneren nach außen und dadurch, daß die Membran nur für Kalium durchlässig ist.

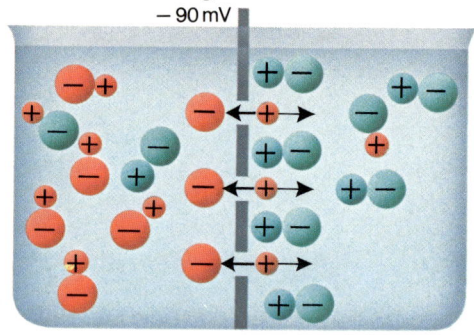

⬅ elektrostatische Anziehung
➡ Diffusionsrichtung

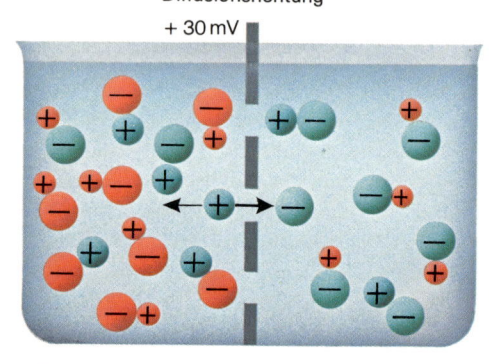

➕ K-Ion
➕ Na-Ion
🟢 Cl-Anion
🔴 Protein-Anion

Abb. 6-1. Schematische Darstellung der Entstehung von Membranpotentialen. Oben: Ruhepotential. Unten: Aktionspotential mit Zunahme der Durchlässigkeit für Na^+.

Aktionspotential

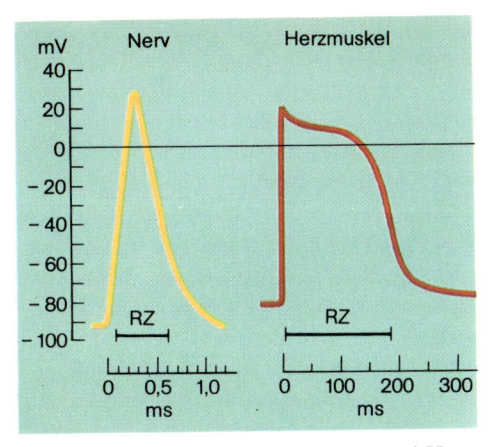

Abb. 6-2. Aktionspotential von Nerv und Herzmuskel mit Refraktärzeit (RZ).

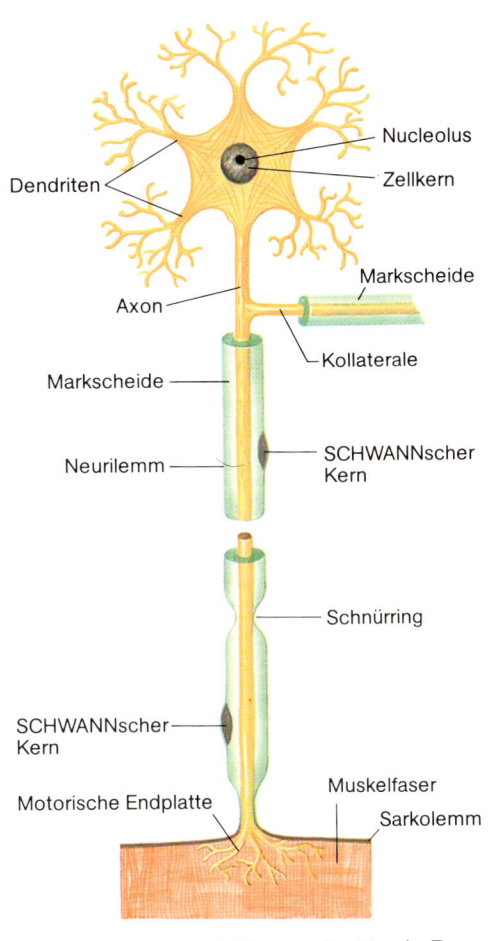

Abb. 6-3. Neuron mit Nervenzelle, Neurit, Dendriten und motorischer Endplatte (n. v. *Mayersbach* u. *Reale* 1973).

Bei **Erregung** (Aktion) von Muskel- und Nervenzellen werden große Potentialveränderungen (bis 120 mV) gemessen (**Aktionspotentiale**), die auf Durchlässigkeitsänderungen der Zellmembran und dadurch entstehende Ionenkonzentrationsänderungen zurückzuführen sind. Die Erregung beginnt mit einer Zunahme der Durchlässigkeit der Zellmembran für Natrium (Na^+), das entsprechend seinem Konzentrationsgefälle von außen nach innen in die Muskel- bzw. Nervenzelle einströmt (Abb. 6-1). Damit bricht das Kaliumpotential zusammen, denn es sind jetzt ja genügend Kationen in der Zelle, um mit den Anionen ins elektrische Gleichgewicht zu kommen. Die Kaliumionen können ins Interstitium diffundieren, ohne von den elektrostatischen Kräften der Anionen in der Zelle zurückgehalten zu werden. Der Einstrom von Na^+ ist sogar überschießend, d. h., mehr positive Ladungsträger strömen in die Zelle, als dort negative (Anionen) sind. Das Potential an der Zellgrenze steigt nicht nur um 90 mV auf 0 an, sondern kehrt sich um auf + 30 mV. Das ist jedoch beim Warmblüternerven nur einen kurzen Augenblick (Abb. 6-2) und weniger als eine Tausendstel Sekunde (ca. 0,2 msec) der Fall. Dann folgen Anionen aus dem Interstitium den Natrumionen, und aktive Prozesse setzen ein, die sog. **Natrium- und Kaliumpumpen,** um die Zelle für neue Erregungsvorgänge vorzubereiten, d. h., den Ruhezustand wieder herzustellen. Kalium wird wieder in die Zelle hinein-, Natrium wieder hinausgepumpt, beide gegen ihr Konzentrationsgefälle. Es handelt sich dabei um einen **aktiven, energieverbrauchenden Prozeß** (s. 5-40). Das dauert etwa eine halbe msec, dann ist der Nerv wieder erregbar. Beim **Herzmuskel** (Abb. 6-2) dauert die Erregungsphase bis zu 150 msec.

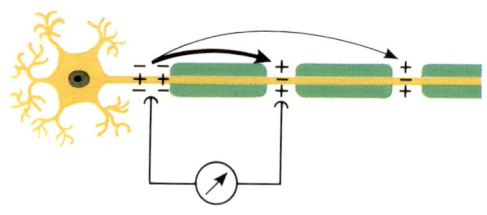

Erregungsleitung

Abb. 6-4. Saltatorische Erregungsleitung von Schnürring zu Schnürring.

Die Erregungsleitung im Nervensystem

Wie alle Gewebe, besteht auch das Nervensystem aus einzelnen Zellen. Die Zellen sind für die rasche Erregungsübertragung, d. h. Informationsübermittlung spezialisiert. Die Nervenzellen zur Erregungsleitung, z. B. vom Rückenmark zur Skelettmuskulatur, haben zwei Arten von Fortsätzen, einen meist langen, den **Neuriten,** und mehrere kürzere, sich baumkronenartig verzweigende, deshalb **Dendriten** (dendron, gr. Baum) genannt. Abb. 6-3 zeigt ein **motorisches Neuron**[1]. Von den Neuriten können Nervenfasern abgehen, sog. **Kollaterale.** Die meisten Neuriten bestehen aus dem Axon mit einer Markscheide, die vom **Neurilemm** (auch **Schwannsche Scheide** genannt) umhüllt ist. Diese Scheide besteht aus einzelnen Zellen, an deren Grenzen sich die **Schnürringe** bilden. Die Neuriten einzelner Nervenfasern unterscheiden sich je nach Funktion durch die Dicke der Markscheide und den Abstand der Schnürringe; je dicker die Markscheide, desto größer der Schnürringabstand.

Die **Richtung der Erregungsleitung** geschieht vom Zelleib weg zu den Neuriten und bei den Dendriten, meist durch Dendriten anderer Nervenzellen übermittelt, zum Zelleib hin. Bei den markhaltigen Neuriten ist die Erregungsleitung sprunghaft (**saltatorisch**). Bei der Erregung einer Zelle, deren Zelloberfläche kurzzeitig negativ geladen ist (s. o.), entsteht ein elektrisches Feld zwischen der erregten Stelle und der positiven Oberfläche des Neuriten, genauer der Schwannschen Scheide (Abb. 6-4) an den Schnürringen. Es fließt ein Strom, und dadurch wird eine Erregung am nächsten oder übernächsten Schnürring ausgelöst, d. h., dort finden die Ionenverschiebungen statt, die oben beschrieben sind. Von einem erreg-

---

[1] Neuron = eine Nervenzelle mit der Gesamtheit ihrer Fortsätze; es ist die funktionelle Einheit des Nervensystems.

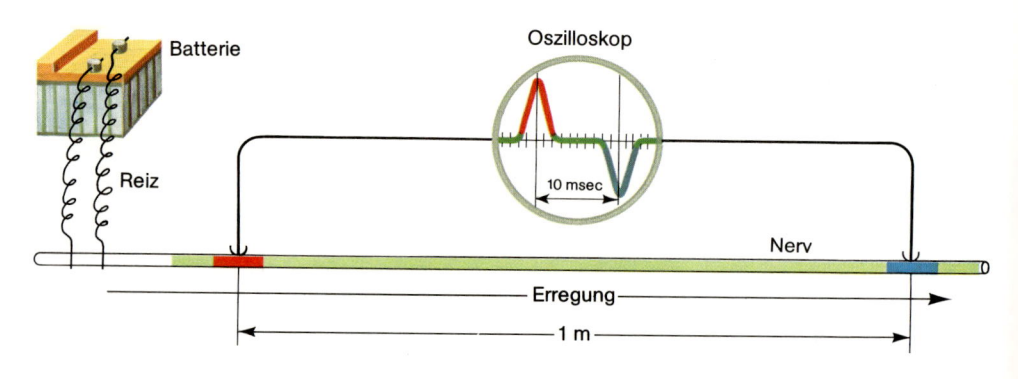

Nervenerregungsleitungsgeschwindigkeit (C)

$$C = \frac{Weg}{Zeit} = \frac{1\,[m]}{0{,}01\,[sec]} = 100\,[m/sec]$$

Abb. 6-5. Biphasisches Aktionspotential und Prinzip der Messung der Erregungsleitungsgeschwindigkeit.

Funktionsprüfungen

Tabelle 6-1. Nervenfasertypen verschiedener Funktionen, Durchmesser und Leitungsgeschwindigkeit.

Fasertyp			Durchmesser µm	Leitungsgeschw. m/sec
Aα	–	zu Skelettmuskeln		
	I a	von Muskelspindeln	12–20	~ 100
	I b	von Sehnenspindeln		
Aβ	II	von Druckrezeptoren der Haut	~ 5–12	~ 50
Aγ	–	zu Muskelspindelfasern	~ 3–6	~ 20
Aδ	III	von Schmerz- und Temperaturrezeptoren der Haut	~ 2–5	~ 15
B	–	autonomes Nervensystem präganglionär	~ 1–2	~ 10
C	–	autonomes Nervensystem postganglionär	~ 1	~ 1
	IV	von Schmerzrezeptoren Eingeweide	~ 1	~ 1

ten Schnürring zu weiter entfernt gelegenen entsteht wieder ein elektrisches Feld, und so pflanzt sich die Erregung sprunghaft fort. Empfindliche Meßinstrumente registrieren die Ladungsänderungen der Oberfläche (Abb. 6-5). Einmal leitet die reizortnahe Elektrode (links) negativ gegen die zweite Elektrode (positiv) ab. Mit fortschreitender Erregung im Neuriten leitet die zweite Elektrode negativ gegen die reizortnahe (positiv) ab. Man erhält so ein zweiteiliges, **biphasisches Aktionspotential.** Legt man beide Elektroden so am Nerven an, wie in Abb. 6-5 gezeigt ist, und löst eine Erregung durch einen elektrischen Reiz aus, so kann man die Geschwindigkeit der Erregungsausbreitung messen.

Tabelle 6-1 zeigt eine Zusammenstellung der wichtigsten **Arten von Nervenfasern,** die sich durch ihre Markscheidendicke (Durchmesser) und damit der Größe der Abstände der Einschnürungen und folglich der **Erregungsleitungsgeschwindigkeit** unterscheiden.

Funktionsprüfungen der Nerven

Die leichte Erregbarkeit der Nerven durch elektrische Ströme und ein ganz spezielles Verhalten der einzelnen Nervenarten gegenüber elektrischen Reizen ermöglicht es, deren Funktionsfähigkeit durch die Haut hindurch zu prüfen. Bei Entzündungen und Degenerations(Abbau-)erscheinungen kann die Reizstärke, die eine Erregung auslöst, erhöht oder erniedrigt sein, d. h., die **Reizschwelle** ist verändert. Verdoppelt man die Reizspannung des Reizstromes, die man bei der Reizschwelle gefunden hat, und stellt dann fest, wie lange dieser Strom fließen muß, um einen Nerven zu erregen (meist an der eintretenden Muskelzuckung registriert), so mißt man die sog. **Chronaxie,** die bei motorischen Nerven zwischen 0.1 und 1 msec liegt.

Mit **Gleichstromreizungen** kann durch Schließen und Öffnen des Stromkreises an Plus- und Minuselektrode bei bestimmten Stromstärken eine Erregung eintreten. Wenn

49

Signalübermittlung

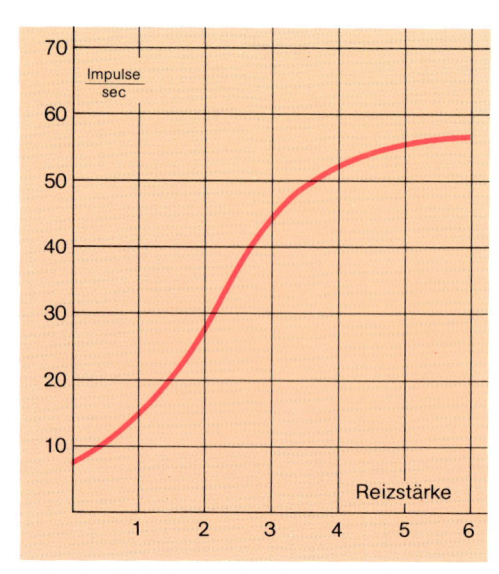

Abb. 6-6. Nichtlineare Beziehung zwischen Reizstärke und Impulsfrequenz. Nerv eines Sinnesrezeptors.

die einzelnen Stromstärken bei Schließung bzw. Öffnung des Stromkreises andere Erfolge zeigen als normal, handelt es sich um Störungen an Nerven.

Signalübermittlung

Die **Signalübermittlung** im Nerven erfolgt über die Aktionspotentiale (s. 6-46). Informationen über die Reizstärke können nur durch Veränderung der **Anzahl** der Aktionspotentiale pro Zeiteinheit übermittelt werden. Es gibt also bei einer bestimmten Nervenart keine großen und kleinen Aktionspotentiale. Ist der Schwellenreiz überschritten, so kommt es zu einer über den Nerven fortgeleiteten Erregung mit gleichgroßen Aktionspotentialen, z. B. von 100 mV. Ist der Reiz stark, so laufen über den Nerven bis zu 300 Impulse/sec ab; ist er schwach, nur wenige bis herab zu 1-2 Impulsen/sec.

Man spricht vom **Alles-oder-Nichts-Gesetz,** d. h., ein überschwelliger Reiz löst das maximale Aktionspotential aus. Die Impulsfrequenz steht meist in keiner verhältnisgleichen Beziehung zur Reizstärke. Die Abb. 6-6 zeigt ein mögliches Verhalten eines Nerven, der Impulse von einem Sinnesrezeptor, der unterschiedlich stark gereizt wird, zum Rückenmark oder Gehirn leitet.

Die Erregung der Nervenzellen wird über Neuriten und Dendriten auf andere Nervenzellen, über Neuriten auf quergestreifte und glatte Muskeln sowie Drüsen übertragen. Auch Neuriten können über Kollaterale (s. oben) miteinander in Verbindung treten. Abb. 6-7 zeigt einige dieser **Synapsen** genannten Verbindungen. Es ist wichtig, zu wissen, daß die Synapsen einen Spalt haben, also die Gewebe nicht ineinander übergehen. In diesen Spalt werden Stoffe abgegeben, die die Erregungen von Dendrit zu Dendrit oder Neurit zu Nerven oder Muskel- bzw. Drüsenzelle übertragen, deshalb **Überträgerstoffe** (Transmitter) genannt.

Der Überträgerstoff wird in den Bläschen (Abb. 6-7) der Dendriten- oder Neuritenendigungen gebildet und beim Ankommen einer Erregung vom Zelleib (Soma) her in den Spalt freigesetzt. Er versetzt den gegenüber liegenden Neuriten, Dendriten, Muskel oder die Drüse in Erregung. Durch diesen Vorgang wird die Synapse zu einem **Ventil,** das Erregungen nur in **einer** Richtung durchläßt, also z. B. vom Neuriten eines Nerven auf die quergestreifte Muskelfaser. Umgekehrt kann keine Muskelerregung auf den Nerven übergreifen, obwohl der Nerv, wie elektrische Reizung zeigt, ohne weiteres in beiden Richtungen Erregungen leiten kann. Physiologisch wird das durch die Synapsenfunktion verhindert.

Überträgerstoffe sind **Acetylcholin** und **Noradrenalin**. Im Gehirn spielt eventuell **Dopamin**, eine Vorstufe von Noradrenalin, eine Überträgerrolle (s. S. 299). γ-Aminobuttersäure ist wahrscheinlich ein Überträgerstoff hemmender Synapsen.

Synapsen

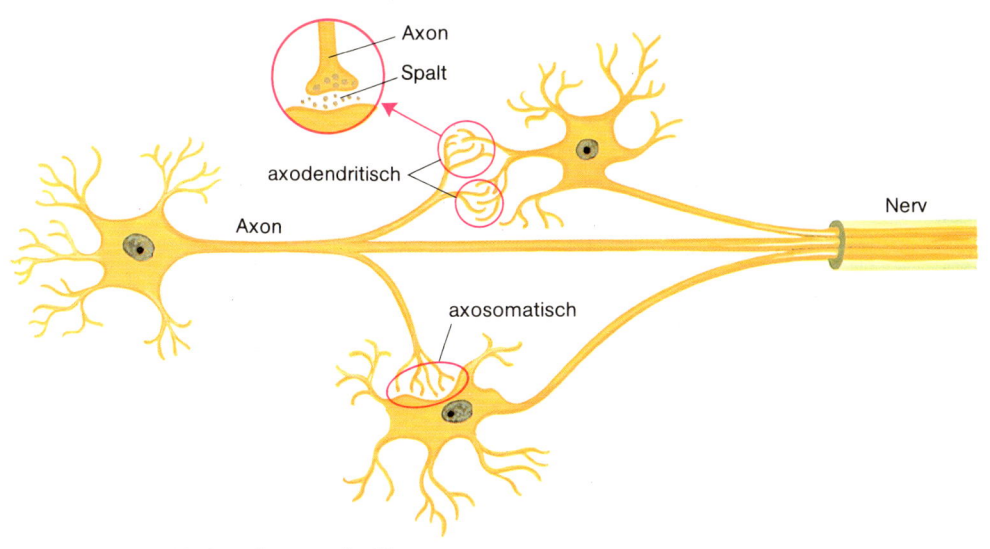

Abb. 6-7. Verschiedene Synapsen im Nervensystem.

Kurzgefaßt:

Elektrische Potentiale an Zellgrenzen entstehen durch Unterschiede der Ionenkonzentration und Ionendurchlässigkeit. **Ruhepotentiale** an Nerven- und Muskelzellgrenzen betragen ca. -90 mV. Bei Erregung des Nerven und des Muskels tritt ein **Aktionspotential** von ca. 120 mV auf. Die **Erregungsleitung** im markhaltigen Nerven erfolgt **saltatorisch,** sprunghaft von Schnürring zu Schnürring. Die **Geschwindigkeit** der Erregungsleitung ist um so höher, je größer der Schnürringabstand ist. Motorische und sensorische Nerven vieler Sinnesorgane leiten die Erregung mit etwa 100 m/sec.

Nervenfunktionsprüfungen messen die zur Erregungsauslösung erforderliche Reizdauer (**Chronaxie**) und die Antworten auf **Gleichstromreizungen.**

Signalübermittlung der Stärke von Erregungen auf Muskeln und von Sinneszellen geschieht durch die **Anzahl** der Erregungen pro Zeit, die über den Nerven ablaufen (Frequenzmodulation).

Erregungsübertragungen von Nerv zu Nerv und von Nerven auf Muskeln und Drüsen erfolgen durch **Überträgerstoffe,** vor allem durch **Acetylcholin** und **Noradrenalin** an den **Synapsen.**

7. Elektrische und mechanische Erscheinungen der Muskulatur

Die Tätigkeit der Muskeln wird vom Laien vielfach als Unterscheidungsmerkmal zwischen Tieren und Pflanzen genannt: **Das Tier kann sich bewegen.** Die Forscher hat dieser auffällige Lebensvorgang schon seit langer Zeit beschäftigt. Im 18. Jahrhundert hat der italienische Arzt und Physiker *Galvani* an Fröschen die elektrische Reizbarkeit des Muskels entdeckt.

Man unterscheidet nach Bau und Funktion 3 verschiedene Muskelarten:
1. Skelettmuskulatur.
2. Herzmuskulatur.
3. Glatte Muskulatur.

Die elektrischen Erscheinungen sind bei Skelett- und Herzmuskeln sehr ähnlich und teilweise oben schon beschrieben (s. 6-47). Am glatten Muskel sind sie weniger gut untersucht und medizinisch auch noch wenig verwertet.

Der Skelettmuskel (Abb. 7-1) besteht aus einzelnen **Muskelfasern,** die wir mit dem bloßen Auge noch sehen können. Die einzelnen Fasern setzen sich wiederum aus einer großen Anzahl von Fäserchen, **Fibrillen** genannt, zusammen. Diese stellen die kleinste Baueinheit der Muskeln dar, entsprechend den Neuronen beim Nerven.

Das mikroskopische Bild der Muskelfasern zeigt eine Querstreifung, die auf der Zusammensetzung der Fibrillen beruht, und durch die sie sich vor allem von der glatten Muskulatur unterscheiden. Der größte Anteil der Festsubstanzen im Muskel besteht aus 2 Eiweißen, dem **Myosin** und dem **Actin.**

Diese beiden faserartigen, langgestreckten Moleküle haben die in der Abb. 7-1 gezeigte Anordnung. Beim Vorgang der Kontraktion rücken die Actinfilamente durch chemische Bindung mit den Myosinfilamenten einander

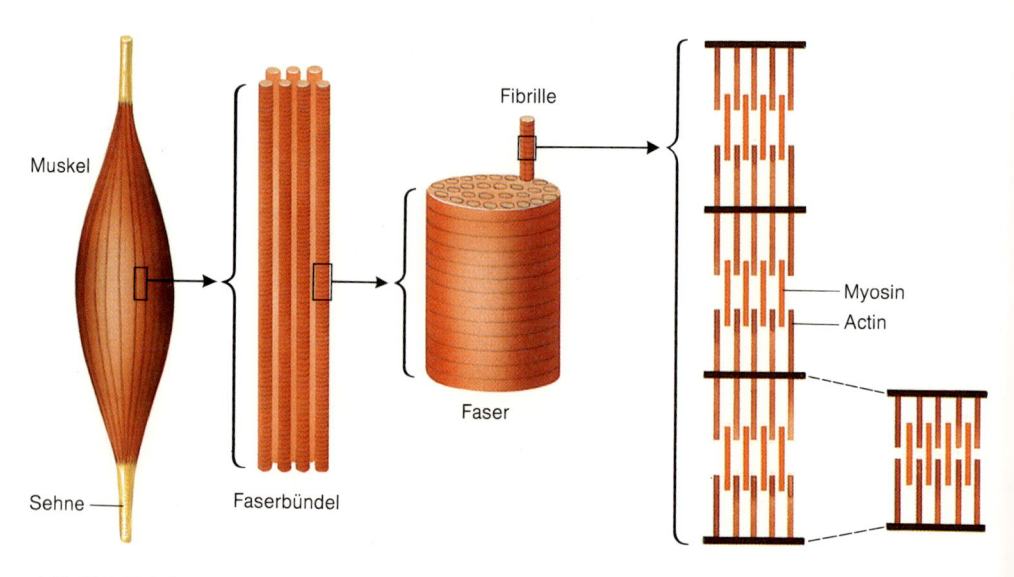

Abb. 7-1. Feinbau der Skelettmuskulatur.

Muskelkontraktion

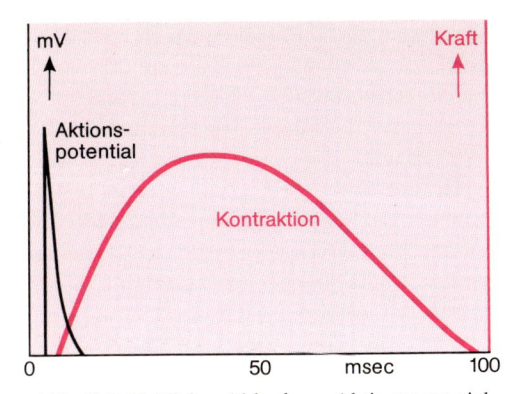

Abb. 7-2. Zeitlicher Ablauf von Aktionspotential und Muskelzuckung (Skelettmuskel).

hiert. Hier zeigen die elektrischen Erscheinungen also die Auslösung der Kontraktion an; beim Nerven sind sie ein Ausdruck der Erregung selbst (Abb. 7-2).

Die **Muskelkontraktion** kommt physiologisch durch die Erregung vom Nervensystem aus zustande. Eine willkürlich ausgelöste Kontraktion hat ihren Ursprung in Nerven, deren Zelleib (Soma) in der Hirnrinde (s. 22-261) liegt, und deren Neurit bis zu den Zellen des Vorderhorns im Rückenmark (s. 22-254) reicht. Dort beginnt das zweite Neuron mit der motorischen **Vorderhornzelle,** deren Neurit sich an den quergestreiften Muskelfasern aufzweigt und dort mit den Muskelfasern die motorischen **Endplatten** (Abb. 7-3) bildet. Den Nerven mit den zugehörigen Muskelfasern nennt man **motorische Einheit.** Bei Muskeln mit „feiner" Innervation, wie z. B. bei Augenmuskeln, kommen auf einen Nerven nur 5-10 Muskelfasern; in großen Skelettmuskeln der Gliedmaßen, wie dem Wadenmuskel, umfaßt die motorische Einheit mehrere hundert Muskelfasern, d. h., die Aufsplitterung der Nerven ist dort sehr stark. Die Feinheit der Bewegung ist, außer von der Größe der motorischen Einheit, auch von der **Innervationsstärke,** d. h. von der Anzahl der Nervenimpulse, die die Muskelfasern treffen, abhängig. Sie kann von weniger als 10/sec bis auf 300-500 Impulse/sec ansteigen. Unsere normalen Bewegungen

näher. Dadurch verkürzt sich der Muskel bzw. steigt die Spannung des Muskels an, wenn er an beiden Enden fixiert ist.

Wie die **Auslösung der Kontraktion** erfolgt, ist nicht völlig geklärt. Wir wissen, daß Kalziumionen dabei eine wichtige Rolle spielen, ferner, daß die Energie aus Glykogen (s. 2-13), der Speicherform von Zucker, stammt und daß das Adenosintriphosphat (ATP, s. 4-25) die Energie durch Spaltung zu Adenosindiphosphat (ADP) freisetzt.

Die **elektrischen Erscheinungen,** die man beim Muskel beobachten kann, sind ganz ähnlich denen des Nerven; ein wichtiger Unterschied ist, daß das Aktionspotential **vor** der Kontraktion beginnt und schon fast ganz abgelaufen ist, wenn der Muskel sich kontra-

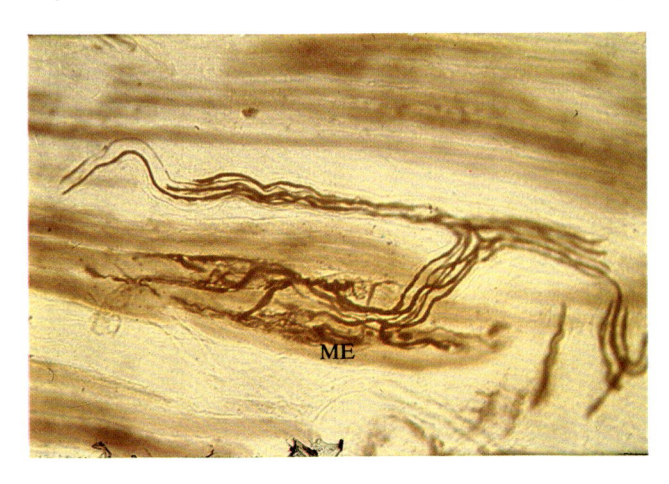

Abb. 7-3. Motorische Endplatte ME = motorische Endplatte. (Präparat: Prof. *Clemens,* München).

Zuckungsformen

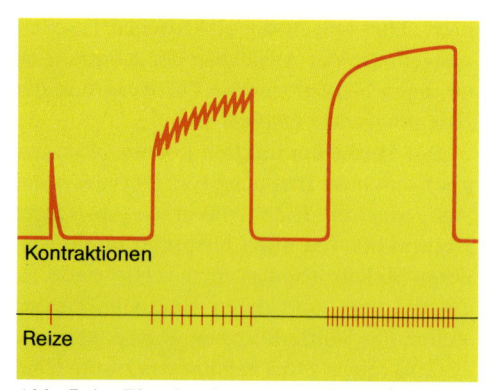

Abb. 7-4. Einzelzuckung, unvollständiger und vollständiger „Tetanus" eines Skelettmuskels.

kommen niemals durch einen einzelnen Erregungsimpuls aus den Nerven zustande, sondern es sind immer ganze Salven von Impulsen höherer oder niederer Frequenz, die eine Muskelverkürzung erzeugen. Im Experiment kann man mit einem einzelnen Reiz zwar eine Einzelzuckung (Abb. 7-4) erreichen, aber sie kommt im täglichen Leben nie vor und sieht entsprechend unphysiologisch aus. Bei Eigenreflexen (s. 22-252), z. B. beim Kniesehnenreflex, kann man zwar eine Einzelzuckung sichtbar machen, das ist aber der einzige Fall, in dem man beim Gesunden eine Einzelzuckung auslösen kann.

Bei den physiologisch auftretenden Erregungssalven kommt es zu einer Dauerverkürzung der Muskeln, weil mehrere Kontraktionswellen über die Muskelfasern ablaufen. Je höher die Erregungsfrequenz, desto stärker wird die Verkürzung und desto „glatter" der Verlauf (Abb. 7-4). Wenn wir also einen Gegenstand anheben und halten, tritt eine solche lang dauernde Kontraktion auf, die man im Gegensatz zur Einzelzuckung eine **tetaniforme Zuckung** nennt. Muskeln mit langen Muskelfasern können sich besonders stark verkürzen, weil auf einer langen Muskelfaser mehr Kontraktionswellen gleichzeitig Platz haben. Lange Muskeln dienen deshalb eher größeren Bewegungen; es sind **Bewegungsmuskeln.** Kurze Muskeln eignen sich eher für länger anhaltende Kontraktionen und sind **Haltemuskeln.** Ein Beispiel für Bewegungsmuskeln ist der lange Schneidermuskel (M. sartorius), für Haltemuskulatur die kurzen Rückenmuskeln der Wirbelsäule.

Bei normalen Muskeltätigkeiten ist Bewegen und Halten häufig vom selben Muskel auszuführen. Wenn wir ein Gewicht anheben wollen, muß zuerst eine bestimmte Kraft entwickelt werden, bis das Gewicht angehoben werden kann (Abb. 7-5). In der ersten Phase wird Spannung entwickelt, ohne daß der Muskel sich verkürzt; er bleibt gleich lang (**isometrisch**). In der zweiten Phase, wenn das Gewicht angehoben wird, verkürzt er sich, und die Spannung bleibt gleich, **isotonisch,** wenn das Heben langsam erfolgt. Bei den meisten unserer Bewegungen, bei denen wir auch das Gewicht unserer Gliedmaßen heben müssen, gibt es einen fließenden Übergang zwischen beiden Kontraktionsformen, die man **auxotonisch** nennt.

Skelettmuskeln sind außer im Schlaf nie völlig entspannt. Es laufen immer einige Kontraktionswellen ab. Man nennt diese ohne Willkürinnervation vorhandene Spannung den **Muskeltonus** (s. 22-251). Er kann bei Erregung sehr hoch werden. Wir sind „verspannt". Die Befestigung der Muskeln am Skelett durch Sehnen bringt bei fast allen Körperstellungen die Muskeln unter einen

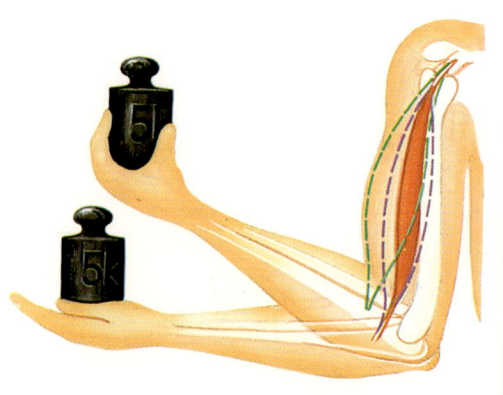

Abb. 7-5. Isometrische, isotonische und auxotonische Muskelzuckung beim Heben eines Gewichtes.

Herz- u. glatter Muskel

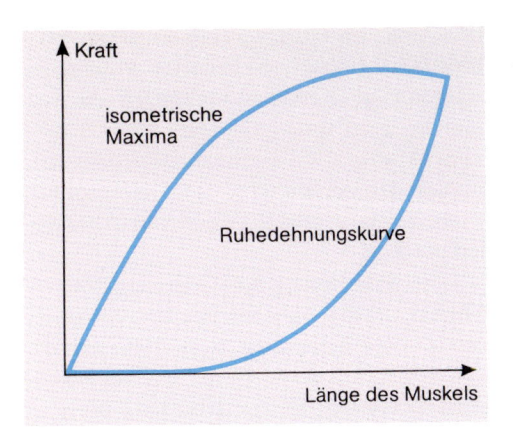

Abb. 7-6. Ruhedehnungskurve und maximale Kraftentwicklung (isometrische Maxima) bei verschiedenem Dehnungsgrad eines Skelettmuskels. Man sieht, daß die Kraftentwicklung bei mittlerer Dehnung am größten ist.

gewissen Zug oder eine Vorspannung, was für die Kontraktionsfähigkeit von Bedeutung ist. Im Experiment kann man zeigen, daß ein nicht gedehnter Muskel ebenso wie ein zu stark gedehnter Muskel bei der Kontraktion weniger Kraft entwickeln kann als bei mittlerer Dehnung (Abb. 7-6). Wir machen bei manchen Bewegungen, die viel Kraft erfordern, davon Gebrauch und „dehnen vor"; wir holen zum Schlag aus.

Beim **Herzmuskel** gibt es einige wichtige Unterschiede im Vergleich zu anderen Muskeln, die in Kapitel 12 (s. 12-140) beschrieben sind. Allgemein ist festzustellen, daß es keine (tetaniforme) Dauerverkürzung gibt, was durch die Erregungsvorgänge und den anatomischen Aufbau erklärt wird. Die von einem Erregungsbildungszentrum (Sinusknoten) ausgehende Erregung pflanzt sich im Herzen, dessen Fasern anders als beim Skelettmuskel ineinander übergehen (Synzytium), fort. Die Zeit der Unerregbarkeit (**Refraktärzeit**) gegenüber einem zweiten Reiz ist viel länger (Abb. 6-2) als beim Skelettmuskel. Eine Dauerverkürzung wäre gefährlich, da das Herz kein Blut mehr in die Lunge und die übrigen Gewebe des Körpers pumpen könnte.

Der **glatte Muskel** hat viel weniger Myosin und Actin in den Zellen als der quergestreifte Muskel. Man kann deshalb keine Querstreifung und deren Änderung bei der Kontraktion beobachten wie beim Skelett- und Herzmuskel. Die Muskelfasern gehen ineinander über mit häufig wenig deutlichen Zellgrenzen, was zu einer Erregungsausbreitung von Muskelfaser zu Muskelfaser, ähnlich der am Herzen, führt, sich aber deutlich von der an isolierten Muskelfasern am Skelettmuskel unterscheidet. Darüber hinaus hat der glatte Muskel keine motorischen Endplatten. Er wird vom autonomen Nervensystem (s. 22-270) erregt. Die Überträgerstoffe sind Acetylcholin bzw. Noradrenalin. Die Kontraktion der glatten Muskeln geschieht erheblich langsamer, und besonders auffällig ist, daß verschiedene Verkürzungszustände sehr lange eingehalten werden können, daß auf Dehnungen hin der Muskel sich verlängert und dann den verlängerten Zustand längere Zeit beibehält. Das ist für die vielen Hohlorgane, die durch glatte Muskeln betätigt werden (Darm, Harn- und Gallenblase) besonders wichtig. Die Einstellung auf verschiedene Längen, ohne daß es zu Erschlaffungen kommt, nennt man **Plastizität,** die Verformbarkeit des glatten Muskels. Der Stoffwechsel der glatten Muskulatur ist erheblich niedriger als derjenige der quergestreiften.

Elektromyographie

Mit feinen, durch die Haut in die Muskulatur eingestochenen Platinelektroden kann die elektrische Aktivität einzelner motorischer Einheiten untersucht werden.

In Ruhe, d. h. ohne Willkürinnervation, sollte sich kaum eine Aktivität zeigen (Abb. 7-7). Eine Spontanaktivität ist immer krankhaft und kann auf eine Schädigung des peripheren Nerven (z. B. eine Polyneuropathie) oder auf eine Muskelerkrankung (z. B. Myotonie) zurückzuführen sein.

Bei schwacher Willkürinnervation können die Einzelpotentiale untersucht werden. Hier

Elektromyographie

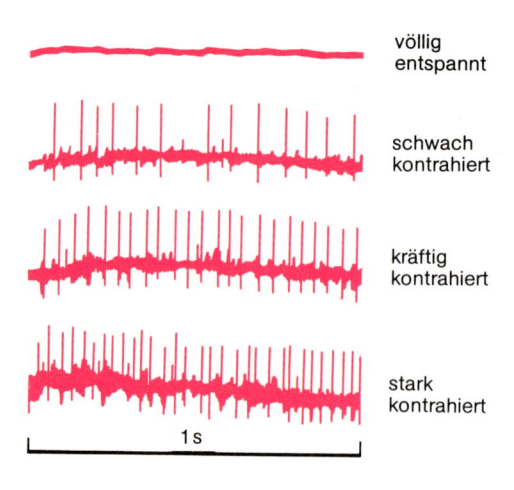

völlig entspannt

schwach kontrahiert

kräftig kontrahiert

stark kontrahiert

1 s

Abb. 7-7. Muskelaktionspotential über Platinelektroden vom Patienten abgeleitet, Elektromyographie (Nach *Bell* u. Mitarbeiter 1968).

findet man bei Muskelerkrankungen charakteristische (meist verkleinerte) Potentiale, während bei Nervenerkrankungen die Potentiale meist verlängert sind.

Bei kräftiger Willkürinnervation sieht man infolge der Aktivierung vieler motorischer Einheiten eine große Anzahl von Potentialen pro Zeit.

Eine Erkrankung am Übergang Nerv – Muskel, die mit einer raschen Ermüdbarkeit des Muskels einhergeht, ist die Myasthenie. Hierbei ist evtl. der Ausstoß von Überträgerstoff (Transmitter) am Übergang Nerv – Muskel (Synapse) ungenügend (s. S. 272).

Muskelerkrankungen sind selten; in den meisten Fällen sind die Störungen auf Erkrankungen des peripheren Nerven (s. o.) zurückzuführen.

Kurzgefaßt:

Die kleinste Einheit der Muskeln ist die **Fibrille,** die aus den zwei Eiweißen **Myosin** und **Actin** besteht. Durch chemische Bindung dieser beiden Eiweiße verkürzt sich die Muskelfaser. Die Muskeln werden durch Erregungen motorischer Nerven zur **Kontraktion** veranlaßt. Bei Skelettmuskeln sind um so mehr Nervenfasern pro Muskeleinheit vorhanden, je „feinere" Muskelbewegungen auszuführen sind. Bei den Augenmuskeln besteht **eine motorische Einheit** aus **einer** Nervenfaser und 5-10 Muskelfasern, bei den Gliedmaßenmuskeln aus mehreren hundert Muskelfasern pro Nervenfaser. Normale Kontraktionen sind **tetaniform;** d. h., sie entstehen durch Impulssalven der Nerven. **Einzelzuckungen** gibt es nur bei Reflexen. Man unterscheidet **Bewegungsmuskeln** (lange Fasern) und **Haltemuskeln** (kurze Fasern). Bei der Erregung der kurzen Muskelfasern wird nur Spannung entwickelt; sie bleiben gleich lang, **isometrisch,** bei Erregung der langen Muskelfasern bleibt die Spannung gleich, **isotonisch,** aber sie verkürzen sich. Die häufigsten Muskelbewegungen sind eine Mischung aus isotonischen und isometrischen Vorgängen, **auxotonisch.** Auch der ruhende Muskel hat eine bestimmte Spannung, einen **Ruhetonus.**

Beim **Herzmuskel** gibt es keine tetaniforme Kontraktion. Die **Refraktärzeit** dauert länger als beim Skelettmuskel. Glatte Muskeln bestehen aus ineinander übergehenden Fasern, ihre Kontraktion ist langsam, sie können verschiedene Verkürzungsgrade über längere Zeit einnehmen und sind **plastisch.**

Die **Elektromyographie** untersucht durch Aufzeichnung der elektrischen Erscheinungen bei der Kontraktion die Funktionsfähigkeit der Muskeln. **Muskelerkrankungen** sind selten und oft nur Ausdruck von Störungen des Nervensystems bzw. der Erregungsübertragung vom Nerven auf den Muskel.

8. Regelung biologischer Vorgänge

Regelkreis

Viele biologische Zustände sind das Ergebnis eines stetigen Einflusses von Vorgängen, die diese Zustände „regeln", wie man sagt. Von bisher besprochenen Zuständen sind z. B. die H^+-Ionenkonzentration (s. 3-18) und der osmotische Druck (s. 5-42) **Regelgrößen.** Der pH-Wert wird im Blut ziemlich genau auf 7,40 ± 0,02 gehalten, obwohl beim Stoffwechsel dauernd Säuren entstehen, die ins Blut gelangen und es saurer machen müßten, als es tatsächlich ist. Der osmotische Druck würde durch starke Flüssigkeitsaufnahme erniedrigt, durch starke Salzaufnahme oder starkes Schwitzen erhöht, wenn nicht Regulationen vorhanden wären, die dem entgegenwirkten.

Der Blut-pH-Wert wird konstant gehalten durch Meldungen von Rezeptoren (s. 13-186) im arteriellen Kreislauf und im Atemzentrum. In der Sprache der Regeltechnik nennt man die Rezeptoren **„Fühler".** Bei zu hoher H^+-Ionen-Konzentration steigt die Impulsfrequenz in den Nerven, die Informationen von den Rezeptoren zum Zentrum, dem **Regler,** leiten. Dieser veranlaßt in diesem Falle eine Zunahme der Belüftung der Lunge (s. 13-187). Es wird mehr Kohlendioxid abgegeben. Bei länger dauernder Belastung durch Säuerung reguliert auch die Niere dadurch, daß sie mehr H^+-Ionen ausscheidet. In Abb. 8-1 ist eine Darstellung der H^+-Ionenregulation durch die Atmung, wie sie die Regeltechnik verwendet, gezeigt. Man spricht von einem **Regelkreis.** Die Erhöhung der Konzentration verursacht regulatorisch eine Erniedrigung; man nennt das **negative Rückkopplung.** Ein zweiter Regelkreis zur Regulation der H^+-Ionenkonzentration läuft über die Niere.

Bei den genannten Regelkreisen bestehen die meisten Teile aus nervösen Verknüpfungen (Rezeptoren → Zentrum → Atmungsmuskulatur). Bei anderen Regulationssystemen überwiegt die Informationsübermittlung durch Botenstoffe, größtenteils auf dem Blutwege, deshalb (Blutsaft gr. humor) **humorale Regulation** genannt. Ein Beispiel ist die Regulation des osmotischen Druckes (Abb. 8-2). Bei zu großer Wasseraufnahme wird der osmotische Druck des Blutes höchstens um 1% gesenkt, weil regulatorisch die Bildung eines antidiuretischen Hormons (ADH), das die Urinbildung herabsetzt, im Gehirn vermindert wird, bzw. dessen Abgabe aus der Hirnanhangdrüse ins Blut herabgesetzt wird (s. 15-205). Es wird dadurch die Wasserresorption in der Niere vermindert,

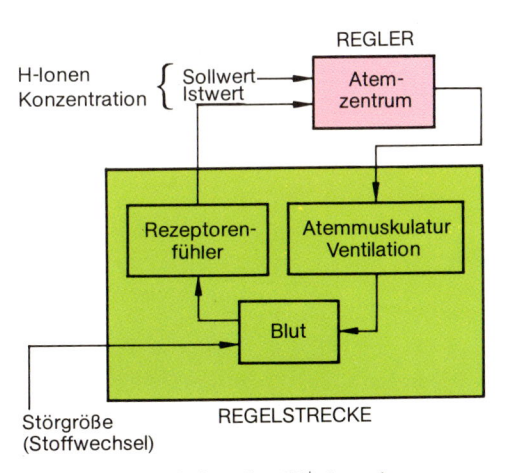

Abb. 8-1. Regulation der H^+-Ionenkonzentration im Blut. Nur die Regulation über die Atmung ist berücksichtigt, ein zweiter Regelkreis läuft über die H^+-Ionenausscheidung der Niere.

Humorale Regulation

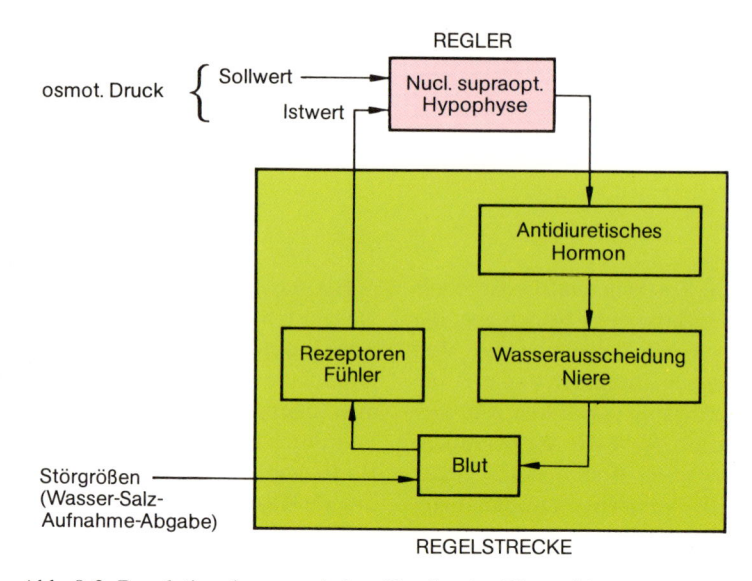

Abb. 8-2. Regulation des osmotischen Druckes im Blut auf humoralem Wege.

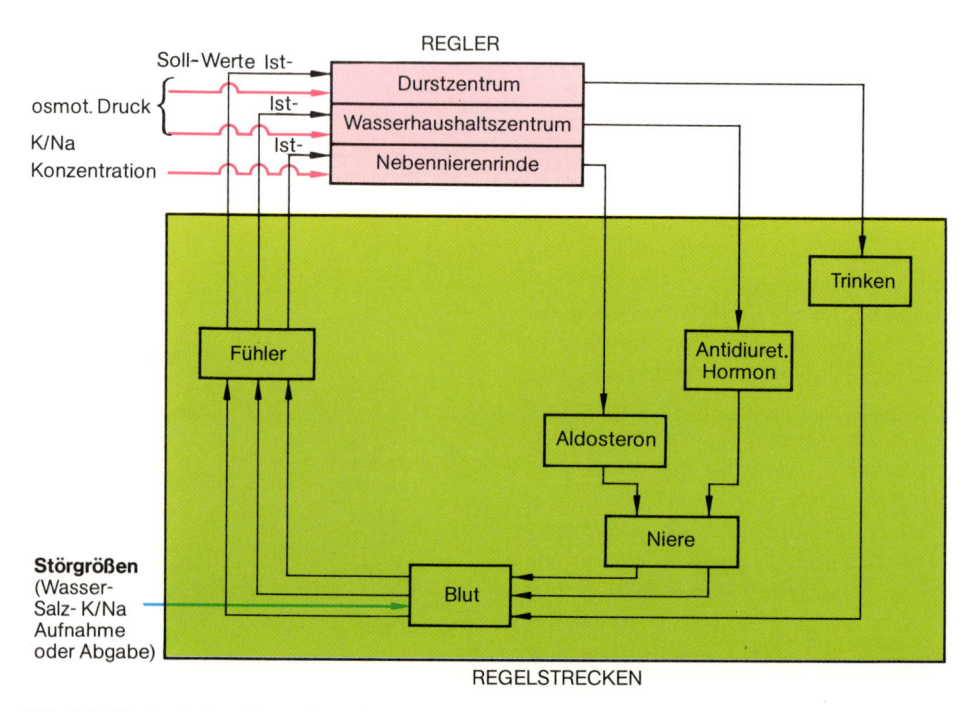

Abb. 8-3. Drei miteinander verknüpfte Regelkreise zur Regulation von Elektrolyt- und Wassergehalt des Blutes.

Nervöse Regulation

d. h. mehr Wasser ausgeschieden. Es handelt sich also ebenfalls um eine negative Rückkopplung.

Die genannten Beispiele beschreiben nur einen Teil der jeweiligen Regulationen. So ist bei der Regulation des osmotischen Druckes die Regulation der Salzkonzentrationen im Körper (vor allem Kochsalz und Kaliumchlorid) mitbetroffen. Sie wird durch eine Regelung über Nebennierenrindenhormone, vor allem Aldosteron (s. 24-296), erreicht. Schließlich ist auch die Auslösung des Durstgefühls und dessen Stillung ein wichtiger Faktor eines Regelkreises zur Regelung des osmotischen Druckes. In Abb. 8-3 wird gezeigt, wie die Regelkreise miteinander verknüpft sind.

Im Gegensatz zum Prinzip der Regelung wird das der **Steuerung** gesetzt. Es kennzeichnet Vorgänge, bei denen kein geschlossener Regelkreis vorliegt. Steuerung kommt innerhalb biologischer Systeme praktisch nicht vor.

Die Anwendung technischer Denkweisen auf Vorgänge der belebten Natur hat es ermöglicht, daß biologische Vorgänge, wenn sie gut erforscht sind, in die Sprache moderner Rechenmaschinen übersetzt werden können. Ein programmierter Vorgang kann dann dazu benutzt werden, um einzelne Glieder eines Regelkreises zu verändern und zu erfahren, wie sich das auf andere Glieder auswirkt. Man hofft, so feinere Zusammenhänge genauer kennenzulernen. Die „Computerantwort" muß dann aber immer im Experiment geprüft werden. Ist die biologische Antwort anders als die errechnete, muß die Programmierung geändert werden.

Kurzgefaßt:

Biologische Vorgänge sind im allgemeinen geregelte Vorgänge. Im **Regelkreis** wird eine zu regelnde Größe wie z. B. die H^+-Ionenkonzentration von „**Fühlern**", den Rezeptoren, an ein **Regulationszentrum** (z. B. Atemzentrum) gemeldet und dort mit dem **Sollwert** verglichen. Bei einer Abweichung wird die Lungenbelüftung so geändert, daß die Kohlensäureabgabe trotz dauernder Bildung von H^+-Ionen (**„Störgröße"**) im Stoffwechsel die H^+-Ionenkonzentration im Blut (**geregelte Größe**) konstant hält. Die meisten Regelkreise arbeiten nach dem Prinzip der **negativen Rückkopplung.** Es gibt Regelkreise, die vorwiegend aus nervösen Gliedern bestehen, wie z. B. die Regulation der Muskelspannung über das $A\gamma$- und $A\alpha$-System (s. 22-253), sowie solche, bei denen humorale Glieder die Information übermitteln, wie beim Wasserhaushalt.

Bei vielen biologischen Vorgängen sind mehrere Regelkreise miteinander verknüpft, wie z. B. beim Salz-Wasser-Haushalt.

II. Stoffaufnahme, Transport und Ausscheidung

Stoffwechsel

Der französische Chemiker Antoine *Lavoisier* (1743-1794) hat als erster nachgewiesen, daß bei der Verbrennung Sauerstoff verbraucht wird und Kohlensäure entsteht. In einem Kalorimeter (Wärmemengenmesser) bestimmte er die von einer brennenden Kerze aufgenommene O_2-Menge, die abgegebene CO_2-Menge und die entstandene Wärmemenge. Als er die brennende Kerze durch eine lebende Maus ersetzte, stellte er denselben Vorgang fest. Sie verbrauchte Sauerstoff und gab CO_2 und Wärme ab. Das konnte also auch beim Menschen nicht anders sein. *Lavoisier* kam zu dem Schluß, daß der Mensch um so mehr Sauerstoff verbrauchte, je mehr er körperlich arbeiten muß. Er stellte mit Bedauern fest, daß gerade Wohlhabende, die sich ständig bedienen ließen und kaum körperliche Arbeit verrichteten, reichlich aßen, also viel Energie zuführten, während der weitaus größte Teil der Bevölkerung schwer arbeitete und wenig zu essen hatte. *Lavoisier* wurde während der französischen Revolution wegen Verrats an England hingerichtet. In Wirklichkeit hatte er an einen englischen Kollegen über seine Forschungsarbeiten geschrieben. Der Zensor hatte die chemischen Formeln in dem Brief für einen Geheimcode gehalten.

Der deutsche Physiologe Max *Rubner* hat um die Jahrhundertwende am Menschen eingehende Untersuchungen über Energieaufnahme und -Abgabe gemacht. An einer freiwilligen Versuchsperon (Abb. 9-1), die sich für mehrere Tage in einer gut isolierten Kammer (Kalorimeter) aufhalten mußte, bestimmte er die Sauerstoffaufnahme sowie

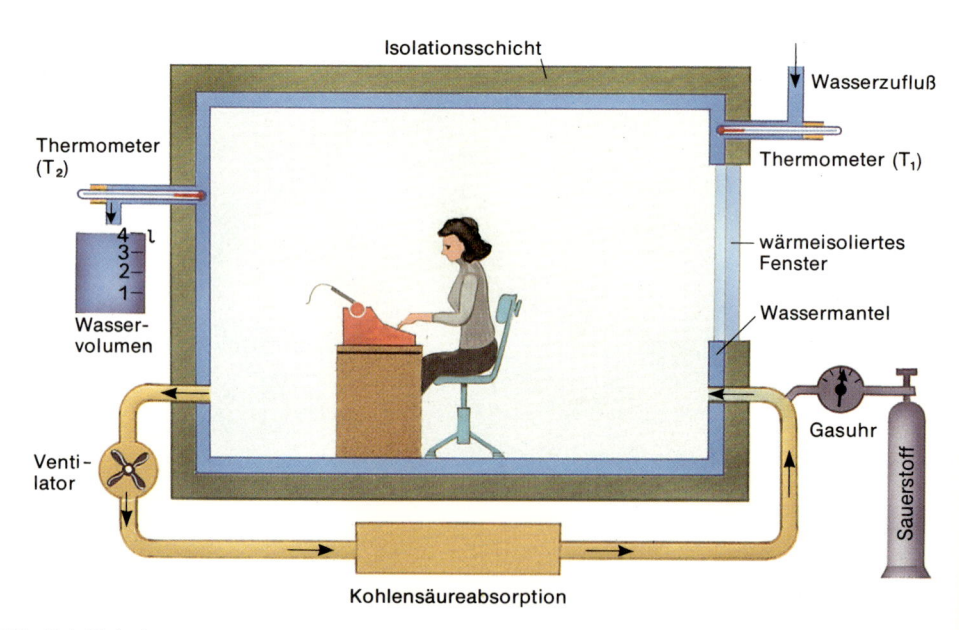

Abb. 9-1. Kalorimeter zur direkten Kalorimetrie (Wärmeabgabemessung) und indirekten Kalorimetrie über die Bestimmung des Sauerstoffverbrauchs. Kalorimeterkammer mit starker Wärmeisolation nach außen. Die Innenseite wird von einem Wassermantel umgeben, der nur durch eine gut wärmeleitende Metallschicht (meist Kupfer) vom Luftraum getrennt ist. Man läßt Eiswasser (0 °C) zufließen (T_1). Die von der Versuchsperson abgegebene Wärmemenge wird vom Wasser aufgenommen und kann aus der Temperaturdifferenz zwischen ausfließendem und zufließendem Wasser sowie der zur Konstanthaltung der Raumtemperatur erforderlich gewesenen Wasserdurchflußmenge (V) errechnet werden. $(T_2-T_1) \cdot V$ ergibt die Wärmemenge in kcal, wenn für das Volumen Liter eingesetzt wird. Das Wasser, das die Kammer durchflossen hat, muß in einem wärmeisolierten Gefäß aufgegangen werden.

Energieumsatz

die Kohlendioxid- und Wärmeabgabe. Der Energiegehalt der aufgenommenen Speisen und derjenige der Abfallprodukte (Kot und Urin) wurde durch chemische Analysen bestimmt. *Rubner* fand eine fast vollkommene Übereinstimmung von Energieaufnahme und -abgabe.

Diese Entdeckungen machten es möglich, zu beurteilen, wieviel Nahrung welcher Art der Mensch unter den verschiedensten Lebensbedingungen benötigt.

In diesem Abschnitt werden die Systeme besprochen, die der Energiegewinnung zur Lebenserhaltung dienen. Unsere Energiequelle ist die Nahrung, und wir beschäftigen uns deshalb zuerst mit unserer **Ernährung** und der dabei freisetzbaren Energie, dem **Energiegewinn** (Kap. 9). Die Nahrungsmittel können erst nach Spaltung in kleinere Moleküle durch die **Verdauung** (Kap. 10) ins **Blut** (Kap. 11) aufgenommen werden. Diese Moleküle werden dann vom **Kreislauf** (Kap. 12) zu den Zellen der Gewebe transportiert. Sie werden dort mit Sauerstoff, der durch die **Atmung** (Kap. 13) aufgenommen wurde, weiter abgebaut, wobei Energie gewonnen wird. Über die Energiefreisetzung in der Zelle wurde schon in Kap. 4 berichtet. Die freiwerdende Energie ist zum größten Teil **Wärme** (Kap. 14). Abbauprodukte werden vom Darm und der **Niere** im Rahmen der Regulierung des **Salz- und Wasserhaushaltes** (Kap. 15) ausgeschieden. Beim Energiegewinn entstehende **Säuren und Basen** (Kap. 16) erfordern ein genau regulierendes Puffersystem (s. 3-19f.).

9. Ernährung und Energiegewinn

Einleitung

Die Zufuhr von Energie ist nötig für die Erhaltung der hochkomplizierten Struktur unserer Zellen, für die Aufrechterhaltung der Körpertemperatur, da wir normalerweise ständig Wärme an unsere kühlere Umgebung abgeben, und schließlich zur Verrichtung körperlicher Arbeit. Unsere **Ernährung** dient daher:

1. der **Zufuhr energieliefernder Nährstoffe.** Sie müssen mindestens soviel Energie liefern, wie wir verbrauchen, sonst nehmen wir an Gewicht ab. Nehmen wir über unseren Bedarf Nährstoffe auf, steigt unser Körpergewicht;
2. der **Zufuhr von Spurenstoffen,** z. B. Mineralien wie Calcium, Kalium, Phosphor, Chlor, Jod, Eisen, Kupfer und Cobalt;
3. der **Zufuhr von Vitaminen,** die für viele Lebensprozesse benötigt werden und in bestimmten Nahrungsmitteln enthalten sind;
4. der **Zufuhr von Flüssigkeit** (s. 10 u. 15);
5. der **Zufuhr von Füllstoffen,** die auch Schlackenstoffe genannt werden, weil sie nicht absorbiert werden können. Sie sind wichtig für die Darmbewegungen, die u. a. nervös über Dehnungsrezeptoren (s. 10-92) angeregt werden müssen. Wichtigster Schlackenstoff ist die aus pflanzlicher Nahrung stammende Zellulose.

Störungen des energetischen Gleichgewichtes können aus folgenden Gründen auftreten:

a) aus **krankhaften,** z. B. bei Schilddrüsenüber- oder -unterfunktion, bei der Zuckerkrankheit (Diabetes) oder bei Darmerkrankungen mit mangelhafter Absorption;
b) aus **ökologischen** Gründen, z. B. klimatisch oder sozial bedingte Unter- oder Überernährung;
c) aus **psychischen** Gründen, z. B. Nahrungsverweigerung oder gesteigerte Eßlust;
d) aus **soziologischen** Gründen, z. B. religiös bedingtes Fasten, Verbot bestimmter Nahrungsmittel (Rindfleisch in Indien) oder Völlerlei bei religiösen Festen (Weihnachten) und Familienfesten (Hochzeiten).

	kJ/g	kcal/g
Kohlenhydrat	17	4,1
Eiweiß	17	4,1
Fett	40	9,3

Abb. 9-2. Aus Kohlenhydraten, Eiweißen (z. B. Ei ohne Eigelb) und Fetten gewinnbare Energiemengen.

Die Nahrung

Unsere **Nahrungsmittel,** z. B. Brot, Fleisch und Butter, enthalten **Nahrungsstoffe** oder **Nährstoffe,** die vom Körper zur Energiegewinnung verwendet werden können. Es sind die drei Grundstoffe: **Kohlenhydrate, Eiweiße** und **Fette.** Aus ihnen können beim völligen Abbau die in Abb. 9-2 genannten Energiemengen gewonnen werden.

Kohlenhydrate

Tabelle 9–1. Anteile von Eiweiß, Fett, Kohlenhydraten und Wasser in verschiedenen Nahrungsmitteln sowie deren Energieinhalt.

100g enthalten	g	g	g	%	Anzahl	Anzahl
	Eiweiß	Fett	Kohlenhydrate	Wasser	kJ	kcal
Hühnerfleisch	20	12	Spuren	68	836	199
Kalbfleisch	20	9	Spuren	70	701	167
Schweinefleisch	16	34	Spuren	49	1604	382
Salamiwurst	28	48	Spuren	17	2352	560
Hühnereier	14	11	0,6	74	680	162
Milch	3,4	3,4	4,7	88	273	65
Butter	0,8	84,5	0,5	14	3322	791
Vollkornbrot	7,8	1,1	46	42	970	231
Weißbrot	8,1	0,6	57	33	1147	273
Nudeln	14	2,4	69	13	1520	362
Reis	8	0,5	77	15	1487	354
Mehl	11,8	1,5	71	15	1487	354
Äpfel	0,4	–	14	84	248	59
Bananen	1	–	23	74	412	98
Erdnüsse	27,5	44,5	15,6	7	2478	590
Kartoffeln	2,1	0,1	21	75	403	96
Blumenkohl	2,5	–	4	91	113	27
Karotten	1	–	9	88	172	41
Steinpilze	5	–	5	87	181	43
Bohnenkerne	26	2	47	14	1336	318
Linsen	26	2	53	12	1440	343
Schokolade	7	22	65	2	2100	500
Mandeln	21	53	14	6	2671	636
Bier	0,5	–	4,8	90	189	45
Wein	–	–	–	90	273	65
Weinbrand	–	–	–	70	925	220

Kohlenhydrate beziehen wir fast ausschließlich aus pflanzlichen Nahrungsmitteln, wie Kartoffeln, Mehl, Reis oder Zucker (Tabelle 9-1). Obst und Gemüse bestehen neben „verdaulichen", d. h. aus dem Darm aufnehmbaren Kohlenhydraten, noch aus **Zellulose.** Dieses Polysaccharid (s. 2-13) kann nicht zu Zuckern gespalten werden, die absorbierbar sind. Es ist ohne Nährwert, aber für unsere Verdauung als Füllstoff (s. 9-72) wichtig. Reine Pflanzenfresser haben Darmbakterien, die in der Lage sind, diese Polysaccharide zu spalten und absorbierbar zu machen. Der menschliche Darmtrakt enthält ebenfalls solche Bakterien, ihre Menge reicht jedoch nicht aus, um aus Zellulose Energie zu gewinnen.

Aufgenommene Kohlenhydrate werden in der Leber und im Skelettmuskel in Form von **Glykogen gespeichert.** Das Leberglykogen hat ein Molekulargewicht von etwa 16 Millionen, Muskelglykogen von etwa 1 Million (s. 2-13). Der Erwachsene kann insgesamt 300-500 g Glykogen speichern; das entspricht einer Energiemenge von 5000-8000 kJ, etwa 3 Tafeln Schokolade. Dies ist, verglichen mit unseren Fettspeichern (s. u.) kaum eine Energiereserve.

Der tägliche Bedarf an Glukose liegt beim Erwachsenen etwa bei 150 g.

Eiweiße, Fette

Eiweiße beziehen wir aus tierischer und pflanzlicher Nahrung, vor allem aus Fleisch, Fisch, Milch, Eiern und aus Brot, Kartoffeln, Nüssen und einigen Hülsenfrüchten (s. Tabelle 9-1). Die Nahrungseiweiße bestehen aus **Aminosäuren** (s. 2-17). Aus diesen Bausteinen kann die Körperzelle selbst Proteine (Eiweiße) aufbauen, sie kann ebenfalls die einzelnen Aminosäuren synthetisieren, mit Ausnahme von 8 Aminosäuren, die auf jeden Fall mit der Nahrung zugeführt werden müssen. Sie sind unbedingt (essentiell) nötig und werden daher **essentielle Aminosäuren** genannt. Da ständig Eiweiße um- und abgebaut werden, tritt dauernd ein Eiweißverlust ein. Wir scheiden täglich eine bestimmte Menge des Abbauprodukts aus dem Eiweißstoffwechsel, den **Harnstoff,** aus. Die im Urin enthaltene Menge an Harnstoff gibt einen Hinweis auf die umgesetzte Eiweißmenge. Bei eiweißreicher Ernährung scheidet ein Erwachsener bis zu 15 g Stickstoff (N) täglich aus, der zum größten Teil aus dem Eiweißstoffwechsel stammt. Bei einem mittleren Stickstoffgehalt der Aminosäuren von 16% entspricht das dem Abbau von etwa 90 g Eiweiß. Führt man mehrere Tage bei sonst energetisch ausreichender Ernährung (Kohlenhydrate und Fette) kein Eiweiß zu, sinkt die Stickstoffausscheidung nicht auf Null ab, sondern bleibt bei 3 g pro Tag stehen, was einem Eiweißabbau von 18 g entspricht. Man nennt dies das **absolute Stickstoff-** bzw. **Eiweißminimum.** Nimmt man 15 g Eiweiß mit der Nahrung auf, so steigt die Stickstoffausscheidung an; es wird also mehr Eiweiß abgebaut als beim Minimum. Wenn man täglich ca. 40 g Eiweiß aufnimmt, scheidet man 6,5 g Stickstoff aus. Das ist genau die Stickstoffmenge (16%), die im aufgenommenen Eiweiß enthalten war; sie wird als **Bilanzminimum** bezeichnet. Dieses Stickstoffgleichgewicht besteht aber nur bei absoluter Ruhe. Wird körperliche oder geistige Arbeit geleistet, muß mindestens 1 g Eiweiß pro kg Körpergewicht zugeführt werden, das sind 50-100 g täglich, um das **funktionelle Eiweißminimum** zu erreichen. Bei diesem funktionellen Eiweißminimum kann aber keine Schwerstarbeit verrichtet werden und auch kein Wachstum stattfinden. Kinder, Schwangere und Schwerstarbeiter benötigen daher bis zu 2 g Eiweiß/kg Körpergewicht.

Fette nehmen wir aus tierischer und pflanzlicher Nahrung auf. Die Fette können im Betriebsstoffwechsel genutzt werden, wobei 1 g Fett 40 kJ an Energie liefert, das ist doppelt soviel wie die gleiche Menge Kohlenhydrate oder Eiweiß. Fett kann aber auch gespeichert werden und ist unser einziger wirklich großer **Energiespeicher.** Vom gesamten Kohlenhydratspeicher Glykogen in Leber und Muskulatur könnten wir kaum 1 Tag zehren, von 1 kg Fett dagegen volle 4 Tage.

Der Körper kann aus Kohlenhydraten Fett bilden (Mast!), bedarf aber dazu einiger ungesättigter Fettsäuren, die er nicht selbst bilden kann. Es handelt sich dabei hauptsächlich um **Linol-** und **Linolensäure,** die in der Nahrung enthalten sein müssen und daher **essentielle Fettsäuren** genannt werden und entsprechend den unbedingt erforderlichen Aminosäuren.

Cholesterin (ein zu den Zoosterinen gehörendes Lipid) wird mit tierischem Fett (Eigelb, Butter, Schmalz) aufgenommen, aber auch im Körper, besonders in der Leber, gebildet. Cholesterin ist ein Vorläufer der Steroidhormone (s. 2-15) und der Gallensäuren. Beim Gesunden besteht ein Gleichgewicht zwischen aufgenommenem und im Körper synthetisiertem Cholesterin. Nimmt z. B. der Gesunde bei einer Mahlzeit reichlich Cholesterin auf, wird im Körper entsprechend weniger gebildet, und umgekehrt. Bei bestimmten Krankheiten besteht ein erhöhter Plasmacholesterinspiegel (Normalwert 1,5-2,8 g/l Serum), z. B. bei der Arteriosklerose, Herzmuskelinfarkt, Zuckerkrankheit oder Fettsucht. Er kann gesenkt werden, wenn der Patient in der Nahrung anstatt Neutralfett pflanzliche Fette mit vorwiegend ungesättigten Fettsäuren (s. 2-14) zu sich nimmt.

Spurenelemente

Kurzgefaßt:

Der Körper braucht Energie für die Erhaltung seiner komplizierten Struktur, für die Erhaltung seiner Temperatur und zur Vollbringung von Leistungen. Dies erfordert Energiezufuhr in Form der **Nährstoffe Kohlenhydrate, Fette** und **Eiweiße**. Manche Eiweiße müssen bestimmte Aminosäuren, manche Fette bestimmte Fettsäuren enthalten, die vom Körper selbst nicht aufgebaut werden können: **Essentielle Amino- und Fettsäuren**. Fette und Kohlenhydrate können für Tage bis Wochen entbehrt werden, nicht aber eine Mindestmenge an Eiweißen, das sogenannte **Eiweißminimum**.

Spurenelemente

Spurenelemente kommen, wie der Name andeutet, im Organismus nur in sehr kleinen Mengen vor, sie erfüllen jedoch zum Teil wichtige Aufgaben (Tabelle 9-2). Lebensnotwendige Spurenelemente sind: Eisen, Kupfer, Zink, Kobalt, Jod, Fluor, Mangan. Die Funktion anderer Spurenelemente (Gold, Aluminium usw.) ist entweder unklar oder eine physiologische Bedeutung ist bisher nicht bekannt (Bor, Brom, Strontium usw.), manche sind sogar giftig (Quecksilber, Blei u. a.). Die Spurenelemente haben keinen energieliefernden Wert.

Vitamine

Vitamine, (s. Tabelle 9-3) sind lebensnotwendige Substanzen, die vom Körper selbst nicht, oder nur in unzureichenden Mengen gebildet werden können. Sie sind Bestandteile unserer Nahrung, wie die Spurenelemente und haben ebenfalls keinen Nährwert. Die Vitamine erfüllen jedoch im Zellstoffwechsel und Stofftransport wichtige katalytische Aufgaben, d. h. sie beschleunigen chemische Reaktionen, ohne selbst verändert zu

Tabelle 9-2. Vorkommen, Bedarf und Mangelerscheinungen lebenswichtiger Spurenelemente.

Element	Vorkommen	Tagesbedarf	Mangelerscheinungen
Eisen	Leber Salat Grüngemüse Hülsenfrüchte	12 mg	Anämie Hautblässe Müdigkeit
Fluor	Trinkwasser Zahnpasta	1,5 mg	Karies
Jod	Meerestiere Leber Trinkwasser	150 µg	Kropf Schilddrüsenunterfunktion
Kupfer	Leber Fleisch	2 mg	Eisenaufnahmestörung, Anämie
Zink	Fleisch Brot Gemüse	10-15 mg	keine
Mangan	Getreide Wurzelgemüse Grüngemüse	3- 9 mg	keine

Vitamine

Tabelle 9–3. Vorkommen, Bedarf und Mangelerscheinungen von Vitaminen. Fettlösliche Vitamine in blauen Feldern.

Vitamin (Buchstabe)	Bezeichnung	Vorkommen	Tagesbedarf	Mangelerscheinungen
A	Retinol	Karotten Leber Milch Eigelb	1,7 mg	Hautverhornung Nachtblindheit
B_1	Thiamin	Naturreis Kleie Hefe	10,0 mg	Beriberi: Nervenentzündung Durchfälle Herzmuskelschwäche
B_2-Komplex:	Riboflavin	Milch Leber Fleisch	1,5–2 mg	Hauterkrankungen Lichtempfindlichkeit Hornhauttrübung
	Nicotinsäureamid	Milch Leber Fleisch	15,0 mg	Erkrankungen der belichteten Haut
	Folsäure	Milch Leber Fleisch Blattgemüse	0,05 mg	Zahl aller Blutkörperchen vermindert
	Pantothensäure	in allen Nahrungsmitteln	10,0 mg	keine
B_6	Pyridoxol	Milch Leber Fleisch	2,0 mg	bei Kindern: Anfallsneigung Hautschuppung
B_{12}	Cobalamin	Fleisch Leber	2–5 µg	Perniziöse Anämie
C	Ascorbinsäure	Obst, besonders Citrusfrüchte Sauerkraut Kartoffel	75 mg	Skorbut Infektgefährdung
D	Calciferol	Milchprodukte Fischleber Eigelb	0,01 mg	Rachitis
E	Tocopherol	Keimöle	10,0 mg	keine
H	Biotin	Milch Leber Hefe	0,03 mg	Hautkrankheiten
K	Phyllochinon	Blattgemüse Leber Fleisch	1,0 mg	bei intakter Darmflora und Darmfunktion: keine, sonst Blutgerinnungsstörungen

Vitamin A, B-Gruppe

werden. Im Unterschied zu anderen lebensnotwendigen (essentiellen) Nahrungsstoffen werden Vitamine nur in geringen Mengen benötigt.

Vitaminmangel führt zu Mangelkrankheiten (Hypovitaminosen, Avitaminosen). Sie entstehen durch einseitige Ernährung (rein vegetarisch oder fettfrei), durch langes Fasten oder Hungern oder nach Infektionskrankheiten mit hohem Vitaminverbrauch, sowie bei Störungen der Darmfunktion.

Vitaminüberschuß durch übermäßige Zufuhr kann beim Menschen zu Schäden führen.

Gewöhnlich werden die Vitamine in alphabetischer Reihenfolge aufgeführt und beschrieben, die **fettlöslichen** (Vitamine A, D, E und K) werden von den **wasserlöslichen** (B, C) unterschieden.

Vitamin A (Retinol) wird als Vorstufe (Provitamin A) in Anwesenheit von Fett und Gallensäuren im Dünndarm aufgenommen und zu Vitamin A umgewandelt. Es wird in der Leber, den Nieren und den Lungen gespeichert, weshalb sich Avitaminosen nur langsam entwickeln. Funktionell ermöglicht Vitamin A das Dämmerungssehen und trägt zum Aufbau und Schutz der Haut und der Schleimhäute bei. Hypervitaminosen können vor allem bei Säuglingen und Kleinstkindern auftreten (Kopfschmerzen, Hautschuppung). Diese Erscheinungen gehen bei verminderter Vitaminzufuhr zurück.

Vitamin B_1-B_{14}. Bisher wurden 14 unterschiedliche B-Vitamine beschrieben, die Existenz der Vitamine B_3, B_4, B_5, B_{13} und B_{14} ist umstritten.

Vitamin B_1 (Thiamin) ist wasserlöslich und eines der am längsten bekannten Vitamine. Es kommt u. a. in den Häutchen von Reis- und Getreidekörnern vor. In Verbindung mit Diphosphat ist Vitamin B_1 ein Coenzym von Decarboxylasen und Aldehydtransferasen, Enzymen, die beim Kohlenhydratabbau und am Citratzyklus beteiligt sind (s. 4-32f.). Die Mangelkrankheit **Beriberi** (Polyneuritis) war in Ostasien stark verbreitet, als dort der Reis, als Hauptnahrungsmittel, nur noch in geschälter, polierter Form gegessen wurde. Krankheitszeichen sind: Nervenentzündungen mit nachfolgenden Lähmungen, Muskelschwäche und Nachlassen der Herzfunktion.

Vitamin B_2 – Komplex. Unter dieser Bezeichnung werden folgende Substanzen zusammengefaßt: **Riboflavin, Nicotinsäureamid, Folsäure** und **Pantothensäure**.

Riboflavin kommt in den meisten Nahrungsmitteln als Mono- oder Dinucleotid (s. 4-25) oder als Flavoprotein vor. Flavoproteide (flavus = gelb) wirken als elektronenübertragende Enzyme in der Atmungskette (s. 4-33). Riboflavinmangel ist sehr selten. Bei wachsenden Tieren bewirkt er Wachstumsstillstand, beim Menschen Haut- und Schleimhauterkrankungen.

Nicotinsäureamid, auch PP – Faktor genannt [Pellagra-preventive (engl. verhütend) – Factor], kommt u. a. in Fleisch, Leber, Fisch, Reis- und Getreidehäutchen vor. Aus der Aminosäure Tryptophan kann der Körper selbst das Vitamin herstellen, sie wird daher zur Therapie der Mangelkrankheit Pellagra verwendet, die durch Braunfärbung der Haut, Schleimhauterkrankungen, vor allem auch im Darmbereich und durch Nervenentzündungen gekennzeichnet ist.

Folsäure kommt in Fleisch, Leber, Molkereiprodukten und in Blattgemüse vor. Sie spielt eine wichtige Rolle bei der Bildung von Blutkörperchen (s. 11-108). Mangelerscheinungen sind relativ selten, da Folsäure auch von den Darmbakterien gebildet werden kann. Bei Folsäuremangel findet man eine erniedrigte Zahl aller Blutkörperchen. Aus der verminderten Erythrozytenzahl, deren größerem mittlerem Volumen (MCV), resultiert eine hyperchrome, makrozytäre Anämie.

Pantothensäure kommt, wie der Name andeutet, in fast allen Nahrungsmitteln vor, Mangelerscheinungen treten daher nicht auf. Aus Pantothensäure entsteht in Verbindung mit Cysteamin (s. 4-33), Pantethein, der

Vitamine C, D, E

wirksame Bestandteil des Coenzyms A. Letzteres spielt besonders beim Fettstoffwechsel eine Rolle.

Biotin (identisch mit Vitamin H) ist die prosthetische Gruppe vieler Carboxylasen. Mangel führt zu Veränderungen der natürlichen Darmflora sowie zu Hauterkrankungen und zur Hypercholesterinämie.

Vitamin B_6 (Pyridoxol) kommt in Fleisch, Leber und Milchprodukten vor. Es besteht aus unterschiedlichen Pyridinverbindungen und spielt beim Aminosäurestoffwechsel eine Rolle. Vitamin B_6-Mangel führt bei Kindern zu epilepsieartigen Anfällen, auch Hautschuppung wurde beobachtet.

Vitamin B_{12} (Cobalamin) enthält Kobalt, fördert Methylierungsvorgänge und ist wichtig bei der Bildung von Proteinen und Ribonukleinsäuren (RNA) (s. 4-36). Vitamin B_{12} ist der sogenannte **Antiperniziosa-Faktor.** Die perniziöse Anämie ist eine Reifungsstörung der roten Blutkörperchen, bei der zu wenig und unreife, große Erythrozyten in die Blutbahn ausgeworfen werden. Die normale Bildung roter Blutkörperchen erfordert einen ,,extrinsic" und einen ,,intrinsic Faktor, d. h. einen mit der Nahrung zugeführten und einen körpereigenen. Der ,,extrinsic Faktor" ist das Vitamin B_{12}, der ,,intrinsic Faktor" wird in der Magenschleimhaut gebildet und freigesetzt. Er ist ein Glykoproteid und bildet mit Vitamin B_{12} einen Komplex, der nur in dieser Form im Darm resorbiert werden kann.

Vitamin C (Ascorbinsäure) ist ein Kohlenhydratabkömmling. Als Redoxkörper (s. 4-34), überträgt das Vitamin Wasserstoff. Es aktiviert den gesamten Zellstoffwechsel und den der Interzellularsubstanzen. Die Nebennierenrinde ist besonders reich an Vitamin C. Die Ascorbinsäure erhöht die natürliche Widerstandskraft des Körpers, z. B. gegenüber Erkältungskrankheiten, hat aber auf deren Verlauf, wie vielfach angenommen wird, keinen Einfluß. Vitamin C-Mangelerkrankungen kommen heute sehr selten vor, sie waren früher besonders bei Seeleuten, die lange Fahrten auf Segelschiffen zurücklegten, verbreitet. Die Krankheit wurde Skorbut (von Scheuerbek = eingerissener Mund) genannt. Weitere Anzeichen sind: Zahnfleischbluten, Zahnausfall, allgemeine Blutungsneigung und Muskelschwund. Beim Säugling und Kleinkind äußert sich Vitamin C-Mangel neben den obengenannten Symptomen, durch Schwellungen der Knorpel-Knochengrenzen des gesamten Skeletts mit Neigung zu Knochenbrüchen. Das Krankheitsbild wird, nach den Beschreibern, als Moeller-Barlowsche Krankheit bezeichnet.

Vitamin D (Calciferol) ist fettlöslich und kommt u. a. in allen fetthaltigen Molkereiprodukten und in der Fischleber vor (Lebertran, aus Heilbuttleber gewonnen, wurde früher vorbeugend verabreicht). Vitamin D fördert den Einbau von Calcium in die Knochengrundsubstanz und steigert die Rückresorption von Phosphor aus den Nierentubuli. Der Calcium-Phosphatstoffwechsel wird hormonell geregelt, Vitamin D und ähnliche Stoffe werden daher im Zusammenhang mit entsprechenden Hormonen ausführlicher beschrieben (s. 24-293f.).

Bei Vitamin D-Mangel im Säuglings- und Kleinkindalter zeigen sich Wachstumsstörungen am Skelett, die Knorpel-Knochengrenzen sind verdickt (am Brustkorb spricht man von Rosenkranz, den perlartigen Verdickungen an den Rippen, die Schädelknochen sind eindrückbar, das Skelett verbiegt sich bei Belastung (O-Beine können z. B. die Folge sein), der Zahndurchbruch ist gestört. Diese als Rachitis bezeichnete Krankheit kommt dank der vorsorglichen Maßnahmen bei Neugeborenen in unseren Breiten kaum noch vor.

Vitamin E (Tocopherol), hemmt Oxidationsvorgänge des Zellstoffwechsels und unterstützt die Resistenz der roten Blutkörperchen gegen Hämolyse (s. 11-112). Tocopherolmangel führt bei weiblichen, trächtigen Ratten zum Absterben und Auflösen der Feten, bei männlichen Ratten zur Hodenrückbildung. Mangelerscheinungen sind beim Menschen nicht bekannt.

Vitamine F, H, K

Vitamin F ist kein eigentliches Vitamin, sondern ein Gemisch aus essentiellen Fettsäuren (s. 9-66) (Linol-, Linolen- und Arachidonsäure).
Vitamin H ist identisch mit Biotin.
Vitamin K (Phyllochinon), ist fettlöslich und kommt in Blattgemüse, Fleisch, Leber und Milchprodukten vor. Es spielt bei der Bildung der Gerinnungsfaktoren, Prothrombin, Faktor VII, IX und X in der Leber, eine Rolle (s. 11-123f.). Blutungsneigung durch Vitamin K-Mangel kann entstehen, wenn durch mangelhafte Gallefreisetzung in den Zwölffingerdarm die Fettresorption und damit die Vitamin K-Aufnahme gestört ist. Normalerweise ist Vitamin K-Mangel sehr selten, da die Darmbakterien das Vitamin in größeren Mengen bilden können.

Kurzgefaßt:

Spurenelemente und **Vitamine** sind lebensnotwendige Stoffe, die im Zellstoffwechsel eine besondere Rolle spielen. Mangelhafte Zufuhr dieser Stoffe führt in den meisten Fällen beim Menschen zu Erkrankungen, in einzelnen Fällen auch ein Überangebot. Spurenelemente und Vitamine besitzen keinen Nährwert (s. Tabelle 9-2 und 3).

Energiebedarf

Für mehr als 80% unserer Bevölkerung ist eine Energiezufuhr von 10000 kJ (ca. 2400 kcal) pro Tag ausreichend, um ein Energiegleichgewicht zu halten. Die wenigen, die heute noch schwere körperliche Arbeit leisten oder Sportarten mit großem Kraftaufwand ausüben, können allerdings bis zu 18000 kJ (ca. 4300 kcal) pro Tag umset-

Tabelle 9-4. Für verschiedene Lebensalter bei beiden Geschlechtern, Schwangere und Stillende erforderliche Energiezufuhr.

	Alter Jahre	Gewicht kg	Größe cm	kJ/Tag	kcal/Tag
Säugling	1/2−1	8		3770	900
Kind	4−5	18	107	6700	1600
Knabe	13	45	156	12560	3000
Mädchen	13	47	158	10500	2500
Mann	25	70	175	12150	2900
	45	70	175	10900	2600
	65	70	175	9200	2200
Frau	25	58	163	8800	2100
	45	58	163	8000	1900
	65	58	163	6700	1600
Schwangere 3. Drittel				+1050	+ 250
Stillende				+4200	+1000

Energiebedarf, Kostmaß

zen, die dann auch in Form von Nahrung zugeführt werden müssen.

Richtwerte für den Energiebedarf („Kalorientabellen") sind seit Beginn dieses Jahrhunderts in vielen Laboratorien der Welt sorgfältig erarbeitet worden. Diese Richtwerte müssen nicht nur das **Körpergewicht**, sondern auch das **Lebensalter, Geschlecht** und besondere Lebensumstände wie **Schwangerschaft, Stillen, Kältebelastung** sowie **unterschiedliche körperliche Arbeit** berücksichtigen.

Tabelle 9-4 gibt eine Auswahl von Werten der erforderlichen Energiezufuhr für verschiedene Lebensalter beider Geschlechter. Richtwerte für Schwerarbeiter und Leistungssportler schwanken in ihren Angaben. Die Weltgesundheitsorganisation gibt den **Energieumsatz für Schwerstarbeiter** mit 20 000 kJ pro Tag (4800 kcal) an, wenn die Arbeit das ganze Jahr über durchgeführt wird. Steigt der Energieumsatz z. B. bei Saisonarbeitern (kanadischen Holzfällern) bis auf 37 000 kJ/Tag an, so nimmt das Körpergewicht ab, weil soviel Energie durch Essen nicht aufgenommen werden kann.

Für wenige Minuten kann der Energieumsatz um das 10- bis 20fache des Ruheumsatzes gesteigert werden, also von 5 auf 50-100 kJ/min.

Das „Kostmaß"

Bei einer ausreichenden Ernährung muß nicht nur entsprechend den unterschiedlichen Bedingungen (s. o.) das energetische Gleichgewicht, eingenommene kJ zu ausgegebenen, stimmen, sondern auch der Anteil an Kohlenhydraten, Eiweißen und Fetten. Aus verdauungsmechanischen Gründen soll die Nahrung auch eine bestimmte Menge an Ballaststoffen enthalten (s. 9-65). Schon lange vor Bekanntwerden neuerer wissenschaftlicher Ergebnisse in der Ernährungslehre haben weite Bevölkerungskreise (mit Ausnahme der Armen – Eiweiß ist teuer – und der Wohlhabenden) eine Kost gewählt, die „gesund" ist. In jüngerer Zeit stellt man jedoch in wohlhabenden Industrieländern einen „Luxuskonsum" fest, der darin besteht, daß zu viel und meist auch zu fett gegessen wird. Die einfachste **Richtregel** für ein gesundes Kostmaß, ausgedrückt in Gewichtsanteilen, ist: $2/3$ **Kohlenhydrate**, $1/6$ **Eiweiß** und $1/6$ **Fett**.

Der **Anteil der Nahrungsmittel an den 3 Grundnährstoffen** muß Tabellen entnommen werden, die man in den Lehrbüchern der Ernährungskunde findet. Dabei handelt es sich meist nur um grobe Richtlinien, denn, wie jeder weiß, ist Fleisch nicht gleich Fleisch (unterschiedlicher Fettgehalt); dasselbe gilt für Wurst, Fisch oder Käse. Auch der Kohlenhydratanteil von Kartoffeln kann durch unterschiedlichen Wassergehalt schwanken.

Die Deutsche Gesellschaft für Ernährung hat festgestellt (1969/70), daß 15% der Bevölkerung zu energiereich ißt und daher Übergewicht hat. Man weiß durch statistische Untersuchungen, daß **Übergewicht** die Krankheitsanfälligkeit steigert. Amerikanische Lebensversicherungen verlangen daher schon seit Jahren um so höhere Prämien, je höher das Übergewicht der Versicherten ist.

Abweichungen vom normalen Kostmaß ergeben sich z. B. bei **Schwangeren, Stillenden** oder bei Leuten, die körperliche **Höchstleistungen** vollbringen, wobei vor allem der Eiweißanteil gesteigert werden muß (s. 9-69), aber auch aus meist weltanschaulich bedingten Ursachen, bei **vegetarischer** und **Rohkosternährung.** Bei strenger Einhaltung kommt es zu Mangelerscheinungen, weil bestimmte Vitamine, bestimmte essentielle Aminosäuren und essentielle Fettsäuren nur in tierischen Nahrungsmitteln vorkommen. Daß es unter den Vegetariern und Rohkostlern zu weniger Krankheitsfällen kommt, als man zahlenmäßig erwarten würde, liegt daran, daß bewußt oder unbewußt die Diät nicht streng eingehalten wird. Viele nehmen z. B. Milch, Eier, Käse und Butter zu sich. Geringere Abweichungen vom Kostmaß verlaufen störungslos. So kann bei kaltem Wetter oder von Bewohnern arktischer Zo-

Alkohol

nen (Eskimos) der Fettanteil und der Eiweißanteil auf Kosten der Kohlenhydrate gesteigert werden oder bei Hitze der Kohlenhydratanteil ohne Schäden erhöht werden. Da sich die Nahrungsstoffe entsprechend ihrem Energiegehalt vertreten können (**Isodynamie**), ist bei Zufuhr der Mindestmengen (s. o.) keine Schädigung zu befürchten. Auch kann der Körper im Bedarfsfall aus Aminosäuren Glukose und aus Kohlenhydraten Fett bilden.

Über den **Alkohol** muß aus energetischen und pathologisch bedeutsamen Gründen gesprochen werden. Da 1 g Alkohol (1,27 ml) 30 kJ (7,1 kcal) liefert, muß er bei der Aufstellung von Kostplänen, besonders für Abmagerungskuren, unbedingt berücksichtigt werden. Wer täglich 1 Flasche Bier (0,5 l mit 4% Alkohol), ¼ l Rotwein (mit 12%) und einen Whisky (50 ml mit 43%) trinkt, führt sich 56 g Alkohol und damit 1680 kJ (402 kcal) zu; das ist fast ⅙ eines täglichen Energieumsatzes von 11 000 kJ. Es ist also nicht verwunderlich, wenn eine Abmagerungsdiät nicht zum Erfolg führt, wenn der Alkoholkonsum nicht mitgerechnet wird. Die giftige (toxische) Wirkung zeigt sich besonders durch Leberschäden. Ein täglicher Alkoholverbrauch von ca. 80 g und mehr führt meist zu einer Lebererkrankung. Ein medizinisches, vor allem psychiatrisches Problem ist außerdem die Alkoholsucht.

Kurzgefaßt:
Kohlenhydrate und Eiweiße liefern ca. 17 kJ/g, Fett ca. 40 kJ/g. Der **Energiebedarf** ist von Lebensalter, Geschlecht und besonderen Bedingungen wie Berufsart, Schwangerschaft, Kältebelastung abhängig. 80% der Bevölkerung hochindustrialisierter Länder benötigen eine Energiezufuhr von ca. **10 000 kJ/Tag**, Schwerstarbeiter bis 20 000 kJ/Tag. Das **Kostmaß** gibt die Anteile der einzelnen Nährstoffe an der Nahrung an und ist grob ⅔ **Kohlenhydrate**, ⅙ **Eiweiß** und ⅙ **Fett**. **Alkohol** hat einen Energiewert von 30 kJ/g.

Untersuchungsmethoden

Die direkte Messung der Wärmeabgabe, wie sie z. B. in Abb. 9-1 dargestellt ist, wurde innerhalb der letzten Jahre immer mehr verfeinert (Messung der Abgabe mit mehreren Thermoelementen), ist aber sehr aufwendig. Man bestimmt daher in der **Klinik** und für **arbeits- und sportphysiologische Zwecke** den Energieumsatz nicht direkt, sondern bestimmt die Wärmeabgabe indirekt; man spricht daher von **indirekter Kalorimetrie.** Ausgehend von der Beziehung, die wir bereits kennen (s. E-3);

$$C_6H_{12}O_6 + 6\,O_2 \rightarrow 6\,CO_2 + 6\,H_2O \text{ und } 2822\,kJ\,(674\,kcal)$$

kann man durch **Bestimmung des O_2-Verbrauchs** den Energieumsatz berechnen, wenn man weiß, welche Art von Nahrungsstoff verbrannt wird. Für unser Beispiel der Glukose-Verbrennung liefern 6 mol O_2 (6·22,4 l O_2) → 2822 kJ, d. h., 1 Liter verbrauchter Sauerstoff liefert:

$$\frac{2822\,kJ}{6 \cdot 22,4\,l\,O_2} = 21\,kJ/l\,O_2\,(5\,kcal/l\,O_2)$$

Dies nennt man das **kalorische Äquivalent.** Fette und Eiweiße benötigen zur vollständigen Verbrennung mehr O_2 als Kohlenhydrate, weil ihre Moleküle weniger O_2 pro C- und H-Atom besitzen (s. 2-12f.). Da wir im allgemeinen auch Fette und Eiweiße verbrennen, ist das kalorische Äquivalent nicht so groß wie für reine Glukose. An dem Verhältnis abgegebener CO_2- zu aufgenommener O_2-Menge (**Respiratorischer Quotient, kurz RQ genannt**) kann man zwar mit ziemlicher Genauigkeit feststellen, welche Nahrungsstoffe in welchem Umfang verbrannt werden, die Bestimmung ist jedoch schwierig und mit erheblichen Fehlern behaftet. Man benutzt daher für die meisten theoretischen und alle klinischen Untersuchungen einen **mittleren RQ von 0,85.** Daraus ergibt sich ein

Stoffwechselbestimmung

Abb. 9-3. Spirometer nach *Krogh* zur Bestimmung des Sauerstoffverbrauchs.

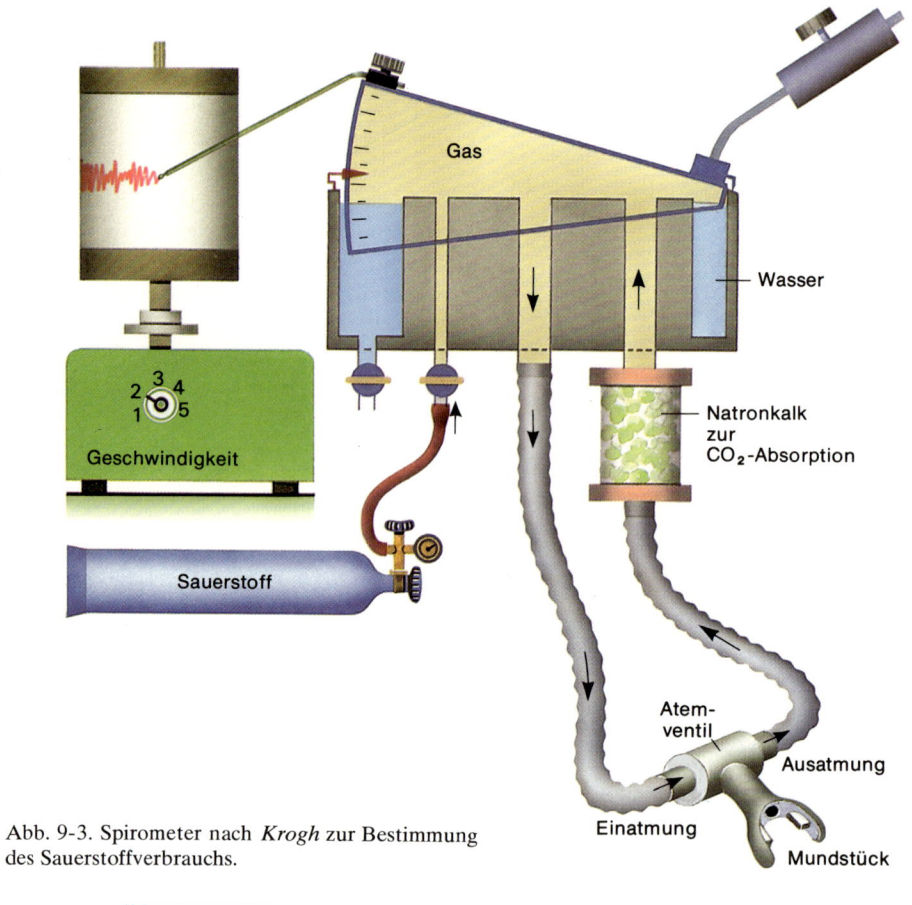

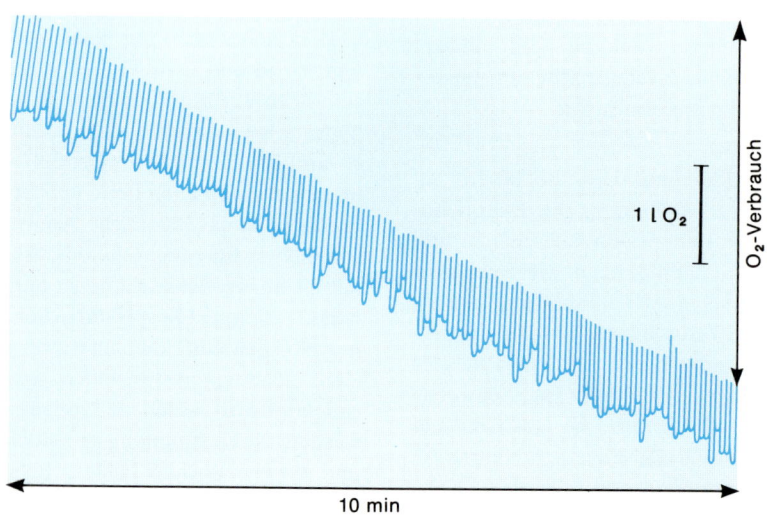

Abb. 9-4. Kurve einer Sauerstoffverbrauchsmessung mit einem *Krogh*-Spirometer, man sieht die einzelnen Atemzüge.

Indirekte Kalorimetrie

mittleres kalorisches Äquivalent von 20,4 kJ/l O_2 (4,87 kcal/l O_2).

Methoden zur Messung des Sauerstoffverbrauchs

1. Geschlossene indirekte Kalorimetrie

Diese Methode besteht darin, daß man den O_2-Verbrauch aus der Abnahme der O_2-Menge in einem **Spirometer** (Abb. 9-3) bestimmt, das mit reinem Sauerstoff gefüllt ist, an dem der Patient ein- und ausatmet. Dabei wird das ausgeatmete CO_2 durch Natronkalk absorbiert. Durch Aufzeichnen erhält man ein sogenanntes Spirogramm (Abb. 9-4), aus dem man neben den Atembewegungen den Sauerstoffverbrauch des Patienten in einer bestimmten Zeit ablesen kann. Eine ähnliche Methode besteht darin, daß man den Patienten aus einem luftgefüllten Spirometer atmen läßt, was physiologischer ist. Aus einem zweiten, mit reinem O_2 gefüllten Spirometer wird der vom Patienten aufgenommene O_2 im ersten Spirometer ersetzt. Das erste Spirometer zeigt die Atembewegungen, das zweite den O_2-Verbrauch an (Abb. 9-5).

2. Offene indirekte Kalorimetrie

Bei dieser Methode (Abb. 9-6) mißt man das Ausatmungsvolumen und die Abnahme der O_2-Konzentration in der Ausatmungsluft, woraus sich der O_2-Verbrauch errechnen läßt.
Beispiel:
60 dl Ausatmungsluft/min · 21 ml O_2/dl eingeatmet − 17 ml O_2/dl ausgeatmet
(dl = Deziliter = 100 ml)
oder

$$6000 \frac{ml}{min} (21 - 17) \frac{ml\ O_2}{dl} = 240 \frac{ml\ O_2}{min}$$

Die Gaskonzentrationen kann man mit unterschiedlichen Methoden bestimmen, z. B. O_2 mit einem magnetischen Verfahren oder CO_2 mit dem Ultrarotabsorptionsverfahren, oder beide Gase aufgrund ihrer unterschiedlichen Wärmeleitfähigkeit (s. Abb. 9-6).

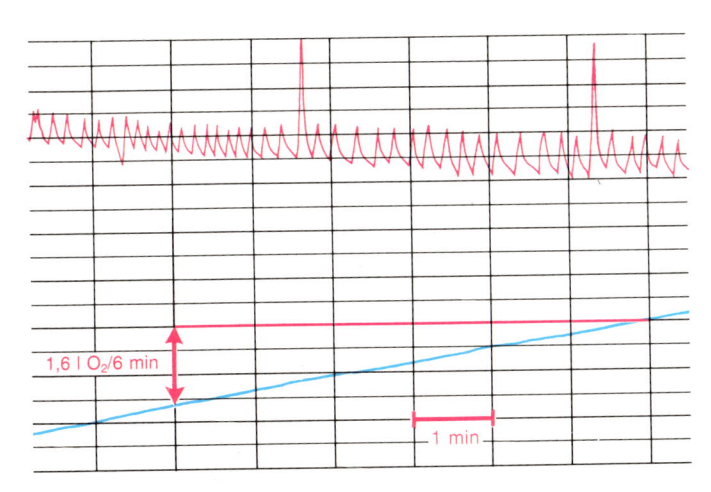

Abb. 9-5. Atem- und Sauerstoffverbrauchskurve eines Doppelspirometersystems. Die obere Kurve zeigt die Registrierung des Spirometers, aus dem geatmet wird, die untere diejenige des Spirometers, das den Sauerstoff ins Atemspirometer nachliefert und somit die Bestimmung des Sauerstoffverbrauchs ermöglicht.

Grundumsatz

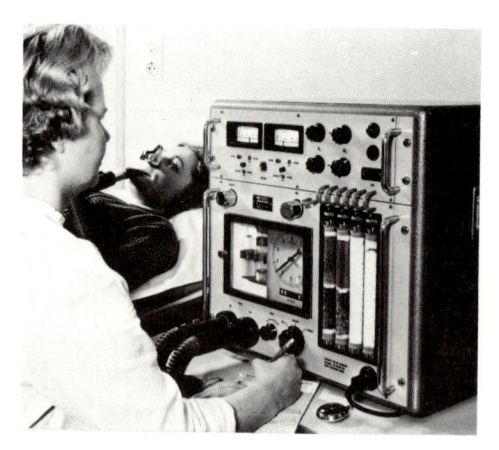

Abb. 9-6. Grundumsatzbestimmung bei einem Patienten (Werkfoto Hartmann u. Braun Frankfurt/M.).

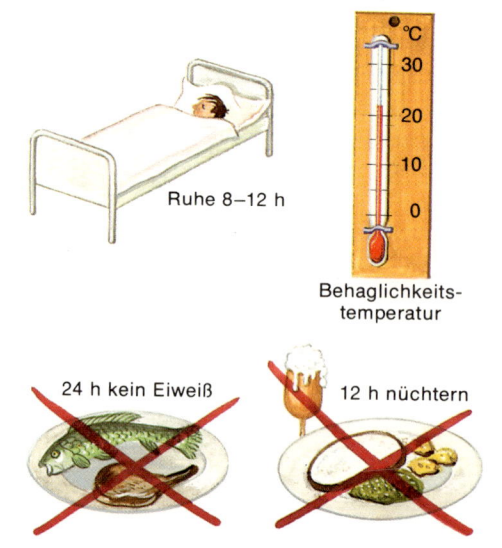

Abb. 9-7. Grundumsatzbedingungen.

Die Gasvolumina werden auf 0 °C, Trokkenheit und einen Barometerdruck von 101,3 kPa (760 mm Hg) reduziert angegeben. Man kennzeichnet diese Reduktion mit der Abkürzung **STPD,** die wie folgt zustande kommt: **S**tandard **T**emperatur, **P**ressure (Druck), **D**ry (trocken).

Grundumsatz

Durch eine Schilddrüsenüber- oder -unterfunktion kann der Stoffwechsel krankhaft erhöht oder erniedrigt sein (s. 24-290). Der Arzt kann dies u. a. mit den beschriebenen Methoden ermitteln. Um eine Abweichung von der normalen Stoffwechselgröße nachweisen zu können, benötigt man einen **Richtwert,** den man unter möglichst einheitlichen Bedingungen am Gesunden bestimmt hat. Man nennt ihn **Grundumsatz.** Diese Bedingungen müssen auch beim Patienten streng eingehalten werden, um das Untersuchungsergebnis mit den Richtwerten in den Tabellen vergleichen und eine krankhafte Abweichung feststellen zu können.

Die **Grundumsatzbedingungen** (Abb. 9-7):
1. Körperliche Ruhe vor und während der Untersuchung.
2. Behaglichkeitstemperatur während der Messung (bekleidet 20-22° C).
3. 12 Stunden vorher keine Nahrungsaufnahme (auch kein Alkohol).
4. 24 Stunden vorher keine Eiweißaufnahme, weil danach der Stoffwechsel bis um 30% ansteigen kann. Man nennt dies die **spezifisch-dynamische Wirkung** des Eiweißes. Auch Kohlenhydrate und Fette haben eine spezifisch-dynamische Wirkung, die aber viel geringer ist. Die Ursache dafür ist noch nicht völlig geklärt.

Will man feststellen, ob der Grundumsatz des Patienten von der Norm abweicht, muß sein **Alter, Geschlecht** sowie seine **Körperoberfläche** berücksichtigt werden. Abb. 9-8 zeigt die Alters- und Geschlechtsabhängigkeit. Man sieht deutlich den geringeren Umsatz des weiblichen Geschlechts und seine Abnahme bei beiden Geschlechtern mit fortschreitendem Alter, etwa vom 10. bis 20. Lebensjahr um fast 15%, vom 20.-50. Lebensjahr um weitere 10%. Der Bezug der Stoffwechselgröße auf die Körperoberfläche beruht auf der Feststellung, daß sie besser als das Körpergewicht mit dem Stoffwechsel korreliert. Die Körperoberfläche er-

Energieumsatz

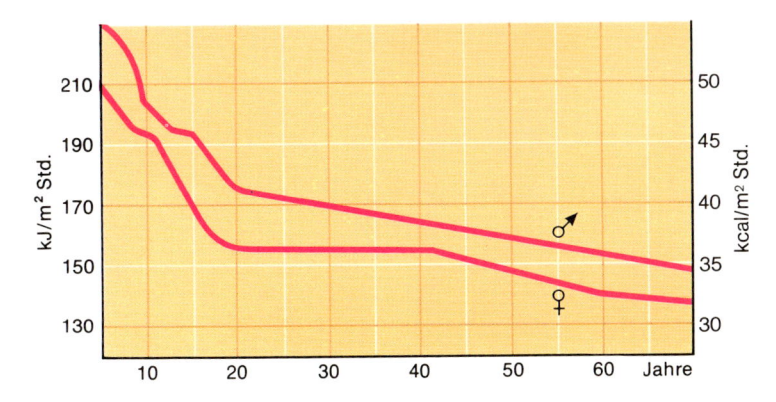

Abb. 9-8. Grundumsatz pro m² Körperoberfläche und Stunde für Mann und Frau und seine Abhängigkeit vom Lebensalter nach Daten von *Boothby* und Mitarbeitern.

mittelt man aus Größe und Gewicht mit Hilfe von Diagrammen oder Nomogrammen (Abb. 9-9).

Einen groben Schätzwert für den Grundumsatz des Erwachsenen kann man sich leicht merken; er beträgt:

4200 kJ (1000 kcal) pro m² (Körperoberfläche) in 24 h. Wenn die Werte des Patienten um mehr als 10% von den tabellierten Richtwerten abweichen, müssen sie als krankhaft betrachtet werden.

Der Energieumsatz, der bei körperlicher Arbeit aufgebracht wird, interessiert vor allem Sport- und Arbeitsphysiologen, aber auch den Arzt, wenn er die körperliche Leistungsfähigkeit von Patienten prüfen will. Dazu läßt man Versuchspersonen bzw. Patienten eine genau meßbare Arbeit vollbringen. Man benutzt sogenannte **Ergometer** (Kraftmesser). Das sind meist fahrradähnliche **Tretkurbelergometer** (Abb. 9-10), die die aufgebrachte Leistung in Watt angeben. Die Versuchsperson muß so stark treten, daß die gewünschte Leistung auf einem Zeigerinstrument konstant bleibt oder eine Signallampe eben erlischt. 80 Watt entsprechen mittelschwerer Arbeit. Abb. 9-11 zeigt die bei Gesunden gefundene Beziehung zwischen Leistung und dafür aufgebrachtem Energieumsatz, den man aus dem spirometrisch gemessenen Sauerstoffverbrauch errechnet hat. Höchstleistungssportler können bis zu ca. 5 l O_2 pro Minute verbrauchen; das entspricht 100 kJ/min.

Für die Arbeits- und Sportmedizin ist es wichtig, festzustellen, in welchem Verhältnis

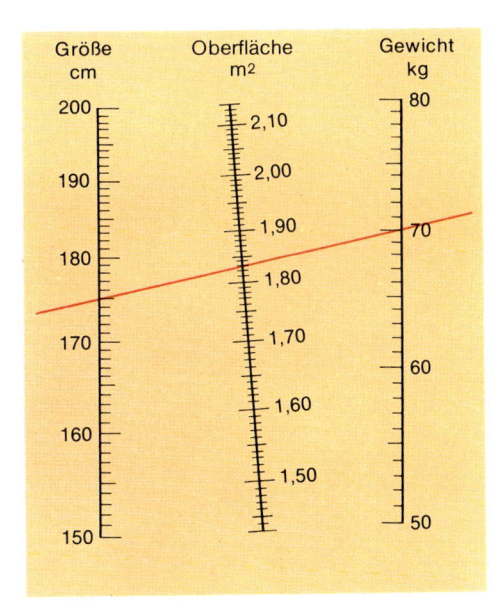

Abb. 9-9. Nomogramm zur Ermittlung der Körperoberfläche aus Körpergröße und Gewicht.

77

Wirkungsgrad

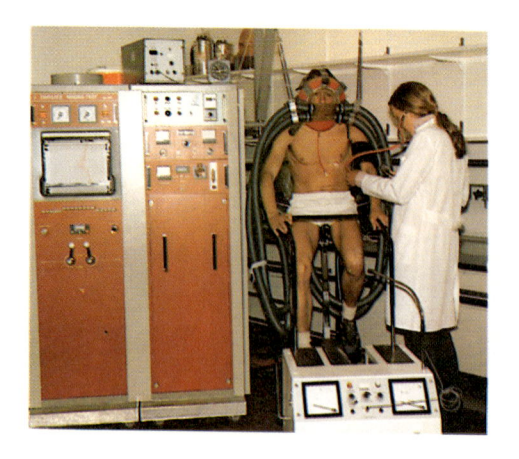

Abb. 9-10. Versuchsperson auf Fahrradergometer. Sie ist über eine Atemmaske mit Schläuchen an ein Spirometersystem angeschlossen. Der O_2-Verbrauch wird auf der Kurve links im Bild aufgezeichnet. Die Leistung kann eingestellt und an den Instrumenten vorne rechts abgelesen werden (Sportphysiologie Hannover).

die Leistung zum aufgewendeten Energieumsatz steht. Man nennt dies, wie in der Technik, den **Nutzeffekt** oder **Wirkungsgrad**:

$$\text{Wirkungsgrad} = \frac{\text{Leistung}}{\text{Leistungszuwachs}}$$

Rechnet man mit dem vorgeschriebenen SI-System, so wird der Energieaufwand in Joule und die Leistung in Watt angegeben (1 J/sec = 1 W). Der **Leistungszuwachs** wird aus dem Sauerstoffverbrauch bei Arbeit, vermindert um den Ruhesauerstoffverbrauch, ermittelt.

Beispiel:

Bei der Leistung von 100 Watt werden 1250 ml O_2/min verbraucht. Nach Abzug eines O_2-Ruheverbrauchs von 250 ml/min erhält man einen zusätzlichen O_2-Verbrauch von 1000 ml O_2/min; das entspricht einem

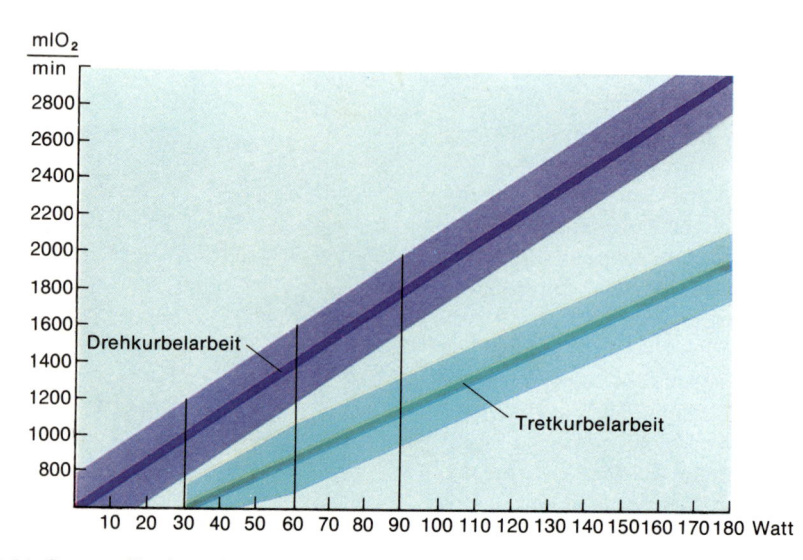

Abb. 9-11. Sauerstoffverbrauch bei Dreh- bzw. Tretkurbelarbeit mit durchschnittlicher Schwankungsbreite (nach *Schönthal* 1966).

Körperliche Leistung

Sportart		Leistung	
		km/h	Watt
Gehen: (ohne Steigung) Spaziergang		4,2 5,4 7,0	25 40 80
Bei Steigung: 10 Prozent 16 Prozent		2,5 2,5	50 100
Geländelauf Langstrecke ab 1000 m		6,9 9,0	90-110 180-210
Ski-Wandern		6 7 9	130 150 175
Radfahren		9,0 15,0 21,0	25- 30 60- 80 150-180
Schwimmen		18-20 m/min (1,2 km) 27-30 m/min (1,8 km) 35-50 m/min (3,0 km)	40- 60 80-100 150-175

Abb. 9-12. Leistungen bei einigen Sportarten (nach Prof. *Moll*).

Leistungszuwachs von 350 Watt. Daher:

$$\frac{1\,l\,O_2 \cdot 21\,kJ/l\,O_2}{60\,sec} = 350\,W$$

Zur Berechnung des Wirkungsgrades ist deshalb einzusetzen:

$$\frac{100\,W}{350\,W} = 0{,}285, \text{ das entspricht } 28{,}5\%$$

Das ist ein hoher Wirkungsgrad, den man nur mit Tretkurbelarbeit erzielen kann. Im täglichen Leben, d. h. beim Gehen, Treppensteigen oder Schwimmen, liegt der Wirkungsgrad etwa bei 10%. Dabei wird nur $^1/_{10}$ des Energieaufwands für Arbeit erbracht, $^9/_{10}$ davon gehen durch Wärmeabgabe nach außen verloren.

Der Wirkungsgrad beim Arbeiten an bestimmten Maschinen kann ebenfalls gemessen und durch Konstruktionsänderungen verbessert werden, d. h., die Maschine wird ökonomischer gemacht und die Arbeit daran erleichtert. Dies war ein wichtiges Gebiet der Arbeitsphysiologie, als in der Industrie noch mehr körperliche Arbeit geleistet werden mußte.

In der Klinik wird mit dem **Belastungsversuch** bei Patienten festgestellt, wo die Leistungsgrenzen sind, das heißt, ob Atmung

Fettleibigkeit

und Kreislauf belastungsfähig sind. Wenn mit steigender Leistung der O_2-Verbrauch nicht gleichmäßig, wie in Abb. 9-11, ansteigt und beim Umschalten des Spirometersystems auf reinen Sauerstoff der O_2-Verbrauch ansteigt, ist das ein Hinweis auf eine gestörte Atmungs- bzw. Kreislauffunktion.

In diesem Zusammenhang soll noch ein bestimmtes Problem der **Fettleibigkeit** besprochen werden, für dessen Verständnis wir jetzt die Grundlagen erlernt haben. Viele Übergewichtige glauben, sich Leckerbissen erlauben zu können, wenn sie etwas Sport betreiben, Trimm-Dich-Pfade benutzen oder täglich spazierengehen. Wir können ihnen nun eine ziemlich genaue Bilanz aufstellen: 1 Tafel Schokolade enthält ca. 2000 kJ. Bei einem Tagesumsatz von 10 000 kJ würde dieser durch die zusätzlich gegessene Schokolade um $1/5$ erhöht. Beim Spazierengehen (5,4 km/h) leistet man etwa (Abb. 9-12) 40 W · 3600 sec = 144 kJ in einer Stunde. Bei einem Wirkungsgrad von 10% würde man 1440 kJ umsetzen und also fast $1 1/2$ Stunden gehen müssen, um die 2000 kJ der Schokolade „ungeschehen" zu machen. Beim Radfahren auf ebener Strecke mit einer Geschwindigkeit von 15 km/h (Abb. 9-12) würden 80 Watt und somit bei 25% Wirkungsgrad 320 W · 3600 sec = 1150 kJ umgesetzt, d. h., man müßte fast 2 Stunden ununterbrochen radfahren, um die zusätzlichen 2000 kJ wieder loszuwerden. Daraus sieht man deutlich, daß es heutzutage, weil soviel automatisiert ist und kaum körperliche Arbeit geleistet werden muß, für viele von uns problematisch ist, das Normalgewicht zu halten. Man muß entweder systematisch Leistungssport betreiben oder „maßvoll", also dem Energiebedarf angemessen, essen und trinken. Wir können nun aber auch verstehen, welche Willenskraft ein Übergewichtiger aufbringen muß, um sein Gewicht zu reduzieren.

Kurzgefaßt:

Der **Energieumsatz** wird indirekt über die **Messung** des **Sauerstoffverbrauchs** (indirekte Kalorimetrie) bestimmt. Pro 1 O_2, der verbraucht wird, gewinnt der Körper ca. 21 kJ (**kalorisches Äquivalent**). Das Verhältnis abgegebener CO_2 zu aufgenommenem O_2 (**respiratorischer Quotient**) gibt an, welche Nährstoffe abgebaut werden. Der O_2-Verbrauch wird mit **Spirometern** (geschlossene Methode) oder im offenen System gemessen, bei dem das Atemminutenvolumen und die ausgeatmete O_2- und CO_2-Konzentration bestimmt werden.

Um **Abweichungen von Normalwerten** bei Stoffwechselerkrankungen feststellen zu können, müssen Patienten unter standardisierten sog. **Grundumsatzbedingungen** untersucht werden, d. h. bei körperlicher Ruhe und Behaglichkeitstemperatur nach 24 h eiweißfreier Kost, 12 h Nüchternheit und Ruhe. **4200 kJ pro m² Körperoberfläche** und 24 h ist ein grober Richtwert für einen Erwachsenen. Bei **Leistung** interessiert bei Sportlern und Arbeitern an Maschinen der **Wirkungsgrad**, das Verhältnis von erbrachter Leistung zu zusätzlich dafür aufgebrachter Stoffwechselenergie. Dadurch wird die Ökonomie der Leistung ermittelt. Bei Patienten wird der Leistungsumsatz an **Ergometern** zur Erfassung von Begrenzungen der Leistungsfähigkeit bestimmt.

Übergewichtigkeit bei ca. $1/6$ der Bevölkerung der Industriestaaten macht Maßnahmen zur Gewichtsreduktion durch Ernährungsanweisungen (Diät) und körperliches Training erforderlich.

10. Verdauung

Einleitung

Als Verdauung bezeichnet man Vorgänge, durch die Nahrungsmittel für den Körper aufnahmefähig gemacht werden. Dazu werden sie zerkleinert, einmal grob mechanisch und zum anderen chemisch durch Verdauungsenzyme (s. 96f.). Man kann deshalb von einer **mechanischen und einer chemischen Verdauung** sprechen. Die Aufnahme der mechanisch und chemisch zerkleinerten Nahrungsmittel in die Körpergewebe nennt man **Resorption** oder **Absorption der Nahrung**. Der Nahrungsbrei im Verdauungssystem ist im strengen Sinne **noch nicht im Körper**; das ist erst nach der Resorption der chemisch zerkleinerten Nahrungsstoffe in die Blutbahn der Fall.

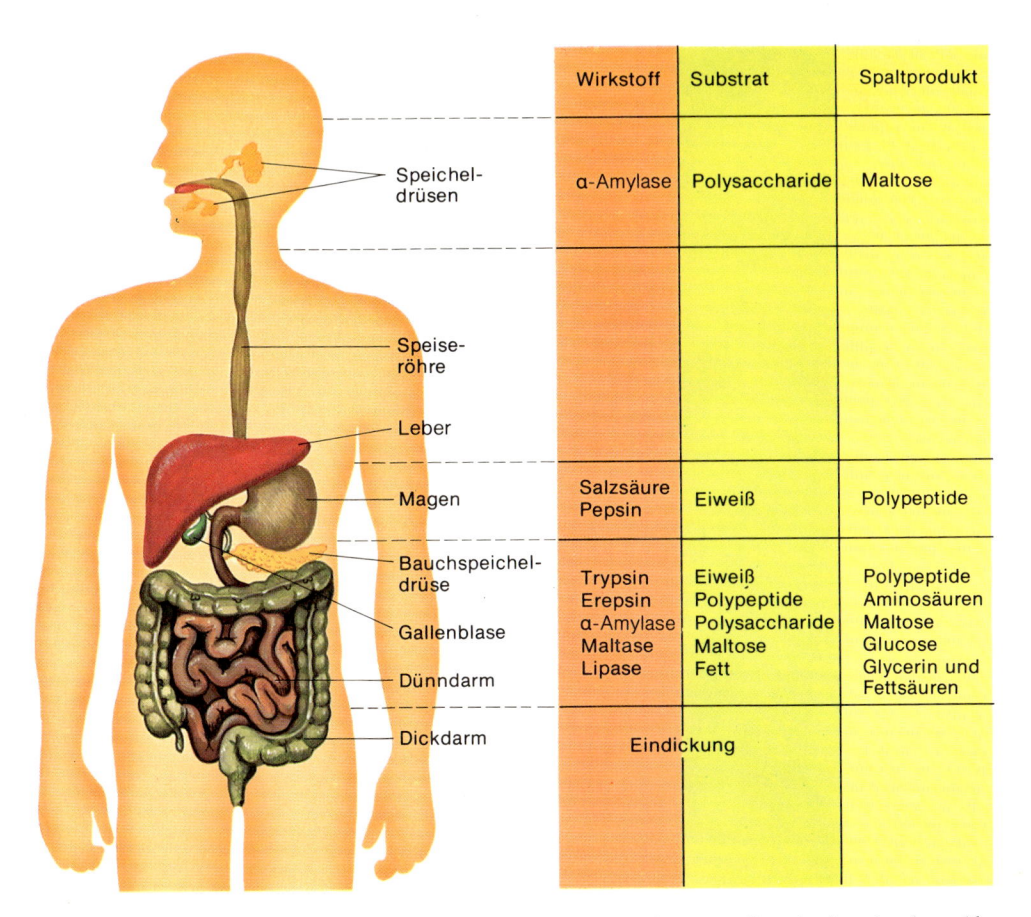

	Wirkstoff	Substrat	Spaltprodukt
Speicheldrüsen	α-Amylase	Polysaccharide	Maltose
Speiseröhre			
Leber			
Magen	Salzsäure Pepsin	Eiweiß	Polypeptide
Bauchspeicheldrüse / Gallenblase / Dünndarm	Trypsin Erepsin α-Amylase Maltase Lipase	Eiweiß Polypeptide Polysaccharide Maltose Fett	Polypeptide Aminosäuren Maltose Glucose Glycerin und Fettsäuren
Dickdarm	Eindickung		

Abb. 10.1. Verdauungskanal und die wichtigsten chemischen Spaltungsvorgänge in den einzelnen Abschnitten (nach *W. Bruggaier* u. *D. Kallus*, 1976).

Zähne

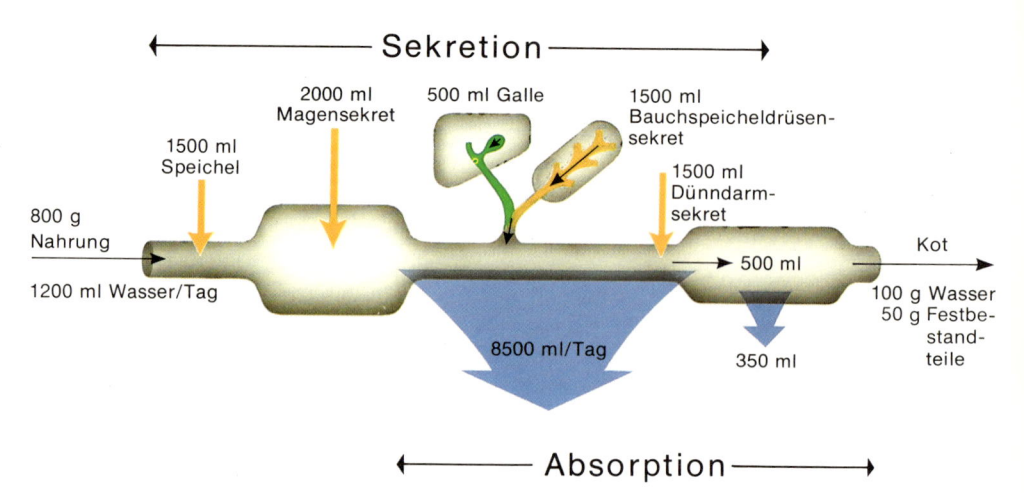

Abb. 10-2. Flüssigkeitswechsel im Verdauungskanal (nach *Vander* 1975).

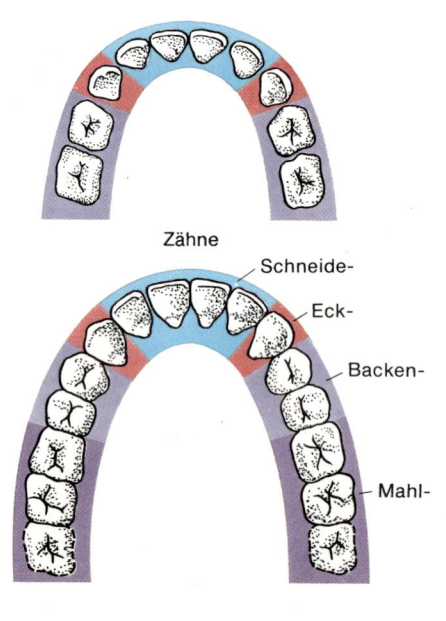

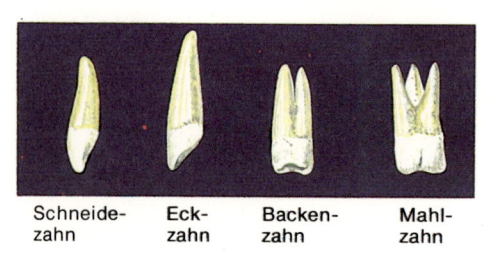

Abb. 10-3. Milch- (oben) und Erwachsenengebiß (mitte), sowie **Zahnformen** (unten).

Abb. 10-1 gibt einen Überblick über den **Verdauungskanal,** vom Mund, der Speiseröhre, dem Magen und den verschiedenen Darmabschnitten mit ihren wichtigsten Funktionen. Auf der gesamten Strecke, vom Mund bis zum Enddarm, laufen mechanische Prozesse ab, die der Zerkleinerung der Nahrungsmittel und ihrer Fortbewegung dienen. Vom Mund an bis zum Dickdarm werden Verdauungssäfte abgegeben, vom Magen an bis zum Dickdarm werden Spaltprodukte der Nahrungsstoffe in den Körper aufgenommen (resorbiert, absorbiert). Abb. 10-2 gibt eine Vorstellung von dem Flüssigkeitswechsel im Verlauf des gesamten Verdauungskanals.

Mund

Im Mund steht die mechanische Zerkleinerung durch die **Zähne** (Abb. 10-3) ganz im Vordergrund. Ihre unterschiedliche Form, Schneide- und Mahlzähne, erlaubt es, verschiedenartige Nahrungsmittel zu zerkleinern. Die scharfen **Schneidezähne** können z. B. Fleisch, selbst zähes, zerschneiden, die **Mahlzähne** können vornehmlich pflanzliche Nahrungsmittel, z. B. Vollkornbrot, Salat, Obst und Gemüse, „zermahlen", natürlich auch in kleinere Stücke „zerschnittenes" Fleisch. Raubtiere, die vorwiegend Fleisch fressen, besitzen Schneidezähne, die jedoch

Kauvorgang

viel schärfer als die des Menschen sind, außerdem spitze, oft verlängerte Eckzähne, um ihre Beute zu „reißen" (Wölfe, Hunde, Katzen). Pflanzenfresser wie das Rind haben vorwiegend Mahlzähne, mit denen sie das Gras stark zermahlen, ehe es in die verschiedenen Mägen befördert wird, um die Zellulose (s. 9-65) zu verdauen. Bei manchen Pflanzenfressern ist die mechanische Zerkleinerung so wichtig, daß sie sogar mehrmals kauen. Sie befördern den Nahrungsbrei dazu aus dem Magen wieder ins Maul zurück und werden daher auch Wiederkäuer genannt (z. B. Rinder, Ziegen, Schafe).

Der Mensch hat das Gebiß eines **Allesfressers,** eine Kombination aus Fleisch- und Pflanzenfressergebiß. Es kann also nicht geltend gemacht werden, daß der Mensch eigentlich vegetarisch leben müßte.

Das erste Gebiß, das **Milchgebiß,** beginnt beim Säugling um den 6. Monat „durchzubrechen" und ist etwa mit dem 2. Lebensjahr vollständig. Ihm fehlen die großen Backenzähne (Molaren), die im Erwachsenengebiß, das zwischen dem 6. und 14. Lebensjahr das Milchgebiß ersetzt, vorhanden sind.

Die **Kaumuskeln** (Abb. 10-4), vor allem der Masseter und der Schläfenmuskel, bewegen den Unterkiefer gegen den Oberkiefer und ermöglichen die **Schneidebewegung.** Die **Mahlbewegung** wird durch den hinteren Teil des Schläfenmuskels, der den Unterkiefer zurückzieht, und den äußeren Flügelmuskel (M. pterygoideus), der den Unterkiefer nach vorn zieht, ermöglicht. Außer diesen Kaumuskeln spielen die **Wangenmuskulatur** und die **Zunge** eine wichtige Rolle. Sie schieben Nahrungsstücke, die beim Kauen ins Innere des Mundes oder zwischen Zahnreihe und Wangenschleimhaut gelangen, wieder zwischen die Zahnreihen, damit eine fortschreitende Zerkleinerung der Nahrung erreicht wird. Die **Kaukraft** kann bei den Schneidezähnen bis zu 150 N (15 kp), bei den Mahlzähnen bis zu 600 N (60 kp) betragen. Der **Kaudruck** ist bei Schneidezähnen viel höher als bei Backenzähnen, da die Kraft auf eine erheblich kleinere Fläche wirkt. Daß wir uns beim Kauen normalerweise weder in die Zunge noch in die Wangenschleimhaut beißen, beruht auf einer komplizierten nervös-muskulären Steuerung. Sinneszellen, die auf

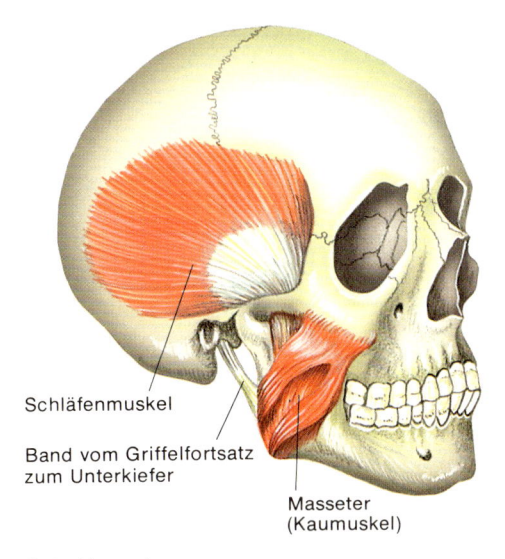

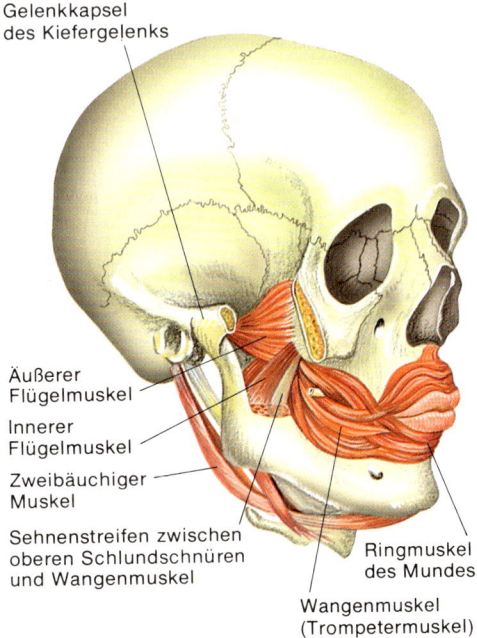

Abb. 10-4. Kaumuskeln (aus: *Benninghoff/Goerttler* Bd. 1, 1979).

Speicheldrüsen

Berührungsreiz erregt werden (sie kommen auch in der äußeren Haut vor), geben dem **Kauzentrum** im Zentralnervensystem (s. 22-254) eine genaue Information über die Lage der Zunge und der Wangenschleimhaut in bezug zu den Zähnen. Das Kauzentrum verarbeitet diese Information derart, daß praktisch kein schädigender Biß erfolgen kann.

Die **Formung des Bissens** (*Bolus*) geschieht hauptsächlich mit der Zunge und der Begrenzung des Mundraums durch Zähne und Gaumen. Der vom Speichel durchfeuchtete, gleitfähige Brei wird zu kleinen flachovalen „Bissen" zwischen Zunge und hartem Gaumen geformt. Zu große Bissen, die man versehentlich verschluckt, können in Höhe einer der drei physiologischen Engen des Ösophagus – hinter dem Kehlkopf, im Bereich des Brustbeines in Höhe der Teilungsstelle der Luftröhre oder vor dem Mageneingang beim Durchtritt durch das Zwerchfell – steckenbleiben und in diesen Regionen Schmerzen verursachen (s. Abb. 10-11).

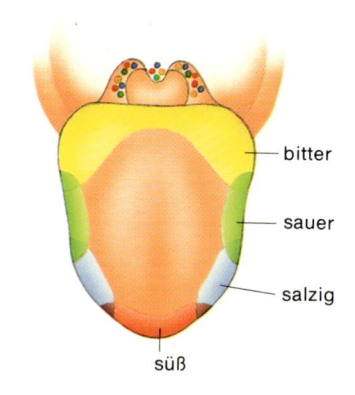

Abb. 10-6. Zunge mit den verschiedenen Orten für die Auslösung der Geschmacksqualitäten: süß, sauer, salzig und bitter (nach *W. Bruggaier* und *D. Kallus*, 1976).

Der **Speichel** wird von 3 Drüsenpaaren abgesondert (Abb. 10-5) und dient vor allem der Durchfeuchtung der Speisen; die Bissen werden gleitfähig gemacht. Jede der Drüsen sondert eine bestimmte Art von Speichel ab:
Die Ohrspeicheldrüse: vorwiegend dünnflüssig
Die Unterzungendrüse: vorwiegend schleimig
Die Unterkieferspeicheldrüse: schleimig-dünnflüssig.

Es gibt außerdem noch kleine Drüsen in der Mundschleimhaut, die einen schleimig-dünnflüssigen Speichel abgeben. Die Zusammensetzung des Speichels, den die einzelnen Drüsen absondern, ist veränderlich und kann je nach Nahrungsbeschaffenheit dünn- oder dickflüssiger sein. Auch die **Menge** pro Tag kann schwanken (etwa zwischen 0,2 und 2 l). Zur Mundbefeuchtung reichen 0,1 ml/min, sofern wir nicht sprechen oder mit offenem Mund atmen (z. B. bei schwerer Arbeit oder geschwollener Nasenschleimhaut bei Schnupfen). Beim Kauen einer trockenen Speise, etwa von Keksen, können bis zu 4 ml Speichel/min abgegeben werden, das ist also 40mal mehr als in „Ruhe". Es tritt dann ein „**Spüleffekt**" des Speichels auf; der Mund wird gereinigt. Das

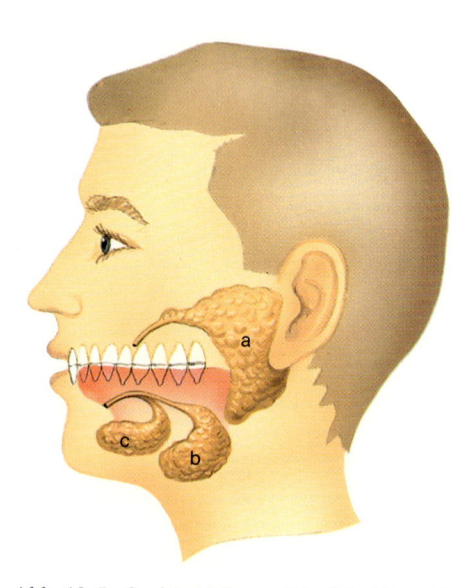

Abb. 10-5. Speicheldrüsen. Ohr-(a), Unterkiefer-(b), Unterzungen-(c)-Speicheldrüse.

Sekretionsreflex

ist besonders dann sinnvoll, wenn, wie im Kindesalter, z. B. Sand in den Mund genommen wird.

Der **Speichel** besteht zu 99% aus **Wasser** und den **Elektrolyten** Na^+, K^+, Ca^{++}, HCO_3^- und Cl^-. Spuren von **Fluorid** und **Rhodanid** sind für die Erhaltung des Zahnschmelzes wichtig. Das einzige im Speichel enthaltene **Verdauungsenzym** ist das **Ptyalin**, eine Stärke spaltende **Amylase** (s. Abb. 10-1). Wenn man z. B. Brot sehr lange im Mund kaut, kann man plötzlich einen süßlichen Geschmack feststellen, weil die im Brot enthaltene Stärke zu Malzzucker (Maltose, S. 2-13) gespalten wurde. Beim normalen Eßvorgang wird das Enzym im Mund nur wenig wirksam, um so stärker jedoch im Magen.

Die **Auslösung der Speichelsekretion** geschieht durch Reizung der **Geschmacks- und Geruchsrezeptoren** in Mund- und Nasenschleimhaut. Während die Geschmacksrezeptoren nur vier verschiedene Eindrücke (**Geschmacksqualitäten**), nämlich **süß, sauer, salzig** und **bitter,** registrieren (Abb. 10-6), vermitteln die Geruchsrezeptoren die außerordentliche Vielfalt an Eindrücken, die das Essen angenehm macht. Bei geschlossener Nase und verbundenen Augen schmecken die Stücke eines Apfels, einer Kartoffel und einer Zwiebel praktisch gleich, nämlich nach nichts! Die Rezeptoren geben bei Reizung durch Nahrungsstoffe bzw. sie begleitende „Geschmacksmoleküle" Erregungen zu den sogenannten **Speichelkernen**, von wo aus dann die Speichelabsonderung angeregt wird. Es handelt sich also um einen **Reflex** (s. Abb. 10-7).

Auch ohne den Geruch oder den Geschmack von Speisen kann es zur Speichelabsonderung kommen, z. B. schon beim Gedanken an eine uns gut schmeckende Speise oder auch, wenn wir eine Abbildung davon sehen, läuft uns „das Wasser (der Speichel) im Mund zusammen", wie man sagt. Das ist ein Reflex, den wir im Laufe unseres Lebens erlernt haben. Weil die **Vorbedingung** erfüllt sein muß, daß wir eine Speise oft gesehen, gerochen und geschmeckt haben, bis dann auf den Anblick allein die Speichelabgabe erfolgt, nennt man diese Art von Reflexen **bedingte Reflexe.** Es muß sich offensichtlich um einen Lernvorgang des Nervensystems handeln, weil z. B. ein Säugling, dem man ein Kotelett auf dem Bild zeigt, keine vermehrte Speichelabsonderung hat. Es kommt schließlich nur darauf an, daß man mit dem Geschmacksreiz (unbedingter Reiz) oft genug gleichzeitig einen bedingten Reiz anbietet, z. B. Pausenglocke in der Schule oder Mittagspausensirene in der Fabrik oder Tel-

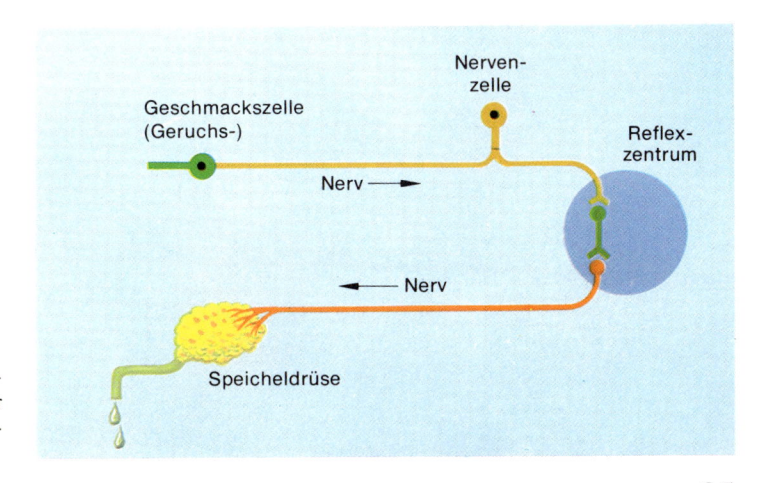

Abb. 10-7. Reflexbogen (schematisch) zur Auslösung der Speichelabsonderung.

Saugreflex

lerklappern. Dann wird Speichel und vor allem auch Magensaft (s. u.) vermehrt abgegeben. Der Sinn dieses Mechanismus ist klar: Durch den bedingten Reflex kann die Nahrung, nachdem sie im Mund aufgenommen ist, gleich mit Speichel versetzt werden und trifft auch im Magen bereits auf ein gut vorbereitetes Verdauungsmilieu. Man kann bedingte Reflexe auch wieder verlernen, was sehr wichtig ist, denn sonst würde ein Tellerwäscher dauernd Speichel- und Magensaftfluß haben. Das heißt, wenn ein bedingter Reiz längere Zeit nicht mit dem unbedingten Reiz gekoppelt vorkommt, verlernen wir den entsprechenden bedingten Reflex, der dann ja auch keinen Sinn mehr hat.

Die Speicheldrüsen werden vom „unwillkürlichen", **autonomen Nervensystem** (s. 22-271) innerviert, weshalb wir willkürlich keine Speichelabsonderung hervorrufen können; es gelingt nur über die Vorstellung guter Speisen, über den bedingten Reflex. Medikamente können die Wirkung dieses Nervensystems hemmen oder erregen. Gibt man z. B. Augentropfen, die die Pupille verengen (beim grünen Star, dem Glaukom, s. 17-221), wird gleichzeitig die Speichelabsonderung angeregt; gibt man atropinhaltige Augentropfen zur Erweiterung der Pupillen, hemmt man die Speichelabsonderung und bekommt einen „trockenen" Mund.

Das **Saugen,** das in der Säuglingszeit besonders wichtig ist und ebenfalls reflektorisch erfolgt (Saugreflex), entsteht durch Senkung des Mundbodens bei Abschluß des Rachenraums zum Nasenraum durch das Gaumensegel. Der Kehlkopf verschiebt sich nach unten, und durch den Unterdruck kann Milch aus der Brustwarze der Mutter gesaugt werden. Der dichte Schluß der Lippen ist wichtig und kann bei Säuglingen mit einer „Hasenscharte" zu Schwierigkeiten bei der Ernährung führen, ebenso, wenn der Gaumen durch eine Entwicklungsstörung nicht geschlossen ist (Wolfsrachen) und sich wegen der offenen Verbindung zur Nase kein Unterdruck ausbilden kann. Während des Saugens wird das Atemzentrum unwillkürlich gehemmt.

Damit beim Saugakt die Wangen nicht aneinanderkommen können, wodurch ein Trinken unmöglich wäre, enthalten die Wangen eines Säuglings einen Fettpfropf (Bichatscher Fettpfropf), der dies verhindert.

Das **Schlucken** erfordert einen der kompliziertesten Reflexe, die beim Menschen ablaufen; dabei sind mehr als 20 Muskeln beteiligt. Da sich Atem- und Speiseweg kreuzen, muß „automatisch", d. h. reflektorisch, dafür gesorgt werden, daß vor allem keine Speiseteile in die Luftröhre gelangen (Abb. 10-8). Es ist andererseits nicht erfor-

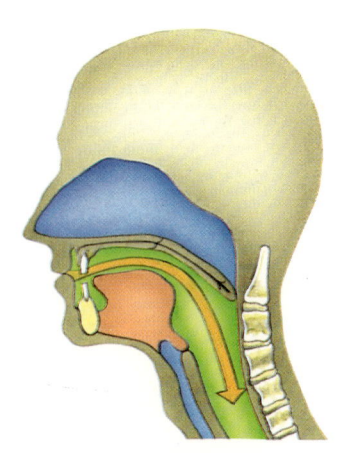

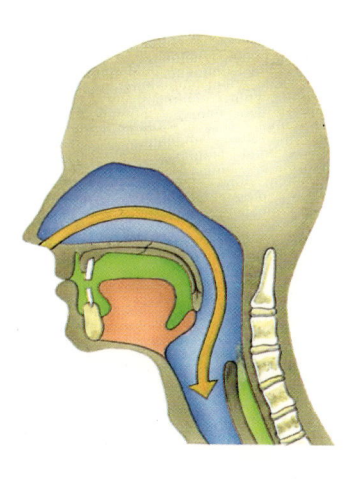

Abb. 10-8. Atem- (blau) und Speisewegkreuzung (grün).

Schluckreflex

derlich, die Speiseröhre beim Atmen zu verschließen; etwas Luft wird immer mitgeschluckt.

Die **Auslösung** erfolgt, wie bei jedem Reflex, durch Reize auf Sinneszellen (Rezeptoren); das sind vor allem Tastrezeptoren am Zungengrund und am weichen Gaumen. Wenn wir mit der Zunge einen Bissen hinten gegen den weichen Gaumen schieben (Abb. 10-9), werden diese Rezeptoren gereizt und der Reflex ausgelöst. Wir kennen diesen Auslösemechanismus von Fällen, in denen wir nicht schlucken sollen, obwohl der Reflex ausgelöst wird, z. B., wenn der Arzt in den Hals sehen will und mit einem Spatel den Zungengrund nach unten drückt. Es ist dann schwer, oft unmöglich, das Schlucken zu unterdrücken. Auch beim Zahnarzt, wenn bei zurückgelehntem Kopf Speichel in den Rachenraum fließt, wird der Schluckreflex ausgelöst. Der Reflex läuft in groben Zügen wie folgt ab: Der weiche Gaumen rückt nach oben und verschließt den Nasenraum, der Kehlkopf rückt ebenfalls nach oben, wodurch der Kehldeckel nach unten gedrückt wird und die Luftröhre verschließt. Dadurch wird es möglich, daß trotz der Kreuzung von Atemweg und Speiseweg im Rachen keine Nahrungsteile in die Luftwege kommen.

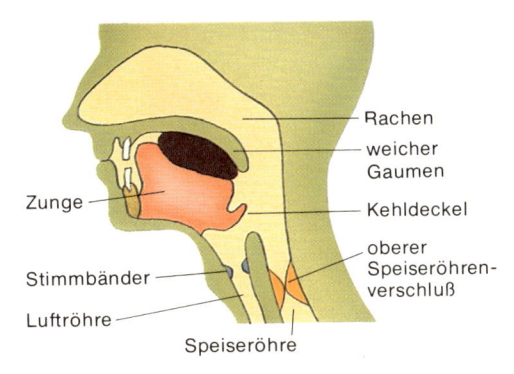

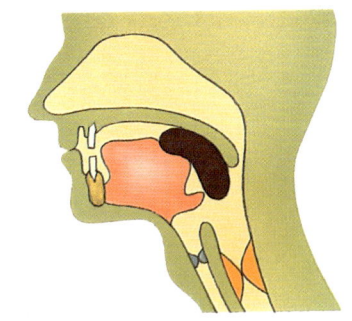

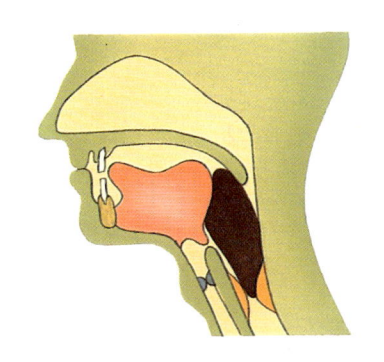

Speiseröhre

Nun befindet sich der Bissen am Beginn der Speiseröhre (Ösophagus). Das ist ein Muskelschlauch mit einem anatomischen Aufbau, wie ihn im Prinzip der ganze Verdauungskanal hat und der deshalb hier ausführlicher beschrieben werden soll. Von innen angefangen, findet man zunächst eine

Abb. 10-9. Schluckvorgang mit Transport des Bissens in die Speiseröhre. Beachte, daß der Bissen zur Verdeutlichung erheblich größer dargestellt ist, als er in Wirklichkeit sein darf.

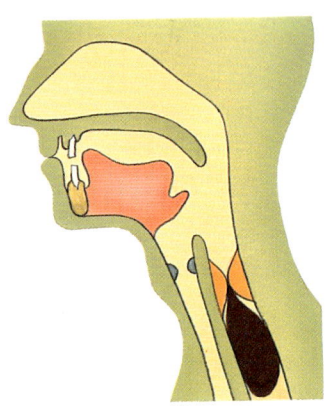

Speiseröhre

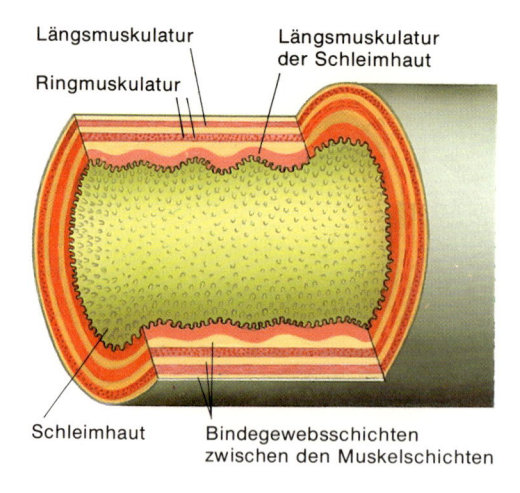

Abb. 10-10. Anordnung der Muskelschichten des Verdauungstraktes in Quer- und Teillängsschnitt (schematisch).

Schleimhaut (Abb. 10-10) mit einigen Schleimdrüsen, die die Gleitfähigkeit des Bissens erleichtern. Unter der Schleimhaut befindet sich eine **dünne Lage glatter Muskulatur** in Längs- und Ringanordnung, darunter ist eine Bindegewebsschicht, dann eine Schicht **Ringmuskulatur,** wieder Bindegewebe und eine Schicht **Längsmuskulatur,** ferner schließlich eine Bindegewebshülle. Bei der Muskulatur handelt es sich in den unteren zwei Dritteln der Speiseröhre um glatte Muskeln, die mit dem Willen nicht beeinflußbar sind. Das Prinzip dieses Aufbaus finden wir, mit einigen Abwandlungen, bei denen die einzelnen Muskelschichten mehr oder weniger ausgeprägt sind, auch im Magen, im Dünndarm und im Dickdarm. Die Ringmuskulatur dient vor allem der Weiterbeförderung des Nahrungsbreies, die Längsmuskulatur vor allem der Durchmischung mit den Verdauungssäften.

Die Speiseröhre ist kein offenes Rohr, durch das die Nahrung in den Magen hinabfällt, sondern die Wände liegen einander an, und ein Bissen wird aktiv durch die Muskulatur zum Magen befördert. Ein Beweis dafür ist die Zirkusnummer, bei der im Kopfstand gegessen wird. Ist der Schluckreflex ausgelöst worden, läuft eine Kontraktionswelle der Ringmuskulatur (**peristaltische Welle**) vom Speiseröhreneingang magenwärts (Abb. 10-11). Dieser Kontraktionswelle geht eine Erschlaffungswelle voran, die nach ca. 10 sec am Mageneingang angelangt ist; der Magen öffnet sich dann, und die Bissen können in den Magen eintreten. Die nachfolgende Kontraktionswelle schließt die Magenöffnung wieder. Der aktive Transport der Bissen ist wichtig, da im Brustraum durch den Zug der Lungen (s. 13-172) ein Unterdruck gegenüber dem Bauchraum besteht, der dem Nahrungstransport entgegenwirken würde. Innerhalb der Speiseröhre können beim Schlucken Drucke bis zu 14 kPa (105 Torr) auftreten. Die Länge des Ösophagus beträgt vom Ösophagusmund bis Mageneingang ca. 25 cm. Die Entfernung Zähne-Ösophagus-Mageneingang beträgt ca. 40 cm (Magensonde!).

Wenn keine Erschlaffungswelle ankommt, ist das untere Ende der Speiseröhre beim Übergang zum Magen (Cardia) immer geschlossen, wie die ganze Speiseröhre. **Sodbrennen** rührt daher, daß dieser Mechanismus nicht funktioniert und saurer Mageninhalt in die Speiseröhre eintritt.

Peristaltik

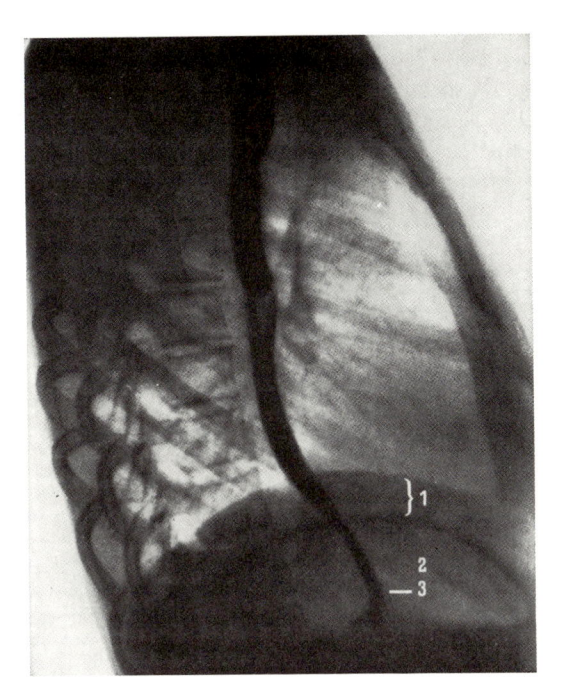

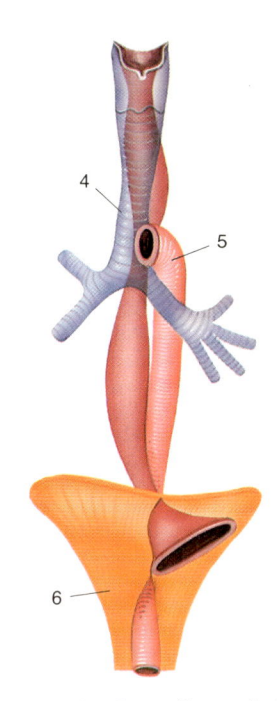

Abb. 10-11. Speiseröhre: links Röntgenaufnahme mit Kontrastbrei, rechts Darstellung mit den drei Engstellen. 1 = Zwerchfell, 2 = Magenblase, 3 = Mageneingang, 4 = Luftröhre, 5 = Aorta, 6 = Zwerchfell (aus *O. Schultze,* 1935).

Kurzgefaßt:

Verdauung ist mechanische und chemische Zerkleinerung von Nahrungsmitteln sowie Aufnahme der Spaltprodukte in den Blutkreislauf.

Im **Mund** findet vor allem die mechanische Zerkleinerung durch die Zähne und die Formung des Bissens statt. **Kauen** ist ein vorwiegend reflektorischer Vorgang, der vom Kauzentrum im verlängerten Rückenmark koordiniert wird. Drei paarige **Speicheldrüsen** (Ohr-, Unterzungen- und Unterkieferdrüse) durchfeuchten den Bissen und machen ihn gleitfähig. Die Speichelmenge beträgt ca. 1,5 l pro Tag. Die Speichelmenge und Zusammensetzung wird reflektorisch von Druck- und Geschmacksrezeptoren im Mund und Geruchsrezeptoren im Nasenraum über ein Reflexzentrum im Gehirn geregelt. Der **Schluckvorgang** ist ein komplizierter Reflex, der durch den Druck des Bissens auf Zungengrund und Gaumen ausgelöst wird. Dabei wird die Luftröhre durch den Kehldeckel verschlossen. Die Bissen werden in der **Speiseröhre** durch Kontraktionswellen, vor allem der Ringmuskulatur, denen eine Erschlaffungswelle vorausgeht, aktiv in den Magen befördert. Der Mageneingang (Cardia) ist nur geöffnet, wenn eine Erschlaffungswelle der Speiseröhre ankommt.

Magenfunktionen

Magen

Der Magen hat für die Verdauung mehrere Aufgaben:
1. Er ist ein Auffangreservoir für die Nahrung.
2. Er sorgt für die Durchmischung der Nahrung mit dem Magensaft.
3. Er produziert Salzsäure, die der Aktivierung des eiweißspaltenden Enzyms (Pepsinogen) sowie der Desinfektion der Nahrung dient.
4. Er bereitet den Weitertransport des Nahrungsbreis in den Darm vor.

Täglich wird bei normaler Ernährung etwa **2 l Magensaft** abgegeben. Die Nahrung wird daher im Magen nicht nur mechanisch (motorisch) durch Muskelkraft, sondern auch chemisch (sekretorisch) zerkleinert.

Die **Magenmuskulatur** ist so angeordnet, daß sie die Aufgaben der Durchmischung und Weiterbeförderung erfüllen kann. Im oberen Teil (Abb. 10-12), dem Fundus mit der meist luftgefüllten Magenblase, ist die Muskulatur am schwächsten ausgebildet und nimmt im Bereich des Magenkörpers zu. Dieser obere Abschnitt ist der **Füllteil** des Magens, in dem wenig Durchmischung stattfindet, aber die Stärkespaltung durch das Speichelenzym Amylase noch fortwirkt. In den unteren Magenabschnitten nimmt besonders die mittlere Ringmuskulatur (Abb. 10-12) zu, und am Magenpförtner (Pylorus) ist auch die innere Längsmuskulatur der Magenschleimhaut stark ausgeprägt. Über den ganzen Magenbereich zieht sich ferner eine schwach entwickelte innere „Halblängs"-Muskelschicht. Der untere Magenanteil ist funktionell der **Mischteil,** denn erst dort bilden sich die peristaltischen Wellen aus, die man vor dem Röntgenschirm mit Hilfe des Kontrastbreis gut beobachten kann (Abb. 10-13). Die Entleerung des Magens erfolgt in kleineren Portionen, wenn eine peristaltische Welle den „Pförtner" erreicht. Nicht jede peristaltische Welle bewirkt jedoch ein Öffnen des Pförtners. Der Nahrungsbrei kann dann den Magen nicht verlassen, sondern wird zurück in die Magenhöhle (Antrum) befördert, wo er nochmal durchmischt wird.

Abb. 10-13. Magen mit Kontrastbrei. Man erkennt die „Streifung" durch die Längsfalten (aus *R. Bauer*, 1971).

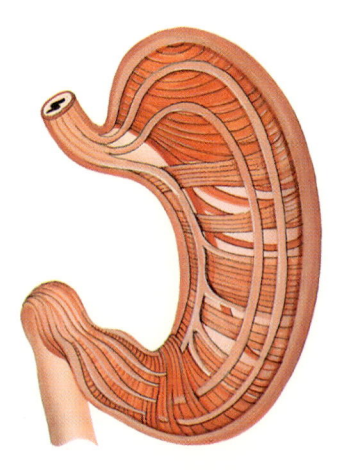

Abb. 10-12. Magen mit den verschiedenen Lagen der charakteristischen Muskelfaserzüge (nach *Benninghoff/Goerttler* Bd. 2, 1967).

Magensaft

Die **Verweildauer** der Speisen hängt von ihrer Zusammensetzung ab: Kohlenhydrate verlassen den Magen nach 1-2 Stunden, Eiweiße nach etwa 3 und Fette nach 4-5 Stunden; Getränke, wie Kaffee, Tee, Milch, Wasser, Wein und Bier, verlassen den Magen innerhalb weniger Minuten.

Die **chemischen Verdauungsvorgänge** im Magen gelten vor allem der Eiweißspaltung durch das **Pepsin.** Dieses Enzym wird in den sogenannten **Hauptzellen** der Magenschleimhaut (Abb. 10-14) als noch unwirksame Substanz, als **Pepsinogen,** gebildet und erst durch die in den **Belegzellen** gebildete **Salzsäure** zu Pepsin aktiviert. Die Salzsäure, die dem Magensaft einen pH-Wert (s. Abb. 3-1) von etwa 2 gibt, greift allein durch ihren Säuregrad alle Eiweiße an; sie werden „denaturiert", und durch Pepsin in ihre Bestandteile, Peptide (s. 2-17), zerlegt. Dadurch wird erreicht, daß der Dünndarm praktisch bakterienfrei ist. Die Besiedlung des Dickdarms mit Coli-Bakterien ist physiologisch. Gefährliche Darmerkrankungen können entstehen, wenn Bakterien aus dem Blinddarm in den Dünndarm gelangen. Normalerweise wird dies durch den Klappenschluß zwischen Dick- und Dünndarm (s. Lippert, 4. A., S. 197) sowie die immer zum Dickdarm gerichtete Peristaltik des Dünndarms verhindert. Haupt- und Belegzellen kommen hauptsächlich im Fundus und im Magenkörper (Corpus) vor. Daneben gibt es die sogenannten **Nebenzellen**, die reichlich **Schleim** absondern. Wie die hohe Salzsäurekonzentration entsteht, (das 100000 bis 1 Millionenfache, verglichen mit der in anderen Zellen des Körpers), ist nicht völlig geklärt. Bekannt ist, daß die Carboanhydrase (s. 11-119) beteiligt ist. Sie ist in der Magenwand in außerordentlich hoher Konzentration vorhanden. Wenn man ihre Aktivität durch Medikamente hemmt, nimmt die Salzsäureproduktion ab. Dies geschieht auch bei Sauerstoffmangel des Magengewebes, was darauf hinweist, daß die Salzsäureproduktion ein energieverbrauchender Prozeß ist. Es ist auch noch nicht ganz geklärt, warum das Magen-Darmepithel durch die hohe Salzsäurekonzentration nicht angegriffen und durch Pepsinogen nicht angedaut wird. Dies wird offenbar durch eine gute Schleimhautdurchblutung mit ausreichender Schleimproduktion verhindert. Schädigung der Schleimhaut können **Geschwüre** des **Ma-**

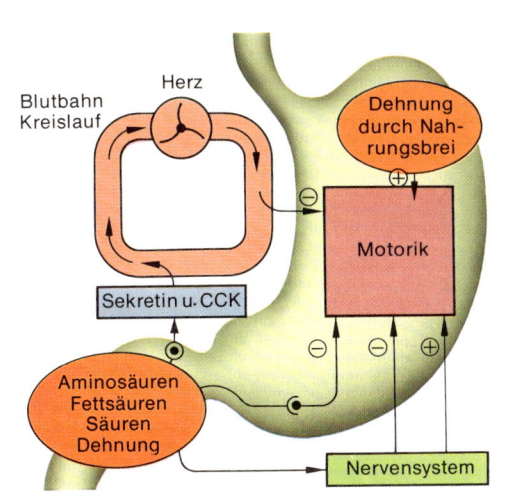

Abb. 10-15. Regulation der Magenmotorik. Nicht berücksichtigt ist ein die Magenmotorik hemmendes Protein (s. Text) (nach *Vander* 1975).

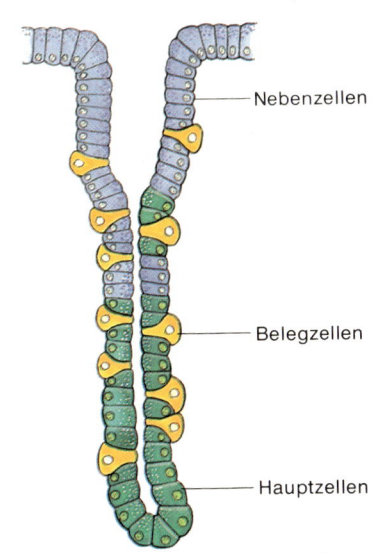

Abb. 10-14. Magendrüse mit Haupt-, Beleg- und Nebenzellen.

Regulation der Magenfunktionen

gens und des **Zwölffingerdarms** verursachen, Blutungen auslösen und sogar die Wandung zerstören und in die Umgebung durchbrechen. Schädigende Wirkung sollen auch Gallensäuren im Zwölffingerdarm haben, auch im Magen, wenn sie krankhafterweise dorthin gelangen. Eine vierte Zellart, die vor allem im Schleimhautabschnitt des Pförtners vorkommt, sind die **G-Zellen**, die das Gewebshormon **Gastrin** bilden. In den Neben- und Hauptzellen wird schließlich noch der sogenannte **Intrinsic factor** (innerer Faktor) gebildet, ohne den der sogenannte **Extrinsic factor** (äußerer Faktor), das **Vitamin B$_{12}$** (s. 9-70) nicht ins Blut aufgenommen werden kann. Er spielt bei der Blutbildung (s. 11-119) eine wichtige Rolle.

Die **Regulation der Magentätigkeit** erfolgt **nervös** sowie über **Hormone** (Botenstoffe). Die **Motorik** (Abb. 10-15) kann rein mechanisch infolge Dehnung der glatten Muskulatur bei Füllung des Magens ausgelöst werden, besonders im mittleren und unteren Magenteil, während eine Erschlaffung im Bereich des Fundus eine stärkere Füllung ermöglichen kann. Auf nervösem Weg kann eine Dehnung des Zwölffingerdarms durch Nahrungsbrei die Magenmotorik hemmen. Einflußreicher auf diese Hemmung sind jedoch Chemo- und Osmorezeptoren in diesem Darmabschnitt. Hormonell kann die Magenmotorik durch drei im Zwölffingerdarm gebildete Hormone **Enterogastron, Sekretin** und **Pankreocymin (Cholecystokinin,** kurz CCK) gehemmt werden. Erst wenn der Nahrungsbrei durch den Verdauungssaft der Bauchspeicheldrüse alkalisch (um pH 8) geworden ist, fällt die Hemmung weg, und über die Magenmotorik wird erneut Nahrungsbrei in den Zwölffingerdarm befördert. Ein speziell in der Zwölffingerdarmschleimhaut sich bildendes Protein, das die Magenmotorik hemmt, scheint ebenfalls vorzukommen. Man nennt es **g**astric **i**nhibitory **p**rotein, abgekürzt GIP.

Schließlich ist die Magenmotorik auch noch vom **Zentralnervensystem** im Gehirn gesteuert, worauf wir jedoch keinen willkürlichen Einfluß haben.

Die **Regulation der Verdauungssaftabgabe** wird ebenfalls **nervös** und **hormonell** gesteuert (Abb. 10-16). Gefördert wird die Abgabe lokal-nervös über **Dehnungsrezeptoren;** von höheren Zentren im Gehirn angeregt, erfolgt eine vermehrte Magensaftausschüttung a) durch Erregung von Geschmacks- und Geruchsrezeptoren (s. o.), und b) durch den für die Speichelabsonderung bereits beschriebenen (s. 10-85) **bedingten Reflex.** Er wurde erstmals von *Pawlow* anfangs dieses Jahrhunderts an einem Hund mit künstlichem Magenausgang nachgewiesen (Abb. 10-17). Wenn der Hund Nahrung sieht (auch wenn sie keinen Geruch abgibt), z. B. eine noch geschlossene Dose mit Hundefutter, aus der er schon öfters gefüttert wurde, fließt der Speichel und der Magensaft bereits. Auch ganz unspezifische Reize, wenn sie angelernt wurden, z. B. ein Klingelzeichen oder ein Lichtsignal, können zur Auslösung dieses Reflexes führen.

Dieser **nervösen Phase** (auch **kephalische Phase** genannt, weil vom Kopf ausgehend)

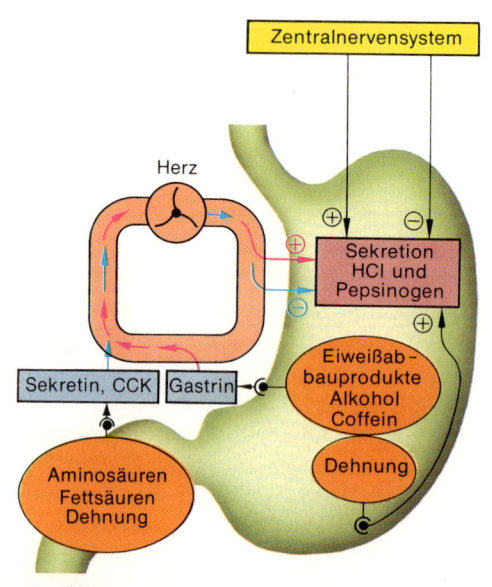

Abb. 10-16. Regulation der Magensaftsekretion (nach *Vander* 1975).

Erbrechen, Magengeschwüre

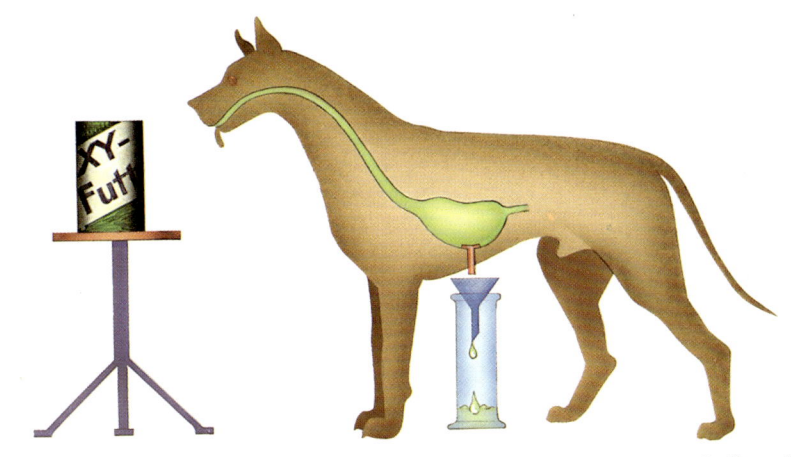

Abb. 10-17. Konditionierter (bedingter) Magensekretionsreflex beim Hund. Der Reflex wird bei geschlossener Büchse ausgelöst, weil der Hund schon oft Futter aus einer solchen Büchse erhielt.

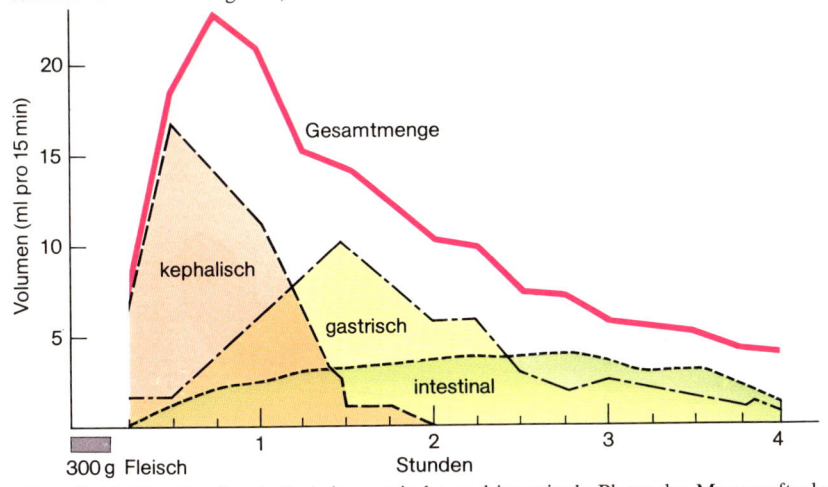

Abb. 10-18. Nervöse (kephalische), gastrische und intestinale Phase der Magensaftsekretion.

folgt die **hormonelle Phase**, auch **gastrische Phase** genannt, weil sie im Magen (gr. gaster) ausgelöst wird. Diese Phase wird vor allem durch angedaute Eiweiße im Pylorusteil ausgelöst. Die G-Zellen (s. o.) bilden das **Gastrin**, das auf dem Blutweg die Funduszellen anregt, vermehrt Salzsäure (HCl) und Pepsinogen zu bilden. Wenn wir nur die nervöse Phase hätten, würde spätestens nach Aufnahme des letzten Bissens einer Mahlzeit die Magensaftbildung aufhören, und die Verdauung wäre nur unvollkommen möglich. Umgekehrt würde ohne die nervöse Phase der Speisebrei in einen „trockenen" Magen kommen (Abb. 10-18). Ein dritter Mechanismus wird **intestinale Phase** genannt, weil er durch Verdauungsprodukte im Dünndarm ausgelöst wird.

Absorption im Magen, d. h. Aufnahme von Nahrungsbestandteilen in die Blutbahn, findet kaum statt; absorbiert wird eigentlich nur Alkohol, gesteigert durch CO_2 (Sekt!), das die Magenwanddurchblutung fördert.

Erbrechen ist ein Reflex, bei dem der Mageninhalt über die Speiseröhre stoßweise nach außen entleert wird. Es beginnt mit Übelkeit, starker Speichelabsonderung und Schweißausbruch. Reflektorisch wird nach

Dünndarmfunktionen

tiefer Einatmung der Kehldeckel geschlossen und durch starke Kontraktionen der Bauchmuskulatur sowie des Zwerchfells der Inhalt des schlaffen Magens nach oben gepreßt. Es handelt sich also nicht um Kontraktionen der Magenmuskulatur.

> **Kurzgefaßt:**
> Der Magen dient der Nahrung als **Reservoir,** der **Durchmischung** des Speisebreis, der **Spaltung von Eiweißen** und der **„Desinfektion"** des Speisebreis durch die hohe Salzsäurekonzentration (pH 2).
>
> Die **Magenmotorik** kann vom autonomen **Nervensystem** und über einen örtlichen Reflex durch Dehnung gefördert, durch das autonome Nervensystem und Zwölffingerdarmdehnung gehemmt werden. Die in der Schleimhaut des Zwölffingerdarmes gebildeten **Gewebshormone** Enterogastron, Sekretin und Cholecystokinin sowie ein saurer pH-Wert in diesem Darmabschnitt hemmen die Magenmotorik.
>
> Der **Magensaft** (ca. 2 l/Tag) wird von Drüsenzellen der Magenschleimhaut abgegeben und enthält Pepsinogen (Hauptzellen), die Vorstufe des durch Salzsäure (Belegzellen) aktivierten Enzyms Pepsin, das **Eiweiße** zu Polypeptiden spaltet. **Stärke** wird durch Fortwirken des Enzyms Ptyalin aus dem Speichel zum Disacchrid Maltose gespalten. Nebenzellen sondern reichlich **Schleim** zum Schutz vor Eigenverdauung ab.
>
> Die **Magensaftabgabe** wird 1.) **nervös** von Geschmacks- und Geruchsrezeptoren reflektorisch (gilt auch für Speichel) und über bedingte Reflexe (optische und akustische Eindrücke sowie Vorstellungen) ausgelöst; 2.) wird durch angedaute Speisen in der Magenschleimhaut das Gewebshormon **Gastrin** gebildet, das auf dem Blutweg (**humoral**) die Drüsen zur Sekretion anregt.

Dünndarm

Der Dünndarm gliedert sich in den etwa 20 cm langen Zwölffingerdarm (Duodenum) und einen oberen (Jejunum) und unteren (Ileum) Abschnitt, zusammen ca. 2,8 m lang. Drei Hauptaufgaben der Verdauung werden von diesem Abschnitt erfüllt:

1. **Mischung und Weitertransport** des Nahrungsbreis.
2. **Chemischer Abbau** aller drei Nahrungsstoffe, Eiweiß, Fett und Kohlenhydrate, zu in den Körper aufnehmbaren (absorbierbaren) Molekülen.
3. **Absorption** der abgegebenen Stoffe.

Die **Mischung** erfolgt durch Ring- und Längsmuskulatur des Darmes. Gleichzeitige Kontraktion der Ringmuskulatur an verschiedenen Darmabschnitten führt zur Teilung (**Segmentierung**) des Nahrungsbreis (Abb. 10-19). Die Längsmuskulatur ermöglicht „Pendelbewegungen", die ebenfalls der Durchmischung dienen. Die Peristaltik ist immer zum Darmende hin gerichtet. Der Dünndarm ist insgesamt beweglicher als andere Darmabschnitte, z. B. der Dickdarm, da er „lockerer" im Bauchraum aufgehängt ist, er hängt an einem langen Gekrösestiel. Die Anatomie (z. B. Lippert S. 198f.) erläutert dies ausführlicher. Der Darm ist vom zwei-

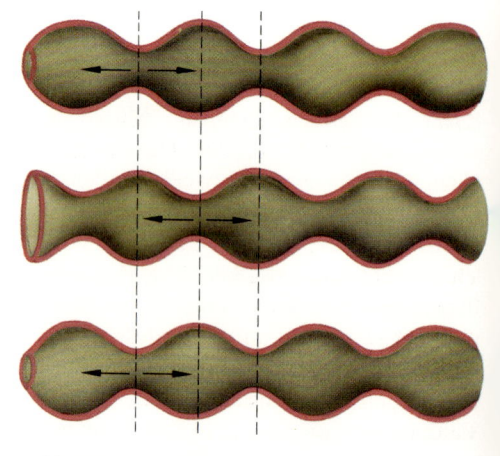

Abb. 10-19. Aufteilung (Segmentation) des Nahrungsbreies im Dünndarm.

Regulation der Motorik

tika), die dort besonders schnell aufgenommen werden. Nachteilig ist diese Eigenschaft, wenn bei Darmverletzungen Darminhalt und damit Darmbakterien in den Peritonealraum gelangen. Neben der Bauchfellentzündung, kommt es zur raschen Einschwemmung von Keimen in die Blutbahn (Sepsis).

Die Schleimhautmuskelschicht (Muscularis mucosae) kann Schädigungen durch verschluckte spitze Gegenstände vermeiden, indem sie an der „gereizten" Stelle erschlafft und der weiterbeförderte Darminhalt den Gegenstand mit dem stumpfen Teil voran weiterschiebt (Abb. 10-20). Die **Darmzotten** besitzen eine Muskelschicht, die bei Kontraktion eine Zottenverkürzung bewirkt. Durch das Zusammenziehen und Erschlaffen kommt das „Pumpen" der Zotten zustande, das dem Transport von Lymphe und Blut dient. Die **Regulation der Motorik** steht

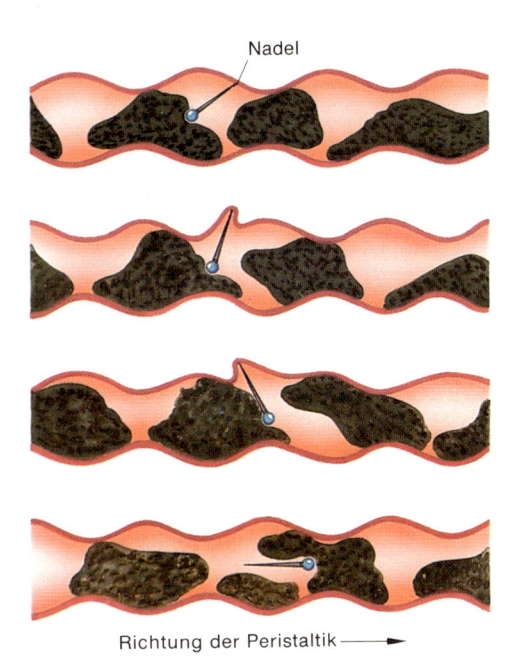

Abb. 10-20. Schutzfunktion im Dünndarm. Eine Stecknadel wird durch peristaltische Bewegungen so lange gedreht, bis sie mit dem Kopf voraus fortbewegt werden kann.

blättrigen Bauchfell (Peritoneum parietale und viscerale), überzogen, dünnen Gewebsschichten, die Flüssigkeit absondern und damit die Oberflächen glatt halten. Dadurch wird verhindert, daß sich Darmteile bei ihren peristaltischen Bewegungen aneinander „reiben" und beschädigt werden. Die Oberfläche des Bauchfells beträgt etwa 2 m^2, die Sekretions- sowie die Absorptionsleistung kann erheblich sein. Bei Stauungen im Pfortadersystem (s. 10-100) infolge von Leber- oder Herzerkrankungen kommt es zur Absonderung von Flüssigkeit in den Bauchraum, die mehrere Liter betragen kann **(Ascites)**. Dies führt zum Zwerchfellhochstand, Atem- und Kreislaufeinschränkung und die Flüssigkeit muß durch eine in den Bauchraum eingeführte Kanüle entleert werden. Die hohe Absorptionsleistung des Bauchfells kann genutzt werden, indem man unter bestimmten Umständen Medikamente intraperitoneal verabreichen kann (z. B. Antibio-

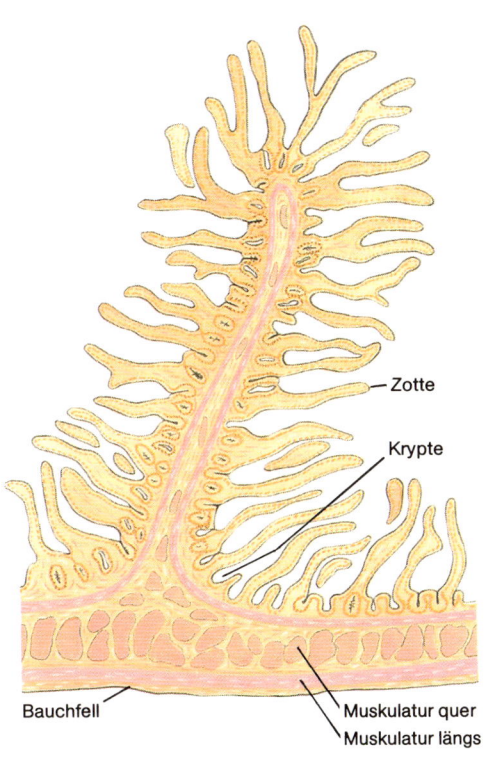

Abb. 10-21. Dünndarmquerschnitt mit Falten, Zotten und Krypten (Jejunum).

Bauchspeicheldrüse

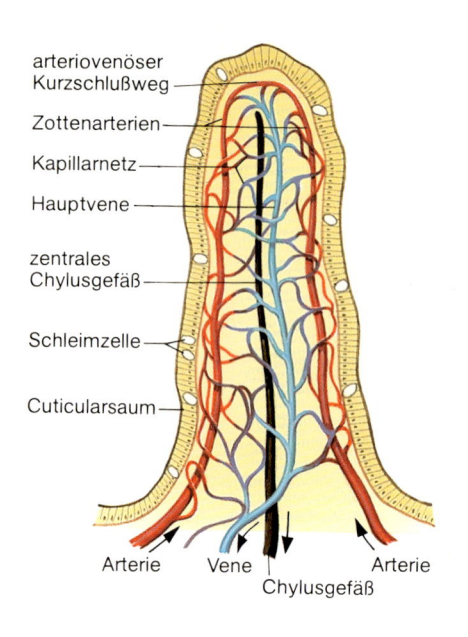

Abb. 10-22. Zottenkapillaren im Vergleich mit der Spitze einer feinen Nähnadel (n. von *Frisch*, Biologie).

hauptsächlich unter dem Einfluß des darmeigenen Nervengeflechts, das über **Dehnung** peristaltische Wellen koordiniert, d. h. aufeinander abstimmt. Ein Hormon, dessen Bildung durch sauren Darminhalt angeregt wird, löst die Zottenbewegung aus und heißt daher **Villikinin** (lat. villi = Zotten).

Das anatomische Bild zeigt einen grundlegenden Unterschied des Dünndarms zu den vorangehenden Abschnitten des Verdauungskanals. Große Falten, die selbst wieder mit zahlreichen Zotten besetzt sind (Abb. 10-21), bewirken eine etwa 600fache Oberflächenvergrößerung dieses Darmabschnitts, verglichen mit einem Rohr gleicher Länge. Man schätzt die Gesamtfläche auf ca. 200 m², das entspricht der Größe eines Tennisplatzes. Eine Vorstellung von der großen Oberfläche, den die Blutkapillaren einer Zotte bilden, gibt der anschauliche Vergleich der Abb. 10-22. In einer Zotte ist neben der Blutbahn noch eine Lymphbahn, die besonders Lipide (s. 2-14 u. 12-166) aufnimmt. Die große Darmoberfläche dient der Absorption der verdauten Nahrung. Die Verdauungsenzyme liefert vor allem die **Bauchspeicheldrüse,** deren Ausführungsgang in den Zwölffingerdarm mündet. Sie sondern ca. 1,5 l Bauchspeichel pro Tag ab. **Trypsin** und **Carboxypeptidase** spalten Eiweiße und Polypeptide, **Lipase** spaltet Fette, α-**Amylase** spaltet Stärke, **Maltase** das Disacharid Maltose und **Ribonuklease** bzw. **Desoxyribonuklease** spaltet Nukleinsäuren (Abb. 10-1). Die Drüsen der Dünndarmschleimhaut sondern hauptsächlich Schleim ab. Vermutlich werden aus oberflächlichen Schleimhautzellen, die täglich in großer Zahl zerfallen, weitere Verdauungsenzyme frei. Die **Fettverdauung** durch die Lipase der Bauchspeicheldrüse ist nur möglich, wenn das Fett in Form feinster Kügelchen „aufgelöst" ist, denn die Lipase ist fettlöslich. Die Kügelchen haben einen Durchmesser von $1/1000$ mm (1 µm) und entstehen durch die Gallensäuren (s. u.), die eine Herabsetzung der Oberflächenspannung bewirken. Den Vorgang nennt man emulgieren; es entsteht eine **Emulsion,** die milchig weiß aussieht, weil die Fettkügelchen Licht reflektieren. Bekannte Emulsionen sind z. B. kosmetische Hautmilch oder die aus Öl geschlagene Mayonnaise. Das Emul-

Regulation der Bauchspeicheldrüsentätigkeit

gieren im Zwölffingerdarm vergrößert die Oberfläche der Nahrungsfette und macht sie leichter angreifbar für die Lipase.

Die **Regulation der Bauchspeicheldrüsentätigkeit** (Abb. 10-23) geschieht auf **nervösem** Weg, ausgelöst von höheren Zentren des Gehirns und über **Dehnungsrezeptoren** aus Nerven der Darmwand. Die **hormonelle** Steuerung geschieht durch **Sekretin** und **Pankreocymin,** Hormone, deren Bildung durch Eiweißspaltprodukte und Säuerung im Zwölffingerdarm angeregt wird. Sie werden, wie das Gastrin im Magen, in die Blutbahn abgegeben und regen auf diesem Wege die Drüsentätigkeit an. Sekretin fördert vor allem die Menge, Pankreocymin den Enzymgehalt des Bauchspeichels. Pancreocymin heißt auch **Cholecystokinin** (CCK), weil es die Muskelfasern der Gallenblasenwand zur Kontraktion anregt und sich Galle in den Zwölffingerdarm entleeren kann. Täglich werden ca. 0,5 l **Galle** (Abb. 10-2) aus Gallenblase und Leber in den Darm abgegeben. Galle besteht, neben dem Lösungsmittel Wasser, aus Gallensäuren (Farbstoffen, die Abbauprodukte des roten Blutfarbstoffs Hämoglobin sind) und aus Cholesterin.

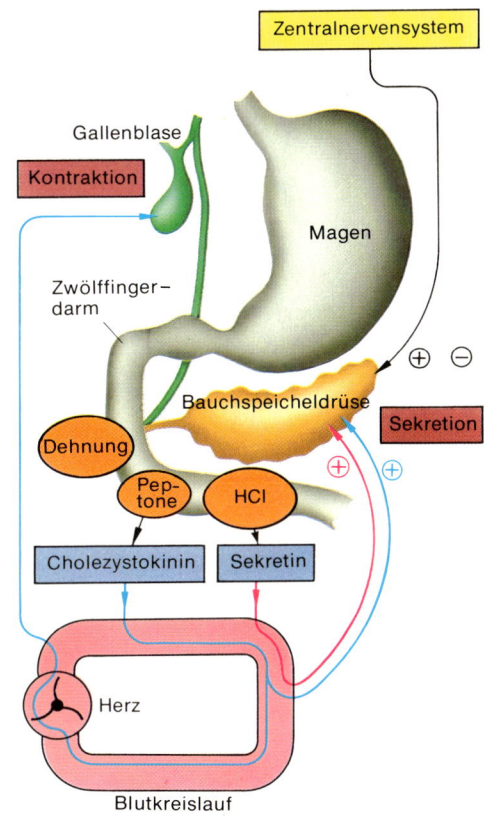

Abb. 10-23. Regulation der Bauchspeicheldrüsen- und Gallensaftabgabe (Nach *Vander,* 1975).

Kurzgefaßt:

Im **Zwölffinger-** und **Dünndarm** (ca. 3 m lang) erfolgt hauptsächlich der chemische Abbau der Nahrungsstoffe durch Enzyme der Bauchspeicheldrüse, die täglich etwa 1,5 l absondert. Trypsin spaltet **Eiweiße,** Carboxypeptidasen **Polypeptide,** Amylase **Stärke** und Disaccharasen (z. B. Maltase) **Disaccharide** (wie z. B. Maltose). Die Lipase spaltet **Fette,** die unter der Einwirkung der Salze der **Galle** (ca. 0,5 l/Tag) zu ca. 1 µm kleinen Tröpfchen emulgiert werden. Im Dünndarm findet auch hauptsächlich die **Resorption** in das Blut (Aminosäuren, Monosaccharide, Fettsäuren) und die Lymphe (Fettkügelchen, Chylomikronen) statt.

Die **Sekretion** der Bauchspeicheldrüse wird **nervös** vom autonomen Nervensystem und örtlich über einen Dehnungsreflex der Darmwand sowie **humoral** über die Gewebshormone **Sekretin** und **Pankreocymin** (Cholecystokinin) angeregt. Die Auslösung für die Hormonbildung geschieht durch Eiweißspaltprodukte und Säuerung, besonders im Zwölffingerdarm. **Cholecystokinin** ist das Gewebshormon, das die glatte Muskulatur der Gallenblase anregt und zur Gallenentleerung in den Darm führt.

Dickdarmfunktionen

Dickdarm

Der Dickdarm (Kolon) ist etwa 1-1,5 m lang. Er gliedert sich in folgende Abschnitte:

Den eigentlichen **Blinddarm** (Cecum), an dem der **Wurmfortsatz** (Processus vermiformis) hängt. Hierauf folgen der **aufsteigende Schenkel** (Colon ascendens), das **Querkolon** (Colon transversum), der **absteigende Schenkel** (Colon descendens), der **S-förmige Teil** (Colon sigmoideum) und schließlich der **End- oder Mastdarm** (Rektum).

Im Dickdarm findet vorwiegend nur noch Flüssigkeitsentzug (Abb. 10-2) aus dem Nahrungsbrei und damit dessen Eindickung zu **Kot** statt. Die Gleitfähigkeit des Kotes wird durch Schleim gewährleistet, der von den Schleimhautdrüsen produziert wird. Normalerweise findet im Dickdarm keine Absorption von Abbauprodukten der Nahrungsstoffe mehr statt. Die Fähigkeit, Zucker, Aminosäuren und Salze aufzunehmen, ist jedoch vorhanden. Dies ist für Patienten von Bedeutung, die künstlich über den Enddarm mit Hilfe eines Einlaufs ernährt werden müssen. Es ist zu beachten (Abb. 10-24), daß nur diejenigen Stoffe unmittelbar zur Leber gelangen, die im obersten Drittel des Rektums resorbiert werden. Arzneimittel in Form von Zäpfchen gelangen nur bis in die Ampulle des Rektums. Stoffe, die hier resorbiert werden, kommen erst in den Körperkreislauf und dann über den „Portalkreislauf" in die Leber (s. 10-99). Hiermit hängt die Frage der Entgiftung von Stoffen zusammen.

Die **Muskelschichten** des Dickdarmes sind grundsätzlich ähnlich aufgebaut wie in den vorangehenden Darmabschnitten. Die äußere Längsmuskulatur ist hier jedoch zu Bändern zusammengefaßt, **Tänien** genannt, die große Ausbuchtungen der Darmwand, **Haustren**, erlauben. Der **Transport** des Darminhalts ist im Vergleich zum Dünndarm langsam. Es dauert 10-18 Stunden oder länger bis der Inhalt den Dickdarm passiert hat. Am Übergang von Dünn- zum Dickdarm befinden sich Schleimhautwülste (Bauhinsche Klappe), die einen Rückfluß von Dickdarminhalt bei höherem Innendruck verhindern. Dadurch wird u. a. auch erreicht, daß Bakterien, die im Dickdarm reichlich vorhanden sind, nicht in den Dünndarm übertreten und hier schädigend wirken können (s. 10-91). Im Dickdarm gibt es eine **Antiperistaltik**, so daß der Darminhalt hin- und herbewegt werden kann, was einem besseren Flüssigkeitsentzug dient.

Colon sigmoideum und Rektum haben eine geschlossene innere Muskellängsfaserschicht, die zusammen mit der starken Ringmuskulatur für die **Kotentleerung (Defäkation)** wichtig ist. Im allgemeinen kommt es einmal täglich zur Kotentleerung, besonders nach Nahrungsaufnahme („gastrisch-kolonischer Reflex"). Durch die Kontraktion der

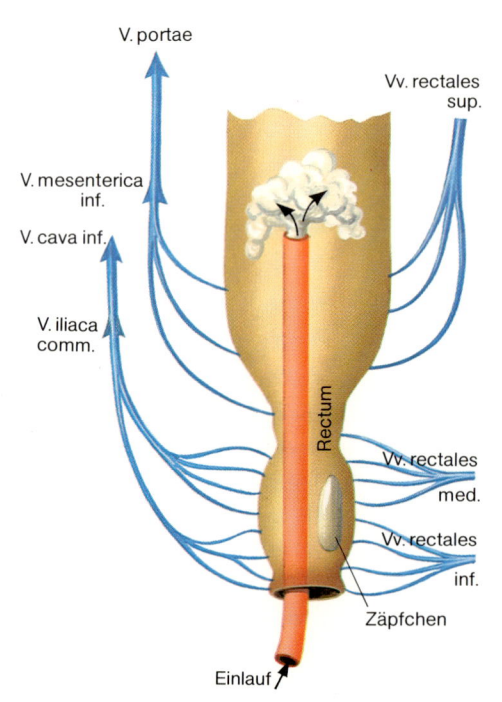

Abb. 10-24. Venöser Blutabfluß aus dem Mastdarm mit Schlauch für Nähreinlauf und Lage eines Medikamentenzäpfchens (Suppositorium) in der Ampulle (Prof. *Clemens*, München).

Absorption

Ringmuskulatur mit vorangehender Erschlaffung weitergeschoben, zieht die Kontraktion der Längsmuskulatur den Darm über den Kot sozusagen weg und zurück. Dabei sind der innere und äußere Schließmuskel des Afters erschlafft. Durch Zusammenziehen der Bauchmuskulatur wird dieser Vorgang noch unterstützt (Bauchpresse). Bei geschlossener Stimmritze wird der Lungeninnendruck gesteigert (Pressen). Der Druck im Brustraum kann dabei bis zu 25 kPa (ca. 190 mm Hg) und höher ansteigen. Durch diese starke Druckerhöhung kann es bei vorgeschädigten Gefäßen zu Rissen und damit Blutungen kommen, z. B. aus Hämorrhoiden, Herzkranzgefäßen oder Hirngefäßen.

Die **Regulation der Dickdarmmotorik** geschieht vor allem lokal durch **Dehnung** über Nervengeflechte in der Darmwand, die zu dem **autonomen Nervensystem** gehören (s. 22-271). Gewohnheiten, psychische Einflüsse sowie Stoffe, die das parasympathische System anregen, wie Nicotin und Coffein, fördern die Kotentleerung. Bewegungsarmut, morphinhaltige Medikamente, Schmerz- sowie Schlafmittel und dergleichen hemmen die Kotentleerung.

Kurzgefaßt:

Im Dickdarm findet durch **Flüssigkeitsentzug** die Eindickung des Darminhaltes zu Kot statt. Der Darminhalt bleibt ca. **10-18 Stunden** im Dickdarm. Stoffe, die im oberen Drittel des Rektums aufgenommen werden (Nähreinlauf), gelangen über die Blutbahn direkt zur Leber **(Portalkreislauf)**. Medikamente, die in der Ampulle des Rektums liegen, gelangen primär in den großen Körperkreislauf und erst dann zur Leber. Die **Regulation der Dickdarmmotorik** geschieht durch lokale Dehnungsreflexe über das **autonome Nervensystem**.

Absorption

Bei der Absorption der Nahrungsstoffe bzw. deren Spaltprodukte im Darm sind alle Transportmechanismen beteiligt, die in Kap. 5 beschrieben sind. Die **aktiven Prozesse** überwiegen die passiven jedoch bei weitem. Die aktiven Prozesse sind stark temperaturabhängig, wodurch es möglich ist zu prüfen, ob der in Frage stehende Prozeß aktiv oder passiv ist. Bei 37° C werden z. B. von einem Darmpräparat die C_6-**Zucker** Galaktose und Glukose und ein C_5-Zucker (s. 2-13) im Verhältnis 20:20:1 absorbiert. Senkt man die Temperatur auf 5° C, so ist das Verhältnis etwa 1:1:1. Das ist ein Beweis für die aktive Absorption der C_6-Zucker. Man nimmt einen ,,Carrier'' (s. 5-43) an, der den Transport übernimmt. Das gilt auch für **Aminosäuren** und **kleine Peptide** (Di- und Tripeptide), wobei festgestellt wurde, daß eine hohe Zuckerabsorption die Aminosäurenabsorption vermindert, und umgekehrt. Die Annahme, daß es sich um denselben Carrier handelt, ist bei den molekularen Verschiedenheiten beider Stoffarten unwahrscheinlich. Man vermutet deshalb, daß es zwar zwei Carrier gibt, die aber in der Zellmembranstruktur voneinander abhängig sind und so gegenseitig die Transportleistung beeinflussen. Der Energielieferant für den Transport ist ATP (s. 4-25); die Anwesenheit von Na-Ionen ist erforderlich. Ein kleinerer Teil der Absorption ist passiv durch Diffusion und osmotische Kräfte möglich. Nicht fettlösliche Moleküle mit Molekulargewichten über etwa 80 können die Zellmembranen nicht in nennenswerter Menge passieren.

Fettlösliche Stoffe wie **Fettsäuren** und **Glycerin** lösen sich in den Zellmembranen und werden am endoplasmatischen Retikulum absorbiert und zu **Triglyceriden** (s. 2-15) resynthetisiert. Sie bilden dann 0,5 µm kleine Tröpfchen und werden zusammen mit Phospholipiden und Cholesterin, von einer dünnen Proteinschicht umgeben,

Leber

durch den Boden der Zelle geschleust und in die Lymphbahn abgegeben. Die **Elektrolyte** Natrium, Chlorid, Kalium, Calcium werden durch Diffusion und aktiven Transport aufgenommen, ebenso Eisen, Kupfer, Bikarbonat und Phosphat. Mengenmäßig steht **Wasserabsorption** (Abb. 10-2) mit 8 bis 9 l/Tag im Vordergrund; sie geschieht überwiegend passiv auf osmotischem Wege. Manche **Abführmittel**, wie z. B. **Karlsbader Salz** (vor allem Sulfate), wirken osmotisch. Sie werden nicht absorbiert und halten deshalb soviel Lösungswasser zurück, daß der Stuhl dünnflüssig bleibt.

Pinozytose (s. 5-43) spielt mengenmäßig bei der Absorption eine untergeordnete Rolle. In selteneren Fällen treten große Moleküle durch die Darmwand; sind es artfremde Stoffe, so können **Allergien** (s. 11-128) entstehen.

Kurzgefaßt:

Neben **passiven Vorgängen** (Diffusion, Osmose) spielen vor allem **aktive Prozesse** mit Carriern bei den **Zuckern** und **Aminosäuren** sowie kleinen **Peptiden** die Hauptrolle. **Fett** wird durch die Gallensäuren in 1 μm Tröpfchen **emulgiert**. Die Spaltprodukte Fettsäuren und Glycerin lösen sich in den Zellmembranen, werden in den Darmwandzellen zu Triglyceriden synthetisiert und in den Lymphgefäßen abtransportiert.

Leber

Die **Leber** ist unser größtes inneres Organ; sie wiegt ca. 1,5 kg und wird volkstümlich als chemische Fabrik des Körpers bezeichnet. Sie synthetisiert z. B. Plasmaeiweiße, die für die Blutgerinnung wichtig sind (s. 11-123), inaktiviert Hormone (s. Kap. 24), produziert Harnstoff (4-32), baut körpereigene und körperfremde Stoffe, zum Beispiel Medikamente und Giftstoffe (Toxine), ab, fördert die Kohlenhydratspeicherung, den Fett- und Eiweißstoffwechsel und produziert die Galle. Die einzelnen Funktionen sind ausführlich mit den Organsystemen besprochen, für die sie eine Rolle spielen. Diesen vielfältigen Aufgaben kann die Leber nur durch ihren Läppchenbau und die damit verbundene Differenzierung der Gefäßsysteme gerecht werden.

Die **Pfortader** sammelt das aus den unpaaren Bauchorganen (s. Abb. 10-25) kommende, mit Nährstoffen und Stoffwechselzwischenprodukten (Darm), Abbaustoffen (Milz) und Hormonen (Bauchspeicheldrüse) beladene Blut und führt es direkt zur Leber bzw. zu den Leberläppchen, die als Baueinheit der Leber gelten. Die Anordnung der Blutgefäße gibt die Läppchenstruktur wider (s. Abb. 10-26 u. 27).

Das Blut strömt von der Zwischenläppchenvene (im Bild violett) zwischen den Leberzellbalken zur Zentralvene (im Bild blau). Da alle Leberläppchen etwa 1 mm Durchmesser haben, beträgt die Länge der Leber-

V. portae
Gallenblase

V. gastrica sin.
Magen

V. lienalis
Milz
Magen
Bauchspeicheldrüse

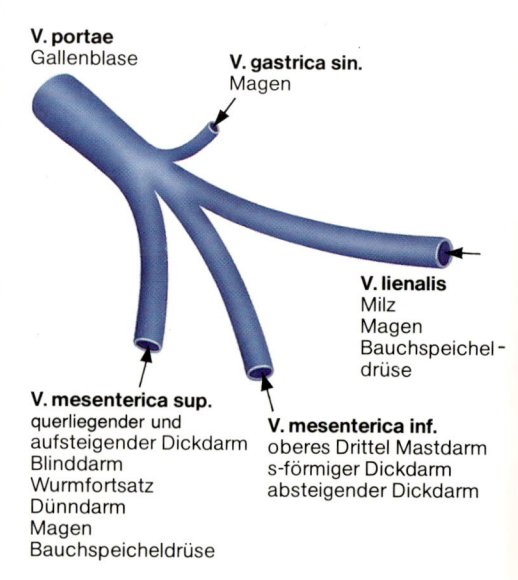

V. mesenterica sup.
querliegender und aufsteigender Dickdarm
Blinddarm
Wurmfortsatz
Dünndarm
Magen
Bauchspeicheldrüse

V. mesenterica inf.
oberes Drittel Mastdarm
s-förmiger Dickdarm
absteigender Dickdarm

Abb. 10-25. Vena portae und ihre Zuflußgebiete. Pharmaka in Zäpfchenform gelangen in die V. cava inferior (Ampulle des Rektums), Bestandteile des Einlaufs (Lage im Colon sigmoideum) in die V. portae.

Leberkreislauf

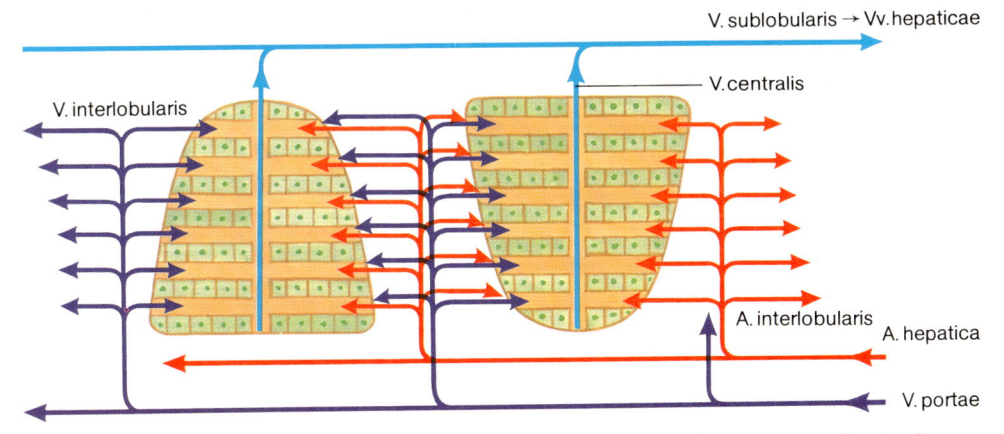

Abb. 10-26. Leberkreislauf (V. portae und A. hepatica) am Beispiel der Leberläppchen (Prof. *Clemens*, München).

kapillaren jeweils 0,35 bis 0,5 mm. Diese Länge scheint für die Austauschvorgänge an den Leberzellen optimal zu sein, sonst wäre die millionenfache Wiederholung des Bauprinzips „Leberläppchen" innerhalb einer Leber nicht verständlich. Die Leberkapillaren unterscheiden sich von Blutkapillaren im übrigen Körper nicht nur dadurch, daß hier Blut von einer Vene zu einer anderen Vene strömt (**„venöses Wundernetz"**), sondern auch durch ihre Weite, weshalb man sie **„Sinusoide"** nennt. Die Wandzellen der Sinusoide besitzen die Fähigkeit zur Phagozytose. Die Leberzellen nehmen Stoffe aus dem Pfortaderblut auf und geben Umbauprodukte in das Lebervenenblut ab. Für die Sauerstoffversorgung der Leberzellen ist schließlich noch das Blut aus den Ästen der Leberarterie (im Bild rot) wichtig, das dem Blut der Sinusoide beigemischt wird. Zwischenläppchenvene, Leberarterienast, Lymph- und Gallenausführungsgang (letzterer im Bild grün) liegen am Rande des Leberläppchens jeweils in Bindegewebszwikkeln beisammen, den „Glissonschen Dreiecken".

Der Abfluß des Blutes über die Lebervenen beginnt in den Zwischenläppchenvenen. Wir haben also **zwei zuführende Kreislaufsysteme**, das **Pfortadersystem** und das System der **Leberarterien**, die in **ein abführendes System der Lebervenen** führen.

Zwischen den Leberzellen entspringt außerdem das **Gallengangssystem**, dessen anatomische Anordnung aus Abb. 10-27 zu ersehen ist. Der Ausführungsgang (Ductus choledochus) mündet gemeinsam mit dem Ausführungsgang der Bauchspeicheldrüse (große Papille) in den Zwölffingerdarm. Wenn keine Verdauung stattfindet, ist die Papille geschlossen; trotzdem wird dauernd Galle in der Leber gebildet und in der Gallenblase gespeichert. Außer der Speicherung hat die Gallenblase die Aufgabe, die Galle durch Wasserentzug einzudicken (von 97% Wassergehalt auf 89%) und sie anzusäuern (von einem pH über 8 zu einem pH von ca. 7,2).

Menschliche Lebergalle (ca. 0,5 l/Tag) besteht zu 0,7% aus Salzen der **Gallensäuren**, aus anorganischen Salzen (0,7%), und den **Gallenfarbstoffen** (Biliverdin und Bilirubin), die Abbauprodukte des roten Blutfarbstoffs sind. Cholesterin, Lecithin, Fett und Fettsäuren haben zusammen einen Anteil von 0,4%, der Rest ist Wasser, etwa 97%. Die wichtigste Rolle für die Fettverdauung spielen die Gallensäuren (s. 10-96).

101

Leberaufbau

Abb. 10-27. Gefäßversorgung eines Leberläppchens (aus: *Wallraff* 1972). 1 = Leberzelle, 2 = Bindegewebe um den Pfortaderast, 3 = Gallengang, 4 = 1; 5 = Zentralvene, 6 = Zwischenläppchenschlagader (Ast der Leberschlagader), 7 = Verbindung zwischen Schlagader und Pfortader (arteriovenöse Anastomose), 8 = Zwischenläppchenvene (Ast der Pfortader), 9 = Leberkapillaren (Sinusoide).

Leberstoffwechsel

Wenn saurer Speisebrei in den Zwölffingerdarm gelangt, bewirkt das Cholecystokinin (CCK), das in Schleimhautdrüsen des Darmes gebildet wird, auf dem Blutweg Kontraktionen der glatten Muskelfasern der Gallenblase, und Galle wird ausgetrieben. Bereits, wenn Nahrung in den Mund kommt, erschlafft der Verschluß der Gallengangspapille.

Neben dem Lebervenen- und dem Gallengangssystem stellt das **Lymphsystem** das dritte abführende Lebergefäßsystem dar. Die Leberlymphe ist relativ proteinreich, sie enthält etwa 6% Eiweiß (Lymphe im Oberschenkel 2%). Die Leberlymphgefäße führen die Lymphe über den Ductus thoracicus in die obere Hohlvene (s. 12-166).

Im Zusammenhang mit der Verdauung interessiert die Tätigkeit der Leber beim **Fettstoffwechsel**. Je nach Bedarf werden Fettsäuren aus den Fettgeweben in die Leber abgegeben und durch β-Oxidation (s. 4-30) abgebaut. Das dabei entstehende Acetyl-Coenzym A wird in den Citratzyklus eingespeist und dient so dem Energiegewinn. Beide Stoffwechselvorgänge finden in den zahlreichen Mitochondrien (s. 1-7) der Leber statt. Wird zu viel Fett aus den Depots mobilisiert (im Hunger, bei Fasten oder bei der Zuckerkrankheit, dem Diabetes mellitus), bildet die Leber **Ketonkörper** (s. 4-31), deren Anhäufung im Blut zur metabolischen Azidose führt. Die Bildung von Ketonkörpern geschieht ausschließlich in der Leber, sie werden in der Niere ausgeschieden (Ketonurie) und außerdem auch abgeatmet. Neben der Zuckerausscheidung im Urin ist die Ketonurie ein wichtiges Symptom der Zuckerkrankheit. Die Leber ist auch in der Lage, Fettsäuren aufzubauen, die in Form von Phosphatiden in die Blutbahn abgegeben werden. In den Fettgeweben werden sie zu Neutralfetten aufgebaut und gespeichert.

Eine **Fettleber** entsteht, wenn die Leber selbst Neutralfett in ihren Zellen speichert. Ursache dafür ist in den meisten Fällen der übermäßige Alkoholgenuß. Alkohol wird normalerweise in der Leber enzymatisch, u. a. durch die Alkoholdehydrogenase, abgebaut. Durch übermäßige Alkoholzufuhr und die Anforderung, diesen abzubauen, versagt das enzymatische System; wie es im einzelnen zur Fettspeicherung kommt, ist noch nicht ganz geklärt. Auch durch verstärkte Fettlösung (Lipolyse) aus dem Fettgewebe kann es zum Entstehen einer Fettleber kommen. Aus der Fettleber kann sich eine **Leberzirrhose** entwickeln. Das Lebergewebe wird zerstört, es vernarbt bindegewebig und schrumpft. Dieser Zustand kann therapeutisch nicht mehr beeinflußt werden.

In bezug auf den **Kohlenhydratstoffwechsel** dient die Leber als Speicher, sie baut aus überschüssigem Blutzucker **Glykogen** (s. 2-13), die **Speicherform von Zucker**, auf. Interessant dabei ist, daß die Leberzellen nicht dem Einfluß von Insulin, dem blutzuckersenkenden Hormon, unterliegen. Die Membranen der Leberzellen sind jederzeit für Glukose durchlässig. Durch Auf- oder Abbau von Glykogen der Leber können akute Schwankungen des Blutzuckerspiegels kompensiert werden. Bei der Mobilisierung von Glykogen aus der Leber (auch aus den Glykogenspeichern der Muskulatur), spielen die Hormone Glukagon und Adrenalin eine Rolle. Eine weitere wichtige Funktion der Leber ist die Neusynthese von Glukose, die **Glukoneogenese** aus Milchsäure oder aus Kohlenstoffskeletten des Eiweißabbaus.

Den **Eiweißstoffwechsel** beeinflußt die Leber, indem sie die über das Pfortadersystem ankommenden Aminosäuren zu Plasmaeiweißen (Albuminen, Globulinen, Gerinnungsfaktoren) aufbaut. Wichtige Vorgänge dabei sind die **Transaminierung** und die **Desaminierung** (s. 4-32), letzte beim Abbau von Eiweißen. Der dabei anfallende Stickstoff wird, ebenfalls in der Leber, zu **Harnstoff** umgebildet, der teilweise in der Niere ausgeschieden wird.

Die **Abbau- und Entgiftungsfunktion** der Leber stehen in engem Zusammenhang.

Gelbsucht

Körpereigene Stoffe, aufgenommene Fremdstoffe (Giftstoffe, Arzneimittel) werden u. a. auf folgende Weise abgebaut bzw. entgiftet:

Durch **Konjugation**, das heißt Kopplung an **Glucuronsäure, Schwefelsäure** oder **Glycin** (Aminosäure, s. 3-20). Die Stoffe werden dadurch wasserlöslich und können rascher ausgeschieden werden.

Durch **Hydroxylierung** (Anhängen von OH-Gruppen), **Oxidation** und **Reduktion** findet Stoffabbau in der Leber statt. Auf diese Weise werden z. B. viele Hormone inaktiviert.

Man muß sich klarmachen, daß die Leber nicht **gezielt** bestimmte Stoffe entgiftet. Es kann sogar vorkommen, daß Stoffe durch die obengenannten Vorgänge erst „giftig" werden oder an Giftigkeit zunehmen. Im Vordergrund steht der Stoffabbau und die Überführung in eine leicht ausscheidbare Form.

Die **Gelbsucht** (Ikterus) ist eine der offensichtlichsten Erkrankungen des Leber-Gallensystems. Dabei ist die Konzentration des Abbauproduktes von Hämoglobin, **Bilirubin**, im Blut erhöht und färbt, zuerst sichtbar in der weißen Lederhaut (Sklera) des Auges, Haut und Schleimhäute gelb an. Ursachen dafür sind u. a. Störungen der Bilirubinaufnahme in die Leberzellen, gestörter Bilirubinabbau in der Leber, behinderte Abgabe in die Gallengänge oder behinderter Gallenabfluß, meist durch Steine, aber auch durch Tumoren. Die Leberfunktion kann weiterhin stark beeinträchtigt werden durch eine heutzutage sehr verbreitete, virusbedingte Entzündung der Leber (Virushepatitis). Schließlich kommt es zur Gelbsucht, wenn zuviel rote Blutkörperchen zerfallen und die Leber die Zwischenprodukte des Hämoglobinabbaus, vor allem Bilirubin, nicht schnell genug abbauen kann.

Kurzgefaßt:

Das größte innere Organ besitzt zwei **Blutkreisläufe**, (Portalkreislauf und nutritiver Kreislauf der A.hepatica), Lymphbahnen und abführende Gallenwege. Für die Verdauung ist die wichtigste Leberfunktion die Produktion der Galle mit den für die Fettverdauung wichtigen **Gallensäuren**. Außerdem werden Abbauprodukte des roten Blutfarbstoffes ausgeschieden. Zucker werden in der Leber zu Speicherform, dem **Glykogen**, Aminosäuren und kleine Peptide zu **Eiweißen** verschiedenster Art synthetisiert. Die **Entgiftung** von Schadstoffen ist eine weitere Leberleistung. Die **Gallensaftabgabe** wird nervös und humoral über Cholecystokinin geregelt. Die **Gelbsucht** beruht auf einer Störung der Verarbeitung des Bilirubins (Hämoglobinabbauprodukt), evtl. auch durch Galleabflußstörung (Gallensteine).

Untersuchungsmethoden

Untersuchungsmethoden

Zu den **allgemeinen Methoden** gehören die Betrachtung der **Zunge** (weiße Zungenbeläge sind oft ein Zeichen von Verdauungsstörungen) und des **Bauches** (Auftreibung kann auf Blähungen innerhalb des Magen-Darmtrakts beruhen). Durch **Betasten** findet man beim Erwachsenen, falls er lokale Schmerzempfindlichkeit angeben kann, den Ort der Störungen. Durch **Abhören** (Auskultation) läßt sich feststellen, ob der Darm tätig ist. Gefürchtet ist ein „stiller Bauch" bei Lähmung der Darmmotorik, die ohne Behandlung lebensbedrohlich ist. **Beklopfen** (Perkussion) kann, wie bei der Lungenuntersuchung (s. 13-175), „Luftschall" ergeben und anzeigen, daß Darmabschnitte, hauptsächlich im Dickdarm, mit Gasen gefüllt oder (Dämpfung) Organe vergrößert bzw. verkleinert sind.

Die **Röntgendurchleuchtung** des Verdauungskanals, den man durch einen kontrastmittelhaltigen Speisebrei sichtbar macht, ist eine der wichtigsten Untersuchungsmethoden. Man läßt den Patienten den dünnflüssigen Brei schlucken und kann danach zuerst die Durchgängigkeit der Speiseröhre beurteilen. Minuten später füllt sich dann der Magen, dessen Schleimhautrelief und Form nach und nach sichtbar wird (Abb. 10-29). Nach Stunden werden die weiteren Abschnitte sichtbar. Der Dickdarm wird durch Kontrastmitteleinlauf dargestellt. Röntgenologisch läßt sich auch die **Galleproduktion** und das Vorhandensein von **Gallensteinen** nachprüfen. Dabei wird ein Kontrastmittel eingenommen oder in die Blutbahn gespritzt, das normalerweise durch die Leber über die Gallengänge und die Gallenblase ausgeschieden wird. Gallensteine können unterschiedliche Zusammensetzung haben. Wenn sie, wie unsere Knochen, Calcium enthalten, sieht man sie im Röntgenbild auch ohne Kontrastmittel.

Steine entstehen hauptsächlich in der Gallenblase, wenn die Gallenflüssigkeit zu stark eingedickt wird und bestimmte Bestandteile, z. B. Calcium oder Cholesterin, ausfallen. Steine in den Gallengängen behindern den Gallenfluß, was zur Gelbsucht führen kann (s. 10-104).

Magensaft, Bauchspeichelsaft und Galle können mit Sonden gewonnen werden (Abb. 10-28), die durch Nase oder Mund in die Speiseröhre und Magen bzw. Zwölffingerdarm eingeführt werden. Der Patient muß nüchtern sein und muß durch kräftiges Schlucken mithelfen, damit peristaltische Wellen in der Speiseröhre ablaufen und die Sonde vorankommt. Der Würgereiz kann durch Auffordern zum kräftigen „Durchatmen" vermindert bzw. gehemmt werden. Die Sonde hat Markierungen, die anzeigen, wie weit die Mündung im Verdauungskanal vorgedrungen ist. Beim Erwachsenen befindet sich die Mündung, je nach Körpergröße, bei 45-55 cm im Magen. Mit einer 20-50 ml

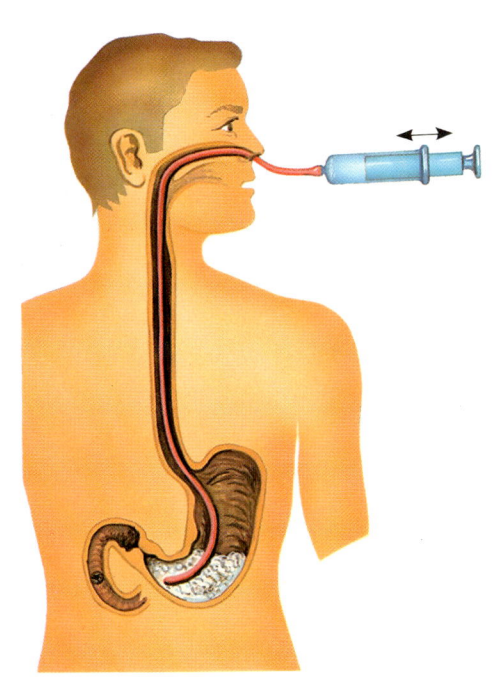

Abb. 10-28. Sammlung von Verdauungssaft durch einen Magenschlauch.

Röntgenuntersuchung

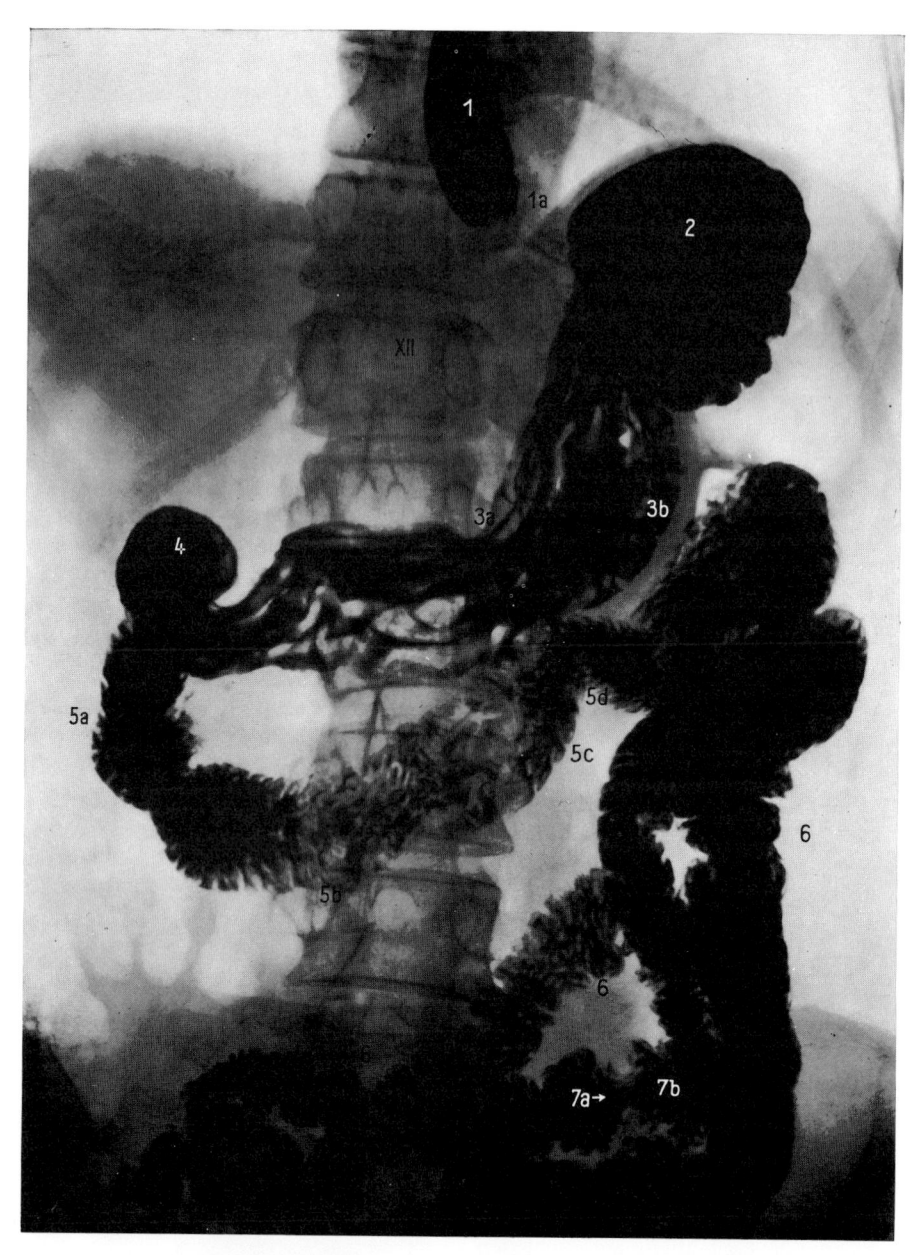

Abb. 10-29. Röntgenkontrastdarstellung des Verdauungskanals (aus: *Sobotta/Becher* 1972). 1 = Speiseröhre, 1a = Mageneingang, 2 = Magenkuppel, 3a und 3b = kleine und große Magenkrümmung, 4 = Magennaher Teil des Zwölffingerdarms, 5a = Absteigender Teil des Zwölffingerdarms, 5b = Horizontaler Teil des Zwölffingerdarms, 5c = Aufsteigender Teil des Zwölffingerdarms, 5d = Übergang vom Zwölffingerdarm in das Jejunum, 6 = Jejunum (mittlerer Abschnitt des Dünndarms), 7a = Der Einschnitt zwischen 7a und 7b ist durch eine peristaltische Kontraktionswelle bedingt, XII = Zwölfter Brustwirbel.

Leberfunktionsprüfungen

Spritze kann dann der Nüchternsaft abgesaugt und auf seinen pH-Wert sowie die eiweißspaltende Wirkung untersucht werden. Die Sonde kann auch bis in den Zwölffingerdarm eingebracht werden. Durch intravenöse Einspritzung von gastrinähnlichen Substanzen oder Verabreichung gallefördernder Nahrungsmittel (Eigelb, Speiseöl) kann man prüfen, ob sich die Gallenblase zusammenzieht und normale oder pathologische Galle entleert. Der Röntgenschatten der Gallenblase soll sich dabei innerhalb von ca. 30 Minuten mindestens um $1/3$ verkleinern.

Darmfunktionsproben sollen vor allem Auskunft über die Absorptionsleistungen geben. So gibt man z. B. dem nüchternen Patienten D-Xylose (Holzzucker mit 5 C-Atomen), die für den Stoffwechsel nicht verwertbar ist und im Urin ausgeschieden wird. Anhand von Richtwerten für normale Darmabsorption kann man Störungen der Absorption (Malabsorption) entdecken.

Stuhluntersuchungen betreffen vor allem die **Beschaffenheit** (geformt, ungeformt, schaumig), den **Geruch** (Gärungsstuhl bei mangelhafter Kohlenhydratverdauung, Fäulnisstuhl bei unvollständiger Eiweißverdauung) und die **Färbung** (hellbraun bis gelb bei mangelhafter Gallenabgabe, schwarzer teerartiger Stuhl bei Blutungen im Bereich des Verdauungstraktes).

Durch Einführung eines Rohres mit Beleuchtung und Optik (s. 13-178) kann man die Magenschleimhaut beurteilen **(Gastroskopie)**, fotografieren und Gewebeproben entnehmen. Das gleiche gilt für den Enddarm, das Rectum **(Rektoskopie)**.

Leberfunktionsprüfungen

Galaktose-Probe. Die gesunde Leber kann Galaktose (Milchzucker) innerhalb einer bestimmten Zeit abbauen. Bei gestörter Leberfunktion erscheint Galaktose im Urin oder bleibt längere Zeit im Blut nachweisbar.
Bestimmung der Serumeiweiße (Elektrophorese).
Prüfung der Gerinnungsfaktoren (s. 11-125). **Bilirubinbestimmung im Serum,** nichtkonjugierter und konjugierter Anteil.
Bestimmung von Enzymen: alkalische Phosphatasen, Transaminasen, Dehydrogenasen.
Ausscheidung bestimmter Farbstoffe durch die Leber, z. B. Bromsulphtalein.

11. Blut

Einleitung

Das Blut erreicht über das Kreislaufsystem alle Organe und versorgt sie mit lebenswichtigen Stoffen. Es ist vor allem ein **Transportmittel** und praktisch mit allen Körperfunktionen aufs engste verknüpft. Da sich vom Blut ohne Schwierigkeit durch Anstechen der Gefäße (Punktion) Proben entnehmen lassen, können viele wichtige Untersuchungen angestellt werden, teils seine eigene Funktion, wie z. B. die Zählung der roten Blutkörperchen bei Verdacht auf Blutarmut, teils Funktionsstörungen anderer Organe betreffend, z. B. Bestimmung des Blutzuckergehaltes bei Verdacht auf Zuckerkrankheit. Ein Vorteil ist, daß auf dem Blutweg durch **Injektion** Medikamente zugeführt werden können, die schnell ihren Wirkungsort erreichen (z. B. Herzmittel), was oft lebensrettend sein kann.

Blut ist eine aus **Blutkörperchen** und **Plasma** bestehende Flüssigkeit, die ständig im Kreislauf fließt (s. Kap. 12). Seine Zusammensetzung, Blutkörperchen, Eiweiße, Wasser, aber auch sein physikalischer Zustand, wie Temperatur, Zähigkeit (Viskosität) oder H^+-Ionenkonzentration, wird durch eine Reihe von Regulationssystemen, wie z. B. Atmung und Nierenfunktion, weitgehend konstant gehalten. Am augenfälligsten am Blut ist seine rote Farbe, die von seinem Anteil an Hämoglobin, dem roten Blutfarbstoff, herrührt. Hämoglobin hat die Aufgabe, den lebenswichtigen Sauerstoff vor allem chemisch gebunden zu transportieren.

Stofftransport

Gase, Sauerstoff und Kohlendioxid, werden zum größten Teil chemisch gebunden, Stickstoff nur physikalisch gelöst, im Blut transportiert. **Nährstoffe** werden zum großen Teil im Plasma an Eiweiße gebunden befördert. Die Plasmaeiweiße bestehen etwa zu 60% aus Albuminen und zu 40% aus Globulinen.

Wie bereits erwähnt, bestehen unsere Nahrungsmittel hauptsächlich aus Fetten, Kohlenhydraten und Eiweißen (s. Kap. 9), die als kleinste Bausteine an die Gewebe herangeführt und abgegeben werden müssen.

Fettsäuren, die nicht mehr als 10 C-Atome enthalten, werden an **Albumine**, **Glyceride, Phospholipide** und **Cholesterin** an **Globuline** gebunden im Plasma transportiert.

Blutzucker (Glukose) ist wasserlöslich und liegt in einer Konzentration von 0,8–1,2 g/l Blut vor. Im Gegensatz zum Blutfettgehalt, der abhängig von vorangegangenen fettreichen Mahlzeiten über längere Zeit hoch sein kann, ist die Blutzuckerkonzentration beim Gesunden innerhalb der oben angegebenen Grenzen konstant.

Viele Aminosäuren, die Bausteine der Eiweiße, werden als sogenannte **freie Aminosäuren** im Plasma befördert, ebenso **Enzyme** und **Hormone** in unterschiedlichen Konzentrationen.

Vitamine sind im Plasma in schwankenden Konzentrationen vorhanden, abhängig vom Angebot in der Nahrung und der Absorption im Darm. Fettlösliche Vitamine, z. B. A, D, E und K werden an Eiweiße gebunden, wasserlösliche, wie z. B. Vitamin C, frei im Plasma transportiert.

Spurenelemente, als wichtige Baustoffe von Enzymen und Hormonen, werden ebenfalls befördert. Für die Bildung des roten Blutfarbstoffs spielt das **Eisen** eine wichtige Rolle. Es ist, nach der Absorption eisenhaltiger Nahrungsstoffe, in der Darmschleimhaut als Eiweißkomplex **Ferritin** (Ferrum, lat.

Blutzusammensetzung

Eisen) vorhanden, wird daraus von **Transferrin**, einem Plasmaeiweiß, übernommen und an die Eisendepots weitergegeben, z. B. die Leber oder die Reticulumzellen des Lymphsystems (s. 12-166), wo es wieder als Ferritin gespeichert wird. Der Eisengehalt im Plasma beträgt ca. 1,3 mg/l beim Mann, bei der Frau nur ca. 1,1 mg/l. Der Eisenstoffwechsel ist in Abb. 11-1 schematisch dargestellt.

Folgende **Ausscheidungsprodukte** werden im Plasma transportiert: **Bilirubin**, ein Abbauprodukt des roten Blutfarbstoffs, **Kreatinin, Harnsäure, Harnstoff** und **Ammoniak**, die stickstoffhaltig sind, den Nieren zugeführt und dort ausgeschieden werden.

Wärme wird ebenfalls vom Blut transportiert und je nach den Bedürfnissen der Wärmeregulation (s. Kap. 14) zu den bestimmten Körperteilen geleitet.

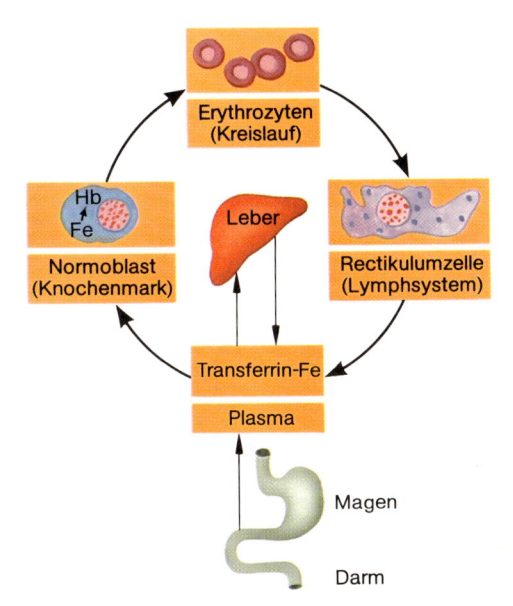

Abb. 11-1. Kreislauf des Eisens (Fe) im Körper, Hb = Hämoglobin.

Menge und Zusammensetzung

Das zirkulierende **Blutvolumen** beträgt beim Erwachsenen durchschnittlich 7% seines Körpergewichts. Bei einem 70 kg schweren Menschen sind dies etwa 5 Liter Blut. Ein Neugeborenes mit einem Durchschnittsgewicht von 3 kg hat eine Blutmenge von 300 ml, das sind 10%, ein Wert, der beim Erwachsenen bereits als pathologisch angesehen und als **Hypervolämie**[1]) bezeichnet wird. Ein normales Blutvolumen wird entsprechend **Normovolämie** genannt. Ein zu geringes Blutvolumen, eine **Hypovolämie**, kann z. B. nach starkem Blutverlust bei Verletzungen, nach schweren Durchfällen oder unstillbarem Erbrechen bestehen.

Durch Zentrifugieren läßt sich Blut in **Plasma** und **Blutkörperchen** trennen. Der prozentuale Anteil **aller** Blutkörperchen am Gesamtvolumen wird als **Hämatokrit** bezeichnet, über 99% der Zellen sind rote Blutkörperchen. Der Normalwert für den Mann ist 46 ± 1,5%, für die Frau 41 ± 1,5%.

Im Plasma sind 0,3% Fibrinogen enthalten. Dies ist ein für die Blutgerinnung wichtiger Stoff, der sich ausfällen läßt. Plasma ohne Fibrinogen nennt man **Serum**.

Ist der Anteil der roten Blutkörperchen am Blut im Bereich der Norm, spricht man von **Normozythämie**, ist er höher, von **Polyzythämie**[1]), ist er niedriger, von **Oligozythämie**. Im Verhältnis der Blutzellen zum Blutvolumen kann es daher 9 unterschiedliche Kombinationen geben. Bei einer **Anämie** (Blutarmut, s. 11-118) handelt es sich beispielsweise oft um eine **oligozythämische Normovolämie**. Es besteht ein Mangel an roten Blutkörperchen.

---

[1]) gr. hyper = über, hypo = unter.

[1]) gr. poly = viel, oligo = wenig.

Rote Blutkörperchen

> **Kurzgefaßt:**
>
> Die **Hauptfunktion** des Blutes ist der **Transport** von **Gasen**, Spaltprodukten der **Nährstoffe** (Fette, Kohlenhydrate, Eiweiße), die aus dem Darm absorbiert werden. Außerdem werden **Botenstoffe** (Hormone), **Enzyme, Vitamine** und **Spurenelemente** sowie **Ausscheidungsprodukte** und **Wärme** transportiert. Das **Gesamtblutvolumen** beträgt ca. 7% des Körpergewichtes, niedrigere Werte werden als Hypovolämie, höhere als Hypervolämie bezeichnet. Das Blut besteht aus einem **zellulären Anteil (Hämatokrit)** von ca. 46% beim Mann und ca. 41% bei der Frau. **Erniedrigung** des Hämatokritwertes wird als Oligozythämie, Erhöhung als Polyzythämie bezeichnet. Die restlichen 54 bzw. 59% nennt man **Plasma**. Es enthält ca. 7% **Eiweiß**, davon ca. 60% **Albumine** und 40% **Globuline**. Der kleine Anteil von 0,3% **Fibrinogen** ist für die **Gerinnung** wichtig.

Die roten Blutkörperchen

Die **Form** der roten Blutkörperchen (Erythrozyten) ist, wie Abb. 11-2 zeigt, scheibenartig, in der Mitte eingedellt. Es sind kernlose Zellen, deren Inhalt zu 30-35% aus dem roten Blutfarbstoff **Hämoglobin** besteht. Die Eindellung vergrößert die Oberfläche der roten Zelle, was für den Sauerstoff- bzw. Kohlendioxidaustausch günstig ist. Die Durchschnittsmaße sind in Abb. 11-2 angegeben. Wenn der **m**ittlere **k**orpuskuläre **D**urchmesser **(MCD)** kleiner als 6,5 µm ist, bezeichnet man das als **Mikrozytose**, ist er größer als 8 µm als **Makrozytose**. Besonders große Formen findet man z. B. bei einer Anämie (Blutarmut) mit Zellreifungsstörung (perniziöse Anämie), besonders kleine bei der Eisenmangelanämie.

Die **Anzahl** der Erythrozyten beträgt beim Mann 4,8-6 Millionen, bei der Frau 4-5 Millionen/µl. Bei den meisten Anämien ist die Zahl vermindert, bei Sauerstoffmangel (Herzfehler, Höhenaufenthalt) vermehrt. Auch das Neugeborene hat relativ viel rote Blutkörperchen (im Mittel 5,9 Mio/µl).

Bildungsort: Die roten Blutkörperchen werden im roten Knochenmark (Abb. 11-3) gebildet, vorwiegend in platten Knochen wie Brustbein und Beckenknochen. Pro Minute werden etwa 180 Millionen Erythrozyten neugebildet, angeregt durch das Gewebshormon Erythropoietin (s. 24-306) und ebensoviel abgebaut. Die im Laufe der Neubildung (Erythropoese) auftretenden Formen lassen sich in drei Gruppen einteilen:
1. Die **Proerythroblasten**,
2. die (basophilen) **Makroblasten**,
3. die **Normoblasten**.

Die Entwicklung zum ausgereiften Erythrozyten geschieht durch mehrfaches Teilen der Zellen (Mitose). Nachdem der Zellkern ausgestoßen ist, bezeichnet man die Zellen als **Retikulozyten**. Der Name rührt daher, daß man in den Zellen bei mikroskopischer Betrachtung eine netzartige Struktur sieht. Es handelt sich dabei wahrscheinlich um Ribosomen und Mitochondrien (s. 1-6), und man weiß, daß der Retikulozyt noch Hämoglobin bilden kann. Retikulozyten lassen sich durch Anfärben eines Blutausstrichs mit Brillant-

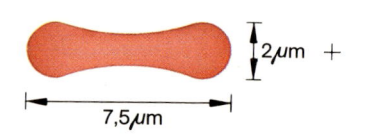

Abb. 11-2. Rotes Blutkörperchen im Querschnitt mit Maßen.

Funktion der roten Blutkörperchen

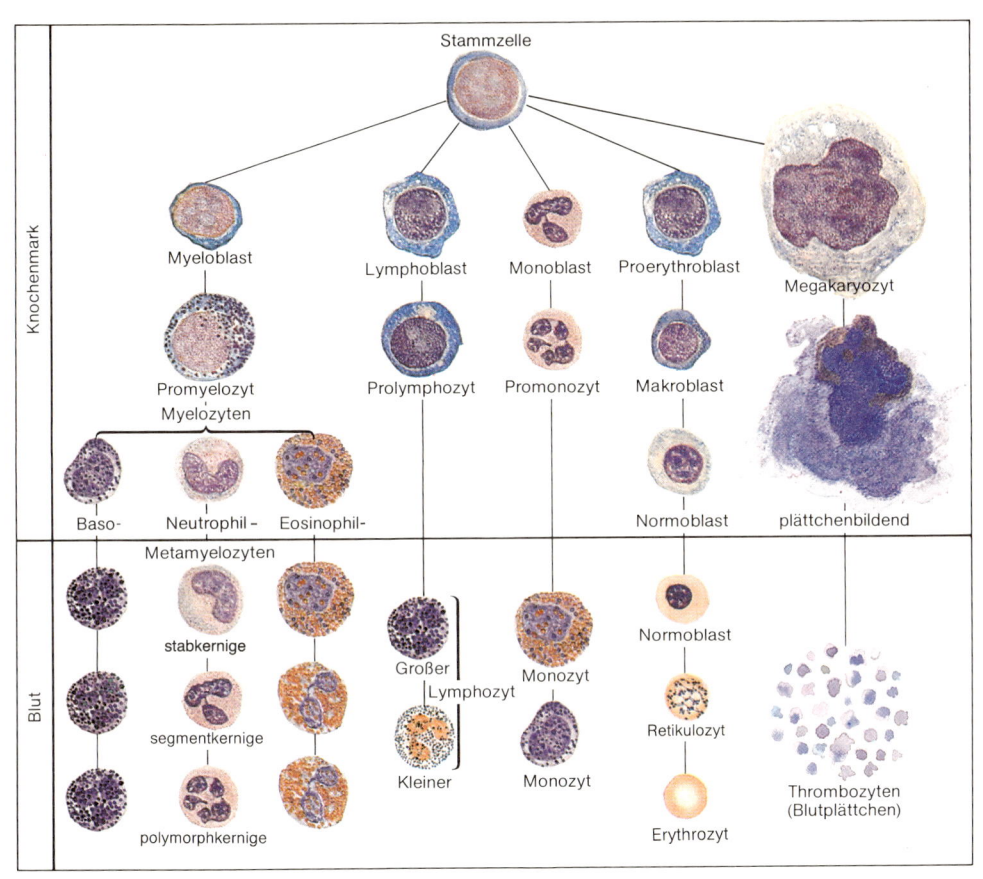

Abb. 11-3. Stammreihe der Blutzellen.

Kresylblau von den Erythrozyten unterscheiden. Ihr Anteil an der Gesamtanzahl ist ein diagnostischer Hinweis auf das Ausmaß der Erythrozytenbildung. Beim Gesunden kommen 5-25 Retikulozyten auf 1000 Erythrozyten. Aus den Retikulozyten entsteht der reife Erythrozyt, der kein Hämoglobin mehr bilden kann.

Lebensdauer: Rote Blutkörperchen leben 100-120 Tage. Man nimmt an, daß die nachlassende Membranfunktion den Zerfall bewirkt.

Die **Funktion** der roten Blutkörperchen ist, den roten Blutfarbstoff, das Hämoglobin, zu befördern. Sie unterscheiden sich daher auch in den Stoffwechselleistungen und der Membranfunktion von den übrigen Körperzellen. Sie können kein Eiweiß synthetisieren und Glukose nur noch anaerob abbauen (s. 4-29). Das aus dem Glukoseabbau gewonnene energiereiche ATP dient dem **aktiven Transport** von Ionen durch die Membran. Na^+-Ionen werden aus der Zelle heraus, K^+-Ionen in die Zelle entgegen dem Konzentrationsgefälle befördert. Im Erythrozyten ist ca. 33% Eiweiß (Hämoglobin), im Plasma nur 7%; dadurch ist der osmotische Druck der Eiweiße (s. 5-43) in der roten Zelle größer als im Plasma. Um das osmotische Gefälle zum Zellinneren auszugleichen, muß ein entgegengesetztes Gefälle von Elektrolyten vom Plasma zur roten Zelle be-

Osmotische Resistenz

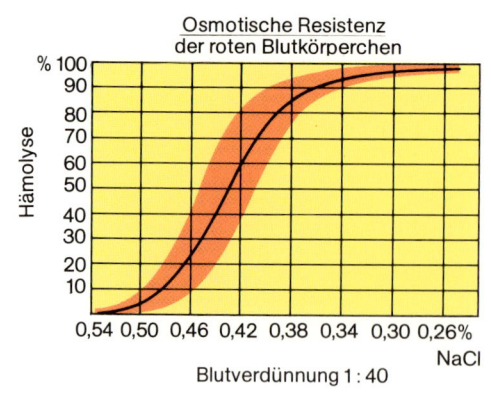

Abb. 11-4. Osmotische Resistenz der roten Blutkörperchen. Abszisse: Konzentration der Kochsalzlösung, Ordinate: Hämolysegrad in %.

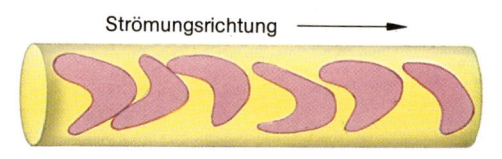

Abb. 11-5. Form der roten Blutkörperchen beim Passieren von Kapillaren.

stehen. Es wird durch aktive Prozesse der Zellmembran aufrechterhalten. Bei alten Zellen nimmt die Transportleistung ab, es kommt zum osmotischen Ungleichgewicht. Wasser tritt in die Zellen, sie schwellen, nehmen Kugelform an und platzen schließlich (genannt: Hämolyse). Bei bestimmten Anämien tritt auch eine Minderung der Membrantransportleistung auf. Die **osmotische Resistenz** und damit die Transportleistung der Membran prüft man, indem man eine Verdünnungsreihe von Kochsalzlösungen herstellt und Blut im Verhältnis 1:40 zu der jeweiligen Verdünnung pipettiert. Nach Zentrifugieren kann man feststellen, bei welcher Konzentration die Hämolyse einsetzt, und bei welcher sie vollständig ist (Abb. 11-4).

Für die Funktion der Zelle ist ferner wichtig, daß ihre **Membran verformbar** ist, um auch Kapillaren passieren zu können, deren Innendurchmesser kleiner ist als der Erythrozytendurchmesser (Abb. 11-5).

Kurzgefaßt:

Die **roten Blutkörperchen** (Erythrozyten) haben einen mittleren Durchmesser (MCD) von 7,5 µm und enthalten 30–35% **roten Blutfarbstoff (Hämoglobin)**. Beim Mann sind ca. **5**, bei der Frau ca. **4,5 Millionen**/µl enthalten; beim Neugeborenen sind es fast 6 Millionen. Sie werden beim Erwachsenen in den platten Knochen gebildet. Vorstufen, die Retikulozyten, kommen etwa **15 pro 1000** reife rote Zellen im Blut vor. Die **Lebensdauer** der kernlosen roten Zellen ist etwa **120 Tage**. Ihre **Funktion** ist der Transport des roten Blutfarbstoffs. Die hohe Konzentration von ca. 33% Hämoglobin in den Erythrozyten, gegen nur 7% Eiweiß im Plasma, führt zu einem osmotischen Gefälle, das durch ein entgegengesetztes Gefälle von Elektrolyten ausgeglichen wird. Alte und krankhaft veränderte Zellen können das osmotische Ungleichgewicht nicht mehr kompensieren; ihre **osmotische Resistenz** ist verringert.

Die weißen Blutkörperchen (Leukozyten)

Allgemeines: 1 µl Blut enthält zwischen 4000 und 10000 weiße Blutzellen. Ihre Zahl schwankt tageszeitlich, aber auch im Zusammenhang mit ihrer Funktion. Nach einer Mahlzeit z. B. ist ihre Zahl erhöht. Man weiß, daß sich weniger als die Hälfte aller Leukozyten in der Blutbahn befindet, und daß sie dort vermutlich nur von ihrem Bildungsort (s. Abb. 11-3) zum Ort ihrer Wirkung transportiert werden, z. B. nach dem Essen in die Darmregion. Etwa 1/3 der Zellen befindet sich im Knochenmark, der Rest in den Geweben zwischen den Blutgefäßen, im interstitiellen Raum.

Die Leukozyten unterscheiden sich von den Erythrozyten vor allem dadurch, daß sie **kernhaltig** sind und durch die Gefäßwände wandern können **(Diapedese)**. Sie werden an

Weiße Blutkörperchen

den Ort ihrer Wirkung durch bestimmte Stoffe angezogen, wie Bakteriengifte oder Stoffe, die zur Abwehr von Bakterien gebildet werden **(Chemotaxis)**. Eine weitere spezielle Eigenschaft der weißen Zellen ist, daß sie Fremdstoffe, Bakterien oder Zellbestandteile in sich aufnehmen und sozusagen verdauen können **(Phagozytose)**. Die Körnchen in den Zellen **(Granula)**, die man durch Färben sichtbar machen kann, enthalten Enzyme, die Verbindungen in kleinere Teile spalten können, z. B. Lipasen, die Fette spalten, Peptidasen, die Eiweiße spalten, oder Hydrolasen, die Wasserstoffbrücken trennen.

Mehr als 60% aller weißen Blutzellen sind **Granulozyten**, die entsprechend dem Färbeverhalten der Körnchen in **eosinophile** (säurefreundlich, daher rote), **basophile** (laugenfreundlich, daher blaue) oder **neutrophile** (d. h. farblich neutrale) **Granulozyten** eingeteilt werden.

Neutrophile Granulozyten: Bis zu 70% aller Granulozyten sind neutrophil. Sie werden noch nach der Form ihrer Zellkerne unterteilt in stabkernige, segmentkernige und übersegmentierte, polymorphkernige Granulozyten.

Die **Funktion** neutrophiler Granulozyten ist vor allem die Freisetzung von Enzymen, die Fremdstoffe (z. B. Bakterien), aber auch Gewebszellen in der Umgebung eines Krankheitsherdes andauen.

Trommelschlegel (engl. drumsticks) sind eine Besonderheit der Zellkerne reifer neutrophiler Leukozyten (Abb. 11-6). Sie kommen nur beim weiblichen Geschlecht vor. Etwa 2-10% der Kerne weisen derartige Ausstülpungen auf. Es handelt sich um Chromatin des zweiten, sozusagen inaktiven und überflüssigen X-Chromosoms (s. 24-309). Drumsticks werden ausgezählt, um „weibliche Veranlagung" oder Abweichungen davon festzustellen.

Stabkernige und **segmentkernige** neutrophile Leukozyten werden oft gesondert bestimmt. Übersegmentierte Kerne beobachtet man bei bestimmten Erkrankungen. Leukozyten mit mehr als 5-6 Unterteilungen sollen in ihrer Beweglichkeit eingeschränkt sein. Im strömenden Blut befinden sich pro µl etwa 4500 neutrophile Granulozyten, die **Zahl** kann jedoch, wie bereits erwähnt, beträchtlich schwanken. Sie werden im roten Knochenmark gebildet und sind bis zu ca. 30 Stunden in der Blutbahn, manche treten bereits nach 6-8 Stunden ins Gewebe über.

2-4% der weißen Blutkörperchen sind **eosinophile Granulozyten,** das sind 150-300 Zellen pro µl Blut. Ihre **Zahl** ist tageszeitlichen Schwankungen unterworfen. Morgens und am späten Nachmittag ist sie um ca. 20% niedriger, nachts um 30% höher als im Mittel. Diese Schwankungen werden auf tagesrhythmische Konzentrationsänderungen der Hormone Cortisol und ACTH (s. 24-296) zurückgeführt. Eine Vermehrung der Zellen, **Eosinophilie**, findet man bei Wurmerkrankungen, allergischen Krankheiten (Heufieber) und den sogenannten Autoaggressionskrankheiten (Myasthenia gravis, Muskelschwund). Man nimmt an, daß sie die **Funktion** haben, Antigen-Antikörperkomplexe zu phagozytieren, selbst Antikörper zu bilden und zu transportieren (s. 11-126). Eosinophile Zellen enthalten **Plasminogen**, eine nichtaktive Vorstufe von Plasmin, das Fibrinbestandteile von Blutgerinnseln spaltet.

Eosinophile Granulozyten werden im roten Knochenmark gebildet, ihre Lebensdauer ist schwer bestimmbar, da ihre Zahl so niedrig ist und sie meist die Blutbahn verlassen.

Basophile Granulozyten. Die Körnchen

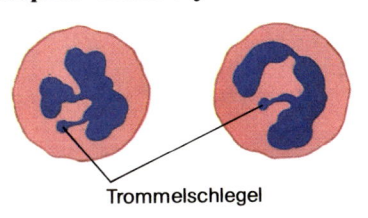

Abb. 11-6. Trommelschlegel („drumsticks") bei weißen Blutkörperchen der Frau.

Weiße Blutkörperchen

dieser Zellen sind auffallend grob, haben im nach *Pappenheim* gefärbten Ausstrich eine purpurrot-schwärzliche Farbe und liegen so dicht, daß sie oft den Zellkern überdecken. Die reifen basophilen Zellen besitzen gelappte Kerne.

Im zirkulierenden Blut befinden sich ca. 50 Basophile/µl Blut.

Funktion: Die Körnchen enthalten **Heparin, Serotonin** und **Histamin**. Heparin ist ein gerinnungshemmender Stoff (s. 11-123). **Histamin** spielt eine Rolle bei den allergischen Reaktionen. Seine Freisetzung bewirkt u. a. Gefäßerweiterung, Rötung der Haut, Nesselausschlag mit Jucken sowie in schweren Fällen Bronchialkrämpfe (Asthma bronchiale).

Der **Bildungsort** ist das rote Knochenmark, die **Lebensdauer** beträgt wenige Stunden.

Monozyten sind auffallend große Zellen von 10-24 µm Durchmesser. Ihr Protoplasma färbt sich zartblau an und enthält feine Körnchen, der Zellkern ist meist hufeisenförmig. Im Erwachsenenblut findet man 80-800 Zellen/µl. Bei Entzündungsvorgängen ist ihre Zahl vermehrt, sie werden an den Ort der Entzündung gelockt, können sich besonders schnell fortbewegen, und ihre Freß- (Phagozytose)-Fähigkeit übersteigt die aller bisher besprochenen weißen Blutkörperchen. Sie nehmen abgestorbenes Zell- und Kernmaterial, Bakterien- und Fremdstoffmaterial in sich auf und zerlegen es mit Hilfe der aus den Körnchen freigesetzten Verdauungsenzyme. Es konnte nachgewiesen werden, daß die im Gewebe vorkommenden größeren **Makrophagen** aus der Blutbahn ausgewanderte Monozyten sind, die sich an Entzündungsorten ansammeln und dort ihre Freß- und Verdauungsfunktion ausüben.

Die **Lebensdauer** im Blut ist ca. 2 Tage, im Gewebe bis zu 6 Tage, der **Bildungsort** ist das rote Knochenmark, wo sich Vorstufen der Monozyten, **Promonozyten**, befinden.

Lymphozyten. 90% dieser Zellen sind kleine Lymphozyten mit Durchmessern zwischen 8 und 10 µm, die restlichen großen Lymphozyten haben Durchmesser zwischen 10 und 25 µm. Ihre Kerne sind rund und relativ groß, sie füllen fast den ganzen Zelleib bis auf einen schmalen, sich blaßblau färbenden Saum aus.

Mit 1000–3600 pro µl Blut im Differentialblutbild haben sie einen Anteil der weißen Blutkörperchen von 25-40%.

Die Lymphozyten sind im Gewebe sehr wanderungsfähig und können auch phagozytieren. Sie spielen eine wichtige Rolle bei der

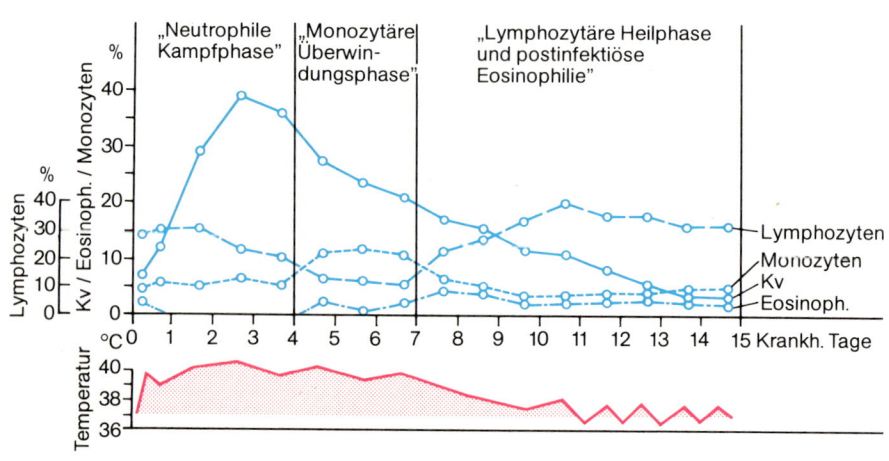

Abb. 11-7. Biologische Leukozytenverteilungskurve. Erklärung im Text.

Abwehrfunktion, (s. 11-125). Da sich ca. 98% aller Lymphozyten **außerhalb** der Blutbahn befinden, nämlich in den lymphatischen Organen, kann man sie streng genommen nicht als Blutzellen betrachten.

Etwa 1/3 aller Lymphozyten sind kurzlebig (ca. 5 Tage), der Rest kann mehrere hundert Tage alt werden.

Im roten Knochenmark werden die Stammzellen (Abb. 11-3) gebildet. Im Thymus und anderen lymphatischen Organen erfolgt eine Vermehrung und Spezialisierung zu **T-Lymphozyten** (s. u.), die **B-Lymphozyten** vermehren und differenzieren sich im roten Knochenmark. Beide Zelltypen erfahren, nach Antigenkontakt, eine weitere Differenzierung in den lymphatischen Geweben.

Eine **biologische Leukozytenverteilungskurve** ist in Abb. 11-7 gezeigt. Bei einer Entzündung mit Temperaturanstieg nehmen zuerst die neutrophilen Granulozyten stark zu, „**Neutrophile Kampfphase**", dann folgt die „**Monozytäre Überwindungsphase**", und zuletzt kann man die „**Lymphozytäre Heilphase**" beobachten, während der die Zahl der eosinophilen Granulozyten etwas zunimmt.

Blutplättchen

Blutplättchen, Thrombozyten, sind kleine, kernlose Blutzellen (2-4 µm) mit einer durchscheinenden Randschicht (Hyalomer) und einem körnchenhaltigen Zelleib (Granulomer). Im Blut des Gesunden befinden sich 150000–300000/µl.

Die **Funktion** der Blutplättchen wird bei der Blutstillung (s. 11-120) besprochen. Sie enthalten mehr als 10 gerinnungsaktive Substanzen, darunter gerinnungshemmende und Fibringerinnsel auflösende Stoffe. Thrombozyten ballen sich leicht zusammen, besonders bei Kontakt an rauhen Flächen, z. B. entzündetem oder verletztem Endothel (Auskleidung) der Blutgefäße. Dadurch können kleinere Schäden an Gefäßwänden abgedichtet werden. Blutplättchen sind ferner reich an **Serotonin**, das ein starkes Zusammenziehen von Arteriolen (s. 24-307) bewirkt und kapilläre Blutungen zum Stillstand bringt. Die **Lebensdauer** beträgt 8-12 Tage.

Die Blutplättchen stammen von Knochenmarkriesenzellen (s. Abb. 11-3), ab. Plättchenbildende Riesenzellen legen sich an die Gewebsseite von Knochenmarkkapillaren an. Durch Pinozytose (s. 5-43) treten Zellteile durch Endothellücken aus, werden abgeschnürt und vom Blutstrom mitgerissen. **Eine** Knochenmarkriesenzelle kann bis zu 3000 Blutplättchen bilden.

Kurzgefaßt:

Weiße Blutkörperchen (Leukozyten) sind **kernhaltig** und können durch die Blutgefäßwände ins Gewebe austreten **(Diapedese)**. Sie nehmen schädigende Stoffe auf und machen sie unschädlich (Phagozytose). Ihre Zahl schwankt zwischen 4000 und 10 000 µl Blut. Etwa 55-65% der weißen Blutkörperchen haben im Zellplasma Körnchen, Granula, daher **Granulozyten**. Die Körnchen färben sich unterschiedlich an. **Neutrophile Granulozyten** sind an der unspezifischen Abwehr beteiligt und haben eine Lebensdauer von 5-30 Stunden. **Eosinophile Granulozyten** sind bei allergischen Erkrankungen vermehrt, ihre Körnchen enthalten u. a. Plasminogen. In den Körnchen der **Basophilen Granulozyten** findet man den gerinnungshemmenden Stoff Heparin und das gefäßerweiternde Histamin. **Monozyten** phagozytieren schädliche Zellen und Bakterien. **Lymphozyten** spielen bei der spezifischen Immunreaktion eine Rolle. Sie machen 25-40% der Leukozyten aus. Man unterscheidet T- und B-Lymphozyten. Die **Blutplättchen (Thrombozyten)** haben wichtige Aufgaben bei der Blutstillung und Blutgerinnung (s. dort). Normalwerte liegen zwischen 150 000 und 300 000/µl Blut, ihre Lebensdauer ist 8-12 Tage.

Funktion der Milz

Die Milz und ihre Funktion

Dieses Organ ist in den Blutkreislauf einbezogen und besteht anatomisch aus einer bindegewebigen **Kapsel**, die mit glatter Muskulatur versehen ist. Davon ausgehend durchzieht ein Balkenwerk, die **Trabekel**, das Organ und bildet Hohlräume, in die das eigentliche Milzgewebe, die **rote** und die **weiße Pulpa**, eingebettet sind.

Die weiße Pulpa besteht histologisch aus den Milz- oder Malpighischen Körperchen, die den Lymphfollikeln der Lymphknoten entsprechen. Neben Granulozyten und Thrombozyten enthält die weiße Pulpa vor allem B- und T-Lymphozyten, jedoch keine roten Blutkörperchen. Diese befinden sich in der dunkelroten Pulpa in einer Menge von durchschnittlich 20-30 ml.

Funktion. Während bei manchen Tierarten die Milz als Blutspeicher dient, der auf nervöse oder hormonelle Reize in die Blutbahn entleert werden kann, trifft diese Funktion für den Menschen nicht zu, weil sie verhältnismäßig klein ist. Die Rolle der Milz bei der **Blutbildung** ist noch unklar. Bekannt ist, daß Retikulozyten, die direkte Vorstufe der roten Blutkörperchen, in der Milz schnell zu solchen heranreifen. Geklärt ist, daß **überalterte rote Blutkörperchen** in der Milz abgefangen und **abgebaut** werden. Bei ihrer Passage durch die Milz mit ihrem Mikrozirkulationssystem müssen die Blutkörperchen Engstellen zwischen 0,5 und 3 µm überwinden. Für Granulozyten, die sich amöbenartig fortbewegen können, ist dies verhältnismäßig leicht, während die Erythrozyten dabei einer extremen Verformung unterliegen. Wenn ihre Membran diese Verformbarkeit durch Überalterung verloren hat, werden sie durch Hämolyse (s. 11-112) oder Phagozytose (s. 11-113) abgebaut. Etwa 20% der Erythrozyten, die ihr Lebensalter erreicht haben (ca. 100-120 Tage), werden in der Milz abgebaut, der weitaus größere Anteil in der Leber und im roten Knochenmark.

Eine weitere Funktion der Milz ist die **Bildung von Antikörpern** des Typs IgM (s. 11-126), vor allem in Fällen, in denen Antigene direkt auf dem Blutweg in die Milz gelangen.

Kurzgefaßt:

Die Milz besteht aus der **weißen Pulpa**, der **roten Pulpa**, umschlossen von der **Kapsel**, ausgefüllt von einem **Balkenwerk**, den **Trabekeln**.
Blutbildend wirkt die Milz durch rasche **Retikulozytenreifung**.
Blutabbauend wirkt sie durch **Hämolyse** und **Phagozytose** von roten Zellen, sowie Abbau von Leukozyten und Thrombozyten.
Antikörperbildung vom Typ IgM wurde beobachtet.
Die Milz ist kein lebensnotwendiges Organ. Nach Entfernung übernehmen die Leber, das rote Knochenmark und die lymphatischen Organe des Körpers ihre Funktion.

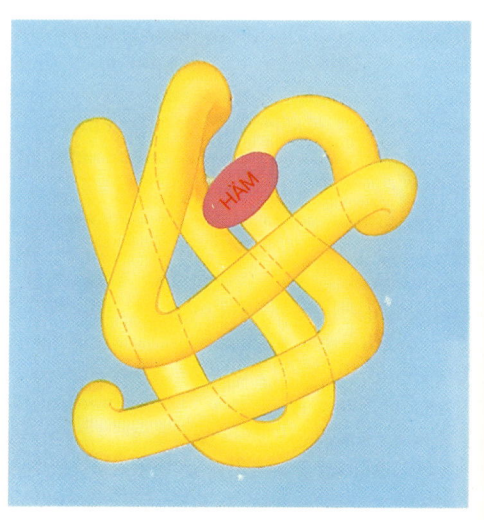

Abb. 11-8. Globulinkette im Hämoglobinmolekül mit Hämgruppe.

Hämoglobin

Der rote Blutfarbstoff

Der rote Blutfarbstoff Hämoglobin (Hb) dient dem Sauerstoff- und Kohlendioxid-Transport. In 100 ml Blut befinden sich beim Mann im Mittel 16, bei der Frau 14 g Hämoglobin. Die Hb-Konzentration in **einem** roten Blutkörperchen beträgt ca. 35%, die höchste Eiweißkonzentration einer Zelle. Ein Hämoglobinmolekül besteht aus **4 Eiweißketten** mit je einer **Hämgruppe**, der Farbstoffkomponente, die dem Blut sein rotes Aussehen gibt. Die Eiweißketten des Erwachsenen-Hb sind paarig, 2 α-Ketten und 2 β-Ketten ($α_2$ und $β_2$) von je 141 bzw. 146 Aminosäuren, die im Molekül knäuelförmig angeordnet sind (Abb. 11-8). Die Hämgruppe befindet sich oberflächlich in einer Nische des „Globinknäuels" und enthält ein **2-wertiges Eisenatom** (Fe^{++}), das den Sauerstoff lose bindet. Man bezeichnet diesen Vorgang als **Oxigenation**, im Gegensatz zur Oxidation. In oxidiertem Zustand ist das Eisen des Hb 3-wertig und nicht mehr in der Lage, Sauerstoff zu transportieren. Man spricht dann von **Methämoglobin** oder Hämiglobin. Bei bestimmten Erkrankungen besteht im Blut ein erhöhter Anteil an Methämoglobin, was zu einer O_2-Mangelversorgung der Gewebe führen kann.

Die Neigung des Hb-Moleküls, Sauerstoff anzulagern, nennt man **O_2-Affinität**. Durch die besondere Anordnung der 4 Eiweißketten und ihrer Hämgruppen im Molekül besteht eine gegenseitige Beeinflussung hinsichtlich der O_2-Affinität. Ist das erste Häm mit O_2 beladen, steigert dies die Affinität des 2. Häms. Dessen Oxygenierung steigert die O_2-Affinität des 3. Häms usw. Diese biologisch wichtige Bindungsart drückt sich in einer S-förmigen Charakteristik der O_2-Bindungskurve aus (Abb. 11-9). In der Ordinate ist die prozentuale Beladung des Hb mit O_2 (% O_2-Sättigung) und auf der Abszisse der O_2-Partialdruck (s. 3-22) aufgezeichnet. Zum Vergleich ist die Bindung des roten Muskelfarbstoffes **Myoglobin** (Mb), der nur eine Eiweißkette hat, dargestellt. Man sieht, daß bei niederen O_2-Drucken das Hämoglo-

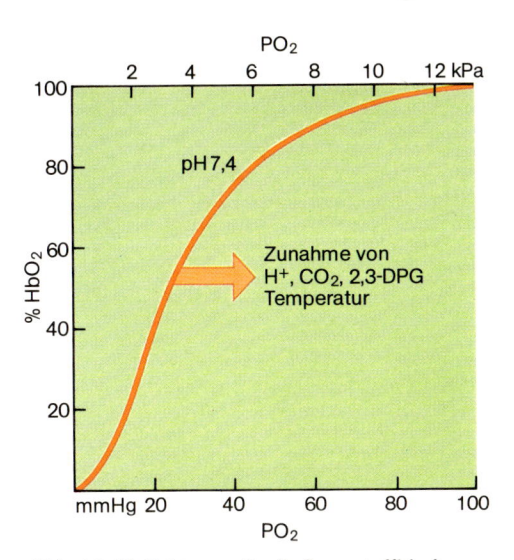

Abb. 11-10. Faktoren, die die Sauerstoffbindungsfähigkeit des Hämoglobins im Blut herabsetzen und dadurch die O_2-Abgabe ins Gewebe begünstigen.

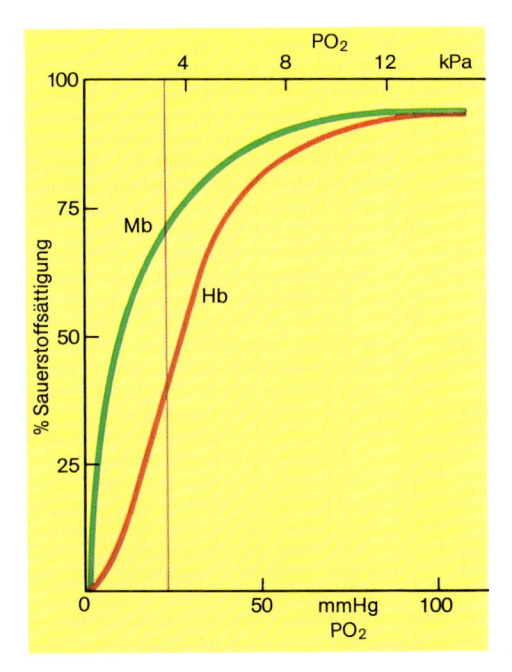

Abb. 11-9. Sauerstoffbindungskurven des Muskel (Mb)- und Blutfarb(Hb)-Stoffes. Abszissen: Partialdruck, Ordinate: % Sättigung mit Sauerstoff.

Sauerstofftransport

bin weniger O_2 chemisch binden kann als Myoglobin. Das ist ein großer Vorteil für die Sauerstoffbelieferung der Gewebe. Bei etwa 3 kPa (ca. 20 mm Hg) O_2-Druck kann das Hb im Blut etwa ⅔ seines gebundenen Sauerstoffs abgeben, das Mb nur ein Drittel. 4 weitere Faktoren verstärken diesen Abgabeeffekt des Hämoglobins (Abb. 11-10):
1. Zunahme der Konzentration von H^+-Ionen (Ansäuerung).
2. Zunahme der CO_2-Konzentration (aus den Gewebszellen)
3. Temperaturerhöhung.
4. Zunahme der Konzentration von 2,3-Diphosphoglycerat (DPG), einer organischen Phosphatverbindung.

Bei Muskelarbeit werden vermehrt saure Stoffwechselprodukte und Kohlendioxid aus den Geweben ins Blut, das sich erwärmt, abgegeben. Dadurch kann mehr Sauerstoff an die Gewebszellen geliefert werden (Abb. 11-11).

Affinität des Hämoglobins zu Kohlenmonoxid (CO). Hämoglobin hat gegenüber CO eine 210mal höhere Affinität als zu O_2, das heißt, daß bereits bei ca. 0,1% CO in der Atemluft das Hämoglobin zu 50% mit CO beladen ist. Ein Anteil von 70-80% CO-Hb im Blut ist tödlich, d. h. wenn die Atemluft 0,2% Kohlenmonoxid enthält. Die große Gefahr: Dieses Gas ist geruchlos! Es entsteht bei unvollständiger Verbrennung, z. B. in schlecht ziehenden Öfen, Verbrennungsmotoren (Auspuffgase 6% und mehr!) und sogar beim Zigarettenrauchen. Krankheitszeichen sind Kopfschmerzen, Übelkeit, kirschrote Verfärbung der Haut, besonders an den Schleimhäuten sichtbar. Künstliche Beatmung, möglichst mit einem Gemisch von 95% Sauerstoff und 5% CO_2, ist die wirksamste Hilfe.

Mit zunehmender Höhe über dem Meeresspiegel nimmt der Luftdruck und damit auch der Sauerstoffpartialdruck ab (s. 3-22). Auf 3000 m Höhe ist der O_2-Partialdruck in der Lunge ca. 8 kPa (60 mm Hg). Dies wird vom Gesunden im allgemeinen gut vertragen, da das Hämoglobin noch immer zu 90% mit O_2 beladen ist (s. Abb. 11-10 und 11). Bei längerem Höhenaufenthalt stellt man eine Vermehrung der roten Blutzellen fest, die, je nach Höhe, bis auf 7 Millionen pro µl Blut ansteigen können. Ist eine solche Anpassung eingetreten, die eine erhöhte O_2-Aufnahme aus der Lunge ins Blut ermöglicht, kann sich der Mensch, z. B. ein Bergsteiger, ohne Sauerstoffgeräte in 8000 m aufhalten. Bei krankhafter Verminderung der Lungenbelüftung (Hypoventilation, s. 16-212) sinkt der O_2-Druck im Blut, ähnlich wie beim Höhenaufenthalt, ab, und es kommt ebenfalls zu einer Vermehrung der roten Blutzellen.

Anämien nennt man Bluterkrankungen mit verminderter Erythrozytenzahl oder zu niedrigem Hämoglobingehalt. Der O_2-

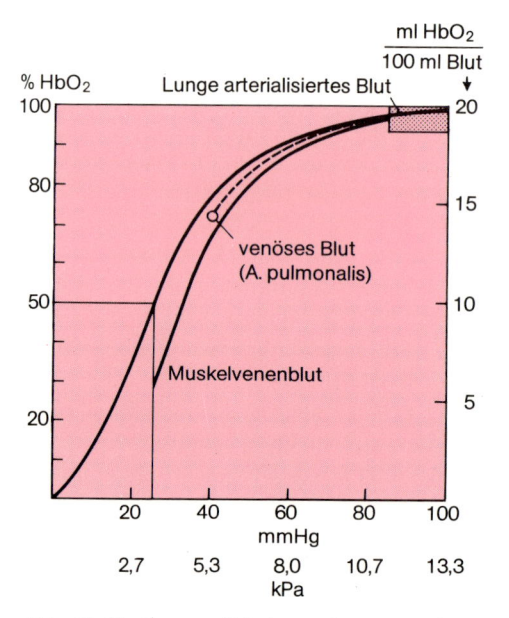

Abb. 11-11. Sauerstoffsättigung des Blutes (Ordinate) im Venenblut der Lungenschlagader (Arteria pulmonalis) und einer Vene eines stark arbeitenden Muskels, Abszisse: O_2-Druck. Das Blut wird im arbeitenden Muskel viel stärker „ausgeschöpft", d. h. von Sauerstoff entsättigt als im Durchschnitt aller übrigen Organe.

Kohlensäuretransport

Transport ist vor allem bei zu niedrigem Hb-Gehalt der Erythrozyten, der hypochromen Anämie, beeinträchtigt. Nach schweren Blutungen ist sowohl die Zellzahl als auch der Hb-Gehalt vermindert (**Blutungsanämie**). Die **Eisenmangelanämie** beruht auf einer Bildungsstörung des Hämoglobins. Der Eisenmangel kann durch akute oder chronische Blutungen, durch Infekte mit erhöhtem Eisenverbrauch oder während einer Schwangerschaft entstanden sein.

Reifungsstörungen der roten Blutkörperchen durch mangelnde Absorption wichtiger Blutbildungsfaktoren aus der Nahrung (Vitamin B_{12}, Folsäure) führen zur Bildung großer Zellen (Makrozyten), die zwar eine normale Hb-Konzentration haben, deren Zahl jedoch vermindert ist.

Bei der **Sichelzellanämie** ist eine Aminosäure der β-Kette (Valin statt Glutaminsäure) ausgetauscht. Dadurch sind Eigenschaften des Hb-Moleküls verändert, die dazu führen, daß bei niederen O_2-Konzentrationen, z. B. im venösen Blut, die Erythrozyten Sichelform annehmen und vorzeitig zugrundegehen.

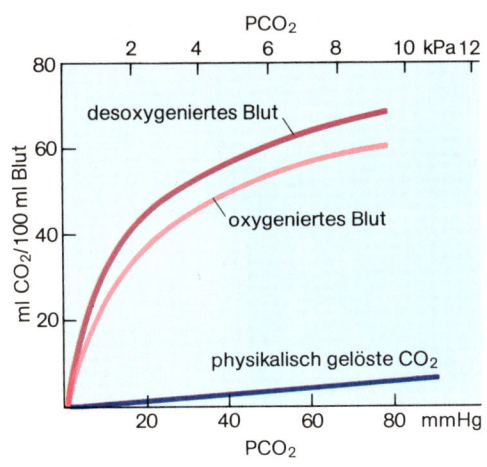

Abb. 11-13. CO_2-Bindungskurven oxygenierten und desoxygenierten Blutes. Ordinate: CO_2-Gehalt, chemisch gebunden und physikalisch gelöst: Abszissen: CO_2-Partialdruck.

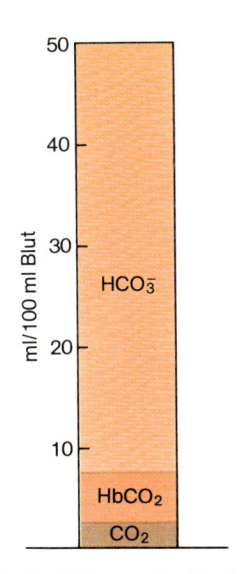

Abb. 11-12. Drei Formen des Vorkommens von CO_2 im Blut.

Kohlensäuretransport

CO_2 entsteht beim Abbau der Nährstoffe (s. 2-2) in den Gewebszellen. Es diffundiert in die Blutkapillaren, zuerst ins Plasma und dann in die roten Blutkörperchen. Es liegt dort zu etwa **5% physikalisch gelöst** vor (s. Abb. 11-12), 85% werden aber durch das Enzym **Carboanhydrase** zu **Bikarbonat**

$$CO_2 + H_2O \xrightarrow{\text{Carboanhydrase}} H^+ + HCO_3^-$$

umgewandelt. Etwa 10% des entstehenden CO_2 wird direkt an die Aminogruppen (s. 2-16) des Hämoglobins gebunden ($HbNH_2 + CO_2 \rightarrow Hb\,NH\,COOH$) und **Carbaminohämoglobin** genannt. Die auftretenden H^+-Ionen werden von Plasmaeiweißen und Hämoglobin gebunden. Hämoglobin hat außerdem einen Puffereffekt, der darin besteht, daß es

CO_2- und O_2-Bindungskurve

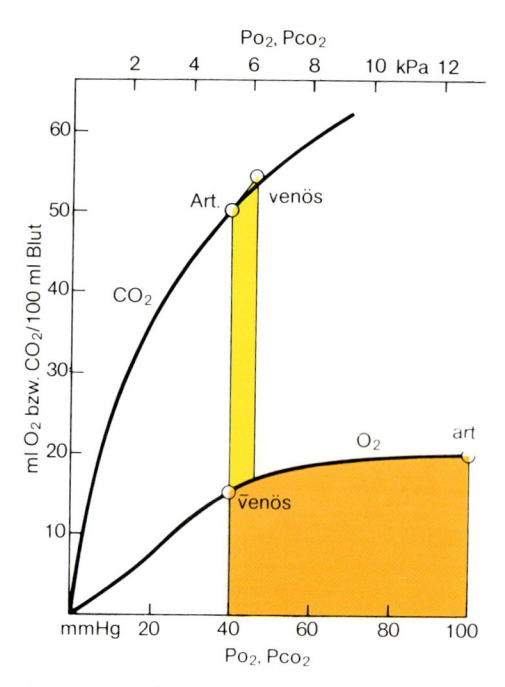

Abb. 11-14. CO_2- und O_2-Bindungskurven des Blutes mit arteriellen und venösen Mischblutwerten. Ordinate: Gasgehalt, Abszissen: Gaspartialdrucke.

Kurzgefaßt:

In 100 ml Blut sind ca. 15 g roter Blutfarbstoff, **Hämoglobin** (Molekulargewicht 64450). Die Konzentration in den Erythrozyten ist ca. 35%. Das Molekül besteht aus 2 α- und 2 β-Ketten mit je einer **Häm**-Gruppe, die 2-wertiges Eisen enthält, an das O_2 lose gebunden wird. Die **O_2-Affinität** des Hb wird durch Zunahme von H^+-Ionen, von CO_2, der Temperatur und eines organischen Phosphates (2,3-DPG) herabgesetzt, wodurch die O_2-Abgabe in die Gewebe begünstigt wird. **Kohlenmonoxid** (CO) ist deshalb so gefährlich, weil es eine über 200mal höhere Affinität zu Hb hat. **Höhenaufenthalt** führt zur Vermehrung der roten Blutzellen und damit des Hb infolge Abnahme des O_2-Druckes in der Einatmungsluft. Dasselbe tritt bei **Atmungsstörungen** mit Hypoventilation auf. Blutarmut, **Anämie**, mit vermindertem Hb-Gehalt kann aufgrund von Blutungen, Eisenmangel, Vitamin-B_{12}-Mangel oder anderen Blutbildungsstörungen entstehen. Das beim Stoffwechsel entstehende CO_2 wird im Blut zu 5% physikalisch gelöst, zu 10% an Hb gebunden und zu 85% als Bikarbonat (HCO_3^-) aufgrund der enzymatischen Umwandlung durch die **Carboanhydrase** transportiert.

nach Sauerstoffabgabe mehr H^+-Ionen und CO_2 binden kann. In Abb. 11-13 ist für die CO_2-Bindung eine ähnliche Darstellung wie für die O_2-Bindung gewählt, lediglich die absoluten Zahlen in der Ordinate sind beachtlich größer. Man sieht, daß desoxigeniertes Blut bei z. B. 5 kPa CO_2-Druck mehr CO_2 bindet als oxigeniertes. Zum weiteren Verständnis sind die gebundenen CO_2- und O_2-Mengen in Abhängigkeit vom Druck in Abb. 11-14 gezeigt. Man sieht, daß von 100 ml arteriellem Blut an die Gewebe etwa 5 ml O_2 (art.-venöse O_2-Gehaltsdifferenz) abgegeben und aus den Geweben etwa 4 ml CO_2 ins Blut aufgenommen werden. Die erforderlichen Druckdifferenzen sind für O_2 ca. 8 kPa und für CO_2 nur ca. 1 kPa.

Blutstillung

Blutungen aus kleineren Wunden kommen nach kurzer Zeit zum Stillstand. Blutplättchen, die an den verletzten Gefäßwänden anhaften, bilden einen lockeren Pfropf. Da sich auch die Gefäße selbst zusammenziehen, steht die Blutung zunächst, doch erst im Verlauf der Blutgerinnung entsteht ein dauerhafter Verschluß durch ein stabiles Blutge-

Blutstillung

rinnsel (Abb. 11-15). An der Blutstillung sind beteiligt:
1. die Blutplättchen,
2. die Blutgefäße,
3. der Blutgerinnungsvorgang.

Wichtig für die Blutstillung ist eine ausreichende Menge an Blutplättchen (Thrombozyten), 250 000 bis 400 000 pro µl Blut, sie müssen außerdem voll funktionsfähig sein. Es gibt Erkrankungen, bei denen zu wenig Plättchen gebildet werden; man spricht dann von **Thrombozytopenie** oder von **Thrombozytopathie**, wenn ihre Funktion vermindert ist. Beide Schäden führen zu einer verlängerten **Blutungszeit**, die normalerweise 1-4 min beträgt. Wenn Blutplättchen der verletzten Gefäßwand anhaften und sich aneinander legen (aggregieren), wird ihre Membran durchlässig für Stoffe wie Serotonin und Adrenalin, die nach ihrer Freisetzung ein Zusammenziehen der Blutgefäße bewirken (Vasokonstriktion).

Der lockere Thrombozytenpfropf wird meistens vom nachströmenden Blut weggespült. Erst durch den Blutgerinnungsvorgang entsteht ein stabiles Gerinnsel. Nimmt man Blut ohne Zusatz von gerinnungshemmenden Substanzen, wie z. B. Natriumcitrat, ab, erstarrt es in kurzer Zeit zu einer gallertigen Masse. Läßt man es einige Stunden stehen, bildet sich ein sogenannter Blutkuchen, über dem das relativ klare Serum steht. Der Gerinnungsvorgang, der nun abgelaufen ist, wurde in groben Zügen bereits um die Jahrhundertwende entdeckt:

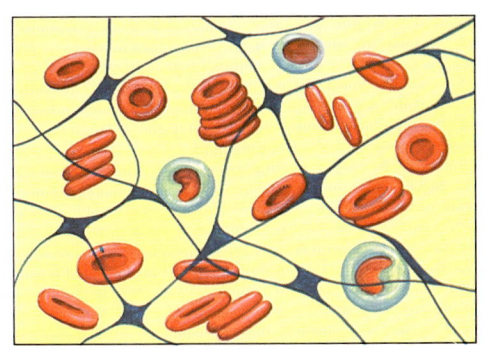

Abb. 11-15. Fibringerinnsel mit Blutzellen.

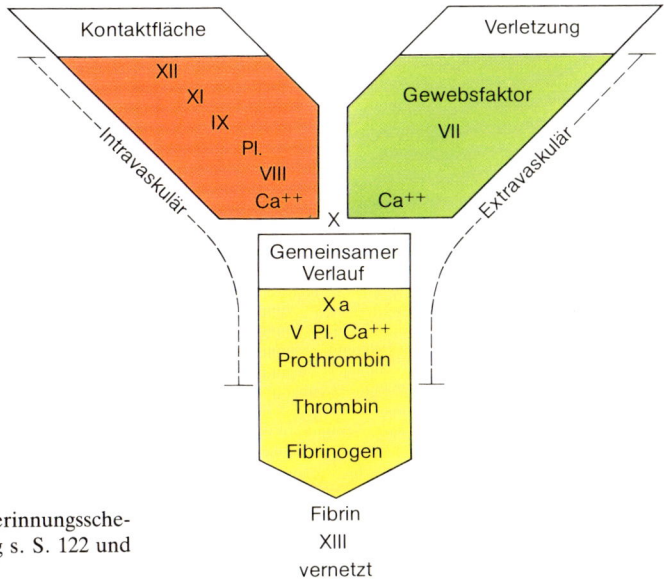

Abb. 11-16. Gerinnungsschema. (Erklärung s. S. 122 und 123).

Blutgerinnung

Tabelle 11–1. Gerinnungsfaktoren im Plasma.

Faktor	Name	Biol. Halbwertszeit	Molekulargewicht
I	Fibrinogen	3– 4 Tage	340000
II	Prothrombin	36–72 Stunden	68000
V	Akzelerator-Globulin	10–14 Stunden	250000
VII	Proconvertin	8– 9 Stunden	63000
VIII	Antihämophiles Globulin A	8 Stunden	>200000
IX	Antihämophiles Globulin B	12 Stunden	55000
X	Stuart-Prower-Faktor	30 Stunden	55000
XI	Rosenthal-Faktor	–	160000
XII	Hageman-Faktor	>24 Stunden	90000
XIII	Fibrinstabilisierender Faktor	4– 5 Tage	320000

Thromboplastin + Calcium
↓
Prothrombin → Thrombin
↓
Fibrinogen → Fibrin

Dieses auch heute noch gültige Schema mußte nach der Entdeckung weiterer gerinnungsaktiver Faktoren erweitert werden und ist in Abb. 11-16 dargestellt. Tabelle 11-1 zeigt eine Aufstellung der bisher bekannten Faktoren, die mit römischen Zahlen bezeichnet werden, und ihre biologische Halbwertszeit, die für die Behandlung von Gerinnungsstörungen von Bedeutung ist. Die biologische Halbwertszeit gibt an, in welcher Zeit die halbe Menge einer Substanz (hier eines Faktors) abgebaut und wieder ersetzt ist.

Die Blutgerinnung

Zum besseren Verständnis, aber auch aus labortechnischen Gründen, unterscheidet man eine Vorphase, eine erste und eine zweite Phase der Gerinnung. Die Aktivierung kann vom **Gewebe** her nach Verletzung, aber auch von einer **Kontaktfläche im Blutgefäß** (Entzündung, Kalkeinlagerungen), ausgehen.

Von der Gewebsseite her **(extravaskulär)** kommt es in Sekundenschnelle zur Entstehung von **Thrombin**, das seinerseits in Sekunden **Fibrinogen** zu **Fibrin** umwandelt. Fibrinfäden bilden das Grundgerüst eines Gerinnsels, das sich zusammenzieht, vernetzt und von **Faktor XIII** stabilisiert wird.

Der Gerinnungsablauf im Blutgefäß **(intravaskulär)** ist langsamer. Es dauert Minuten, bis aktives Thrombin vorliegt. Bei Betrachtung von Abb. 11-16 fällt auf, daß intravaskulär eine größere Anzahl von Faktoren aus der inaktiven in die aktivierte Form überführt werden muß. Beide Aktivierungswege, der intravaskuläre und der extravaskuläre, haben das Ziel, den Faktor X zu aktivieren (Xa), der ein Teil des sog. Prothrombinumwandlungsfaktors ist.

Thrombin, aus Prothrombin entstanden, ist ein Enzym, das eine zentrale Stellung bei der Blutgerinnung einnimmt. Es ist in geringsten Mengen hochaktiv. Eine aus 10 ml Blut aktivierbare Thrombinmenge könnte in Sekunden die Gesamtblutmenge eines Erwachsenen zum Gerinnen bringen. Es sind aber **Antithrombine** vorhanden, die seine Wirkung hemmen. Thrombin spaltet aus dem Fibrinogenmolekül Fibrin ab und aktiviert gleichzeitig den fibrinstabilisierenden Faktor XIII.

Zusammenfassung des Gerinnungsvorgangs:

Vorphase: Gewebsfaktoren oder Plasmafaktoren führen zur Aktivierung des **Faktor X.**
1. Phase: Xa, Pl. (Phospholipide aus Gewebe oder Blutplättchen), Faktor V (Beschleunigungs-Globulin) und ionisiertes

Fibrinolyse

Calcium führen zur Bildung von **Thrombin**.
2. Phase: Thrombin spaltet Fibrinogen zu **Fibrin**.
3. Phase: Fibrin wird **stabilisiert**.

Fibrinolyse

Um der Fibrinbildung entgegenzuwirken bzw. unerwünschtes Fibrin aufzulösen, befindet sich im Plasma ein weiteres Enzym, das **Plasminogen**, eine Vorstufe der Protease **Plasmin**, das sowohl vom Körper selbst, als auch therapeutisch aktiviert werden kann:

Urokinase (und Streptokinase über
Proaktivator-Komplex)
↓
Plasminogen → Plasmin
↓
Fibrin → Fibrinopeptide

Plasmin ist ferner in der Lage, bereits Fibrinogen anzugreifen und proteolytisch zu spalten. Ein körpereigener Aktivator des Plasminogen ist die **Urokinase** (Molekulargewicht 53000), der im Urin ausgeschieden wird und dort auch gewonnen werden kann, leider nicht in ausreichenden Mengen, um in allen Fällen therapeutisch Verwendung zu finden. Um Fibringerinnsel zur Auflösung zu bringen (z. B. nach frischen Thrombosen oder Embolien), wird **Streptokinase**, ein aus Streptokokkenkulturen gewonnener Fibrinolyseaktivator, eingesetzt. Streptokinase aktiviert Plasminogen zweistufig über einen Proaktivatorkomplex.

Gerinnungshemmer

Um Blutgerinnung in Spritzen, Kanülen, Glasgefäßen, Kathetern usw. zu verhindern, wird das Blut bereits während der Abnahme mit **Natrium-Citrat, Natrium-Oxalat** oder **Natrium-EDTA** (**E**thylen-**D**iamin-**T**etra-**A**cid) verdünnt. Diese Lösungen bilden eine Komplexverbindung mit **Calcium**, das, wie gezeigt (s. Abb. 11-16), für die Gerinnung unbedingt erforderlich ist. Citrat wird zur Gerinnungshemmung in Blutkonserven verwendet.

Ein **direkter**, d. h. sofort wirksamer **Gerinnungshemmer** ist das **Heparin**, ein körpereigener Stoff, der auch in den Granula der basophilen Granulozyten (s. 11-113) gespeichert und transportiert wird. Heparin aktiviert und verstärkt die Wirkung des Antithrombin III.

Indirekte Gerinnungshemmer sind die **Cumarine**, z. B. das **Dicumarol**. Auf diesen Stoff und seine Wirkung wurde man zuerst

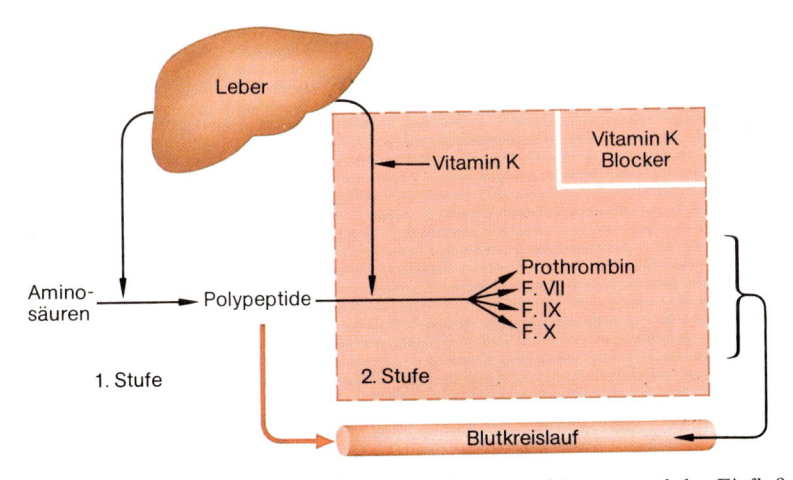

Abb. 11-17. Rolle des Vitamin K bei der Bildung von Gerinnungsfaktoren und der Einfluß von Vitamin-K-Blockern.

Gerinnungshemmung

aufmerksam durch Beobachtung unerklärlicher Blutungen bei weidenden Rindern. In einer Kleesorte entdeckte man das Cumarin. Es wirkt indirekt auf die Gerinnung ein, indem es das **Vitamin K blockiert**, ohne dessen Einfluß die Faktoren II (Prothrombin), VII, IX und X in der Leber nicht vollständig synthetisiert werden können (Abb. 11-17). Verabreicht man ein Dicumarolpräparat, so hat man keine direkte, sofortige Gerinnungshemmung, weil ja die obengenannten Faktoren in voller Konzentration im Blut vorhanden sind. Erst wenn diese entsprechend ihrer Halbwertszeit abgebaut sind und nur, je nach Dosierung, kleine Mengen nachgeliefert werden, tritt die gerinnungshemmende Wirkung ein. Sie kann durch Gaben von Vitamin K auch erst nach ca. 12 Stunden wieder aufgehoben werden.

Gerinnungsstörungen werden durch den Mangel von Gerinnungsfaktoren verursacht. Bei angeborenen Störungen fehlt meist nur ein Faktor, wie z. B. Faktor VIII, bei der bekannten, aber glücklicherweise seltenen (1 auf 10 000 Einwohner) **Bluterkrankheit**. Der Faktor ist nachweisbar, aber seine Aktivität ist nicht ausreichend. Bei erworbenen Störungen sind meist mehrere Faktoren betroffen, am häufigsten sind Störungen der Faktorenbildung in der erkrankten Leber. Schließlich ist die zu geringe Zahl oder die mangelnde Funktionsfähigkeit der Blutplättchen eine Ursache für Gerinnungsstörungen (s. 11-125).

Kurzgefaßt:

Zur Blutstillung sind **Blutplättchen**, die **Zusammenziehung der Blutgefäße** und die **Blutgerinnung** erforderlich. Im Blut und im Gewebe sind Substanzen, meist in unwirksamer Vorstufe, die bei Verletzungen frei und aktiviert werden. Sie aktivieren die Vorstufen zusammen mit Calcium und bilden aus dem inaktiven Prothrombin das Enzym Thrombin. Dieses aktiviert das Plasmaglobulin Fibrinogen zu **Fibrin**, dessen fadenförmige Moleküle mit den roten Blutkörperchen den **Blutkuchen** bzw. **Thrombus** bilden. Blutgerinnsel werden durch **Plasmin**, das ebenfalls in inaktiver Vorstufe vorliegt, aufgelöst. **Gerinnungshemmer**, die bei Blutabnahme verwendet werden, z. B. Na-Citrat, Na-Oxalat, EDTA, wirken durch Calciumausfällung. Der wichtigste körpereigene Hemmstoff ist **Heparin**, ein Cofaktor von Antithrombin III. Indirekt hemmen **Cumarine** durch ihre Vitamin-K-Blockierung.

Funktionsprüfungen

Untersuchung der Blutgerinnungsfunktion

Die Blutungszeit. Nach Einstich mit einer Lanzette, etwa 4 mm tief ins Ohrläppchen, saugt man alle 20 Sekunden die austretenden Blutströpfchen mit Filterpapier ab, ohne die Wunde zu berühren. In 1-3 Minuten soll die Blutung stehen. Ist die Zeit verlängert, kann eine zu niedrige Zahl bzw. eine verminderte Qualität der Thrombozyten oder eine unzureichende Zusammenziehung der Blutkapillaren die Ursache sein.

Die partielle Thromboplastinzeit. Im Wasserbad (37° C entsprechend der Körpertemperatur) wird zu Citratplasma Thrombozytenfaktor 3, Kaolin und Calcium (Menge nach Vorschrift) zugesetzt und die Zeit bis zur Bildung eines Fibringerinnsels mit der Stoppuhr bestimmt. Man erfaßt mit diesem Test vor allem Faktoren der Vorphase, Faktor VII, IX, X, XI und XII (Normalzeit 40-50 sec).

Die Thromboplastinzeit, Quickwert. Zu Citratplasma wird, im Wasserbad, die vorgeschriebene Menge Calcium-Thromboplastin zugefügt und die Zeit bis zur Bildung eines Fibringerinnsels bestimmt. Man erfaßt die Faktoren Prothrombin, VII und X. Dieser Test wird auch zur Kontrolle und Einstellung der Therapie mit Gerinnungshemmern durchgeführt. Anhand einer Eichkurve wird der Quickwert in Prozent der Normalzeit abgelesen. Normalzeit 10-16 sec. bzw. 70-100%.

Die Thrombinzeit. Sie gibt an, wie schnell Citratplasma nach Zusatz von Thrombin gerinnt. Diese Zeit dauert wenige Sekunden. Um genaue, vergleichbare Werte zu erhalten, verlängert man die Zeit künstlich, indem man das Citratplasma vorher 1:1 mit destilliertem Wasser verdünnt.

Durch obengenannte Suchtests wird vor allem festgestellt, welche Phase der Gerinnung gestört ist, ehe man einzelne Faktoren prüft.

Abwehrfunktion

Wenn körperfremde Substanzen, z. B. Eiweiße, Krankheitserreger oder ihre Stoffwechselprodukte, in die Blutbahn oder ins Gewebe gelangen, erfolgt eine **Abwehrreaktion**, auch **Immunreaktion** genannt.

Man unterscheidet unspezifische und spezifische Abwehrreaktionen, das bedeutet, daß der Körper auf Fremdstoffe, gleich welcher Art, zunächst ungezielt, dann aber ganz gezielt reagiert. Dabei werden entweder Blutzellen oder Abwehrstoffe eingesetzt; es

Tabelle 11-2. Die einzelnen Immunreaktionen.

Unspezifische Reaktion	Spezifische Reaktion
Zellulär:	
Phagozyten (Freßzellen): Granulozyten Monozyten Makrophagen	speziell sensibilisierte T-Lymphozyten und B-Lymphozyten
Humoral:	
Pyrogene Histamine Kinine Interferone Komplementbereitstellung	Antikörper, insbesondere IgG, IgM und IgA

Abwehrfunktion

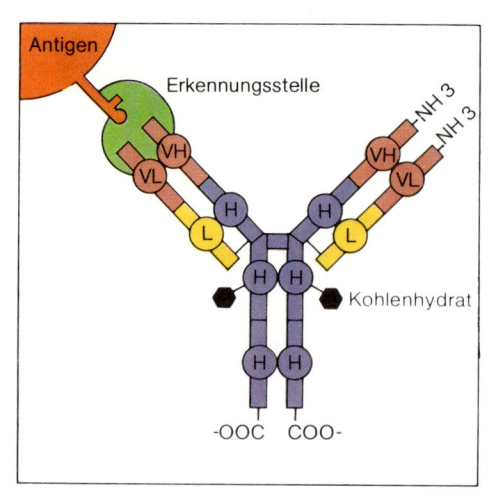

Abb. 11-18. Antikörper, schematisch. H bedeutet schwere, L leichte Eiweißkette, V = variabler Anteil. Weiteres s. Text.

erfolgt eine zelluläre oder eine humorale (stoffliche) Reaktion. In Tabelle 11-2 sind die Möglichkeiten der Infektabwehr und der daran beteiligten Faktoren zusammengefaßt.

Eine **zelluläre, unspezifische Immunreaktion** liegt vor, wenn nach Eindringen von bestimmten Fremdstoffen, die **Antigene** genannt werden, phagozytierende Zellen, z. B. neutrophile Granulozyten, mobilisiert werden und sie angreifen. Dabei werden die Fremdstoffe, z. B. Bakterien, Gräserpollen oder Bestandteile von Kosmetika, in die Zellen aufgenommen und enzymatisch zersetzt, um sie unschädlich zu machen.

Eine **unspezifische humorale Immunreaktion** liegt vor, wenn nach Eindringen eines **Antigens**, z. B. von Bakterien in eine Wunde, Stoffe zur Bekämpfung der Infektion freigesetzt werden. Das sind beispielsweise **Pyrogene**, die Fieber erzeugen, **Kinine**, die zur Gefäßerweiterung mit erhöhter Wanddurchlässigkeit für phagozytierende Zellen und Gewebswasser führen, oder **Interferone**, die besonders bei der Abwehr von Viren eine Rolle spielen. Wenn eine Körperzelle von einem Virus befallen ist, hemmt Interferon in der Zelle die Eiweißsynthese des Virus und dadurch sein Wachstum, seine Vermehrung und die Abgabe von Schadstoffen (Toxinen).

Die **spezifisch humorale Immunreaktion** richtet sich gegen **spezifische Antigene**, wie die Erreger vieler Infektionskrankheiten. Sie besteht in der Bildung von bestimmten Eiweißen, die man **Antikörper** nennt. Die meisten sind Globuline, bei denen die Aminosäureketten knäuelartig gewunden sind, wie z. B. das Hämoglobin (s. Abb. 11-8). Sie heißen **Immunglobuline (Ig)** und werden nach ihrem Absenkungsverhalten in der Ultrazentrifuge eingeteilt. Das IgM ist ein großes Molekül mit einem Molekulargewicht (MG) von mehr als 900 000, IgG und IgA sind kleiner, mit einem MG von ca. 160 000. Abb. 11-18 zeigt schematisch den Bau eines Antikörpers. Er besteht aus zwei „schweren" Eiweißketten (H = heavy) und zwei „leichten" Ketten (L = light = leicht). Jede Kette hat einen konstanten und einen variablen Anteil, der letztere ist je nach Antigen verschieden und besitzt am freien Ende eine Antigenerkennungsstelle, mit der er Kontakt zum Antigen aufnehmen kann. Das Immunglobulin Anti-A (AB0-System, s. 11-129) „erkennt" zum Beispiel mit dieser Kontaktstelle den Erythrozyten der Blutgruppe A.

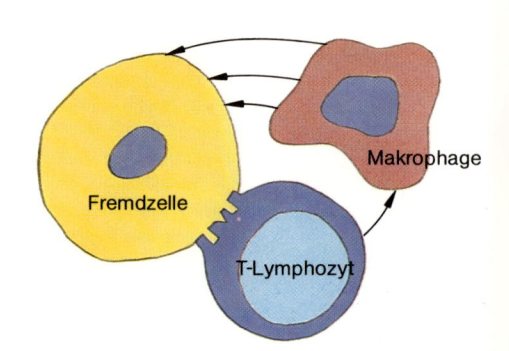

Abb. 11-19. T-Lymphozyt, der ein Antigen (Fremdzelle) angreift und eine Makrophagenzelle aktiviert.

T- und B-Lymphozyten

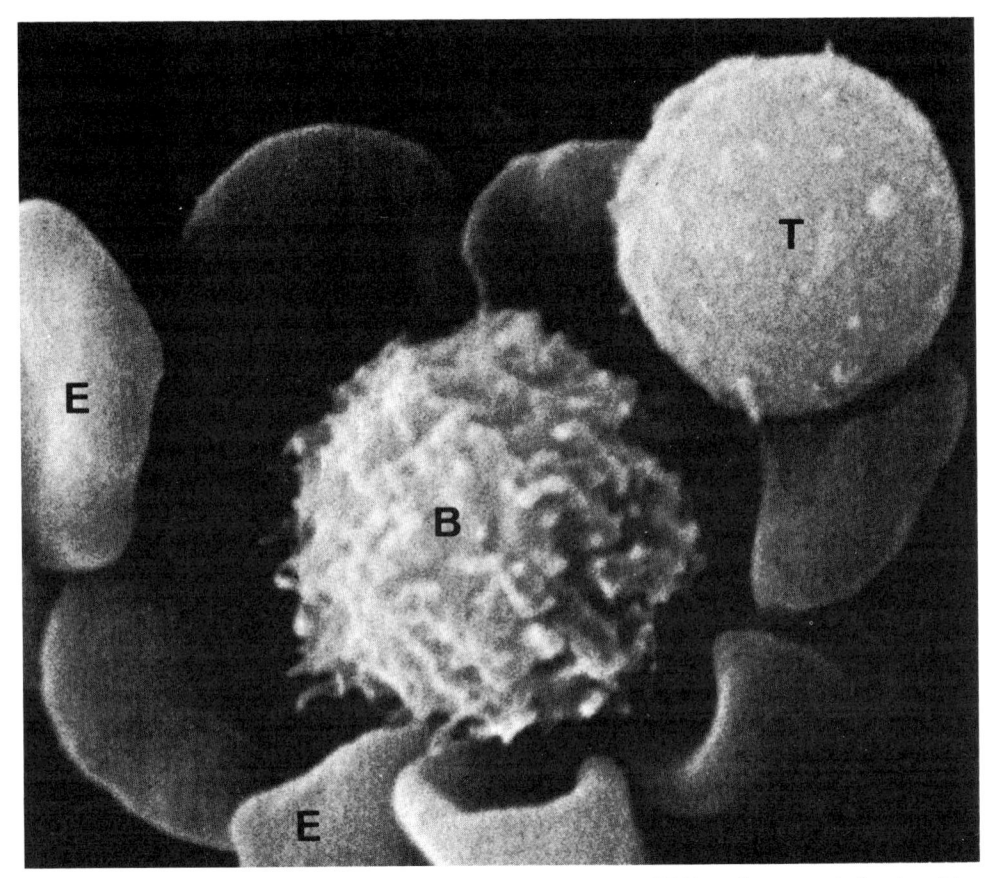

Abb. 11-20. Rasterelektronenmikroskopische Aufnahme von T- und B-Lymphozyten mit der charakteristischen „Rosettenbildung" von Erythrozyten (nach *K.-D. Schneider*, Med. Hochschule Hannover).

Mehrere Antikörper können Kontakt zu mehreren roten Blutzellen aufnehmen, sie agglutinieren und zum Zerfall (Hämolyse) bringen. Niedermolekulare Antikörper können mit einem Antigen oft nur reagieren, wenn ein **Komplement** vorhanden ist, das sozusagen eine Brücke zwischen Antigen und Antikörper darstellt. Dies sind meist unspezifische Albumine, die bei der unspezifischen humoralen Abwehrreaktion (s. Tabelle 11-2) für alle Fälle bereitgestellt werden.

Die **spezifisch zelluläre Abwehrreaktion** übernehmen vor allem die T-Lymphozyten und die B-Lymphozyten. **T-Lymphozyten** sind Lymphozyten, die sich unter dem Einfluß der **T**hymusdrüse in den lymphatischen Organen spezialisieren. Ein Thymushormon, Thymosin, beeinflußt diese Spezifizierung. Abb. 11-19 zeigt, wie ein T-Lymphozyt ein Antigen selbst angreift sowie einen Makrophagen zum Angriff aktiviert.

Die **B-Lymphozyten** werden bereits im Knochenmark spezifisch geprägt. Der Name kommt daher, daß sich bei Vögeln diese Zellen nur unter dem Einfluß eines lymphatischen Organs im Enddarm, der **B**ursa Fabricii, differenzieren. Dieses Organ besitzen Säugetiere und auch der Mensch nicht. Mög-

Allergische Reaktion, Impfung

licherweise besteht eine Beeinflussung durch andere lymphatische Organe, wie z. B. die Peyerschen Haufen im Dünndarm. T- und B-Lymphozyten lassen sich deutlich mit Hilfe des Rasterelektronenmikroskops (Abb. 11-20) unterscheiden. Während der T-Lymphozyt nur einige wenige Fortsätze auf seiner Membran hat, ist die Membran des B-Lymphozyten igelartig davon besetzt. Die Fortsätze werden als die Antigenerkennungsstellen (Rezeptoren) der Immunglobuline (s. Abb. 11-18) angesehen.

Die **allergische Reaktion** sei am Beispiel des **Heuschnupfens** erklärt. Beim erstmaligen Kontakt mit Gräser- und Getreidepollen kommt es bei manchen Menschen zur Vermehrung antigenspezifischer Lymphozyten (Sensibilisierung), aber noch zu keiner pathologischen Reaktion. Nachdem wiederholt Pollen eingeatmet und über Schleimhäute in den Organismus aufgenommen wurden, kommt es, durch T-Lymphozyten vermittelt, zur Antikörperbildung. Beim nächsten Kontakt erfolgt eine **Antigen** (Pollen)-**Antikörperreaktion**. Die Betroffenen reagieren anders (allergisch) als die meisten Menschen. Es tritt Rötung und Schwellung sowie vermehrte Sekretbildung der Schleimhäute, Bindehautentzündung und in schweren Fällen Fieber (Heufieber) auf. Der Heuschnupfen wird unbehandelt von Jahr zu Jahr stärker, da auch die Antikörperbildung gesteigert wird. Die Allergiereaktion läßt sich für einige Zeit mit entzündungshemmenden Nebennierenrindenhormonen oder ähnlich wirkenden Arzneimitteln unterdrücken; auf die Dauer hilft nur eine **„Desensibilisierung"** mittels kleinster Mengen des Allergens (Antigens).

Gegen körpereigene Gewebe, Körperflüssigkeiten oder Eiweiße bildet der Organismus im allgemeinen keine Antikörper, er „toleriert" z. B. Eigentransplantate wie Hautübertragungen von einer Körperstelle zur anderen, während Fremdtransplantate, Herz, Niere, Leber, nur solange ertragen werden, bis Antikörper vorhanden sind. Durch Antigen-Antikörperreaktion wird das Spenderorgan schwer geschädigt und schließlich abgestoßen. Am besten toleriert werden Organverpflanzungen unter eineiigen Zwillingen, auch Organe von nahen Verwandten, Eltern, Kindern, Geschwistern, werden gut vertragen. Die Übertragung artfremder Organe, etwa von Schimpansen auf Menschen, hat wenig Erfolg, da die Antigenmuster zu unterschiedlich sind.

In seltenen Fällen kommt es zu Immunreaktionen gegen körpereigene Eiweiße; man spricht von **Autoaggressionskrankheiten,** da der Körper bestimmte Eiweiße des eigenen Körpers nicht „erkennt" und Antikörper dagegen bildet. Beispiel: Lupus erythematodes.

Durch **Impfung** soll der Organismus gegen bestimmte Krankheitserreger geschützt werden. Das kann auf zweierlei Art geschehen. **Aktive Immunisierung** erreicht man durch Gabe von abgeschwächten Erregern oder Toxinen, die den Organismus nicht schädigen, aber die Antikörperbildung anregen. Die Pockenschutzimpfung ist ein Beispiel dafür. Der Schutz durch aktive Impfung kann mehrere Jahre anhalten, bei der Pockenschutzimpfung etwa 3 Jahre, und muß wiederholt werden, ehe man in Länder reist, in denen diese Krankheit noch vorkommt. Man muß auch eine bestimmte Zeit vor der Reise impfen, weil die Bildung der Antikörper Zeit (1 bis 2 Wochen) erfordert.

Sofortschutz ist bei der **passiven Impfung** gewährt, denn man bekommt dabei entweder rein hergestellte Antikörper oder antikörperhaltiges Serum vom Menschen. Ist man auf Tierserum angewiesen, etwa Rinderserum, werden im Laufe der Zeit gegen Rindereiweiße Antikörper gebildet. Dann würde nach einer weiteren Verabreichung von Rinderserum eine allergische Reaktion, die bis zu Schocksymptomen (s. 12-162) führen kann, auftreten. Es ist daher sehr wichtig, Impfpässe zu haben, in denen die genauen Daten und Angaben über Impfseren enthalten sind.

Blutgruppen

Kurzgefaßt:

Die Abwehr in den Körper eingedrungener körperfremder Substanzen, **Antigene**, kann durch **unspezifische zelluläre Reaktionen** der weißen Blutzellen erfolgen. Nach wiederholtem Kontakt mit Antigenen können **T- und B-Lymphozyten** sensibilisiert werden, es erfolgt dann eine **spezifisch zelluläre Reaktion**. **Unspezifische humorale Reaktionen** bestehen in der Freisetzung von Stoffen, die Fieber erzeugen, Blutgefäße zur Durchblutungssteigerung anregen und ihre Durchlässigkeit erhöhen. **Interferone** dienen der Virusabwehr. **Spezifische humorale Reaktionen** bestehen in der Bildung spezifischer Antikörper gegen spezifische Antigene, meist Eiweiße vom Typ der Globuline. **Allergien** sind spezifisch humorale Reaktionen. Als **aktive Impfung** wird die Auslösung von Antikörperbildung durch Gabe abgeschwächter Erreger oder deren Schadstoffe, bezeichnet, als **passive Impfung**, wenn man die Antikörper direkt gibt.

Das AB0-System (Abb. 11-21)

Man unterscheidet die Blutgruppen A, B, AB und 0. Die meisten Menschen in Mitteleuropa haben die Blutgruppe A (40%) und 0 (40%), dann folgt die Blutgruppe B mit ca. 15%, am seltensten ist die Blutgruppe AB mit etwa 5%. Bei der Blutgruppe A unterscheidet man A_1 und A_2. Blutkörperchen mit dem Merkmal A_2 ballen sich nur schwach zusammen.

Praktische Bedeutung haben die Blutgruppen bei der Blutübertragung. Grundsätzlich darf nur blutgruppengleiches Blut übertragen werden, da es sonst zur Agglutination der roten Blutkörperchen kommt. Ein solcher Transfusionszwischenfall kann den Patienten schwer schädigen, es kommt zu einem allergischen Schock mit Kreislauf- und Nierenversagen.

Blutgruppenuntersuchungen spielen auch in der Gerichtsmedizin eine Rolle, z. B. bei Elternschaftsnachweisen oder bei der Identifizierung von Blutspuren. Da etwa bei 80% der Bevölkerung Blutgruppenantigene auch in Sekreten wie Speichel, Magensaft, Samenflüssigkeit und Schweiß vorkommen, erhält

Blutgruppen

Es gibt zahlreiche Blutgruppensysteme, von denen die beiden wichtigsten, das A-, B-, Null (AB0)-System und das Rhesus (Rh)-System, näher besprochen werden sollen. Es handelt sich um erblich festgelegte Antigene, die sich besonders in der Erythrozytenmembran, aber auch in vielen anderen Gewebsmembranen befinden. Die Vererbung erfolgt nach den Mendelschen Gesetzen. Die Blutgruppenantigene nennt man auch Agglutinogene, weil sie mit den entsprechenden Antikörpern, die man auch Agglutinine nennt, die roten Blutkörperchen zum Agglutinieren, d. h. zum Zusammenballen, bringen.

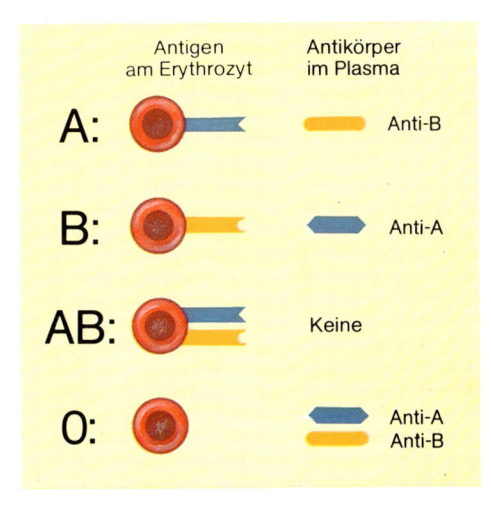

Abb. 11-21. Schematische Darstellung der Antigene und Antikörper des AB0-Blutgruppensystems.

AB0-System

der Gerichtsmediziner durch Blutgruppentests, die sich auch an eingetrockneten Sekreten durchführen lassen (Speichelspuren an Zigarettenstummeln), wichtige Hinweise.

Die **Bestimmung der Blutgruppe** wird mit **Testseren** durchgeführt, die unter strenger Kontrolle hergestellt werden und Antikörper in konzentrierter Form enthalten. Zur Sicherheit sind sie noch unterschiedlich angefärbt (Abb. 11-22). Man gibt je einen Tropfen Testserum Anti-A, Anti-B und Anti-AB auf einen Objektträger mit geeigneten Rinnen oder Vertiefungen, fügt je einen Tropfen des unbekannten Blutes zu und mischt durch. Agglutinieren die Blutkörperchen mit Anti-A- und Anti-AB-Serum, liegt die Blutgruppe A vor; agglutinieren sie mit Anti-B und Anti-AB, die Blutgruppe B. Findet überhaupt keine Agglutination statt, so handelt es sich um die Blutgruppe 0. Zur Sicherheit macht man die Gegenprobe mit **Testerythrozyten** der Blutgruppen A, B und 0. Das unbekannte Blut wird zentrifugiert. Ein Tropfen des überstehenden Plasmas wird je mit einem Tropfen der Testerythrozyten versetzt. Agglutinieren nur die Testerythrozyten A, liegt die Blutgruppe B vor, agglutinieren nur die Testerythrozyten B, die Blutgruppe A, agglutinieren A- und B-Erythrozyten, handelt es sich um die Blutgruppe 0. 0-Testerythrozyten dürfen von keiner Blutgruppe agglutiniert werden; sie werden bei diesem Test zugezogen, um einen Vergleich mit negativem Ergebnis zu haben.

Die beiden beschriebenen Tests stellen auch das Prinzip der **Kreuzprobe** dar, die vor jeder Blutübertragung angestellt werden muß:

Spendererythrozyten gegen Empfängerserum,

Empfängererythrozyten gegen Spenderserum.

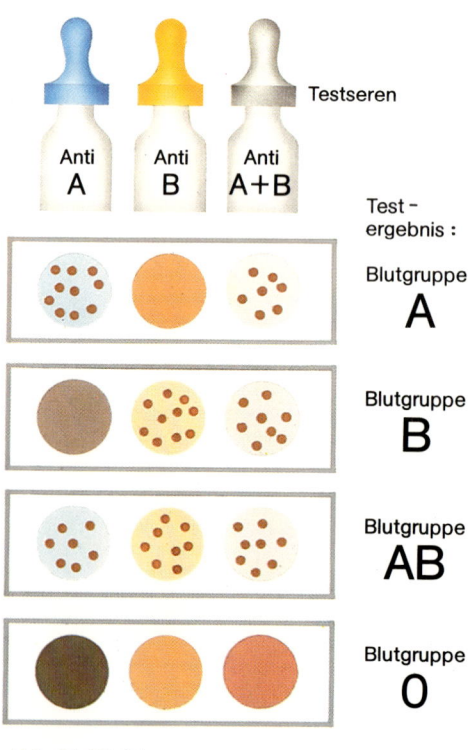

Abb. 11-22. Blutgruppentestergebnis.

Das Rhesus-System

Der Name rührt daher, daß die Entdecker dieses Systems Meerschweinchen mit Rhesusaffen-Erythrozyten impften. Die Meerschweinchen reagierten darauf mit der Bildung eines Antikörpers, des Rhesus-Antikörpers, mit dem bei etwa 85% unserer Bevölkerung die roten Blutkörperchen zur Agglutination gebracht werden können; sie reagieren also rhesuspositiv.

Das Rhesussystem wird mit einem **Testserum Anti-D** geprüft. Wenn eine Agglutination eintritt, ist der Betreffende rhesuspositiv, Rh+, er besitzt das Antigen D. Ein Rhesusnegativer, Rh-, wird mit d bezeichnet, außerdem gibt es noch schwach positiv Reagierende, die man mit D^u bezeichnet. Als Blutempfänger muß er negativ gelten, als Spender positiv. Der Rhesusfaktor hat folgende Bedeutung:

1. Er ist bei Blutübertragungen zu beachten. Einem Rh-Negativen darf kein Rh-positives Blut übertragen werden. Zwar ist bei

Rhesus-System

der Erstübertragung keine Reaktion zu erwarten, denn grundsätzlich setzt die Bildung der Rhesus-Antikörper erst ein, nachdem Rhesus-positive Erythrozyten in den Blutkreislauf gelangt sind. Gegen Rhesus-negative Erythrozyten werden keine Antikörper gebildet, d. h. daß ein Rhesus-positiver ohne weiteres Rhesus-negatives Blut übertragen bekommen kann.

2. Bei Frauen muß der Rhesusfaktor besonders beachtet werden. Ist eine Rh-negative Frau schwanger, muß der Rhesusfaktor des zukünftigen Vaters bestimmt werden. Da nur ca. 15% der Bevölkerung Rhesus-negatives Blut haben, ist die Wahrscheinlichkeit groß, daß der Vater und auch das zu erwartende Kind Rhesus-positiv sind. Während der Geburt nimmt die Mutter über die Wundfläche, die durch das Ablösen des Mutterkuchens (Plazenta) entstanden ist, kindliche, sogenannte fetale Erythrozyten in ihren Kreislauf auf und bildet, falls diese Rh-positiv sind, sie selbst aber Rh-negativ ist, Antikörper (Anti-D-Immunglobuline). Während späterer Schwangerschaften gelangen diese Antikörper über die Planzenta in den fetalen Kreislauf und bringen dort die Rh-positiven Blutkörperchen zum Zusammenballen und zur Hämolyse. Der Fetus erleidet dadurch schweren Sauerstoffmangel und kommt entweder mit einem schweren hämolytischen Neugeborenen-Ikterus zur Welt oder stirbt bereits im Mutterleib ab. Im ersten Fall hilft eine Blutaustauschtransfusion mit Rh-negativem Blut, die sofort nach der Geburt durchgeführt werden muß. Um solche Komplikationen zu verhindern, bekommt die Mutter nach der ersten Schwangerschaft Rh-Antikörper, d. h. Immunglobulin Anti-D, gespritzt, wodurch die kindlichen Rh-positiven Erythrozyten, die während der Geburt in ihren Kreislauf gelangt sind, zur Agglutination und Hämolyse gebracht werden. Dies muß innerhalb der ersten 70 Stunden nach der Entbindung stattfinden, ehe die Antikörperbildung bei der Mutter einsetzt. Diese **Anti-D-Prophylaxe** muß natürlich nach jeder Geburt eines Rh-positiven Kindes wiederholt werden.

Bestimmung des Rhesusfaktors: Ein Tropfen Blut wird mit einem Tropfen Anti-D-Serum gemischt und 15 Minuten in einem Brutschrank bei 37°C gehalten. Um ein Austrocknen zu verhindern, wird der Objektträger mit dem Gemisch in eine feuchte Kammer gelegt. Ist eine Agglutination eingetreten, handelt es sich um Rhesus-positives Blut, bleibt das Gemisch homogen, ist das Blut Rhesus-negativ.

Die **Antikörperbildung im AB0-System** setzt erst nach der Geburt ein. Man nimmt an, daß Darmbakterien Stoffe absondern, die eine ähnliche Antigenwirkung besitzen wie die Erythrozyten von Blutgruppen, die der betreffende Säugling selbst nicht hat.

Die **Antikörperbildung im Rh-System** kommt nur zustande, wenn ein Rh-negativer Rh-positive Blutkörperchen in den Kreislauf bekommt.

Hämatokritbestimmung

> **Kurzgefaßt:**
>
> Beim **AB0-System** handelt es sich um erblich festgelegte **Antigeneigenschaften** A (A_1 u. A_2) und B der Erythrozyten (auch der Leukozyten, Thrombozyten und vieler anderer Körperzellen und Körperflüssigkeiten). Blut der Blutgruppe A enthält (im Plasma) **Antikörper** B, der Blutgruppe B Antikörper A, der Blutgruppe 0 Antikörper A und B, der Blutgruppe AB keine Blutgruppenantikörper. Der Blutgruppennachweis ist für das **Bluttransfusionswesen**, für Vaterschaftsnachweise und gerichtsmedizinische Belange von Bedeutung. Grundsätzlich darf nur gruppengleiches Blut übertragen werden. 85% der Bevölkerung sind **Rh-positiv**. Übertragung ihres Blutes auf **Rh-negative** Personen führt zur **Sensibilisierung** und Bildung von Ig Anti-D, bei erneuter Übertragung Rh-positiven Blutes kommt es zum Agglutinieren der Erythrozyten, Hämolyse und Kreislaufschock. Rh-negative Frauen können bei der Geburt (aber auch bei einer Schwangerschaftsunterbrechung) durch Rh-positives Blut der Neugeborenen (bzw. Feten) sensibilisiert werden und Antikörper bilden, die bei späteren **Schwangerschaften** Rh-positive Feten schädigen. Die Antikörperbildung bei der Mutter kann durch Injektionen von Ig Anti-D (innerhalb von 70 Stunden) nach der Geburt (oder dem Schwangerschaftsabbruch) verhindert werden.

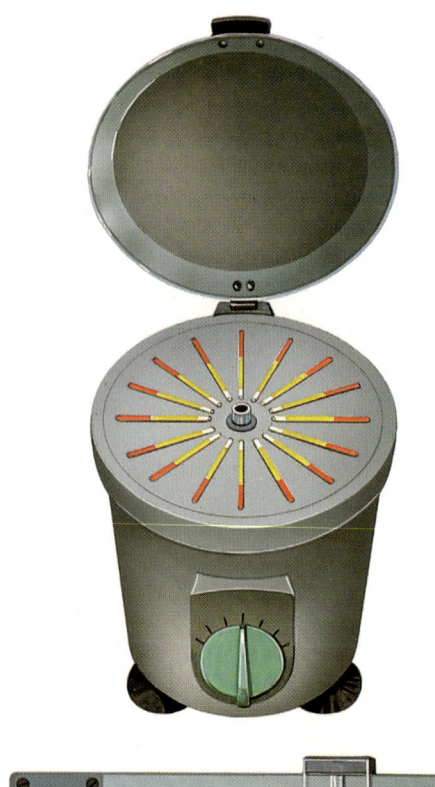

Abb. 11-23. Zentrifuge und Ablesegerät zur Hämatokritbestimmung.

Untersuchungsmethoden

Hämokritbestimmung (Abb. 11-23): Man verwendet dazu sogenannte Mikrohämatokritröhrchen, die 75 mm lang sind und einen Innendurchmesser von 1,1-1,2 mm haben. Sie sind zur Gerinnungshemmung (s. 11-123) mit Heparin präpariert, und man benötigt zu ihrer Füllung nur ca. 50 µl Blut. Ein Ende wird zugeschmolzen oder mit einer geeigneten Masse verstopft, damit das Blut beim Zentrifugieren in einer Mikrohämatokritzentrifuge, in der es waagerecht liegt, nicht herausgeschleudert wird. Nach 5 Minuten Zentrifugieren sind die Blutkörperchen vom Plasma getrennt, und der Hämatokritwert läßt sich mit Hilfe eines Ablesegerätes direkt angeben (Abb. 11-23) oder nach Abmessen

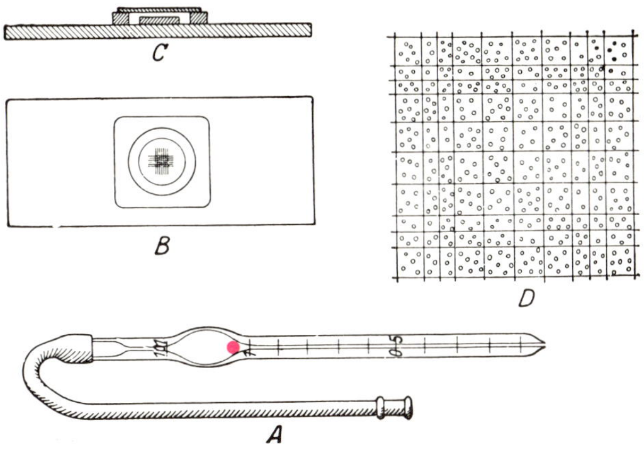

Blutvolumen- u. Hb-Bestimmung

Abb. 11-24. Blutkörperchen-Zählkammer und Mischpipette (aus: *Schütz/Rothschuh* 1979): A = Mischpipette zum Aufsaugen und zur Verdünnung des Blutes auf 1:100; B = Zählkammer in der Aufsicht ohne Deckglas; C = im Längsschnitt mit Deckglas; D = Bild der gefüllten Kammer unter dem Mikroskop.

der Gesamtblutsäule und der Blutkörperchensäule in Prozent umrechnen:

$$\frac{\text{Blutkörperchensäule}}{\text{Gesamtsäule}} \cdot 100$$

z. B. $\frac{2{,}8}{6} \cdot 100 = 46\,\%$

Bestimmung des Gesamt-Plasma- und Blutvolumens: Das **Plasmavolumen** läßt sich mit der Farbstoffverdünnungsmethode bestimmen. Dafür eignet sich z. B. Evans Blau.

Das **Blutvolumen** läßt sich entweder aus dem Plasmavolumen und dem Hämatokritwert errechnen oder durch Verdünnung radioaktiv markierter roter Blutkörperchen der Blutgruppe 0 direkt ermitteln.

Das Prinzip beider Methoden ist, daß man die Konzentration (c_1) und das Volumen (V_1) der intravenös verabreichten Probe kennt und in einer nach ca. 7 min entnommenen Probe die Konzentration c_2 mißt. Nach folgender Gleichung kann man das gesuchte Volumen (V_2) berechnen:

$$c_1 \cdot V_1 = c_2 \cdot V_2$$

Hämoglobinbestimmung – Cyanmethämoglobin-Methode: Blut wird mit Transformationslösung, die u. a. Kaliumferricyanid und Kaliumcyanid enthält, verdünnt, hämolysiert und zu Cyanmethämoglobin umgewandelt, das keinen Sauerstoff mehr binden kann und farbstabil ist. Die Probe wird in eine Küvette gefüllt und mit einem Photometer bei 546 nm Wellenlänge die Extinktion bestimmt. Bei der Umrechnung auf g Hb/100 ml Blut muß die Verdünnung, der Extinktionskoeffizient von Hämoglobin und die

Tabelle 11-3. Hämogramm, Normalwerte für Säuglinge, Kinder (bis 8 Jahre) und Erwachsene.

	Säuglinge	Kinder	Erwachsene
	%	%	%
Neutrophile	25-65	35-70	55-70
stabkernige	0-10	0-10	3- 5
segmentkernige	25-65	25-65	50-70
Eosinophile	1- 7	1- 5	2- 4
Basophile	0- 2	0- 1	0- 1
Monozyten	7-20	1- 6	2- 6
Lymphozyten	20-70	25-50	25-40

Blutkörperchenzählung, BSG

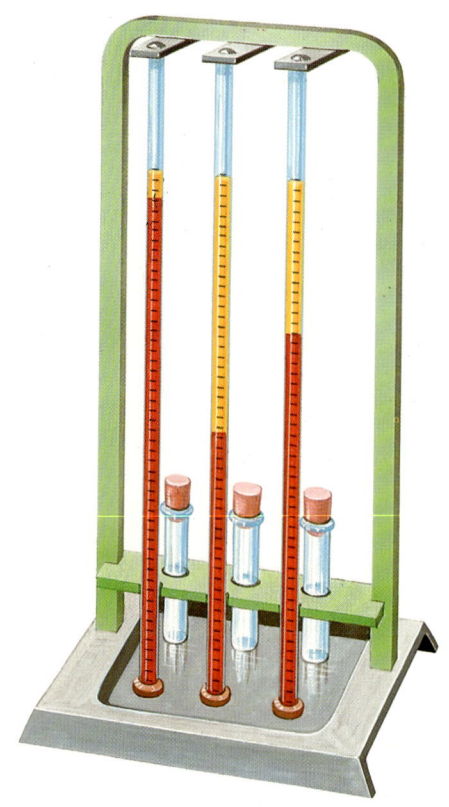

Abb. 11-25. Röhrchen zur Bestimmung der Blutkörperchensenkungsgeschwindigkeit: links: normal, Mitte und rechts: erhöhte Werte (ca. 60 bzw. 45 mm), nach einer Stunde.

Schichtdicke der Küvette berücksichtigt werden.

Erythrozytenzählung: In einer Erythrozytenpipette (mit roter Perle) (Abb. 11-24) wird Blut mit Hayemscher Lösung 100- bis 200fach verdünnt. Auf eine Zählkammer wird ein Deckglas geschoben. Aus der Pipette werden die ersten Tropfen verworfen, danach die Zählkammer gefüllt und 80 Kleinstquadrate ausgezählt. Die Anzahl pro µl errechnet man aus der ausgezählten Erythrozytenzahl unter Berücksichtigung des Zählkammervolumens und der Verdünnung.

Leukozytenzählung: In einer Leukozytenpipette (mit weißer Perle) wird Blut 10fach verdünnt. Dazu verwendet man Türks Lösung, die hypotone Essigsäure zur Hämolyse der Erythrozyten und Gentianaviolett zur Anfärbung der Leukozyten enthält. Man zählt die 4 größten Quadrate der Zählkammer aus. Die Berechnung erfolgt im Prinzip wie bei den Erythrozyten.

Das Differentialblutbild oder Hämogramm: Ein dünner, trockener Blutausstrich wird mit basischen und sauren Farbstoffen (nach GIEMSA oder PAPPENHEIM) gefärbt. Mit Hilfe des Mikroskops (Ölimmersion, 800fache Vergrößerung) werden 100 Leukozyten bzw. ein Mehrfaches von 100, ausgezählt und die einzelnen Zellformen bestimmt (prozentuale Angabe s. Tab. 11-3).

Blutkörperchensenkungsgeschwindigkeit (BSG): Seit langem ist bekannt, daß bei bestimmten Erkrankungen, besonders allergischer Art (z. B. Heuschnupfen, akuter Gelenkrheumatismus), bei entzündlichen Prozessen und Zerfall von Geschwülsten die Blutkörperchen schneller absinken als beim Gesunden. Normalwerte für den Mann sind 3/5 mm, für die Frau 8/10 mm nach 1 bzw. 2 Stunden. Die Eiweißzusammensetzung des Plasmas ist bei obengenannten Erkrankungen zugunsten der Globuline verschoben. Das Verhältnis Albumine : Globuline ist normalerweise ca. 3:2 (Eiweißquotient 1,5). Pathologisch vermehrt sind u. a. Haptoglobine und γ-G-Globuline, die zu den **Agglomerinen** gehören und ein Aneinanderlagern von Blutkörperchen bewirken, die dann schneller als normal absinken. Das Bestimmen der BSG ist eine einfache Methode, die in jeder Praxis durchführbar ist und einen wichtigen Hinweis auf krankhafte Prozesse geben kann. Ein Röhrchen mit Millimeterteilung wird mit Blut gefüllt, das Citrat im Verhältnis 1:4 enthält (Abb. 11-25). Die Grenze zwischen Blutzellen und Plasma wird nach 1 h und 2 h (manchmal auch noch nach 24 h) abgelesen.

12. Kreislauf

Einleitung

Aufgabe des Blutkreislaufs ist es, jede Körperzelle mit den für ihren Stoffwechsel nötigen Substanzen zu versorgen, Abbauprodukte des Stoffwechsels abzutransportieren, Botenstoffe (Hormone), Enzyme sowie Wärme zu befördern. Das Blut ist das Transportmittel, das auf den Wegen des Kreislaufs die genannten Stoffe und die Wärme aufnehmen und abgeben kann. Da der **Stofftransport** aus den Blutgefäßen zu den Körperzellen bzw. zurück teilweise nur mit Hilfe des langsamen Prozesses der Diffusion (s. 5-40) möglich ist, muß eine große **Austauschfläche** vorhanden sein. Am Ort des Austausches muß daher die Oberfläche der Gefäße am größten sein. Diese große Austauschfläche

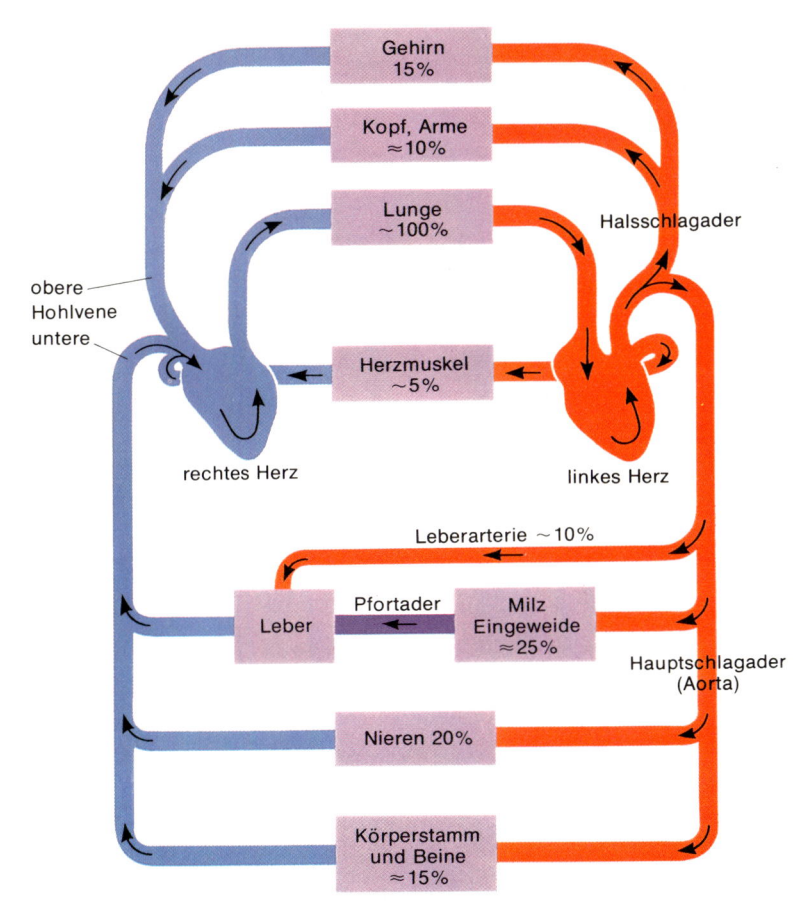

Abb. 12-1. Durchblutungsanteile der einzelnen Organe des Körpers unter Ruhebedingungen.

Kapillarfunktion

kann nur durch feinste Aufzweigungen der Gefäße des Kreislaufs in die **Haargefäße** (Kapillaren) entstehen. Beispiel: 70 ml Blut (etwa 1/2 Tasse) nehmen, in den Lungenkapillaren verteilt, eine Oberfläche von 70 m² ein (Grundfläche einer mittelgroßen 3-Zimmerwohnung), während dieselbe Menge Blut in der großen Körperschlagader (Aorta) auf 15 cm Länge nur eine Oberfläche von 0,1 m² einnimmt – das ist etwa 1/3 der Fläche einer Seite dieses Buches. Für die Blutversorgung des Darmbereichs und der Skelettmuskulatur gelten ähnliche Verhältnisse. Eine Durchströmung der Haargefäße ist nur möglich, wenn das Blut durch eine Pumpe, das Herz, in Bewegung gehalten wird.

Abb. 12-1 gibt eine Übersicht über die grundsätzliche Anordnung des Kreislaufsystems und die Durchblutung der einzelnen Organe. Das sauerstoffreiche, kohlendioxidarme Blut aus der Lunge fließt durch die Lungenvenen in den linken Teil des Herzens, von wo es durch die Zusammenziehung des Herzmuskels in die große Körperschlagader gepumpt wird. Etwa 5% des arteriellen Blutes versorgen den Herzmuskel selbst, 15-20% das Gehirn, und etwa ebensoviel fließt durch die Nieren. Während diese Durchblutungsanteile verhältnismäßig konstant sind, kann sich die Durchblutung des Verdauungskanals, der Milz, der Leber, der Muskulatur und der Haut stark verändern. So kann sich bei schwerer körperlicher Arbeit die Muskel- und Hautdurchblutung um ein Vielfaches – vorwiegend auf Kosten der Darmdurchblutung – erhöhen (s. 12-158). Das Blutfassungsvermögen des gesamten Kreislaufs beträgt etwa 20 Liter, die Gesamtblutmenge eines Erwachsenen beträgt aber nur ca. 6 Liter, so daß nie alle Gebiete maximal durchblutet werden können. Bei 20 l Blutvolumen müßte das Herz das Dreifache an Arbeit leisten, es müßte erheblich größer und seine Wände viel dicker sein. Durch Anpassung der Durchblutung der einzelnen Organe entsprechend ihrer Funktion kann Blut und Herzarbeit gespart werden.

Erkrankungen des Herz-Kreislaufsystems gehören zu den häufigsten, die den Menschen befallen. Ein großer Anteil der Patienten, die betreut werden müssen, leiden an Herz-Kreislaufstörungen, häufig im Zusammenhang mit anderen Grundleiden. Die Kenntnis der Organfunktionen in Verbindung mit dem

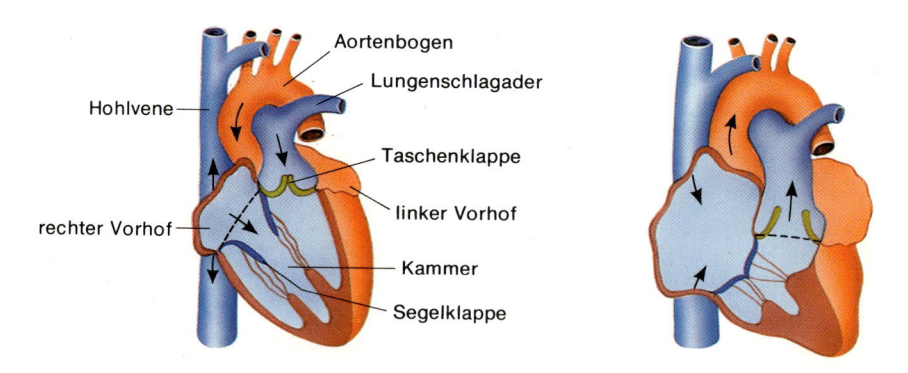

Abb. 12-2. Diastole (links) und Systole (rechts) des rechten Herzens. In der Diastole kontrahiert sich der Vorhof, Blut strömt durch die offenen Segelklappen in die Kammer. In der Systole kontrahiert sich die Kammer, die Segelklappen schließen sich, die Taschenklappen öffnen sich, Blut strömt in die Lungenarterie. Durch die Kontraktion der Kammer rückt die „Ventilebene" tiefer. Das ist gestrichelt links auf der Ebene der Segel-, rechts auf der Ebene der Taschenklappen gezeigt. Dadurch wird Blut in den Vorhof (Pfeile) angesaugt (aus: *Landois-Rosemann* Bd. 1, 1960).

Herzfunktion

Herz-Kreislaufsystem ist deshalb eine wesentliche Voraussetzung für das Verständnis der auftretenden Störungen sowie für die erforderlichen ärztlichen und pflegerischen Maßnahmen.

Das **Herz** ist eine **Ventilpumpe**, die das Blut durch den Kreislauf treibt. Die Pumpleistung wird vom **Herzmuskel** durch Kontraktion der Muskelfasern und damit Verkleinerung dieses **Hohlorgans** erbracht. Diese Phase bezeichnet man als **Systole**. Die Herzklappen arbeiten als Ventile und ermöglichen einen **gerichteten Blutstrom**. Funktionell kann das Herz in einen rechten und linken Teil getrennt werden („rechtes bzw. linkes Herz"). Die Richtung des Blutstroms durch die Klappen zeigt Abb. 12-2, in der das rechte Herz dargestellt ist. Links ist der Vorhof kontrahiert (Vorhofsystole), die Segelklappen zwischen Vorhof und Herzkammer sind geöffnet, und das venöse Blut strömt in die Kammer ein. Da zwischen Vorhof und Hohlvenen keine Klappen sind, strömt bei der Vorhofsystole etwas Blut in die Hohlvenen zurück. Rechts ist der Vorhof erschlafft (Vorhofdiastole) und die Kammer kontrahiert (Kammersystole). Durch die Steigerung des Kammerinnendrucks werden die Segelklappen geschlossen und die Taschenklappen geöffnet, das Blut strömt dadurch in die Lungenarterie in die Lunge zur Abgabe von CO_2 und Aufnahme von O_2. Die Lungen**arterie** transportiert also **venöses** Blut, die Lungen**vene** dagegen **arterielles**.

Im linken Herzen wird das Blut auf die gleiche Weise transportiert wie im rechten, lediglich die Segelklappen bestehen rechts aus 3 Segeln **(Trikuspidalklappe)** und links aus 2 Segeln **(Mitralklappe)**. Die **Pumpkraft** der linken Kammer muß jedoch viel höher sein als diejenige der rechten Kammer, da sie das Blut durch den ganzen Körperkreislauf treiben muß. Die rechte Kammer muß das venöse Blut nur durch das Lungengebiet mit einem vergleichsweise niederen Strömungswiderstand treiben. Wie man in Abb. 12-3 sieht, hat die Wand der linken Herzkammer

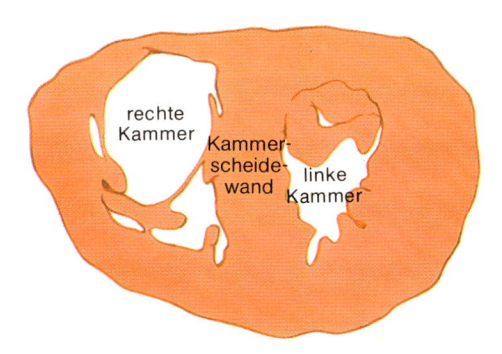

Abb. 12-3. Querschnitt durch ein Herz mit der stärkeren Muskulatur der linken Kammer (aus: *Benninghoff/Goerttler* Bd. 2, 1975).

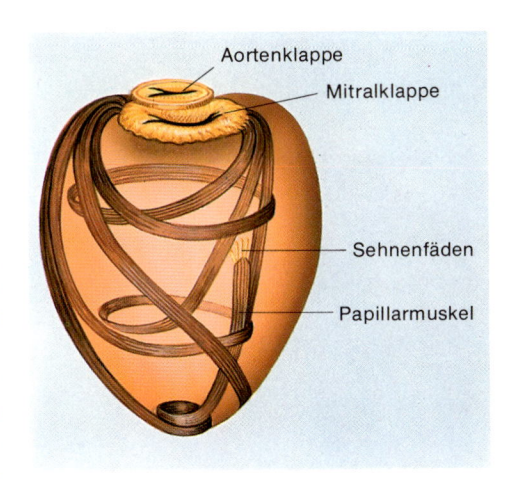

Abb. 12-4. Schematische Darstellung der Muskelfaserzüge der linken Herzkammer. Sie ermöglichen eine gleichmäßige Verkleinerung des Kammervolumens bei der Kontraktion und damit die Austreibung des Blutes (aus: *Benninghoff/Goerttler* Bd. 2, 1975).

eine viel stärkere Muskelschicht. Entsprechend ist der **Blutdruck** in der Aorta bei körperlicher Ruhe um das 6fache höher als in der Lungenarterie, ca. 13,5 kPa (100 mm Hg) gegenüber ca. 2 kPa (15 mm Hg).

Die **Pumpkraft** wird durch Verkürzung (Kontraktion) der Herzmuskelfasern aufgebracht. Die **Anordnung** der **Muskelfaserzüge**

Herzmuskelfeinstruktur

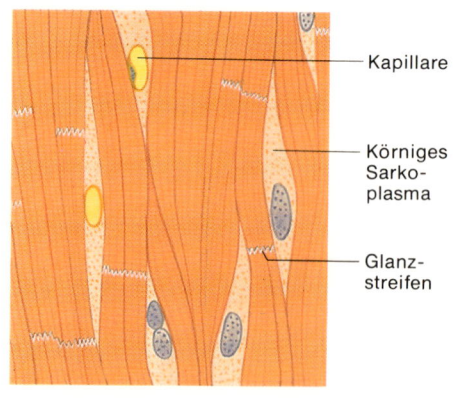

Abb. 12-5. Mikroskopisches Bild von Herzmuskelfasern, die miteinander in Verbindung treten (Synzytium).

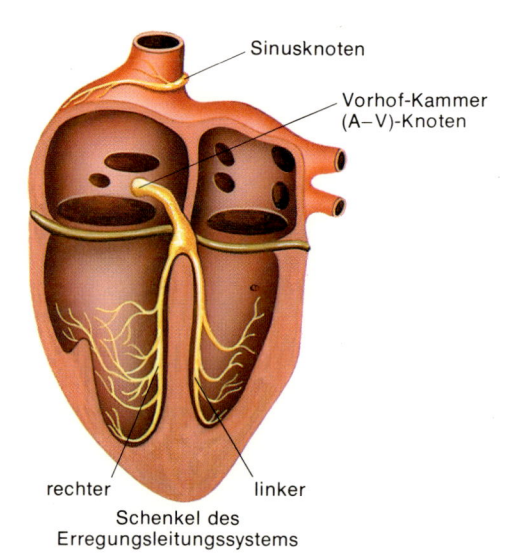

Abb. 12-6. Erregungsleitungssystem des Herzens (aus: *Sobotta/Becher* Bd. 3, 1962).

kleinert wird und zusammen mit den Klappen ein gerichteter Blutstrom möglich ist. Mit zunehmender „Austreibung" des Blutes kontrahieren sich auch die Muskeln, an denen die bindegewebigen Fäden für die Segelklappen befestigt sind, die **Papillarmuskeln**. Dadurch wird erreicht, daß bei der Verkürzung des Abstandes von der Herzspitze zur Vorhof-Kammergrenze die Klappen nicht in den Vorhof „durchschlagen" und das Blut nur durch die Taschenklappen aus den Kammern austreten kann.

Die **Feinstruktur** des Herzmuskels zeigt, ähnlich der Skelettmuskulatur, Anteile dikker **Myosin-** und dünner **Actinfäden** (s. 7-52). Die einzelnen Muskelzellen unterscheiden sich aber wesentlich von den Skelettmuskelzellen dadurch, daß sie kürzer sind und untereinander in Verbindung treten, ein sogenanntes **Synzytium** bilden (Abb. 12-5). Diese spezielle Anordnung ist für die Erregungsausbreitung wichtig, denn über diese Zellverbindungen kann sich die Erregung von Muskelfaser zu Muskelfaser ausbreiten. Das geschieht mit einer Geschwindigkeit von etwa 1 m/sec; sie allein wäre aber zu langsam, um eine den Anforderungen des Kreislaufs entsprechende Herztätigkeit zu bewirken. Deshalb ist ein spezielles **Erregungsleitungssystem**[1]) erforderlich (Abb. 12-6), das die Herzmuskelarbeit der einzelnen Herzabschnitte aufeinander abstimmt, koordiniert. Die Erregung für jeden „Herzschlag" geht beim normal arbeitenden Herzen von einem **Schrittmacher**-Gewebe im rechten Vorhof aus, das sich nahe dem Eintritt der oberen Hohlvene befindet. Diese Zellansammlung wird ihrer Lage und Form entsprechend **Sinusknoten** genannt. Er hat bei körperlicher Ruhe einen **Eigenrhythmus** (Autorhythmie) von 60-70 Erregungen pro Minute, der zunächst auf beide Vorhöfe übertragen wird

und ihre **Feinstruktur** spielen dabei eine wichtige Rolle (Abb. 12-4). Die Faserzüge der Herzmuskulatur sind spiralig angeordnet, so daß bei der Kontraktion der Innenraum des Herzens in jeder Dimension ver-

---

[1]) Oft fälschlicherweise als Reizleitungssystem bezeichnet. Nicht der Reiz, sondern die Erregung wird geleitet (s. 6-48).

Erregungsausbreitung

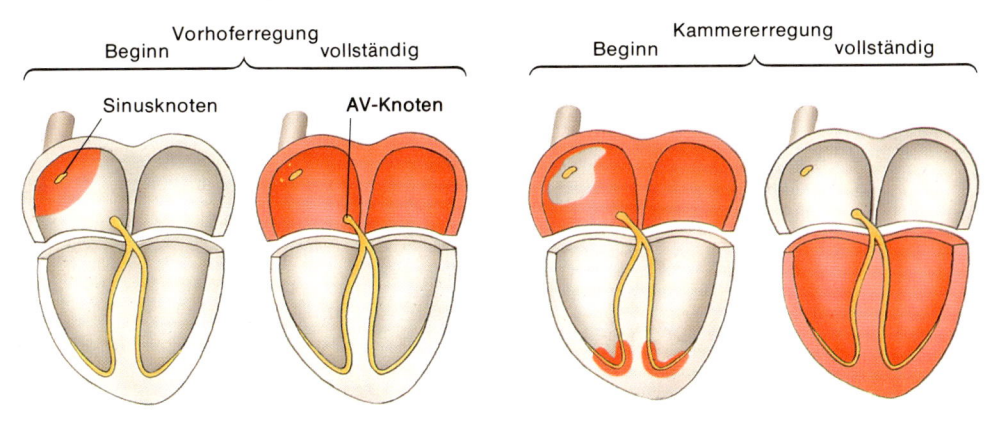

Abb. 12-7. Schematische Darstellung der Erregungsausbreitung im Herzen (Nach *Vander* 1975).

und sie zur Kontraktion bringt. Eine rein muskuläre Erregungsausbreitung von den Vorhöfen zu den Herzkammern wäre, wie bereits erwähnt, zu langsam. Dazu kommt, daß die Vorhofsmuskulatur durch Bindegewebe, das teilweise die Klappen bildet, von der Kammermuskulatur elektrisch isoliert ist. Die Erregung kann sich daher nur durch Überspringen auf ein zweites Erregungsbildungszentrum an der Vorhof-Kammergrenze schnell genug ausbreiten. Dieser **Atrioventrikularknoten** (Abb. 12-6) und das von ihm ausgehende zweischenklige Erregungsleitungssystem, nach seinem Entdecker **Hissches Bündel** genannt, dienen der raschen Fortleitung zur Herzspitze und den Papillarmuskeln der Herzklappen. Abb. 12-7 zeigt schematisch, daß zuerst beide Vorhöfe erregt werden, dann die Erregung über das Hissche Bündel zu den Papillarmuskeln läuft und schließlich die ganze Kammermuskulatur erfaßt. Zu diesem Zeitpunkt sind die Vorhöfe schon nicht mehr erregt, also erschlafft.

Wie beim Nerven und der Skelettmuskulatur gibt es auch beim Herzmuskel während seiner Kontraktion eine Phase, in der er nicht erregbar ist, die **Refraktärperiode** (s. 6-47). Sie dauert, entsprechend den langsameren Erregungsvorgängen, länger als beim Nerven

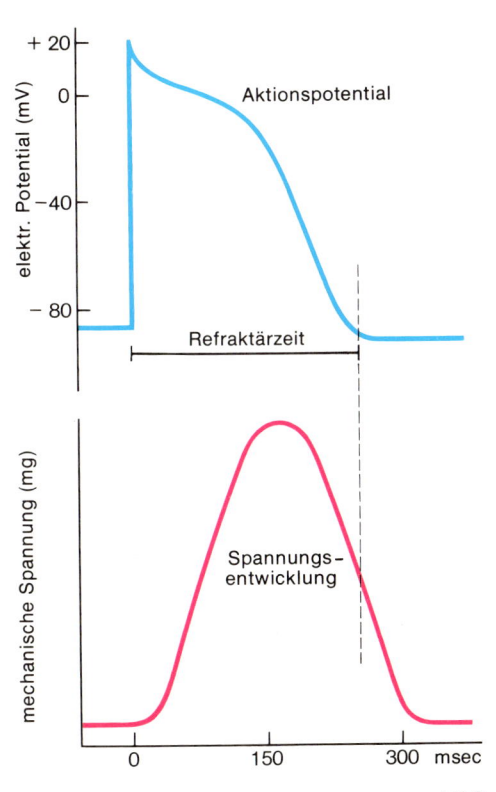

Abb. 12-8. Aktionspotential und Spannungsentwicklung einer Herzmuskelfaser.

Elektrokardiogramm

oder Skelettmuskel (Abb. 12-8). Man sieht aus der synchron eingetragenen Muskeltätigkeit, daß die Refraktärperiode fast die ganze Zeit der Muskeltätigkeit einnimmt. Eine Dauerverkürzung (Tetanus, s. 7-54), wie wir sie vom Skelettmuskel her kennen, ist infolge der zeitlich festgelegten Erregungsausbreitung und der langen Refraktärperiode nicht möglich. Sie wäre auch nicht zweckmäßig, weil bei einer Dauerverkürzung der Herzmuskeln kein Blut mehr befördert werden könnte.

Kurzgefaßt:

Das Hohlorgan Herz besteht aus spezialisierten Muskelfasern, die netzartig miteinander verknüpft sind. Die Kontraktion **(Systole)** des Herzmuskels dient der Fortbewegung des Blutes durch den Kreislauf. Der gerichtete Blutstrom wird durch Ventile **(Klappen)** im Herzen ermöglicht. Segelklappen zwischen den Vorhöfen und Kammern verhindern einen Rückstrom des Blutes bei Kammerkontraktion, Taschenklappen verhindern den Blutrückstrom aus den großen Arterien bei Erschlaffung **(Diastole)** der Kammern.

Das Herz hat sein eigenes **Erregungsleitungssystem**. Die Erregungen gehen von einem Schrittmacher, dem **Sinusknoten** aus, und breiten sich über die Vorhofmuskulatur zum **Atrioventrikularknoten** aus. Von dort werden Erregungen im zweischenkligen Hisschen Bündel zur Herzspitze geleitet.

Elektrokardiogramm

Das Elektrokardiogramm (EKG) zeichnet die oben beschriebenen elektrischen Veränderungen auf, die durch die Erregungsausbreitung, nicht durch die Kontraktion der Herzmuskeln selbst, entstehen. Der Verlauf ist allerdings etwas komplizierter als beim Nerven oder beim Skelettmuskel (s. 6-47) und unterscheidet sich wesentlich von den bisher gezeigten Potentialänderungen isolierter Herzmuskelfasern (s. Abb. 12-8). Entsprechend der oben beschriebenen örtlichen und zeitlichen Ausbreitung von elektrischen Strömen im Herzmuskel erfolgen im gesamten Körper Spannungsschwankungen, die man als Potentialdifferenz, z. B. zwischen Arm und Bein (Abb. 12-9), messen kann. Abb. 12-10 zeigt ein typisches Bild der Spannungsschwankungen. Nach allgemeinen Vereinbarungen werden die elektrischen Spannungen so aufgezeichnet, daß der Erregungsausbreitung von den oberen Herzteilen (Herzbasis) in Richtung auf die Herzspitze positive Zeigerausschläge (nach oben) zuge-

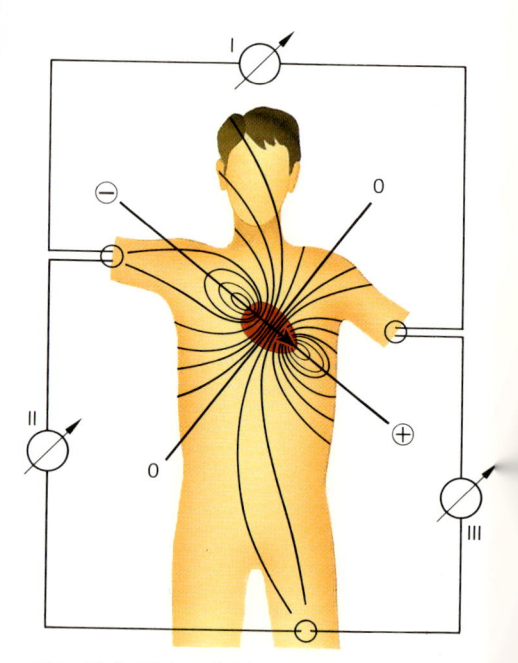

Abb. 12-9. Linien gleicher, durch die Erregungsausbreitung verursachter Potentiale im Körper, die Grundlage für die Möglichkeit der Registrierung des EKG bei Ableitungen von den Gliedmaßen.

Elektrokardiogramm

ordnet werden (Negativität der Herzbasis gegenüber der Herzspitze). Erregungsausbreitungen quer zur elektrischen Herzachse geben im EKG kein elektrisches Signal, weil das elektrische Potential an beiden Abnahmeelektroden gleich groß und dadurch die Potentialdifferenz (Spannung) gleich Null ist. Keine Abweichung von der Nullinie heißt also nicht in jedem Falle, daß keine Erregung vorhanden ist.

In Abb. 12-11 sind die Richtungen der Erregungsausbreitung in den einzelnen Herzabschnitten, ausgehend vom Schrittmacher (Sinusknoten), aufgezeichnet. Man sieht, daß sich die Erregung in den Vorhöfen hauptsächlich herzspitzenwärts ausbreitet und dadurch eine Welle oder Zacke nach oben (**P-Zacke**) entsteht. Nachdem die Erregung in den Kammern über das Hissche Bündel rasch zur Herzspitze gelangt ist, breitet sie sich kurz in den Papillarmuskeln basalwärts aus; es entsteht die **Q-Zacke** unterhalb der Nullinie. Die Erregung schreitet dann aber in der Kammermuskulatur wieder

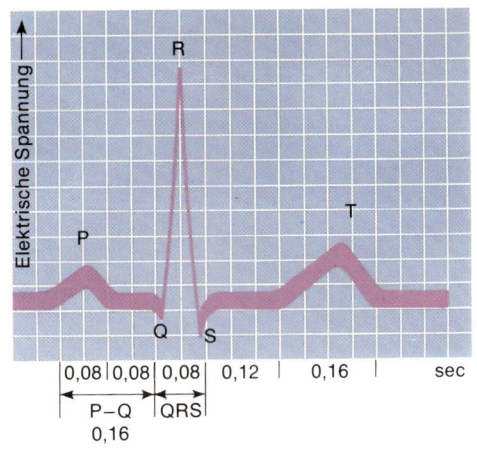

Abb. 12-10. Elektrokardiogramm vom rechten Arm und linken Bein abgeleitet.

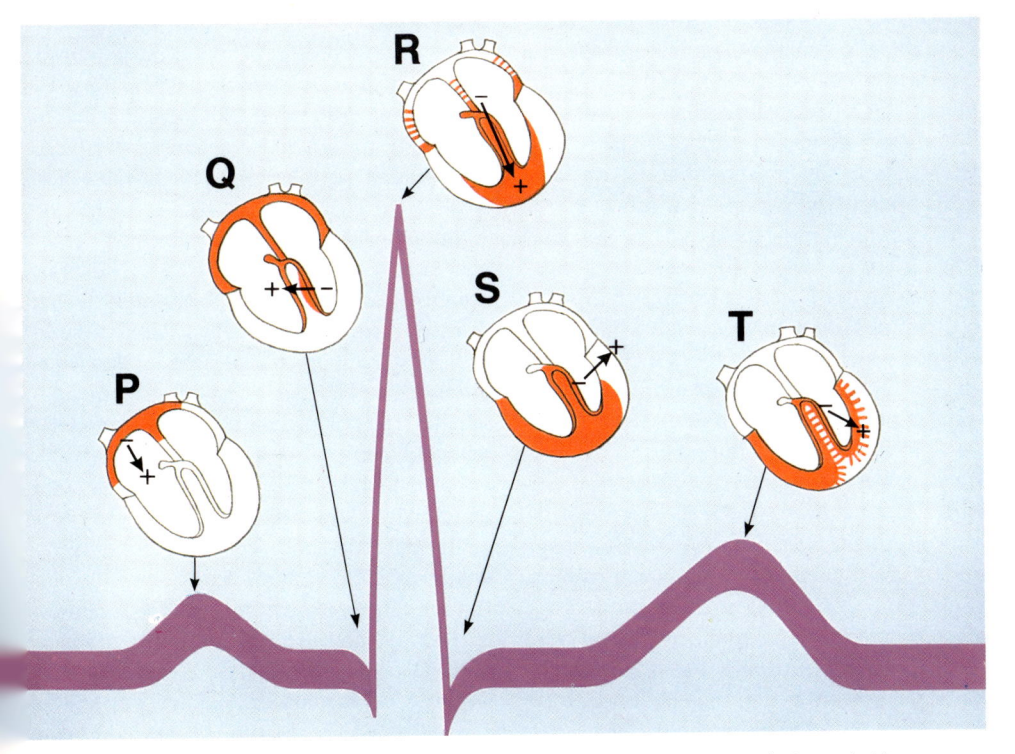

Abb. 12-11. Erregungsausbreitung und elektrische Erscheinungen am Herzen (schematisch).

EKG-Ableitungen

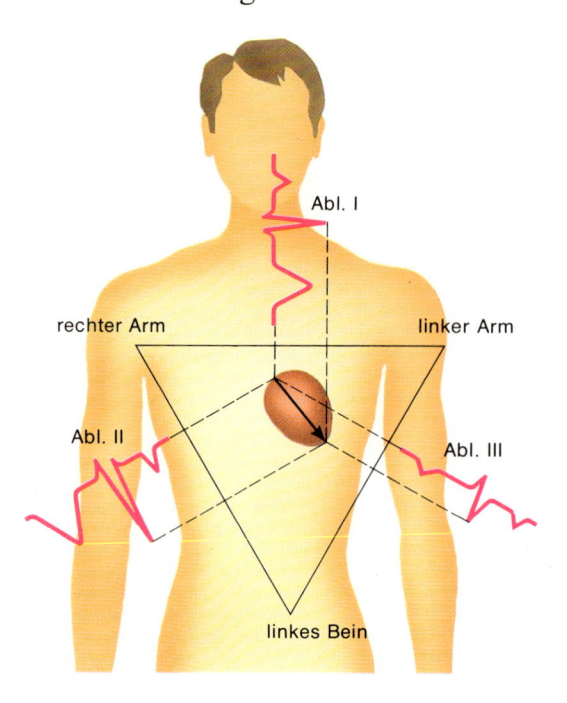

Abb. 12-12. Ableitungen des Elektrokardiogrammes nach *Einthoven*. Einfluß der elektrischen Herzachse (Pfeil) auf die Größe der R-Zacke.

vorwiegend spitzenwärts fort, **R-Zacke**, oberhalb der Nullinie. Darauf ergreift die Erregung die Kammerwände und breitet sich hauptsächlich basalwärts aus, die **S-Zacke** entsteht unterhalb der Nullinie. Dann wird die Wandmuskulatur von innen nach außen erregt, was parallel zur elektrischen Herzachse geschieht und elektrisch kein Signal geben kann (s. oben). Erst der Erregungs**rückgang** in der Kammer von der Spitze aus in Richtung Basis gibt wieder ein Signal. Der Erregungsrückgang wird bei gleicher Richtung wie die Erregungsausbreitung umgekehrt registriert, also nach oben, es entsteht die **T-Welle**. Die Bedeutung der elektrischen Herzachse für die Form des EKG wird aus Abb. 12-12 deutlich, in der die 3 gebräuchlichsten Ableitungen nach *Einthoven* gezeigt sind. Man sieht, daß die R-Zacke am größten ist, wenn die Ableitung parallel zur elektrischen Herzachse vorgenommen wird (Ableitung II, re. Arm – li. Bein), und am kleinsten, wenn sie fast quer dazu abgenommen wird (Ableitung III, li. Arm – li. Bein). Wenn das Herz steiler liegt als in unserer Skizze angedeutet (besonders bei großen, mageren Patienten, Steiltyp, oder bei tiefer Ausatmung), vergrößert sich die R-Zacke in Ableitung III und wird in Ableitung I kleiner. Bei diesen Ableitungen nach *Einthoven* wird das EKG bipolar, d. h. jeweils von **2 Gliedmaßen (Extremitäten)** abgenommen.

Zusätzlich werden häufig drei Ableitungen nach *Goldberger* registriert, und zwar **unipolar** jeweils von **einer Extremität**. Dabei werden die anderen beiden Extremitäten über Widerstände zu einer sogenannten indifferenten Null-Elektrode zusammengeschaltet. Der Unterschied zur *Einthoven*schen Ableitung besteht darin, daß die Potentialänderungen (Abweichungen von der Nullinie des EKG) zwischen der Abnahmelektrode und der Bezugselektrode durch das Zusammenschalten der beiden Extremitäten verstärkt (englisch = augmented) werden und im EKG deutlicher zu sehen sind. Die Bezeichnung ist dann beispielsweise aVF (augmented Voltage Fuß), was dann heißt, daß der rechte und der linke Arm zusammengeschaltet sind.

EKG-Diagnostik

Diagnostisch wichtig sind ferner **Brustwandableitungen** (Abb. 12-13) von mindestens 6 verschiedenen Stellen der linken Brustwand in Herzhöhe (Ableitungsart nach *Wilson*). Dabei werden die Elektroden an den drei Extremitäten über große elektrische Widerstände zusammengeschlossen und ergeben so eine Null-Elektrode. Das EKG wird dann gegen die jeweilige Stelle an der Brustwand abgeleitet, es ist also ebenfalls eine **unipolare Ableitung**.

Das EKG gibt vor allem Auskunft über:
1. **die Herzfrequenz**, auch getrennt für Vorhöfe und Kammern, also auch über **Frequenzstörungen** (Rhythmusstörungen),
2. **die Herzlage** (Steiltyp, Normallage),
3. **die Erregungsbildung** und **die Erregungsleitung**, Abweichungen, auch örtliche,
4. **die Lokalisation von Herzinfarkten**, da es sich dabei um nicht mehr durchblutete Abschnitte im Herzmuskel handelt, in denen sich keine Erregung ausbreiten kann.

Zwei leicht erkennbare Rhythmusstörungen sind in Abb. 12-14 gezeigt. Bei A sieht man, daß zum Zeitpunkt, zu dem normalerweise die P-Zacke auftritt, eine R-Zacke erscheint,

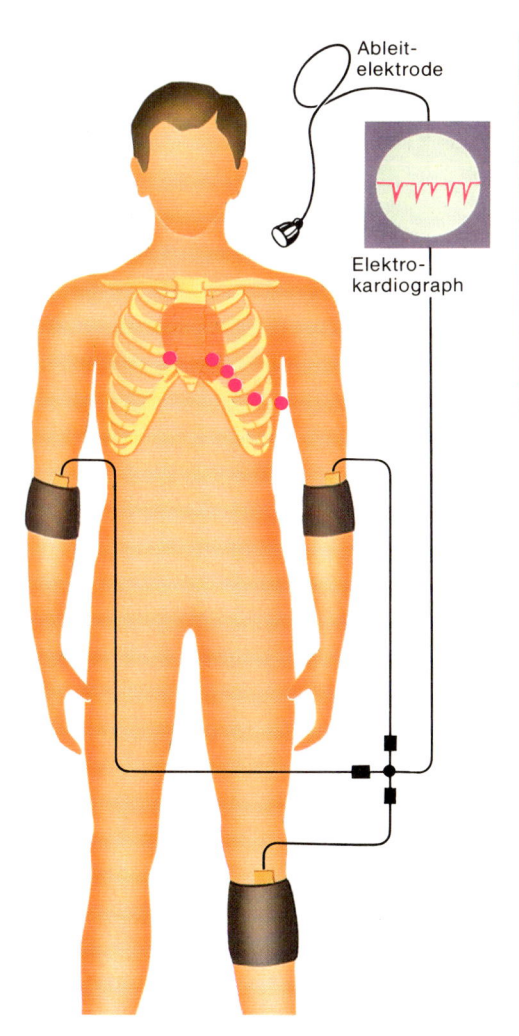

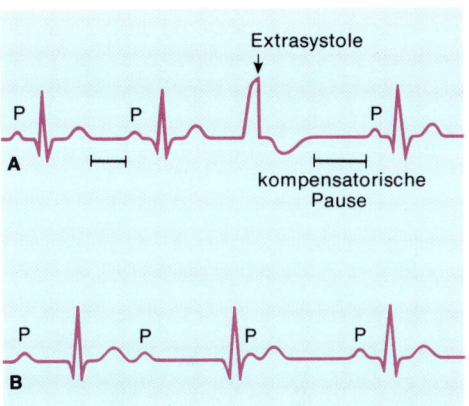

Abb. 12-14. Herzrhythmusstörungen. Das Elektrokardiogramm A zeigt eine ventrikuläre Extrasystole, der eine längere Pause (kompensatorische Pause) folgt, als sie normalerweise zwischen T- und P-Welle besteht. B zeigt das Elektrokardiogramm eines Patienten mit „totalem Block", bei dem die Vorhöfe mit höherer Frequenz als die Kammern schlagen.

Abb. 12-13. Brustwandableitungen, unipolar gegen indifferente Extremitätenelektroden, die zusammengeschaltet sind.

Extrasystolen

d. h. daß eine Kammererregung eintritt ohne Erregungsüberleitung von den Vorhöfen. Es handelt sich um eine **ventrikuläre Extrasystole**, allein von der Kammer (ventrikulär) ausgelöst. Wenn danach die nächste, normale Vorhofserregung die Kammer erreicht, befindet sie sich in ihrer refraktären, d. h. unerregbaren Phase (s. 6-47), so daß eine Pause (kompensatorische Pause) auftritt, bis die nächste normale Erregungsausbreitung stattfinden kann. In B ist das EKG bei einer völligen Blockierung der Erregungsüberleitung von den Vorhöfen auf die Kammern gezeigt. Die Vorhöfe (P) schlagen unabhängig von den Kammern nach dem vom Sinusknoten ausgehenden Rhythmus, die Kammern nach dem langsameren, vom Atrioventrikularknoten ausgehenden Rhythmus. Das Verhältnis der Schläge ist etwa 4:3, den Zustand nennt man **totalen Block** (der Überleitung).

Kurzgefaßt:

Das **Elektrokardiogramm** zeigt zuerst eine positive Welle (P), die Ausdruck der Vorhoferregung ist, dann folgt die negative Q-Zacke, vor allem infolge der Papillarmuskelerregung. Die R-Zacke drückt die spitzenwärts im Herzmuskel sich ausbreitende Erregung, die S-Zacke die Erregungsdurchdringung der Kammerwände und die T-Zacke den Erregungsrückgang in der Kammer aus. Bei Ruhe dauert das EKG ca. 0,4 sec/Herzschlag. Die bipolaren **Einthoven-Registrierungen** leiten von den beiden Armen und dem linken Bein ab (I = RA-LA, II RA-LB, III LA-LB). **Unipolare Ableitungen** nach *Goldberger* und Brustwandableitungen dienen als weitere diagnostische Mittel, z. B. bei Frequenzstörungen, Abweichungen der Erregungsausbreitung von der Norm und zur Lokalisation von Herzinfarkten.

Kreislauf-Mechanik

Die beschriebenen Erregungsvorgänge führen zur Kontraktion der Herzmuskelzellen und dadurch zur Verkleinerung der Herzkammern. Im Zusammenspiel mit den Herzklappen (Ventilfunktion) entsteht ein gerichteter Blutstrom. Da Flüssigkeiten stets vom Ort höheren zum Ort niedrigeren Druckes fließen (Massenfluß, s. 5-44), ist es wichtig, die Druckänderungen in den einzelnen Herzabschnitten zu kennen, um sich ein Bild über die Blutmengen (Volumina) zu machen, die befördert werden. In Abb. 12-15 sind, zusammen mit dem EKG, Druck- und Volumenänderungen der beiden Vorhöfe und Kammern aufgezeichnet. Wenn die Muskulatur der Kammern erschlafft ist, sind sie erweitert **(Diastole)**. Die Kammern füllen sich mit Blut **(Füllungsphase)**, die Taschenklappen sind geschlossen (2). Um das Blut weiterzupumpen, muß nun der Druck in den Kammern ansteigen, die Kontraktion **(Systole)** wird eingeleitet. Zuerst steigt der Druck entsprechend der Erregungsausbreitung in den Kammern an **(Anspannungsphase)** (3). Wenn der Kammerdruck den Aortendruck übersteigt, öffnen sich die Taschenklappen (Beginn von 4), Blut wird in die Lungenarterie und die Aorta gepumpt **(Austreibungsphase)**. In den Kammern vermindert sich das Blutvolumen; dieses Herzschlagvolumen, kurz **Schlagvolumen** genannt, beträgt 60-90 ml. Am Ende der Kontraktion sinkt der Kammerdruck ab, und die Taschenklappen schließen sich in dem Moment, in dem der Kammerdruck den Aortendruck unterschritten hat (Beginn von 5). Mit der Erschlaffung sinkt der Kammerdruck rasch ab **(Erschlaffungsphase)**, und die Segelklappen öffnen sich, sobald der Vorhofdruck unterschritten wird. Dann folgt erneut die Füllung, wie beschrieben (1).

Man sieht die deutlich höhere Druckentwicklung (d. h. Kraftaufwand) in der linken im Vergleich zur rechten Kammer. Dies ist erforderlich, weil der Aortendruck, entspre-

Kreislaufmechanik

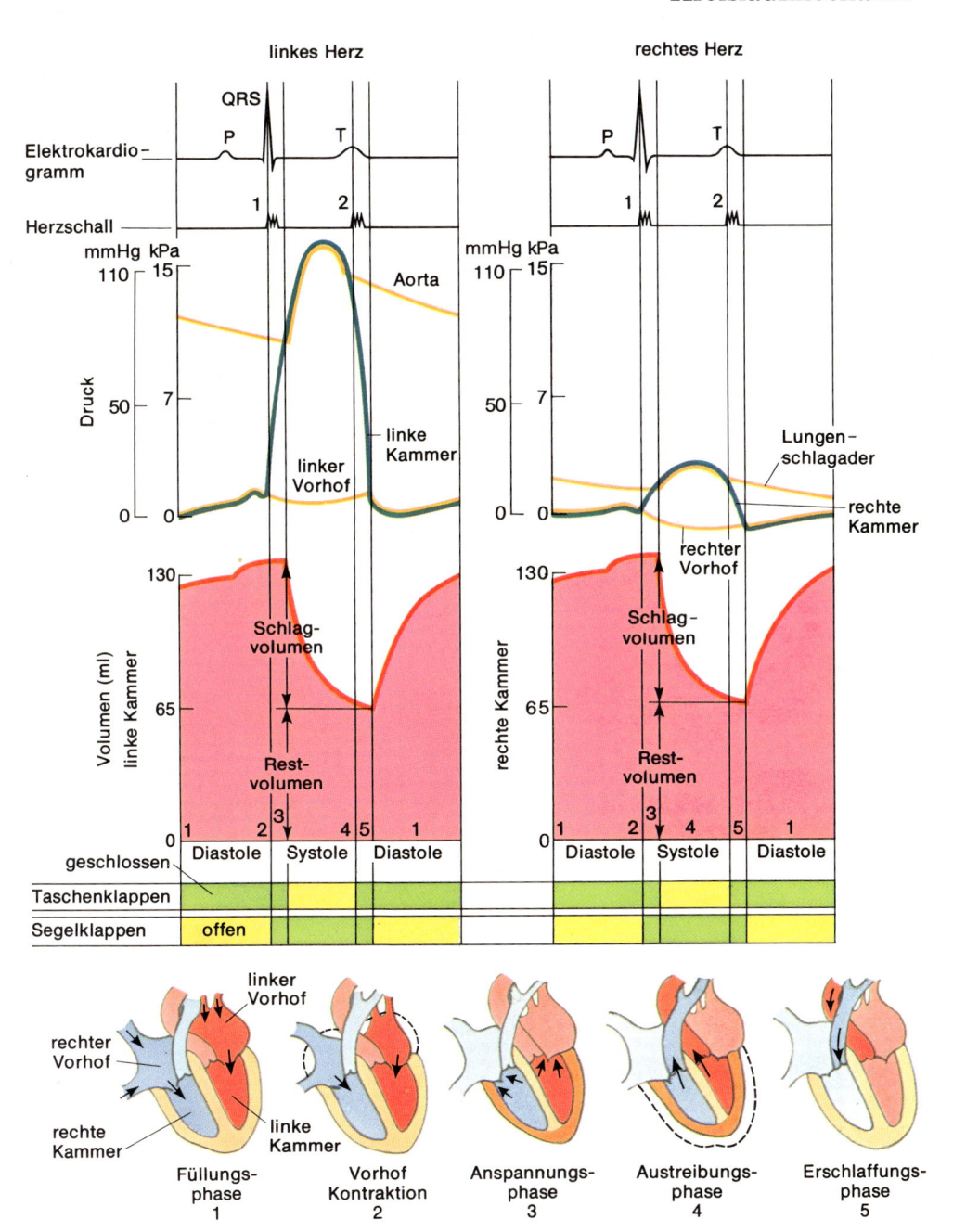

Abb. 12-15. Zeitgleiche (synchrone) Darstellung des Elektrokardiogramms, der Herzschallkurve, des Blutdrucks in den Herzkammern und Vorhöfen sowie in Aorta und Lungenschlagader, des Blutvolumens in den Herzkammern und der Zeitdauer der Herzklappenöffnung bzw. -schließung mit einer schematischen Darstellung der einzelnen Tätigkeitsphasen des Herzens.

145

Herzschall

chend dem höheren Strömungswiderstand des großen Kreislaufs, erheblich höher ist als der Druck in der Lungenarterie (s. u.).

Die Pumpleistung des Herzens (Herzzeitvolumen)

Bei jeder Kammerkontraktion pumpen rechte und linke Herzhälfte je 60-90 ml Blut in die Lungen- bzw. Körperschlagader. Den Körpergeweben werden also bei 70 Herzschlägen in der Minute z. B. 70 · 75 ml Blut, das sind 5,25 l, zugeführt (**Herzzeit- oder Herzminutenvolumen,** HZV). Bei körperlicher Ruhe wird demnach in einer Minute fast das ganze Blutvolumen einmal durch den Körper gepumpt. Bei schwerer körperlicher Arbeit oder sportlichen Leistungen kann der Untrainierte sein HZV bis auf das 4fache, auf ca. 20 Liter pro Minute, steigern. Dies ist vor allem durch Erhöhen der Schlagfrequenz auf ca. 175 Schläge/min. möglich, wie jeder an seinem Puls selbst leicht nachprüfen kann. Da sich auch das Schlagvolumen von ca. 60 auf 90 ml steigern läßt, kann pro Minute das ganze Blutvolumen fast 4mal durch das Blutgefäßsystem gepumpt werden, um den unter diesen Bedingungen erhöhten Sauerstoffbedarf zu decken. Hochleistungssportler können ihr HZV noch erheblich mehr steigern, und zwar durch Erhöhung der Schlagfrequenz und durch ein größeres Schlagvolumen. Sie haben ein durch Training vergrößertes Herz, ein „Sportherz".

Die Herzschallaufzeichnung (Phonokardiographie)

Der Klappenschluß erzeugt Vibration im Herzmuskelgewebe und im Blut, die man an der Brustwand hören kann und die man **Herztöne oder Herzschall** nennt (s. Abb. 12-15). Deutlich sind 2 Herztöne im Verlauf einer Herzaktion zu hören. Der **1. Herzton** tritt auf, wenn sich die Segelklappen, der **2. Herzton**, wenn sich die Taschenklappen schließen. Ein 3. und 4. Schall ist ohne technische Hilfsmittel kaum hörbar. Bei Klappenfehlern kann man an entsprechenden Stellen der Brust charakteristische Geräusche feststellen. Schnelle, ungeordnete (turbulente) Strömung entsteht an nach Entzündung narbig verengten Klappen (Stenosen) und durch Blutrückstrom bei nicht mehr vollständig schließenden Klappen (Insuffizienz). Der Arzt kann durch Abhören mit dem Hörrohr (Stethoskop) derartige Fehler feststellen. Mit Spezialmikrophonen, die über verschiedene Stellen des Herzens angebracht werden, lassen sich normale und krankhafte Schallerscheinungen abhören. Ihre Aufzeichnung ergibt das **Phonokardiogramm**.

Regelung der Herzleistung

Die Anpassung des Herzzeitvolumens an wechselnde Bedingungen, vor allem des Stoffwechsels, geschieht im wesentlichen auf zwei Wegen:
1. durch Veränderung des Schlagvolumens,
2. durch Veränderung der Herzfrequenz.

1. Veränderung des Schlagvolumens

Abb. 12-16 zeigt, stark vereinfacht, die Zunahme der Blutfüllung im rechten Herzen, wenn ein erhöhter Füllungsdruck eingestellt wird (Höhe des Füllgefäßes). Das Druck-Volumen-Verhältnis ist jedoch nicht linear (direkt verhältnisgleich), denn im unteren Druckbereich füllt sich das Herz bei einer bestimmten Druckzunahme stärker als bei derselben Druckzunahme in höheren Druckbereichen. Dies beruht auf den elastischen Eigenschaften der Herzmuskulatur, dasselbe gilt auch für die Skelettmuskulatur (s. 7-55). Ihre Dehnbarkeit nimmt mit zunehmender Dehnung ab. Dieses Verhalten ist für die Herzfunktion sehr wichtig. Bei geringem Füllungsdruck, wie er normalerweise auf der venösen Seite vorhanden ist, kann ausreichend Blut ins Herz fließen, bei mittlerem Füllungsdruck ist die Kontraktionskraft am

Regulation der Herztätigkeit

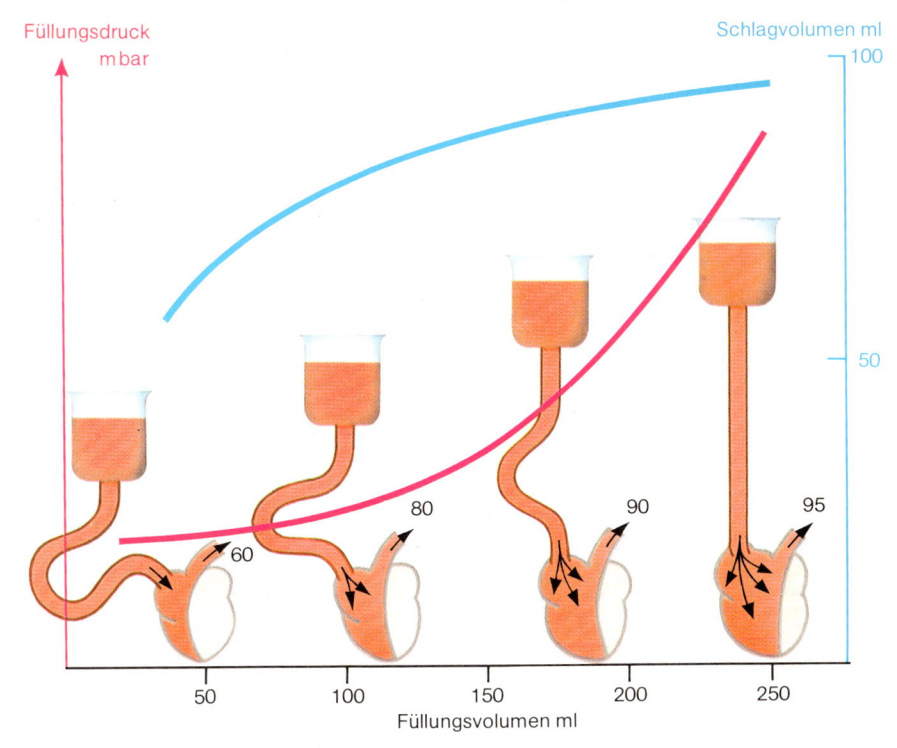

Abb. 12-16. Abhängigkeit der Herzschlagvolumengröße von der Größe des Füllungsdruckes. Grob vereinfacht gezeigt an der rechten Herzkammer.

größten, so daß in diesem Bereich das Herz am günstigsten arbeitet. Bei zu geringer oder zu starker Füllung wird das Schlagvolumen zu klein, weil sich die Muskelfasern nicht entsprechend verkürzen können. Eine zu starke Dehnung, „Herzerweiterung", kann auftreten, wenn die Taschenklappen zur Körperschlagader verengt sind (Aortenklappenstenose).

Das gesunde Herz vergrößert sein Schlagvolumen, wenn der venöse Zufluß aus dem Körper vergrößert ist. Dies ist z. B. der Fall bei körperlicher Arbeit.

2. Veränderung der Herzfrequenz

Das Herz schlägt auch bei völliger Abtrennung vom Nervensystem. Die Frequenz des Herzschlags wird jedoch entsprechend den Bedürfnissen des Körpers vom vegetativen Nervensystem eingestellt (s. 22-271). Das vegetative Nervensystem übt auf alle inneren Organe tätigkeitssteigernde oder hemmende Einflüsse aus. Sein sogenannter **sympathischer Anteil** steigert beim Herzen (Abb. 12-17) die Schlagfrequenz, die Erregungsausbreitung und die Kontraktionskraft. Das ist z. B. der Fall bei körperlicher Arbeit, bei starker Hitzebelastung, aber auch bei psychischer Erregung. Der Gegenspieler, der sogenannte **parasympathische Anteil**, bewirkt umgekehrt eine Verlangsamung der Schlagfrequenz und Erregungsausbreitung und vermindert die Kontraktionskraft. Dies erfolgt z. B. bei körperlicher Ruhe oder im Schlaf. Überwiegender Parasympathikuseinfluß wird **Vagotonus** genannt, weil die parasympathischen Nervenfasern im 10. Hirnnerv, dem Nervus vagus, verlaufen.

Regulation der Herztätigkeit

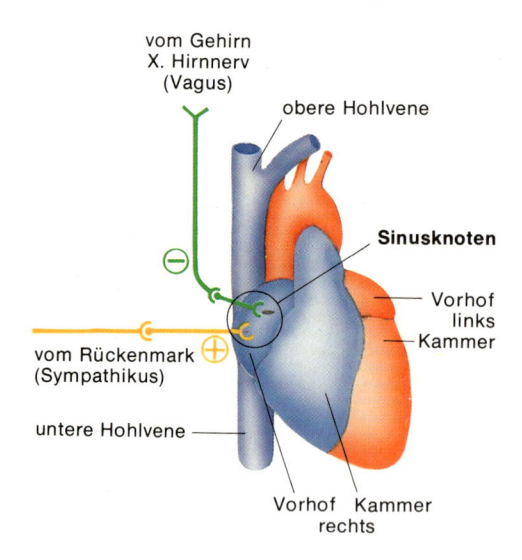

Abb. 12-17. Beeinflussung der Herztätigkeit durch das autonome Nervensystem. Der Sympathikus fördert, der Parasympathikus (über den Vagusnerven) vermindert die Herztätigkeit.

Kurzgefaßt:

Die mechanischen Vorgänge bei der Herztätigkeit sind folgende: Die Vorhofskontraktion füllt Blut in die erschlaffte Kammer (**Füllungszeit**). Mit Beginn der Kammerkontraktion steigt der Kammerinnendruck, die Segelklappen schließen sich und verhindern den Blutrückstrom in die Vorhöfe. Der Druck steigt in den Kammern (**Anspannungszeit**), bis er den Blutdruck in den großen Schlagadern übersteigt. Dann öffnen sich die Taschenklappen, und ca. 70 ml Blut, das **Schlagvolumen**, werden von jeder Kammer in die Schlagadern ausgetrieben (**Austreibungszeit**), der Kammerdruck sinkt unter den Schlagaderdruck, die Taschenklappen schließen sich und verhindern einen Blutrückstrom.

Durch den Klappenschluß erzeugte Schwingungen führen zu diagnostisch verwertbaren Schallerscheinungen, **Phonokardiogramm**. Der 1. Herzton tritt beim Schluß der Segelklappen, der 2. beim Schluß der Taschenklappen auf. Störungen der Klappenfunktion führen zu veränderten Schallerscheinungen.

Das **Herzzeitvolumen** wird durch Schlagvolumen und Herzfrequenz bestimmt, es beträgt beim Erwachsenen in Ruhe 5-6 l/min. und kann bis auf 20 l/min. bei stärkster körperlicher Arbeit ansteigen.

Die **Regelung der Herzleistung** kann durch unterschiedliche Blutfüllung verändert werden, zunehmende Füllung steigert bis zu einem gewissen Grad die Größe des Schlagvolumens. Die Herzfrequenz und die Herzkraft werden erhöht vom sympathischen, erniedrigt vom parasympathischen Nervensystem.

Strömungsgesetze

Gefäßsystem und Strömungsgesetze

Das Blutkreislaufsystem dient der Versorgung und „Entsorgung" der Körperzellen. Zu diesem Zweck muß eine große Austauschfläche zwischen Blut und Geweben erreicht werden, d. h., die große Körperschlagader, die Aorta, und die Lungenschlagader müssen sich in feinste Haargefäße, die Kapillaren, aufzweigen. Hierfür sind zur Blutzufuhr Arterien und Arteriolen und für die Blutrückführung zum Herzen Venolen, Venen und die großen Hohlvenen erforderlich. Neben der großen Austauschfläche für den Stoff- und Gasaustausch ist es wichtig, daß das Blut genügend lange im Kapillargebiet verweilt, d. h. langsam genug fließt. Um das zu verstehen, muß man einige einfache **Gesetzmäßigkeiten**, die die Strömung von Flüssigkeiten betreffen, kennen (Abb. 12-18).

1. **Strömungsrichtung.** Flüssigkeiten strömen stets vom Ort höheren (P_1) zum Ort niederen Drucks (P_2) (P = pressure).
2. Die **Durchflußmenge** (Q) ist direkt proportional der Druckdifferenz ($P_1 - P_2 = \Delta P$[1])) und umgekehrt proportional dem Widerstand (R = resistance):

$$Q = \frac{\Delta P}{R}$$

3. Der **Widerstand** R nimmt proportional der Länge (l) einer Röhre zu und mit der 4. Potenz des Radius r der Röhre ab:

$$R = k \frac{l}{r^4}$$

k ist für ein bestimmtes System ein konstanter Wert, der auch die Viskosität (Zähigkeit) einer Flüssigkeit berücksichtigt.

4. **Serienschaltung von Widerständen.** Der Gesamtwiderstand ist so groß wie die Summe der einzelnen, hintereinander geschalteten Widerstände:

$$R_{gesamt} = R_1 + R_2 + R_3$$

Zahlenbeispiel: $10 + 10 + 10 = 30$

5. **Parallelschaltung von Widerständen.** Aus der Summe der Kehrwerte der Einzelwiderstände ergibt sich der Kehrwert des Gesamtwiderstandes:

$$\frac{1}{R_{gesamt}} = \frac{1}{R_1} + \frac{1}{R_2} + \frac{1}{R_3}$$

Zahlenbeispiel:

$$\frac{1}{10} + \frac{1}{10} + \frac{1}{10} = \frac{3}{10} \text{ (Kehrwert)},$$

also $R_{gesamt} = \frac{10}{3} = 3{,}3$

6. Die **Strömungsgeschwindigkeit** nimmt mit zunehmender Druckdifferenz ΔP und zunehmendem Widerstand R zu.

---

[1]) Δ = gr. D, Symbol für Differenz.

Tabelle 12-1. Pulswellen- und Blutstromgeschwindigkeit sowie Gesamtquerschnitt verschiedener Blutkreislaufabschnitte.

Blutgefäß	Geschwindigkeit (m/sec)		Gesamtquerschnitt (cm²)
	Pulswellen-	Blutstrom-	
Aorta	5	0,2	5
große Arterien	10	0,1	20
kleine Arterien	15	0,02	400
Kapillaren	–	0,0002	4500

Strömungsgesetze

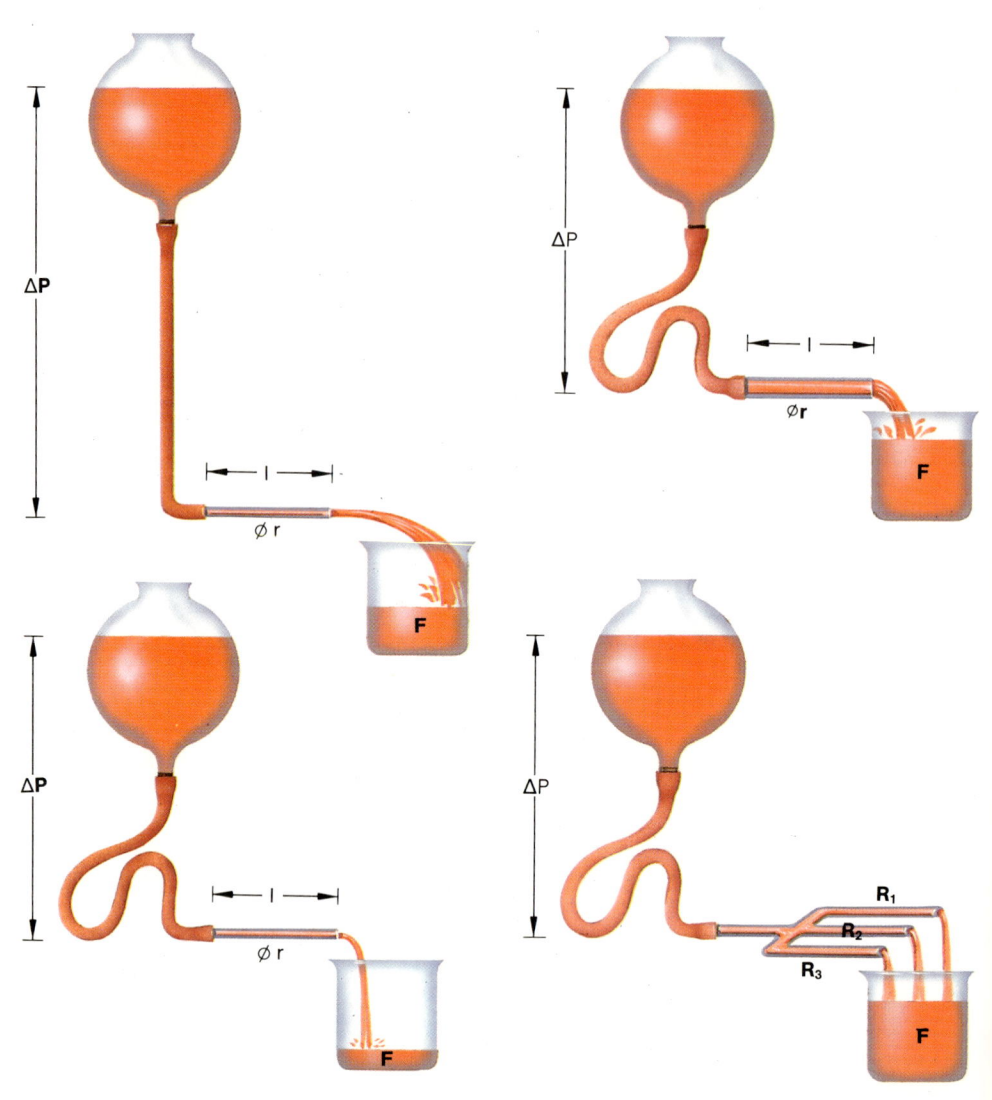

Abb. 12-18. Schematische Darstellungen der Abhängigkeit des Stromvolumens von der Druckdifferenz ΔP und dem Strömungswiderstand R, der sich aus Länge (l) und Weite (r = Radius) der Rohre sowie der Anzahl parallel geschalteter Rohre (Kapillaren) ergibt.

Bei **Anwendung der Strömungsgesetze auf unseren Kreislauf** müssen wir allerdings einige Einschränkungen machen, denn

1. ist Blut keine sogenannte ideale, homogene Flüssigkeit, sondern durch den Anteil an geformten Bestandteilen, den Blutkörperchen, eine Suspension,

2. besteht unser Kreislaufsystem nicht aus starren, sondern elastischen Röhren.

Die **Strömungsgeschwindigkeit** (Tabelle 12-1) ist in der Aorta und in größeren Arterien hoch, in den Kapillaren niedrig (etwa $1/1000$ der Geschwindigkeit in der Aorta). Das Blut wird also mit hoher Geschwindigkeit an

Blutdruck im Herzen

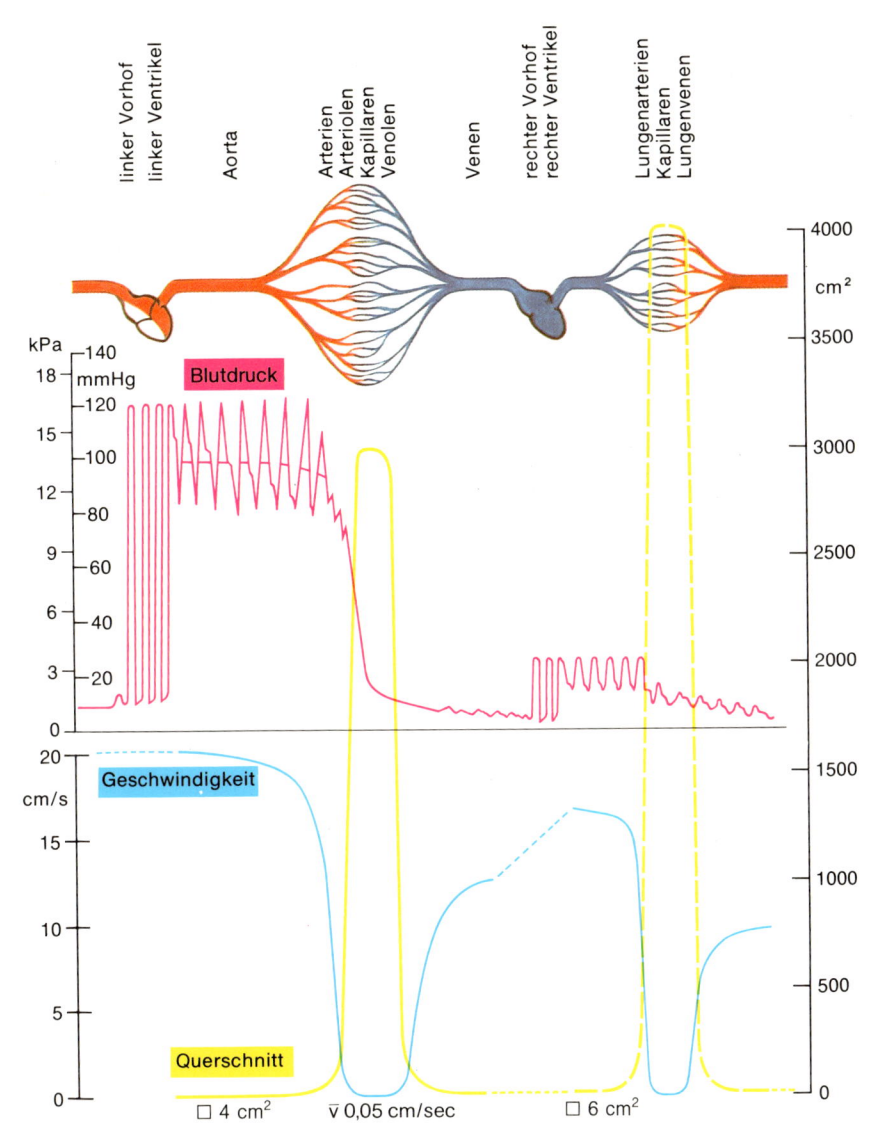

Abb. 12-19. Verlauf von Blutdruck, Blutstromgeschwindigkeit und Gesamtgefäßquerschnitt in den einzelnen Abschnitten des Herzens und des Kreislaufes (nach *Gauer* in Landois-Rosemann, 1960, und *Witzleb* in Schmidt/Thews, 1978).

den Austauschort transportiert, fließt aber dort langsam genug für den Stoff- und Gaswechsel (Abb. 12-19).

Der **Blutdruck** wurde als Begriff bisher nur sehr allgemein gebraucht und muß jetzt genauer beschrieben werden. Im arteriellen System wird er allein durch die Herzkontraktion erzeugt und schwankt in der **linken Kammer** zwischen etwa 1 kPa (ca. 7 mm Hg) diastolisch und 16 kPa (120 mm Hg) systolisch (Abb. 12-19). In der rechten Kammer sind die Blutdruckschwankungen erheblich

Windkesselfunktion, Puls

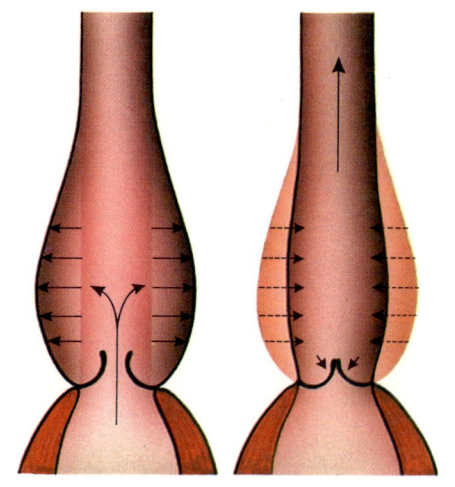

Abb. 12-20. Dehnbarkeit (Windkesselfunktion) des Anfangsteils der großen Körperschlagader (Aorta).

geringer, und der Druck ist absolut kleiner, weil der Widerstand im Lungenkreislauf kleiner ist.

In der **Aorta** und den **nachgeschalteten großen Arterien** schwankt der Blutdruck viel weniger als im Herzen, durchschnittlich von 16 kPa (120 mm Hg) bis etwa 11 kPa (ca. 80 mm Hg). Dies beruht auf der **Dehnbarkeit** der Aorta und der großen Arterien. Der Anfangsteil der Aorta kann so stark erweitert werden, daß er fast das ganze Blutvolumen, das eine Systole der linken Kammer auswirft, aufnehmen kann (Abb. 12-20). Während sich das Herz erneut füllt, zieht sich die Aorta wieder zusammen und preßt dabei das gespeicherte Blut in den Kreislauf. Dadurch kommt es auch während der Diastole der Herzkammern zu einem gleichmäßigen Blutfluß im Gefäßsystem. Die Eigenschaft der Aorta, einen fortlaufenden Blutstrom zu erzeugen und Blutvolumen zu speichern, wird als **Windkesselfunktion** bezeichnet. Windkessel werden in der Technik eingesetzt, wenn durch Kolbenpumpen in starren Röhrensystemen ein fortlaufender Flüssigkeitsstrom erzeugt werden soll. So sind z. B. bei Spritzenwagen der Feuerwehr an den Pumpen mit Luft gefüllte Zylinder (Windkessel) oder an älteren Modellen Kupferkugeln angebracht, die dieselbe Funktion ausüben wie die Aorta. Trotz einzelner Pumpenstöße entsteht infolge der Komprimierbarkeit der Luft ein gleichmäßiger Wasserstrom im Schlauch.

Die starke Dehnbarkeit der großen Blutgefäße sorgt nicht nur für einen gleichmäßigen Blutfluß in den nachgeschalteten kleineren Blutgefäßen, sondern ermöglicht es, durch Speichern von Energie (und Blut!) während der Systole und Entspeicherung während der Diastole, Herzarbeit einzusparen. Im Fall eines starren Röhrensystems müßte das Blut mit jedem Herzschlag vom Stillstand aus neu beschleunigt werden (Beschleunigungsarbeit).

Das Herz erzeugt während der Systole eine **Druckwelle**, die sich über die Aorta in die Arterien ausbreitet und an der Arterie des Handgelenkes (A. radialis) oder der Leistenbeuge (A. femoralis) als **Puls** gefühlt werden kann. Man spricht daher auch von **Pulswelle**. Diese breitet sich jedoch viel rascher aus als das Blut in den Gefäßen. Das ist beispielsweise auch der Fall, wenn man einen Stein ins Wasser wirft, es breitet sich schnell ein Wellenkreis aus, während die Wassermoleküle viel langsamer folgen. Die **Pulswellen-** und die **Blutstromgeschwindigkeiten** in verschiedenen Gefäßabschnitten sind in Tabelle 12-1 zusammengestellt. Man sieht, daß die Pulswellengeschwindigkeit größer wird, je enger das Gefäß ist, die Blutstromgeschwindigkeit aber abnimmt, weil der Gesamtquerschnitt der Gefäße zunimmt.

Die **Pulswellengeschwindigkeit** hängt vom Verhältnis der Wanddicke zum Durchmesser sowie der Dehnbarkeit eines Blutgefäßes ab. Bei alten Menschen oder Patienten mit Blutgefäßerkrankungen sind die Gefäßwände versteift und durch Einlagerungen verdickt (Arteriosklerose), was zu einer Erhöhung der Pulswellengeschwindigkeit führt, deren Messung daher diagnostisch verwertet werden kann.

Stoffaustausch in den Kapillaren

Kapillarfunktion

Die Kapillaren sind entsprechend ihrer Funktion in den einzelnen Organen anatomisch unterschiedlich gebaut (s. Lippert, 3. A., S. 19). Es gibt
1. Kapillaren mit vollständiger Innenzellschicht (Endothel). Der Transport vom und ins Gewebe geschieht durch kleinste Poren. Dieser Typ liegt besonders in der Muskulatur, im Lungen- und im Bindegewebe vor.
2. Kapillaren mit bis zu 0,1 µm großen „Fenstern" im Endothel, sie kommen hauptsächlich in den Nierenkörperchen und im Darm vor.
3. Kapillaren, deren Endothel größere Zwischenräume aufweist, so daß sogar Blutzellen hindurchtreten können. Man findet sie in den Lebersinusoiden, in der Milz und im Knochenmark.
4. Kapillaren, deren Endothel besonders undurchlässig ist, findet man im Gehirn (s. 22-276).

Der Stoff- und Gasaustausch in den Kapillaren, der eigentliche Zweck des gesamten Kreislaufsystems, kann vor allem durch drei Prozesse ablaufen: Diffusion, Filtration und Pinozytose.
1. **Diffusion** (s. 5-40). Dieser Prozeß spielt die wichtigste Rolle. Er kann im Kapillarbereich schnell ablaufen, da die Diffusionsstrecken kurz sind, im Mikrometerbereich, und die Austauschfläche, die Kapillaroberfläche, sehr groß ist. Sie beträgt im ganzen Körper etwa 300-600 m² (Fläche von 1-2 Tennisplätzen). Durch Diffusion kann pro Sekunde im Körper ca. 1 Liter Wasser ausgetauscht werden.
Wasserlösliche Stoffe, z. B. NaCl, KCl, Glukose, diffundieren durch die Poren, größere Moleküle langsamer als kleine.
Fettlösliche Stoffe, z. B. O_2, CO_2, N_2 oder Alkohol, diffundieren durch die gesamte Endotheloberfläche und können daher schnell in großen Mengen ausgetauscht werden.

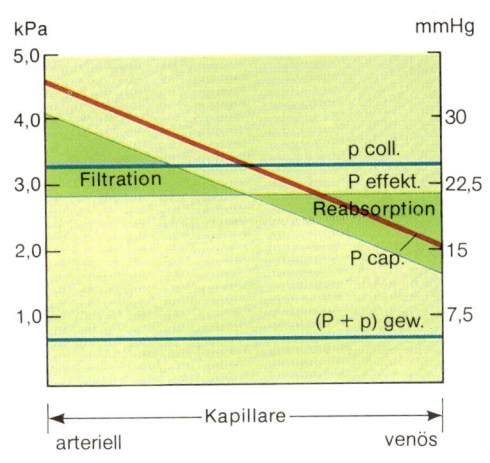

Abb. 12-21. Schematische Darstellung des Flüssigkeitsaustausches zwischen Kapillarblut und Gewebe. Pcap = Blutdruck in der Kapillare, pcoll = kolloidosmotischer Druck im Blut, Pgew = Druck im Gewebe, pgew = kolloidosm. Druck im Gewebe. Im arteriellen Teil der Kapillare findet eine Filtration ins Gewebe, im venösen Teil Reabsorption statt.

2. **Filtration** (s. 5-41). Dieser Prozeß spielt mengenmäßig eine viel geringere Rolle als die Diffusion. Er ist jedoch sehr wichtig für rasche Flüssigkeitsverschiebungen zwischen Blutplasma und Zwischenzellraum (Interstitium). Im arteriellen Abschnitt der Kapillaren wird Flüssigkeit filtriert, die aber im venösen Abschnitt zu ca. 90% wieder in die Gefäße zurückgeholt wird. Das geschieht wie folgt: Die Kapillaren sind für Eiweiße kaum durchlässig. Wenn der Blutdruck in den Kapillaren, der hydrostatische Druck P_{cap}, höher ist als der kolloidosmotische Druck p_{coll} der Plasmaeiweiße (s. 5-43), wird Flüssigkeit aus den Kapillaren filtriert. Die meisten Gewebe befinden sich aber in relativ festen Hüllen, z. B. Muskeln in Faszien, Leber oder Nieren in Kapseln, und üben ebenfalls eine Art hydrostatischen Druck P_{gew} und durch ihren Eiweißanteil in der Zwischengewebsflüssigkeit auch einen kolloidosmoti-

Ödeme

schen Druck p_{gew} aus. **Der wirksame Filtrationsdruck** (P_{effekt}) ergibt sich also aus:
$P_{effekt} = (P_{cap} - p_{coll}) - (P_{gew} - p_{gew})$
In Abb. 12-21 sind Zahlenbeispiele dafür angegeben. Man sieht daraus, daß im arteriellen Anteil der Kapillare der wirksame Filtrationsdruck positiv ist, was zur Filtration führt. Im venösen Anteil ist er negativ, es kommt zur Reabsorption von Flüssigkeiten aus dem Gewebe ins Blutgefäß.

Alle Kapillaren des Körpers filtrieren innerhalb 24 Stunden ca. 20 Liter, reabsorbieren aber in derselben Zeit nur ca. 18 Liter, die Differenz von 2 Litern wird über das Lymphsystem in das Venensystem zurückgeführt (s. 12-166).

Alle Faktoren, die den mittleren wirksamen Filtrationsdruck erhöhen, führen zu einer verstärkten Abpressung von Flüssigkeit ins Gewebe. Es kommt zu **krankhaften Veränderungen**, wenn der Lymphabfluß nicht entsprechend gesteigert werden kann; es entstehen **Ödeme**. Besonders häufig treten sie in Körperpartien unterhalb des Herzens, in den Beinen, auf. Beim Stehen kann das Gewicht der Blutsäule in den Venen so hoch sein, daß es durch die Drucksteigerung in den Kapillaren zu einem mangelhaften Rückstrom von Flüssigkeit aus dem Gewebe in das Blut kommt.

3. **Pinozytose** (s. 5-43) spielt beim Stoffaustausch zwischen Kapillaren und Gewebe mengenmäßig die geringste Rolle. Große Moleküle, die nicht durch die Endothellücken austreten können, werden aktiv als Bläschen transportiert und wieder freigesetzt. Neuere Forschungen haben ergeben, daß der Bläschentransport zum venösen Kapillarbereich hin, wo auch Eiweißmoleküle transportiert werden können, zunimmt.

Kurzgefaßt:

Das Kreislaufsystem transportiert Blut entsprechend den Gesetzmäßigkeiten der Strömungslehre. Das Blut strömt in **Richtung** des Druckgefälles. Die **Durchflußmenge** ist umso größer, je größer die **Druckdifferenz** und je kleiner der **Strömungswiderstand** (R) im Gefäßsystem ist. R ist umso größer, je länger und je enger die Gefäße sind. Durch Parallelschaltung vieler Kapillaren ist der Widerstand trotz des geringen Durchmessers niedriger als in den Arteriolen. Die **Strömungsgeschwindigkeit** ist in den Kapillaren am langsamsten.

Die hohe **Dehnbarkeit** der großen Schlagadern und Arterien ermöglicht einen Herzarbeit sparenden, gleichmäßigen Blutfluß im arteriellen Kreislauf (**Windkesselfunktion**).

Die **Pulswellengeschwindigkeit** ist größer als die Blutstromgeschwindigkeit; sie hängt vom Verhältnis der Wanddicke zum Durchmesser sowie der Dehnbarkeit der Blutgefäße ab.

Der **Stoffaustausch** zwischen Blut und Gewebe findet in den Kapillaren statt. **Diffusion** ist der wichtigste Vorgang für kleinere Moleküle (Gase, Salze, Glukose). Zusätzlich findet **Filtration** statt. Der **effektive Filtrationsdruck** wird vom Blutdruck, dem Gewebsdruck und den kolloidosmotischen Drucken in Blut und Gewebe beeinflußt. **Pinozytose** dient dem Transport großer Moleküle, wie z. B. Eiweiß.

Venensystem

Venensystem

Wir haben gesehen, daß der Blutdruck im venösen Teil der Kapillaren nur noch etwa 2 kPa beträgt (Abb. 12-19), für den Transport des Blutes sind also etwa 11 kPa zur Überwindung der Strömungswiderstände „verbraucht" worden. Wie kann das Blut nun wieder zum Herzen zurücktransportiert werden?

Beim **liegenden** Menschen herrscht in der unteren Hohlvene noch ein Blutdruck von 1-2 kPa. Man sieht daraus, daß der Druck auf der venösen Seite zwischen Kapillarbereich und dem Herzen nur wenig abfällt. Beim **aufrechtstehenden** Erwachsenen ist die Blutsäule in den Venen, vom Herzen bis zu den Fußgefäßen, ca. 1,25 m hoch. Es ist danach ein Druck von etwa 12 kPa nötig, um das Blut vom Fußgebiet zum Herzen zu transportieren (Abb. 12-22).

Vier Mechanismen tragen dazu bei, den venösen Rücktransport zu erleichtern:
1. Die meisten Venen, mit Ausnahme der großen Hohlvenen, enthalten **Venenklappen**, die den Taschenklappen des Herzens vergleichbar sind. Sie wirken wie Ventile, d. h. sie richten den Blutstrom in den Venen zum Herzen hin und verhindern den Rückstrom entsprechend der Schwerkraft (Abb. 12-23). Auf eine Venenklappe drückt nur eine Flüssigkeitssäule, die dem Abstand zur nächsten Venenklappe entspricht.
2. **Muskelkontraktion** führt durch Ausdrücken dünnwandiger benachbarter Venen zusammen mit den als Ventile wirkenden Venenklappen zum Rücktransport des Blutes. Man spricht in diesem Zusammenhang von **Muskelpumpe**. Auch der **Arterienpuls** benachbarter Gefäße wirkt in dieser Weise (Abb. 12-24). Jedermann weiß, daß bei längerem, absolut ruhigem Stehen starke Schmerzen in den Beinen auftreten, weil sich das Blut im Venengebiet staut. Bewegung (Muskelpumpe) oder Hochlagerung der Beine können dem abhelfen.
3. Der **Unterdruck im Brustraum** (s. 13-173) fördert ebenfalls den venösen Rücktransport. Dies geschieht besonders beim Einatmen durch das Tieferrücken des Zwerchfelles. Bei verstärkter Atmung trägt die Bauchpresse dazu bei, daß größere Mengen an Blut zurückgeführt werden können.
4. Die **Herzkammerkontraktion** (Systole) übt einen Sog auf die Vorhöfe aus, was besonders zur Füllung des rechten Vorhofs mit venösem Blut beiträgt (Tiefertreten der Ventilebene, s. Abb. 12-2).

Das Blutfassungsvermögen (Kapazität) des venösen Kreislaufanteils ist erheblich größer als das des arteriellen. Grund dafür ist die große Dehnbarkeit der Venenwände (s. Abb. 12-22). Das venöse System ist daher auch als **Blutspeicher** anzusehen. In den Organen, in denen größere Blutmengen gespeichert werden können, wie Eingeweide, Haut und Leber (s. u.), sind es stets die Venen, die die Speicherkapazität ausmachen.

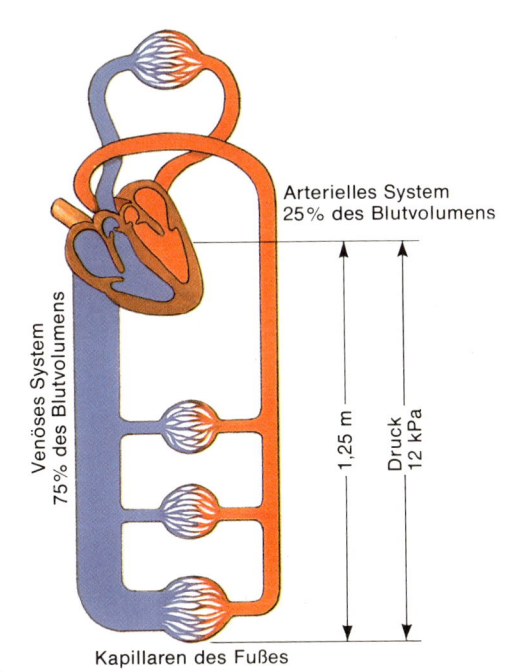

Abb. 12-22. Druckdifferenz zwischen Herz- und Fußvenen sowie Anteile des Blutvolumens im arteriellen (25%) und venösen (75%) System. Die größeren Venen sind ca. 100mal dehnbarer als die Arterien.

Venenklappen

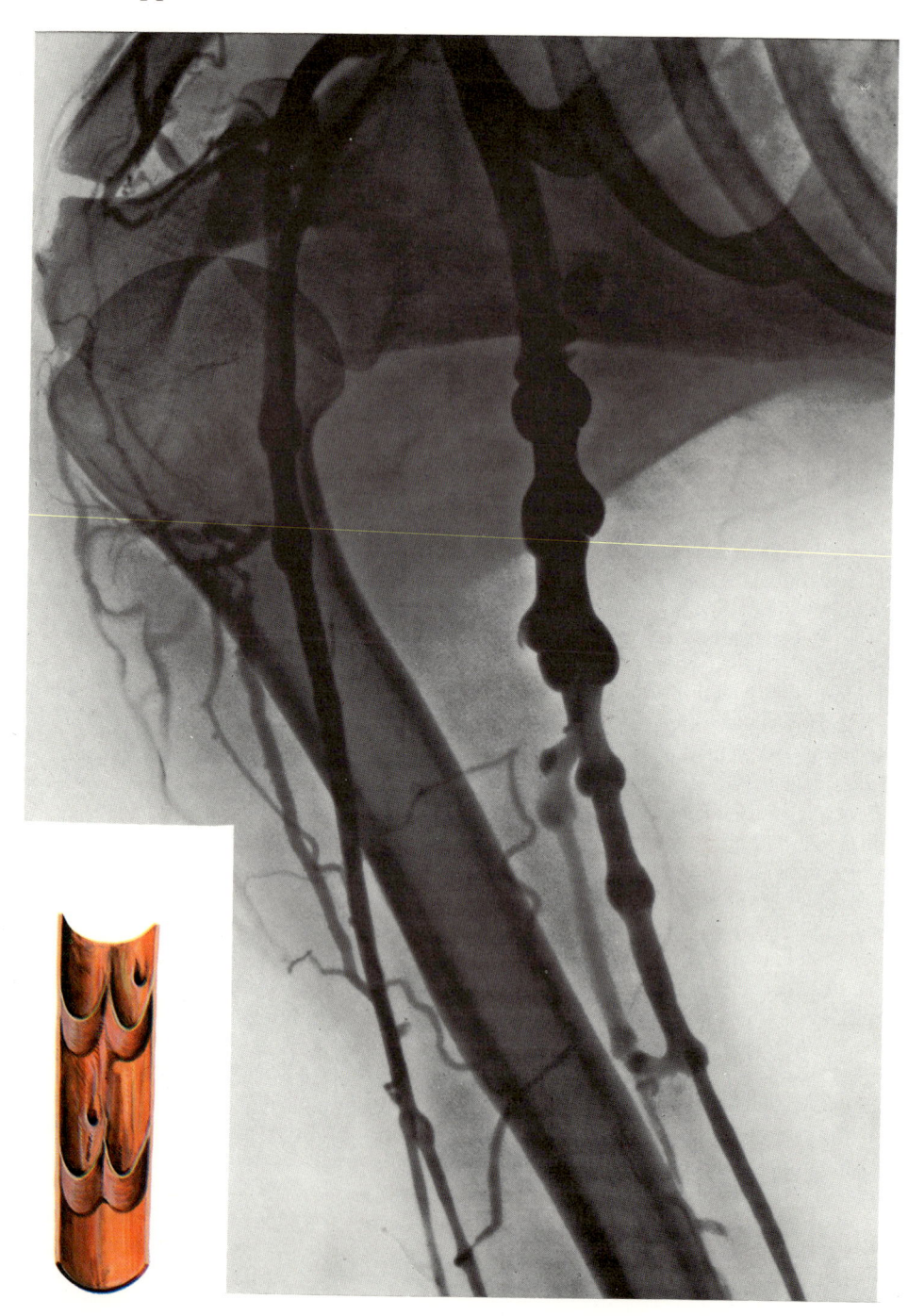

Abb. 12-23. Venenklappen. Die Röntgenaufnahme zeigt durch Kontrastmittel sichtbar gemachte Venen mit Klappen im Achsel-Schulterbereich, links unten eine Vene aufgeschnitten (aus: Sobotta/Becher Bd. 3, 1962; *Benninghoff/Goerttler* Bd. 1, 1975).

Orthostatische Belastung

Wie bereits erwähnt, beeinflußt die Körperlage ganz wesentlich den venösen Rücktransport des Blutes zum Herzen. In aufrechter Körperhaltung „belastet" die Blutsäule, die vom Herzen bis zu den Fußgefäßen bei einem Erwachsenen ca. 1,25 m beträgt, den venösen Rückstrom, „fördert" aber den arteriellen Blutdruck, da sie in die gleiche Richtung „drückt" und sich zu dem vom Herzen erzeugten Blutdruck addiert. Im Liegen wird der hydrostatische Druck der Blutsäulen fast wirkungslos, der Blutdruck beträgt dann in einer kleinen Fußarterie ca. 7 kPa und in einer kleinen Fußvene 2 kPa. Wenn man vom Liegen rasch aufsteht, wirkt sich der Druck der Blutsäule unterhalb des Herzens im venösen System besonders stark aus, denn in den Beinvenen „versacken" schlagartig mehr als 500 ml Blut. Dieses Blutvolumen wird nicht schnell genug zum Herzen zurückgeführt, dadurch ist das Herzminutenvolumen (HZV) zu klein, um das arterielle System ausreichend zu versorgen. So kann es kurzfristig zur Mangeldurchblutung („Blutleere") des Gehirns kommen, es wird uns „schwarz vor den Augen".

Beim Gesunden ist der venöse Rücktransport nach Sekunden wieder normalisiert, und das Gehirn wird ausreichend durchblutet. Einem Patienten, besonders wenn er lange bettlägerig war, darf man eine derartige „orthostatische" Belastung nicht zumuten. Man muß ihn langsam aufrichten, eine Zeitlang auf der Bettkante sitzen und dabei die Beine bewegen lassen (Muskelpumpe), ehe man ihn aufrecht stehen läßt. Wird ihm dennoch schwindlig, muß man ihn flach hinlegen und ihm die Beine hochhalten, damit das versackte Blut schneller zum Herzen und damit in den arteriellen Kreislauf gelangt.

Den **Einfluß der Körperlage** und des Druckes im Brustraum auf den venösen Rückfluß können wir durch einen einfachen Selbstversuch prüfen. Beim Hängenlassen des Armes wölben sich die Venen am Handrücken deutlich hervor. Heben wir den Arm langsam hoch, können wir beobachten, daß

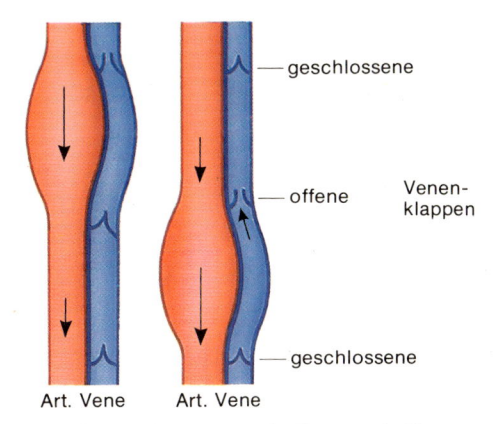

Abb. 12-24. Bluttransport in Venen mit Venenklappen durch benachbart liegende pulsierende Arterie.

die Vorwölbungen verschwinden, sobald sich die Hand über der Herzhöhe befindet. Nun wiederholen wir den Versuch, atmen aber vor dem Heben der Hand maximal ein, halten die Luft an und pressen dabei, als wollten wir ausatmen (Drucksteigerung im Brustraum). Das Blut in den Handrückenvenen fließt dann nach dem Hochheben nicht ab, sondern erst, wenn wir ausatmen. Ein ähnlicher Preßdruckversuch (nach *Valsalva*) wird auch zu diagnostischen Zwecken angestellt.

Die Zufuhr von Blutersatzmitteln („Dauertropf") über eine Armvene erfordert sinngemäß eine ausreichende Druckdifferenz, d. h. das Vorratsgefäß muß genügend hoch über dem rechten Vorhof aufgehängt werden (Abb. 12-25).

Krankhafte Erweiterungen der Venen, besonders der oberflächlichen im Beinbereich **(Krampfadern – Varizen)**, entstehen durch einen verminderten venösen Rückfluß bei Venenwandschwächen und bewirken eine lokale Ernährungsstörung. Häufigste Ursache sind sitzende Lebensweise und Schwangerschaften mit Abklemmung der großen Bauchvenen. In Venen mit verminderter Blutstromgeschwindigkeit besteht die Neigung zur Bildung von Blutgerinnseln (Thrombose) und Entzündungen.

Kreislaufregulation

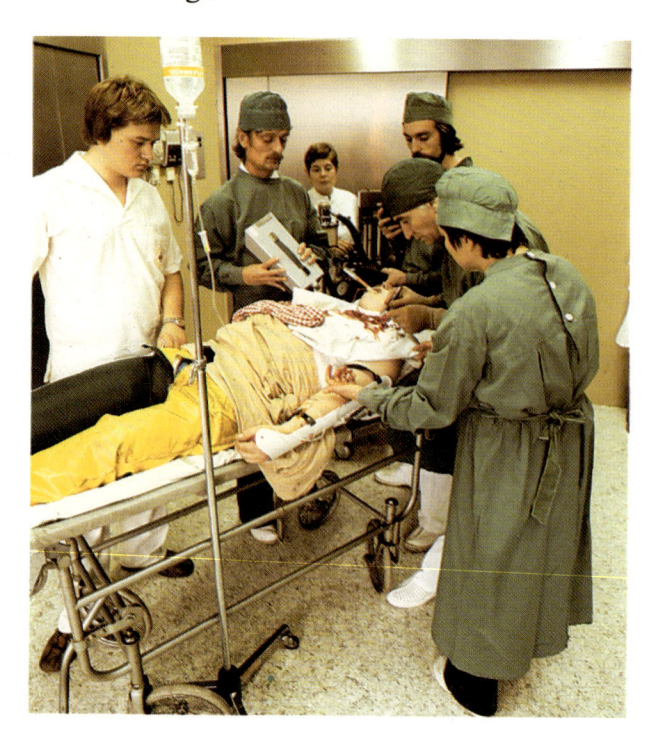

Abb. 12-25. Dauertropfinfusion in eine Vene der Ellenbeuge, das Infusionsgefäß muß genügend hoch über dem Herzen hängen (Werkfoto: Braun-Melsungen).

Kurzgefaßt:

Der **Rücktransport** des Blutes aus unterhalb des Herzens liegenden Venengebieten geschieht mit Hilfe der Venenklappen durch Muskelkontraktion, pulsierende Arterien, Unterdruck im Brustraum und die Kammersystolen mit Sogwirkung auf Vorhöfe und Venen. Das Venensystem enthält 75% des Blutvolumens (**Blutspeicher**). Rasches Aufrichten führt häufig zu einem Versacken des Blutes in die Beine und einer Abnahme der Gehirndurchblutung, die bis zur Ohnmacht führen kann (**orthostatischer Kollaps**). Langzeitige Stauungen im Venenbereich, z. B. infolge sitzender Lebensweise oder Schwangerschaften, können zu **Venenerweiterungen** (Varizen) mit der Gefahr der Entzündung und der Bildung von Blutgerinnseln führen.

Kreislaufregulation

Wenn alle Blutgefäße des ganzen Kreislaufsystems maximal eröffnet wären, würden etwa 20 Liter Blut erforderlich sein, um es zu füllen. Tatsächlich haben wir nur $1/3$ bis $1/4$ dieser Blutmenge zur Verfügung, d. h. das Herz muß nur 5 bis 6 Liter Blut in der Minute (Ruhebedingungen) pumpen. Diese Herzarbeit sparende geringe Blutmenge reicht im allgemeinen zur Versorgung unserer Körperorgane aus, weil ein kompliziertes Regulationssystem den einzelnen Organen nur diejenige Blutmenge zukommen läßt, die sie entsprechend ihrer Stoffwechselaktivität benötigen. Die Abb. 12-26 zeigt die sehr starke Zunahme der Durchblutung in der Skelett- und Herzmuskulatur sowie der Haut bei schwerer körperlicher Arbeit. Die Durchblutung der Verdauungsorgane und der Nieren wird andererseits vermindert. Die Durchblutungszunahme wird erreicht einmal

Lokale Regulation

durch eine Zunahme des **Herzzeitvolumens** (Frequenz- und Schlagvolumenzunahme) und eine Erweiterung der den Kapillaren vorgeschalteten **Arteriolen**.

In den Arteriolen besteht der größte Widerstand des Kreislaufsystems, weshalb dort auch der größte Blutdruckabfall (Abb. 12-19) auftritt. Das rührt daher, daß die Arteriolen fast schon so eng wie die Kapillaren sind, aber relativ länger als diese und von erheblich geringerer Anzahl sind. Der geringe Blutdruckabfall in den Kapillaren rührt daher, daß viele Kapillaren parallel geschaltet sind (s. 12-149).

Die Beeinflussung der Arteriolenweite kann durch **lokale** und **zentrale** (vom Zentralnervensystem ausgehende) Einflüsse geschehen. Man spricht deshalb von **lokaler** und **zentraler Kreislaufregulation**.

Die lokale Regulation

Man kennt zwei Mechanismen:

1. Die sogenannte **Auto(Selbst-)Regulation** der Organdurchblutung ermöglicht eine konstante Durchblutung eines Organs bei wechselnden Drucken (s. 15-200). Wenn der Druck ansteigt, ziehen sich die glatten Gefäßmuskelfasern zusammen und bewirken durch Verengung der Arteriolen eine Zunahme des Widerstandes. Läßt der Druck wieder nach, erschlaffen die Gefäßmuskelfasern. Dadurch wird eine gleichmäßige Durchblutung erreicht.

2. Die **lokal-chemische Regulation** besteht darin, daß sich mit ansteigender Aktivität im Organ Stoffwechselprodukte wie Kohlensäure und Milchsäure sowie Wärme ansammeln, wenn sich die Durchblutung noch nicht der Stoffwechselsteigerung angepaßt hat. Diese Anreicherung von vor allem sauren Stoffwechselprodukten bewirkt eine Erweiterung der Arteriolen, ob auf lokal-nervösem Wege (Axonreflex) oder durch Diffusion in die Gefäßwand und damit direkte Beeinflussung der Muskulatur, ist bisher nicht geklärt.

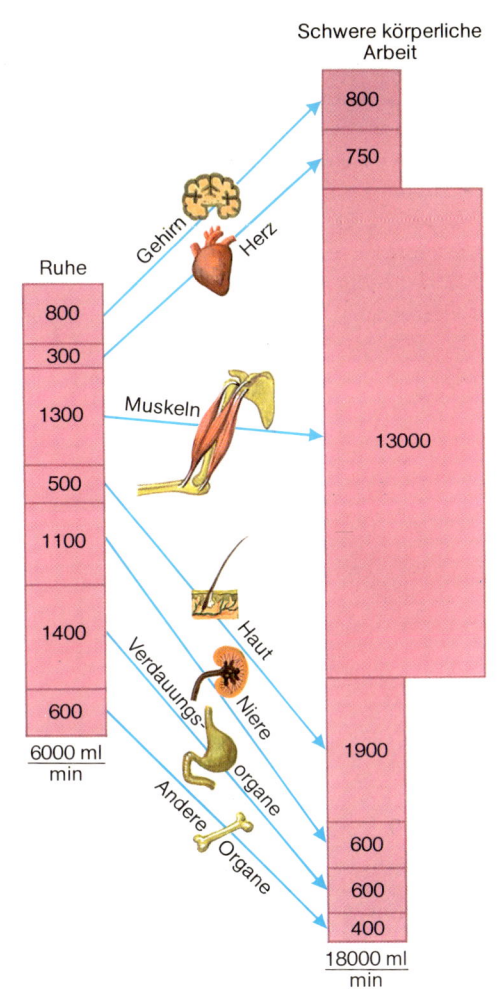

Abb. 12-26. Durchblutungsgröße einzelner Organe bei körperlicher Ruhe und schwerster Arbeit.

Lokal-chemisch wirken auch **Kinine** (z. B. in Schweiß- und Speicheldrüsen und in der Bauchspeicheldrüse), die zur Gefäßerweiterung führen (Bradykinin). **Serotonin** ist ein Stoff, der nach Verletzungen von Arteriolen aus den Blutplättchen freigesetzt wird (s. 11-115) und zu einer Gefäßverengung und Blutstillung führt.

Die zentrale Regulation

Sie erfolgt durch das Kreislaufzentrum, das in der Nachbarschaft des Atemzentrums im

Zentrale Regulation

verlängerten Rückenmark (Medulla oblongata, Formatio reticularis) liegt. Es besteht aus zwei funktionell verschiedenen Anteilen: einem gefäßverengenden **(vasokonstriktorischen)** und einem etwas kleineren gefäßerweiternden **(vasodilatatorischen) Anteil**. Neben den Gefäßen wird von hier aus auch das Herz (s. 12-147) beeinflußt. Die Zentren (Abb. 12-27) bekommen Informationen (Afferenzen) von höheren Gehirnzentren (Rinde und Hypothalamus), von Druckrezeptoren im Carotis-Sinus und Aortenbogen und den Chemorezeptoren aus den entsprechenden Glomera (s. 13-187) und vom Atemzentrum. Gas- und Stoffzusammensetzung des Blutes und Erregungen von Schmerzrezeptoren haben ebenfalls Einfluß auf das Kreislaufzentrum. Die genannten Afferenzen haben unterschiedliche Wirkungen und dabei verschieden starke Einflüsse unter verschiedenen Bedingungen.

Die größten Veränderungen treten bei der Umstellung von körperlicher Ruhe auf **Arbeit** ein. Bei Beginn der Arbeit (und in geringem Maße auch schon vorher) steigt die Aktivität des sympathischen Nervensystems

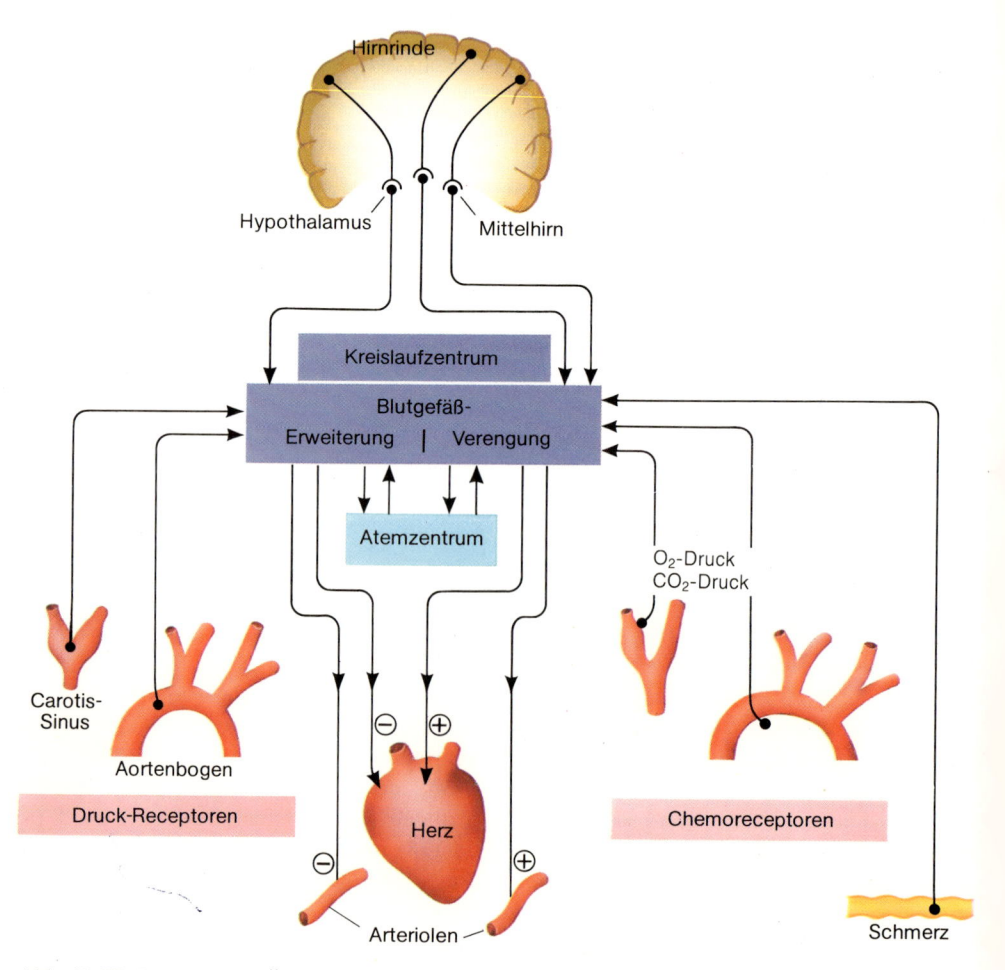

Abb. 12-27. Schematische Übersicht über die Regelung der Herztätigkeit und der Organdurchblutung (Kreislaufregulation).

Zentrale Regulation

(**Sympathikotonus**, s. 22-271); es kommt zu einer Verengung der Arteriolen in fast allen Organen außer im Herzen und Gehirn. Durch Muskelkontraktionen im arbeitenden Muskel steigt die Konzentration von CO_2 und anderer saurer Stoffwechselprodukte um das 10- bis 15fache an, was zu einer **lokalchemisch** bedingten Erweiterung der Arteriolen führt. Die gefäßverengende Wirkung des Sympathikotonus hat also keinen Einfluß auf den arbeitenden Skelettmuskel und das Herz. Der Venentonus steigt an, dadurch wird das Speichervolumen im venösen Kreislauf, besonders im Bereich des Verdauungstraktes, verkleinert. Es kommt zu einer **Blutverschiebung** in die Muskulatur. Der Blutdruck steigt **systolisch** an und bleibt diastolisch gleich oder sinkt sogar ab. Die **Blutdruckamplitude** vergrößert sich, das bedeutet, daß das Schlagvolumen des Herzens zunimmt. Zusammen mit einer erhöhten Herzfrequenz nimmt das **Herzminutenvolumen** um das 3- bis 4fache zu (15-20 l/min). Da im allgemeinen bei Arbeit höchstens ein Wirkungsgrad von 20 % erreicht werden kann (s. 9-78), gehen 80 % des Umsatzes in Wärme über, die durch die Haut abgegeben werden muß. Die **Hautdurchblutung** muß deshalb ansteigen. Druckrezeptoren, von ihrem Entdecker sinnvoll **Blutdruckzügler** genannt, wirken einer Blutdrucksteigerung entgegen. Bei Druckerhöhung gehen von den Rezeptoren Nervenimpulse zum Kreislaufzentrum, der gefäßverengende Einfluß des Sympathikus wird gehemmt. Der erhöhte Sympathikotonus bewirkt eine vermehrte **Ausschüttung von Adrenalin**, einem Hormon des Nebennierenmarks, das zwar zu 10-15 % an der Gefäßverengung beteiligt ist, vor allem aber die Aufgabe hat, bei körperlicher Arbeit über die Blutbahn **Glykogen** und **freie Fettsäuren** für den erhöhten Stoffwechsel zur Verfügung zu stellen.

Viel diskutiert werden gefäßverengende und damit blutdrucksteigernde Stoffe, deren Wirkung auf die normale Kreislauffunktion aber überschätzt wird. Am meisten weiß man über ein Enzym, das in der Niere gebildet wird und unter experimentellen und pathologischen Bedingungen den Blutdruck steigert. Es wird nach seinem Herkunftsort **Renin** (lat. renes = Nieren) genannt. Es verwandelt eine unwirksame Vorstufe, **Angiotensinogen**, zu dem gefäßverengenden **Angiotensin I**, das enzymatisch, vor allem in der Lunge, zu dem noch wirksameren **Angiotensin II** aktiviert wird. Bei verschiedenen Nierenerkrankungen wird auf diesem Wege ein Bluthochdruck (Hypertonie) erzeugt (systolisch über 21 kPa, 160 mm Hg). Man weiß nicht, weshalb die Druckrezeptoren diesen hohen Druck nicht „zügeln" können.

Der Einfluß der Blutgaszusammensetzung und des pH-Wertes wirkt

a) **lokal**: In Organen mit hohem Stoffwechsel (s. o.) haben niedere O_2- und pH-Werte sowie hohe CO_2-Werte einen lokal-chemisch gefäßerweiternden Einfluß.

b) **zentral**: Durch Meldungen der Chemorezeptoren im Carotis- und Aortenglomus über die Konzentration der Blutgase an das **Kreislaufzentrum** direkt oder über das **Atemzentrum** indirekt, wird bei Arbeit der Blutdruck durch Gefäßverengung im ganzen Organismus gesteigert, mit Ausnahme der Gebiete mit hohem Stoffwechsel (z. B. Herz und Skelettmuskulatur).

Im Gehirn selbst wirkt ein hoher CO_2-Druck im Blut ebenfalls gefäßerweiternd und daher durchblutungssteigernd. Ist der CO_2-Druck niedrig, sinkt die Durchblutung des Gehirns ab. Diese Gefäßverengung im Gehirn ist der Grund für das „Schwarzwerden vor den Augen", z. B. beim Aufblasen einer Luftmatratze mit dem Mund. Durch die vertiefte Atmung (Hyperventilation, s. 13-186) sinkt der CO_2-Druck im Blut ab und führt zur Gefäßverengung mit Mangeldurchblutung des Gehirns.

Versagen der Kreislaufregulation tritt auf, wenn die Anforderungen zu groß werden. **Die orthostatische Belastung** wurde bereits besprochen (s. 12-157). Durch Versacken des Blutes in die Beine sinkt der Blutdruck im

Schock

arteriellen System ab, und die Blutdruckrezeptoren werden nicht mehr erregt, wodurch die Hemmung des gefäßverengenden Anteils des Kreislaufzentrums aufgehoben wird. Es kommt zu einer starken Gefäßverengung und zu einem Blutdruckanstieg mit Normalisierung der Durchblutung, vor allem des Gehirns.

Schock nennt man einen Zustand, bei dem es zu einer mangelhaften Durchblutung lebenswichtiger Organe kommt, vor allem der Hirnrinde. Die Ursachen können verschieden sein. Bei Verletzungen mit großen Blutverlusten **(hämorrhagischer Schock)** reicht trotz starker Gefäßverengung die Blutmenge für die Versorgung bestimmter Organe nicht aus. Der Patient ist blaß, weil die Hautdurchblutung herabgesetzt ist. Schwerwiegender ist dabei die Mangeldurchblutung des Gehirns, Nieren- und Kreislaufversagen. Bluttransfusion oder Transfusion von Blutersatzmittel und schnelle Blutstillung sind die wichtigsten Maßnahmen.

Ein **Hitzeschock** (Hitzschlag, Hitzekollaps) kann eintreten, wenn bei höherer Außentemperatur große körperliche Leistungen (Hochofenarbeiter, Sportler) erbracht werden müssen. Zu einer hohen Muskeldurchblutung kommt die hohe Hautdurchblutung, die, wie wir bereits gesehen haben, für die Wärmeabgabe erforderlich ist. Wenn die Regulation überfordert ist, sinkt die Gehirndurchblutung soweit ab, daß es zur Bewußtlosigkeit (Ohnmacht) kommt. Da dann die Arbeit eingestellt wird, sinkt die Muskeldurchblutung rasch ab. Da der Betroffene liegt, fließt sofort wieder Blut zum Gehirn, d. h. die Ohnmacht dauert meist nicht lange. Der Patient soll keinesfalls aufgerichtet werden, er muß liegend und mit angehobenen Beinen aus der heißen Umgebung gebracht und mit naßkalten Tüchern abgerieben werden.

Nach schwerer körperlicher Daueranstrengung darf nicht sofort reichlich gegessen werden. Auch vor schwerer Arbeit soll keine große Mahlzeit eingenommen werden; man muß den Blutverschiebungen zwischen Verdauungstrakt einerseits und Muskulatur und Hautregion andererseits genug Zeit lassen.

Kurzgefaßt:

Lokale und **zentrale Regulationssysteme** ermöglichen die der augenblicklichen Stoffwechselgröße entsprechende Durchblutung der einzelnen Organe. Vor allem die Regulation der **Arteriolenweite**, die lokal durch saure Stoffwechselprodukte und zentral vom **Kreislaufzentrum** über Sympathikus oder Parasympathikus erfolgt, gestattet, zusammen mit der Veränderung des **Herzzeitvolumens** die Durchblutung in weiten Grenzen zu verändern, z. B. beim Muskel um das 10- bis 25fache. Die ausgleichende Durchblutungsherabsetzung anderer Organe geschieht durch zentrale Regulation (Arteriolenverengung). In Organen mit hohem Stoffwechsel überwiegt die lokal-chemische Regulation, die zur Arteriolenerweiterung führt. **Blutdruckzüglerrezeptoren** verhindern einen zu starken Blutdruckanstieg. Vorwiegend unter krankhaften Bedingungen steigert **Angiotensin II**, das indirekt durch **Renin** aktiviert wird, den Blutdruck. **Versagen der Kreislaufregulation** bedeutet, daß Organe (Gehirn, Niere) zuwenig durchblutet werden. Dies tritt z. B. auf nach Blutverlust, bei orthostatischer bzw. Hitzebelastung **(Schock)**.

Untersuchungsmethoden

Untersuchungsmethoden
Perkussion, das Abklopfen der Herzgrenzen, und die **Auskultation**, das Abhören der Herztöne mit einem Hörrohr, dem Stethoskop, gehören zu den Methoden, die man ohne kostspielige Apparate anwenden kann.

Elektrokardiographie (EKG) und **Herzschallaufzeichnung** erfordern einen größeren apparativen Aufwand. Das EKG ist jedoch für die Diagnose so wichtig, daß selbst in der kleinsten Arztpraxis ein EKG-Gerät vorhanden sein sollte. Die verschiedenen Verfahren sind (s. 12-140 f.) beschrieben.

Die **Röntgenuntersuchung** gibt Auskunft über die Herzform und -lage sowie über krankhafte Erweiterungen einzelner Herzabschnitte durch Herzklappenfehler und hohe Kreislaufwiderstände. (Abb. 12-28).

Herzkatheter-Methode. Nach Einführen eines Katheters, einer dünnen Sonde, in eine oberflächliche Arm- oder Halsvene (mit dem Blutstrom) in den rechten Vorhof, die rechte Herzkammer bis in die Lungenarterie (Abb. 12-29) kann man den Blutdruck in den einzelnen Herz- und Gefäßabschnitten genau messen. Ein erhöhter Druck in der Pulmonalarterie würde z. B. auf eine Verengung (Stenose) an den Segelklappen des linken Herzens, eine Mitralstenose, hinweisen. Durch einen Herzkatheter lassen sich Blutproben entnehmen, die auf ihren Gasgehalt und pH-Wert untersucht werden. Am Röntgenschirm beobachtet man, wo sich der Katheter befindet. Man kann Kontrastmittel durch den Katheter injizieren und einzelne Herzabschnitte darstellen. Das **Herzzeitvolumen** läßt sich durch Indikatorverdünnungskurven bestimmen. Als Indikatorstoff nimmt man Farbstoffe, z. B. Cardiogreen. Ein einfaches Verfahren benutzt den Sauerstoff als Indikator. Man geht von dem Gedanken aus (s. Abb. 12-29), daß der von der Lunge aufgenommene Sauerstoff im Blut zum linken Herzen transportiert werden muß. Die Sauerstoffaufnahme muß demnach gleich dem Produkt der Blutmenge mal der pro Volumeneinheit aufgenommenen

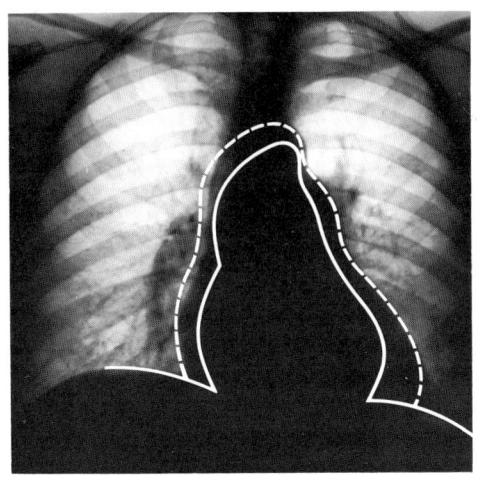

Abb. 12-28. Röntgenaufnahme eines Patienten mit einer Erweiterung des rechten Herzens infolge eines hohen Widerstandes durch Engstellung der Lungengefäße (chronisches Cor pulmonale).

Sauerstoffmenge sein. Da das in die Lunge einfließende Blut auch Sauerstoff enthält, muß man die Konzentration im Lungenarterienblut (aus der Katheterblutprobe) und im Arterienblut bestimmen. Man mißt also die Lungendurchblutung und nicht das Herzzeitvolumen, aber, wenn keine größeren Kurzschlüsse (Shunts) vorhanden sind, sind Lungendurchblutung und Herzzeitvolumen praktisch gleich.

Die **Pulszählung** zur Bestimmung der Herzfrequenz ist die einfachste und am häufigsten angewandte Kreislaufprüfung. Der Untersucher fühlt den Puls mit den Kuppen des Zeige- und Mittelfingers an der Speichenschlagader (s. Lippert, 3. A., S. 329). Die Frequenz beträgt bei Ruhe zwischen 60 und 80/min. Kleine **Unregelmäßigkeiten** wie die geringfügige Zunahme der Frequenz bei der Einatmung sind normal. Deutlichere Unregelmäßigkeiten findet man bei **Rhythmusstörungen** des Herzens (s. 12-143 f.). Der Puls kann „hart" oder „weich" sein, d. h., er ist schwer oder leicht zu unterdrücken. Im ersten Fall deutet er auf einen erhöhten, im zweiten auf einen niederen systolischen

Blutdruckmessung

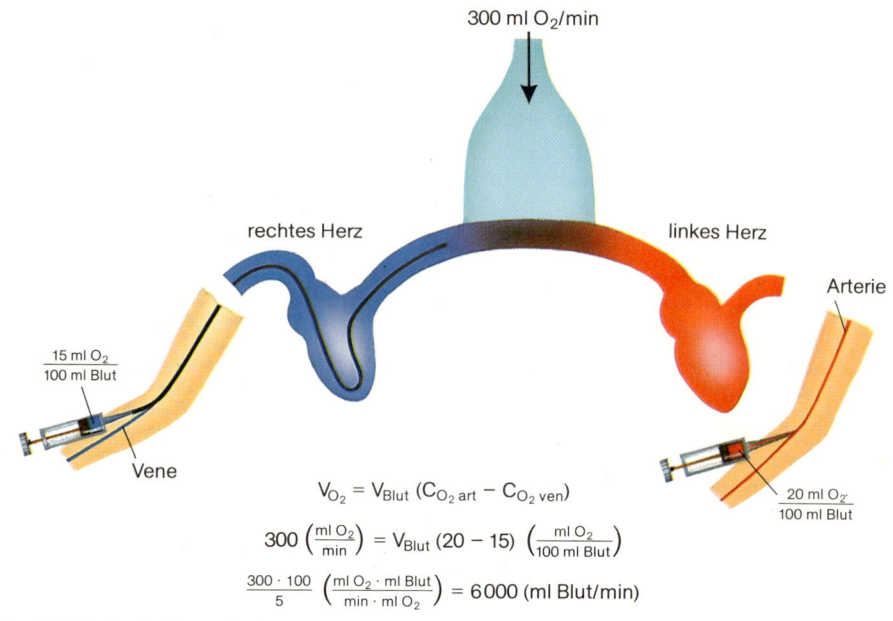

$$V_{O_2} = V_{Blut} (C_{O_2\,art} - C_{O_2\,ven})$$

$$300 \left(\frac{ml\,O_2}{min}\right) = V_{Blut} (20 - 15) \left(\frac{ml\,O_2}{100\,ml\,Blut}\right)$$

$$\frac{300 \cdot 100}{5} \left(\frac{ml\,O_2 \cdot ml\,Blut}{min \cdot ml\,O_2}\right) = 6000\,(ml\,Blut/min)$$

Abb. 12-29. Herzkatheter in der Lungenschlagader (A. pulmonalis) und Prinzip der Lungendurchblutungsbestimmung durch Messung der Sauerstoffaufnahme und arterio-venösen Sauerstoffgehaltsdifferenz.

Blutdruck hin. Schließlich kann der Puls „voll" oder „schwach" sein, d. h. die Blutdruckamplitude ist groß bzw. klein.

Der **Venenpuls**, meist an der äußeren Halsvene beobachtet, wird ohne technische Hilfsmittel nur bei krankhafter Steigerung (Herzeinflußstauung) sichtbar.

Die **Blutdruckmessung** (arterieller Blutdruck) erlaubt genauere Aufschlüsse über die Herz- und Kreislauffunktion als die Pulsmessung. Das Prinzip (Abb. 12-30) besteht darin, daß eine Manschette, die mit einem Gummiball aufgepumpt werden kann, eine Armarterie (A. brachialis) verschließt. Beim Ablassen der Luft sinkt der Manschettendruck, und es fließt kurzzeitig etwas Blut durch die Arterie, wenn der Manschettendruck etwas niederer als der systolische Druck ist. Die Blutströmung erzeugt ein Geräusch, das mit dem Hörrohr in der Ellenbeuge gehört werden kann. Abb. 12-31 stellt schematisch den Zeitverlauf der Arterienöffnung während der Systole zusammen mit der Blutdruckkurve der A. brachialis dar. Nur so lange das Blutgefäß offen ist, hört man ein Geräusch. Es entsteht dadurch, daß, solange die Manschette das Blutgefäß teilweise einengt, eine ungeordnete (turbulente) Strömung entsteht. Ist der Manschettendruck höher als der systolische Druck, hört man nichts, weil kein Blut durch das zusammengedrückte Blutgefäß treten kann. Ist der Manschettendruck niedriger als der diastolische Blutdruck, hört man nichts, weil die Blutströmung wieder geordnet (laminar) ist. Die Dauer des Geräusches wird von der Zeitdauer bestimmt, die der Manschettendruck niedriger als der Blutdruck ist, also ganz kurz, wenn der Manschettendruck nur wenig unter dem systolischen Blutdruck liegt, und lang, wenn der Manschettendruck nur noch wenig über dem diastolischen Blutdruck liegt. Die Manschettenbreite soll etwa die Hälfte des Oberarmumfanges betragen und die Stauung sollte nicht länger als 1 min dauern, da sonst Meßfehler entstehen.

Kreislaufzeit

Der **venöse Blutdruck** in der äußeren Halsvene kann grob geschätzt werden, wenn man beim liegenden Patienten den Kopf anhebt, bis die gedehnte, blutgefüllte Vene sich entleert, zusammenfällt (kollabiert). Der Höhenabstand zwischen rechtem Vorhof (Druck = Null) und der Stelle der Vene gibt den Blutdruck in cm Wassersäule an (1 cm H_2O entspricht etwa 0,1 kPa). Genauer kann man den Venendruck durch Anschluß eines mit physiologischer Kochsalzlösung gefüllten Glasrohres mit mm-Teilung über eine Injektionskanüle in einer Armvene messen. Wenn der Arm so gelagert wird, daß die Einstichstelle auf der Höhe des rechten Vorhofes liegt, mißt man beim Gesunden etwa 1 kPa (7,5 mm Hg).

Die **Kreislaufzeit** wird am häufigsten zwischen einer Armvene, in die man bitter schmeckende Gallensalze injiziert, und der Zunge gemessen. Sie beträgt etwa 15 sec. Bei Stauungen im Lungenkreislauf ist die Zeit verlängert. Ätherzusatz zu einer physiologischen Kochsalzlösung ergibt die Zeit von der Armvene zur Lunge. Der Arzt riecht im Atem des Patienten den Äther. Die schnellste Gesamtkreislaufzeit wird meist mit Farbstoffen gemessen und beträgt ca. 1 min.

Die **Pulswellengeschwindigkeit** mißt man durch Aufzeichnung der Pulswelle mit empfindlichen Druckaufnehmern, z. B. an der Hals- und der Beinschlagader. Aus der Zeitdifferenz und dem Entfernungsunterschied der Ableitstellen vom Herzen ergibt sich die Geschwindigkeit. Normalwerte liegen bei jungen Menschen zwischen 6 und 10 m/sec, bei alten Menschen sind sie erhöht.

Mit **Ultraschall** können am Herzen sehr genaue Aufschlüsse über die Klappenfunk-

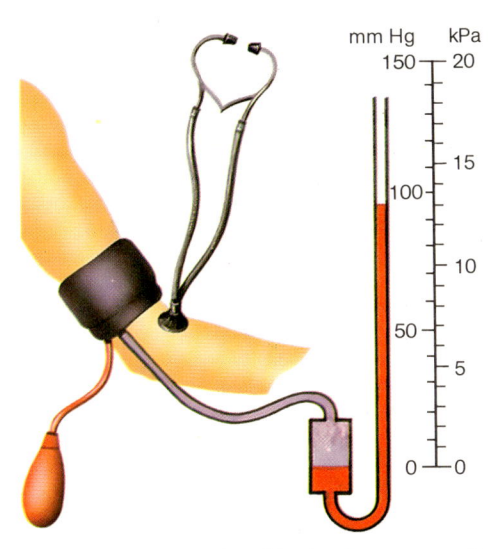

Abb. 12-30. Unblutige Blutdruckmessung mit Manschette und einem Quecksilbermanometer.

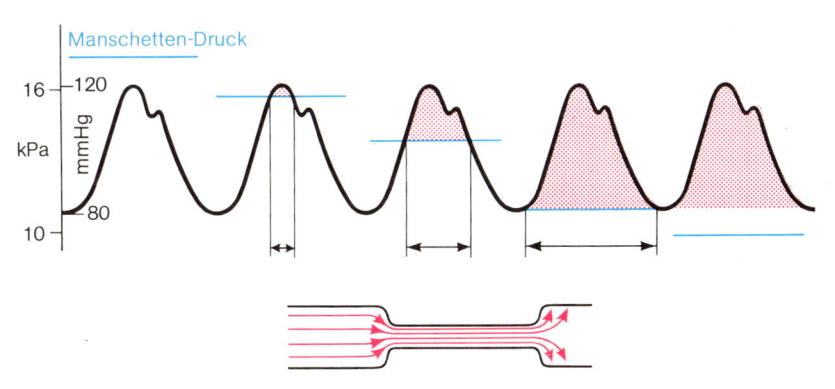

Abb. 12-31. Dauer der an der Ellenbeuge hörbaren Geräusche, die bei unterschiedlichem Manschettendruck durch turbulente (ungeordnete) Blutströmung entstehen (schematische Darstellung unten) und die Bestimmung des systolischen und diastolischen Blutdruckes erlauben.

Lymphkreislauf

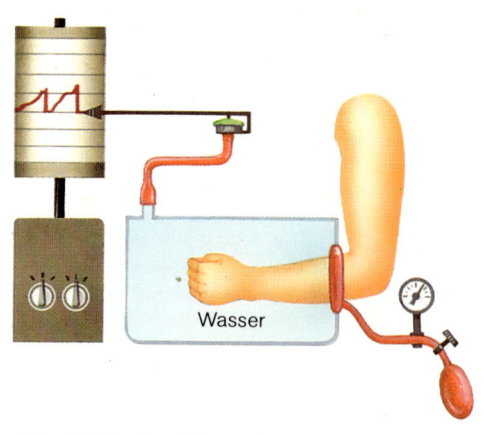

Abb. 12-32. Durchblutungsmessung am Arm mit einem Verschlußplethysmographen, Erklärung im Text.

tion und die Weite der Klappenöffnungen erhalten werden, was vor Herzoperationen eine große Hilfe sein kann (**Echokardiographie**).

Die Messung der **Durchblutung einzelner Organe** ist nur in Kliniken möglich. Häufig wird das oben geschilderte **Indikatorverdünnungsverfahren** angewendet (s. 12-163), wobei u. a. Fremdgase, Röntgenkontraststoffe und radioaktiv markierte Stoffe verwendet werden. Die markierten Stoffe werden auch zur Messung lokaler Durchblutungsgrößen in der **Szintigraphie** verwendet. Die Messung der Gliedmaßendurchblutung kann mit der **Plethysmographie** (gr. Zunahmeschreibung) erfolgen. Bei der Verschlußplethysmographie wird z. B. die Armdurchblutung gemessen (Abb. 12-32). Bei kurzzeitigem Verschluß der blutabführenden Armvenen steigt das Armvolumen entsprechend der Menge des einströmenden arteriellen Blutes an.

Das Lymphsystem

Die Lymphe ist Flüssigkeit aus dem Zwischenzellraum (s. 12-153). Sie sammelt sich in einem dem Blutkreislauf ähnlichen Gefäßsystem. Die wesentlichen Unterschiede sind: a) das Lymphsystem ist zum Gewebe hin „offen" und b) die Lymphe wird passiv und ohne Pumpe (Herz), ähnlich dem venösen Blut, von den Geweben in den Brustraum befördert, wo die verhältnismäßig großen Lymphgefäße Ductus thoracicus und rechter Ductus lymphaticus in das Venensystem münden (s. Lippert, 3. A., S. 345 f.). Die Lymphgefäße haben Klappen wie die Venen, und die Muskelpumpe ist ähnlich wie dort für den Transport der Flüssigkeit wichtig. In den Lymphbahnen sind **regionale Lymphknoten** eingeschaltet, die eine Filter- und Abwehrfunktion haben. Sie schwellen bei Entzündungen in ihrem Stromgebiet an, z. B. bei Entzündungen oder auch Geschwülsten an der Hand, die Knoten in der Achselhöhle. Die Lymphflüssigkeit ist eiweißärmer als das Blutplasma. Die Eiweißkonzentration ist in den einzelnen Lymphgefäßabschnitten verschieden, in den Gefäßen der Gliedmaßen beträgt sie 1 bis 2%, in denjenigen des Eingeweides 4%, und die Leberlymphe hat mit 6% die höchste Konzentration. Innerhalb 24 Stunden werden etwa 2 bis 4 Liter Lymphe produziert.

13. Atmung

Gasaustausch

Im Körper des Menschen kann die zur Aufrechterhaltung der Körpertemperatur und zur Leistung von Arbeit erforderliche Energie nur durch den Abbau der Nahrungsstoffe mit **Sauerstoff** gewonnen werden. Während wir Nahrungsstoffe, vor allem Fett, speichern können (s. 2-13), ist das für Sauerstoff nur in so geringem Maße möglich, daß schon nach etwa 2-4 Minuten Atemstillstand ernste Störungen auftreten. Ohne Wasser können wir dagegen ohne bedrohliche Erscheinungen etwa einen Tag und ohne Nahrung mehrere Tage leben. Im Gegensatz zur Flüssigkeits- oder Nahrungsaufnahme muß deshalb fortwährend Sauerstoff aufgenommen werden. Dies geschieht durch Nase und Mund, den Rachen, die Luftröhre und ihre Verzweigungen, die Bronchen, in die Lungen, bei der **Einatmung**. Das **Kohlendioxid** (CO_2), das beim Abbau der Nahrungsstoffe mit Sauerstoff entsteht, wird auf demselben Wege in umgekehrter Richtung durch die **Ausatmung** abgegeben. Die Abb. 13-1 gibt eine Übersicht über den ganzen Atemtrakt. Wie im Darm, wo zur Aufnahme der energiereichen Moleküle ins Blut eine große Gewebefläche (besonders durch Faltungen im Dünndarm) vorhanden ist, muß für die O_2-Aufnahme ins Blut und die CO_2-Abgabe aus dem Blut in der Lunge eine große Austauschfläche vorhanden sein. Dieser entspricht die Oberfläche der Kapillaren in den **Lungenbläschen (Alveolen)** (Abb. 13-2).

Die Kapillaroberfläche in den Alveolen eines erwachsenen Menschen beträgt etwa 70 m². Diese große Fläche ist nötig, um in einer genügend kurzen Zeit die erforderlichen Mengen von O_2 und CO_2 auszutauschen, weil der Austausch nur durch den relativ langsamen Prozeß der **Diffusion** (s. 5-40) möglich ist. Für die diffundierende Menge ist außer dem Konzentrationsgefälle die Größe der Austauschfläche (F) und die Diffusionsstrecke, die Gewebsdicke (d), entscheidend. Für O_2 gilt dann ähnlich Gleichung (s. 5-41)

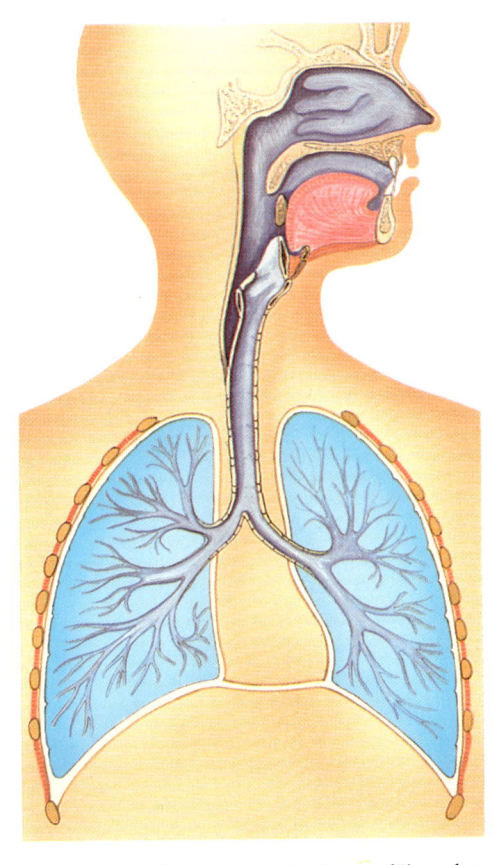

$$\frac{M_{O_2}}{t} = D \frac{F}{d} (c_{O_2 gas} - c_{O_2 blut})$$

Abb. 13-1. Die Lunge mit den zuführenden Atemwegen (Nasenrachenraum, Kehlkopf, Luftröhre, Bronchialbaum, Lungen).

Austauschfläche

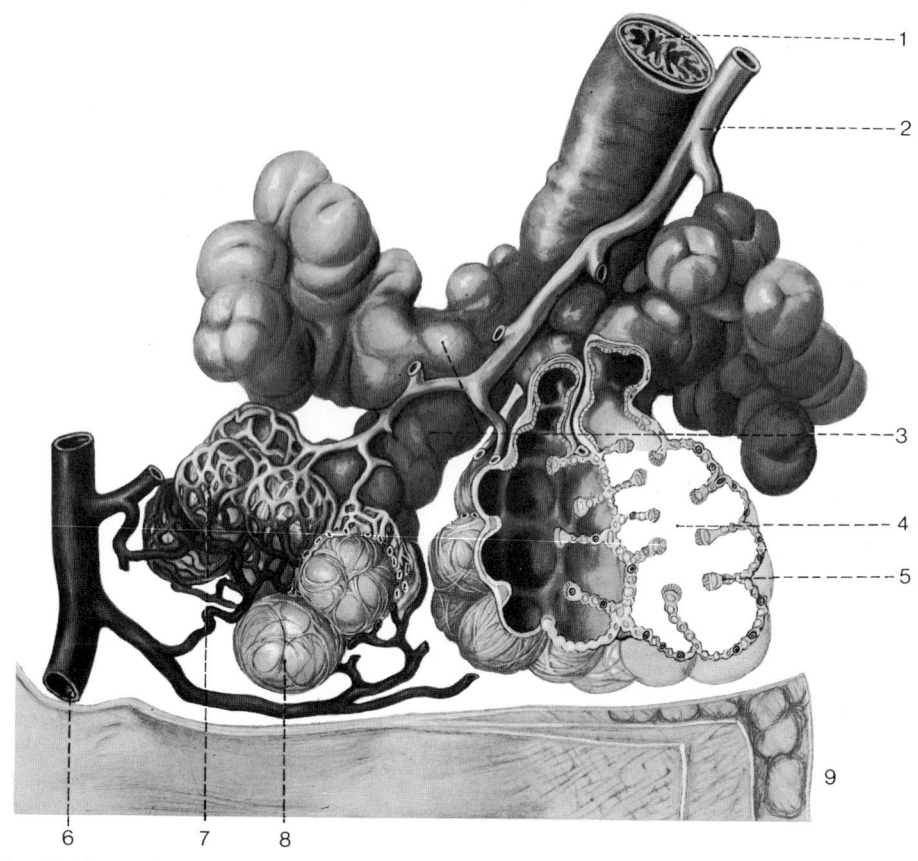

Abb. 13-2. Lungenbläschen (Alveolen) mit kleinem Bronchus und der Aufteilung der Lungenarterie (mit venösem Blut!) in die Haargefäße (Kapillaren), die die Alveolen umspinnen. In Wirklichkeit ist praktisch die ganze Alveolaroberfläche mit Kapillaren bedeckt (aus *Benninghoff/Goerttler* Bd. 2, 1967). 1 = Bronchiole (knorpelfreier kleiner Bronchus), 2 = Ast der Lungenschlagader, 3 = Endbronchiole, 4 = Lungenbläschengang, 5 = Trennwand zwischen 2 Lungenbläschen, 6 = Ast einer Lungenvene, 7 = Lungenkapillarnetz, 8 = elastischer Faserkorb des Lungenbläschens, 9 = Lungenfell mit elastischen Fasernetzen.

Wie man aus der Beziehung sieht, kann die diffundierende Menge O_2 vergrößert werden, wenn die Austauschfläche zu- und die Diffusionsstrecke abnimmt. Tatsächlich ist die Diffusionsstrecke für diese Gase in der Lunge außerordentlich klein (Abb. 13-3). Weniger als ein Mikrometer trennt das Blut vom Gasraum der Alveolen. Die große, dünne Grenzfläche der Alveolen ist natürlich sehr verletzlich und muß deshalb geschützt im Körperinnern liegen. Der **Gaswechsel** durch die **Haut** ist weniger als 1% desjenigen der Lunge, weil für die nötige Hautfestigkeit ein viel dickeres Gewebe zwischen Hautkapillaren und Luft vorhanden ist, daß praktisch kein Gaswechsel stattfinden kann. Außerdem ist die gesamte Hautoberfläche mit 1,5-2 m² ca. nur $1/50$ der Alveolenoberfläche. Um einen wirkungsvollen Austausch von O_2 und CO_2 über die große, dünne Austauschfläche zu erreichen, muß der Erwachsene von der Einatmungsluft ca. 0,3-0,5 l pro Atemzug bis in die Alveolen „saugen"; dadurch entsteht ein **Gasfluß** (Konvektion) vom

Alveolen

Mund bzw. der Nase zu den Alveolen. Die Luftmoleküle werden dadurch im Vergleich zur Diffusion mit großer Geschwindigkeit befördert.

Damit die Arbeit, die wir für die Einatmung aufbringen, möglichst klein gehalten wird, müssen zwei wichtige Voraussetzungen erfüllt werden:
1. Die Strömungswiderstände für die Atemgase müssen möglichst gering sein.
2. Die Entfaltung bzw. Erweiterung der Lungenbläschen während der Einatmung muß möglichst reibungsarm vor sich gehen.

1. Durch die Aufzweigung der Atemwege in kleine und kleinste Bronchen, die zuletzt nur noch einen Innendurchmesser von 1/10 mm haben (wie eine feinste Injektionsnadel), entsteht ein großer Strömungswiderstand im einzelnen Bronchus. Dieser Strömungswiderstand wird durch Parallelschaltung vieler Bronchen herabgesetzt (s. 12-149). Dennoch liegt der Hauptströmungswiderstand, der bei der Atmung überwunden werden muß, im Gebiet der zahlreichen, engen Bronchen. Bei schwerer Arbeit, wenn wir z. B. zehnmal mehr Luft atmen als bei Ruhe, wird die Mehrarbeit der Atemmuskeln hauptsächlich für die Überwindung der Strömungswiderstände gebraucht, die mit zunehmender Strömungsgeschwindigkeit ansteigen. Bei Arbeit werden daher unbewußt durch den Einfluß des Nervensystems (autonomes Nervensystem, s. 22-271) die engen Röhrchen durch Erschlaffung ihrer Muskelschicht weitergestellt und damit der Widerstand für die zu bewegenden Luftmengen herabgesetzt. Es gibt Krankheiten, bei denen sich die Muskulatur der kleinen Bronchen zusammenzieht (**Asthma**) und der Strömungswiderstand schon bei Ruhe so hoch ansteigt, daß die Patienten viel Kraft aufwenden müssen, um ausreichend zu atmen, sie leiden unter Atemnot.

2. Die Bläschen der Lunge haben eine Wandstärke von nur etwa 1 µm und stehen unter einer Zugkraft, wie sie z. B. auch bei

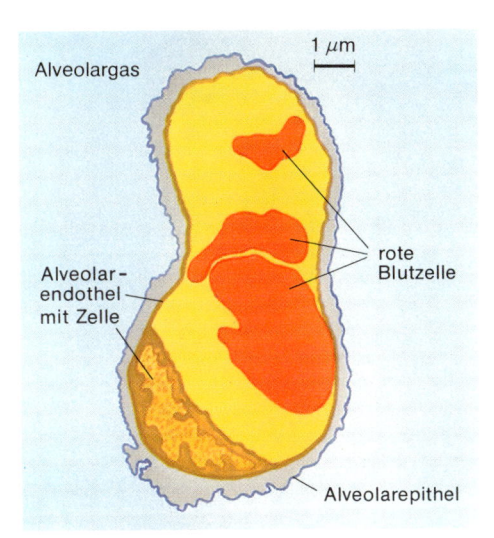

Abb. 13-3. Kapillare der Lunge mit der nur etwa 1 µm dicken Blutgasschranke. Die Alveolarendothelzelle sondert das Surfactant (s. 13-170) ab (nach *Weibel*, 1973).

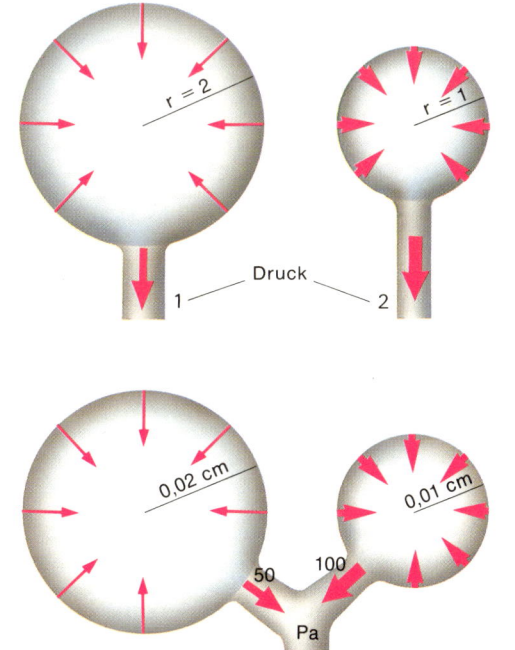

Abb. 13-4. Blasen (z. B. Seifenblasen) unterschiedlicher Größe haben unterschiedliche Innendrucke. Der durch die Oberflächenspannung erzeugte Druck ist in der kleinen Blase (Alveole) größer.

Oberflächenspannung

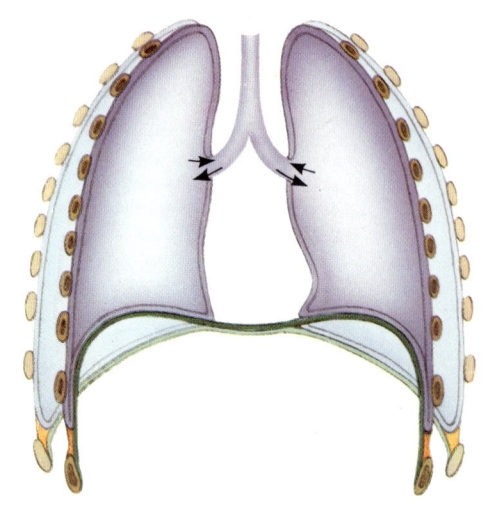

Abb. 13-5. Veränderung von Thorax und Zwerchfell bei Ein- bzw. Ausatmung.

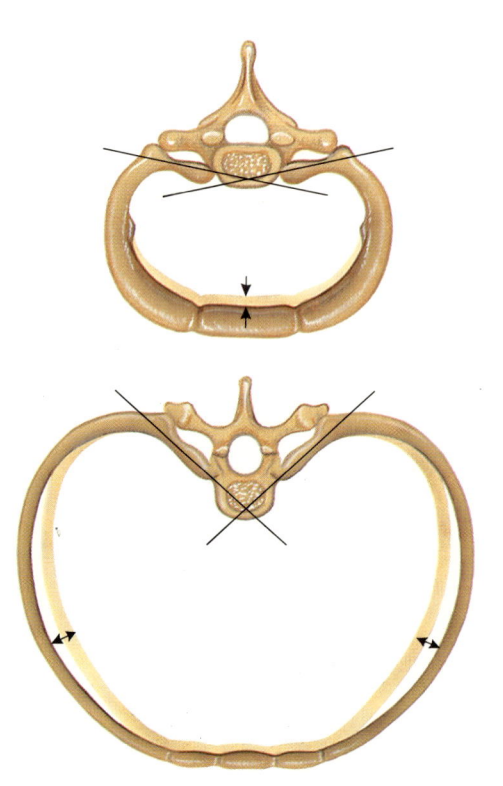

Abb. 13-6. Unterschiedliche Rotationsachsen des Rippenansatzes an der oberen (oben) bzw. unteren Brustwirbelsäule.

einer Seifenblase vorhanden ist. Soll eine Seifenblase fliegen, muß sie beim Abblasen vom Rohr geschlossen sein, sonst „platzt" sie. Die Moleküle der Seifenschicht ziehen nach innen. Die Kraft, die sie ausüben, wird als **Oberflächenspannung** bezeichnet. Man kann die Kraft, die die Moleküle ausüben, messen (Abb. 13-4) und feststellen, daß die Kraft zum Zusammenfallen umso größer wird, je kleiner die Blase ist. Beim Einatmen muß auch gegen diese Kräfte Atemarbeit aufgewendet werden, denn die Lungenbläschen sollen dabei ja vergrößert werden. Man kann berechnen, daß zur Entfaltung der zahlreichen, winzigen Lungenbläschen 10mal mehr Kraft nötig wäre, als wir in Wirklichkeit aufwenden. Wie ist dies möglich? Des Rätsels Lösung wurde gefunden, als man entdeckte, daß die Lungenbläschen mit einer Flüssigkeitsschicht **(Surfactant)** ausgekleidet sind, die die Oberflächenspannung um mehr als das Zehnfache herabsetzt. Es handelt sich um Stoffe, die von den Mitochondrien (s. 1-6) der Alveolarzellen gebildet werden und eine ähnliche Wirkung haben wie unsere Spülmittel, die bekanntlich die Oberflächenspannung des Wassers herabsetzen.

Bei **Frühgeborenen** ist die Bildung dieses Stoffes oft unzureichend und die Kraft der Atemmuskulatur zu gering, um bei der Einatmung die erforderliche Anzahl an Lungenbläschen zu entfalten **(Atemnotsyndrom)**. Hilfe kann dann nur die künstliche Beatmung bringen.

Atemmechanik

Der Gaswechsel wird durch eine Vergrößerung und Verkleinerung des Brustraums erreicht. Bei der **Einatmung** ziehen sich das **Zwerchfell** und die äußeren **Zwischenrippenmuskeln** (Mm. intercostales ext.) zusammen. Dadurch wird das Lungengewebe gedehnt, die Lunge wird vom Zwerchfell bauchwärts gezogen und insgesamt der Lungeninnenraum erweitert (Abb. 13-5).

Die äußeren Zwischenrippenmuskeln er-

Atemmuskeln

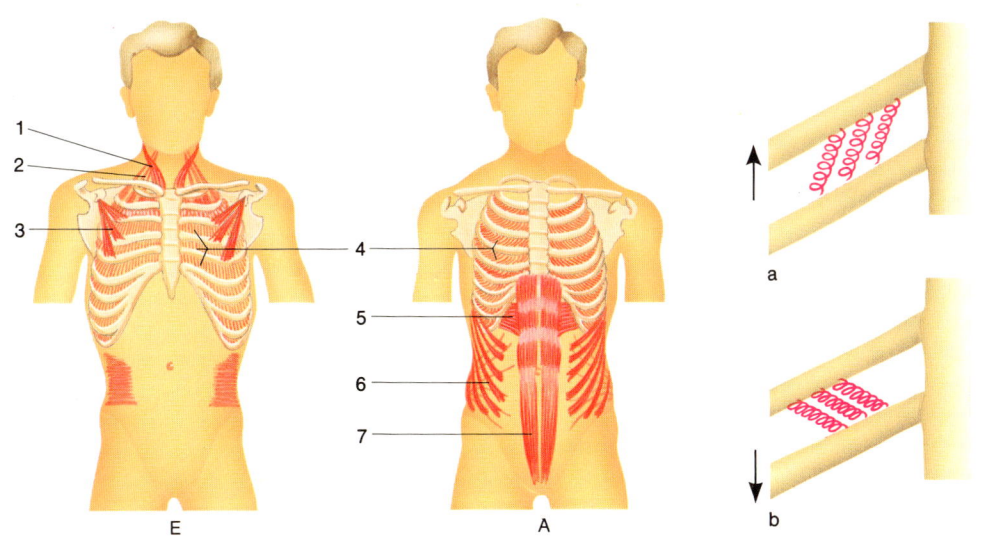

Abb. 13-7. Hauptein- (E) und -ausatmungsmuskeln (A) mit Hilfsatemmuskeln. Rechts schematische Darstellung der Zwischenrippenmuskelwirkung bei Einatmung (a) und Ausatmung (b): 1 = Kopfwender, 2 = Treppenmuskel, 3 = kleiner Brustmuskel, 4 = Zwischenrippenmuskeln, 5 = Querer Bauchmuskel, 6 = Äußerer schräger Bauchmuskel, 7 = Gerader Bauchmuskel.

weitern das Brustkorbskelett vor allem nach seitlich und nach vorn (s. Abb. 13-6) und vergrößern den Brustumfang. Im oberen Brustkorbanteil wird vor allem der Tiefendurchmesser, im unteren der seitliche Durchmesser vergrößert (Abb. 13-6).

Das **Brustfell (Pleura)** spielt bei den Atembewegungen eine wichtige Rolle. Es besteht aus zwei Blättern, der Pleura visceralis, die der Lungenoberfläche anliegt, und der Pleura parietalis, die den Rippen anliegt (Rippenfell). Beide Blätter sind nur durch eine mikroskopisch dünne Flüssigkeitsschicht voneinander getrennt, so daß die Lunge den Brustkorbbewegungen folgen muß, sie sind aber gegeneinander verschiebbar. Beispiel: Zwei feuchte aufeinanderliegende Objektträger lassen sich nicht durch Auseinanderziehen, sondern nur durch Gegeneinanderschieben trennen.

Die **Ausatmung** ist bei **Ruheatmung** passiv, das Zwerchfell und die äußeren Zwischenrippenmuskeln erschlaffen. Der Lungeninnenraum verkleinert sich durch den elastischen Zug des Lungengewebes und des Brustkorbs sowie durch den Einfluß der Schwerkraft auf den Brustkorb. Bei Ruheatmung bewegt das Zwerchfell etwa $2/3$, die Zwischenrippenmuskeln $1/3$ des Luftvolumens.

Bei **körperlicher Arbeit** und bei **krankhaften Behinderungen der Atmung**, z. B. durch Verengung der Bronchien beim **Asthma** oder Einengung der Atemwege durch **Geschwülste** werden **Hilfsatemmuskeln** eingesetzt. Das sind vor allem die beiden Kopfwender (Mm. sternocleidomastoidei), die beiden Treppenmuskeln (Mm. scaleni) und die kleinen Brustmuskeln (Mm. pectorales min.), die die Rippen und das Brustbein kopfwärts ziehen und damit den Brustkorb erweitern (Abb. 13-7E). Patienten mit Atembeschwerden stützen meist unwillkürlich die Arme auf, wodurch der Schultergürtel festgestellt wird, was die Wirkung der kleinen Brustmuskeln auf die Atmung verstärkt. Bei sehr starker

Intrapleuraldruck

Abb. 13-8. Messung des intrapleuralen Druckes mit Speiseröhrenkatheter.

Manometer
Speiseröhre
0,4 kPa
ca. 4 cm H₂O

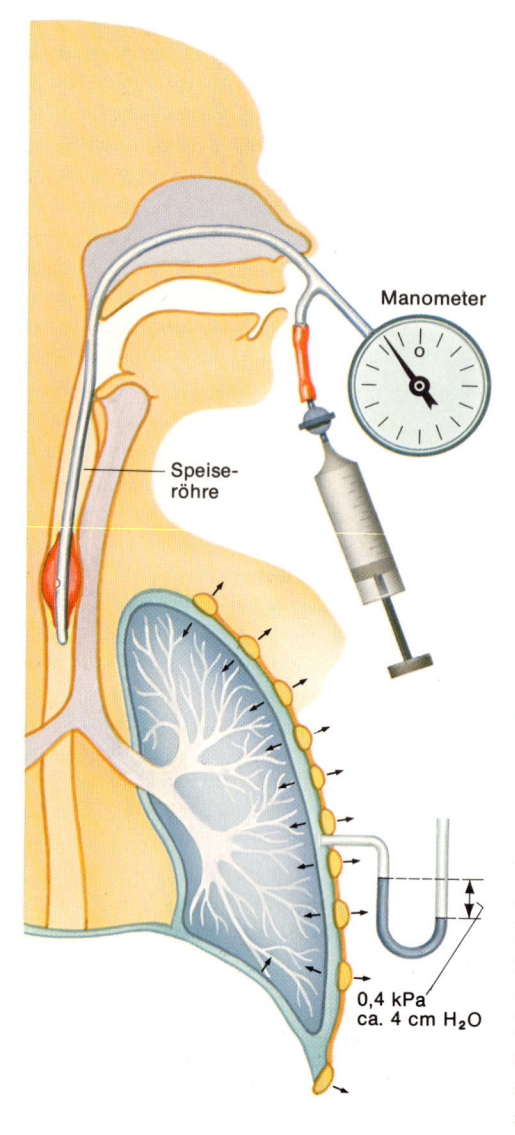

Atmung, z. B. gegen Ende eines Langlaufes oder bei Patienten mit Atemnot, kann man das deutliche Hervortreten der beiden Kopfwender beobachten.

Zur **verstärkten Ausatmung** (Abb. 13-7) dienen die inneren Zwischenrippenmuskeln, die vorne am oberen Rippenrand nach hinten an den unteren Rand der nächsthöheren Rippe ziehen. Wirksamer sind jedoch alle Bauchmuskeln, die den Bauchraum verkleinern („Bauchpresse"), wobei die Eingeweide nach oben gedrückt werden, sowie alle Muskeln, die den Brustkorb nach unten ziehen. Die Kräfte bzw. Drucke, die bei der Atmung wirksam werden, sind meßbar. Bei bestimmten Atmungsstörungen treten Veränderungen auf. Da die Lunge der Innenseite des Brustkorbs, nur durch die beiden Pleurablätter („Brustfell") und eine dünne Flüssigkeitsschicht getrennt (s. Abb. 13-1), anliegt, muß sie den Bewegungen des Brustkorbs folgen. Der Zug von elastischen Fasern des Lungengewebes und die Alveolenspannung müssen zwischen den beiden Pleurablättern einen Unterdruck erzeugen, den man im Interpleuralraum tatsächlich messen kann, Interpleuraldruck (meist **Intrapleuraldruck**) genannt. Bei starker Einatmung muß Kraft gegen den sich vergrößernden „Lungenzug" aufgewendet werden, der Unterdruck wird noch größer. In Abb. 13-8 ist durch Pfeile angezeigt, daß nicht nur das Lungengewebe, sondern auch der Brustkorb mit knöchernen und muskulären Anteilen einen Zug ausübt, der am Ende einer normalen Ausatmung dem Lungenzug entgegengerichtet ist. Wie sich diese Züge und demnach die Drucke verändern, ist durch Pfeile dargestellt (je länger, desto stärker der Zug). Wenn wir den Verlauf der Drucke und des Gasvolumenwechsels aufzeichnen, können wir die Arbeit berechnen, die zur Atmung nötig ist. Der intrapleurale Druck ist als Differenz zum atmosphärischen Druck in Abb. 13-10 (unten), zusammen mit dem ein- bzw. ausgeatmeten Volumen (oben), für einen Atemzug bei ruhiger Atmung aufgezeichnet. Außerdem sieht man noch den Druckverlauf im Innern der Lunge (**intrapulmonaler Druck**) in der Mitte eingezeichnet.

Druck-Volumen-Beziehung

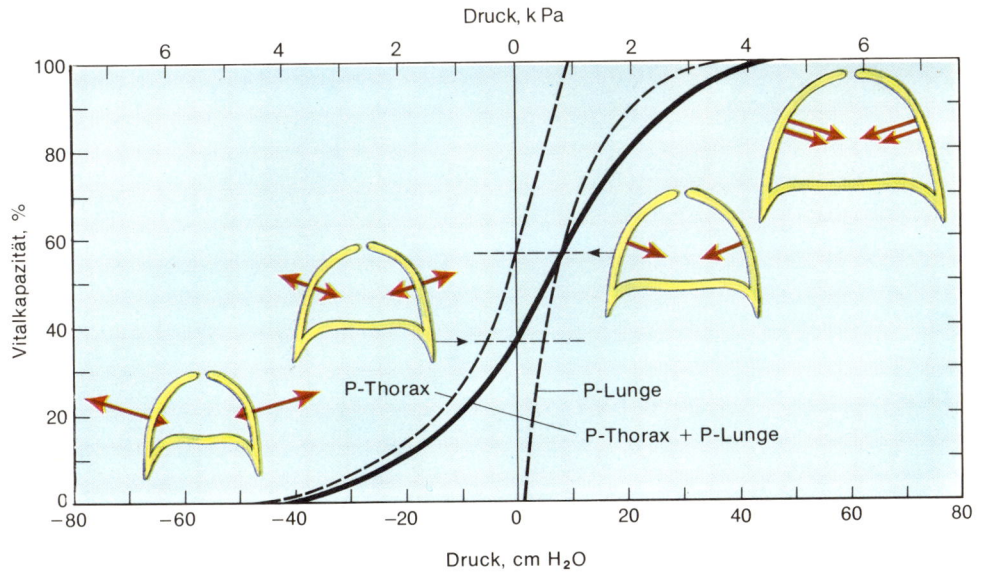

Abb. 13-9. Schematische Darstellung der Kräfte und der dabei entwickelten Drucke bei verschiedenen Atemstellungen. Man erkennt, daß am Ende einer normalen Ausatmung der elastische Lungenzug dem nach außen ziehenden Thorax die Waage hält. Je größer die Inspiration, desto größer wird der Lungenzug, desto kleiner der Thoraxzug; mit zunehmender Ausatmung verhält es sich umgekehrt. Die Pfeile geben die Zugrichtung, ihre Länge die Zuggröße an (nach *Knowles, Hong* u. *Rahn*, 1959).

Man sieht vor allem deutlich, daß am Ende der Einatmung und Ausatmung der intrapulmonale Druck gleich dem Atmosphärendruck ist. Das heißt, daß zu diesen Zeitpunkten keine Luft in die Lunge ein- bzw. ausströmt.

Zeichnet man die Änderung des intrapleuralen Druckes, den man über einen Ballonkatheter in der Speiseröhre messen kann (Abb. 13-8), im Verlauf einer Einatmung zusammen mit dem eingeatmeten Volumen auf (Abb. 13-11), so erhält man die für die Einatmung aufgebrachte Arbeit. Das Produkt aus erzeugtem Druck (kPa) und dem dabei bewegten Volumen ergibt Arbeit, die in unserer Abbildung als Fläche dargestellt ist. Diese Arbeit wird vor allem gegen den Zug des Lungengewebes und, bei ruhiger Atmung, zum kleineren Teil gegen die Strömungswiderstände in den kleinen Bronchien aufgebracht. Je stärker die Atmung wird, desto größer werden beim Gesunden diese Strömungswiderstände. Dasselbe tritt bereits bei Patienten in Ruhe auf, wenn ihre Atemwege verengt sind, z. B. bei Lungenasthma (s. 13-169) oder bei Geschwülsten, die die Atemwege einengen. Wenn aber der Zug der Lunge, z. B. durch krankhafte Veränderungen, größer wird oder ein Mangel an Surfactant besteht, das normalerweise die Oberflächenspannung der Alveolen herabsetzt, muß ebenfalls mehr Druck für die Einatmung eines bestimmten Luftvolumens erzeugt werden (s. Abb. 13-11). Bei erhöhten Strömungswiderständen bzw. bei größerem Lungenzug wird in jedem Fall die Arbeit größer.

Die genaue Untersuchung derartiger Störungen wird anhand von Lungenfunktionsprüfungen in größeren Kliniken durchgeführt.

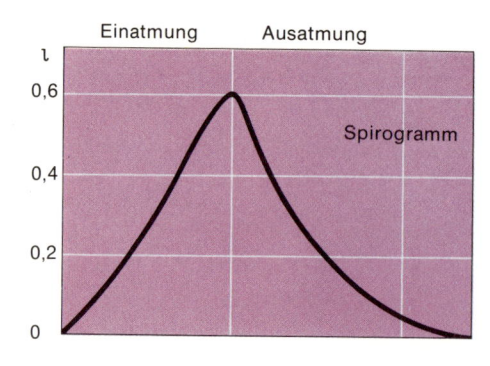

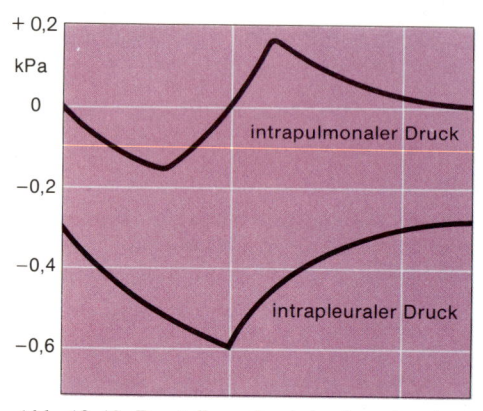

Atemarbeit

Abb. 13-10. Darstellung des intrapleuralen (unten) und intrapulmonalen (Mitte) Druckverlaufs während Ein- und Ausatmung (oben).

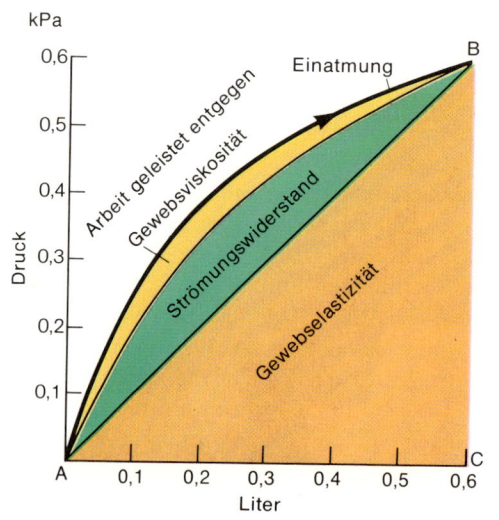

Abb. 13-11. Druck-Volumenbeziehung bei der Einatmung. Fläche bedeutet in der Darstellung Arbeit. Der größte Anteil wird gegen die elastischen Kräfte und die Oberflächenspannung der Lunge aufgebracht. Die Arbeit gegen Strömungswiderstände hängt von der Strömungsgeschwindigkeit ab. Die Gewebsviskosität spielt im allgemeinen eine kleine Rolle. Die Darstellung zeigt zur Verdeutlichung die Strömungswiderstände bei starker oder behinderter Atmung.

Kurzgefaßt:

Die **Lungenkapillaren** schaffen mit einer **Oberfläche** von etwa 70 m² die Voraussetzung, um bei den bestehenden Konzentrationsgefällen für O_2 ins Blut und für CO_2 in die Lunge einen ausreichenden Gaswechsel zu ermöglichen. Ein- und Ausatmungsvolumina werden durch **Konvektion** befördert. Die Konvektion wird durch **Einatmungsmuskeln,** besonders das Zwerchfell und die äußeren Zwischenrippenmuskeln, bei der Ausatmung vorwiegend passiv durch den elastischen Zug des Lungengewebes erreicht. Die der Einatmung entgegenwirkende **Oberflächenspannung** der Lungenbläschen wird durch eine diese Spannung herabsetzende Flüssigkeit **(Surfactant)**, die die Bläschen auskleidet, stark vermindert. Bei starker oder durch krankhafte Prozesse behinderter Atmung werden **Hilfsatemmuskeln** mit herangezogen. Die bei der Atmung aufgewendete **Arbeit** kann durch Messung der Drucke und der bewegten Volumina bestimmt werden. Der **intrapleurale Druck** ist infolge des Zuges des elastischen Lungengewebes bei normaler Ausatmungsstellung etwa 0,6 kPa niederer als der **intrapulmonale** bzw. Atmosphärendruck. Der interpleurale Unterdruck vergrößert sich bei Inspiration. Die Atemarbeit dient der Überwindung der **elastischen Kräfte** der Lunge und der **Strömungswiderstände** in den Atemwegen.

Untersuchungsmethoden

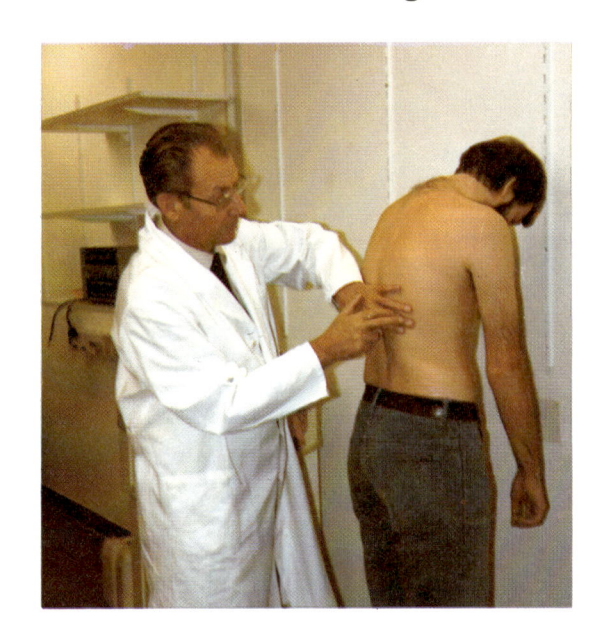

Abb. 13-12. Abklopfen (perkutieren) der Lungengrenzen.

Allgemeine Untersuchungsmethoden

Schon mit einfachen Mitteln kann der Hausarzt wichtige Aufschlüsse über den Zustand der Atmungsorgane erhalten. Durch Beklopfen des Brustkorbs **(Perkussion)** kann er die Ausdehnung der Lunge im Brustraum erkennen (Abb. 13-12). Normalerweise rückt der hohle Lungenschall bei der Einatmung beim jungen Gesunden 5 bis 10 cm tiefer. Nach Brustfellentzündung (Pleuritis) kann es an bestimmten Stellen, häufig in der Nähe des Zwerchfells, zu Verwachsungen des inneren mit dem äußeren Brustfell (Pleura visceralis und parietalis) kommen, ihre Verschieblichkeit ist dann herabgesetzt.

Durch Abhören **(Auskultation)** lassen sich krankhafte Prozesse feststellen, weil die bei normaler Atmung durch die Luftströmung sowie das Öffnen und Schließen kleinster Bronchien entstehenden Geräusche durch Entzündungen und besonders bei Absonderung von Flüssigkeiten bzw. Schleim („Rasseln") charakteristisch verändert sind.

Die **Röntgenuntersuchung** erlaubt genauere Einblicke über die Art, den Ort und das Ausmaß der Erkrankung. Die normale Übersichtsaufnahme stellt die Lunge in ihrer ganzen Tiefe (15-20 cm) dar (Abb. 13-13). Viele Störungen und Erkrankungen können darauf erkannt und lokalisiert werden. Genauere Aufschlüsse erhält man durch Drehung der Röntgenröhre auf einem Halbkreis, dessen Mittelpunkt in der Ebene einer bestimmten Lungenschicht liegt (Röntgenschichtverfahren); durch die Drehung wird nur eine Ebene scharf auf dem Röntgenfilm abgebildet, die Abschnitte oberhalb und unterhalb des Schichtbereiches werden unscharf (Abb. 13-14). Durch Höhenverstellung können so verschiedene Lungenabschnitte untersucht werden. Weitere radiologische Untersuchungsverfahren sind die Computer-Tomographie und die Bronchographie (Kontrastmittel im Bronchialbaum).

Mit radioaktiv markierten Stoffen **(Isotopen)**, z. B. bei Zusatz von ^{133}Xenon zur Atmungsluft, kann man szintigraphisch die Gasverteilung in der Lunge, nach Injektion von Radioisotopen ins Blut, die Lungendurchblutung beurteilen (Abb. 13-15). In größere

Röntgenverfahren

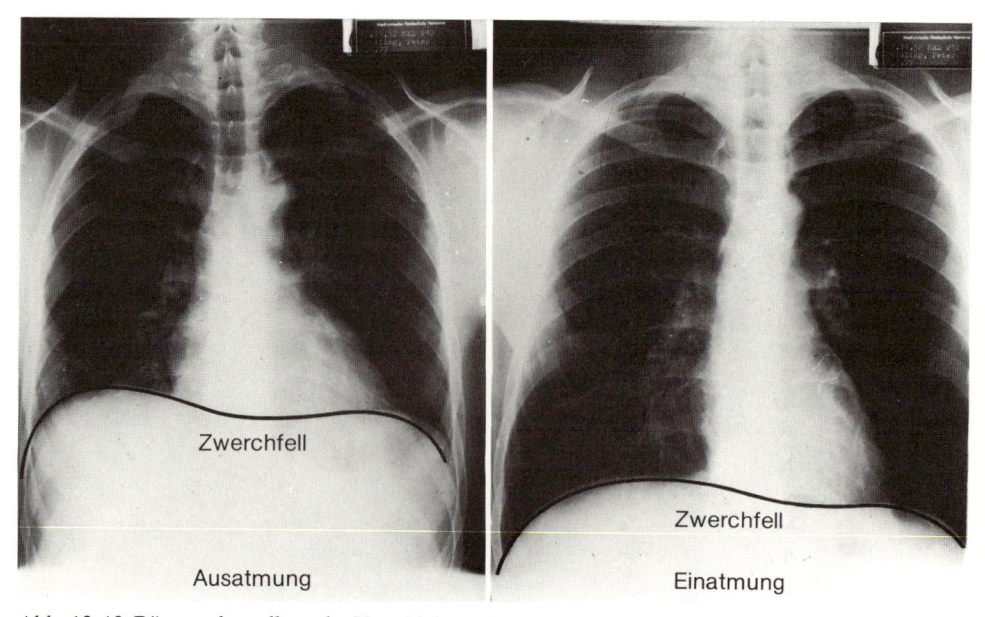

Abb. 13-13. Röntgendarstellung der Verschiebung der Lungenzwerchfellgrenzen bei starker Ausatmung (links) und starker Einatmung (rechts). Beachte die Veränderung der Herzform (rechts „tropfenförmig"), die sich auf das Elektrokardiogramm auswirkt (s. 12-142).

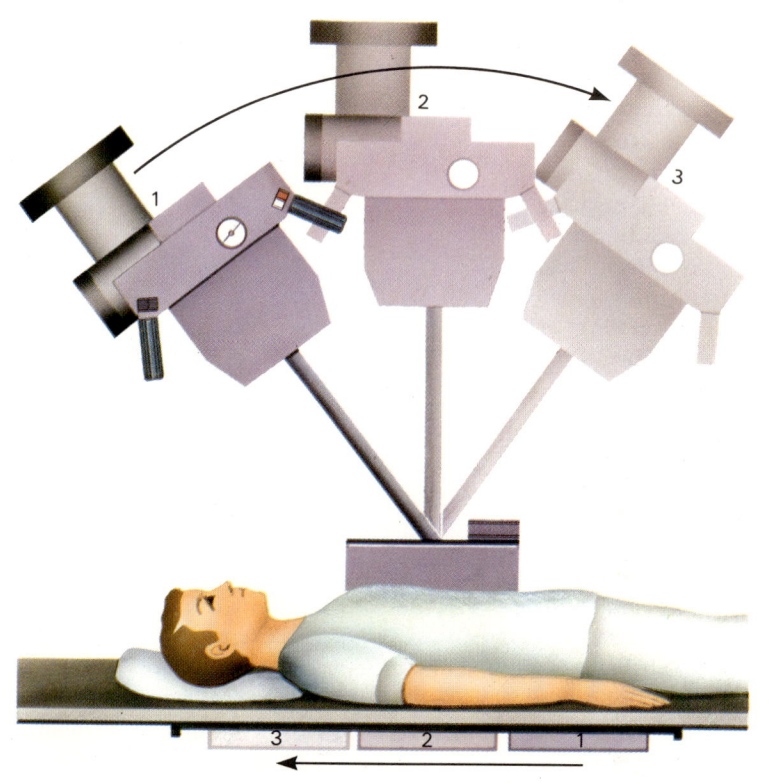

Abb. 13-14. Röntgenschichtverfahren (Erkl. im Text).

Lungenszintigraphie

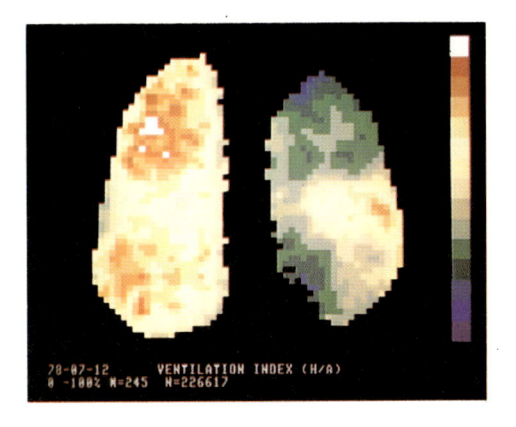

Abb. 13-15. Szintigramme der Lungenbelüftung (links), der Lungendurchblutung (rechts) und des Belüftungsdurchblutungsverhältnisses (unten). Für die Belüftungsmessung wurde der Atemluft ein Xenon-Isotop zugesetzt. Die Belüftung ist links größer als rechts (je heller, desto stärker die Belüftung). Die Durchblutung wurde durch Injektion kleiner 10–20 μm Kügelchen, die mit Technetium markiert waren, bestimmt. Das untere Viertel der linken und das obere und untere Drittel der rechten Lunge sind geringer durchblutet. Das Verhältnis Belüftung/Durchblutung ist daher links im unteren Viertel und rechts im oberen und unteren Drittel hoch. Aufnahme von Dr. *Reuter,* Nuklearmedizin der Medizinischen Hochschule Hannover.

Bronchen kann man sogar mit geeigneten Geräten **(Bronchoskopen)** hineinsehen, fotografische Aufnahmen machen (Abb. 13-16) oder Gewebsproben bei Verdacht auf bösartige Geschwülste entnehmen **(Biopsie).**

> **Kurzgefaßt:**
>
> Grobe Störungen der Lungenbeweglichkeit und der Lungenbelüftung können durch **Perkussion** und **Auskultation** festgestellt werden. **Röntgen**- und **Isotopen**-Untersuchungen erlauben genauere und vor allem örtliche Feststellung von Störungen der Lungenfunktion. Die **Bronchoskopie** ermöglicht das Besichtigen der Atemwege bis in die Bronchen und das Entnehmen von Gewebsproben unter Sicht.

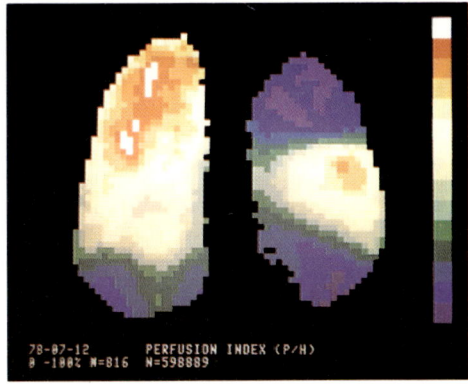

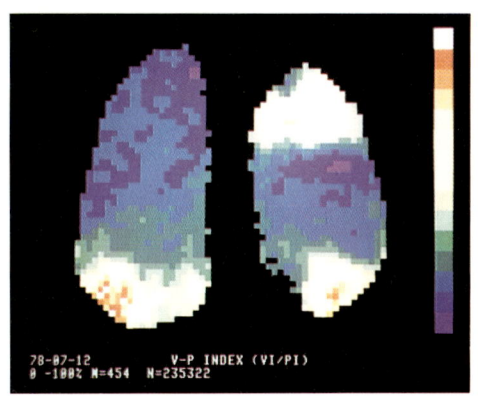

Lungenvolumina und ihre Messung

Bei ruhiger Atmung wird vom Erwachsenen pro Atemzug etwa ein halber Liter ein- bzw. wieder ausgeatmet (Abb. 13-17). Man nennt dies das **Atemzugvolumen** (AZV). Wir können aber auch bewußt größere Atemzüge machen oder unbewußt, z. B. bei Arbeit. Diejenige Menge Luft, die wir nach normaler Atmung noch zusätzlich einatmen können, nennt man **inspiratorisches** (Einatmungs-) **Reservevolumen** (IRV) und das Volumen, das wir am Ende der normalen Ausatmung noch ausatmen können, **exspiratorisches** (Ausatmungs-) **Reservevolumen** (ERV). Nach stärkster Ausatmung bleibt noch ein Restvolumen von mehr als 1 Liter in der Lunge, das **Residualvolumen** (s. u.). Die

Lungenvolumina

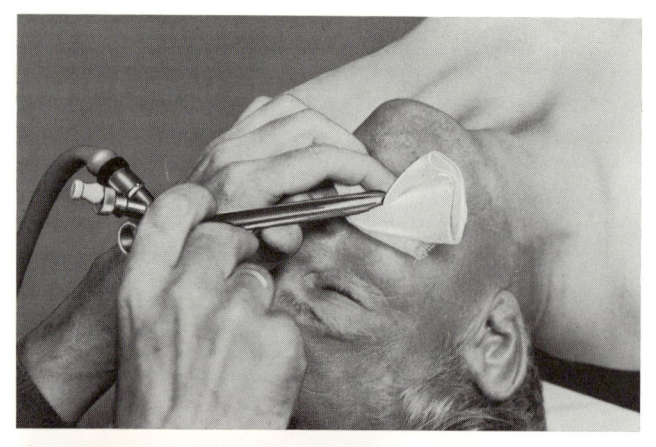

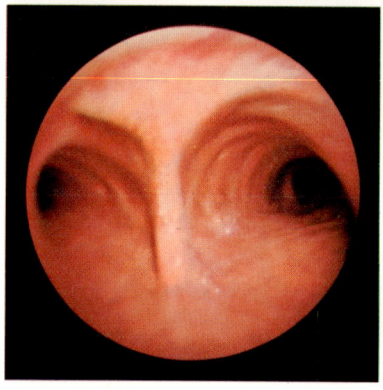

Abb. 13-16. Bronchoskop und bronchoskopische Aufnahme der Teilung der Luftröhre in die beiden Hauptbronchen (aus *G. Primer*, 1978).

Messung dieser und einer Reihe anderer Atemvolumina gehört zu den wichtigsten Untersuchungsmethoden der Lungenfunktion. Man kann sie mit einem **Spirometer** bestimmen (s. Abb. 13-17), einem Gerät, das meist aus zwei Zylindern besteht, die durch Wasser nach außen abgedichtet sind. Wenn damit zusätzlich der Sauerstoffverbrauch bestimmt werden soll, benutzt man zur chemischen Bindung von Kohlendioxid eine Substanz (meist Natronkalk), die sich im Spirometer oder einer Patrone im Atemschlauch befindet, der die Ausatmungsluft ins Spirometer zurückleitet. Die Atemzugvolumina und Reservevolumina kann man über einen Schreiber registrieren.

Lungenkapazitäten nennt man Volumina, die sich aus bestimmten Einzelvolumina zusammensetzen:

1. Die **Vitalkapazität** (VK) ist dasjenige Volumen, das man nach stärkster Einatmung maximal ausatmen kann, es umfaßt also inspiratorisches Reservevolumen, Atemzugvolumen und exspiratorisches Reservevolumen. Die Vitalkapazität sagt etwas aus über die Ausdehnungsfähigkeit des Brustkorbs und der Lunge.

2. Die **funktionelle Residualkapazität** (FRK) umfaßt das exspiratorische Reservevolumen und das Volumen, das nach maximaler Ausatmung noch in der Lunge bleibt, das **Residualvolumen** (RV). Sie kann nicht direkt mit dem Spirometer bestimmt werden.

Diese Volumina nennt man **statische Volumina** bzw. **Kapazitäten,** sie sind nicht auf eine bestimmte Meßzeit bezogen. Im Gegensatz dazu sind die **dynamischen Volumina** bzw. **Kapazitäten** zeitbezogen.

Lungenkapazitäten

1. Das **Atemminutenvolumen** (AMV) ist das Volumen, das in einer Minute gewechselt wird (s. u.), ist also das Atemzugvolumen, multipliziert mit der Anzahl der Atemzüge in dieser Zeit (ca. 12 pro Minute.)

2. Die **Einsekundenausatmungskapazität** (ESK) ist die Menge an Atemluft, die man nach stärkster Einatmung maximal innerhalb 1 Sekunde ausatmen kann (Abb. 13-18a, b). Sie wird meist in Beziehung zur Vitalkapazität gesetzt (relative ESK) und kann krankhafte Verengungen der Atemwege anzeigen.

3. Die **maximale Atemkapazität** oder der **Atemgrenzwert** (Abb. 13-18c) wird bestimmt, indem man den Patienten etwa 10 sec lang so stark und tief wie möglich und so schnell wie möglich atmen läßt. Der Wert wird dann auf 1 Minute umgerechnet angegeben.

Das **Residualvolumen** kann nicht mit dem

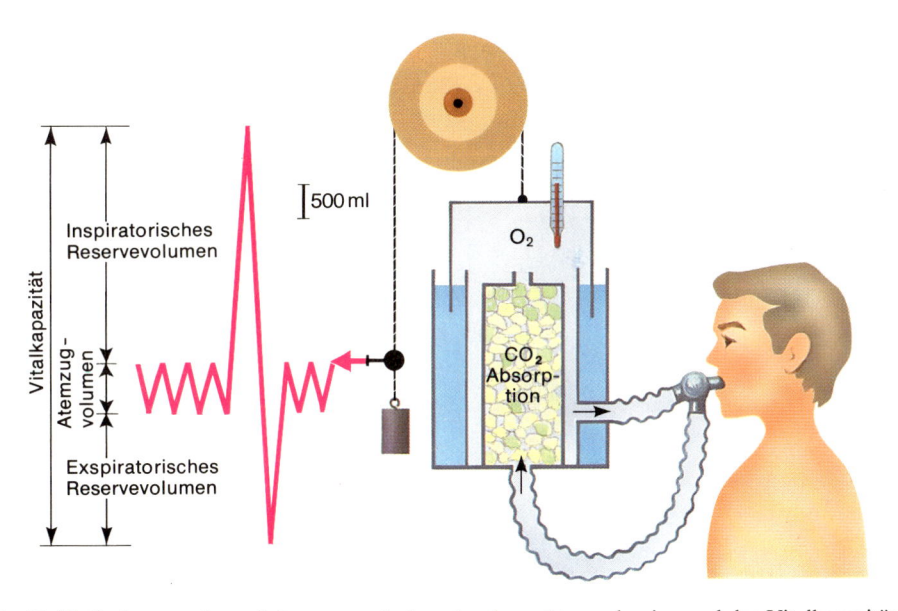

Abb. 13-17. Patient an einem Spirometer mit den einzelnen Atemvolumina und der Vitalkapazität.

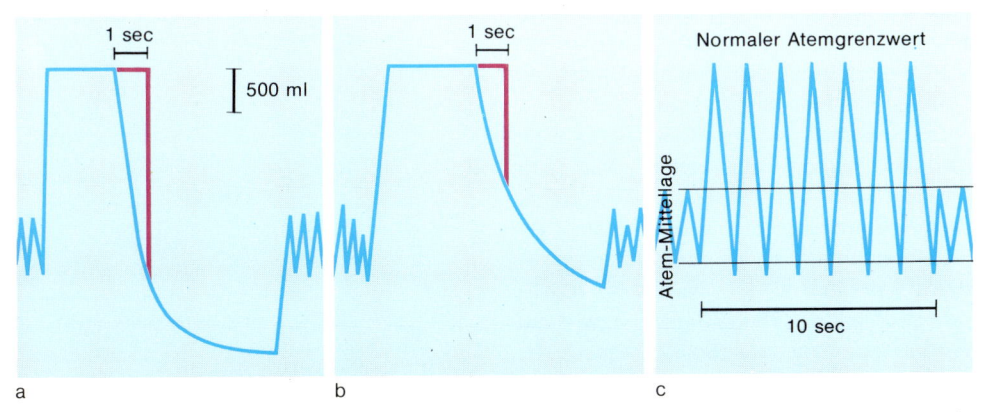

Abb. 13-18. Einsekundenausatmungskapazität (a normal und b krankhaft verkleinert) und maximale Atemkapazität (Atemgrenzwert).

Residualvolumen

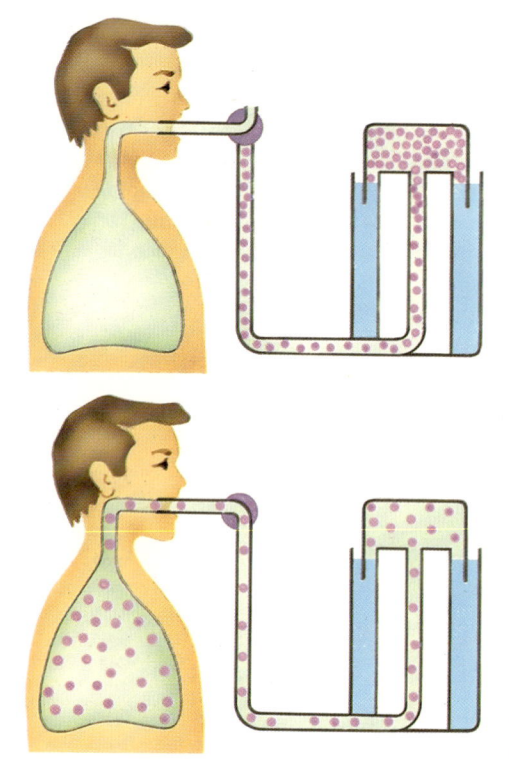

Abb. 13-19. Schematische Darstellung der Residualvolumenbestimmung mit einem Testgas. Oben vor Mischung mit dem Lungenvolumen, unten nach erfolgter Mischung.

Spirometer, sondern nur indirekt bestimmt werden. Die Kenntnis dieser Größe ist für die Diagnose von Lungenerkrankungen wichtig. Zur Messung des Residualvolumens wird das **Indikator-Verdünnungsverfahren** angewendet (s. 11-133).

Man verwendet als Indikator meist ein **Gemisch aus Luft und Helium.**

Ein Spirometer wird z. B. mit Luft gefüllt und 10% Helium dazugegeben. Man läßt den Patienten Außenluft oder Luft aus einem zweiten Spirometer atmen und schaltet am Ende der Ausatmung auf das „Heliumspirometer" um (Abb. 13-19). Nach 5 bis 10 Minuten hat sich das Helium auf Lungen- und Spirometervolumen gleichmäßig verteilt, die „Verdünnung" durch Zuschalten des Lungenvolumens ist eingetreten. Durch fortlaufende Registrierung der Heliumkonzentration erhält man eine Kurve, wie sie in Abb. 13-20 gezeigt ist. Die Heliumkonzentration erreicht jedoch keinen konstanten Endwert, weil Helium ins Blut aufgenommen wird. Der Mischungsendwert kann aber durch Projektion auf die Ordinate (Konzentration) grafisch ermittelt werden. Die **funktionelle Residualkapazität** (FRK) läßt sich entsprechend der auf Seite 133 angegebenen Gleichung errechnen. Bei einem Spirometervolumen (V_{spir}) von 2 Litern, einer Ausgangskonzentration von Helium von 10% (c_1) und einer Heliumkonzentration (c_2) von 4% ergibt sich aus

$$V_{spir} \cdot c_1 = (V_{spir} + V_L) c_2$$

ein V_L von 3 l. Dies ist die funktionelle Residualkapazität.

Zieht man das spirometrisch bestimmte exspiratorische Reservevolumen ab, so erhält man das **Residualvolumen.**

Dieses Volumen ist normalerweise beim älteren Menschen durch Nachlassen des elastischen Zuges des Lungengewebes vergrößert. Eine Zunahme des Residualvolumens kann aber auch krankhaft in jedem Lebensalter auftreten.

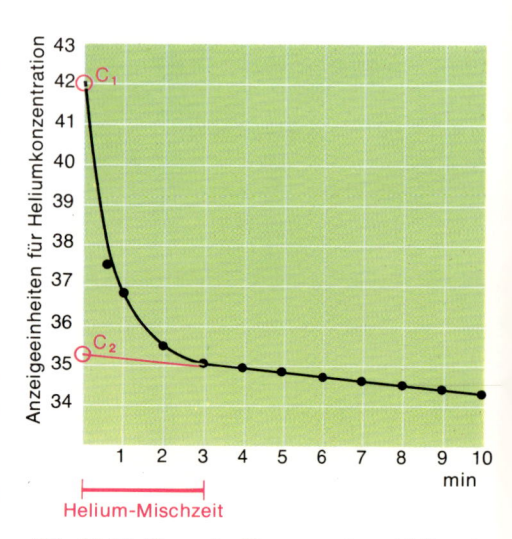

Abb. 13-20. Kurve des Konzentrationsabfalls von Helium durch die Mischung mit dem Lungenvolumen und Extrapolation auf die wahre Heliumkonzentration nach der Mischung.

Ventilation

Kurzgefaßt:

Statische Lungenvolumina sind: Atemzug-, inspiratorisches und exspiratorisches Reservevolumen. Sie können mit Spirometern bestimmt werden. Das nach starker Ausatmung noch in der Lunge befindliche Volumen (Residualvolumen) muß indirekt mit der Indikatorverdünnungsmethode bestimmt werden. **Statische Kapazitäten** sind die Vitalkapazität (insp. Reservevolumen + Atemzugvolumen + exsp. Reservevolumen) und die funktionelle Residualkapazität (exsp. Reservevolumen + Residualvolumen).

Das Atemminutenvolumen ist ein **dynamisches Volumen. Dynamische Kapazitäten** sind die Einsekundenausatmungskapazität und die maximale Atemkapazität (Atemgrenzwert).

Belüftung (Ventilation) der Lunge

Nur die Luft, die bei der Einatmung bis zu den Lungenbläschen gelangt, dient dem Gaswechsel, d. h. der O_2-Aufnahme ins Blut und der CO_2-Abgabe. Ein Teil des Atemvolumens bewegt sich nur in den zuführenden Atemwegen, vom Mund bzw. von der Nase über die großen bis zu den kleinen Bronchien. Dieser Atemweg, in dem kein wesentlicher Gasaustausch stattfindet, wird **Totraum** genannt, obwohl er, wie wir später sehen werden, einige wichtige Funktionen erfüllt. Er faßt beim gesunden jungen Erwachsenen 150-200 ml Luft. Er muß vom **Atemzugvolumen** abgezogen werden, wenn man die **alveolare Ventilation** berechnen will. Beispiel: Bei einem Atemzugvolumen von 500 ml bleiben 500-150=350 ml für die **Belüftung der Alveolen,** also den eigentlichen Gasaustausch, übrig.

Im allgemeinen wird die Ventilation in Liter pro Minute angegeben, man spricht vom **Atemminutenvolumen.** Es ergibt sich aus Atemzugvolumen mal Atemfrequenz, z. B. 0,5 l · 12 Atemzüge/min = 6 l/min. Im Atemminutenvolumen ist also sowohl das Totraumminutenvolumen als auch das alveolare Minutenvolumen enthalten. Beispiel: Bei 0,15 l Totraum und 0,35 l alveolarem Volumen sowie 12 Atemzügen/min ergeben sich

$$(0{,}15 \cdot 12) + (0{,}35 \cdot 12) = 6 \text{ l/min}$$

für das Atemminutenvolumen.

Wie wichtig die Kenntnis dieses Sachverhaltes ist, erkennt man, wenn man einen Patienten hat, der flach und schnell atmet. Mißt man mit einem Spirometer sein Atemminutenvolumen, erhält man z. B. einen normalen Wert von 6 l/min. Wenn aber seine Atemfrequenz 30/min beträgt (Abb. 13-21), benötigt der Patient allein für die **Belüftung seines Totraums** 0,15 · 30 = 4,5 l/min, und für seine **alveolare Ventilation** würden nur noch 1,5 l/min anstatt 4,2 beim Gesunden übrigbleiben. Bei 40 Atemzügen/min würde theoretisch kein Gasaustausch mehr stattfinden.

Eine **tiefe, langsame Atmung** ist deshalb immer einer flachen, schnellen Atmung vor-

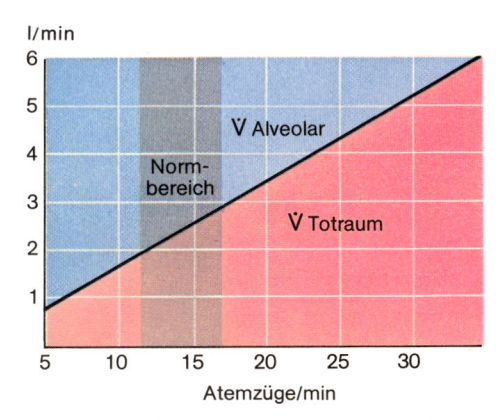

Abb. 13-21. Alveolare und Totraumventilation ($\dot{V}$) in Abhängigkeit von der Anzahl der Atemzüge bei einem konstanten Atemminutenvolumen von 6 l.

Künstliche Beatmung

zuziehen, und Patienten mit Brust- und Bauchschmerzen, z. B. nach operativen Eingriffen, sind anzuhalten, nicht zu flach zu atmen.

Der **Totraum** ist nur im Hinblick auf den Gasaustausch „tot", er ist jedoch wichtig für die **Reinigung, Erwärmung und Wasserdampfsättigung der Einatmungsluft** und damit unentbehrlich. Das wird ersichtlich bei der künstlichen Beatmung über eine Luftröhrenkanüle (Trachealkanüle), wobei unbedingt die Beatmungsluft zuvor gereinigt, angefeuchtet und erwärmt werden muß.

Künstliche Beatmung

Eine Unterbrechung der Sauerstoffzufuhr führt in wenigen Minuten zum Tode, eine zu geringe Sauerstoffzufuhr kann innerhalb weniger Minuten zu schweren Schäden, vor allem des Gehirns, und nach 10 oder 20 Minuten, entsprechend dem Ausmaß des Sauerstoffmangels, zum Tode führen. Die künstliche Beatmung mit oder ohne Apparatur ist eine der wichtigsten Maßnahmen bei plötzlich auftretenden Atemstörungen, vor allem bei Ertrinkenden, aber auch bei Vergiftungen (Rauch-Schlafmittel-Vergiftungen) und bei bestimmten Operationen in Narkose. Vernünftigerweise gehört es heute zur Ausbildung von Sanitätern, Bademeistern, Feuerwehrleuten und Polizisten, aber auch von Kraftfahrern und Wassersportlern, bestimmte Techniken der künstlichen Beatmung zu erlernen. In Krankenhäusern, Feuerwehr- und Notarztwagen sind Apparate zur künstlichen Beatmung vorhanden.

Bei jeder künstlichen Beatmung ist entscheidend, daß eine ausreichende Belüftung der Lungenbläschen erreicht wird, damit genügend Sauerstoff ins Blut und genügend CO_2 aus dem Blut kommt. Das heißt also, daß die **alveolare Ventilation** (s. 13-181) bei einem Erwachsenen ca. 4 l/min betragen soll, wie wir bei der Besprechung des Einflusses von Totraum und Atemfrequenz gesehen haben. Die Atemfrequenz darf bei einem bestimmten Atemminutenvolumen nicht zu groß sein, weil dann die alveolare Ventilation zu klein werden kann. Deshalb wird für eine künstliche Beatmung eine Frequenz von 12-15 pro Minute empfohlen, keinesfalls darüber.

Künstliche Beatmung ohne technische Hilfsmittel. Die sogenannte Atemspende, die **Mund-zu-Nase-Beatmung** ist die wirksamste Methode zur Beatmung ohne Hilfsmittel. Es ist wichtig, den Kopf des zu Beatmenden stark nach hinten geneigt zu halten und den Kieferwinkel des Unterkiefers nach vorne zu drücken, weil sonst der Zungengrund den Rachen verschließen und eine ausreichende Beatmung verhindern kann (Abb. 13-22). **Mund-zu-Mund-Beatmung** muß dann angewendet werden, wenn der Nasenraum nicht frei ist. Bei dieser Technik besteht die Schwierigkeit, einen dichten Verschluß zwischen dem Mund des Beatmers und demjenigen des Verunglückten herzustellen.

Bei schweren Gesichtsverletzungen im Nasen-Mund-Bereich kann man nur die älteren Verfahren anwenden, bei denen der Brustkorb ca. 15mal/min zusammengedrückt wird, dazwischen erweitert sich der Brustkorb aufgrund seiner Elastizität von selbst (s. 13-171). Man muß allerdings auch darauf achten, daß kein zu starker Druck auf den Brustkorb ausgeübt wird, weil dadurch leicht Rippenbrüche entstehen können. Ein gleichzeitiges Heben und Senken der Arme des Verunglückten unterstützt die Beat-

Abb. 13-22. Mund-zu-Nase-Beatmung, beachte die Rückbeugung des Kopfes zur Vermeidung des Zungenrückfalles.

Beatmungsgeräte

mung. Diese Methode ist weniger wirksam als die Atemspende und für den Helfer weitaus anstrengender. Da die künstliche Beatmung 1 oder 1½ Stunden lang durchgeführt werden muß, spielt die körperliche Belastung des Helfers eine wichtige Rolle.

Künstliche Beatmung mit technischen Mitteln. Die Atemspende kann durch ein Atemrohr, mit kleiner Maske zum dichten Abschluß und evtl. mit Ventilen versehen, gegeben werden. **Beatmungsgeräte** in Polizei-, Feuerwehr- und Notarztwagen arbeiten mit dem Druck eines Gasdruckzylinders (95% O_2 und 5% CO_2). Der Patient bekommt eine Maske über Mund und Nase gestülpt, und der Druck des Zylinders erweitert den Brustkorb. Die meisten der Geräte sind „druckgesteuert", d. h., ein Ventil schließt sich, wenn der Beatmungsdruck einen bestimmten Wert erreicht hat, der Beatmete atmet dann über ein Ventil an der Maske passiv aus. In Kliniken stehen für die Langzeitbeatmung von Atemgelähmten (spinale Kinderlähmung, Schlafmittelvergiftung, Ausfall des Atemzentrums aus anderen Gründen) Beatmungsgeräte zur Verfügung, bei denen Atemtiefe und Frequenz einstellbar bzw. entsprechend den Bedürfnissen des Patienten regelbar sind. Die Regelung erfolgt meist durch den alveolaren CO_2-Druck, der ein gutes Zeichen für das Ausmaß der Ventilation darstellt (s. 13-187). Im allgemeinen wird man die Apparatur so einstellen, daß dieser CO_2-Druck etwa 5,3 kPa (40 mm Hg) beträgt.

Herzmassage ist oft zusammen mit der Atemspende erforderlich. Dazu wird das untere Drittel des Brustbeins ca. 30mal pro min ca. 5 cm tief kurz eingedrückt und wieder losgelassen.

Kurzgefaßt:

Die Belüftung, **Ventilation,** der Lunge dient dem Gasaustausch in den Alveolen. Nur etwa ⅔ des normalen Atemzugvolumens gelangen in die Alveolen, ⅓ bleibt im für die Anfeuchtung, Erwärmung und Reinigung der Atemluft wichtigen **Totraum.** Das **Atemminutenvolumen** setzt sich daher aus **alveolarer** und **Totraum-Ventilation** zusammen. Tiefe Atemzüge vergrößern die alveolare, flache die Totraumventilation.

Künstliche Ventilation ist bei allen Atemstörungen erforderlich. **Mund-zu-Nase-Beatmung** bei geeigneter Kopfstellung ist am erfolgreichsten und für den Atemspender am wenigsten anstrengend, was wegen der manchmal bis 1½ h erforderlichen Beatmung wichtig ist. Bei Gesichtsverletzungen wird der Brustkorb bei Bauchlage des Verunglückten 12- bis 15mal/min zusammengedrückt. **Beatmung mit Geräten** erfolgt meist mit dem Druck der Gasdruckzylinder, die 95% O_2 und 5% CO_2 enthalten. In Kliniken werden auf sog. Intensivstationen über eine Trachealkanüle oder einen Beatmungstubus mit automatisch regulierenden (meist dient der arterielle CO_2-Druck von 5,3 kPa als Regelgröße) Geräten beatmet.

Belüftung/Durchblutung

4 l/min alveolare Belüftung

5 l Blut/min

Verschluß

Abb. 13-23. Schematische Darstellung von Belüftung und Durchblutung an zwei Alveolen mit Normalwerten für die gesamte Lunge (oben links).

Abb. 13-24. Schematische Darstellung einer vergrößerten Totraumventilation infolge Mangeldurchblutung eines Lungenabschnittes (oben rechts).

Abb. 13-25. Schematische Darstellung einer durch nicht belüftete Lungenabschnitte entstehenden Kurzschlußdurchblutung (links).

Lunge

Aorta

Kurzschluß

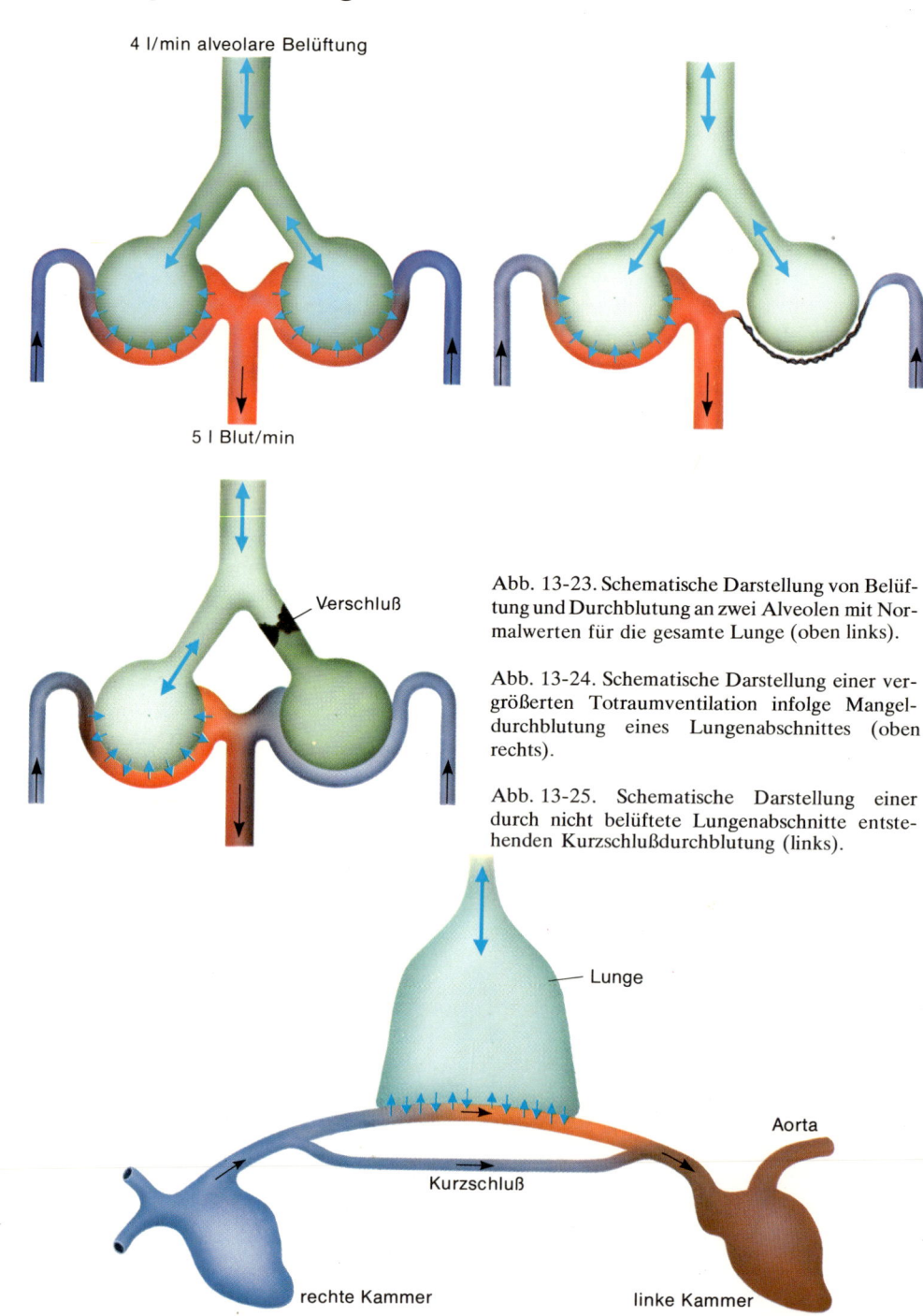

rechte Kammer   linke Kammer

Abb. 13-26. Schematische Darstellung eines Rechts-Links-Kurzschlusses (Shunt). Ca. 30% des Blutes fließen nicht durch den Lungenkreislauf und können weder O_2 aufnehmen noch CO_2 abgeben. Das arterielle Blut hat deshalb weniger O_2 und mehr CO_2 als normal.

Kurzschlüsse, Diffusionsstörungen

Belüftung/Durchblutung

Die Trennung von Totraum und Alveolarraum haben wir bisher nach anatomischen Gesichtspunkten vorgenommen. In Wirklichkeit sind jedoch nicht alle Lungenbläschen gleich stark belüftet und gleich stark durchblutet. Im Mittel ist das Belüftungs-Durchblutungsverhältnis etwa 0,8, d. h. 4 l alveolare Ventilation zu 5 l Lungendurchblutung (Abb. 13-23).

Bei einer Reihe von Lungenerkrankungen kann dieses Verhältnis gestört sein, man spricht von **Verteilungsstörungen.** Hierbei kann es vorkommen, daß ein Teil der Lungenbläschen nicht mehr durchblutet ist, aber noch belüftet wird. Das bedeutet, daß es sich funktionell um Totraum handelt, denn ohne Durchblutung kann dort kein Gasaustausch stattfinden (Abb. 13–24).

Umgekehrt können durch teilweise Verlegung der Atemwege Lungenbläschen nicht belüftet werden, die aber durchblutet sind (Abb. 13-25), das Blut kann deshalb dort weder CO_2 abgeben noch Sauerstoff aufnehmen. Solche Lungenteile wirken ähnlich wie ein **Kurzschluß** (Shunt) zwischen rechtem und linkem Herzen, bei dem venöses Blut ins arterielle System gelangt (Abb. 13-26). Bei Mißbildungen des Herzens, aber auch der großen Gefäße, können sogenannte „Rechts-Links-Shunts" bestehen. Sie müssen bei entsprechender Größe, d. h., wenn zuviel Blut kurzgeschlossen wird und damit nicht am Gasaustausch teilnimmt, möglichst früh nach der Geburt operativ beseitigt werden. Säuglinge mit derartigen Störungen sehen blau aus und werden deshalb auch „blue babies" genannt. Das Aussehen rührt daher, daß das Blut, aus der Lunge kommend, mit zuviel Kurzschlußblut vermischt, ins arterielle System des Kreislaufs kommt; die Haut erscheint dann dunkelrot bis blau. Normalerweise ist das Blut in den Haargefäßen der Haut, und besonders gut sichtbar in den Schleimhäuten und Lippen, hellrot.

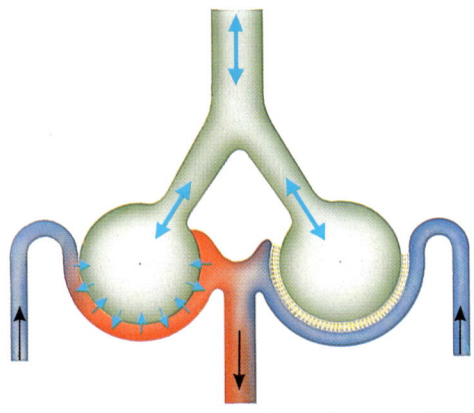

Abb. 13-27. Schematische Darstellung einer Diffusionsstörung durch Vergrößerung der Diffusionsstrecke zwischen Alveolarraum und Lungenkapillarblut (kapillarer Block).

Diffusionsstörungen

Krankhafte Veränderungen der Alveolarblutgefäße, die auf eine Verdickung hinauslaufen, vergrößern den Diffusionsweg (d in der Gleichung, s. 13-167) zwischen Blut- und Gasraum in den Alveolen. Das Blut bzw. der rote Blutfarbstoff in den roten Blutkörperchen kann beim Durchfließen der Bläschen nicht genügend mit Sauerstoff beladen werden, es ist sauerstoffärmer als normal. Man nennt dies **Diffusionsstörung** oder einen alveolar-kapillären Block (Abb. 13-27).

Bei allen drei genannten Störungen (Verteilungsstörung, Rechts-Links-Shunt und Diffusionsstörung) ist jedesmal der Sauerstoffgehalt des arteriellen Blutes erniedrigt, aber aus unterschiedlichen Ursachen. Bei der Behandlung sind deshalb auch unterschiedliche Maßnahmen erforderlich. Sauerstoffgabe kann bei Shunts keinen großen Erfolg haben, weil das durch die Lunge fließende Blut ja gut mit Sauerstoff beladen wird.

Bei Verteilungs- und Diffusionsstörungen dagegen kann Sauerstoffbeatmung für eine gewisse Zeit Besserung, d. h. bessere Arterialisierung (Sauerstoffbeladung) bringen.

Atemregulation

> **Kurzgefaßt:**
>
> Das normale **Belüftungs/Durchblutungsverhältnis** in der Lunge ist 0,8 (4 l alveolare Ventilation/5 l Lungendurchblutung pro min). Änderungen dieses Verhältnisses nennt man **Verteilungsstörung**; wenn einzelne Lungenbläschen belüftet, aber nicht durchblutet sind, vergrößert das den Totraum. Sind einzelne Lungenbläschen nicht belüftet, aber durchblutet, so wirkt sich das wie ein **Kurzschluß (Shunt)** von der venösen (rechten) zur arteriellen (linken) Seite aus: **Rechts-Links-Shunt**. Dieser tritt auch bei Lungengesunden, vor allem bei Mißbildungen des Herz-Kreislaufsystems, die nach der Geburt bestehen können, auf. Verdickungen von Membranen in den Lungenalveolen behindern den O_2-Übertritt ins Blut, der Diffusionsweg ist zu groß: **Diffusionsstörungen**. Bei allen Störungen ist die Beladung des arteriellen Blutes mit Sauerstoff vermindert. Beatmung mit Sauerstoff verspricht nur bei Verteilungs- bzw. Diffusionsstörungen Besserung.

Regulation der Atmung

Die Atemmuskulatur wird über Nerven aus dem Rückenmark erregt. Die Nervenzellen, aus denen diese Fasern entspringen, liegen im verlängerten Rückenmark (s. Lippert, 3. A., S. 113). Die Anhäufung von Nervenzellen in diesem Bereich bezeichnet man als **Atemzentrum.** Von dort aus gehen rhythmische Erregungen vorwiegend auf die Einatmungsmuskeln. Änderung von Einatmungstiefe und Atemfrequenz werden durch unterschiedlich starke bzw. unterschiedlich häufige Erregungen im Atemzentrum ausgelöst.

Alle Befehle für die Atemmuskeln und die glatten Muskeln der Atemwege (Abb. 13-28) kommen vom Atemzentrum, das wahrscheinlich einen eigenen **Grundrhythmus** der Erregungsbildung hat, ähnlich dem Herzen. Vielerlei Meldungen über Nerven und den Blutweg beeinflussen jedoch diesen Grundrhythmus, denn sonst wäre es z. B. nicht möglich, daß wir bei schwerer körperlicher Arbeit bzw. großen sportlichen Leistungen das 10- bis 20fache Atemminutenvolumen aufbringen.

Die Beeinflussung des Atemzentrums durch **Dehnungsrezeptoren** aus der Lunge über den Vagusnerven ist am längsten bekannt und wird nach den Entdeckern **Hering-Breuer-Reflex** genannt. Eine zunehmende Dehnung der Lunge bewirkt eine Hemmung der Einatmung. Vermutlich gehen von den Dehnungsrezeptoren der **Muskelspindeln** (s. 22-253) Erregungen zur Steigerung der Atmung aus; auch Rezeptoren, die O_2-, CO_2- und pH-Blutwerte im Muskel registrieren, sollen das Atemzentrum beeinflussen. Das wäre sehr sinnvoll, weil die Muskelarbeit die größten Anforderungen an die Atmung stellt. Von den Muskeln her könnte am ehesten gemeldet werden, welches Ausmaß der Atmung erforderlich ist.

Ein weiterer wichtiger Einfluß geht vom Gehirn aus. Wie wir wissen, können wir die Atmung willkürlich beeinflussen, d. h. Atemtiefe und Atemfrequenz bewußt verändern, ein Einfluß der uns beim Herzen nicht möglich ist. Außer dieser willkürlichen Atmungsbeeinflussung, die von der Hirnrinde ausgeht, erfolgt eine unwillkürliche bei körperlicher Arbeit. Erregungen, die vom Großhirn ausgehen, um die Muskeln bei Arbeit zu erregen, laufen nämlich über Nerven, die nahe am Atemzentrum vorbeiführen. Dabei innervieren sie Zellen des Atemzentrums mit, ein Vorgang, der daher als **Mitinnervation** bezeichnet wird.

Die **Beeinflussung der Atmung durch die Atemgase** CO_2 und O_2 selbst ist lange bekannt. Der größte Atemreiz entsteht durch eine Anreicherung von CO_2, wie sie auftritt, wenn wir „die Luft anhalten". Umgekehrt können wir nach schneller, willkürlicher Atmung (Hyperventilation) leicht die Atmung

Sauerstoffmangel

Nervöse Afferenzen
- Mitinnervation — Hirnrinde
- Kälterezeptoren der Haut
- N. Vagus
- Dehnungsrezeptoren der Lunge
- Dehnungsrezeptoren der Muskelspindeln

Humorale Afferenzen
Blut-Gewebe
- CO_2-Überschuß +
- H^+-Ionen-Anstieg +
- O_2-Mangel lähmt
- Bluttemperaturanstieg +

Humoral-nervöse Afferenzen
Gl. caroticum und Gl. aorticum
- O_2-Mangel +
- CO_2-Überschuß (+)
- pH-Abfall (+)

→ Atemzentrum

Efferenzen
- quergestreifte Atemmuskulatur
- glatte Muskulatur Bronchien

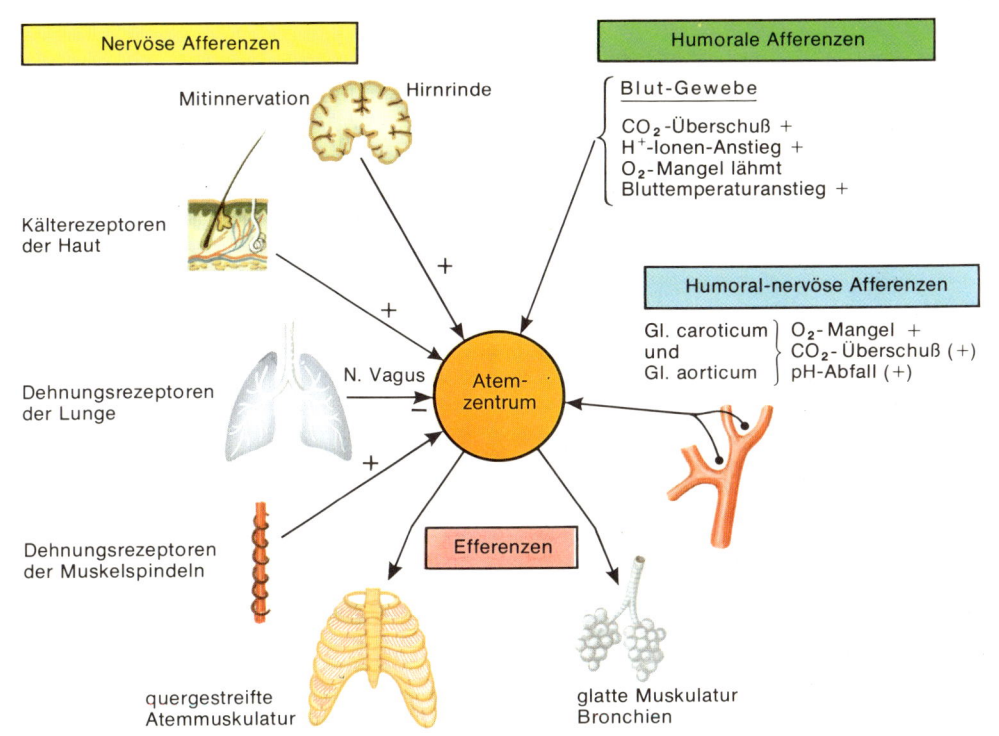

Abb. 13-28. Übersicht über dem Atemzentrum zufließende Erregungen (Afferenzen) und die auslaufenden Erregungen (Efferenzen) zur Atemmuskulatur und der glatten Muskulatur, die der Verstellung der Atemwegsweite dient, + = atemsteigernd, − = atemvermindernd.

für etwa 1 Minute anhalten. Das machen viele Schwimmer vor dem Tauchen, sie geben dabei möglichst viel Kohlendioxid ab, um den Atemreiz während des Tauchens zu verringern. Nicht der Sauerstoffmangel, sondern das sich durch den Stoffwechsel ansammelnde Kohlendioxid ist es, das den Taucher zwingt, aufzutauchen bzw. wieder zu atmen. Man weiß, daß CO_2 über das Blut auf das Atemzentrum selbst wirkt, genauer gesagt sind es die H^+-Ionen, die bei der CO_2-Bildung entstehen (s. 11-119).

Sauerstoffmangel wirkt von einem bestimmten Ausmaß ab ebenfalls atemsteigernd. Diese Atemsteigerung erfolgt über Nerven stark durchbluteter **Chemorezeptoren**, die sich in der Gabelung der großen Halsschlagadern und im Aortenbogen befinden (Abb. 13-29). Wenn der Sauerstoffdruck des Blutes absinkt, werden die genannten Rezeptoren erregt, und auf dem Nervenwege gelangen atemsteigernde Impulse zum Atemzentrum. Bei Aufstieg in größere Höhen (3000 m und mehr) beobachten wir deshalb eine Atemsteigerung. Patienten mit chronischen Ventilationsstörungen, z. B. Lungenblähung (Emphysem), Erkrankungen des Brustkorbs oder des Lungengewebes, regulieren ihre Atmung nicht mehr über CO_2 bzw. H^+-Ionen, sondern über den beschriebenen Sauerstoffmangelantrieb. Wenn man solchen Patienten bei Atemnot Sauerstoff zu atmen gibt, kann man sie in Lebensgefahr bringen, weil dann ihr einziger Atemantrieb, der O_2-Mangel, wegfällt und die Atmung noch mehr einge-

Atemstörungen

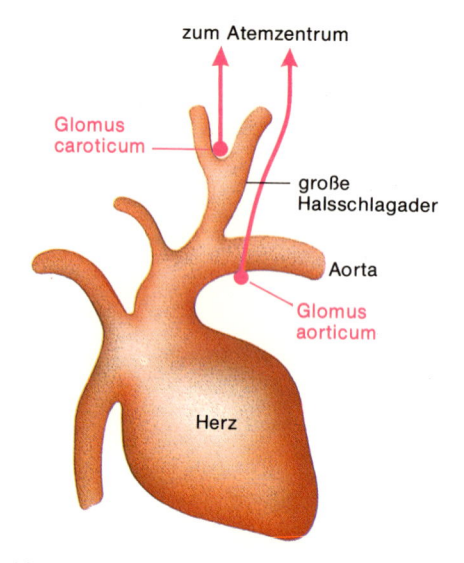

Abb. 13-29. Chemorezeptoren, die vom arteriellen Blut aus vor allem O_2-Mangel an das Atemzentrum melden.

schränkt wird. Hier muß man mit künstlicher Beatmung, am besten maschinell, helfen.

Störungen der Atmungsregulation sind glücklicherweise verhältnismäßig selten. Die häufigste Ursache ist die **Schlafmittelvergiftung,** wobei das Atemzentrum gelähmt ist. Hier hilft nur die künstliche Beatmung. Seltene Ursachen sind **Gefäßerkrankungen, Embolien** (Verstopfung der Blutgefäße) oder **Geschwülste** im Bereich des Atemzentrums, die es teilweise oder ganz funktionsunfähig machen.

Trotz Einsatz elektronischer Überwachungsgeräte werden Pflegepersonal und Arzt bei der **Beobachtung einer abnormalen Atmung** ihre Schlüsse zu ziehen und gegebenenfalls Maßnahmen zu treffen haben. Vor allem sind 4 krankhafte Atemtypen zu unterscheiden (Abb. 13-30):

1. Die **Kurzatmigkeit,** eine **flache, frequente Atmung,** die zuviel Totraumventilation und zuwenig alveolare Ventilation (Hypoventilation) erzeugt (s. 13-181). Der Patient hat den Eindruck, mehr atmen zu müssen, als er kann. Man nennt das **Dyspnoe.**
2. Der **Cheyne-Stokes-Atemtyp,** der bei Aufenthalt in größeren Höhen sowie im Schlaf auch beim Gesunden auftritt, und beim Kranken mit Nierenversagen (Urämie), bei Gehirnverletzungen sowie bei Herzversagen (Herzinsuffizienz) beobachtet werden kann. Als Ursachen kommen in Frage a) Veränderung der Empfindlichkeit des Atemzentrums gegenüber CO_2 oder b) Kreislaufstörungen zwischen Lunge und Gehirn. Dieser Typ der Atmung ist unverkennbar, mit flachen Atemzügen beginnend, die zunehmend tiefer werden und dann wieder abflachen bis zu einer vollständigen Atempause (**Apnoe**).
3. Die **Biotsche Atmung** wird durch Schädigung des Atemzentrums verursacht und zeigt meist 3-6 tiefe Atemzüge mit nachfolgender Atempause.
4. Die **große Kußmaulsche Atmung** tritt vor allem bei Übersäuerung des Blutes, z. B. bei schwerer Zuckerkrankheit, auf.

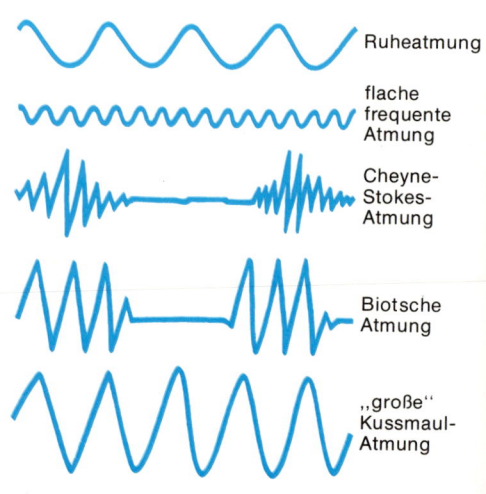

Abb. 13-30. Krankhafte Veränderungen der Atmung im Vergleich zur normalen Atmung.

Rauchen

Kurzgefaßt:

Die **Belüftungsgröße** wird je nach den **Stoffwechselbedürfnissen** durch das **Atemzentrum** im verlängerten Rückenmark reguliert. Das Zentrum bekommt Meldungen von **Dehnungsrezeptoren** der Lunge und der Muskulatur, von **Chemorezeptoren**, die am Aortenbogen und der Halsschlagader liegen, und vielleicht von solchen in den **Skelettmuskeln**. Sie sprechen auf Sauerstoffmangel, CO_2- und H^+-Ionenüberschuß an. Das Atemzentrum selbst reagiert auf CO_2- bzw. H^+-Ionenkonzentrationsanstieg. **Kältereize** auf die Haut und die Bluttemperatur wirken ebenfalls auf die Atmung. Störungen treten vor allem durch **Vergiftungen** mit Schlafmitteln oder Gasen auf. **Gefäßerkrankungen**, Embolien und Geschwülste sind seltenere Ursachen. Eine maschinelle Beatmung ist die beste Behandlung. **Krankhafte Atemtypen** sind flache, frequente Atmung, Cheyne-Stokes-, Biot- und große Kußmaulsche Atmung.

Drittens das **Kohlenmonoxid,** das bei der Verbrennung entsteht, hat eine 210mal größere Affinität zum roten Blutfarbstoff als O_2 (s. 11-118), so daß bei Rauchern, die mehr als 20 Zigaretten pro Tag rauchen, der rote Blutfarbstoff zu mehr als 10% für den Sauerstofftransport ausfällt. Es ist eindeutig nachgewiesen, daß die Neugeborenen von rauchenden Müttern ein im Mittel niedrigeres Geburtsgewicht haben als von einer vergleichbaren Gruppe nichtrauchender Mütter. Der mangelhafte O_2-Transport im Blut und eine Minderdurchblutung infolge Nicotin sind mögliche Ursachen. Einige Zahlen weisen auf wirtschaftliche und ärztliche Gesichtspunkte hin:

1971 wurden in der BRD über 200 Milliarden Zigaretten für mehr als 20 Milliarden Mark verkauft.

Rauchen

Seit mehr als 10 Jahren ist eindeutig nachgewiesen, daß Zigarettenrauchen, besonders mit Lungenzügen gesundheitsschädlich ist und die Lebenserwartungen eines 25jährigen, der seit 10 Jahren raucht, statistisch um fast 10 Jahre (von 74 auf 65 Jahre) verkürzt (Abb. 13-31). 3 Stoffe sind als schädlich nachgewiesen worden: Erstens **Teerprodukte,** die Krebs erzeugen, zweitens **Nicotin,** das über das sympathische Nervensystem (s. 22-272) blutgefäßverengend wirkt, was zu Mangelversorgung, besonders der Gliedmaßen und des Herzens, führen kann. Schon lange spricht man in der Medizin vom „Raucherbein", wenn solche Mangelerscheinungen in den unteren Extremitäten auftreten.

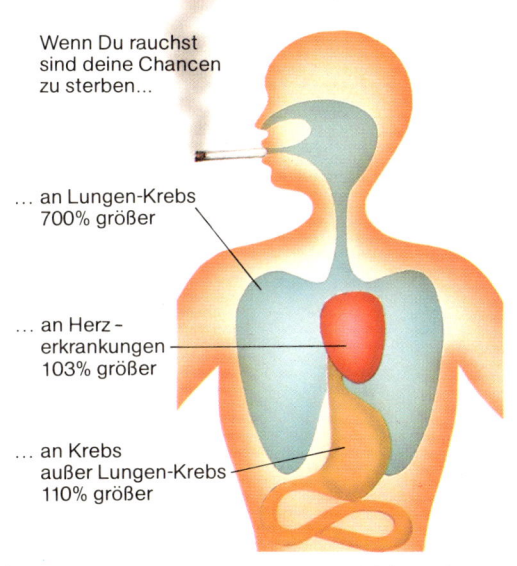

Wenn Du rauchst sind deine Chancen zu sterben...

... an Lungen-Krebs 700% größer

... an Herz-erkrankungen 103% größer

... an Krebs außer Lungen-Krebs 110% größer

... als bei einem Nichtraucher

Abb. 13-31. Zunahme der Wahrscheinlichkeit von Erkrankungen durch Zigarettenrauchen.

Rauchen

1970 hat die Tabakindustrie in der BRD 200 Millionen Mark für Werbung ausgegeben.

1966 wurden in der BRD fast 5 Milliarden Steuern für Rauchwaren eingenommen.

Die **Sterblichkeit** ist bei Zigarettenrauchern um 85-122% gegenüber Nichtrauchern erhöht. Das heißt, in einer Bevölkerungsgruppe sterben innerhalb eines bestimmten Zeitraumes (z. B. zwischen 15. und 60. Lebensjahr) doppelt soviel Zigarettenraucher wie Nichtraucher. Pfeifen- und Zigarrenrauchen erhöht die Sterblichkeit um 5-10%. Die Sterblichkeit ist um so höher, je mehr man raucht, je tiefer man inhaliert und je länger man schon raucht.

Rauchen von **Filterzigaretten** führt bei „richtigen", sprich süchtigen Rauchern meist zu erhöhtem Zigarettenkonsum, so daß keine Risikoabnahme feststellbar ist.

14. Wärmehaushalt

Der Mensch gehört, wie alle Säugetiere und Vögel, zur Gruppe der Warmblüter. Seine Körpertemperatur liegt mit ca. 37° Celsius normalerweise wesentlich höher als die seiner Umgebung, an die er daher ständig Wärme abgibt. Diese Wärmemenge muß ersetzt, d. h. im Körper durch chemische und physikalische Tätigkeit der Gewebe, vor allem der Muskulatur und der Leber, neu gebildet werden. Da sich sowohl die Umgebungstemperatur als auch die im Körper erzeugte Wärmemenge, beispielsweise bei Muskelarbeit, ändern kann, sind Regulationssysteme nötig, die ein Gleichgewicht von Wärmeabgabe und Produktion aufrecht erhalten. Tiere wie Fische, Frösche, Eidechsen, Salamander usw., früher als Kaltblüter, heute korrekter als Wechselwarme bezeichnet, haben eine ihrer Umgebungstemperatur entsprechende Körpertemperatur. Im Gegensatz zum Warmblüter, der auch bei kalter Witterung tätig sein kann, verlieren wechselwarme Tiere mit sinkender Außentemperatur ihre Aktivität.

Bei schwerer körperlicher Arbeit wird gegenüber Ruhe etwa 10mal mehr Wärme gebildet. Dies würde bei einem 70kg schweren Menschen in 30 Minuten die Körpertemperatur um ca. 3° C erhöhen, also auf einen pathologischen Wert von 40° C ansteigen lassen, wenn nicht die Wärmeabgabe gesteigert werden könnte. Andererseits würde bei demselben Menschen ein Bad in 20° C „warmem" Wasser in kurzer Zeit zur Unterkühlung führen, wenn nicht die Hautdurchblutung gedrosselt und der Stoffwechsel zur erhöhten Wärmeproduktion angeregt würde. Die Wärmeleitfähigkeit von Wasser ist etwa 20 mal größer als die der Luft.

Die Regulation dieser Vorgänge führt zur Konstanz der Körpertemperatur von 37° C ± 1°. Sie geschieht durch das Wärmeregulationszentrum, das im Gehirn, im Hypothalamus (s. 22-273) liegt.

Die Körpertemperatur

Die Temperatur ist nicht im ganzen Körper gleich. Die mit dem Fieberthermometer im Enddarm (Rektum) gemessene Rektaltemperatur wird auch als **Kerntemperatur** bezeichnet, weil sie nur im „Inneren" des Körpers (einschließlich des Gehirns) besteht. Der äußere Teil, eine Art „Schale", hat im allgemeinen eine niedrigere, auch stärker schwankende Temperatur als der Körperkern. Die Hauttemperatur der Hände kann beispielsweise bis auf 25° C absinken, die der Unterschenkel auf 30° C (Abb. 14-1A). Bei hohen Außentemperaturen oder starker

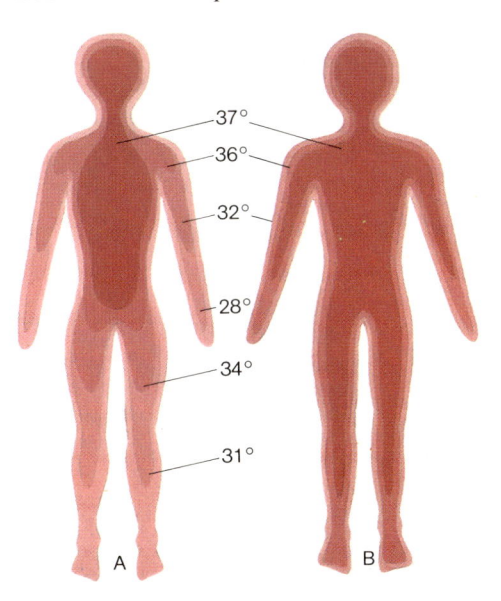

Abb. 14-1. Körperkern- und Schalentemperatur A bei niedriger, B bei hoher Außentemperatur (nach *Aschoff* und *Wever*, 1958).

Wärmeproduktion

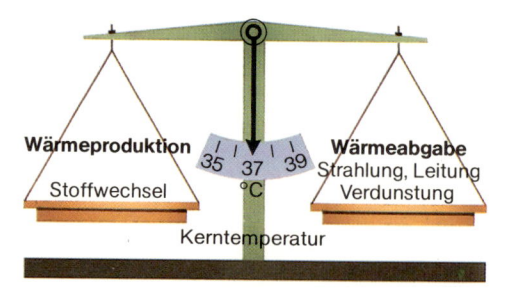

Abb. 14-2. Zur Konstanthaltung der Körpertemperatur erforderliches Gleichgewicht zwischen Wärmeproduktion und Wärmeabgabe.

Wärmeproduktion, z. B. bei schwerer Arbeit, wird der Unterschied zwischen Schalen- und Kerntemperatur geringer, d. h. der „Kern" wird vergrößert (Abb. 14-1B) und dadurch der Schalenanteil kleiner.

Zusammenfassend kann man sagen, daß die Temperatur des Körperkerns konstant (homoiotherm), die der Körperschale wechselwarm (poikilotherm) ist.

Regulation des Wärmehaushalts

Um die Kerntemperatur konstant zu halten, müssen Wärmeproduktion und Wärmeabgabe (Abb. 14-2) im Gleichgewicht sein. Um dieses Gleichgewicht unter verschiedenen Belastungen des Wärmehaushaltes, wie hohe oder niedere Außentemperatur oder starke Wärmeproduktion bei körperlicher Arbeit, ausgeglichen zu halten, werden dem **Wärmeregulationszentrum** Meldungen aus der Körperschale und dem Kern über die jeweilige Temperatur übermittelt. Abb. 14-3 zeigt schematisch, daß das Zentrum prinzipiell von zwei verschiedenen „Fühlern" unterrichtet wird:

a) von den Wärme- und Kälterezeptoren der Haut, auf nervösem Wege;
b) von der Bluttemperatur im Kern, d. h. dem Blut, welches das Zentrum selbst durchströmt.

Entsprechend den Meldungen über Temperaturanstieg wird die Wärmeabgabe in der Haut über das Kreislaufzentrum durch Blutgefäßerweiterung und durch Schwitzen gesteigert. Umgekehrt wird bei Absinken der Hauttemperatur oder Bluttemperatur die Wärmeabgabe durch Gefäßverengung gesenkt und die Wärmebildung durch Stoffwechselsteigerung, vor allem in der Skelettmuskulatur, erhöht. Wichtig ist, daß bei unterschiedlich großer Wärmeproduktion die Wärmeabgabe so reguliert wird, daß die Kerntemperatur konstant bleibt. Ist aber die Wärmeabgabe erhöht oder vermindert, muß die Wärmeproduktion ebenfalls erhöht oder vermindert werden, um die Körperkerntemperatur konstant zu erhalten. Abb. 14-4

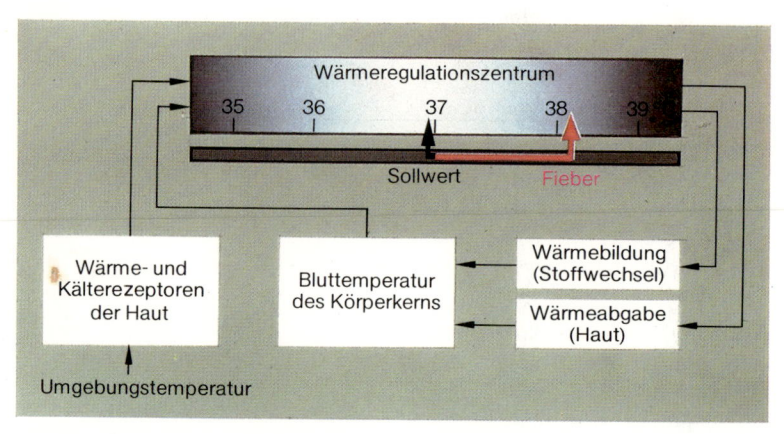

Abb. 14-3. Regelkreis der Wärmeregulation mit der Sollwertverstellung durch Fieber.

Wärmeproduktion

Dies ist beim Menschen eine relativ sinnlose Maßnahme, weil er ja kein schützendes Haarkleid mehr besitzt. Bei Tieren entsteht durch das gesträubte Fell oder Gefieder eine Wärmeschutzschicht. Durch „Kältezittern und Zähneklappern" wird ebenfalls die Wärmebildung erhöht. Zusammen mit dem Ansteigen des Muskeltonus sind das sehr starke Weckreize. Der wache Mensch wird sich durch Kleidung, Heizung, wärmende Decken usw. schützen; wenn er dazu keine genügende Möglichkeit hat, schlägt er mit den Armen um sich, stampft mit den Füßen, kurz, er betätigt aktiv seine Muskulatur, um Wärme zu bilden. Umgekehrt sinkt der Muskeltonus bei hoher Außentemperatur, d. h. die Wärmeproduktion wird herabgesetzt. Wir fühlen uns schlaff. In **Narkose**, auch nach übermäßigem Alkoholgenuß, nimmt der Muskeltonus ebenfalls erheblich ab, so daß die Gefahr der Auskühlung besteht. Nach der **Nahrungsaufnahme** nimmt durch Stoffwechselsteigerung die Wärmeproduktion zu.

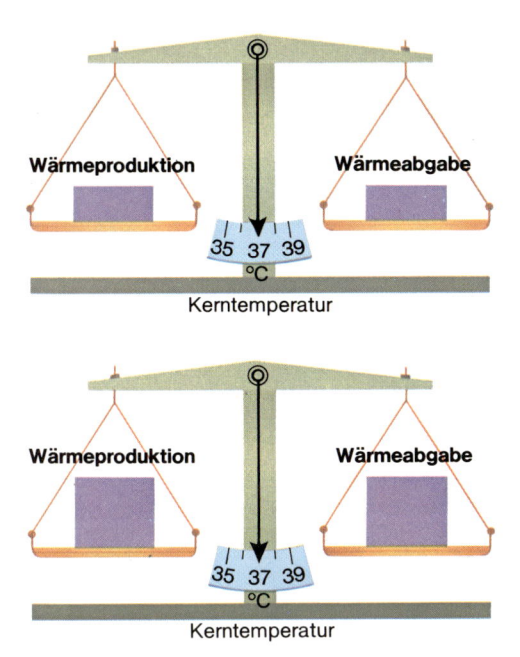

Abb. 14-4. Das Wärmeregulationssystem macht es möglich, daß bei veränderter Wärmeproduktion- oder Wärmeabgabe die Kerntemperatur konstant gehalten werden kann.

zeigt zwei Fälle unterschiedlichen Wärmeumsatzes. Die Kerntemperatur ist in beiden Fällen dieselbe, aber im unten gezeigten ist die Wärmeproduktion und folglich auch die Wärmeabgabe doppelt so hoch, wie im oberen Fall.

Die Wärmeproduktion

Den größten Anteil an der Wärmeproduktion haben **Muskulatur** und **Leber.** Sie sind durch ihre Masse die größten Organe des Körpers. Wärme entsteht durch die bei der Muskelkontraktion und in der Leber ablaufenden chemischen Umsetzungen. Um bei Kälte die Wärmebildung anzuregen, wird reflektorisch der **Muskeltonus** (Grundspannung) erhöht, man wird „steif" vor Kälte und bekommt als erstes eine „Gänsehaut". Sie entsteht, weil durch feinste Muskeln die Haare aufgerichtet werden (s. S. 20-241).

Die Wärmeabgabe

Wärme wird vorwiegend durch die Haut abgegeben. Das Verhältnis **Oberfläche** zum Volumen ist um so größer, je kleiner das Körpergewicht ist. Ein Säugling z. B. hat im Vergleich zu seiner Körpermasse eine große Hautoberfläche, über die Wärme abgegeben wird. Säuglinge kühlen daher schneller aus als Erwachsene bei derselben Außentemperatur und müssen besonders geschützt werden. Bei Frühgeborenen muß aus demselben Grund Wärme zugeführt werden (s. 26-329). Kleine Kinder kühlen im Freibad besonders schnell ab. Man kann oft beobachten, wie sie nach dem Bad zusammengekauert dasitzen. Unbewußt „verkleinern" sie dadurch ihre wärmeabgebende Hautoberfläche. Frauen kühlen weniger schnell aus als Männer. Ihr Unterhautfettgewebe ist besser ausgebildet und gleichmäßiger über die ganze Oberfläche verteilt.

Wärmeabgabe

Wärmeabgabe geschieht vor allem durch **Strahlung** (Abb. 14-5). Bei Körperruhe und „behaglicher" Umgebungstemperatur, um 20° C, wird auf diese Weise etwa ²/₃ der Körperwärme abgegeben. Der Vorgang der Strahlung braucht keine Materie zur Übermittlung. Die Sonnenenergie gelangt durch Strahlung auf unseren Planeten. Ein Beispiel für die Aufnahme von Strahlungswärme ist das Sonnenbad bei Lufttemperaturen unter dem Gefrierpunkt oder durch einen Infrarotstrahler im „eiskalten" Badezimmer (Abb. 14-6).

Durch **Leitung** wird Wärme abgegeben, wenn die Luftschicht, die uns unmittelbar umgibt, wärmer ist als die Umgebungsluft. Wenn diese Umgebungsluft bewegt wird (Luftzug, Wind), ist der Abtransport von Wärme durch **Luftströmung, Konvektion** (Massenfluß, s. 5-44) zusätzlich erhöht. Die Wärmeabgabe durch Konvektion kann vermindert werden, wenn man die stehende Luftschicht durch entsprechende Kleidung (Pullover) vergrößert. Der Wärmetransport ist letzten Endes immer abhängig von der **Temperaturdifferenz** zwischen Hautoberfläche und umgebender Materie. Ist die umgebende Materie Wasser, wird im Vergleich zu Luft von gleicher Temperatur viel mehr Wärme abgegeben, da die Wärmeleitfähigkeit von Wasser gegenüber Luft ca. 20mal größer ist.

Wenn kein Temperaturgefälle zwischen Hautoberfläche und umgebender Luft oder etwa den Wänden eines Wohnraumes besteht, kann weder durch Strahlung noch durch Leitung Wärme abgegeben werden. Dies ist dann nur noch durch den Vorgang der **Verdunstung** möglich. Durch Schwitzen mit Verdunstung von Schweiß auf der Haut wird dem Körper Wärme entzogen. Die Wärmeabgabe auf dem Wege der Verdunstung ist besonders wirkungsvoll. Durch Verdunsten von 1 Liter Schweiß werden dem Körper etwa 2400 kJ (rund 570 kcal) entzogen. Die Schweißabsonderung kann bei schwerer Arbeit und hoher Umgebungstem-

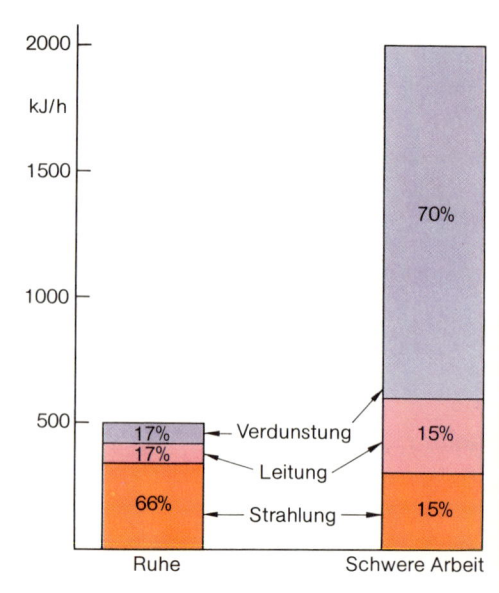

Abb. 14-5. Prozentuale und absolute Anteile der drei Prozesse der Wärmeabgabe (Strahlung, Leitung, Verdunstung) bei Ruhe und schwerer Arbeit.

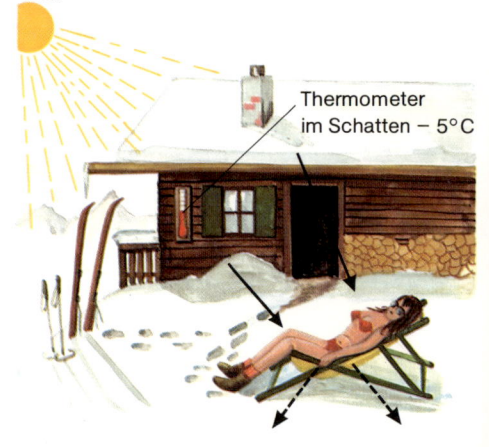

Abb. 14-6. Wärmeaufnahme durch Strahlung bei einer Lufttemperatur von –5°C.

peratur auf 1,5 Liter pro Stunde ansteigen. Je nach Schwere der geleisteten Arbeit steigt die Wärmeproduktion an und kann bis zum 20fachen der Ruheproduktion betragen. Da die Wärmeabgabe durch Strahlung, Leitung und Konvektion begrenzt ist, steigt die Schweißproduktion an (s. Abb. 14-5). Sie

Rhythmische Temperaturschwankungen

erleichtert die Wärmeabgabe allerdings nur, wenn der Schweiß verdampfen kann, d. h. wenn die Umgebungsluft wohl warm, aber trocken ist. Wenn die Luftfeuchtigkeit hoch ist, kann weniger Schweiß verdunsten. Voraussetzung für eine wärmeentziehende Verdunstung von Schweiß ist also ein Gefälle des **Dampfdrucks** auf der Haut zum Dampfdruck der Umgebungsluft. In einem Raum, in dem eine Temperatur von mehr als 38° C und volle Wasserdampfsättigung herrscht (z. B. feuchte Sauna), verdunstet kein Schweiß, und es kommt zum Wärmestau. Dann steigt die Körperkerntemperatur um 1–2° C. Da beim Saunaaufenthalt auch die Hautgefäße stark durchblutet sind, ist die Kreislaufbelastung hoch. Zusammen mit dem Hitzestau kann diese Belastung nur vom Gesunden eine gewisse Zeit ertragen werden.

Wärme wird nicht nur durch Verdunsten von Schweiß abgegeben, sondern auch durch Wasserdampfabgabe in der Ausatmungsluft. Dies ist deutlich sichtbar bei kalter Luft. Außerdem verdunstet auch, wenn man nicht schwitzt, ständig Wasser auf der Haut. Es gelangt nicht über die Schweißdrüsen, sondern durch Diffusion auf die Hautoberfläche. Man nennt dies auch **Perspiratio insensibilis,** das heißt „unmerkliche Verdunstung". Durch diesen Vorgang sowie durch die Ausatmungsluft verliert man täglich etwa 450 ml Wasser und gibt damit ca. 2000 kJ in Form von Wärme ab.

Bei hoher Außentemperatur mit hoher Luftfeuchtigkeit und Muskelarbeit, besteht die Möglichkeit, daß nicht genügend Wärme abgegeben werden kann. Es entsteht ein **Hitze-** oder **Wärmestau,** der zum sogen. **Hitzschlag** führen kann. Vermehrte Hautdurchblutung zur Steigerung der Wärmeabgabe und erhöhte Durchblutung des arbeitenden Muskels führen zur Mangeldurchblutung des Gehirns, es tritt Bewußtlosigkeit ein: **Wärmekollaps** (s. S. 12-162). Der Betroffene muß sofort in den Schatten gebracht werden (Beine höher als der Kopf!). Beengende Kleidung ist zu lockern bzw. zu entfernen, der Körper mit kühlenden, feuchten Tüchern großflächig zu bedecken. Beim **Sonnenstich** handelt es sich dagegen nicht um eine Überbeanspruchung des Wärmehaushalts, sondern um eine übermäßige lokale Sonneneinstrahlung auf Kopf und Nacken. Die Hirnhäute sind dabei stark durchblutet, im Gehirn besteht Blutfülle, die zu dumpfem Kopfschmerz, Übelkeit, Schwindel und Brechreiz, in schwereren Fällen bis zum Kreislaufkollaps führen kann.

Rhythmische Temperaturschwankungen

Wir haben einen mit der Tag- und Nachtzeit (Ortszeit) schwankenden „inneren" Rhythmus, dem auch der Stoffwechsel und die Temperatur unterliegen. Gegen 5-6 Uhr morgens erreicht die Temperatur den niedrigsten Wert, gegen 18 Uhr abends den höchsten (Abb. 14-7).

Eine weitere periodische Temperaturschwankung kann man während des Menstruationszyklus der Frau beobachten (s. 24-312). Nach der Menstruation sinkt die Rektaltemperatur langsam, aber beständig ab, erreicht kurz vor dem Eisprung den niedrigsten Stand und steigt gleichzeitig mit dem Eisprung um etwa 0,5° C an. Wenn das Ei befruchtet wird, bleibt die Temperatur während der Schwangerschaft auf diesem höheren Niveau bestehen.

Anpassung, Akklimatisation an warmes Klima geschieht zwar durch Steigerung der Schweißabsonderung, die aber nicht in Schweißausbrüchen, sondern gleichmäßig

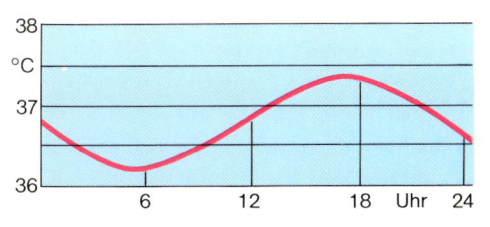

Abb. 14-7. Verlauf der Kern-(Rektal-)Temperatur innerhalb 24 Stunden.

Fieber

vor sich geht. Man hat deshalb den Eindruck, weniger zu schwitzen. Im Laufe der Anpassung wird außerdem der Salzgehalt des Schweißes von normalerweise 2-3% auf etwa 0,3% herabgesetzt.

Akklimatisation an Kälte ist weniger gut möglich. Schützen kann man sich nur durch entsprechend warme Kleidung. An Kälte angepaßte Völkerrassen wie Eskimos haben einen gedrungenen Körperbau (Verkleinerung des Verhältnisses von Hautoberfläche zum „Körpervolumen").

Für beide Anpassungsarten, an Hitze und Kälte, gilt, daß nach längerer Zeit eine Gewöhnung eintritt, ein zentralnervöser Vorgang, durch die die Kälte- oder Wärmeempfindung herabgesetzt wird.

Fieber

Fieber ist ein bekanntes Begleitsymptom von Infektionskrankheiten oder von lokalen Entzündungsprozessen. Durch Krankheitserreger werden im Körper fiebererzeugende Stoffe (exogene Pyrogene) abgegeben, die zur Freisetzung körpereigener, endogener Pyrogene führen. Diese Pyrogene verstellen den Sollwert im Wärmeregulationszentrum (s. Abb. 14-3) auf ein höheres Niveau, etwa vergleichbar mit dem Höherstellen eines Heizungsthermostaten. Danach wird die Heizung sofort anspringen und solange in Gang bleiben, bis die neu eingestellte Temperatur erreicht ist. Beim **Fieberanstieg** ist das ähnlich, das Regulationszentrum arbeitet dann so, als ob die Umgebungstemperatur zu niedrig wäre: Die Wärmeabgabe wird durch Verengung der Hautgefäße gedrosselt (blasse Haut), die Wärmeproduktion wird gesteigert durch Muskelzittern (Kältezittern, Zähneklappern, Schüttelfrost). Dies hält solange an, bis der erhöhte Sollwert erreicht ist. Jeder hat selbst erlebt, wie er sich bei plötzlichem Fieberanstieg so warm wie möglich zudeckt, weil ihn fröstelt. Den Sinn des Fiebers versteht man nur unvollständig. Sicher ist, daß phagozytierende Zellen (s. 11-113) freigesetzt werden und versuchen, die Erreger unschädlich zu machen. In letzter Zeit neigt man zu der Ansicht, das Fieber nicht in jedem Fall sofort durch Medikamente zu unterdrücken. Anhaltendes Fieber um 41° C muß behandelt werden, da man mit Gehirnschädigung rechnen muß. Fiebersenkende Mittel nennt man Antipyretika, dazu gehört beispielsweise Aspirin. Dieses wirkt über die Hemmung der Prostaglandinproduktion (s. 24-305). Temperaturen um 43° C sind tödlich. Der **Fieberabfall** beginnt damit, daß der Sollwert wieder auf ein normales Niveau eingestellt wird, sei es medikamentös oder durch Abklingen der Infektion. Die überschüssige Wärme muß abgegeben werden, die Hautdurchblutung steigt daher an, es kann sogar zu Schweißausbrüchen kommen. Die Muskulatur wird schlaff als Zeichen, daß der Stoffwechsel erniedrigt wird.

Hypothermie bedeutet künstliche Senkung der Körpertemperatur. Durch Beobachtungen an winterschlafenden Säugetieren, die durch Erniedrigung der Körpertemperatur ihren Stoffwechsel herabsetzen, um den Winter ökonomischer zu überstehen, kam man auf die Idee, dies auch beim Menschen bei chirurgischen Eingriffen anzuwenden. Durch Blut- und Hautkühlung hat man die Körpertemperatur beim Menschen bis auf 28° C gesenkt, um den Stoffwechsel und damit den O_2-Bedarf zu senken. Der Kreislauf kann ohne Schaden für das Gehirn länger unterbrochen werden (Herzoperationen). Da auch der Blutdruck absinkt, kann der Blutverlust niedrig gehalten werden.

Temperaturmessung

Beim Patienten soll im allgemeinen die Kerntemperatur bestimmt werden. Versuche mit Herzkathetern und Magensonden haben ergeben, daß ein mindestens 5 cm in den Enddarm eingeführtes Thermometer eine Temperatur von nur etwa 0,1° C weniger anzeigt, als sie in den inneren Organen herrscht. Temperaturmessungen unter der

Wärme-Kälte-Therapie

Zunge oder unter dem Arm (axillar) sind unzuverlässiger (mangelnder Mundschluß, besonders bei Schnupfen, falsche Lage in der Achselhöhle).

Wärmetherapie

Die Anwendung von Wärme zu Heilzwecken ist seit Jahrtausenden bekannt. Solange man die Menschheitsgeschichte zurückverfolgen kann, werden Thermalbäder aus heißem Quellwasser zur Linderung vieler Beschwerden benutzt. Auch heute noch spielt die Wärmeanwendung in der Medizin eine wichtige Rolle. Für viele Erkrankungen des Bewegungsapparates (Muskeln, Bänder, Gelenke) werden **warme Bäder** erfolgreich verordnet. Eine der heilenden Wirkungen besteht darin, daß in warmem Wasser von ca. 30° C die Wärmeabgabe des Körpers verringert und dadurch die Wärmeproduktion gesenkt wird. Der Muskeltonus sinkt ab und Verspannungen, die oft Ursachen starker Schmerzen sind, werden gelöst. Im Wasser wird durch Auftrieb das Körpergewicht herabgesetzt (um das Gewicht der Wassermenge, die der Körper verdrängt). Der Haltetonus der Muskulatur (s. 251) ist dadurch vermindert. Die **Bewegungstherapie unter Wasser** und die **Unterwassermassage** nutzt beide Effekte, den Auftrieb und die Wärme. Die Wassertemperatur soll zwischen 30 und 35° C liegen. Vollbäder, deren Temperatur bei oder über der Körperkerntemperatur liegen, sollen zeitlich begrenzt sein, da der Körper ja nur über die Oberfläche des Kopfes Wärme abgeben und es leicht zu einem **Hitze-** oder **Wärmestau** (s. o.) kommen kann.

Bei **lokaler Wärmeanwendung** (Wärmeflaschen, Heizkissen, Fangopackungen u. ä.) wird die Verknüpfung von Wärmerezeptoren der Haut über das Rückenmark mit Nervenfasern, die zur glatten Muskulatur der Blutgefäße Erregungen aussenden, genutzt (Abb. 22-8). Dadurch kann die Durchblutung bestimmter Organe gesteigert werden. Badet man z. B. den linken Arm in Wasser von 45° C, erreicht man eine Erweiterung und bessere Durchblutung der Herzkranzgefäße. Über die Zuordnung bestimmter Hautgebiete zu bestimmten inneren Organen s. S. 259. **Kälte (Kryo)-Therapie**, wird ebenfalls angewandt, meist in Form von Eispackungen. Letztere bewirken eine Herabsetzung der Hautdurchblutung, wodurch die Durchblutung der Muskulatur bzw. bestimmter Organe gefördert werden soll. Da aber der Organismus auf längere Kälteeinwirkung auch mit Gefäßerweiterung und dadurch Durchblutungssteigerung der Haut reagiert (reaktive Hyperämie), kann auch über Kälteanwendung eine Schmerzlinderung durch Lösen von Muskelverspannungen erreicht werden. Bewegungstherapie bei Kälteanwendung muß jedoch behutsam durchgeführt werden.

Wärmehaushalt

Kurzgefaßt:

Wärmebildung und **Wärmeabgabe** müssen bei wechselnden Bedingungen einander die Waage halten, damit die **Körperkerntemperatur** konstant bleiben kann. Man unterscheidet **Kern-** und **Schalentemperatur**. **Wärme-** und **Kälterezeptoren** der Haut melden Veränderungen der Umgebungstemperatur an das **Wärmeregulationszentrum** im Zwischenhirn, das auch durch die **Bluttemperatur** direkt beeinflußt wird. Erhöhung der Außentemperatur oder der Wärmebildung infolge von Muskelarbeit veranlassen das Zentrum zur Steigerung der **Hautdurchblutung** und evtl. zu **Schweißabsonderung,** im Falle hoher Außentemperatur steigt die Wärmebildung durch Muskeltonussteigerung bis zu **Kältezittern** und aktiver Muskelbewegung, gleichzeitig wird die Hautdurchblutung gesenkt. Wärme kann nur durch Stoffwechselvorgänge gebildet werden. **Wärmeabgabe** kann durch **Strahlung** (bei Ruhe ca. 70%), **Leitung** und **Verdunstung** erfolgen. Durch Wasserdampfabgabe bei der Ausatmung und durch die Haut werden etwa 20% der Wärme bei Ruhe abgegeben.

Tagesrhythmische Temperaturschwankungen ergeben um 5 Uhr früh den niedrigsten, abends um 18 Uhr den höchsten Wert. Der Normalwert ist $36,8 \pm 0,5\,°C$. Bei schwerer körperlicher Arbeit kann er um bis zu $2\,°C$ steigen. Die Kerntemperatur bei der Frau erreicht mit dem **Eisprung** ihren mittleren Höchstwert.

Akklimatisation an heißes Klima geschieht durch Steigerung einer gleichmäßigen Schweißabgabe. Der Schweiß verringert seine Salzkonzentration von ca. 3% auf 0,3%.

Fieber ist das Ergebnis einer **Sollwertverstellung** des Wärmeregulationszentrums durch Krankheitserreger.

Künstliche **Temperatursenkung** (Hypothermie) bis $28\,°C$ wird teilweise zur Erleichterung bei Herzoperationen angewendet. Die **Kerntemperatur** sollte im Enddarm (rektal) gemessen werden.

Wärmetherapie wird in Form von Bädern und lokaler Wärmeanwendung betrieben.

15. Wasser[1)]-Salz-Haushalt und Nierenfunktion

Alle Lebewesen entstanden im Meerwasser, erst pflanzliche, später tierische, meist zu Anfang als Einzeller, Formen, die heute noch vorkommen, z. B. Amöben. Bei ihnen spielt sich der gesamte Stoffwechsel über die sie umhüllende Zellmembran ab, wechselseitig von einem Flüssigkeitsmilieu zum anderen. Bezüglich der Atmung wird Sauerstoff durch Diffusion (S. 3 und 40f.) ins Zellinnere aufgenommen und Kohlendioxid in umgekehrter Richtung abgegeben. Nahrung in Form kleinster Partikel wird ins Zellinnere geschleust, nicht nutzbare Bestandteile, Exkremente, in die umgebende Flüssigkeit entlassen.

Voraussetzung für den Stoffaustausch dieser Einzeller, ob sie im Meer-, Brack- oder Süßwasser leben, ist ein annähernd gleicher osmotischer Druck der Zell- und Umgebungsflüssigkeit. Wäre der osmotische Druck im Zellinnern höher als außen, würde Wasser in die Zelle einströmen, sie anschwellen lassen und schließlich zum Platzen bringen (s. Hämolyse, S. 11-112). Ein im Vergleich zum Zellwasser höherer osmotischer Druck ließe die Zelle durch Wasserentzug schrumpfen.

Um den Stoffwechsel bei vielzelligen Lebewesen zu bewältigen, mußten fein ver-

---

[1)] Da im Körper nur Flüssigkeiten mit mehr oder weniger Elektrolyten und Eiweißen vorkommen, ist die Bezeichnung Flüssigkeit der von Wasser vorzuziehen.

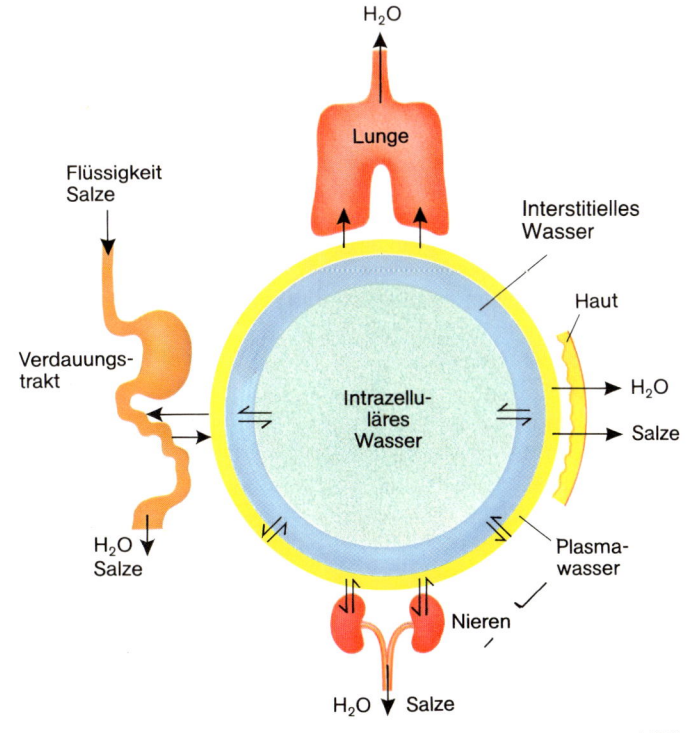

Abb. 15-1. Flüssigkeitsräume und Flüssigkeitsaustauschorgane.

Flüssigkeitsräume- u. Umsatz

zweigte Organsysteme entwickelt werden, wie das Herz-Kreislaufsystem, der Atem- und Verdauungstrakt. Trotz der Entwicklung kompliziertester Lebewesen, die zudem, wie die meisten Säugetiere, nicht mehr im Wasser leben, haben ihre kleinsten Bausteine, die Körperzellen, viele Merkmale der Einzeller beibehalten. Erstens sind sie von Flüssigkeit umgeben, der **interstitiellen Flüssigkeit**, im Falle der Blutkörperchenzelle, von **Plasmaflüssigkeit**. Sie enthalten zweitens selbst Wasser, die **intrazelluläre Flüssigkeit**, und sind drittens gezwungen, bezüglich des osmotischen Druckes ein Gleichgewicht mit der Umgebungsflüssigkeit aufrecht zu erhalten (Abb. 15-1).

Der Körper eines jungen Mannes enthält ca. 60% Flüssigkeit, der einer jungen Frau ca. 55% und der eines Säuglings ca. 75%. Abb. 15-2 zeigt die Verhältnisse der einzelnen Flüssigkeitsräume. Die interstitielle und die Plasmaflüssigkeit werden zusammen als **extrazelluläre Flüssigkeit** bezeichnet. Außerdem gibt es noch die 150–200 ml Gehirnrückenmarksflüssigkeit, Liquor cerebrospinalis (S. 277), das **transzelluläre Wasser**.

Die Ausgewogenheit der Flüssigkeitsmengen wird vor allem durch Flüssigkeitsaufnahme und -abgabe erreicht, (Abb. 15-3). Aufnahme größerer Mengen vergrößert vorwiegend den extrazellulären Flüssigkeitsraum, in dem dann der osmotische Druck absinkt. Ein großer Flüssigkeitsverlust (z. B. durch Schwitzen bei körperlicher Arbeit und hoher Außentemperatur) vermindert den extrazellulären Flüssigkeitsraum und läßt den osmotischen Druck ansteigen. Er steigt auch nach Aufnahme stark salzhaltiger Speisen. Trotz dieser Belastungen des Salzwasserhaushaltes, werden Flüssigkeitsvolumina und osmotischer Druck beim Gesunden in engen Grenzen konstant gehalten. Akuter Flüssigkeitsmangel und erhöhter osmotischer Druck lösen **Durst** aus, dem durch Flüssigkeitszufuhr nachgegeben wird, die **Niere** scheidet weniger Wasser aus. Im umgekehrten Falle, bei Flüssigkeitsüberschuß, werden vermehrt Wasser und Salz im Urin ausgeschieden.

Der **Flüssigkeitsumsatz** beträgt bei einem Erwachsenen von ca. 70 kg Körpergewicht etwa 2,5 l pro Tag. Abb. 15-3 zeigt die einzelnen ,,Zufuhr''- und ,,Abgabe''-Mengen der Flüssigkeitsbilanz. Auf der Zufuhrseite muß neben der Flüssigkeit in Getränken und Nahrung, das **Oxidationswasser** (S. 3) beachtet werden, auf der Abgabeseite spielt neben der Urinausscheidung die Wasserabgabe durch Lunge und Haut (Perspiratio insensibilis, S. 195) eine Rolle.

Die **Niere** ist das wichtigste Ausscheidungsorgan für Flüssigkeit, Salze und Abbauprodukte des Eiweißstoffwechsels. Außerdem werden viele Fremdstoffe bzw. ihre Abbauprodukte ausgeschieden. Durch die Lunge und über die Hautoberfläche wird Wasser abgegeben, beim Schwitzen über die Schweißdrüsen Wasser und Salze, vor allem NaCl. Die Flüssigkeits- und Elektrolytabgabe im Kot ist normalerweise gering. Die Aufgaben der Niere sind demnach folgende:

1. a) Aufrechterhaltung der Konzentration von Elektrolyten (Isoionie),

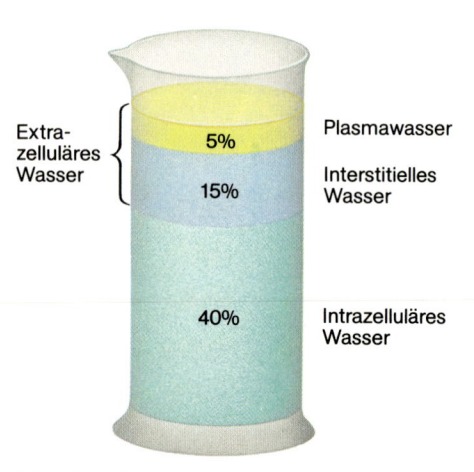

Abb. 15-2. Verteilung der Körperflüssigkeit auf die verschiedenen Flüssigkeitsräume beim Erwachsenen.

Nierenfunktion

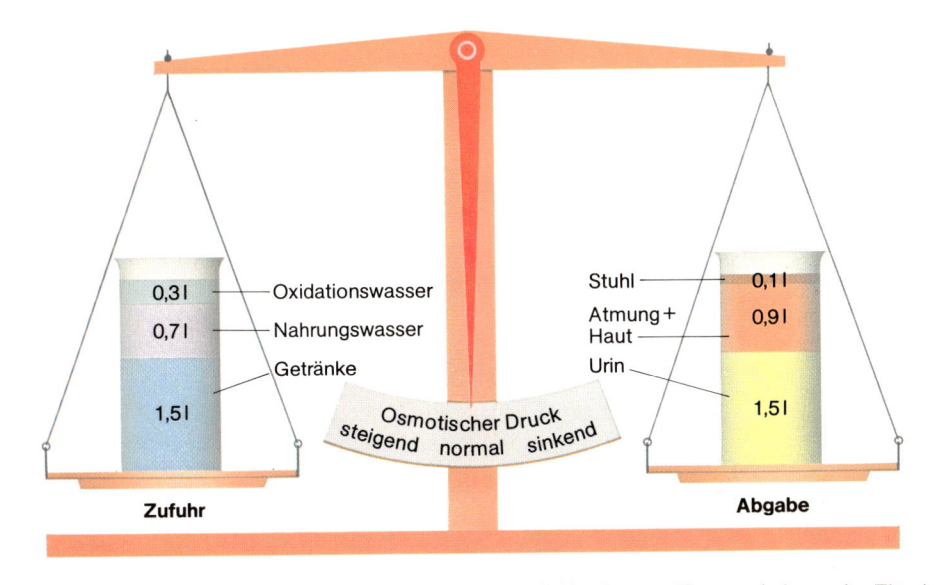

Abb. 15-3. Gleichgewicht zwischen Flüssigkeitszufuhr- und Abgabe, zur Konstanthaltung der Flüssigkeitsvolumen und des osmotischen Druckes.

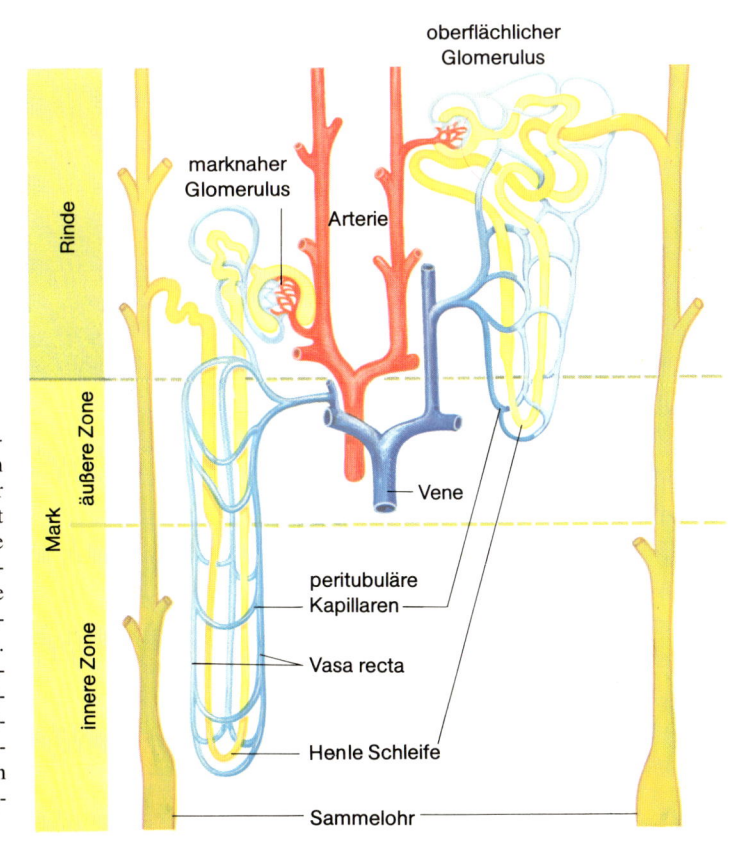

Abb. 15-4. Halbschematische Darstellung von Funktionseinheiten der Niere (Nephron) mit Blutgefäßversorgung. Die Markzone müßte in Bezug zur Rindenzone 20 Mal größer (nach unten) gezeichnet werden. Erst durch die große Länge der Tubuli und die entsprechende Blutgefäßversorgung werden die großen Austauschleistungen in diesem Abschnitt möglich (s. Text).

Primärharn

b) Aufrechterhaltung des Wassergehaltes (Isohydrie),
c) Aufrechterhaltung des osmotischen Drucks (Isotonie).
2. a) Ausscheidung von Stoffwechselprodukten,
b) Ausscheidung von Fremdstoffen und ihren Stoffwechselprodukten.
3. Endokrine Funktion
a) Beteiligung an der Kreislaufregulation (Renin-Angiotensinmechanismus, s. S. 161),
b) Regulation der Blutbildung durch den Erythropoietin-Mechanismus, s. S. 306.

Der anatomische Bau der Niere macht ihre Funktion verständlich. Abb. 15-4 zeigt eine Funktionseinheit der Niere, das **Nephron.** In der menschlichen Niere sind 1 bis 1½ Millionen solcher Einheiten vorhanden. Das arterielle Blutgefäß teilt sich in ein Kapillarknäuel, **Glomerulum,** auf und ist von einer Kapsel, der **Bowmanschen Kapsel,** umschlossen. Diese Kapsel bildet den Anfang des harnableitenden Systems. Damit aus dem Plasma der Kapillaren Flüssigkeit in die Kapsel gepreßt werden kann, muß ein Druckgefälle bestehen. Man spricht vom **effektiven Filtrationsdruck** (s. 12-153). Er ergibt sich, wenn man vom Blutdruck in den Kapillaren den kolloidosmotischen Druck des Plasmas und den hydrostatischen Druck der Kapsel abzieht. Der effektive Filtrationsdruck beträgt ca. 2 kPa (15 mm Hg). Die durch diese Druckdifferenz abgefilterte Flüssigkeit nennt man **Primärharn** oder glomeruläres Filtrat, es handelt sich um eiweißfreies Plasma. Pro Minute werden beim Mann ca. 120 ml Primärharn gebildet, bei der Frau etwa 10% weniger. In 1 Stunde wird das gesamte Blut (Plasma) etwa 3mal der

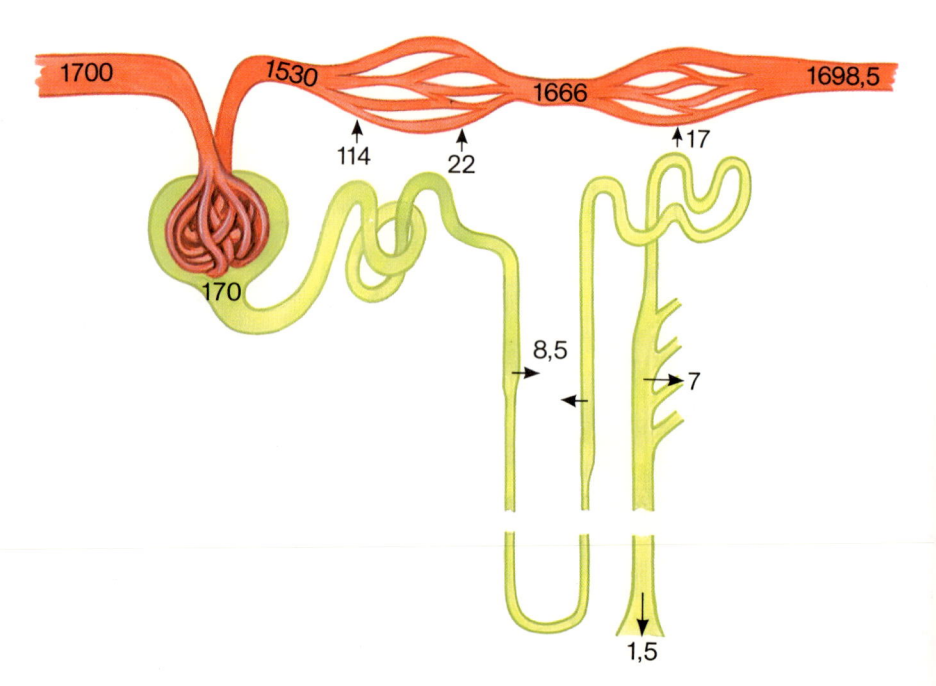

Abb. 15-5. Schematische Darstellung der Durchblutung, der Primärharnbildung in der Niere mit der pro Tag etwa in die *Bowman*sche Kapsel filtrierten Flüssigkeitsmenge und den in den einzelnen Nephronabschnitten zurückresorbierten Mengen. Alle Angaben in Litern/24 Stunden, beim gesunden Erwachsenen.

Filtration, Absorption

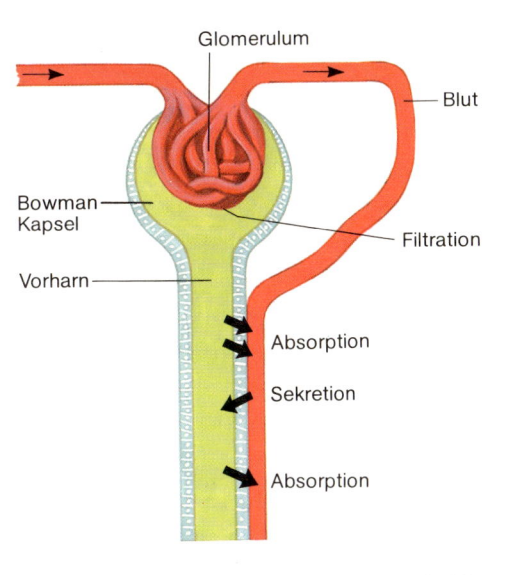

Abb. 15-6. Schematische Darstellung der drei in der Niere auftretenden Prozesse: Filtration, Absorption und Sekretion.

Nierenkontrolle, also einer Klärung (engl. **clearance**), unterzogen (Abb. 15-5).

Da täglich 170 Liter Primärharn gebildet und davon nur etwa 1,5 Liter Harn ausgeschieden werden, müssen etwa 99% des Primärharns wieder in die Blutbahn zurückgewonnen, **absorbiert,** werden. Dies geschieht in dem Röhrensystem der Tubuli und Henleschen Schleifen. Der größte Teil des Filtrates wird passiv durch das kolloidosmotische Druckgefälle zum Blut der den Tubulus umgebenden Blutgefäße absorbiert, wie in anderen Kapillargebieten (s. 12-153). Einige Stoffe werden, ähnlich wie Drüsensekrete, aktiv in die Tubulusflüssigkeit **sezerniert,** andere **filtriert und sezerniert.** Wir haben also 3 Prozesse der Harnbildung in der Niere (Abb. 15-6):

1. **Filtration.** Alle Moleküle bis zu einem Molekulargewicht um 60 000 können filtriert werden.
2. **Absorption.** Absorbiert werden vor allem Wasser, Elektrolyte, Glukose und Harnstoff.
3. **Sekretion.** Sie spielt beim Menschen, abgesehen von Kreatinin und Kalium, mengenmäßig keine große Rolle.

Im einzelnen:

Die Filtration. Die **Filtratmenge** wird im wesentlichen vom effektiven Filtrationsdruck (s. o.) bestimmt. Demnach wäre eine direkte Abhängigkeit zwischen der Höhe des Blutdrucks und der Filtratmenge zu erwarten. Dies trifft jedoch nicht zu, sondern die Filtratmenge ist in einem Bereich des arteriellen Blutdrucks von 12 kPa (90 mm Hg) bis 25 kPa (190 mm Hg) fast konstant (Abb. 15-7). Das bedeutet, daß trotz großer Blutdruckschwankungen die wichtige Funktion der Primärharnbildung unberührt bleibt. Der Mechanismus wird **Autoregulation** genannt (s. 12-159) und durch Verengung des zum Glomerulum führenden Gefäßes (Vas afferens) bei Drucksteigerung ermöglicht.

Die **Filtratzusammensetzung** hängt von der Durchlässigkeit der Glomerulumkapillaren und der Bowmanschen Kapsel für Moleküle ab. Wenn man sich die Membranen als Siebe vorstellt, müßten die Poren einen Durchmesser von etwa 10 nm haben. Moleküle, die kleiner sind, müssen im Plasma und im Filtrat die gleiche Konzentration haben. Ist ihre Konzentration im Filtrat niedriger, müssen sie Schwierigkeiten beim Durchtritt haben. Tabelle 15-1 zeigt, daß bis zu einem Molekulargewicht von 5500 keine Übertrittsbehinderung vorliegt, daß aber auch noch für Moleküle mit einem Molekulargewicht von 64 500, wie z. B. Hämoglobin, ein Durchtritt möglich ist, ja sogar noch in ganz geringem Maße für Serumalbumine (1%), MG 69 000, mit Abmessungen von ca. 15 · 3,6 nm.

Neben der Porenweite spielt allerdings deren und der Teilchen elektrische Leitung (s. 6-46) eine gewisse Rolle.

Die **Absorption** findet in dem langen Röhrensystem, den Tubuli, statt, das aus einem ersten und zweiten gewundenen Teil und einem dazwischengeschalteten, schleifenartigen Anteil (Henlesche Schleife) besteht (s. Abb. 15-5). Die Absorptionsleistung der

203

Passive u. aktive Absorption

einzelnen Zellabschnitte ist unterschiedlich, worauf der unterschiedliche Zellbau hinweist. Während das Epithel in den Henleschen Schleifen niedrig und mitochondrienarm ist, findet man in den gewundenen Abschnitten ein hohes Epithel mit zahlreichen Mitochondrien, was für eine hohe Stoffwechselleistung spricht. Dies konnte durch Mikropunktion und Entnahme kleinster Flüssigkeitsmengen, die analysiert wurden, bestätigt werden. Abb. 15-8 zeigt die Abschnitte, in denen die wichtigsten Elektrolyte sowie Glukose, Harnstoff und Wasser absorbiert werden. Die beiden gewundenen Tubulusabschnitte sind eng von einem Kapillarnetz umsponnen (in Abb. 15-4 halbschematisch dargestellt), über welches die absorbierten Substanzen und Wasser wieder in die Blutbahn gelangen. Die Zahlen in Abb. 15-5 sollen zeigen, wie aus der Tagesmenge von 170 Liter **Primärharn** allmählich in den einzelnen Nephronabschnitten Flüssigkeit absorbiert wird, bis schließlich die Tagesmenge an abgegebenem **Harn** von 1,5 Liter übrigbleibt. Gleichzeitig sieht man, daß von der Gesamtblutmenge, die täglich durch die Niere fließt und „geklärt" wird, 1700 Liter, nach Passieren der Niere 1698,5 Liter wieder in die Blutbahn abfließen.

Man unterscheidet zwei Arten der Absorption, die passive und die aktive. Die **passive Absorption** trifft vor allem für Wasser zu. Aus den Glomerulumgefäßen werden 20% des Plasmawassers als Primärharn ab-

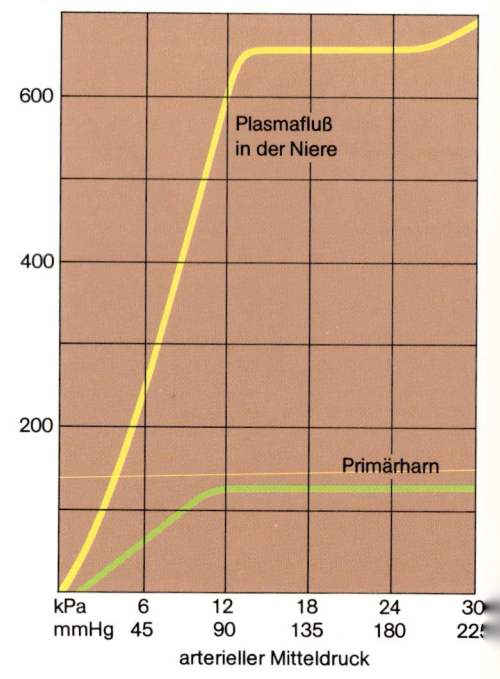

Abb. 15-7. Abhängigkeit von Plasmafluß und Vorharn (Primärharn)-Bildung vom arteriellen Mitteldruck beim Menschen. Man sieht, daß über einen weiten Bereich der Blutdruckhöhe Plasmafluß und Primärharnbildung vom Blutdruck unabhängig sind.

gepreßt. Das aus dem Glomerulum abfließende Blut hat danach eine hohe Eiweißkonzentration, d. h. einen hohen kolloidosmotischen Druck (s. 5-43). Dadurch wird aus den

Tabelle 15–1. Beziehungen zwischen Molekulargewicht und Filtrierbarkeit verschiedener Stoffe.

Stoff	Molekulargewicht	Filtrierbarkeit Konzentration Filtrat/Plasma
Wasser	18	1,00
Harnstoff	60	1,00
Glukose	180	1,00
Inulin	5500	0,98
Hämoglobin	64500	0,03
Serumalbumin	69000	0,01

Antidiuretisches Hormon

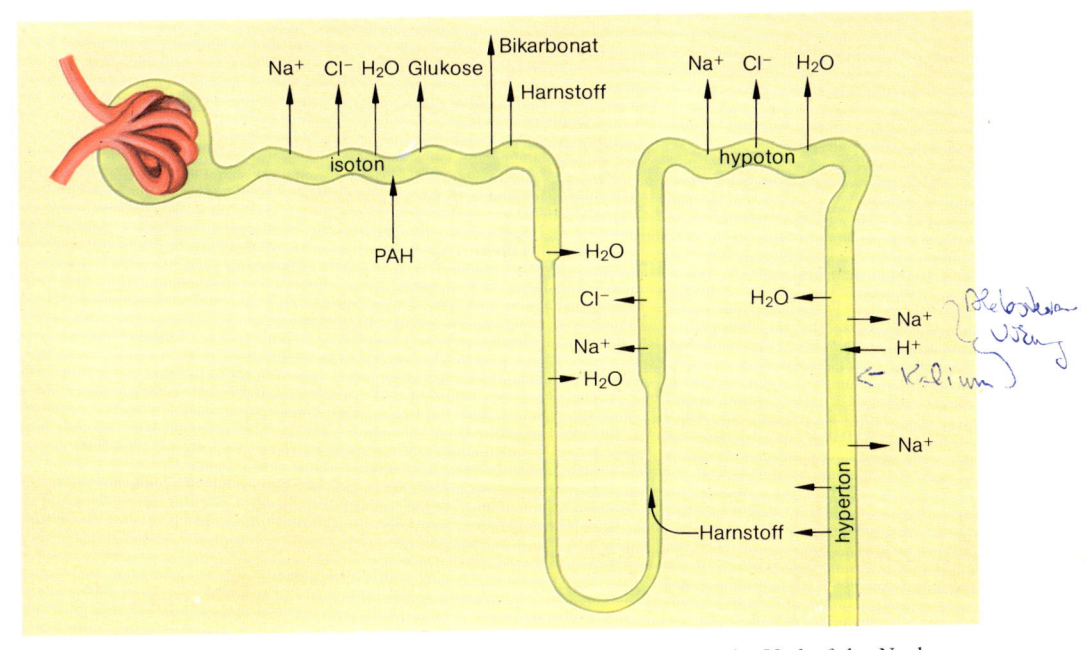

Abb. 15-8. Hauptorte der Absorption und Sekretion wichtiger Substanzen im Verlauf des Nephrons. PAH = Paraaminohippursäure, die zur Bestimmung der Nierendurchblutung verwendet wird (s. 15-201). Die *Henle*sche Schleife und das Sammelrohr sind unverhältnismäßig kurz dargestellt.

gewundenen Tubuli durch Diffusion Filtrat ins Blut der sie umspinnenden Gefäße entzogen. **Aktive Absorption** (aktiver Transport) von Natrium-, Kalium- und Chlorid-Ionen besteht vorwiegend im zweiten gewundenen Tubulusteil. Da die Ionen nur in gelöster Form transportiert werden können, werden nochmals beachtliche Wassermengen absorbiert. Die **Henlesche Schleife** besteht aus einem absteigenden Teil, in dem die Flüssigkeit in Richtung auf das Nierenbecken fließt, und einem parallel dazu verlaufenden, aufsteigenden Ast, in dem die Flüssigkeit entgegengesetzt, zum zweiten gewundenen Teil geführt wird. Aus dem **aufsteigenden Schleifenabschnitt** wird NaCl aktiv, d. h. energieverbrauchend, ins interstitielle Gewebe abgegeben. Da dieser Schleifenabschnitt dickwandig und daher für Wasser kaum durchlässig ist, wird der sich darin befindliche Urin zunehmend salzarmer, **hypoton** (s. 5-43). Infolge der hohen Salzkonzentration im interstitiellen Gewebe, wird dem **absteigenden Schleifenabschnitt** Wasser entzogen, sein Inhalt wird dadurch salzreicher, **hyperton**. Von Blutgefäßen, den **Vasa recta**, die parallel zu den Schleifen verlaufen, werden dem interstitiellen Gewebe Teile des Wassers, der Salze und des Harnstoffs entzogen und in den Blutkreislauf zurückgeleitet. Es handelt sich um ein **Gegenstrom-Austauschprinzip**, in unserem Falle um einen **Gegenstromverstärker**, da es sich nicht nur um einen Austausch von Stoffen durch Gegenstrom, sondern um eine Anreicherung, Verstärkung, handelt. Dieses Prinzip ist in der Biologie vielfach verwirklicht, z. B. Wärmeaustausch im Gegenstrom oder, wie in der Plazenta (Mutterkuchen), zum Sauerstoffaustausch.

Hormonelle Regulation der Wasserrückgewinnung

Das **antidiuretische Hormon,** kurz ADH, das oberhalb der Hirnanhangsdrüse (s. 24-283

Glukoseabsorption

und -287) gebildet und in ihrem Hinterlappen gespeichert wird, übt seine Wirkung im zweiten (distalen) Tubulusanteil und im anschließenden Sammelrohr aus, indem es das Epithel durchlässiger macht. Die Tubulusflüssigkeit ist in diesen Abschnitten **hypoton**, so daß vermehrt Wasser in die Blutbahn zurückgewonnen wird. Das Hormon wird vermehrt ausgeschüttet, wenn der osmotische Druck im Blut über die Norm ansteigt. Nach längerem Schwitzen und wenn man keine Gelegenheit zum trinken hat, wird die Urinmenge kleiner und der Urin dunkler, konzentrierter. Bei Geschwülsten in der Hypophysengegend kann diese Regulation versagen, die Betroffenen scheiden bis zu 25 Liter Urin am Tage aus, sie leiden unter starkem Durst und müssen deshalb täglich auch mindestens 25 l Flüssigkeit aufnehmen. Diese Krankheit nennt man **Diabetes insipidus**; sie ist oftmals das erste Anzeichen eines krankhaften Prozesses im Gebiet des Hypophysenhinterlappens.

Glukose-Rückgewinnung

Glukose wird im Glomerulum **filtriert**; sie ist ein kleines Molekül mit einem Molekulargewicht von 180, der Durchmesser des Moleküls liegt bei 0,36 nm. Ohne Rückresorption würde dem Körper ein für den Stoffwechsel, vor allem im Gehirn und in der Muskulatur, wichtiger Nährstoff verlorengehen. Die Rückgewinnung von Glukose ist abhängig von ihrer Konzentration im Blutplasma. Bei normaler Konzentration um 1,8 g/l Plasma wird die gesamte filtrierte Glukose **aktiv** reabsorbiert. Nach zu großer Zuckeraufnahme in der Nahrung oder bei Insulinmangel, bei dem zu wenig Glukose in die Körperzellen, vor allem Herz- und Skelettmuskelzellen, aufgenommen werden kann, wird Zucker im Urin ausgeschieden. Abb. 15-9 zeigt deutlich, daß ab 2 g Glukose/l Plasma der aktive Transport nur noch wenig erhöht werden kann, das tubuläre **Transportmaximum** (Tm) von 0,37 g/min ist bei etwa 3,75 g/l Plasma

Hormonelle Regulation der Na⁺-Rückgewinnung

Aldosteron, ein Hormon, das in der Nebennierenrinde gebildet wird, bewirkt nach Ausschüttung in die Blutbahn eine erhöhte Natriumrückgewinnung und vermehrte Kalium- sowie H$^+$-Ionenabgabe in der Niere. Es wird vermehrt ausgeschüttet, wenn Kochsalzmangel oder eine mangelhafte Nierendurchblutung auftritt. Bei Erkrankungen der Nebennierenrinde, z. B. bei der **Addisonschen Krankheit**, werden zuviel Kochsalz und Wasser ausgeschieden (Lösungswasser für NaCl), das Blut wird eingedickt und seine Menge vermindert. Dies kann zum Kreislaufversagen führen. Physiologische Gaben von Aldosteron können dies verhindern, es fördert durch die Natriumabsorption die passive Wasserabsorption aus den Tubuli.

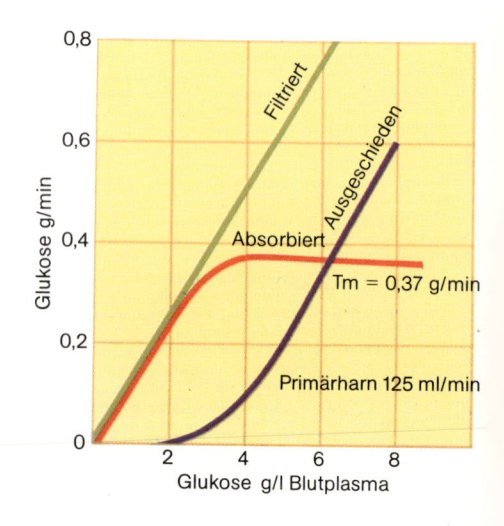

Abb. 15-9. Absorptionsleistung der Niere für Glukose. Bei Anstieg der Glukosekonzentration im Blutplasma steigt die Absorption bis zu einem Maximum (Transportmaximum = Tm) von etwa 0,37 g/min an, bei höheren Konzentrationen kommt es zur Glukoseausscheidung im Harn (Glykusorie).

erreicht, und Glukose erscheint im Urin, was man **Glykosurie** nennt. Dies ist ein Hauptsymptom der Zuckerkrankheit (Diabetes mellitus). Da Zucker nur in gelöster Form ausgeschieden werden kann, werden gleichzeitig beträchtliche Mengen an Lösungswasser ausgeschieden. Der Flüssigkeitsverlust führt zu Durst. Großer Durst ist daher oft ein erstes Zeichen des Diabetes mellitus.

Harnflut (Diurese) kann auf verschiedene Weise zustande kommen. Sie ist aus ärztlichen Gründen oft erwünscht, etwa bei Ödemen infolge Kreislaufschwäche (s. 12-154), und wird deshalb mit entsprechenden Mitteln herbeigeführt.

Wasserdiurese entsteht nach erhöhter Wasserzufuhr. Wenn man etwa 1,5 Liter Wasser oder ungesüßten Fruchttee trinkt, erhöht sich der Harnfluß schon etwa nach 15 Minuten und ist nach 45 Minuten maximal. Diese Zeit wird benötigt, um die zugeführte Flüssigkeit aus dem Darmtrakt aufzunehmen und die Sekretion des antidiuretischen Hormons zu hemmen. Die Diuresewirkung von Alkohol erfolgt ebenfalls über eine ADH-Hemmung.

Osmotische Diurese. Während bei der Wasserdiurese die Wasserabsorption im zweiten, distalen Tubulusanteil vermindert ist, ist bei der osmotischen Diurese die Wasserabsorption aus dem ersten, proximalen Tubulusanteil vermindert (s. Abb. 15-8), weil der Primärharn eine so hohe Konzentration an nicht oder nicht ausreichend absorbierten Molekülen hat, daß mehr Lösungswasser als normalerweise im Tubulus bleibt. Mit Mannitol, einem Polyalkohol, kann man künstlich eine osmotische Diurese erzeugen. Eine osmotische Diurese entsteht auch, wenn so viel Kochsalz in der Nahrung aufgenommen wird, daß es mit Lösungswasser ausgeschieden werden muß. **Andere Diureseformen** wirken über eine Hemmung des aktiven Natriumtransportes (Furosemid, Thiazide), Coffein und Theophillin sollen über eine Steigerung der Nierenmarkdurchblutung eine vermehrte Urinausscheidung bewirken.

Durst

Wenn zuviel Flüssigkeit aufgenommen wird, reagiert die Niere mit erhöhter Ausscheidung. Trinken wir zuwenig oder essen zu salzig, bekommen wir **Durst.** Das Durstgefühl kennt jeder; wie es zustande kommt, weiß man jedoch nicht. Bei Säugetieren kennt man ein „Durstzentrum" im Zwischenhirn, das bei elektrischer Reizung zum sofortigen Trinken anregt. Interessanterweise liegt dieses Zentrum nahe der Stelle, an der das antidiuretische Hormon gebildet wird. Man könnte sich daher vorstellen, daß das Durstgefühl mit steigendem osmotischen Druck im Blut zunimmt, wobei auch die ADH-Bildung ansteigt, und daß beides von denselben Rezeptoren ausgelöst wird.

Harnausscheidung

Der Harn gelangt aus den Sammelrohren in das Nierenbecken, von dort aus in den Harnleiter und in die Harnblase. In der Wand der Harnleiter befinden sich, ähnlich wie in den Wänden entlang des Verdauungskanals, drei Muskelschichten, eine äußere und innere Längs- und dazwischen eine Ringmuskelschicht. Der Harn wird durch eine Kontraktionswelle, der eine Erschlaffungswelle vorangeht, in die Harnblase befördert. Solche Wellen laufen 1- bis 5mal pro Minute über den Harnleiter in Blasenrichtung. An drei Engstellen können sich Nierensteine festsetzen, die krankhafterweise im Nierenbecken gebildet werden: am Nierenbeckenausgang, der Kreuzungsstelle mit den großen Blutgefäßen des Beckens und am Eintritt des Harnleiters in die Blase, der schräg erfolgt. Die Beförderung der Nierensteine durch die Harnleiterperistaltik, die oben beschriebenen wellenartige Muskelkontraktionen, ist sehr schmerzhaft, vor allem beim Passieren dieser Engstellen. Durch die Abknickung der Harnleiter am Eingang zur Blase kann kein Harn zurückfließen; es ist daher kein besonderer Schließmuskel erforderlich. Während

Untersuchungsmethoden

jeder Erschlaffungswelle des Harnleiters wird eine Portion Harn in die Blase abgegeben. Wenn sich die Blasenmuskulatur zusammenzieht, was besonders bei der Harnentleerung der Fall ist, sind die Einmündungsstellen der Harnleiter fest verschlossen. Wenn die Blase des Erwachsenen mit 300 bis 400 ml Urin gefüllt ist, tritt starker Harndrang auf. Dehnungsrezeptoren erregen über ein Reflexzentrum im unteren Rückenmark (Sakralmark) die Blasenwandmuskulatur (s. 22-274). Sie zieht sich zusammen, die Blase wird kleiner und ihr Inhalt in die Harnröhre zur Entleerung nach außen gedrückt. Durch Willkürinnervation des Schließmuskels der Harnröhre kann das spontane Harnlassen verhindert werden, wenn dazu keine Gelegenheit besteht. Bereits das Kleinkind kann lernen, den Schließmuskel willkürlich zu beeinflussen. Bei einem Querschnittsgelähmten kommt es bei einem Füllungsgrad von 300 bis 400 ml Urin zu einer spontanen Blasenentleerung.

Untersuchungsmethoden

Im Urin sind normalerweise über 300 verschiedene Substanzen enthalten, deren Bestimmung für bestimmte Diagnosen wichtig sein kann. Die Methoden sind in labortechnischen Fachbüchern beschrieben. Substanzen, die interessieren, sind u. a. Eiweiß, Zucker, Blutzellen, Harnstoff sowie Elektrolyte wie K, Na, Ca, Cl und Phosphat.

PAH-Clearance zur Bestimmung der Nierendurchblutung

Man benötigt eine Testsubstanz, die in der Niere filtriert und zusätzlich sezerniert, aber nicht absorbiert wird. Auch darf sie nicht in die Blutkörperchen eindringen. Diese Voraussetzungen erfüllt die Para-Amino-Hippursäure (PAH). Eine bestimmte Menge wird intravenös injiziert, die im Harn ausgeschiedene PAH-Menge muß der Menge entsprechen, die durch die Blutgefäße der Niere geströmt ist. Da die Mengen durch das Produkt von Volumen und Konzentration (PAH) ausgedrückt werden können, gilt:

$$\frac{\text{Plasmavolumen} \cdot c_{\text{Plasma}}}{\text{Zeit}} = \frac{\text{Harnvolumen} \cdot c_{\text{Harn}}}{\text{Zeit}}$$

Der Harn wird mit einem Blasenkatheter aufgefangen. Aus dem Harnvolumen pro Zeit und der PAH-Konzentration kann man den Plasmafluß durch die Niere ausrechnen, setzt man den Hämatokritwert ein (s. 11-109), erhält man die Nierendurchblutung pro Zeit. Sie beträgt ca. 1100 ml/min.

Inulin-Clearance zur Bestimmung der **glomerulären Filtrationsrate** (GFR). Inulin ist ein Fruktosepolymer und wird in der Niere nur filtriert, weder sezerniert noch absorbiert. Die Inulinkonzentration ist also im Filtrat dieselbe wie im Plasma. Inulin wird intravenös dauerinfundiert. Man sammelt Harn in einer bestimmten Zeit sowie eine Plasmaprobe und mißt die jeweilige Inulinkonzentration. Die glomeruläre Filtrationsrate kann nach folgender Formel berechnet werden:

$$\frac{\text{Filtratvolumen} \cdot c_{\text{Plasma}}}{\text{Zeit}} = \frac{\text{Harnvolumen} \cdot c_{\text{Harn}}}{\text{Zeit}}$$

Die GFR beträgt ca. 125 ml/min.

Konzentrierungsversuch

Der Patient bekommt abends nur Trockenkost, am anderen Morgen werden stündlich Urinproben abgenommen und das spezifische Gewicht bestimmt; ein Höchstwert von 1028 wird beim Gesunden erreicht.

Zystoskopie

Ein Zystoskop kann man ins Blaseninnere einführen und durch eine entsprechende Beleuchtungseinrichtung die Blaseninnenwand betrachten und fotografieren.

Röntgendarstellung des Nierenbeckens und der ableitenden Harnwege ist nach intravenöser Injektion von Kontrastmitteln möglich.

Seitengetrennte Untersuchungen der einzelnen Niere sind durch Einführen von Kathetern in die jeweiligen Harnleiter möglich.

Hämodialyse

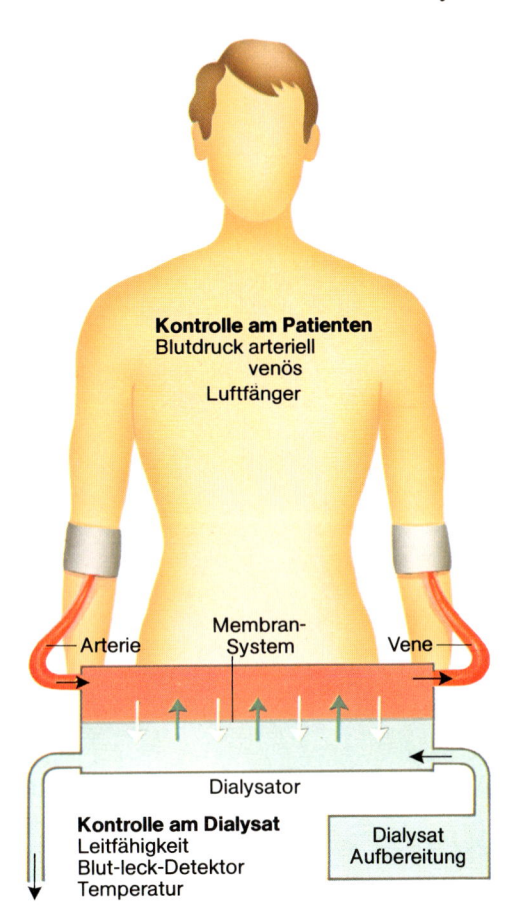

Abb. 15-10. Hämodialyse (Blutwäsche), schematisch. Vereinfachend ist nur *eine* Membran gezeichnet, in Wirklichkeit sind es viele Membran-Blutschichten, um eine ausreichend große Austauschfläche zwischen Blut und Dialyseflüssigkeit zu schaffen. Sicherheitskontrollen müssen beim Patienten und beim Dialysat vorgenommen werden. Das Blut darf z. B. bis zur Rückführung nicht zu stark abkühlen. Keinesfalls dürfen Luftblasen in den Blutkreislauf gelangen (Gefahr der Luftembolie). Der arterielle und venöse Blutdruck müssen kontrolliert werden.

Nierenbiopsie

Mit entsprechenden Punktionsnadeln lassen sich Proben von Nierengewebe entnehmen und danach histologisch untersuchen.

Künstliche Niere, Hämodialyse

Bei einer Reihe von Nierenerkrankungen ist die Ausscheidung von harnpflichtigen Substanzen nicht mehr ausreichend. Man muß dann den Patienten an eine sog. künstliche Niere anschließen. Sie besteht aus einem System von Kunststoffmembranen, die auf einer Seite mit einer ,,Waschlösung" mit Plasmazusammensetzung (ohne Eiweiße) und auf der anderen Seite mit dem Blut des Patienten, z. B. aus einer Armarterie, durchströmt wird. Das Blut wird in eine Vene des Patienten zurückgeleitet. Die harnpflichtigen Substanzen diffundieren entsprechend ihrem Konzentrationsgefälle durch die dünne Membran in die Waschlösung (Abb. 15-10). Je nach dem Ausmaß der Nierenerkrankung muß der Patient vorübergehend (z. B. täglich 3 Stunden) oder fortlaufend (z. B. wöchentlich 3mal 6 Stunden) bis an sein Lebensende an die künstliche Niere angeschlossen werden. Bei dauerndem Versagen beider Nieren ist außer häufigen Dialysen nur noch die Nierenverpflanzung (Transplantation) möglich, wobei die Hauptschwierigkeit darin besteht, die Abwehrfunktion des Körpers gegen fremdes Gewebe (s. 11-126) herabzusetzen.

Wasserhaushalt

Kurzgefaßt:

Wasser- und Salzgehalt der Körperflüssigkeiten müssen trotz Änderung von Aufnahme und Abgabe in engen Grenzen konstant gehalten werden. Die **Niere** ist wesentlich daran beteiligt. Sie dient der Konstanthaltung des Wassers, **(Isohydrie)**, der Elektrolyte **(Isoionie)** und des osmotischen Druckes **(Isotonie)** der Körperflüssigkeiten. Die **Regulation** erfolgt über **Osmorezeptoren**. Bei erhöhtem osmotischen Druck wird **antidiuretisches Hormon (ADH)**, im **Hypothalamus** gebildet und im **Hypophysenhinterlappen** gespeichert. Es bewirkt im 2. gewundenen Tubulusteil der Niere eine gesteigerte Wasserrückgewinnung. **Aldosteron**, ein **Nebennierenrindenhormon**, wird bei Natriummangel und verminderter Nierendurchblutung vermehrt abgegeben. Es steigert die **Natrium-** und damit passiv die **Wasserrückgewinnung** aus den Tubuli. Es fördert die **Kalium-** und **H^+-Ausscheidung** in die Tubuli. **Täglich** werden ca. 170 l **Primärharn** aus den Glomeruli filtriert, 99% davon aus den Tubuli zurückgewonnen. Bei einem arteriellen Blutdruck zwischen 12 und 25 kPa ist die **Filtratmenge** konstant. Neben der durch die kolloidosmotische Druckdifferenz verursachten Absorption werden Elektrolyte auch aktiv, gefördert durch ein Gegenstromsystem, absorbiert. Glukose wird normalerweise vollständig zurückgewonnen. **Sekretion** spielt in der menschlichen Niere eine geringe Rolle, sezerniert werden z. B. Röntgenkontrastmittel und PAH (Para-Amino-Hippursäure). Bei **Bestimmung der Primärharnmenge** mit **Inulin** und der Nierendurchblutung mit **PAH** wird das Indikatorverdünnungsverfahren genutzt. Der Harnfluß **(Diurese)** entsteht vor allem durch erhöhte Flüssigkeitszufuhr, durch Stoffe, die aus dem Tubulus nicht resorbiert werden können (osmotische Diurese) und durch Medikamente, die die Natriumabsorption hemmen (Diuretika).

Der **Harn** gelangt durch Kontraktionswellen der Harnleiter in die **Harnblase**, die sich reflektorisch bei einer Füllung von ca. 300 bis 400 ml entleert, wenn dies nicht willkürlich durch den äußeren Schließmuskel verhindert wird. Tägliche Harnmenge ca. **1,5 l.**

Wenn bei Nierenversagen die Ausscheidungsfunktion nicht mehr ausreicht, muß **Hämodialyse** eingesetzt, bzw. müssen fremde Nieren eingepflanzt werden.

16. Säuren-Basen-Haushalt

Beim Stoffwechsel entstehen vor allem saure Produkte, die beseitigt werden müssen, weil ein Gleichgewicht von Säuren und Basen eine wichtige Bedingung für den Ablauf vieler chemischer, vor allem enzymatischer Reaktionen ist.

Die „Pufferung" anfallender Säuren im Körper geschieht, wie im Kapitel 3 schon gezeigt, durch
1. chemische Puffer des Blutes,
2. biologisch durch mehr oder weniger Abatmen von Kohlendioxid in der **Lunge** oder mehr oder weniger H^+- bzw. HCO_3^--Ionenabgabe der **Niere**.

Pufferung im Blut. Infolge des großen CO_2-Abgabevermögens der Lunge wird der **Kohlensäure-Bikarbonatpuffer** zum wichtigsten Puffer des Blutes. Das im Gewebsstoffwechsel gebildete Kohlendioxid verbindet sich z. T. mit dem Gewebswasser zu Kohlensäure, die wiederum teilweise in Wasserstoff- und Bikarbonat-Ionen dissoziiert. In der Lunge wird Kohlendioxid abgegeben, so daß sich umgekehrt aus Wasserstoff- und Bikarbonat-Ionen mehr Kohlensäure bildet, die ihrerseits wieder in Kohlendioxid und Wasser zerfällt. Die Reaktionsgleichung lautet:

$$CO_2 + H_2O \rightleftharpoons H_2CO_3 \rightleftharpoons H^+ + HCO_3^-$$

Das Verhältnis von dissoziierter zu undissoziierter Kohlensäure (s. auch 3-19) wird von der Gleichgewichtskonstanten

$$K = \frac{[H^+][HCO_3^-]}{[H_2CO_3]} \quad (1)$$

bestimmt. Wie man sieht, kann man mit dieser Gleichung, wenn man K kennt, den Zusammenhang zwischen Kohlensäure-, Bikarbonat- und Wasserstoff-Ionenkonzentration ermitteln. Demnach ist $[H^+]$ bzw. mit der Definition von pH (s. 3-18), die entsprechend auch auf die Konstante K angewendet wird,

$$pH = pK + \log \frac{[HCO_3^-]}{[H_2CO_3]} \quad (2)$$

Für H_2CO_3 setzt man aus meßtechnischen Gründen meist den CO_2-Partialdruck mit der Löslichkeit für dieses Gas im Blut ein (s. 3-22). Da H_2CO_3 sehr wenig dissoziiert und im Blut mehr als 99% des HCO_3^- aus den Alkalibikarbonaten (Na- und K-HCO_3) stammen, wird eine weitere Konstante eingeführt, die mit K vereinigt wird; K wird, um das kenntlich zu machen, K' genannt.

Da drei veränderliche Größen in der Gleichung sind, genügt es, zwei von ihnen zu bestimmen; die dritte kann man dann berechnen. Da die pH-Messung mit Elektroden einfach ist, wird dieser Wert routinemäßig gemessen, man mißt dann außerdem die Kohlensäure oder das Bikarbonat. Damit kann man ausreichende Informationen über den Säuren-Basen-Haushalt, z. B. des Blutes, bekommen und bei Abweichungen gegebenenfalls eine entsprechende Therapie einleiten.

Störungen des Gleichgewichts treten vor allem bei Störungen des Stoffwechsels (metabolisch), bei Störungen der Atmung (respiratorisch), oder bei Störungen der Nierenfunktion auf. Die Störungen werden deshalb in **respiratorische** und **nichtrespiratorische** und danach, ob das Gleichgewicht ins Saure (**Azidose**) oder ins Alkalische (**Alkalose**) verschoben ist, eingeteilt.

Bei einer Behinderung der Atmung, z. B. durch Geschwülste der Atemwege, kann nicht genügend CO_2 abgegeben werden, man

Alkalose, Azidose

spricht dann von einer **respiratorischen Azidose**.

Umgekehrt wird bei zu starker Atmung (Hyperventilation, s. 13-186), z. B. bei Höhenaufenthalt, zuviel CO_2 abgeatmet, es entsteht eine **respiratorische Alkalose**.

Die Niere kann bei der ersten Störung durch Mehrausscheidung, bei der zweiten durch Verminderung der Ausscheidung von H^+-Ionen bis zu einem gewissen Grade die H^+-Ionenkonzentration des Blutes normalisieren.

Bei nichtrespiratorischen Störungen, z. B. der Zuckerkrankheit (Diabetes), entstehen infolge einer Stoffwechselstörung zuviel Säuren; es liegt dann eine **metabolische Azidose** vor. In diesem Falle können Lunge und Niere ausgleichend wirken, indem durch Hyperventilation mehr CO_2 abgeatmet und im Harn mehr H^+-Ionen ausgeschieden werden.

Eine **Alkalose** kann z. B. durch langanhaltendes Erbrechen entstehen, wenn mit dem Magensaft zuviel H^+-Ionen verlorengehen, dies nennt man **nichtrespiratorische Alkalose,** oft fälschlicherweise metabolische Alkalose genannt. Durch Verminderung der CO_2-Abgabe in der Lunge (Hypoventilation) und der H^+-Ionenausscheidung der Niere wird der Alkalose entgegengewirkt.

Oft sind die nichtrespiratorischen Störungen beim Patienten so groß, daß die Atem- und die Nierenfunktion überfordert sind. Dann müssen die entsprechenden Pufferlösungen (sauer oder alkalisch) infundiert werden.

Außer den genannten Größen pH, CO_2 und Bikarbonat wird in der Klinik zur Beurteilung des Säuren-Basen-Haushaltes der **Standardbikarbonatwert** herangezogen. Es ist die Bikarbonatmenge, die man bei voller O_2-Sättigung des Hb, 5,3 kPa (40 Torr) CO_2-Druck und 37° C im Blut findet. Der Wert im Plasma beträgt beim Erwachsenen etwa 25 mmol/l. Der **Basenüberschußwert** (Base excess) gibt die Abweichung vom Standardbikarbonatwert in mmol HCO_3^-/l an. Ein höherer Wert ist positiver, ein niedrigerer Wert als der Standardbikarbonatwert ist ein negativer Basenüberschuß. Die Bestimmung ist unten (s. 16-213) beschrieben.

Kurzgefaßt:

Die beim **Stoffwechsel** entstehenden **Säuren** werden vom **Blut** gepuffert und durch die **Lunge** bzw. durch die **Niere** abgegeben. Der wichtigste Puffer des Blutes ist der Kohlensäure/Bikarbonat-Puffer, weil CO_2 gasförmig in der Lunge abgegeben werden kann. **Störungen** des Stoffwechsels, der Atmung, der Niere, aber auch starkes Erbrechen, führen zu gefährlichen Verschiebungen des Säuren-Basen-Gleichgewichtes. Zu starke Säuerung, **Azidose,** oder Alkalisierung, **Alkalose,** beansprucht die Blutpuffer, Lunge und Niere, um den pH-Wert des Blutes möglichst bei 7,4 zu halten. **Respiratorische Alkalosen** bzw. **Azidosen** können durch eine **nichtrespiratorische Azidose** bzw. **Alkalose** ausgeglichen werden. Umgekehrt können **nichtrespiratorische** Störungen durch gegenläufige respiratorische Reaktionen (Hypoventilation bei Alkalosen und Hyperventilation bei Azidosen) in ihrem Einfluß auf den pH-Wert vermindert werden. Der **Standardbikarbonat-** bzw. **Basenüberschuß** (BE)-Wert ist ein Maß für die Bikarbonatkonzentration des Blutes, der Normalwert des BE ist Null. Verminderungen (negativer Basenüberschuß) können u. U. durch Infusion von alkalischen Pufferlösungen behandelt werden. Eine Beurteilung des Säuren-Basen-Gleichgewichtes ist nur bei Kenntnis des pH-Wertes, des CO_2-Druckes und der Bikarbonatkonzentration möglich.

Untersuchungsmethoden

Untersuchungsmethoden

Die Untersuchung des Säuren-Basen-Haushaltes bei Patienten gehört heute zu den Routinemethoden des klinischen Laboratoriums auch kleinerer Krankenhäuser. In einer unter Luftabschluß abgenommenen arteriellen **Blutprobe** wird der **pH-Wert** mit einer Glaselektrode in einer aufwendigen Spezialapparatur, die *Astrup* angegeben hat, gemessen. Ein Teil der Blutprobe wird außerdem mit zwei verschiedenen CO_2-Drücken aus Gasdruckzylindern ins Gleichgewicht gebracht. Man erhält mit dem pH-Wert und den bekannten **CO_2-Drucken** die **Bikarbonatwerte** (s. Gleichung 2) und kann in einem Nomogramm nach *Siggaard-Andersen* (Abb. 16-1) von der entnommenen Blutprobe aus dem pH-Wert allein den CO_2-Druck und die Bikarbonatkonzentration (unter Berücksichtigung der O_2-Sättigung des Blutes) also den Basenüberschuß bestimmen.

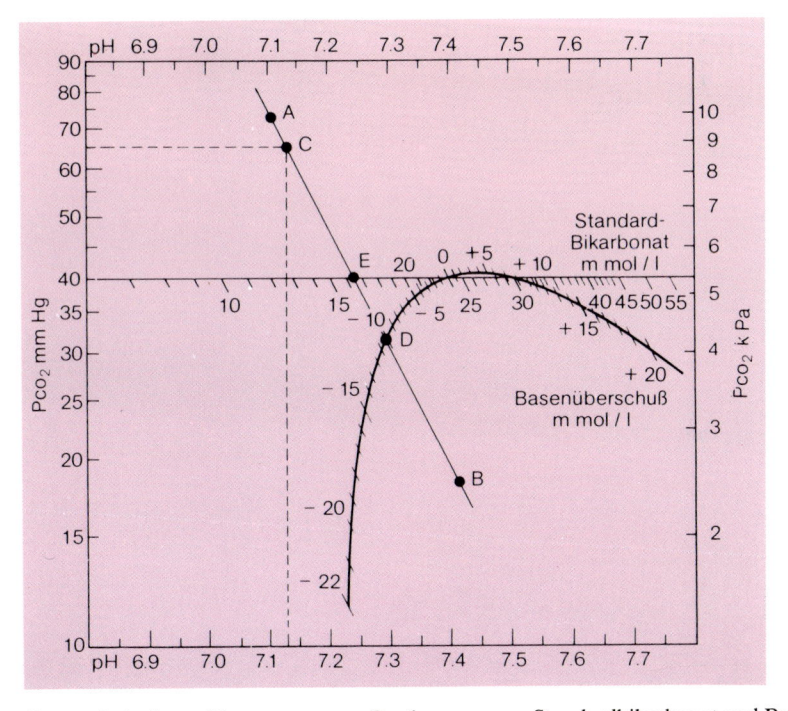

Abb. 16-1. *Siggaard-Andersen*-Nomogramm zur Bestimmung von Standardbikarbonat und Basenüberschuß. A und B sind die Punkte, die man aus den pH- und P_{CO_2}-Werten der beiden Blutproben erhält, die mit verschiedenen CO_2-Drucken ins Gleichgewicht gebracht wurden. C ist die arterielle Blutprobe, deren pH-Wert gemessen wurde. Den CO_2-Druck kann man auf der Ordinate ablesen. D ist der Basenüberschuß, der negativ ist (−10 mmol/l), der Standardbikarbonatwert ist erniedrigt (16,5 mmol/l). Es handelt sich um eine respiratorische Azidose.

III. Verarbeitung von Umwelteinflüssen

Empfindungen

Einleitung

Der Mensch kann seine Umwelt nur durch **Sinnesorgane** (Auge, Ohr, Geschmacksknospen, Riechzellen oder einfacher gebaute Rezeptoren) wahrnehmen. Sie sind die „Antennen", die physikalische und chemische Reize der unbelebten und belebten Natur aufnehmen.

Die **Empfindungen,** die wahrgenommen werden können, werden ganz allgemein mit dem Begriff **sensorisch** bezeichnet. Dieser Begriff wird leider nicht einheitlich benutzt. Er wird häufig noch differenziert in: sensible und sensorische Empfindungen (s. u.). Weiterhin hat es sich in der klinischen Neurologie zur Beschreibung von Sensibilitätsbefunden eingebürgert, die Rezeptoren in Extero- und Enterorezeptoren und letztere in Proprio- und Viszerorezeptoren zu unterteilen. Danach unterscheidet man:

Oberflächensensibilität (Exterozeptoren): Schmerz, Temperatur (kalt/warm), Berührung, leichter Druck.

Tiefensensibilität (Propriozeptoren): Gelenk- und Muskellagesinn, Vibrationsempfindung, Druck und sog. tiefer Schmerz.

Eingeweidesensibilität (Viszerozeptoren): Druck- und Schmerzrezeptoren vermitteln Eingeweideempfindungen.

Als **sensorische** Empfindungen werden dann bezeichnet: Sehen, Hören, Riechen und Schmecken.

Man hat das Auge mit einem Fotoapparat,

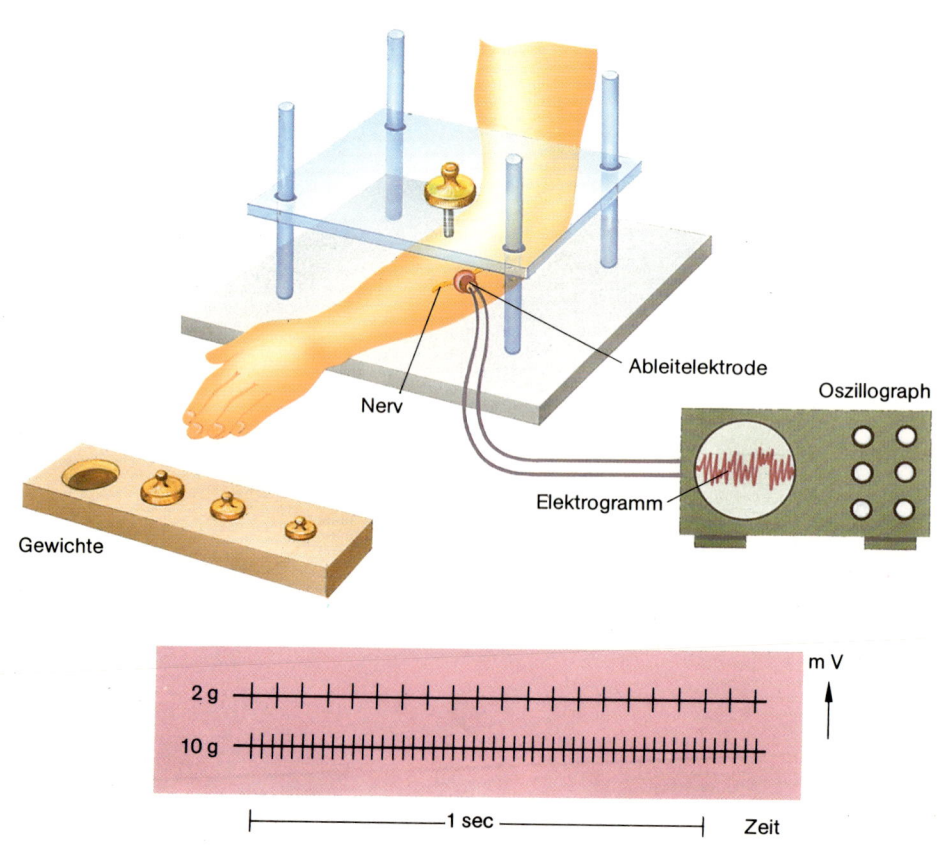

Abb. III-1. Reizung eines Druckrezeptors der Haut und Aktionspotentialfrequenz bei verschieden starken Reizen.

Sinnesreize

das Ohr mit einem Mikrophon verglichen. Das stimmt insofern, als elektromagnetische Wellen bestimmter Länge, die wir Licht nennen, sowohl im Auge als auch im Film eines Fotoapparates Umsetzungen hervorrufen und daß Druckwellen sowohl im Ohr als auch in einem Mikrophon Schwingungen erzeugen. Solche Reize erregen zwar unsere Sinnesorgane, führen aber noch zu keiner **Wahrnehmung** oder **Sinnesempfindung**. Dazu sind komplizierte Leistungen verschiedener Gehirnteile nötig, denen über Nerven verschlüsselte (codierte) Mitteilungen zugehen und die dort in heute noch unbekannter Weise verarbeitet werden, um schließlich zur Wahrnehmung der Umwelt zu führen. Ein weiteres Beispiel hierfür ist: Die Erkennung eines Gegenstandes durch Ermittlung von Form, Temperatur und Festigkeit mit den Hautsinnen.

Allgemeine Gesetzmäßigkeiten

Gesetzmäßigkeiten, die für alle Sinnesorgane gelten, betreffen:
1. **die Reizart,**
2. **die Reizstärke,**
3. **den Ortsbezug eines Reizes.**

1. **Die Reizart.** Jedes Sinnesorgan spricht über seine Rezeptoren (Antennen) auf eine bestimmte Reizart besonders gut an, auf den **spezifischen, den adäquaten Reiz.** Beim Auge sind es elektromagnetische Wellen, beim Geschmackssinn chemische Qualitäten usw. Mit anderen, nicht adäquaten Reizen können die Rezeptoren auch gereizt werden, aber es ist sehr viel mehr Energie erforderlich, um eine Empfindung auszulösen. Auch ein Schlag auf das Auge erzeugt einen optischen Eindruck, „Sternchen sehen". Es entsteht die dem Sinnesorgan entsprechende Wahrnehmung.

2. **Die Reizstärke.** Im täglichen Leben sind wir beständig unterschiedlich starken Reizen ausgesetzt. Ein Sinnesorgan muß die unterschiedlichen Reizstärken registrieren und dem Gehirn eine entsprechende Meldung zugehen lassen. Wenn man einen Druckrezeptor in der Haut mit einem Stecknadelkopf einmal mit schwachem und einmal mit stärkerem Druck reizt (Abb. III-1), erzeugt der Rezeptor im Nerven, der die Erregung weiterleitet, beim stärkeren Reiz eine größere Anzahl von Aktionspotentialen (s. 6-47) als beim schwachen. Die Impulszahl steigt z. B. von 20 auf 50/sec an.

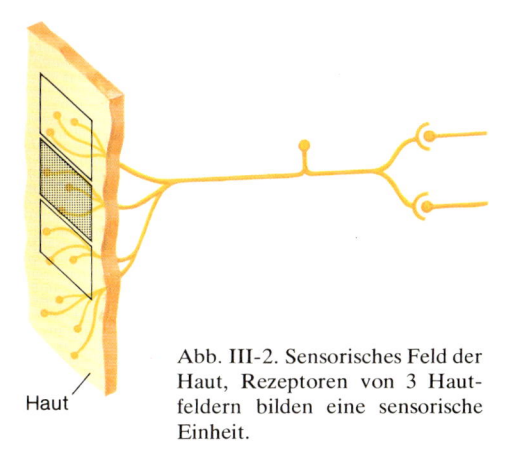

Abb. III-2. Sensorisches Feld der Haut, Rezeptoren von 3 Hautfeldern bilden eine sensorische Einheit.

Nicht jeder einzelne Sinnesrezeptor der Haut beispielsweise hat für seine Meldung an das Zentralnervensystem eine Einzelnervenfaser zur Verfügung, sondern teilt sie mit mehreren Rezeptoren. Alle Rezeptoren und der zugehörige Nerv werden als **sensorische Einheit** bezeichnet. Eine derartige sensorische Einheit, wie sie es etwa für Druck-, Temperatur- und Schmerzrezeptoren in der Haut gibt, ist in Abb. III-2 dargestellt.

Bei den meisten Reizen, die unsere Sinnesorgane normalerweise treffen, werden mehrere sensorische Einheiten erregt. Bei dem in Abb. III-3 dargestellten vereinfachten Fall wird die mittlere sensorische Einheit mit größerer Reizstärke erregt als die beiden benachbarten Einheiten. In der mittleren Einheit ist daher die Impulsfrequenz höher. An den Umschaltstellen (Synapsen) auf die nächste Nervenbahn zum Gehirn breiten sich die Impulse ent-

Hemmungen

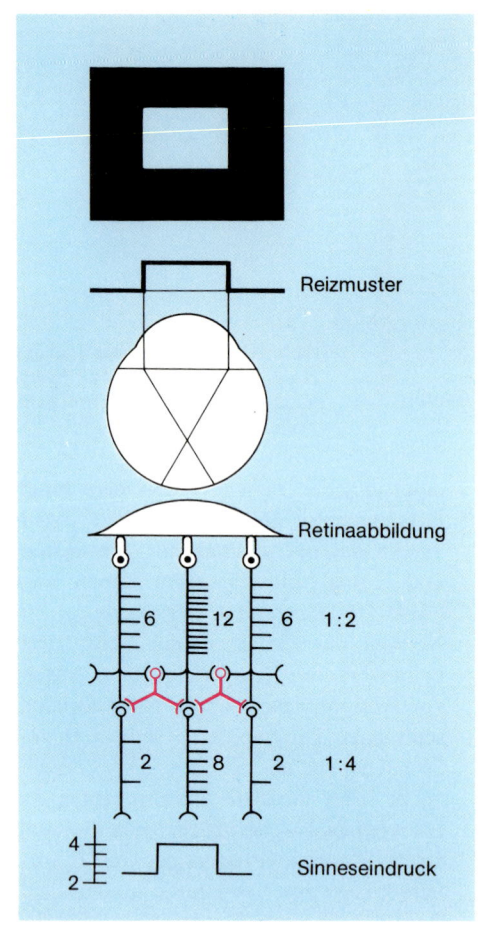

Abb. III-3. Kontrastentstehung durch laterale Hemmung am Beispiel des Auges. Ein scharf begrenztes weißes Rechteck verursacht durch den mangelhaften, optischen Apparat des Auges ein unscharfes Bild auf der Netzhaut und damit auch die Erregung von benachbarten (lateralen) Rezeptoren. Durch ihre Hemmung bei der Erregungsfortleitung in nachfolgenden Synapsen entsteht im Gehirn ein „scharf" begrenzter Eindruck.

sprechend der Zunahme der Synapsen nach allen Seiten aus. Hemmungslose Ausbreitung hätte letzten Endes eine Erregung des gesamten Gehirns zur Folge. Man hat jedoch festgestellt, daß zwischen den einzelnen Schaltstellen Hemmungen zustandekommen, die man als **laterale Hemmung** bezeichnet hat, weil sie sich besonders auf die Impulsfrequenz der seitlich (lateral) verlaufenden Erregungen auswirkt. Das führt dazu, daß das erregte Gebiet eingegrenzt bleibt und zentralnervös lokalisiert werden kann, dadurch entsteht auch eine Kontrastwirkung.

3. **Der Ortsbezug eines Reizes** ist besonders für die Hautsinne (Druck, Temperatur, Schmerz) wichtig. Wenn uns ein Insekt auf den Rücken sticht, können wir den Stich sofort lokalisieren. Die Rezeptoren übermitteln uns nicht nur Reizart und Reizstärke, sondern auch den Reizort. Dadurch können Schädigungen vermieden oder vermindert werden. Wenn wir versehentlich einen heißen Gegenstand berühren oder in eine Glasscherbe treten, ziehen wir den Fuß bzw. die Hand sofort zurück. Dies geschieht zunächst ohne Beteiligung des Gehirns allein über eine entsprechende Verschaltung im Rückenmark reflektorisch, also über einen **Reflex** (s. 22-252). Damit kommt der Vorgang aber ins Bewußtsein, die Hirnrinde wird beteiligt, man meidet bewußt den heißen Gegenstand oder entfernt die Glasscherbe, versorgt die Wunde, zieht die Schuhe an usw.

Die **Genauigkeit des Ortsbezugs** ist nicht auf der gesamten Körperoberfläche gleich. Sie hängt davon ab, wieviel Rezeptoren zu einer sensorischen Einheit gehören und wie dicht die Rezeptoren sind (s. III-217). Sie ist an den Fingerspitzen viel höher als auf dem Rücken, an der Zungenspitze ist sie besonders groß. Ein Maß für die Genauigkeit des Ortsbezuges erhält man, wenn man den Abstand zwischen zwei Reizpunkten bestimmt, die noch getrennt wahrgenommen werden können (z. B. mit einem stumpfen Zirkel). An der Fingerkuppe ist dieser Abstand etwa 1-2 mm, auf dem Rücken 15-20 mm. Daß wir kein objektives, sondern nur ein subjektives Raumempfinden haben, wird deutlich etwa beim Betasten einer Zahnlücke mit

Adaptation

der Zunge und mit dem Finger. Mit der Zunge erscheint sie uns viel größer.

Der Mensch kann über seine Sinnesorgane pro Sekunde tausend Millionen (10^9) Informationen aufnehmen, die aber im Gehirn nicht alle verarbeitet, sondern vorher „gefiltert" werden. Schon auf der Ebene der Sinnesorgane gibt es einen wichtigen Vorgang, der eine Reizüberflutung einschränkt. Es ist die Eigenschaft der meisten Rezeptoren, gleichbleibend starke Reize nicht mehr zu registrieren. Man kann das sehr einfach bei einem Druckrezeptor nachweisen. Wenn wir die Nadel der in Abb. III-1 gezeigten Anordnung aufsetzen, erhalten wir eine bestimmte, im Elektrogramm registrierte Impulsfrequenz. Beobachten wir jedoch den Vorgang über längere Zeit, so sehen wir, daß die Impulsfrequenz abnimmt. Der Rezeptor meldet zunächst eine geringere Reizstärke und geht schließlich auf eine Ruhefrequenz über, wie sie von den meisten Rezeptoren auch ohne Reiz gesendet wird (s. Abb. III-4). Wir werden also das Aufsetzen der Nadel spüren, sie aber nach kurzer Zeit nicht mehr wahrnehmen. Man nennt das **Anpassung der Rezeptoren** oder **Adaptation.** Beim Wegnehmen der Nadel werden wieder häufiger Impulse gesendet, was erneut eine Empfindung hervorruft. Wir registrieren also jeweils die **Änderung.** Dieser wichtige Vorgang der Adaptation spart Gehirnleistungen ein, wobei jedoch die Sicherheit des Organismus nicht gefährdet ist, weil jede Änderung wahrgenommen wird.

Viele Beispiele des täglichen Lebens sind uns in dieser Hinsicht bekannt. Wir spüren den Druck unserer Kleider nicht, wenn wir uns nicht in ihnen bewegen, oder den Druck eines Fingerringes, wenn wir ihn nicht anfassen oder betrachten. Brillenträger vergewissern sich manchmal durch Anfassen des Gestells, ob sie die Brille aufhaben, oder suchen die Brille, obwohl sie sie auf der Nase haben.

Alle Rezeptoren der Sinnesorgane zeigen Adaptation **außer dem Schmerzsinn.** Das ist sinnvoll, weil Schmerz auch immer eine Schädigung signalisiert, die möglichst schnell aufgehoben werden muß. Würde der Schmerzsinn auch Adaptation zeigen, ginge man nicht zum Arzt.

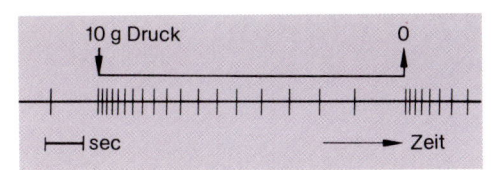

Abb. III-4. Adaptation eines Druckrezeptors. Nur bei Druckänderung tritt eine genügend hohe Impulsfrequenz auf, um eine Empfindung auszulösen.

Kurzgefaßt:

Umwelteinflüsse (physikalische und chemische **Reize**) können nur durch die **Rezeptoren** der **Sinnesorgane** aufgenommen, über das Rückenmark zu **Reflexen** führen und nur durch Zentren in der Hirnrinde **Empfindungen** auslösen. Die **Reizart** ist für jedes Sinnesorgan spezifisch, **adäquat** (z. B. Druckwellen für das Hörorgan). Das Ohr kann nur akustische, das Auge nur optische Eindrücke vermitteln. Die **Reizstärkeinformation** wird durch unterschiedliche **Impulsfrequenz** der sensorischen Nerven den Zentren übermittelt. **Hemmungen** am Rande eines gereizten Feldes sorgen für **Erregungsbegrenzung** und **Kontrastbildung**. **Sensorische Einheiten** können unterschiedlich viele Rezeptoren pro sensorischem Nerv haben. Je mehr Rezeptoren pro Fläche (z. B. Druckrezeptoren der Haut oder Sinnesrezeptoren in der Netzhaut) und je weniger pro Nervenfaser vorhanden sind, desto genauer ist die Lokalisierbarkeit eines Reizes (**Ortsbezug**). Alle Rezeptoren, außer den Schmerzrezeptoren, passen sich an bestimmte Reizgrößen dadurch an, daß sie bei gleichbleibender Reizstärke mit der Zeit abnehmende Erregungen weiterleiten, sie reagieren nur auf Reizstärkenänderungen (**Adaptation**).

17. Lichtsinn

Das **Auge** besteht aus einem **optischen System,** das elektromagnetische Wellen bricht, und der **Netzhaut,** auf der die gebrochenen Strahlen ein Bild der Umwelt erzeugen. Nur ein kleiner Wellenbereich der elektromagnetischen Strahlung (von 400 bis 800 nm) wird von der Netzhaut verarbeitet (Abb. 17-1). Die Verarbeitung im **Sehzentrum des Gehirns** führt zur Empfindung: Licht. Der sichtbare Wellenbereich ist nicht bei allen Tieren gleich. Bienen können z. B. im ultravioletten Bereich bis 350 nm noch sehen, andererseits können sie einen bestimmten Rotbereich nicht wahrnehmen.

Das **optische System** des Auges (Abb. 17-2) hat Ähnlichkeit mit einer Kamera. Es besitzt eine Blende (Regenbogenhaut – **Pupille**), eine **Linse** und eine Schicht, in der bei Lichteinfall chemische Umsetzungen ablaufen, die **Netzhaut**. Der Augapfel besteht aus einer äußeren Schicht, der weißen Lederhaut, die am vorderen Augapfel in die durchsichtige **Hornhaut** (Cornea) übergeht. Auf die Lederhaut im hinteren Augenteil folgt nach innen die blutgefäßreiche **Aderhaut** (Chorioidea), darauf die Netzhaut (Retina) mit den Sinnesrezeptoren und schließlich eine von den Sinneszellen ableitende Nervenfaserschicht. Diese Nerven laufen an der **Sehnervpapille** zusammen und bilden den **Sehnerv.** Im vorderen Augenteil entsteht durch die Linse eine Kammer, die durch die Regenbogenhaut in eine **vordere und eine hintere Augenkammer** geteilt wird. Zwischen Linse und Sehnervschicht befindet sich der **Glaskörper,** ein gelartiger Körper, der zur Formerhaltung des Auges beiträgt. Die Linse wird durch **Fasern** gehalten, die an einem Ringmuskel befestigt sind. Wenn sich die Muskeln zusammenziehen, wird der Ring enger und der Zug auf die Fasern geringer. Die Linse ist ein elastischer Körper und verändert sich in Richtung Kugelform, wenn der Faserzug geringer wird. Dies ist der Fall, wenn wir einen nahen Gegenstand ansehen (in ca. 10 bis 50 cm Entfernung) und scharf sehen wollen (**Akkommodation**).

Die **Regenbogenhaut,** die „Blende" des

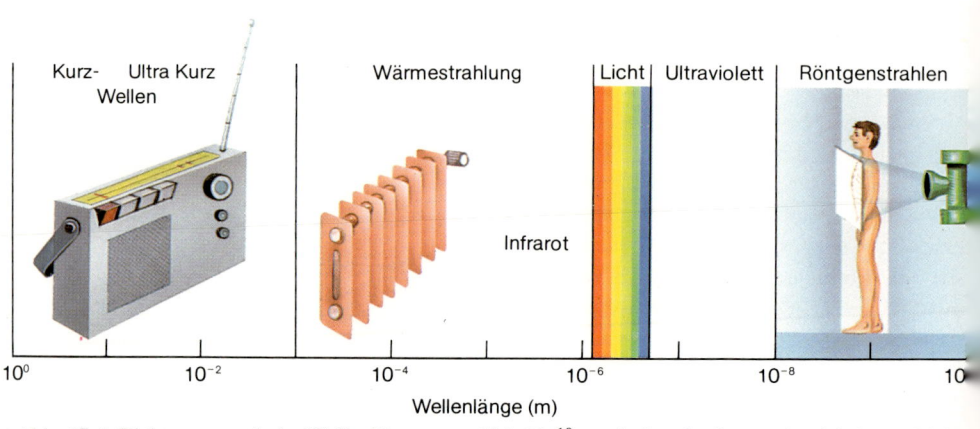

Abb. 17-1. Elektromagnetische Wellenlängen von 1 bis 10^{-10} m mit dem Spektrum des sichtbaren Lichtes von 400 bis 800 nm.

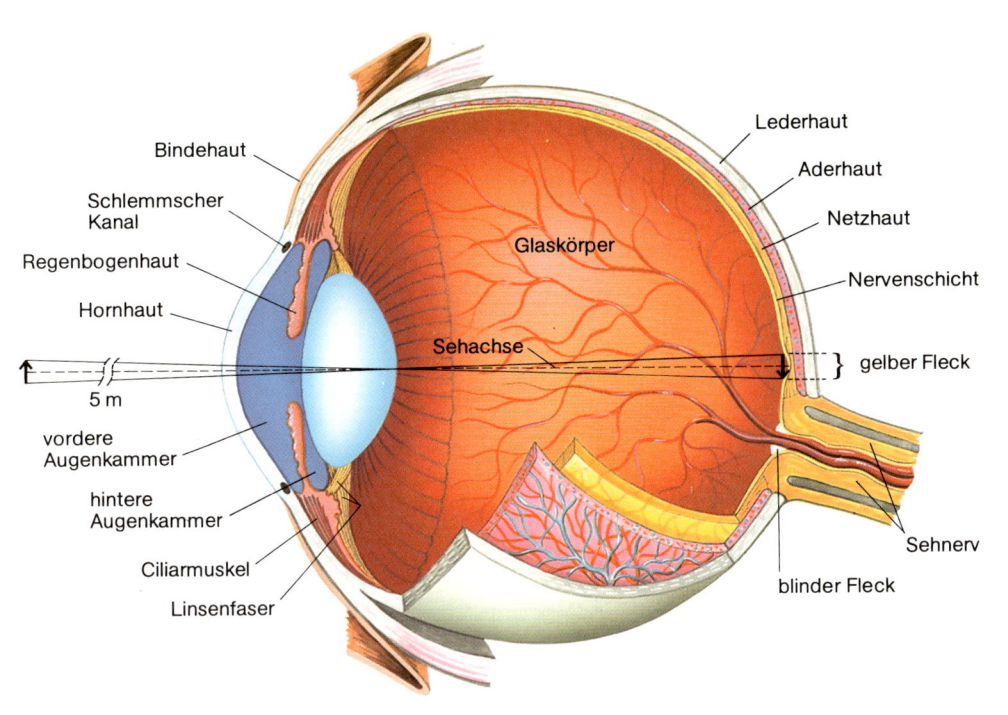

Abb. 17-2. Schnitt durch das menschliche Auge.

Auges, regelt den Lichteinfall ins Auge. Eine Ringmuskelschicht dient der Verengung, eine strahlenförmig angeordnete Muskelschicht erweitert die „Lochblende". Es handelt sich um glatte Muskeln, die vom **autonomen Nervensystem** (s. 22-270) inneviert werden. Der Parasympathikus innerviert die Ringmuskulatur und verengt daher die Pupille, die Erweiterung geschieht durch Sympathikusinnervation. Stoffe, die die Wirkung der beiden Nervensysteme hervorrufen (Mimetika; s. 22-272) bzw. aufheben (Lytika), werden als Augentropfen therapeutisch angewandt. So verengert **Pilocarpin** die Pupille, weil es parasympathische Wirkung hat. **Atropin,** das die Parasympathikuswirkung **hemmt** (wie z. B. beim Speichelfluß), erweitert die Pupille. Die Tollkirsche enthält Atropin; die Vergifteten haben neben anderen Erscheinungen stark erweiterte Pupillen. Die Pflanze erhielt ihren lateinischen Namen Belladonna, d. h. schöne Frau, weil früher aus den Blättern hergestellte Extrakte benutzt wurden, um die Pupillen zu erweitern und die Augen dadurch schöner erscheinen zu lassen. **Adrenalin** bzw. **Noradrenalin,** der Wirkstoff des Sympathikus, erweitert die Pupillen.

Das **Kammer„wasser"** wird von Blutkapillaren im Bereich des Winkels der hinteren Kammer zwischen Regenbogenhaut und Muskeln abgegeben. Es fließt durch einen Kanal, den **Schlemmschen Kanal,** der sich in der vorderen Augenkammer befindet, in die Augenvenen ab. Das Gleichgewicht zwischen Bildung und Abfluß von Kammerwasser gewährleistet einen weitgehend gleichbleibenden Augeninnendruck (15-20 mm Hg bzw. 2-2,7 kPa). Dies ist für die optische Funktion unbedingt nötig. Ein zu geringer Druck kann zur Netzhautablösung, ein zu hoher Druck zur Zerstörung der Sehzellen der Netzhaut (grüner Star, **Glaukom**) führen. Ohne Therapie können beide Veränderun-

Akkommodation

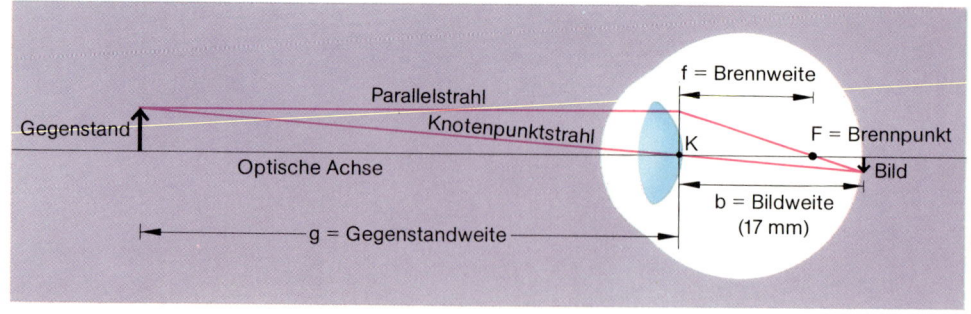

Abb. 17-3. Die wichtigsten optischen Daten des Auges mit Vereinfachungen („reduziertes" Auge).

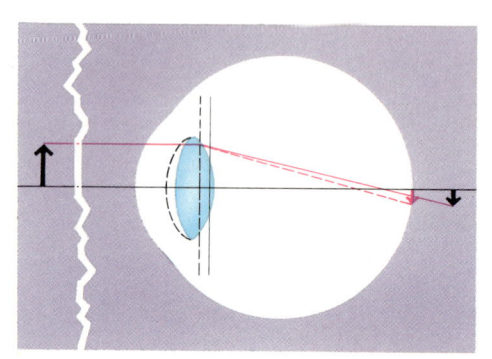

Abb. 17-4. Bildkonstruktion beim Nahsehen (Akkommodation). Die gestrichelte Linie zeigt die stärker gekrümmte Linsenvorderfläche und die dadurch erhöhte Brechkraft.

schematisch vereinfachen und stellt sie in einem sogenannten **reduzierten Auge** dar (Abb. 17-3). Man erhält **einen** Knotenpunkt (K) und **einen** Brennpunkt (F); es entsteht ein umgekehrtes, verkleinertes Bild eines Gegenstandes auf der Netzhaut. Daß wir das Bild „aufrecht" sehen, ist ein Beweis für die zentrale Verarbeitung der äußeren Sinneseindrücke und für einen Lernvorgang in frühester Jugend. Man hat Versuchspersonen mit Brillen versehen, die das Netzhautbild wieder umdrehen. Zuerst steht die Welt für die Versuchsperson „auf dem Kopf", aber nach wenigen Tagen hat sie sich daran „gewöhnt" und sieht die Umwelt wieder in der richtigen Position.

Anpassung, Akkommodation des Auges. Um Gegenstände in unterschiedlichen Abständen vom Auge gleich scharf zu sehen, wird, wie beim Fotoapparat, die Linse benutzt. Allerdings wird beim Fotoapparat der Abstand der Linse zum Film verändert, während im Auge der Säugetiere die Brechkraft der Linse verändert wird. Durch die beschriebene Kontraktion der Ringmuskulatur verstärkt sich die Krümmung der Linsenvorderfläche und damit die Brechkraft (Abb. 17-4). Dadurch können Gegenstände, die bis zu 10 cm ans Auge herangeführt werden, scharf gesehen oder ein entsprechend kleines Schriftbild noch gelesen werden.

Beim **Nahsehen** kommt es außer der Linsenverdickung gleichzeitig zu zwei weiteren, wichtigen Vorgängen: Erstens **Verengung**

gen des Drucks zur Erblindung führen. Glaukompatienten erhalten Pilocarpin (s. 17-221) in Form von Augentropfen, das durch die Pupillenverengung den Abfluß des Kammerwassers erleichtert und damit den Augeninnendruck senkt. Falls dies auf die Dauer nicht möglich ist, kann eine operative Anlegung eines Abflusses an der Hornhaut-Lederhautgrenze nötig werden.

Lichtstrahlen, die ins Auge gelangen, werden wegen der unterschiedlichen Beschaffenheit der einzelnen Augenteile mehrfach abgelenkt bzw. gebrochen. Erstmals geschieht das am Übergang von der Luft in die Hornhaut, dann beim Übergang von der Hornhaut ins Kammerwasser, vom Kammerwasser in die Linse und an der Grenze der hinteren Linsenfläche zum Glaskörper. Diese komplizierten Verhältnisse kann man

Fehlsichtigkeit

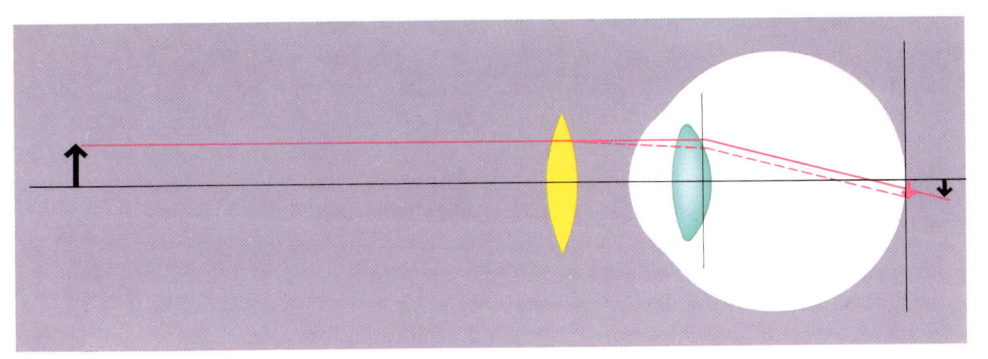

Abb. 17-5. Korrektur der Altersweitsichtigkeit durch eine Sammellinse.

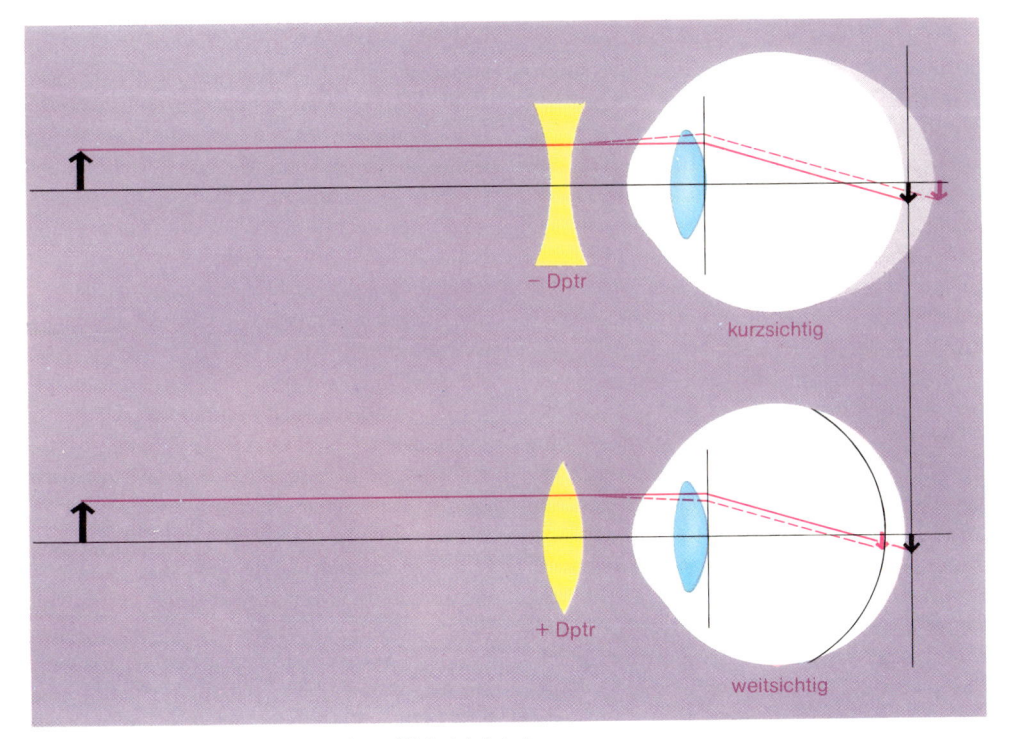

Abb. 17-6. Korrektur von Kurz- bzw. Weitsichtigkeit.

der Pupillen und zweitens Fixieren des Gegenstands. Die Augen machen eine **Konvergenzbewegung**, wie beim Versuch, die Nasenspitze zu fixieren. Dies wird durch eine sinnreiche Schaltung zwischen den Augenmuskelkernen im Gehirn ermöglicht.

Die Pupillenverengung tritt bei Lichteinfall infolge der zentralen Verschaltung auch an einem abgedeckten Auge auf, wenn man das andere, z. B. mit einer Taschenlampe, beleuchtet. Der Arzt kann auf diese Weise prüfen, ob das Zentralnervensystem in diesem speziellen Bereich funktioniert.

Das Nahsehen hängt von der Akkommodationsfähigkeit der Linse ab. Da ihre Elastizität mit zunehmendem Alter abnimmt, nimmt auch die Nahsehleistung ab. Kinder können Gegenstände scharf sehen bis zu einem mini-

Weit- und Kurzsichtigkeit

malen Abstand von 7 cm, 20jährige bis zu 10 cm, 40jährige bis zu 16 cm und 60jährige nur noch bis zu ca. 60 cm. Dann spricht man von **Alterssichtigkeit**. Ältere Leute brauchen deshalb zum Lesen eine Brille, die die fehlende Brechkraft ihrer Linse aufbringt.

Zum Verständnis der Meßgrößen muß man die Größe der **Brechkraft** einführen, die in **Dioptrien (Dptr)** angegeben wird. Sie ist festgelegt als der **Kehrwert der Brennweite einer Linse,** wobei die Brennweite in Metern angegeben wird. Eine Linse, die parallel einfallende Strahlen in 50 cm Entfernung vereinigt (Brennglas), hat eine Brennweite von 50 cm = 0,5 m und daher eine Brechkraft von 1/0,5 = 2 Dioptrien. Ein **Alterssichtiger,** dessen Linse nur noch eine Brechkraft von 2 Dptr hat, muß ohne Brille seine Zeitung in mindestens 50 cm Entfernung halten, um die Schrift scharf zu sehen. Bekommt er eine Brille mit einer Sammellinse von 3 Dptr, hat er zusammen 5 Dptr und kann dann in 20 cm Entfernung noch scharf sehen (Abb. 17-5).

Weit- und Kurzsichtigkeit sind durch einen zu kurzen bzw. zu langen Augapfel bedingt. Der optische Apparat ist sonst völlig normal, auch die Brechkraftsänderung (Akkommodationsfähigkeit) der Linse. Wie Abb. 17-6 zeigt, wird im zu kurzen Auge keine scharfe Abbildung erreicht, weil bei normaler Brechkraft der Linse das Bild erst hinter der Netzhaut scharf abgebildet wird. Für den **Weitsichtigen** ist es erst möglich, durch eine Brille mit Sammellinse (+Dptr) scharf zu sehen. Der Weitsichtige benötigt die Sammellinse zusätzlich zu seiner normalen Linse, weil seine optische Achse zu kurz ist. Es handelt sich hier um eine andere Art von Weitsichtigkeit im Vergleich zur Alterssichtigkeit, bei der die Brechkraft der Linse allmählich nachläßt. Es ist wichtig, dies zu verstehen und auseinanderzuhalten. Beim jungen Weitsichtigen besteht die Möglichkeit, durch verstärkte Akkommodation (s. o.) die fehlende Brechkraft aufzubringen. Er akkommodiert schon beim Sehen in die Ferne, um ein scharfes Bild zu bekommen. Dies macht er unbewußt, deshalb wird beim weitsichtigen Kind der Fehler oft zu spät festgestellt. Ständiges Akkommodieren ist auf die Dauer ziemlich anstrengend, oft ist bei Weitsichtigen Kopfschmerz das einzige, allerdings vieldeutige Symptom. Schwierig ist es daher auch, weitsichtige Kinder zum Tragen einer Brille zu bewegen. Sie haben sich so ans Akkommodieren gewöhnt, daß sie zunächst mit der Brille schlechter sehen. Es bedarf elterlicher Fürsorge, damit die Brille einige Wochen getragen wird und das Kind die unbewußte, schädigende Akkommodation aufgibt.

Die **Kurzsichtigkeit** infolge zu langer optischer Achse wird meist im frühen Schulalter entdeckt und nimmt häufig während des starken körperlichen Wachstums in der Pubertät zu. Beim Kurzsichtigen (s. Abb. 17-6) entsteht beim Sehen in die Ferne das Bild vor der Netzhaut; er sieht unscharf. Dagegen können Gegenstände oder Schrift ganz nahe am Auge noch scharf gesehen werden, wo sie beim Normalsichtigen gleichen Alters unscharf sind. Die Vorschaltung einer Zerstreuungslinse (- Dptr) korrigiert die zu lange Sehachse.

Im Alter nimmt auch beim Kurzsichtigen das Nahsehvermögen ab, er benötigt deshalb einen (unteren) Nahteil in seiner Brille zum Lesen wie jeder Alterssichtige, aber ihm genügt eine geringere Dioptrienzahl. Für die Ferne braucht er immer noch die Korrektur (oberer Linsenteil) seiner Kurzsichtigkeit. Der Weitsichtige braucht im Alter eine Brille

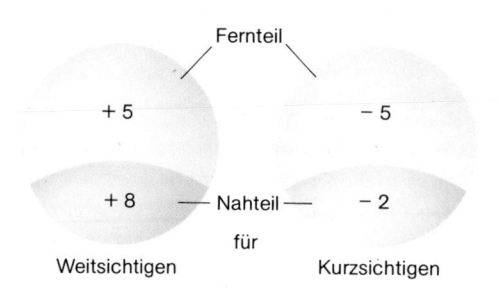

Abb. 17-7. Brillengläser mit Fern- und Nahteil für alte Weitsichtige bzw. Kurzsichtige.

Sehschärfe

mit stärkeren Sammellinsen im Leseteil, der Kurzsichtige weniger starke Zerstreuungslinsen. Bei Brillen mit geteilten Gläsern bringt man den Nahteil unten an (Abb. 17-7). Es gibt auch Brillen mit drei verschiedenen Brechungsstärken und Brillen mit sich fortlaufend von oben nach unten ändernden Brechungsstärken.

Kurzgefaßt:

Das **Auge** besteht aus einem **optischen System,** das elektromagnetische Wellen bricht, und der **Netzhaut,** die zusammen mit dem Zentralnervensystem die Wellen im Bereich von 400-800 nm zur **Licht- und Farbempfindung** verarbeitet. Der Lichteinfall kann durch die **Pupille** verändert werden. Die Innervation der glatten Muskeln der Pupille geschieht durch das parasympathische (Verengung) und sympathische (Erweiterung) Nervensystem. Das **Kammerwasser** wird in die hintere Kammer sezerniert und läuft durch die vordere Kammer (Schlemmscher Kanal) ab. Der Augendruck soll 2,7 kPa nicht überschreiten. Auf der Netzhaut entsteht ein **umgekehrtes** Bild der Umwelt, das uns aber durch zentrale Verarbeitung aufrecht erscheint. Die **Brechkraft** des Auges wird in **Dioptrien** gemessen. Sie wird als Kehrwert der Brennweite (in Metern gemessen) angegeben. Beim **Nahsehen (Akkommodation)** nimmt die Brechkraft durch verstärkte Krümmung der Linsenvorderfläche zu. Beim 20jährigen beträgt die Zunahme etwa 10 Dptr, beim 60jährigen nur noch um 1 bis 2 Dptr; er ist **altersweitsichtig.** Die Korrektur erfordert Sammellinsen (Lesebrille). Die gleiche Korrektur ist bei zu kurzem Augapfel **(Weitsichtigkeit)** erforderlich. Bei zu langem Augapfel besteht **Kurzsichtigkeit.** Die Korrektur erfordert Zerstreuungslinsen. In beiden Fällen ist die Akkommodation normal.

Die **Sehschärfe** ist nicht an allen Stellen der Netzhaut gleich groß, da ihr Aufbau an einzelnen Stellen unterschiedlich ist. Die Sehachse ist in Abb. 17-2 so eingezeichnet, daß sie die Netzhaut an der Stelle des schärfsten Sehens, dem gelben Fleck, trifft. Dort sind Sinnesrezeptoren, die man **Zapfen** nennt, im Gegensatz zu schmaleren Rezeptoren, den **Stäbchen,** die mit zunehmendem Abstand vom gelben Fleck häufiger vorkommen. Fast jeder Zapfenrezeptor hat einen eigenen ableitenden Nerven (Abb. 17-8). Dies ist die Ursache dafür, daß wir an dieser Stelle des gelben Flecks am schärfsten sehen. Die Sehschärfe nimmt mit zunehmendem Abstand davon ab, obwohl uns das selten bewußt wird, weil man seine Blickrichtung durch entsprechende Augen- und Kopfbewegungen so einstellt, daß das Bild der Umwelt im Bereich des gelben Flecks entsteht. Unsere Sehschärfe wird also vor allem durch die Zahl der Zapfen pro Flächeneinheit bestimmt (etwa wie die Schärfe einer fotografischen Abbildung durch die Korngröße des Films). Der Durchmesser eines Zapfens ist

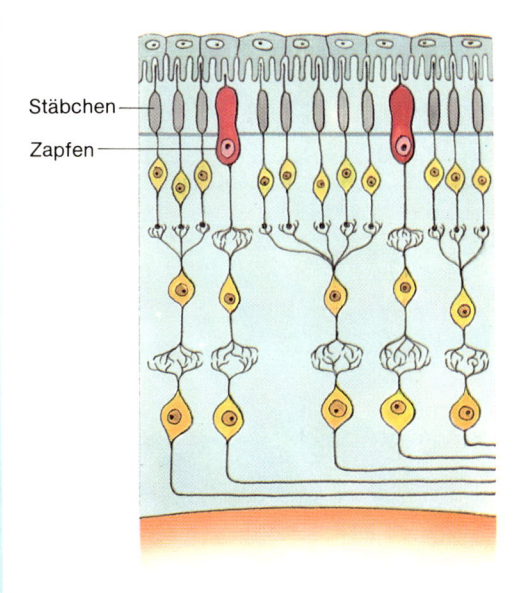

Abb. 17-8. Schematische Darstellung der Netzhaut mit Zapfen und Stäbchen.

Sehprobentafeln

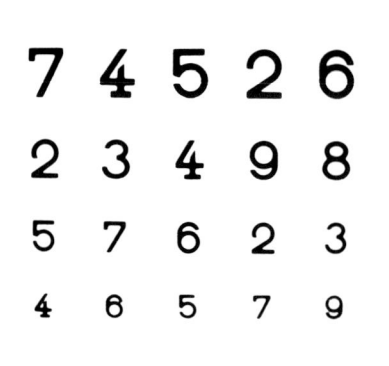

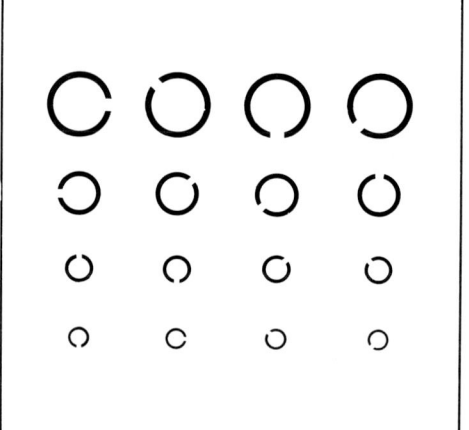

etwa 5 µm. Um zwei Punkte getrennt wahrnehmen zu können, müssen mindestens 2 Zapfen erregt werden, zwischen denen ein unerregter liegt (s. Abb. 17-8). Die Tafeln zur Ermittlung der Sehschärfe (Abb. 17-9) sind so angelegt, daß die Balkendicken bzw. die freien Zwischenräume bei den Buchstaben bzw. Zahlen, die der Normalsichtige im Abstand von z. B. 6 m lesen können muß, auf dem Netzhautbild eine Größe von etwa 4 µm haben (Abb. 17-10). Da sich die Bildgröße B zur Gegenstandsgröße G (1,3 mm Balkendicke) wie die Bildweite b (17 mm) zur Gegenstandsweite g (6 m = 6000 mm) verhält, läßt sich die Bildgröße (B) einfach berechnen:

$$B = \frac{b \cdot G}{g} = \frac{B}{G} = \frac{b}{g} = \frac{17 \cdot 1{,}3}{6000} \text{ mm}$$

$$B = 3{,}7 \text{ µm}$$

Außerhalb der Stelle des schärfsten Sehens werden folgende optische Eindrücke wahrgenommen: Helligkeit, Formen und Bewegungen. Da mehrere Stäbchen zusammen an eine zum Gehirn leitende Nervenfaser angeschlossen sind, kann im Stäbchenbereich zwar nicht so scharf gesehen werden, aber die Lichtempfindlichkeit ist dort größer.

Die Funktion der Netzhaut außerhalb der Stelle des schärfsten Sehens prüft man mit einem **Perimeter,** das eine gleichmäßig ausgeleuchtete Halbkugel darstellt (Abb. 17-11), auf die Lichtscheiben unterschiedlicher Größe und Leuchtdichte projiziert werden. Die Innenfläche des Perimeters ist, ähnlich wie die Erdoberfläche, in ein Gradnetz eingeteilt. Man bittet den Patienten, den Mittelpunkt der Halbkugel, eine kleine weiße Marke, zu **fixieren,** und fährt von außen Lichtmarken ein, und zwar weiße, blaue, rote und grüne. Man erhält dann die in Abb. 17–12 gezeigten **Gesichtsfelder** oder

Abb. 17-9. Zeichen auf Sehprobentafeln (verkleinert). Die Zeichen der jeweils obersten Reihe soll der Normalsichtige aus ca. 5 m Entfernung erkennen.

Perimetrie

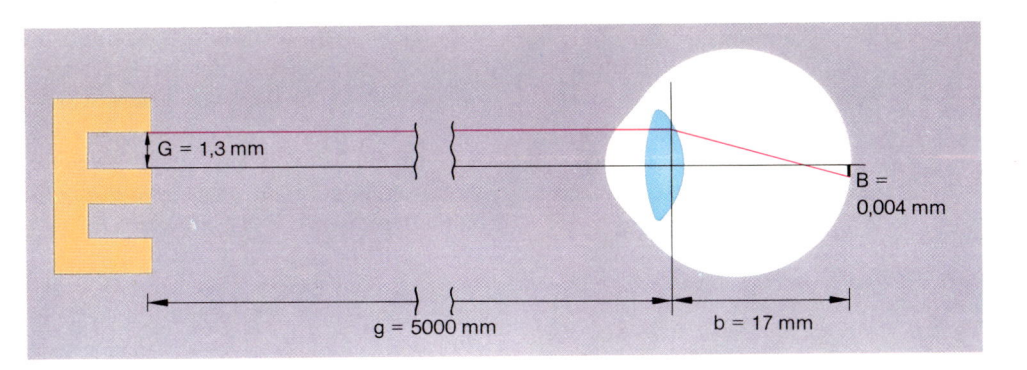

Abb. 17-10. Prinzip der Sehschärfenbestimmung. Die Gegenstandsgröße (G) verhält sich zur Bildgröße (B) wie die Gegenstandsweite (g) zur Bildweite (b). Die Sehprobentafeln sind so angelegt, daß sie aus der angegebenen Entfernung auf der Netzhaut eine Bildgröße von ca. 4 μm ergeben.

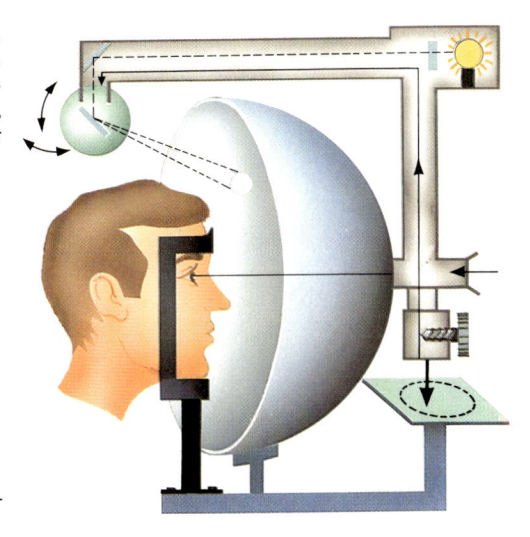

Abb. 17-11. Perimeter zur Gesichtsfeldbestimmung.

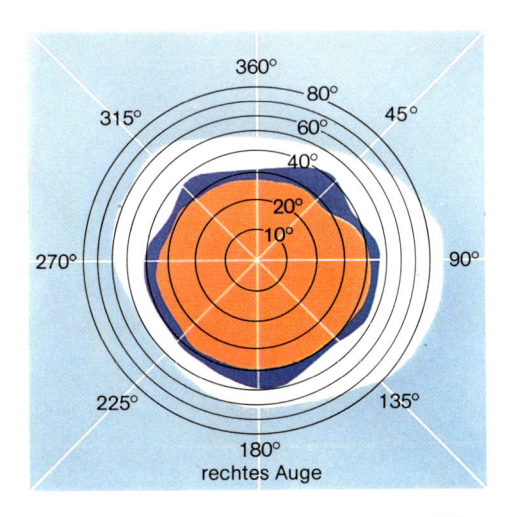

Abb. 17-12. Gesichtsfeld für weiß und verschiedene Farben.

227

Blinder Fleck

Abb. 17-13. Vorlage zum Nachweis des blinden Flecks. Man fixiert das Kreuz aus etwa 30 cm Entfernung mit dem rechten Auge, durch Veränderung des Abstandes der Vorlage vom Auge erreicht man das Verschwinden der Scheibe rechts, da sich ihr Bild auf dem blinden Fleck abbildet.

Abweichungen davon, wenn das Gesichtsfeld krankhafterweise eingeschränkt ist. Gesichtsfeldausfälle, Skotome, sind gefährliche Anzeichen für eine Schädigung der Netzhaut. Sie können durch zu hohen Druck im Auge (Glaukom, s. 17-221), durch Netzhautablösung oder durch Geschwülste im Gehirn, besonders im Bereich der Hirnanhangsdrüse (Hypophyse) entstehen, wenn sie den Sehnerv durch Druck schädigen. Den Bereich, den man mit fixiertem Kopf durch Augenbewegungen sehen kann, nennt man **Blickfeld.** Wo der Sehnerv das Auge verläßt, hat man keine Sehempfindung, man ist dort blind. Der sog. **blinde Fleck** ist bei der Gesichtsfeldbestimmung nachweisbar, aber auch ohne Perimeter festzustellen. Man fixiert mit dem rechten Auge, bei geschlossenem linken Auge, das Kreuz in Abb. 17–13 und stellt fest, daß bei einem bestimmten Abstand die Scheibe verschwindet.

Das **Farbsehen** ist auf die Stelle des schärfsten Sehens beschränkt, d. h. daß nur die Zapfen Farbeindrücke vermitteln können. Deshalb ist das Gesichtsfeld für Farben kleiner als das gesamte Gesichtsfeld (s. Abb. 17-12). Für das Farbsehen sind 3 ver-

Abb. 17-14a und b. Farbsehprüftafeln. a) Die Zeichen 2L können auch Farbenblinde lesen. b) Bei der nebenstehenden Tafel liest der Farbtüchtige 3, der Rot-Grün-Schwache 8 (aus *Velhagen*, 1974).

Farbsehen

schiedene Zapfenarten verantwortlich. Es gibt Rot-, Grün- und Blau-Rezeptoren. Sie werden erregt und Farbstoffe in ihnen chemisch verändert, wenn elektromagnetische Wellen entsprechender Länge, die wir als Farben empfinden, auf die Rezeptoren treffen. Die von jedem erlebbare Erscheinung der **Nachbilder,** die schon *Goethe* beschrieben hat, führte zur Theorie der 3 Rezeptoren, die erst jetzt eindeutig bewiesen wurde. Wenn wir für einige Sekunden eine weiße Leuchtschrift betrachten, die dann ausgeschaltet wird, sehen wir die Schrift anschließend schwarz auf hellem Grund, ein **„negatives" Nachbild.** Nach roter Schrift hat man grüne, nach blauer gelbe Nachbilder, genannt: **farbige Nachbilder.**

Störungen des Farbsehens findet man bei etwa 10% der Bevölkerung, davon entfallen fast 90% auf Männer. Die Störung wird über das X-Chromosom, wie die Bluterkrankheit (s. 11-124), geschlechtsgebunden vererbt. Totale **Farbenblindheit** ist sehr selten (0,01% der Bevölkerung). **Farbenschwäche** betrifft entweder das Rot-Grün- oder das Blau-Gelb-System. Die Farbenprüftafeln (Abb. 17-14) oder Farbmischgeräte (*Nagel* Anomaloskop) decken solche Störungen auf. Ein „Rotschwacher" (Protanoper) mischt zur Herstellung von Gelb (aus Grün und Rot) mehr Rot als der Normalsichtige, ein „Grünschwacher" (Deuteranoper) mehr Grün hinzu. Bei beiden ist das Rot-Grün-System gestört.

Für Zug- und Schiffsführer sowie Piloten ist die Prüfung der Farbtüchtigkeit wichtig. Autofahrer können eine Rot-Grün-Schwäche haben, ohne gefährdet zu sein, weil die Verkehrsampeln eine einheitliche Farbanordnung haben.

Dämmerungssehen wird durch die hohe Empfindlichkeit der Stäbchen (bzw. die Zu-

Abb. 17-14b.

Dunkeladaptation

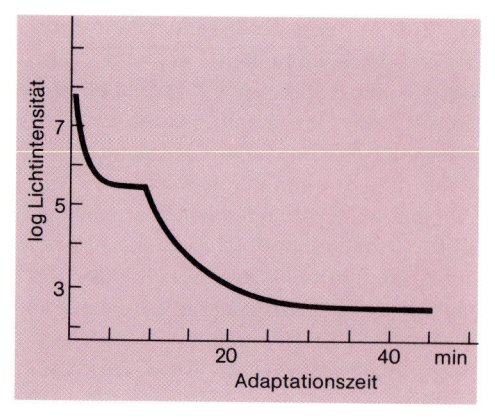

Abb. 17-15. Dunkeladaptationskurve. Die Zunahme der Lichtempfindlichkeit wird anfangs, außer durch die Pupillenerweiterung, vorwiegend durch die Zapfen und nach dem Knick der Kurve durch die Stäbchen ermöglicht.

sammenschaltung vieler Stäbchen zu einer sensorischen Einheit; s. III-217) ermöglicht. Auf Kosten der Sehschärfe gewinnen wir an Lichtempfindlichkeit, die außerhalb der Stelle des schärfsten Sehens am stärksten ist. Bei der Anpassung an Dunkelheit oder Dämmerung, **Dunkeladaptation,** wird ein rötlicher Farbstoff in den Stäbchen aufgebaut, der mehr Licht absorbiert als seine Abbauprodukte, die gelb bzw. weiß sind. Er wird **Rhodopsin,** Sehpurpur, genannt und besteht aus einem Eiweißanteil, dem Opsin und Vitamin A. Bei starker Belichtung bzw. Blendung zerfällt Rhodopsin schnell in seine Bestandteile, gebleichte Sehfarbstoffe. Nach Abdunklung dauert es ca. 30 min, bis 90% des Rhodopsins wieder aufgebaut und die maximale Lichtempfindlichkeit wieder erreicht ist (Abb. 17-15). Die Gefahr der Blendung beim Autofahren besteht also darin, daß Rhodopsin in Bruchteilen von Sekunden zerfällt und 30 Minuten und mehr vergehen, bis es wieder aufgebaut ist.

Die **Verschmelzung** einzelner optischer Eindrücke zu einem kontinuierlichen Eindruck (z. B. bei einer Filmvorführung) beruht u. a. auch auf der Trägheit chemischer Reaktionen, die bei Zapfen und Stäbchen unterschiedlich schnell verlaufen. Wenn wir nicht dunkeladaptiert sind, flimmert ein Film, der 24 Bilder pro sec zeigt. Erst bei ca. 50 Bildern in der Sekunde würde das Bild nicht mehr flimmern. Nach Dunkelanpassung (Kino) ist die **Flimmerverschmelzungsfrequenz** relativ niedrig (ca. 20/sec).

Daß wir mit 2 Augen keine 2 Bilder der Umwelt sehen, liegt an der zentralen Verschaltung **korrespondierender** (einander entsprechender) **Netzhautstellen,** so daß wir nur **einen** Eindruck haben. Durch das außerordentlich feine Zusammenspiel der Augenbewegungen werden Doppelbilder vermieden. Das **räumliche Sehen** wird dadurch möglich, daß Lichtstrahlen von einem bestimmten Punkt eines Gegenstandes auf nicht korrespondierende Netzhautstellen der Augen fallen. Kleine Gegenstände in größerer Entfernung können nicht mehr räumlich wahrgenommen werden. Dies gelingt jedoch mit einem Scherenfernrohr, das nicht nur die Gegenstände, sondern auch den Augenabstand vergrößert.

Beim **Schielen** entstehen Doppelbilder, wenn die beiden Netzhautbilder zu stark voneinander abweichen. Die Doppelbilder werden zwar auf die Dauer im Sehzentrum unterdrückt und aufgehoben, die Ursache des Schielens muß jedoch entsprechend behandelt werden. Augenmuskelverkürzungen oder Lähmungen sollen frühzeitig durch Operation reguliert werden. Bei Muskelschwächen helfen „Schielbrillen", mit denen man eine erwünschte Blickrichtung erzwingt und die Augenmuskeln trainiert werden.

Die bewußte Sehempfindung wird nicht durch das Auge, sondern durch Zentren in der Hirnrinde (Sehzentren) und deren Aktivierung über andere Zentren ermöglicht. Abb. 17-16 zeigt den Verlauf der Nervenfasern von je einer Netzhauthälfte von **Sehnerven, die Sehnervenkreuzung** sowie die teils gekreuzt, teils ungekreuzt weiterführenden Fasern im **Sehtrakt,** von dem Fasern zu der Kernregion der Augenmuskeln und der Pu-

Sehzentren

pillenmuskulatur abzweigen. Die erste Schaltstelle hinter der Netzhaut liegt im seitlichen Kniehöcker, von wo die Erregungen zum **ersten Sehzentrum** auf der Innenseite der beiden Gehirnhälften weiterlaufen. Von dort gehen Bahnen zum **zweiten Sehzentrum** und zu einem **dritten Sehzentrum**, in dem die optischen Erinnerungen gespeichert sind. Erst wenn die Erregungen, die in der Netzhaut ausgelöst wurden, über Nervenerregungen verschlüsselt im 2. und 3. Sehzentrum ankommen und diese aktiviert, „wach" sind, kann eine optische Empfindung bewußt werden. Krankhafte Unterbrechungen im Sehtrakt zentralwärts vom Abgang zu den Augenmuskelkernen lassen die Augenbewegungen und die Pupillarreaktion ungestört, aber der Betroffene ist blind. Wenn nur das 3. Sehzentrum ausgefallen ist, spricht man von **Seelenblindheit** (optische Agnosie), d. h. daß das Gesehene nicht erkannt werden kann. Ist das 2. Zentrum ausgefallen, spricht man von **Rindenblindheit.**

Untersuchungsmethoden

Die **Bestimmung der Sehschärfe** geschieht mit Sehtafeln, auf denen Buchstaben, offene Ringe oder Bilder (für Kinder) unterschiedlicher Größe zu sehen sind. Das Prinzip dieser Untersuchung ist bereits (s. 17-226) erläutert. Praktisch wird sie so durchgeführt, daß der Patient stets im gleichen Abstand von der Sehtafel sitzt, z. B. 5 m entfernt. Ein Normalsichtiger sieht eine Buchstabenreihe scharf, die mit der Zahl 5 gekennzeichnet ist, sein **Visus** ist 5/5. Die Reihe mit den nächstgrößeren Buchstaben trägt die Nummer 4, falls der Patient erst diese Reihe deutlich lesen kann, ist sein Visus 4/5 des Normalsichtigen. Mit zunehmender Buchstabengröße erniedrigt sich die Numerierung. Wurde ein Visus von 2/5 bestimmt, heißt das, daß der Patient dieselbe Buchstabenreihe, die der Normalsichtige aus 5 m scharf sieht, erst aus einer Entfernung von 2 m deutlich erkennen kann.

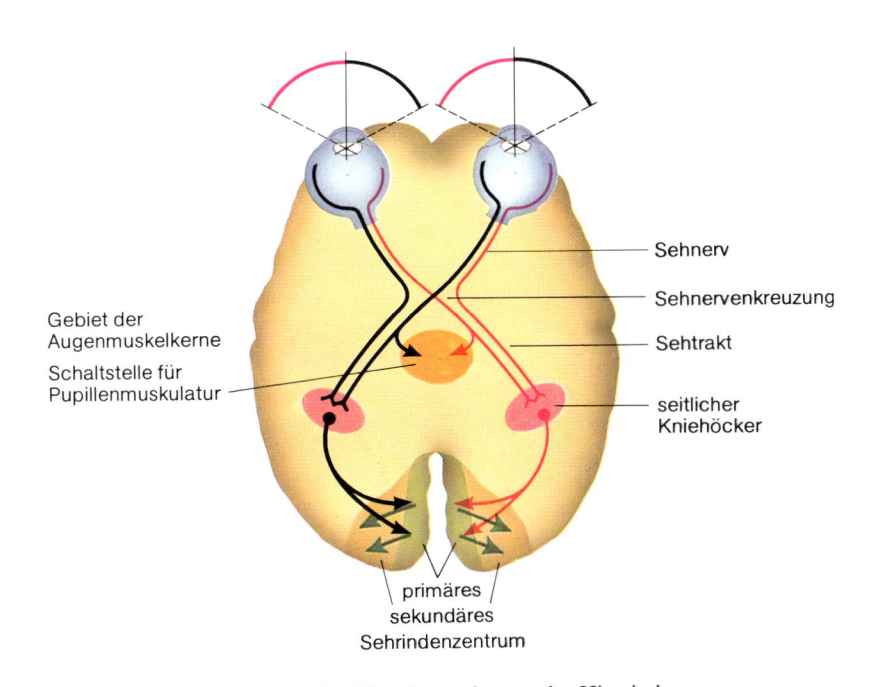

Abb. 17-16. Sehbahn mit Sehzentren im Hinterhauptslappen der Hirnrinde.

Untersuchungsmethoden

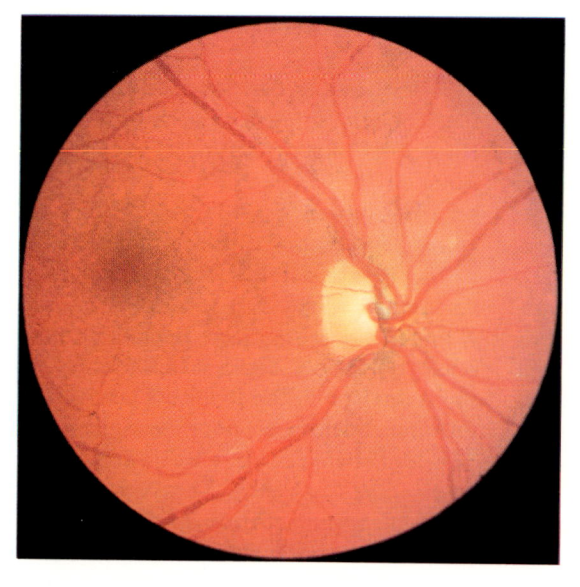

Abb. 17-17. Augenhintergrund. Man sieht die Papille mit Durchtrittsstelle der Sehnerven („blinder Fleck"), an der auch die größeren Blutgefäße aus- und eintreten. Links ist der sogenannte gelbe Fleck, die Stelle des schärfsten Sehens, zu erkennen (aus *G. Mehrle*, 1976).

Die Betrachtung des Augenhintergrundes geschieht mit einem Augenspiegel, einem Hohlspiegel, mit dem man Lichtstrahlen durch die Pupille zum Augenhintergrund lenken kann. Durch ein Loch im Zentrum des Augenspiegels kann der Arzt den Hintergrund sehen und beurteilen. Beim Gesunden sieht man das in Abb. 17-17 gezeigte Bild. Blutgefäßveränderungen, Blutungen, Netzhautveränderungen usw. kann man so erkennen.

Messung des Augendrucks kann mit einem Gerät erfolgen, bei dem ein Bolzen die anästhesierte Hornhaut um einen bestimmten Betrag eindrückt. Die Eindellung ist um so kleiner, je höher der Augendruck ist. Er sollte nicht höher als 3 kPa (22 mm Hg) sein (s. 17-221).

Farbtüchtigkeit wird anhand farbiger Sehtafeln geprüft (s. o.).

Kurzgefaßt:

Die **Sehschärfe** wird mit Zeichen auf **Sehtafeln,** die aus einem bestimmten Abstand gelesen werden müssen, ermittelt. Die Stelle des schärfsten Sehens, der **gelbe Fleck,** enthält fast nur **Zapfen,** die außer Helligkeit auch **Farbempfindung** vermitteln. Außerhalb des gelben Flecks überwiegen die **Stäbchen,** die durch Zusammenschaltung an eine Nervenfaser lichtempfindlicher sind als Zapfen. **Dunkeladaptation** dauert ca. 30 min, dabei wird der **Sehpurpur** aufgebaut, der bei Helladaptation zu Sehweiß gebleicht wird. Das **Gesichtsfeld** wird mit dem **Perimeter** bestimmt, es ist für Farben kleiner als für Weiß. Der **blinde Fleck** ist die Stelle, an der die Nervenfasern von allen Netzhautrezeptoren zusammenlaufen und als Sehnerv das Auge verlassen. **Räumliches Sehen** wird dadurch möglich, daß Lichtstrahlen von einem bestimmten Punkt eines Gegenstandes auf nicht genau einander entsprechende (korrespondierende) Netzhautstellen beider Augen fallen. Die Sehempfindung und das Erkennen von Gesehenem wird erst durch die Verarbeitung in zwei **Rindenzentren** im Hinterhauptslappen des Gehirnes möglich. Ausfälle nennt man **Rinden-** bzw. **Seelenblindheit.**

18. Gehörsinn

Das menschliche Hörorgan besteht aus dem **äußeren Ohr,** dem **Mittelohr** und dem **Innenohr** (s. Lippert, 4. A., S. 387ff.). Die Ohrmuscheln spielen beim Menschen funktionell keine so große Rolle wie bei vielen Tieren, die sie aufrichten und bewegen können, um Geräusche aufzufangen. Der äußere Gehörgang führt zum Trommelfell, dahinter befindet sich das Mittelohr, das hauptsächlich eine Verstärkerfunktion ausübt. Im Innenohr ist ein schneckenartiges Organ, das auf einer gewundenen Membran unterschiedlicher Breite Rezeptoren trägt. Bei Erregung gelangen Impulse über Nerven zum Gehirn und lösen dort eine Gehörempfindung aus.

Schallwellen sind Längsschwingungen von Molekülen, d. h. regelmäßig oder unregelmäßig auftretende Verdichtungen und Verdünnungen. Sie breiten sich in Gasen (Luft), aber auch in Flüssigkeiten (Wasser) und in elastischen Festkörpern (z. B. Membranen), aus. Die Schwingungen der Luft bewegen das Trommelfell, das wiederum die Schwingungen an das Mittel- und Innenohr weiterleitet. Wenn der Abstand zwischen verdichteten und verdünnten Zonen (Wellenlänge) regelmäßig ist, entstehen **Töne** aus reinen Sinusschwingungen (Abb. 18-1), die aber im täglichen Leben kaum vorkommen. Beim Spielen einer Geige z. B. entstehen gleichzeitig Obertöne, **Klänge,** daneben noch unregelmäßige Schallwellen durch Streichen der Saiten mit dem Bogen, **Geräusche.** Die Länge der Wellen bzw. ihre Anzahl pro Zeit (**Frequenz**) ist entscheidend für die Tonempfindung. Es gilt das physikalische Gesetz: Frequenz · Wellenlänge = Schallgeschwindigkeit. Kurze Wellen, d. h. hohe Frequenzen, empfinden wir als hohe Töne, lange Wellen, d. h. niedere Frequenzen, als tiefe Töne. Nicht alle Schwingungs- bzw. Schallfrequenzen können vom menschlichen Hörorgan wahrgenommen werden. Abb. 18-2 zeigt den Hörbereich eines jungen Erwachsenen. Man sieht, daß unterhalb von 16 und oberhalb von 16000 Schwingungen pro Sekunde (Hertz = Hz) keine Schallempfindung auftritt. Die außerhalb dieses Bereiches liegenden Frequenzen werden als Infra- bzw. Ultraschallbereich bezeichnet. Abb. 18-2 zeigt

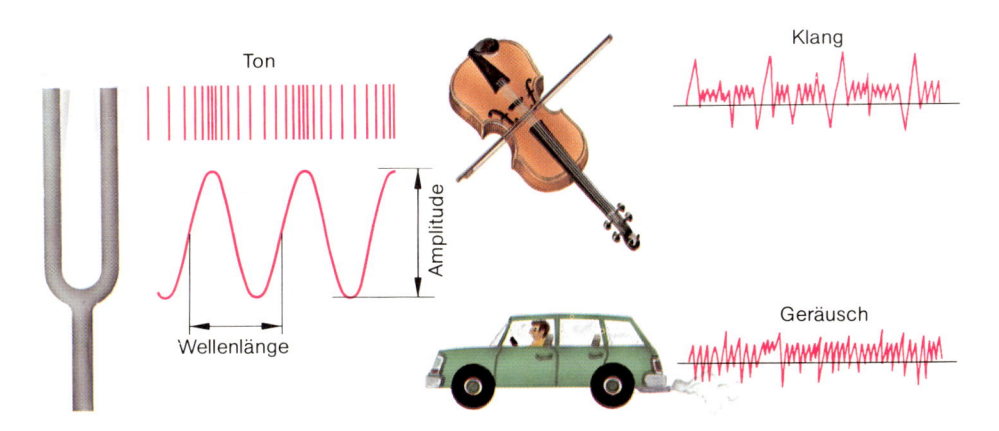

Abb. 18-1. Töne, Klänge, Geräusche.

Lautstärke, Schalldruck

Kurven gleicher **Lautstärke,** die in **Phon** angegeben ist. Dies ist eine subjektiv ermittelte Einheit, die man wählen mußte, weil die physikalische Größe des **Schalldruckes** (linke Ordinate) bei unterschiedlichen Frequenzen unterschiedlich starke Schalleindrücke – Lautstärken – empfinden läßt. Man sieht, daß zwischen Frequenzen von 1000 bis 4000 Hz unser Gehörsinn am empfindlichsten ist und daß der Schalldruck unterhalb und oberhalb dieser Frequenzen erheblich verstärkt werden muß, damit wir eine ähnlich starke Schallempfindung haben. Beim Übergang von 1000 auf 20 Hz muß z. B. der Schalldruck um das 1000fache verstärkt werden (s. Ordinate). Der eingezeichnete **Sprachbereich** reicht von etwa 200 bis 5000 Hz. Der Ton a^1, der Kammerton, nach dem die Musikinstrumente gestimmt werden, hat eine Frequenz von 440 Hz, der Ton c^1 von 264 Hz und c^3 von 1056 Hz. Dies ist ein Ton, den kein Mann und nur wenige Sopranistinnen singen können. Daß der Sprachbereich zu noch viel höheren Frequenzen reicht, beruht auf den vielen Zischlauten, also Geräuschen, die beim Sprechen entstehen. Tiere haben andere Hörbereiche als Menschen; Hunde können z. B. bis zu 25 000 Hz hören. Man nutzt dies bei der Herstellung von „Hundepfeifen" aus, mit denen mehr als 20 000 Hz erzeugt werden können, die vom menschlichen Ohr nicht mehr wahrgenommen werden und daher nicht stören.

Schalleitung

Die Schalleitung geschieht bei Schwingungen bis etwa 1000 Hz durch den äußeren Gehörgang (Abb. 18-3) über das **Mittelohr** auf eine Flüssigkeitssäule (Perilymphe) im **Innenohr.** Das Trommelfell sowie die Gehörknöchelchen im Mittelohr übertragen die Schwingungen der Luft und verstärken sie, einmal durch Hebeluntersetzung um das ca.

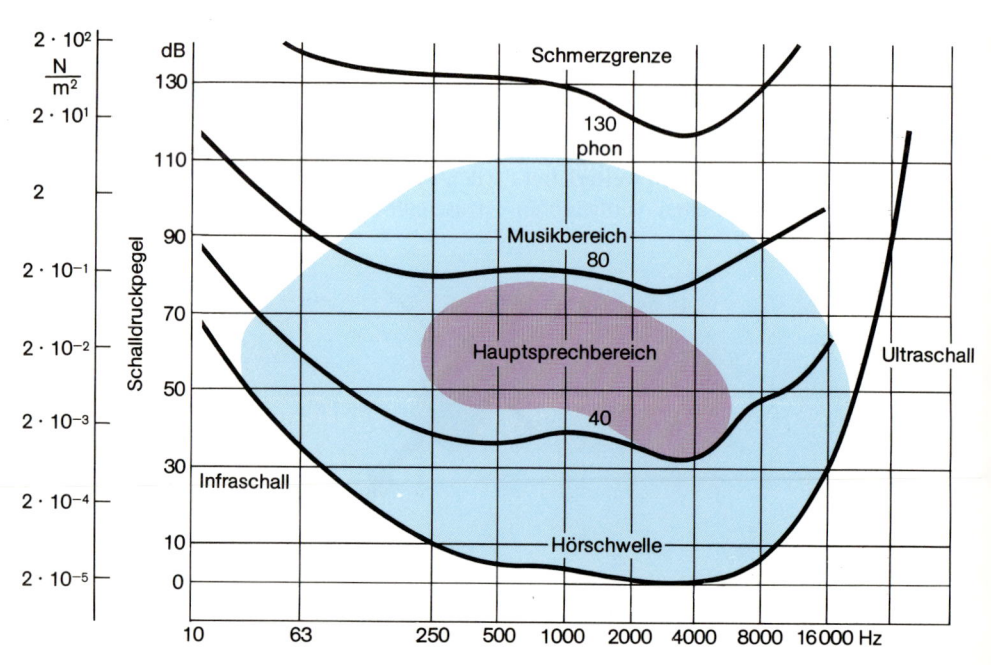

Abb. 18-2. Hörfeld mit Hauptsprach- und Musikbereich. Abszisse: Schwingungsfrequenz, Ordinate: Schalldruck in Newton/m^2 und Dezibel (dB). Kurven gleicher Lautstärke in Phon sind eingezeichnet.

Schalleitung

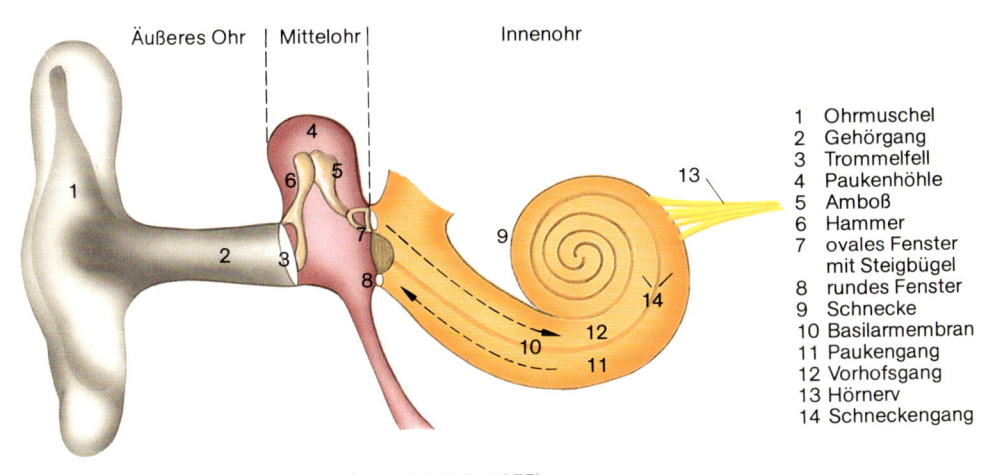

Abb. 18-3. Aufbau des Hörorgans (nach *Michels*, 1977).

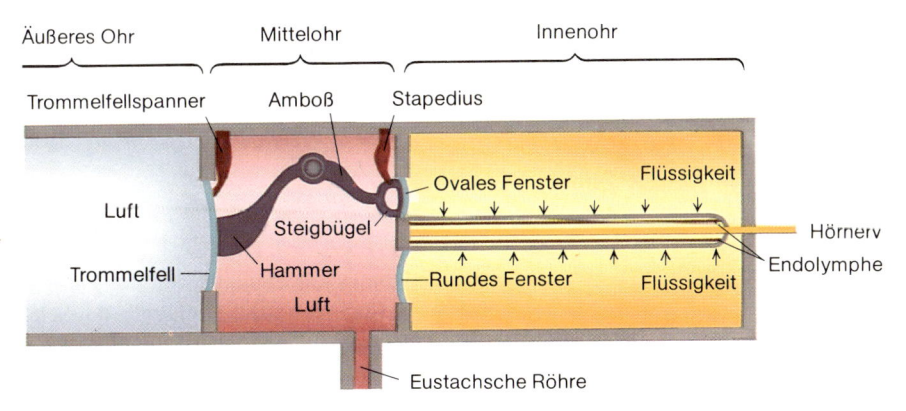

1 Ohrmuschel
2 Gehörgang
3 Trommelfell
4 Paukenhöhle
5 Amboß
6 Hammer
7 ovales Fenster mit Steigbügel
8 rundes Fenster
9 Schnecke
10 Basilarmembran
11 Paukengang
12 Vorhofgang
13 Hörnerv
14 Schneckengang

Abb. 18-4. Schematische Darstellung des Schallübertragungssystems im Ohr.

1,3fache, ferner durch den Größenunterschied zwischen Haftfläche des Amboß am Trommelfell und durch die Steigbügelhaftfläche am ovalen Fenster (55:3,6 mm^2). Zusammen wird eine Verstärkung um das etwa 20fache erreicht (Abb. 18-4). Der Steigbügelmuskel und der Trommelfellspannmuskel können durch Kontraktion die Schwingungen dämpfen und dadurch gegen zu hohe Schallstärken einen gewissen Schutz gewähren. Es handelt sich um quergestreifte Muskeln, die dem Willen nicht unterliegen. Zusammen mit den Augenmuskeln besitzen sie die höchste Anzahl an Muskelspindeln (s.

22-253) pro Gramm Muskelgewebe, die man bisher gefunden hat.

Frequenzen über 2000 Hz werden durch Schwingungen der Schädelknochen auf das Innenohr übertragen. Die **Sinnesrezeptoren** im Innenohr (Abb. 18-5) sind auf einer schneckenartig gewundenen Leiste am Boden eines Kanals angeordnet, der gegen den oberen, vom ovalen Fenster herkommenden Kanal (s. Abb. 18-4) durch eine dünne Membran, nach unten gegen den vom runden Fenster herkommenden Kanal durch eine stärkere Membran abgetrennt ist. Alle drei Kanäle sind mit Flüssigkeit (Lymphe) gefüllt.

Richtungshören

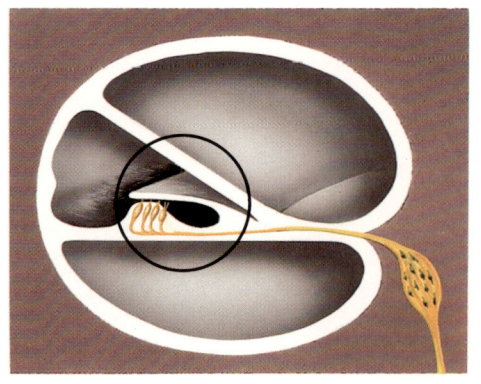

Abb. 18-5a. Sinneszellen im Endolymphgang.

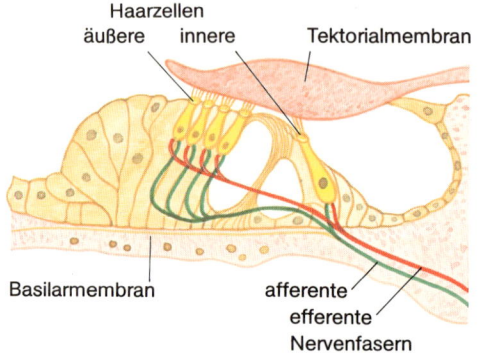

Abb. 18-5b. Teilvergrößerung von Abb. 18-5a.

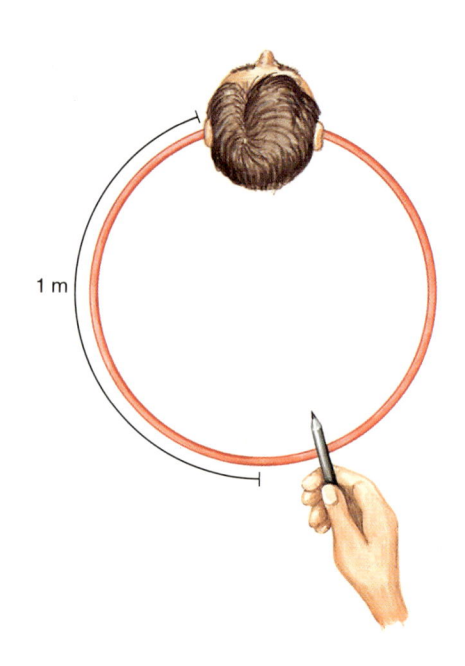

Abb. 18-6. Versuch zur Ermittlung des Richtungshörens.

Schallwellen, die den Steigbügel in Bewegung versetzen, bringen die Flüssigkeit in den benachbarten Kanälen nacheinander in Schwingung. Die Druckwelle läuft im oberen Kanal bis zur Schneckenspitze und in der unteren Flüssigkeit zum runden Fenster, das sich entsprechend aus- und einbuchtet. Die Drücke übertragen sich natürlich auch auf die zwischen beiden Kanälen sich befindende Flüssigkeit, wodurch die auf den Fortsätzen der Sinnesorgane liegende Tektorialmembran bewegt wird (s. Abb. 18-5) und die Rezeptoren erregt.

Die Frage, wie es zur **Tonhöhenempfindung** kommt, wird durch die Wanderwellentheorie erklärt. Steigbügelschwingungen führen zu einer Druckwellenausbreitung im Innenohr, die abhängig von der Frequenz an jeweils einer bestimmten Stelle der Schnecke ein Druckmaximum erzeugt. Das ist durch die Schneckenform und die unterschiedliche Steifheit der die Kanäle trennenden Membranen bedingt. Hohe Frequenzen (Klänge) haben ihr Schwingungsmaximum nahe dem Steigbügel und niedere nahe der Schneckenspitze.

Im Alter nimmt die Fähigkeit, hohe Frequenzen zu hören, ab. Die Ursache ist eine Abnahme der Elastizität des Innenohrs und des Übertragungssystems im Mittelohr.

Wir besitzen die Fähigkeit, eine Schallquelle mit erstaunlicher Genauigkeit zu orten. Dieses **Richtungshören** beruht auf einer zentralnervösen Verarbeitung außerordentlich kleiner Zeit- und Schalldruckdifferenzen (Abb. 18-6). Ist man sich über den Ort einer Schallquelle nicht sicher, dann dreht man unwillkürlich den Kopf so, daß das eine Ohr zur Schallquelle hin, das andere von ihr weg-

Stimme und Sprache

weist. Dadurch kommt der Schall im einen Ohr so früh, im anderen so spät wie möglich an, die Differenz wird am größten. Im Versuch kann man die Orientierungsfähigkeit gut messen. Man hat einen Schlauch, dessen beide Enden man wie beim Stethoskop in beide Ohren steckt und hinter der Versuchsperson auf einen Tisch legt. Klopft man um nur 1 cm rechts von der Mitte, hat die Versuchsperson bereits den Eindruck, daß der Schall von rechts hinten kommt. Bei einer Schlauchlänge von 2 m und der Schallausbreitungsgeschwindigkeit von 300 m/sec legt der Schall zum rechten Ohr 1 cm weniger, zum linken Ohr 1 cm mehr zurück. Dies ergibt eine Streckendifferenz von 2 cm, wozu der Schall nur 60 μsec braucht. Diese geringe Zeitdifferenz zwischen Erregung des rechten und linken Ohrs kann also noch wahrgenommen werden. Dies ermöglicht, die Ortsveränderung einer Schallquelle bis herab zu 5° zu erfassen.

Die **zentrale Verarbeitung** der akustischen Sinnesreize erfolgt ähnlich wie bei den optischen Reizen über verschiedene Schaltstationen (Ganglien). Die **Rindenzentren** liegen vor allem im Schläfenlappen des Großhirns (Felder 24 und 42; s. Abb. 22-9).

Die **Stimme und Sprache** sind beim Menschen zu höchster Vollkommenheit entwickelt. Dazu sind hohe Leistungen des Zentralnervensystems erforderlich (s. 22-261). Der Mund-Nasen-Rachenraum, der Kehlkopf und der Atemapparat müssen zur Stimmbildung, Resonanzerzeugung, Modulation der Stimme oder Sprache verändert und genau aufeinander abgestimmt werden.

Die auffällige Veränderung der Stimmlage beim Mann wird durch die Vergrößerung des Kehlkopfes verursacht („Adamsapfel"). Die Stimmbänder werden dadurch länger, und die Sprechlage wird um etwa eine Oktave tiefer als diejenige der Frau. Die **Stimme** entsteht dadurch, daß der Luftstrom aus der Lunge die Stimmbänder in Schwingungen versetzt. Diese Schwingungen modulieren den Luftstrom, der im Nasen-, Rachen- und Mundraum bei bestimmten Frequenzen entsprechende Resonanz erzeugt. Die **Sprache** bedarf des Mund-Rachenraumes mit Zunge und Lippen sowie des Kehlkopfes mit den Stimmbändern. Stimmloses Sprechen nennt man flüstern. **Klänge** können ohne den Sprechapparat erzeugt werden.

Sprachstörungen treten auf, wenn die Innervation der Mund-Rachenmuskulatur beeinträchtigt ist oder bei Erkrankungen des motorischen Sprachzentrums (s. Abb. 22-9). **Störungen der Stimmbildung** sind vorwiegend bedingt durch krankhafte Veränderungen am Kehlkopf, besonders der Stimmbänder. Hohe Belastungen, wie sie bei Sängern vorkommen, können zu sog. Sängerknötchen an den Stimmbändern führen.

Kurzgefaßt:

Mechanische Schwingungen, vor allem der Luft, werden vom **Trommelfell** des Ohres über die **Gehörknöchelchen** auf das **ovale Fenster** übertragen. Die Schwingungen pflanzen sich in der **Lymphflüssigkeit** des Innenohres fort und erregen dort **Rezeptoren** durch mechanische Schwingungen. Die Erregungen der Rezeptoren werden vom Hörnerven zum **Hörzentrum** in der Hirnrinde übermittelt. **Töne** sind reine Sinusschwingungen, **Klänge** solche mit Obertönen, **Geräusche** werden durch unregelmäßige Schallwellen verursacht. Die **Lautstärke**empfindung wird in **Phon** angegeben und ist vom **Schalldruck** und der **Frequenz** abhängig. Der **Hörbereich** reicht beim jungen Menschen von ca. 16-16000 Hz, der **Sprachbereich** von 200 bis ca. 5000 Hz. **Richtungshören** ist eine zentralnervöse Leistung der Zeitdifferenzwahrnehmung. **Stimme** und **Sprache** werden durch koordinierte Innervation von Mund-, Kehlkopf- und Atemmuskulatur erreicht.

Untersuchungsmethoden

Untersuchungsmethoden des Gehörsinns

Mit einer Stimmgabel lassen sich **Schalleitungsstörungen** (Mittelohr) und **Schallempfindungsstörungen** (Innenohr) unterscheiden, nachdem man festgestellt hat, welches Ohr schwerhörig ist. Man setzt die angeschlagene Stimmgabel mit dem Griffknopf auf die Kopfmitte und befragt den Patienten, auf welcher Seite er besser „höre", d. h. ob er den Klang rechts oder links ortet. Bei einem Innenohrschaden wird der Klang am **gesunden Ohr stärker empfunden.** Bei einer Schalleitungsstörung (z. B. Mittelohrentzündung) ist die Beweglichkeit der Gehörknöchelchen vermindert, so daß die Druckwellen aus der Luft abgeschwächt zum Innenohr gelangen. Dabei ist die Knochenleitung zum Innenohr des kranken Ohres verstärkt, da im gesunden Mittelohr mehr Schall über die Gehörknöchelchen nach außen abfließt und verlorengeht. Der Patient hat deshalb **auf der erkrankten Seite** eine stärkere Schallempfindung. Dieser Versuch wird nach seinem Beschreiber **Weberscher Versuch** genannt.

Beim **Rinneschen Versuch** wird die Luftleitung mit der Knochenleitung verglichen. Eine Stimmgabel (meistens 256 Hz) wird angeschlagen und der Griffknopf auf den Warzenfortsatz hinter dem Ohr gesetzt. Man wartet so lange, bis der Patient keine Klangempfindung mehr hat und hält dann die Gabel vor das Ohr. Gesunde und Patienten mit Innenohrschwerhörigkeit hören den Klang wieder, ein Mittelohrgestörter nicht (*Rinne negativ*).

Die Ausmessung des Hörfeldes nennt man **Audiometrie.** Im Prinzip erhält man dabei die unterste der in Abb. 18-2 dargestellten Kurven. Über Kopfhörer wird festgestellt, bei welcher Frequenz ein Hörverlust besteht, d. h., ein größerer Schalldruck als beim Gesunden erforderlich ist, um eine Klangempfindung zu erzeugen. Es wird eine sogenannte Hörverlust-Dezibel-Skala verwendet, deren Nullinie der Hörschwellenkurve der Abb. 18-2 entspricht. Der Hörverlust wird dann in dB angegeben.

19. Geschmacks- und Geruchssinn

Diese beiden Sinne stehen besonders im Dienste der Nahrungsaufnahme und der Verdauung. Die unterschiedliche Verteilung der **Geschmacksrezeptoren** auf der Zunge ist schon (s. Abb. 10-6) besprochen. Die Rezeptoren in den Papillen auf der Zungenoberfläche (Abb. 19-1), leiten Erregungen zu den Speicheldrüsenkernen im Gehirn und den Regulationszentren des Verdauungstraktes. Schmecken können wir nur Stoffe, die vorher in Lösung gehen und dann die Papillen umspülen. Dadurch werden die Geschmacksknospen bzw. deren Nervenendigungen erregt. Über den eigentlichen Auslösemechanismus, der zu den Empfindungen salzig, sauer, bitter und süß führt, weiß man wenig. Alle Säuren lösen die Empfindung sauer aus, aber nicht alle Elektrolyte (Salze) die Empfindung salzig. Auch zwischen chemischer Struktur und Empfindung von süß und bitter gibt es keinen einheitlichen Zusammenhang.

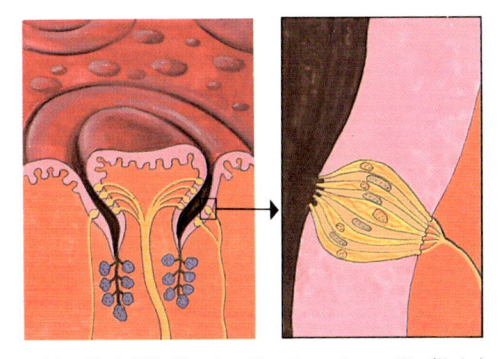

Abb. 19-1. Pilzförmige Geschmackspapille (links) der Zunge sowie Geschmacksknospe (rechts) (nach *W. Bruggaier, D. Kallus,* 1976).

Unser **Geruchssinn** kann im Vergleich zum Geschmackssinn außerordentlich viel mehr Empfindungen wahrnehmen und differenzieren. Ein ca. 500-700 mm² großes Schleimhautstück im oberen Nasenraum (Abb. 19-2) enthält die Sinnesrezeptoren. Ihre Nervenendigungen stehen mit dem Schleim in Berührung, der laufend von den Schleimdrüsen erneuert wird. Alle Geruchsstoffe müssen sich im Schleim lösen, um die Rezeptoren zu erregen. Über den Auslösemechanismus weiß man noch weniger als über den des Geschmackssinnes. Man weiß aber aus Erfahrung, daß die vermeintliche große Vielfalt unserer „Geschmacksempfindung" vorwiegend durch die Leistungsfähigkeit des Geruchssinns zustandekommt. Wenn man den Geruchssinn ausschaltet, etwa durch Zuklemmen der Nasenöffnun-

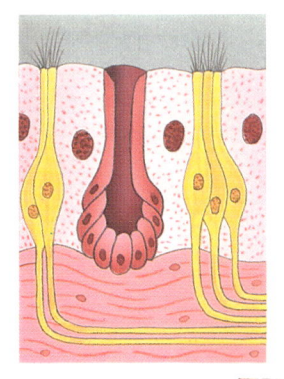

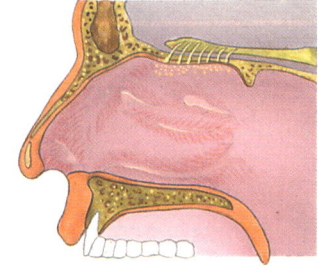

Abb. 19-2. Geruchsrezeptoren mit Zilien, die im Schleim stecken, dazwischen Schleimdrüse (oben) und Geruchsfeld in der Nasenschleimhaut (unten) (nach *W. Bruggaier, D. Kallus,* 1976).

Geruchsrezeptoren

gen, „schmecken" zerkleinerte Kartoffeln, Äpfel und Zwiebeln gleich, d. h. fast nach nichts, erst der Geruchssinn macht sie unterscheidbar. Auch der Tastsinn bzw. die Druckrezeptoren im Munde tragen dazu bei, daß eine Speise „schmeckt", denn auch die Form und Verformbarkeit der Nahrungsmittel spielen eine große Rolle, man denke nur an die zahlreichen, unterschiedlich geformten Teigwaren.

Der Luftstrom bei der Atmung ist im oberen Abschnitt des Nasenraumes, wo die Geruchszellen liegen, verhältnismäßig klein. Bei schwachen Geruchsreizen müssen wir daher „schnuppern" oder „schnüffeln", d. h. die Luft im Nasenraum hin- und herbewegen, um dadurch eine Konzentrationsanreicherung im Schleim über den Sinneszellen zu erreichen. Bei einigen Säugetieren, z. B. Hunden, ist der Geruchssinn außerordentlich viel leistungsfähiger als beim Menschen. Sie können als Spürhunde eingesetzt werden. Biologisch dient dieser feine Geruchssinn dem Schutz vor Gegnern (Witterung) oder der Nahrungssuche. Wie bei allen Sinnesorganen gilt auch für Geschmacks- und Geruchssinn, daß die Sinnesempfindung erst im Gehirn durch zentrale Verarbeitung entstehen kann. Reflektorisch kann von den Geruchsrezeptoren wie von den Geschmacksrezeptoren die Abgabe von **Speichel** und **Magensaft** ausgelöst werden.

Kurzgefaßt:

Der **Geschmackssinn** vermittelt die Empfindungen süß, sauer, salzig und bitter, wenn von **Rezeptoren der Zungenhaut** an verschiedenen Stellen durch verschiedene Geschmacksstoffe ausgelöste Erregungen zum Gehirn geleitet werden. **Reflektorisch** kann **Speichel-** und **Magensaftsekretion** ausgelöst werden. Der **Geruchssinn** wird von Rezeptoren im **Nasenraum** durch eine Vielzahl von Stoffen ausgelöst und im Geruchszentrum im Gehirn zur Wahrnehmung gebracht. Die Grundstoffe müssen sich im Nasenschleim lösen. Die Vielfalt des „Schmeckens" entsteht erst durch den Geruchssinn. Von den **Geruchsrezeptoren** werden ebenfalls reflektorisch **Speichel-** und **Magensaftsekretion** ausgelöst.

20. Hautsinne

Diese Sinnesorgane (Druck- und Berührungs-, Temperatur- und Schmerzsinn) sind von größter Bedeutung für das Überleben eines Organismus, weshalb der oft für sie gebrauchte Begriff der „niederen Sinne" irreführend ist. Ihre Rezeptorsysteme sind relativ einfach. Sie sind über die ganze Oberfläche des Organismus (der Haut) verteilt, wenn auch in unterschiedlicher Dichte.

Abb. 20-1 zeigt eine schematische Darstellung der Rezeptoren, die man in der Haut findet.

Der **Druck- und Berührungssinn** gibt uns Informationen über die Beschaffenheit von Gegenständen, z. B. Größe, Form und Gewicht, auch ob ihre Oberfläche weich, hart, rauh, glatt, naß oder trocken ist. Die Reize, die zu diesen Empfindungen führen, werden von lamellenförmigen *(Vater-Pacini)* oder spiralförmigen *(Meißner)* Rezeptoren aufgenommen (Abb. 20-2). Sie sind besonders dicht an den Fingerspitzen, im Gesicht im Bereich des Mundes und an der Zunge angeordnet und ermöglichen dadurch nicht nur fein abgestufte Druck- und Berührungsempfindungen, sondern auch entsprechende Feinheiten des Bewegungsablaufes. An den Fingerbeeren sind die Rezeptoren etwa 100mal dichter angeordnet als in der Handfläche, in der Rückenhaut sind noch weniger vorhanden.

Haare befinden sich teils innerhalb (Haarwurzeln und Bälge), teils außerhalb der Hautoberfläche und wirken daher wie Hebelarme, die die Tastempfindungen verstärken. Besonders gut ausgebildet sind Tasthaare an Schnauzen von Tieren, die nachts jagen, z. B. bei Katzen.

Die Erregung der Rezeptoren wird durch eine Verformung der Haut (Zug oder Druck auf den Rezeptor) ausgelöst. Über die hohe Adaptationsfähigkeit der Hautsinne wurde einleitend berichtet (s. III-219).

Daß uns viele Rezeptorerregungen bewußt werden, zu Empfindungen führen, ist erst in zweiter Linie wichtig. Viele Reaktionen auf Reizung der Druckrezeptoren geschehen unbewußt (Reflexe) und können, aber müssen nicht, bewußt werden, z. B. Lageänderungen bei langem Sitzen oder Stehen, Umdrehen im Schlaf. Die reflektorischen Reaktionen (s. 22-256) sind biologisch wichtiger als die bewußten. Das gilt vor allem in Bezug auf den Temperatur- und Schmerzsinn.

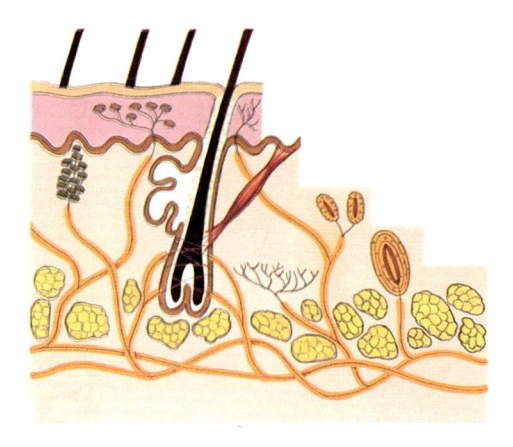

Abb. 20-1. Schnitt durch die Haut. Der Schaft des Haares ist von feinen Nervenfasern umsponnen, die wahrscheinlich Tastempfindung übermitteln, der eingezeichnete glatte Muskel gestattet, das Haar aufzurichten. In der obersten Hautschicht sind freie Nervenendigungen, die Schmerzempfindung übertragen, die doldenförmigen Rezeptoren dienen der Kälteempfindung, die ähnlich gebauten in der nächsttieferen Schicht der Wärmeempfindung. In der nächsttieferen Schicht sind die Meißnerschen Tastkörperchen, darunter die Vater-Pacinischen Lamellen, beide dienen der Tastempfindung (nach *W. Bruggaier, D. Kallus*, 1976).

Temperatursinn

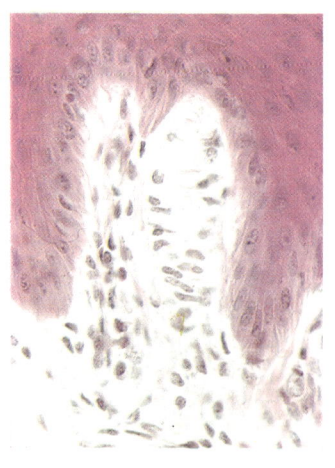

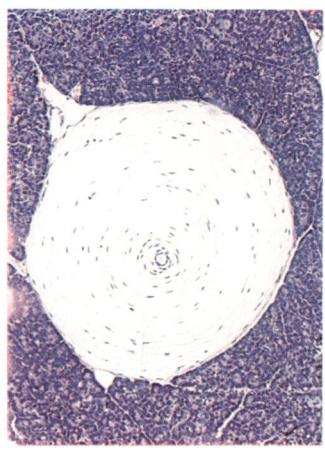

Abb. 20-2. Vater-Pacinische (re.) und Meißnersche Tastkörperchen (li.) in stärkerer Vergrößerung (Präparate: Prof. *Clemens,* München).

Der **Temperatursinn**, die **Wärme**- und **Kälteempfindung**, wird durch zwei verschiedene Rezeptorenarten vermittelt. Die Wärmerezeptoren liegen tiefer, die Kälterezeptoren oberflächlicher in der Haut. Mit heiz- und kühlbaren Elementen (Peltier-Elementen) kann man in der Haut Wärme- und Kältepunkte auffinden. Ihre Verteilung ist auf der Hautoberfläche unterschiedlich. In der Handfläche kommt ein Wärmepunkt auf fünf Kältepunkte, im Gesicht liegen die Wärmepunkte so dicht, daß man praktisch überall Wärmeempfindung auslösen kann. Die Temperaturempfindung ist abhängig von der **Temperaturänderung** und der **Reizfläche**. Die **Adaptationsfähigkeit** der Temperaturrezeptoren ist, verglichen mit dem Drucksinn, weniger ausgeprägt. Man hat stundenlang „kalte Füße", das heißt, daß, solange der Reiz anhält, auch Erregungen ablaufen. Dies ist biologisch wichtig, weil ohne reflektorische und bewußte Reaktionen auf Kälte- und Wärmereize Schädigungen auftreten würden. Eine absolute Temperaturempfindung ist nicht möglich, wie der in Abb. 20-3 dargestellte Drei-Schalenversuch eindeutig zeigt. Halten wir die rechte Hand für einige Minuten in Eiswasser, die linke in eine Schale, die Wasser von 40° C enthält, und anschließend beide Hände gleichzeitig in Wasser von 20° C, so haben wir in der rechten Hand eine Wärme-, in der linken eine Kälteempfindung. Dies beweist, daß nur die Änderung der Temperatur empfunden werden kann.

Der **Schmerzsinn** (s. a. Kap. 22) ist der wichtigste Sinn (Alarmsignal) für die Lebenserhaltung. Er dient weniger der „Erkennung" der Umwelt als der Abwehr und Vermeidung von Schädigungen.

Als **Schmerzrezeptoren** kennt man bisher nur freie Nervenendigungen, also erheblich „einfachere" Rezeptoren, als bei anderen Sinnen. Vielleicht ist dies auch der Grund, weshalb der Schmerzsinn kaum adaptations-

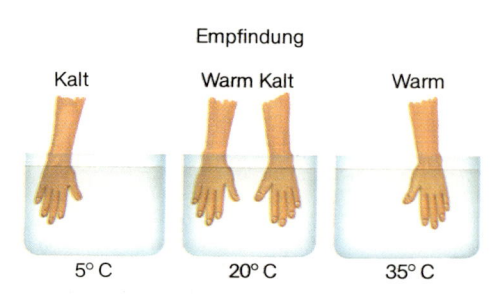

Abb. 20-3. Drei-Schalen-Versuch zum Nachweis der relativen Temperaturempfindung (Erklärung im Text).

Schmerzsinn

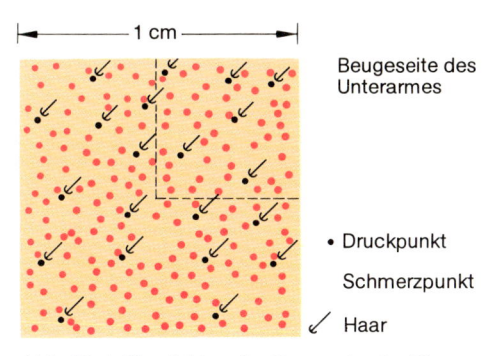

Abb. 20-4. Hautfeld an der Beugeseite des Unterarmes mit Druck- und Schmerzpunkten (nach *Strughold*, 1924).

fähig ist, denn dies ist, wie bereits erwähnt, ein komplizierter Vorgang.

Abb. 20-4 zeigt an der Beugeseite des Unterarms die Dichte von Schmerzrezeptoren, die mit einem feinen Stachel eines Kaktus lokalisiert wurden.

Man unterscheidet **Oberflächen-, Tiefen- und Eingeweideschmerz**. Der Oberflächenschmerz wird als hell, scharf und schnell beschrieben. Er wird in den relativ rasch leitenden III-Fasern der Nerven (s. 6-49) übermittelt und ist gut lokalisierbar. Der Tiefen- und der Eingeweideschmerz ist ein dumpfer Schmerz. Er wird langsamer übermittelt (IV-Fasern der Nerven) und ist schlechter lokalisierbar. Oft treten Eingeweideschmerzen rhythmisch auf, begleitet von Schweißausbrüchen, Übelkeit und verändertem Blutdruck, also Zeichen einer Mitreaktion des vegetativen Nervensystems.

Über **Schmerzstoffe** chemischer Natur ist bisher wenig bekannt. Man weiß, daß bestimmte körpereigene Stoffe (Histamine, Kinine, H^+- und K^+-Ionen), die beispielsweise bei Zellzerstörung in Wunden freigesetzt werden, Jucken und Schmerzempfindungen auslösen können.

Der **Mangel an Adaptation des Schmerzsinnes** ist eine wichtige Voraussetzung für den Lebenserhalt. Die Erfahrung lehrt zwar, daß man sich an Schmerzen „gewöhnen" kann, z. B. durch Ablenkung wie Lesen, Fernsehen, Berufsarbeit usw., das ist jedoch nur zeitlich begrenzt möglich. Zahnschmerzen z. B. können nachts fast „unerträglich" werden, denn dann ist die Ablenkung gering; morgens ist es dann wieder besser, das bewirkt aber meist nur die verstärkte Ablenkung.

In den **Gelenken** gibt es Rezeptoren, die zusammen mit den Hautrezeptoren und speziellen Dehnungsrezeptoren im **Muskel**, den Muskelspindeln (s. 22-253), Informationen über die Lage, z. B. des Armes, zu den motorischen Zentren des Gehirns liefern. Nur so ist es möglich, daß wir auch ohne Sichtkontrolle gezielte Bewegungen mit unseren Gliedmaßen ausführen können.

Kurzgefaßt:

Die **Hautrezeptoren** vermitteln **Druck- und Berührungs-, Temperatur- und Schmerz-Empfindungen**. Die Dichte der Rezeptoren und wieviel davon zu einer sensorischen Einheit gehören, bestimmt die Lokalisierbarkeit **(Ortswert)** von Reizen. Außer dem Schmerzsinn zeigen alle Rezeptoren **Adaptation**. Die **Temperaturrezeptoren** adaptieren weniger als die Druckrezeptoren und können, wie die meisten Rezeptoren nur Reizstärken**änderungen**, hier also **Temperaturänderungen**, vermitteln. **Schmerzrezeptoren** gibt es auch in den Eingeweiden. Der **Eingeweideschmerz** ist schlechter lokalisierbar als der Oberflächenschmerz. Rezeptoren in Gelenken und Skelettmuskeln dienen dem **Muskellage- und Bewegungssinn**.

21. Gleichgewichtssinn

Außer den fünf Sinnen (Licht-, Gehör-, Geschmack-, Geruch- und Hautsinne), von denen man sagt, man solle sie „beisammen haben", gibt es eine ganze Reihe weiterer Sinnesorgane, die uns weniger ins Bewußtsein treten als die fünf klassischen Sinne, die im Prinzip aber genauso arbeiten. Dazu gehört der Gleichgewichtssinn, der Muskellagesinn (s. 22-251) und eine Reihe anderer Rezeptorschaltungen wie z. B. die Chemorezeptoren bei der Atmung (s. 13-187) und die Druckrezeptoren in der Hals- und Körperschlagader (s. 12-160).

Der Gleichgewichtssinn gibt Informationen über die **Körperlage** im Raum. Hält man einen einige Wochen alten Säugling (Abb. 21-1) in unterschiedlichen Körperstellungen, kann man beobachten, daß der Kopf möglichst so eingestellt wird, daß die Augenachse parallel zum Horizont verläuft. Dies geschieht auch bei geschlossenen Augen, so daß der Vorgang nicht über das optische System erfolgen kann. Tatsächlich haben wir nahe dem Hörorgan Sinnesrezeptoren, die die Körperlage registrieren können (Abb. 21-2). Sie befinden sich in Säckchen **(Sacculus)** und kleinen Schläuchen **(Utriculus)**. Bei aufrechter Körperhaltung bzw. Körperlage bewirken kalkhaltige Körnchen (Statolithen) eine Abscherung und Erregung der Sinneszellen (Abb. 21-3). Bei anderer Körperlage wird die Abscherung verändert, dadurch werden andere Informationen in die motorischen Zentren gegeben. In eindrucksvollen Versuchen mit Krebsen kann man den Mechanismus nachweisen. Wenn diese Tiere im Laufe ihres Wachstums ihre Schale wechseln, verlieren sie auch die „Steinchen" in

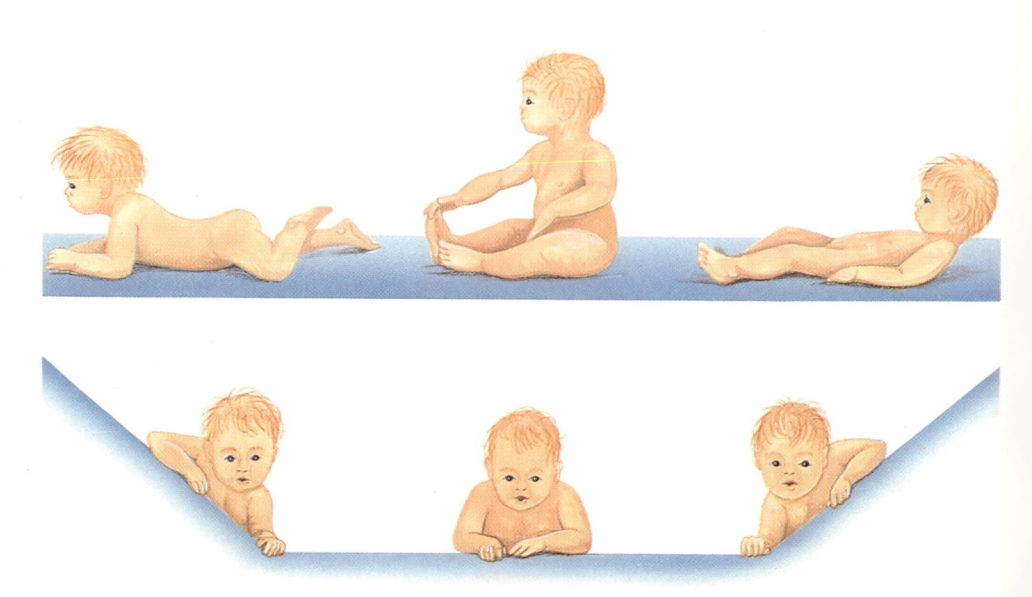

Abb. 21-1. Einstellung der Augenachse auf den Horizont durch entsprechende Kopfstellung, die durch Rezeptoren im statischen Organ (Utriculus und Sacculus) ausgelöst wird.

Körperbewegungssinn

ihrem Gleichgewichtsorgan; diese werden durch neue ersetzt. Hält man die Tiere zur Zeit ihres Schalenwechsls in einem Aquarium, in dem sich nur Eisenfeilspäne befinden, werden diese ersatzweise eingebracht. Danach kann man durch Anziehen der eingebauten Eisenspäne mit einem Magneten nach oben für den Krebs den Sinneseindruck „unten" erzeugen; das Tier dreht sich dann auf den Rücken.

Das Organ registriert auch **lineare** (gerade) **Beschleunigungen**, wie man bei Benutzen rasch anfahrender oder rasch bremsender Aufzüge feststellen kann. Bei einem abwärtsfahrenden Fahrstuhl, der schnell bremst, geht man leicht in die Knie. Fährt er dann rasch weiter, werden die Beine unwillkürlich gestreckt. Diese Korrekturbewegungen, durch Sinneszellen ausgelöst, erfolgen reflektorisch. Außer im Schlaf haben wir dauernd eine bestimmte Muskelgrundinnervation (Tonus), die von den Rezeptoren, hauptsächlich des Utriculus, ausgeht.

Dicht neben den Rezeptoren für lineare Beschleunigung liegen in den **Bogengängen** Rezeptoren, die auf **Drehung,** besser **Winkelbeschleunigung**, ansprechen. In den 3 Raumebenen befindet sich je ein Bogengang, der mit Flüssigkeit (Endolymphe) gefüllt ist und eine Erweiterung (Ampulle) hat, in der sich die Sinneszellen befinden (Abb. 21-4). Bei Beginn der Drehung des Kopfes werden die Sinneszellen durch die Trägheit der Endolymphe entgegen der Drehrichtung abgeschert und dadurch erregt (Abb. 21-5). Die Information geht von den Sinneszellen zu den motorischen Kernen der Augenmuskeln und der Halsmuskeln und beeinflussen schließlich die gesamte Körpermotorik. Die Augenbewegungen bei oder nach Drehung lassen sich bei einer Versuchsperson, die in einem gut befestigten Drehstuhl sitzt, leicht beobachten. Dreht man die Versuchsperson im Uhrzeigersinn (nach rechts), kommt es zu unwillkürlichen Augenbewegungen entgegen der Drehrichtung. Die Augen fixieren die sich scheinbar drehende

Abb. 21-2. Gleichgewichtsorgan mit Bogengängen, Utriculus und Sacculus, unten Hörschnecke (aus: *Benninghoff/Goerttler,* Bd. 3, 1975).

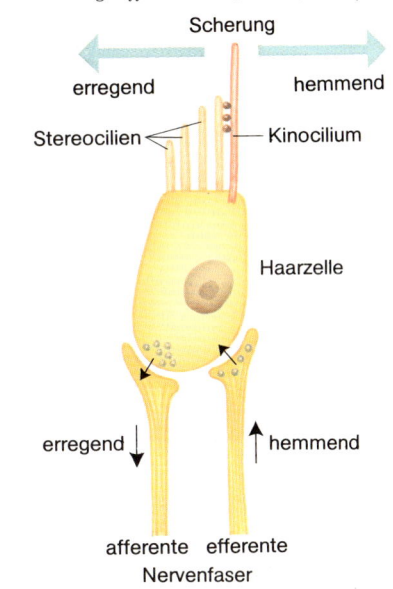

Abb. 21-3. Schematische Darstellung einer Sinneszelle (Haarzelle) im Utriculus. Die Stereocilien, die auch im Innenohr vorkommen, vermitteln den räumlichen Lageeindruck des Körpers in Ruhe. Das Kinocilium („Bewegungswimper") vermittelt die räumliche Körperlage bei Bewegung.

Umgebung, sie informieren uns über die Beziehung der Körperstellung zur Umgebung. Zwischen den langsamen Augenbewegungen erfolgen rasche Rückstellungen der Augen in Drehrichtung, von denen die Versuchsperson keinen Sinneseindruck hat, weil sie so rasch sind. Diese rhythmischen Augenbewegungen nennt man **Nystagmus** (Abb. 21-6),

Nystagmus

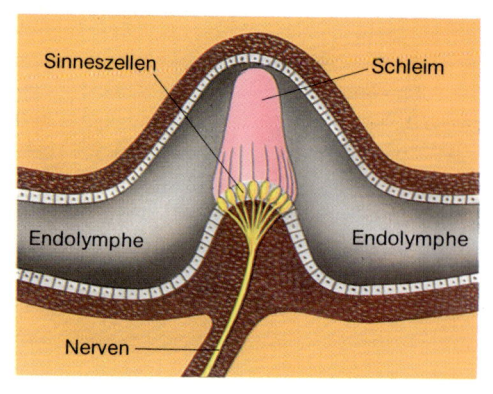

Abb. 21-4. Sinneszellen in den Ampullen der Bogengänge, die über die Trägheit der Endolymphe durch Winkelbeschleunigung erregt werden.

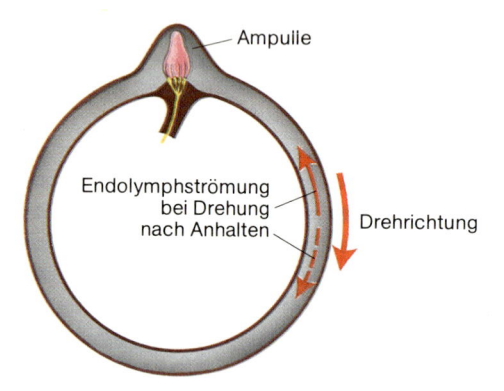

Abb. 21-5. Einfluß der Drehrichtung auf die Sinneszellen in den Ampullen.

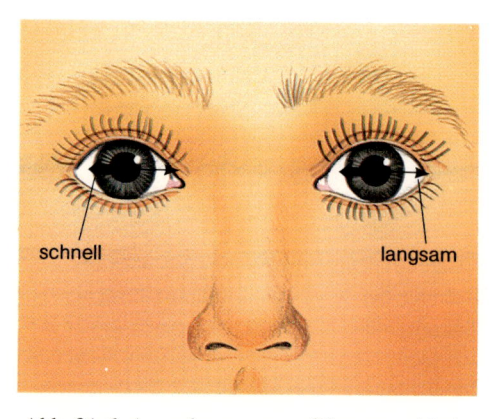

Abb. 21-6. Augenbewegungen (Nystagmus) beim Drehversuch des Patienten um seine senkrechte Achse im Uhrzeigersinn, d. h. nach rechts.

in unserem Fall **Rechts**nystagmus, benannt nach der schnellen Augenbewegung. Drehen wir eine Versuchsperson ca. 30 sec rechts herum und halten die Drehung plötzlich an, so beobachten wir einen **Links**nystagmus. Die langsamen Augenbewegungen gehen nach rechts, die raschen Rückstellungsbewegungen nach links, weil nach dem plötzlichen Anhalten die Endolymphe infolge ihrer Trägheit entgegen der ursprünglichen Drehrichtung zurückbleibt. Von den Bogengangsrezeptoren aus wird also die Orientierung im Raum bei Winkelbeschleunigung ermöglicht. Der Teil des Innenohres, in dem die Rezeptoren liegen, wird Labyrinth genannt und die Augenbewegungen entsprechend **labyrinthärer Nystagmus**.

Ähnliche Augenbewegungen entstehen, wenn ein Eisenbahnzug an uns vorbeifährt, oder wenn wir selbst in einem fahrenden Zug sitzen und z. B. „vorbeifliegende" Telegrafenmasten beobachten. Die Augen zeigen eine langsame Bewegung, das „Hängenbleiben" am bewegten Objekt, in dessen reeller oder scheinbarer (wenn wir uns selbst bewegen) Bewegungsrichtung. Dieser sogenannte **Eisenbahnnystagmus** wird nicht im Labyrinth, sondern rein optisch ausgelöst und heißt daher **optokinetischer Nystagmus**. Drehbewegungen auf einem Drehstuhl eignen sich zwar für Funktionsprüfungen des Gleichgewichtssinnes, doch im täglichen Leben wird dieser meist in anderer Weise beansprucht. Wenn wir z. B. ausgleiten oder einen Stoß bekommen, verlieren wir das Gleichgewicht; der Körper wird kurzzeitig in eine rasche Drehbewegung versetzt. Zuerst wird die Augenachse, wie bereits geschildert, horizontal zur Umwelt eingestellt, das Auge gibt die „richtige" Information, damit Gliedmaßen und Rumpf wieder in die Normallage gebracht werden. Ist ein Sturz nicht zu vermeiden, werden reflektorische Streck- und Beugebewegungen ausgeführt, um Körperschäden zu vermeiden oder möglichst klein zu halten. Dies erfordert eine Reihe komplizierter Reflexabläufe.

Kinetosen

Reflexbewegungen, die direkt vom Gleichgewichtssinn ausgelöst werden, kann man mit dem Kippversuch prüfen. Die Versuchsperson kniet, auf die Hände gestützt, in einer Art Vierfüßlerstellung auf einer kippbaren Platte (Abb. 21-7a). Wird diese plötzlich nach rechts gekippt (b), erfolgt eine Streckung des rechten Armes und des rechten Beines und eine Beugung des linken Armes und Beines. Bei plötzlichem Kippen nach links (c) reagiert die Versuchsperson umgekehrt; beide Male kann dadurch ein Abrutschen von der Platte vermieden werden. Diese Reaktionen werden vom Gleichgewichtsorgan gesteuert. Ein Patient mit Labyrinthstörungen (d), der nicht entsprechend reagieren kann, würde bei schnellem Kippen abrutschen.

Wenn das Gleichgewichtsorgan durch unregelmäßige Beschleunigung, wie Schlingern, Rollen, Änderung der Geschwindigkeit usw., gereizt wird, kann man „seekrank" werden, was durch eine Miterregung des autonomen Nervensystems (s. 22-270) mit Übelkeit, Erbrechen, Blutdruckabfall und Schweißausbrüchen einhergehen kann. Diese Erkrankungen, die bei Reisen mit dem Auto, der Bahn, im Flugzeug und besonders mit Schiffen auftreten und nach dem Ende der Reise sofort verschwinden, nennt man **Kinetosen**. Sie sind willensmäßig nicht zu beeinflussen.

Bei **Weltraumfahrern** ist neben der ausreichenden Sauerstoffversorgung die **Schwerelosigkeit** das wichtigste medizinische Problem. Da der größte Teil des Muskeltonus vom Gleichgewichtsorgan aus gesteuert wird, vermindert Schwerelosigkeit den Muskeltonus so stark, daß es ohne tägliches Muskeltraining zum **Muskelschwund** (Atrophie) kommt.

Untersuchungsmethoden

Zur Untersuchung der **Labyrinthfunktion** prüft man das Verhalten des Nystagmus. Er

Abb. 21-7. Beuger- bzw. Streckerinnervation infolge Kippung. Kippung zur rechten Seite (b) führt zur Streckung der rechten und Beugung der linken Gliedmaßen, Kippung nach links führt zur umgekehrten Reaktion (c). Unten (d) ist ein Labyrinthgestörter gezeigt.

Untersuchungsmethoden

wird, wie oben beschrieben, nach der Drehung (postrotatorischer Nystagmus) kontrolliert. Der Patient trägt dabei eine Brille mit starken Sammellinsen, die ihn so kurzsichtig machen, daß er die Umgebung nicht optisch fixieren kann. Zusätzlich werden die Augen durch die Brille (Frenzelsche Brille) beleuchtet, so daß der Arzt den Nystagmus gut beobachten kann.

Eine getrennte Untersuchung jedes einzelnen Labyrinths ist durch Spülen des äußeren Gehörgangs mit kaltem oder warmem Wasser möglich, wodurch ein sogenannter **kalorischer Nystagmus** erzeugt wird. Dabei ist der horizontale Bogengang der Temperaturänderung zuerst ausgesetzt. Erwärmung der Endolymphe, die dann in Richtung der Sinneszellen strömt, führt beim Gesunden zu einem Nystagmus mit der schnellen Komponente zur gespülten Seite hin. Verwendet man zum Spülen kaltes Wasser, entsteht ein Nystagmus in die andere Richtung. Bei Labyrinthschäden läßt sich kein Nystagmus auslösen.

Kurzgefaßt:

Die Einstellung des Körpers im Raum und die Stellung der Glieder zueinander im Sinne einer entsprechenden Körperhaltung wird von Rezeptoren des Gleichgewichtsorgans im Innenohr ausgelöst. Die Rezeptoren von **Utriculus** und **Sacculus** veranlassen außer einer Grundinnervation der Muskulatur (Muskeltonus) Korrekturbewegungen bei **Linearbeschleunigung** (bei Anfahren eines Aufzuges nach oben Beugung und nach unten Streckung der Gliedmaßen). Die Augenachse wird durch die Kopfstellung über Halsmuskeln versucht, in die Horizontale zu bringen. In den **Ampullen** der 3 **Bogengänge** lösen **Winkelbeschleunigungen** Korrekturbewegungen der **Augen (Nystagmus)** und **Hals- sowie Gliedmaßenmuskulatur** aus. Eine rasche Drehung des Körpers um seine senkrechte Achse nach links führt zu Streckung der rechten und Beugung der linken Gliedmaßen. Korrekturbewegungen der Augen infolge wirklicher oder scheinbarer Bewegung der Umwelt wird **optokinetischer**, infolge Winkelbeschleunigung **labyrinthärer Nystagmus** genannt. **Kinetosen** (See-, Luft-, Fahrkrankheit) werden durch Reizung des Gleichgewichtsorgans mit bestimmter Stärke und Frequenz verursacht. Die Erregungen strahlen ins autonome Nervensystem aus und führen zu Übelkeit, Blutdruckabfall und Schweißausbruch. **Schwerelosigkeit** im Weltraum erfordert aktives Muskeltraining, um dem **Muskelschwund**, der durch mangelnde Innervation aus dem Gleichgewichtsorgan herrührt, entgegenzuwirken.

IV. Koordinierende Systeme

Koordinierende Systeme

Ein vielzelliger Organismus mit vielfältiger Aufgabenverteilung auf einzelne Organe, die sinnvoll zusammenarbeiten müssen, bedarf einer übergeordneten Befehlszentrale. Diese Zentrale muß Informationen von den einzelnen Organen und der Umwelt erhalten, um die einzelnen Reaktionen bzw. Funktionen zweckmäßig regeln und den jeweiligen Bedürfnissen anpassen zu können. Der Pupillarreflex (s. 17-221) ist ein einfaches Beispiel einer solchen Regelung: **Rezeptoren** (Sinneszellen der Netzhaut) werden durch einen **Reiz** (Licht) erregt und eine entsprechende Information über **Nerven** zu einem **Reflexzentrum** geleitet. Das regt dann, wieder auf nervösem Weg, die glatten **Muskelfasern** zum Zusammenziehen an, wodurch die Pupillen verengt werden. Auf ähnliche Weise wird eine große Zahl von Körperfunktionen geregelt, wobei die Rezeptoren nicht unbedingt durch Umweltreize erregt werden müssen, sondern auch durch Veränderung im Körper selbst gereizt werden können. Ein Beispiel dafür sind die Chemorezeptoren nahe der Halsschlagader, die durch chemische Veränderungen im Blut erregt werden und die Atmungsmuskulatur über das Atemzentrum beeinflussen (s. 13-187).

Da im Prinzip zwischen Rezeptoren und Zentrum sowie zwischen Zentrum und Ausführungsorganen (quergestreifter oder glatter Muskulatur) stets zu- und ableitende Nerven eingeschaltet sind, spricht man zusammenfassend von **nervösen Koordinationssystemen**, weil sie Körperfunktionen regeln und aufeinander abstimmen, **koordinieren**. Ihre Regelzentren befinden sich im **Rückenmark** und im **Gehirn**, dem **Zentralnervensystem**.

Regelung und Koordination von Körperfunktionen kann aber auch durch **Botenstoffe**, die die Organe auf dem Blutweg erreichen, erfolgen. Ein Beispiel ist die Regelung der Blutzuckerkonzentration durch das Hormon der Inselzellen der Bauchspeicheldrüse, das Insulin. Es wird vermehrt ins Blut abgegeben, wenn dort die Zuckerkonzentration ansteigt. Insulin senkt den Blutzuckerspiegel, indem es den Eintritt von Zucker (Glukose) ins Zellinnere, vor allem des Muskel- und Fettgewebes, begünstigt. Weil dabei die Meldungen auf dem Blutwege übermittelt werden (über Flüssigkeit, Saft = gr. humor), nennt man diese Art der Regelung und Koordination: **Humorale Koordination**.

Es muß betont werden, daß beide Koordinationssysteme, das nervöse und das humorale, nicht streng getrennt werden können, sondern in vielen Fällen zusammenwirken. Eine Hormonausschüttung kann zum Beispiel auch über einen Reiz von Nervenzellen erfolgen.

22. Das Nervensystem

Einleitung

Das Nervensystem besteht aus **peripheren Nerven** (s. Kap. 6) und dem **Zentralnervensystem**, kurz ZNS. Dieses umfaßt das Gehirn, Kleinhirn und das Rückenmark. In bezug auf seine Funktion unterscheidet man das somatische und das autonome oder vegetative Nervensystem. Das **somatische Nervensystem** besteht aus allen Neuronen (s. Kap. 6), die vom ZNS Erregungen zu den quergestreiften Muskeln und von den Sinnesrezeptoren Erregungen zum ZNS leiten. Die inneren Organe, Herz, Blutgefäße, das Verdauungssystem, die gesamte glatte Muskulatur und alle Drüsenzellen werden von Neuronen innerviert, die einer Beeinflussung durch den Willen nicht unterworfen sind. Man nennt deshalb diesen Teil des Nervensystems **autonom**, wegen seiner Versorgung der inneren Organe auch **vegetatives Nervensystem**.

Zum Nervensystem gehören neben den Teilen des ZNS (Gehirn, Kleinhirn und Rückenmark) auch die „peripheren Leitungen", die Nerven (s. Kap. 6). Dies sind im Kopfbereich die 12 Paar **Hirnnerven** (Kiemenbogennerven) und im übrigen Körper die 31 Paar **Rückenmarksnerven** (Spinalnerven). Im autonomen System findet man dagegen den einzelnen Nerven nur als Ausnahme. Hier handelt es sich in der Hauptsache um periphere Nervengeflechte.

Der Qualität nach unterscheidet man im somatischen Nervensystem **motorische** (efferente[1]) und **sensible** (afferente[2]) Nervenfasern. Dem entsprechen im autonomen Nervensystem die **visceromotorischen** (efferenten) und **viszerosensiblen** (afferenten) Nervenfasern.

Regulation und Koordination der Körpermotorik

Einen großen Anteil am nervösen Koordinationssystem nimmt die Regulation und Abstimmung der Körpermotorik in Anspruch. Gehirn und Rückenmark enthalten Schaltzentren in sogenannten „Kernen" und Leitungsbahnen zur Beeinflussung der Skelettmuskulatur. Auch die meisten Rezeptoren aus der Peripherie werden über das Rückenmark zum Gehirn geleitet.

Unsere Muskulatur ist auch bei Ruhe nicht ganz erschlafft, sondern es laufen immer einige Kontraktionswellen über die Muskeln ab (s. 7-54). Man nennt das den **Ruhetonus**, also die Ruhespannung der Muskulatur. Sie wird durch Einflüsse vom Großhirn, dem Kleinhirn, dem Stammhirn, dem Rückenmark und von den Muskeln selbst aus geregelt. Der Tonus kann sich durch Muskeldehnungen oder unter Einfluß des Gehirns, z. B. Erschrecken oder „gespannte" Aufmerksamkeit, vergrößern. Bei Erwärmung der Haut nimmt der Muskeltonus ab, bei Abkühlung zu.

Zuerst sollen die Regulationen und Koordinationen der Motorik, die sich auf der Rückenmarksebene abspielen, besprochen werden, anschließend ihre Beeinflussung durch „höhere" Zentren, im Gehirn und Kleinhirn.

Auf der Rückenmarksebene laufen vor allem die **Reflexe der Skelettmuskulatur** ab. Ein Muskelreflex ist eine auf einen bestimmten Reiz erfolgende Kontraktion oder Er-

---

[1] efferent = wegführend; efferente Nerven leiten Erregungen vom Zentrum zur Peripherie (zentrifugal).

[2] afferent = heranführend; afferente Nerven leiten Erregungen von der Peripherie zum Zentrum hin (zentripetal).

Eigenreflexe

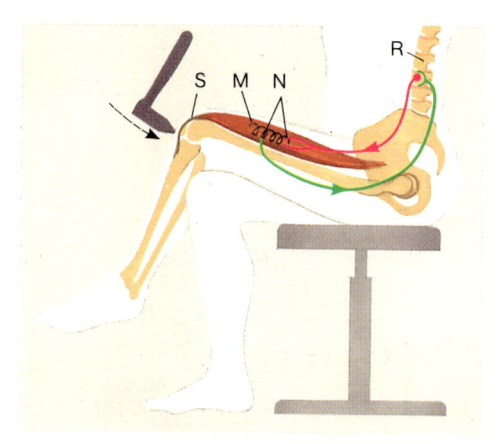

Abb. 22-1. Kniesehnenreflex. Der Reflexhammer trifft die Kniesehne (S) und dehnt dadurch die Muskelspindel (M), deren Nerv (N) die Information über die Dehnung ans Rückenmark (R) meldet. Der motorische Nerv (N) erregt dann die Muskulatur, es kommt zur Verkürzung, der Unterschenkel schlägt aus.

sind in einer Spindel angeordnet und durch ihre spiralige Form besonders für Dehnungsreize empfindlich (s. a. Abb. 22-4). Die Erregung wird über rasch leitende Nervenfasern (Aα-Fasern, Tab. 6-1) durch die hintere Wurzel (**afferentes Neuron**) ins Rückenmark geleitet und dort über eine **Synapse** (s. 6-51) auf ein zweites Neuron umgeschaltet, das Erregungen vom Zentrum weg über die vordere Wurzel (**efferentes Neuron**) zum Muskel leitet. Die Eigenreflexe werden auch **monosynaptische Reflexe** genannt, weil nur **eine** Synapse beteiligt ist. Die Abb. 22-2 zeigt den sogenannten **Reflexbogen** schematisch dargestellt. Die Abb. 22-3 erläutert genauer den Fall des Kniesehnenreflexes als Beispiel. Daraus wird auch die Bezeichnung Reflex**bogen** klar. Beim Reflex wird nicht nur der Unterschenkelstrecker verkürzt, sondern es werden gleichzeitig die **Beugermuskeln gehemmt**, d. h., sie erschlaffen. Diese Schaltung ist sinnvoll, weil so die Streckung erleichtert wird. Man nennt das Gegenmuskel- oder **antagonistische Hemmung**. Die Zukkung des Muskels ist eine **Einzelzuckung**, d. h. kurz ablaufend, wie man bei der Reflexauslösung leicht sehen kann (s. 7-54).

schlaffung eines ganz bestimmten Muskels oder einer Muskelgruppe. Die Reize können von verschiedenen Sinnesorganen (Rezeptoren) ausgehen. Für eine wichtige Gruppe von Reflexen liegen die Rezeptoren im selben Muskel, der auch die Kontraktion oder Erschlaffung ausführt, also im „eigenen" Muskel; diese Reflexe werden deshalb **Eigenreflexe** genannt.

Am bekanntesten und auch für diagnostische Zwecke wichtig ist der **Patellarsehnenreflex** (Kniesehnenreflex). Der Arzt dehnt dabei durch einen Schlag auf die Sehne (Abb. 22-1) unterhalb der Kniescheibe den Oberschenkelmuskel (M. quadriceps femoris) und reizt dadurch die Rezeptoren. Diese

Die Eigenreflexe sind meist Streckreflexe und werden vom Arzt dazu benutzt, die Funktion des Rückenmarks zu prüfen. Wenn der Kniesehnenreflex noch nachweisbar ist, der Achillessehnenreflex aber nicht mehr ausgelöst werden kann, muß eine Rückenmarksstörung unterhalb des Segmentes für den Kniesehnenreflex liegen, d. h. also unter dem Rückenmarkssegment L 4 (s. Lippert, 4. A., S. 403).

Natürlich sind Reflexe nicht für den Arzt

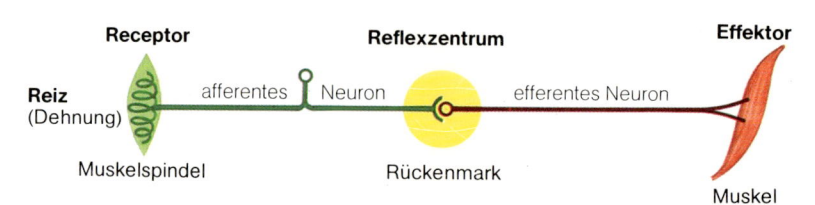

Abb. 22-2. Schema des Eigenreflexbogens.

Muskelspindel

entwickelt worden, und die Prüfung löst verhältnismäßig unphysiologische Erscheinungen aus, denn es würde ja wenig sinnvoll sein, wenn unser Unterschenkel beim Anstoßen der Kniesehne, z. B. an eine Barriere, ausschlägt. Das Reflexsystem ist vielmehr dazu da, die **Muskellänge** den Halte- und Bewegungsvorgängen anzupassen. Die rasche Dehnung bei der Reflexauslösung führt zu einer Verkürzung, die der Dehnung entgegenwirkt. Federndes Hüpfen auf den Zehenspitzen wäre ohne dieses System nicht möglich. Seine Bedeutung wird wesentlich erhöht durch Einflüsse von höheren motorischen Zentren, die auf Muskeln in der Muskelspindel wirken. Nach der Nervenart, die sie versorgen, werden sie **Aγ-Muskelfasern** genannt (s. Tabelle 6-1), im Gegensatz zu den die Ske-

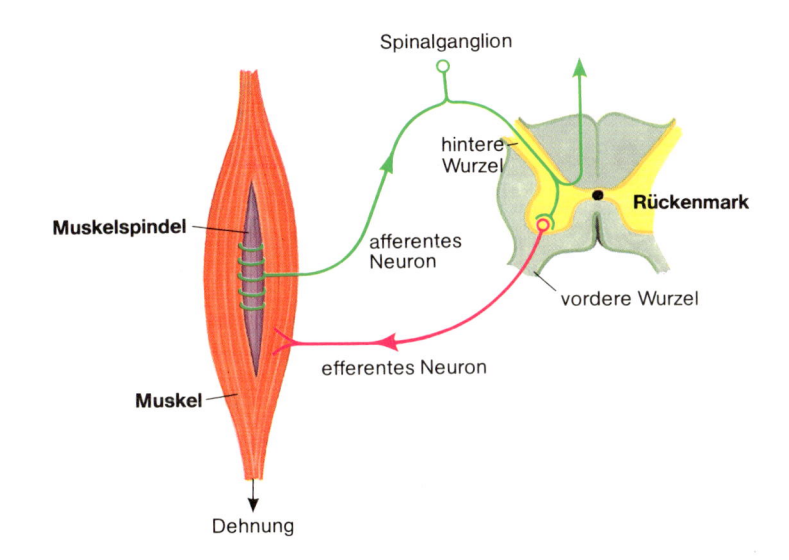

Abb. 22-3. Muskelspindelreflexbogen.

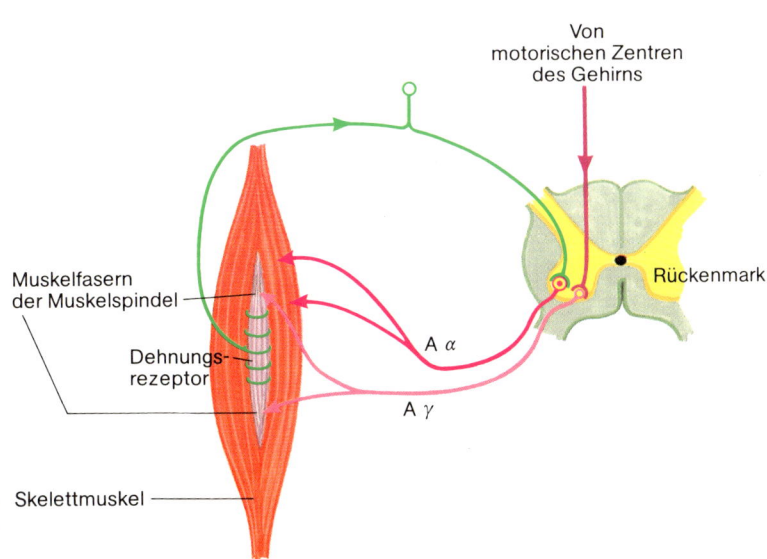

Abb. 22-4. Aγ-Innervation der Muskelspindel.

Fremdreflexe

lettmuskulatur versorgenden schneller leitenden Aα-Fasern (Abb. 22-4). Die Funktion ist wie folgt: Von höheren Zentren im verlängerten Rückenmark bis zur Hirnrinde werden Erregungen vor allem auf die Aγ-Zellen im Vorderhorn des Rückenmarks geleitet. Die Erregungen führen je nach Stärke zu einer Kontraktion der beiden Muskeln in der Muskelspindel. Dadurch wird der Muskeldehnungsrezeptor gedehnt und, wie beim Reflex beschrieben, werden dann vom Rezeptor aus die Aα-Neurone erregt, und die Muskelspannung steigt. Da der Erregungsausstrom vom Gehirn nicht schlagartig ist, sondern gleichmäßig erfolgt, haben wir je nach Stärke eine stärkere oder schwächere **Dauerspannung (Tonus)** des Skelettmuskels. Einen großen Erregungsausstrom vom Gehirn haben wir bei starker Aufmerksamkeit, Angst oder körperlicher Tätigkeit, einen geringen, wenn wir „entspannt" sind oder schlafen bzw. gar narkotisiert sind. Der Sinn des Systems ist, eine bestimmte Leistungsbereitschaft zu erzeugen, je höher der Aγ-Tonus ist, umso stärker ist die Reaktion des Skelettmuskels auf eine Dehnung. Noch wichtiger ist der Aγ-Tonus für die Ausführung von Willkürbewegungen (s. 22-261), die ebenfalls vom Gehirn veranlaßt werden. Das heißt also, die **Feineinstellung** des Muskeltonus geschieht über die Aγ-Nerven und Muskelspindeln als ausführendes System.

Rezeptoren außerhalb der Muskulatur in anderen Organen, besonders der Haut und dem Gleichgewichtsorgan, also in „muskelfremden" Organen, spielen ebenfalls eine wichtige Rolle bei der Regelung der Motorik. Es handelt sich auch um Reflexe, die in diesem Fall **Fremdreflexe** genannt werden. Die Abb. 22-5 zeigt eine ähnliche Anordnung wie für den Eigenreflex (s. Abb. 22-2) mit dem Unterschied, daß 1. die Erregung von einem Hautrezeptor ausgeht und Druck, Temperatur oder Schmerz, die reizauslösende Ursachen sind, 2. daß im Rückenmark nicht nur eine Umschaltung (Synapse) vom afferenten zum efferenten Neuron erfolgt, sondern daß Zwischenneurone (in der Abbildung vereinfacht nur eines pro Efferenz) eingeschaltet, d. h. mehrere Synapsen vorhanden sind, deshalb auch **polysynaptischer Reflex** genannt, und 3. daß die Effektoren viele Muskeln sein können, die je nach Reizstärke die Reflexbewegung veranlassen können.

Wir haben bei den einzelnen Organfunktionen schon viele Fremd- oder polysynaptische Reflexe kennengelernt, wie z. B. den Nies- und Schluckreflex. Ein typisches Beispiel eines Fremdreflexes der Skelettmusku-

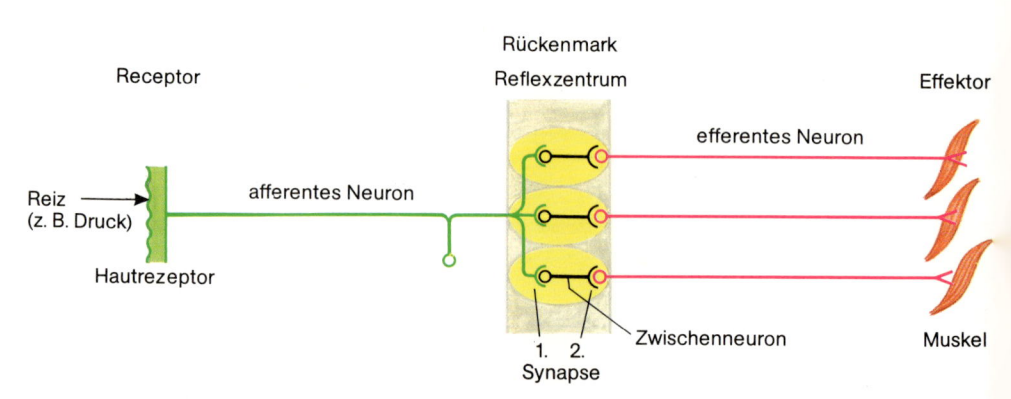

Abb. 22-5. Schema des Fremdreflexbogens mit Ausbreitung auf mehrere Muskelgruppen und mehrere Synapsen im Rückenmarkszentrum. Die Vermittlung auf mehrere Rückenmarksebenen geschieht durch Neuriten der Strangzellen.

Reflexeigenschaften

Tabelle 22−1. Unterschiede des Verhaltens von Eigen- und Fremdreflexen.

	Eigenreflexe	Fremdreflexe
Synapsen	eine (mono)	viele (poly)
Zuckungsart	Einzelzuckung	tetaniform
Antagonistische Hemmung	einseitig	doppelseitig
Ausbreitung	nein	ja
Reflexzeit	konstant für jeden Reflex (10−40 msec)	veränderlich (50 msec bis 2 sec)

Einige wichtige Reflexe
Eigen- (monosynaptische) Reflexe

Bezeichnung	Auslöseart	Reflexbewegung	Beteiligte Rückenmarkssegmente (C=Hals-, Th=Brust-, L=Lenden-, S=Sakralmark
Bizepsreflex	Schlag auf Bizepssehne bei gebeugtem Ellenbogen	Beugung des Ellenbogens	C5 − C6
Trizepsreflex	Schlag auf Trizepssehne bei gebeugtem Ellenbogen	Streckung des Ellenbogens	C5 − C6
Quadriceps-femoris-Reflex (Patellarsehnenreflex)	Schlag auf Sehne unterhalb Kniescheibe bei schwach angebeugtem Knie	Streckung des Knies	L3 − L4
Triceps-surae-Reflex (Achillessehnenreflex)	Schlag auf Achillessehne bei gebeugtem Knie; Fuß rechtwinklig zu Unterschenkel	Streckung des Fußes	S1 − S2

Fremd-(polysynaptische)Reflexe

Bauchhaut-(Bauchdecken-)Reflex	Bestreichen der Bauchhaut von den Seiten zur Mitte	Bauchhaut und Nabel werden zur gereizten Seite hin verzogen	Th6 − Th12
Kremaster-Reflex	Bestreichen der Haut an oberer Innenseite des Oberschenkels	Hochsteigen des gleichseitigen Hodens	L1 − L2
Babinski-Zeichen	Bestreichen des seitlichen Fußrandes oder der seitlichen Fußsohle	Normal bei Erwachsenen: Zehenbeugung. Krankhaft: Großzehenstreckung nach oben und Spreizung der 4 Zehen	Krankhafte Reaktion (Babinski positiv) weist auf Pyramidenbahnschädigung hin

Reflexzeit

latur ist der sogenannte **Fluchtreflex**, den wir erleben, wenn wir etwa am Strand in eine Glasscherbe treten. Wir ziehen „unwillkürlich", d. h. reflektorisch, beim Schmerz das betroffene Bein an, „fliehen" also vor der Schädigung. Ganz anders als beim Eigenreflex sind dabei viele Muskeln betroffen und besonders die Beuger. Man nennt das **Ausbreitung** der Erregung. Außerdem handelt es sich nicht um Einzelzuckungen, sondern um länger dauernde Verkürzungen, **tetaniforme Kontraktionen** (s. 7-54).

Ein weiterer wichtiger Unterschied zu den Eigenreflexen ist, daß beim Fremdreflex der Reflexerfolg sich nicht nur einseitig, d. h. am rechten Unterschenkel bei Schlag auf die rechte Kniescheibe, äußert, sondern daß auf der anderen Seite ebenfalls Kontraktionen und Erschlaffung, allerdings mit umgekehrten Vorzeichen **(reziproke Innervation)**, auftreten. Bei Auslösung des Fluchtreflexes an der rechten Fußsohle werden rechts die Beuger kontrahiert und die Strecker gehemmt, links, wenn auch schwächer, die Strecker kontrahiert und die Beuger gehemmt. Dies ist eine sinnvolle Ergänzung, denn dadurch kann sich das „gereizte" Bein dem schädigenden Einfluß besser entziehen. Man nennt das den **gekreuzten Streckreflex**.

Die **Reflexzeit,** die Zeit von der Setzung des Reizes (z. B. Auftreffen des Reflexhammers) bis zum Kontraktionsbeginn des Muskels, ist bei Eigenreflexen konstant, weil die Erregung nur eine Synapse überschreiten muß. Sie hängt aber natürlich von der Länge der Nervenleitungsbahnen ab und ist deshalb beim Kniesehnenreflex kürzer (15 msec) als beim Achillessehnenreflex (30 msec). Bei den Fremdreflexen ist die Reflexzeit, auch wenn die Länge der Leitungsbahn gleich groß ist wie bei einem bestimmten Eigenreflex, immer länger, weil im Reflexzentrum viele Synapsen überschritten werden müssen. 50 msec ist die Mindestzeit für den **Bauchhautreflex**, der **Pupillenreflex** auf Lichteinfall benötigt ca. 300 msec. Bei schwächeren Reizen oder Hemmungen verlängert sich die Reflexzeit beim Fremdreflex, es treten Aufsummierungen in den vielen Synapsen des Zentrums auf, die längere Zeit benötigen.

In Tabelle 22-1 sind einige wichtige Eigenschaften, in denen sich die beiden Reflexarten unterscheiden, zusammengestellt.

Im Zusammenhang mit der Regulation der Körpermotorik haben wir die Fremdreflexe, die auf Skelettmuskeln wirken, besprochen. Eine große Zahl wichtiger Fremdreflexe wirkt jedoch auf glatte Muskeln, besonders des Verdauungssystems, der Blutgefäße, der Drüsen und auf die Harn- und Gallenblase. Sie wurden bei der Besprechung der einzelnen Organe schon behandelt. Diese nicht willkürlich betätigbare Muskulatur wird vom sogenannten **autonomen Nervensystem** reguliert und im Zusammenhang unten (s. 22-271) besprochen.

Rückenmark

Kurzgefaßt:

Das **somatische Nervensystem** besteht aus zentralen Anteilen (Gehirn und Rückenmark) und peripheren Anteilen (Nerven). Es dient der Aufnahme von Reizen aus Umwelt und dem Körper durch Rezeptoren, der Weiterleitung der Erregungen und der Verarbeitung im Zentralnervensystem. Reaktionen darauf sind meist Bewegungsabläufe der Skelettmuskulatur, im einfachsten Fall **Reflexe**. **Eigenreflexe** gehen von Rezeptoren in den Muskelspindeln aus. Bei Dehnung lösen sie Einzelzuckungen aus bzw. beeinflussen den Muskeltonus. Sie haben nur **eine Synapse**. Die Reflexzeit ist kurz und konstant (Kniesehnenreflex ca. 15 msec), sowie von der Reizstärke unabhängig. Höhere Zentren beeinflussen über Aγ-Zellen im Vorderhorn des Rückenmarks die Spannung der Muskelfasern in den Spindeln und damit die Reflexstärke. **Fremdreflexe** gehen von allen Rezeptoren – außer den Spindelrezeptoren – aus und umfassen neben der Skelettmuskulatur (vor allem Beuger) auch die glatte Muskulatur und die Drüsen (vegetative Reflexe). Die Zuckungen der Skelettmuskeln sind tetaniform. Fremdreflexe haben **mehrere Synapsen**; die Reflexzeit ist länger als bei den meisten Eigenreflexen und von der Reizstärke abhängig. Fremdreflexe der Skelettmuskulatur verursachen auf der Gegenseite eine umgekehrte Reaktion **(reziproke Innervation)**; z. B. ein am rechten Bein ausgelöster Beugereflex führt zu einer Streckung des linken Beines.

Rückenmark

Das Rückenmark enthält neben den besprochenen Reflexzentren die **Leitungsbahnen** für die Motorik vom Gehirn zu der Muskulatur, **absteigende Bahnen** genannt, und diejenigen von den Rezeptoren zum Gehirn, **aufsteigende Bahnen** genannt. Die meisten Bahnen kreuzen in ihrem Verlauf vom oder zum Gehirn von einer Seite auf die andere. Die zu den motorischen Zellen im Rückenmark absteigenden Pyramidenbahnen kreuzen zum großen Teil schon im oberen Halsmark, der sogenannten Pyramide (s. Lippert, 4. A., S. 407). Die aufsteigenden Bahnen für

Abb. 22-6. Halbseiten- oder dissoziierte Empfindungslähmung.

Hautsegmente

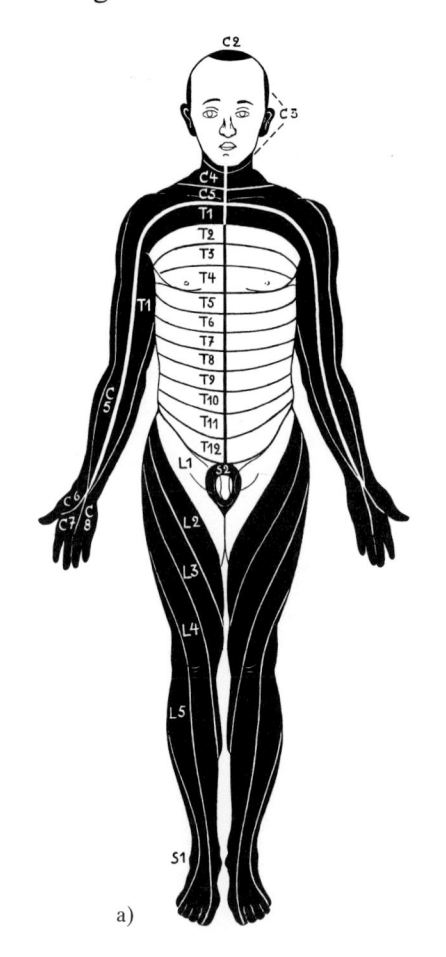

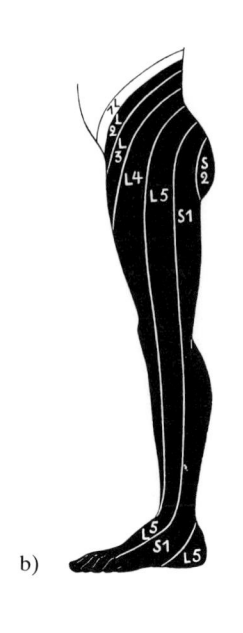

Abb. 22-7. Dermatome. a) Körper von vorn, b) Bein von seitlich außen (aus *Benninghoff/Goerttler* Bd. 3, 1975).

Schmerz und Temperatur kreuzen nach dem Eintritt über die Hinterwurzel ins Rückenmark. Die Bahnen der Muskel- und Druckrezeptoren kreuzen nur teilweise. Bei Verletzungen des Rückenmarkes, die eine halbe Seite zerstören, kommt es zu Ausfällen der Motorik und Empfindung, die man **dissoziierte Empfindungslähmung**, oder nach ihrem ersten Beschreiber **Brown-Séquardsche Halbseitenlähmung**, nennt. Dabei ist die Motorik auf der verletzten Seite (Abb. 22-6) fast vollständig ausgefallen, hingegen Schmerz- und Temperaturempfindung auf der anderen (unverletzten) Seite. Auf beiden Seiten ist die Berührungs- und Muskellageempfindung abgeschwächt.

Die **segmentale Anordnung** der Rückenmarksnerven ist für Diagnose und Therapie wichtig. Sie ist entwicklungsgeschichtlich bedingt und beruht auf der embryonalen Teilstückgliederung (Metamerie) des Organismus. Ein Metamer besteht aus einem Muskel- und Hautsegment sowie einem Segment des Achsenskelettes mit dem dazugehörigen Nerven und den Gefäßen. Es gilt nun folgende Gesetzmäßigkeit: gleichgültig welche Muskeln oder Hautpartien bzw. Skelettanteile aus den jeweiligen Segmenten entstehen und gleichgültig wohin diese sich später regional verlagern, ihren zugehörigen Nerven nehmen sie mit und behalten ihn zeitlebens. Anders formuliert: die segmentale In-

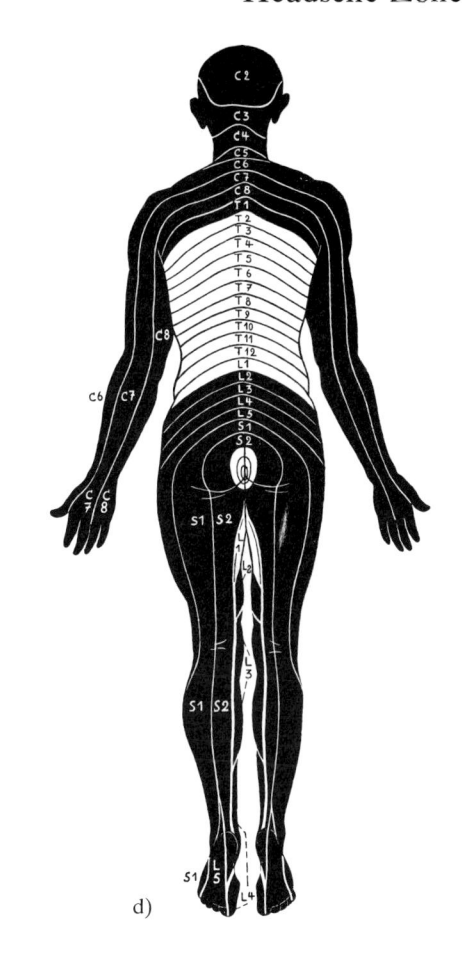

Headsche Zonen

Abb. 22-7. Dermatome. c) Bein von seitlich innen, d) Körper von hinten (aus *Benninghoff/Goerttler,* Bd. 3, 1975).

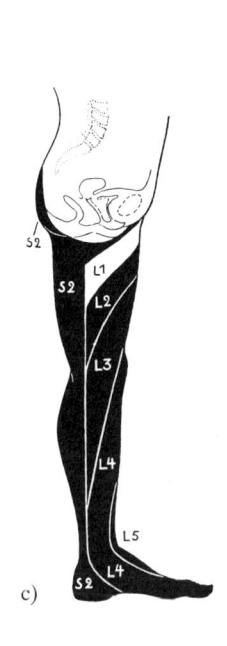

nervation umfaßt das gesamte Einzugsgebiet eines Spinalnervens.

Das ursprüngliche Hautsegment nennt man **Dermatom** (= Einflußgebiet der sensiblen Nervenfasern in der Haut). Das ursprüngliche Muskelsegment heißt **Myotom** (= Einflußgebiet der motorischen Nervenfasern innerhalb der Skelettmuskulatur). **Sklerotom** wird das Skelettsegment genannt, **Enterotom** der Eingeweideteil. Hautgebiete, in die Eingeweideschmerzen projiziert werden, nennt man **Headsche Zonen**.

Über die Ausbreitung der segmentalen Nerven in der Haut geben klinisch-funktionelle Befunde Auskunft. Danach überlappen sich benachbarte Segmente. An dieser Überlappung nehmen aber nur die Nervenfasern teil, die der Temperatur- und Tastempfindung dienen, nicht jedoch die Schmerzfasern (Kap. 20). Diese sind ebenso wie die Headschen Zonen streng auf ein Segment beschränkt.

Der segmentale Aufbau der Spinalnerven des Rückenmarks führt zu einer engen Verknüpfung vor allem zwischen **Haut- und Eingeweideschmerz**. So führen Entzündungen oder Versorgungsstörungen, die an inneren Organen (Blinddarm, Gallenblase, Herz) auftreten, zu Empfindlichkeit und Schmerz, dem sog. **übertragenen Schmerz**, der zur Diagnose von inneren Erkrankungen herangezogen werden kann.

Die Abb. 22-7 zeigt die Einteilung der entsprechenden Hautsegmente. Schmerzen

Übertragener Schmerz

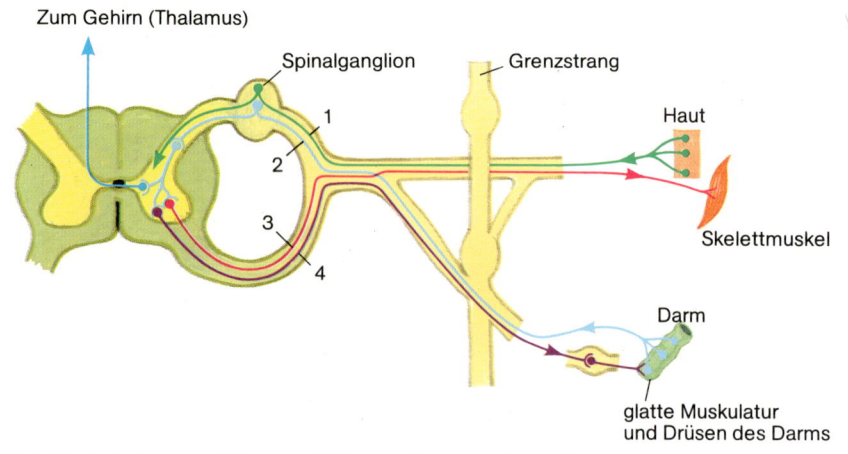

Abb. 22-8. Verknüpfung von Haut- und Eingeweidenerven 1 = afferente Fasern von Hautrezeptoren, 2 = afferente Fasern von Eingeweiderezeptoren (Schmerz-Druck), beide Afferenzen können die Skelett- bzw. Eingeweidemuskulatur sowie Drüsen erregen. 3 = Efferenzen zur Skelettmuskulatur, 4 = Efferenzen zur glatten Muskulatur von Darm und Drüsen.

vom Herzen werden in den linken Arm, von der Gallenblase in die rechte Schulter übertragen. Streicht der Arzt über diese Hautgebiete mit einer Nadel, so gibt der Patient eine stärkere Empfindung an als in nicht beeinflußten Gebieten. Der anatomische Hintergrund ist in der Verknüpfung der beiden Schmerzbahnen (Abb. 22-8) zu sehen. Auf dieser Verknüpfung beruht auch die Wirkung einer Wärmflasche, die, auf dem richtigen Hautgebiet aufgelegt, die Hautrezeptoren reizt und dann im Rückenmark Fasern, die zu den Eingeweideblutgefäßen führen, erregen und damit die Durchblutung dort steigern, was auf Entzündungen hemmend wirken kann.

Kurzgefaßt:

Das Rückenmark enthält **aufsteigende und absteigende Nervenbahnen**; ausgehend von den Sinnesrezeptoren, treten Nervenstränge durch die hinteren Wurzeln ein, erreichen das Reflexzentrum des Rückenmarks und werden zum Gehirn geleitet. Absteigende Bahnen, von Zentren des Gehirns ausgehend, gelangen nach Umschaltung auf motorische Zellen im Vorderhorn über die vorderen Wurzeln zur Skelett- bzw. glatten Muskulatur. Die absteigenden Bahnen kreuzen in der Pyramide. Die Bahnen für Temperatur- und Schmerzempfindung kreuzen nach Eintritt ins Rückenmark. Dies führt nach Verletzungen des Rückenmarks zu charakteristischen Ausfällen (z. B. **Halbseitenlähmung**). Diagnostisch und therapeutisch wichtig ist die **segmentale Anordnung** der Rückenmarksnerven. Verknüpfungen von Schmerzbahnen ergeben Hinweise auf ein bestimmtes erkranktes Organ, wenn gleichzeitig in bestimmten Hautgebieten **(Headsche Zonen)** Schmerzempfindungen auftreten.

Motorische Rindenzentren

Regulation und Koordination der Körpermotorik von höheren Zentren aus

Schon im vorhergehenden Kapitel haben wir Einflüsse höherer Zentren auf die Körpermotorik über das Aγ-System (s. 22-254) kennengelernt. Für das Verständnis der Koordinationsmechanismen von Zentren oberhalb des Rückenmarks aus müssen wir uns zuerst klarmachen, was man unter Körpermotorik versteht.

Es handelt sich ganz allgemein um Kontraktion bzw. Erschlaffung von quergestreiften Skelettmuskeln, die zu **Bewegungen** von Gliedmaßen, Rumpf und Kopf führen. Von diesen Bewegungen können wir zwei Arten unterscheiden: 1. solche, die wir **willkürlich** ausführen, z. B., daß wir den Fuß anheben, um uns die Schnürsenkel zu knüpfen, oder, daß wir ein Streichholz anzünden, und 2. solche, die mehr **unwillkürlich** ablaufen, d. h. diejenigen Muskelkontraktionen, die z. B. beim Fußanheben dafür sorgen, daß wir das Gleichgewicht nicht verlieren, das Mitbewegen der Arme beim Gehen und ein großer Teil der Muskelbewegungen beim Gehen selbst. Der Befehl, den Fuß zu heben, geht von einem Zentrum der Großhirnrinde aus (Abb. 22-9), dem **motorischen Rindenfeld** der vorderen Zentralwindung. Die Erregung wird in der **Pyramidenbahn** bei Kreuzung auf die andere Körperseite ohne Umschaltung von den Rindenzellen bis zu dem entsprechenden Abschnitt des Rückenmarks zu den motorischen Aα-Zellen, die wir kennengelernt haben, geleitet (Abb. 22-10). Nur über diesen Weg können wir eigentlich Willkürbewegungen machen und Bewegungen, die nicht angeboren sind, erlernen. Dazu sind aber noch andere höhere Zentren außer dem motorischen Rindenfeld nötig. Wenn wir z. B. schreiben lernen, müssen wir das Schriftbild mit den Augen erfassen, optisch verarbeiten und den Ratschlägen des Lehrers, wie wir Hand und Finger führen sollen (akustische Verarbeitung), folgen. Das erfordert höchste, von keinem Tier erreichbare Leistungen des Gehirns. Ein wichtiger weiterer Punkt beim **Erlernen von Bewegungsabläufen** ist, daß wir mit der Pyramidenbahn selbst nichts lernen, sondern daß nur der Ablauf über sie zum Lernen der Bewegungen führt, und dazu sind noch andere, entwicklungsgeschichtlich ältere Schaltsysteme und

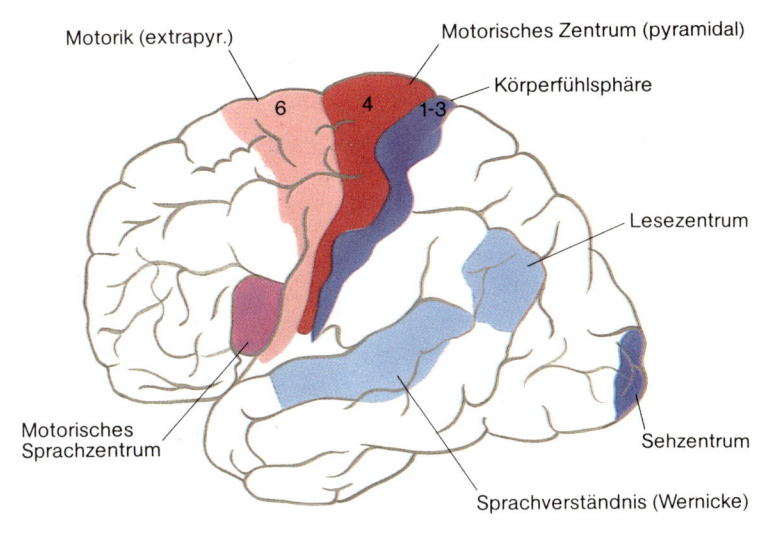

Abb. 22-9. Motorische (rot) und sensorische (blau) Hirnrindenfelder.

Extrapyramidalmotorisches System

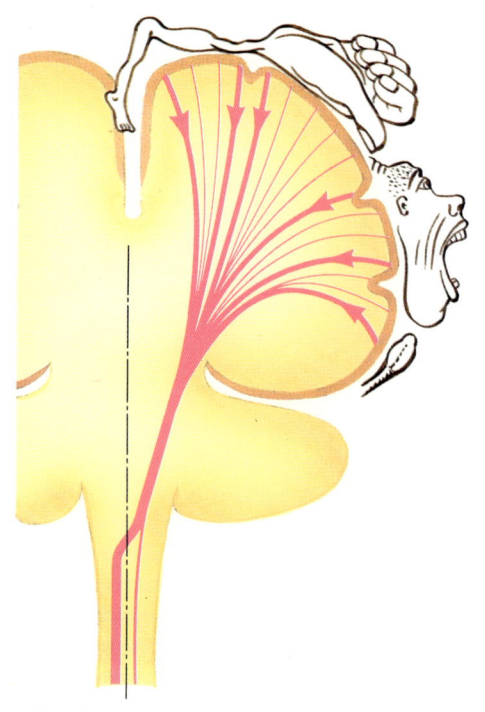

Abb. 22-10. Motorisches Rindenzentrum mit symbolischer Repräsentation der einzelnen Körperabschnitte und Pyramidenbahn.

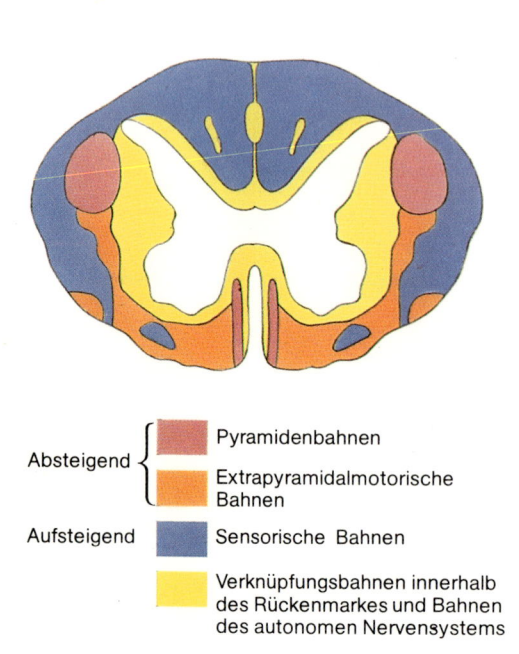

Bahnen erforderlich, die man zusammengefaßt **extrapyramidalmotorisches System** nennt. Das Beispiel des Schreibenlernens kann hier fortgeführt werden. Wir erinnern uns, mit welchen Schwierigkeiten wir das Schreiben begonnen haben. Das „Gekrakel" ist praktisch von der Pyramidenbahn gemacht worden, aber durch Erregungsausstrom in verschiedene Kernsysteme des Stammhirns **(Stammganglien)**, der Brücke und des verlängerten Markes und des Kleinhirns, haben die dort liegenden Zentren (Kerngebiete) ebenfalls Informationen bekommen und sie weiterverarbeitet. Wenn wir schließlich elegant und glatt schreiben können, bedarf es außerordentlich weniger Impulse über die Pyramidenbahn. Das, was dann so elegant aussieht, ist vor allem die Leistung des extrapyramidalmotorischen Systems. Es handelt sich dabei um einen außerordentlich aufwendigen Prozeß der Informationsweitergabe und -rückgabe. Vor allem in den Stammganglien und im Kleinhirn werden tiefer liegende Kerne beeinflußt. Von den Muskelspindeln und von Gelenkrezeptoren gehen dauernd wieder Informationen über die Stammganglien zum Gehirn zurück, und es kommt beim Lernen zu einer dauernden, modulierenden Kontrolle, bis der Bewegungsablauf „glatt" ist. Andere Beispiele sind komplizierte sportliche Übungen oder z. B. das Spielen eines Instrumentes. Die Pyramidenbahn ist dann bei gelerntem Ablauf nur noch sozusagen als „Anlasser" der Motorik zu verstehen. Es wird der Grundimpuls gegeben, aber der eigentliche Ablauf wird dann fast nur vom extrapyramidalmotorischen System auf das Endsystem, das Aγ- und Aα-Motoneuron im Rückenmark übertragen (Abb. 22-11).

Absteigend:
- Pyramidenbahnen
- Extrapyramidalmotorische Bahnen

Aufsteigend:
- Sensorische Bahnen

Verknüpfungsbahnen innerhalb des Rückenmarkes und Bahnen des autonomen Nervensystems

Abb. 22-11. Rückenmarksquerschnitt mit aufsteigenden und absteigenden Bahnen sowie Verknüpfungsbahnen innerhalb des Rückenmarkes.

Kleinhirnfunktionen

Das **Kleinhirn** hat für den Bewegungsablauf besonders wichtige Aufgaben der Feinabstimmung und Koordination. Es ist eine parallel liegende Hauptschaltstelle, die Informationen aus der Muskulatur (Abb. 22-12) und von der Hirnrinde erhält. Von jedem Befehl der Rinde an die Muskulatur, der Efferenz (s. 22-251), geht eine **Efferenzkopie** ins Kleinhirn, die dann mit den Rückmeldungen **(Reafferenzen)** „verglichen" wird, und nötigenfalls werden Korrekturen über das Kerngebiet des Thalamus zur Rinde bzw. über die extrapyramidalen Kerne zur Muskulatur geschickt. Dieser Prozeß kann in Sekundenschnelle ablaufen und so durch häufiges Wiederholen die genau gewollte und geübte Bewegung erzielen.

Besonders durch diese Abgleichungen sind rasch aufeinander folgende Bewegungen **(Diadochokinese)** möglich, und bei Kleinhirnstörungen fällt oft zuerst ein Versagen dieser Leistung auf. Der Arzt bittet den Patienten, seine Hand rasch im Handgelenk bei feststehenden Unterarmen hin- und herzubewegen, und wenn er das nicht flüssig kann, spricht man von einer **Adiadochokinese**, also der Unfähigkeit, die rasch aufeinander folgenden Bewegungen durchzuführen. Einen wichtigen Anteil hat das Kleinhirn auch an der Aufrechterhaltung des **Muskeltonus** und des **Körpergleichgewichts**. Viele Bahnen vom Gleichgewichtsorgan im Innenohr (s. 21-244) zum Kleinhirn sind die anatomische Voraussetzung für diese Kleinhirnleistung. Störungen der Motorik zur Erhaltung des Gleichgewichts sind dann auch ein weiteres diagnostisches Mittel, um Kleinhirnerkrankungen festzustellen.

Es ist wichtig, zu verstehen, daß beim ganzen extrapyramidalen System nicht nur Kontraktionsbefehle zu den Muskeln gehen, sondern auch Hemmungen der Kontraktion, und daß nur durch die feine und vielfältige **Bahnung und Hemmung** in all den Kernsystemen auf Grund gegenseitiger Beeinflussung und der Meldungen aus den Muskeln und Gelenken der Bewegungsreichtum des Menschen möglich ist. In Abb. 22-13 ist das vereinfacht dargestellt.

Störungen in diesem System führen zu auffälligen Erscheinungen und lehren auch die normale Funktion verstehen. So ist die Muskelspannungserhöhung (Rigor) mit gleichzeitiger Bewegungsarmut (Hypokinese) und Zitterbewegungen (Ruhetremor) ein Ausdruck des gestörten Abgleichs in den Stammganglien. Es handelt sich um die sog. **Parkinsonsche Erkrankung**, nach ihrem Be-

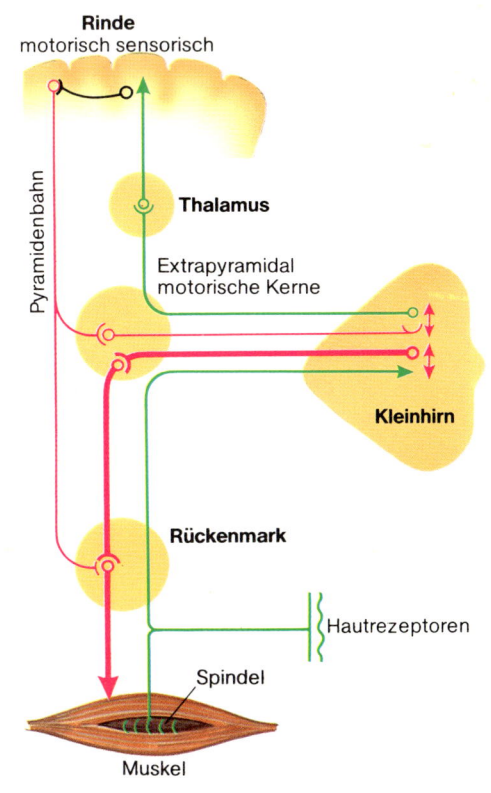

Abb. 22-12. Bedeutung des Kleinhirns für die Feinabstimmung der Muskeltätigkeit. Die Efferenzkopie aus der Rinde wird mit Meldungen aus den Muskelspindeln und von Hautrezeptoren verglichen und die Motorik evtl. korrigiert.

Höhere motorische Rindenzentren

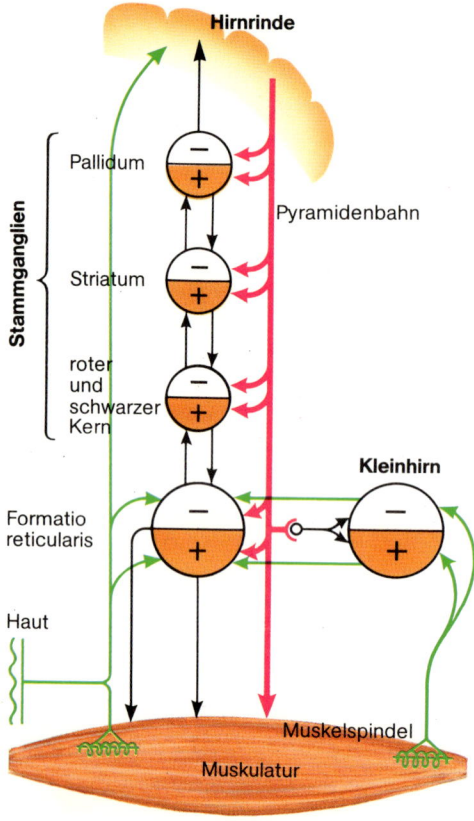

Abb. 22-13. Übersicht über das gesamtmotorische System.

möglich unsere Hände zur Faust, d. h., geben wir maximale Kontraktionsimpulse auf die Muskulatur, so können wir auch beim jungen Menschen feststellen, daß der Arm zu zittern anfängt; d. h., bei so starker Innervation kann das System nicht genügend abgleichen. Überschießende Bahnung wird von überschießender Hemmung gefolgt.

Höhere motorische Rindenzentren

Außer der vorderen motorischen Zentralwindung gibt es Rindenzentren, die zusammenfassende Bewegungsabläufe anordnen, die dann erst von den Zellen der Zentralwindung weiter zur Ausführung über das Pyramiden- und vor allem Extrapyramidalsystem gelangen. Diese sog. **sekundären motorischen Rindenzentren** oder motorische Assoziationszentren (s. Abb. 22-9) liegen z. B. vor der vorderen motorischen Zentralwindung, wo die Leistungen komplizierterer Handlungen wie Ergreifen, Drehen, Bewegen von Gegenständen verankert sind. Auch dies hat man erst durch Störungen, besonders nach Verletzungen, verstehen gelernt. Bei Patienten, bei denen diese Rindenfelder ausfielen, konnten die einzelnen Muskeln noch bewegt und einfache Bewegungen wie Strecken und Beugen der Gliedmaßen noch ausgeführt werden, aber kompliziertere Handlungen nicht mehr. Man spricht von einer **Apraxie.** Für so komplizierte Abläufe, wie sie das Sprechen erfordern, gibt es ebenfalls ein sekundäres Zentrum, das **Brocasche Sprachzentrum**. Bei seinem Ausfall spricht man von einer **motorischen Aphasie**, wobei die Muskelinnervation der Sprachmuskeln völlig intakt ist, die Patienten können kauen, schlukken und pfeifen, aber die motorische Innervationsentwürfe für das Sprechen fehlen.

schreiber benannt. Man hat gefunden, daß der Übertragerstoff **Dopamin** (s. 24-299) in den Stammganglien bei der Krankheit vermindert ist und Gaben dieses Stoffes die Krankheitserscheinungen mildern können. Die Symptome treten in mäßigerer Form im Alter auch normalerweise auf (Starre der Gesichtsmuskulatur, Zittern). Mit einem einfachen Versuch können wir auch an uns selbst das System und seine Funktion verstehen, wenn wir nämlich dieses System überfordern. Ballen wir nämlich so stark wie

Sensorisches System

Kurzgefaßt:

Höhere Zentren der **Hirnrinde**, das **Stammhirn** (Stammganglien) und das **Kleinhirn**, spielen bei komplizierteren Bewegungsabläufen eine wichtige Rolle. Von motorischen Zentren der vorderen Zentralwindung werden über die Pyramidenbahnen Willkürbewegungen ausgelöst, die nach Erlernen (des Schreibens z. B.) vom **extrapyramidalmotorischen System** gesteuert und moduliert werden. Das Kleinhirn ist ein wichtiges Korrekturorgan, das Efferenzkopien mit Reafferenzen aus der Muskulatur vergleicht. Bei den Bewegungsabläufen und Tonusveränderungen zur Erhaltung des Körpergleichgewichts spielt das Kleinhirn ebenfalls eine wichtige Rolle. **Störungen** in den **Stammganglien** führen zu muskulärem Hypertonus und übertriebenen Bewegungen. **Störungen** im **Kleinhirn** äußern sich u. a. in **Gleichgewichtsstörungen**, Unfähigkeit zu raschen Bewegungen (Adiadochokinese) und Muskeltonusveränderungen. Bei Ausfall höherer motorischer Rindenzentren zeigen sich die Symptome der **Apraxie** und bei Ausfall des motorischen Sprachzentrums eine motorische **Aphasie**.

Das Gesamtsystem der Empfindungsverarbeitung, das sensorische System

Mit der Besprechung der Reflexe haben wir die **auf Rückenmarksebene** ablaufenden Verknüpfungen von Sinnesorganen, besonders Muskel- oder Dehnungsrezeptoren (Eigenreflexe) und der Hautsinne (Fremdreflexe, Beugereflexe), besprochen. Es wurde aber auch darauf hingewiesen, daß die Meldungen nicht nur in die entsprechenden Rückenmarksabschnitte gelangen, sondern auch „höher" geleitet werden (s. Abb. 22-13), zum Kleinhirn und über den großen, sensible Meldungen umschaltenden **Thalamuskern** zur Hirnrinde. Ganz ähnlich wie bei den motorischen Rindenzentren gibt es auch für die Sinnesorgane eine Rindenvertretung entsprechend den Körperregionen in der hinteren Zentralwindung, die man das Feld der **Körperfühlsphäre** oder das **primäre sensorische Rindenzentrum** nennt. Ähnlich wie bei der Motorik sind die einzelnen Körperteile entsprechend ihrer Bedeutung für die Empfindung vertreten (Abb. 22-14). Besondere Sinnesleistung haben, wie diejenigen von Ohr und Auge, ihre Zentren in anderen Rindenfeldern (s. Abb. 22-9); ihnen sind übergeordnet **sekundäre sensorische Zentren,** wie z. B. das Zentrum für das **Sprachverständnis (Wernicke-Zentrum).** Das optische Rindenzentrum befindet sich im Hinterhauptslappen auf der Innenseite und das optische Erinnerungszentrum gegenüber auf der Außenseite (s. 17-231). Erst im optischen Erinnerungszentrum werden von uns gesehene Gegenstände optisch entschlüsselt. „Wir erkennen" sie, d. h. jedoch nur, daß wir erkennen, daß es sich um etwas Bekanntes handelt, das wir schon gesehen haben. Mehr kann aber nicht geleistet werden. Erst in hö-

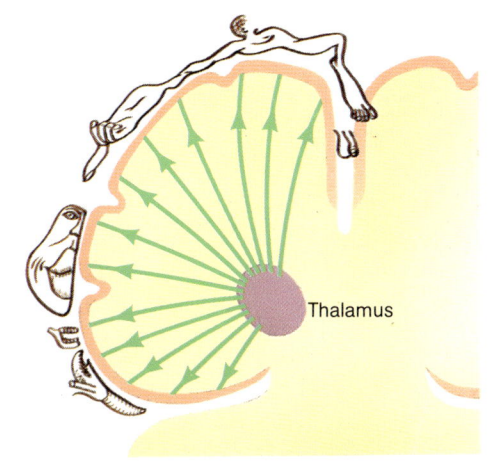

Abb. 22-14. Sensorisches Rindenzentrum der Körperfühlsphäre mit symbolischer Repräsentation der einzelnen Körperabschnitte.

Sensorische Ausfälle

heren, also „dritten", Zentren wird dann verarbeitet, was wir sehen, so daß wir den Namen und den Zweck des „Gegenstandes" verstehen. **Ausfälle**, z. B. des Sprachverständniszentrums von *Wernicke,* führen dazu, daß der Patient zwar akustische Eindrücke hat, daß er aber nicht versteht, was gesprochen wird. Man nennt das **sensorische Aphasie**; beim Sehen führt der Ausfall des „dritten" Sehzentrums dazu, daß der Patient nicht weiß, was er sieht **(Seelenblindheit)**. Wenn er den Gegenstand, den er nicht optisch erfassen kann, anfassen darf, und er ist bekannt, so kann er sofort sagen, um was es sich handelt. Umgekehrt, wenn die Verarbeitung des Tastsinnes in der Rinde gestört ist **(Stereoagnosie),** kann der Patient ohne das Auge den Gegenstand nicht benennen.

Die schematische Abb. 22-15 soll einen groben Überblick über die Leistungsstufen des sensomotorischen Gesamtsystems geben. Man erkennt die Möglichkeiten und Grenzen der einzelnen Zentren und die Tatsache, daß für die bewußte Verarbeitung eines Sinneseindruckes mit eventuellen „freien" Handlungen ein großer, hierarchisch abgestufter Apparat benötigt wird. Ganz im Gegensatz dazu laufen die Reflexe über vergleichsweise einfache Strukturen und Funktionen ab.

Vom „Zentrum" der **Begriffsbildung**, des **Bewußtwerdens**, der **Entschlußfassung** für eine Handlung kann man nicht mehr sprechen, weil man in der Gehirnrinde keinen einzelnen Ort für diese hohen Leistungen ausmachen kann. Es muß sich um ein vielfältiges Zusammenwirken verschiedenster Rindenteile handeln. Man weiß, daß selbst durch die Aktivierung der sekundären sensorischen Zentren, die wir kennengelernt haben, noch kein Bewußtwerden von Sinneseindrücken verbunden ist, wenn nicht vom verlängerten Rückenmark (Medulla oblongata) aus, einem Gebiet mit netzförmiger Struktur (Formatio reticularis), Impulse zur Rinde gesandt werden. Man spricht von einem **Weckzentrum** oder Schlaf-Wach-Zentrum bzw., nach dem Ort bezeichnet, von einem **retikulären Aktivierungssystem**

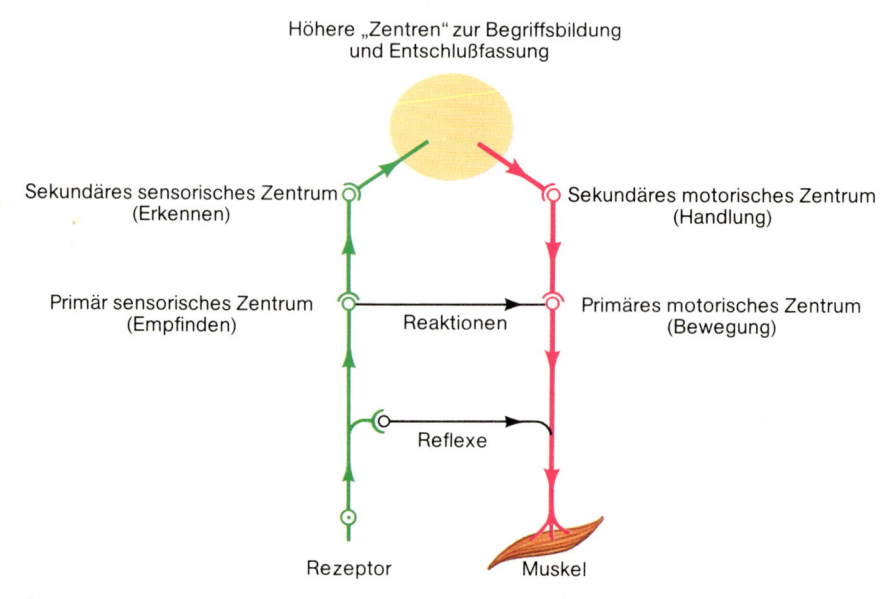

Abb. 22-15. Leistungsstufen des Zentralnervensystems.

Weckzentrum

(Abb. 22-16). Das Zentrum erzeugt also erst durch seine Aktivität das, was wir **Bewußtseinshelligkeit** nennen. Das Beispiel einer Anzeigetafel, auf der auch im Dunkeln Ziffern und Buschstaben angezeigt und ausgewechselt werden, die aber erst durch den „Scheinwerfer" des Weckzentrums sichtbar (bewußt) werden, erläutert den Vorgang für das optische System. In der Formatio reticularis treten viele Nervenbahnen über Zwischenneurone miteinander in Verbindung, nämlich fast alle von den Druck-, Temperatur-, Schmerz- und Muskelspindelrezeptoren aufsteigend, und fast alle motorischen, von der Rinde, den Stammganglien und dem Kleinhirn absteigend. So ist es zu verstehen, daß die Sinnesreize auf das „Weckzentrum" wirken können, wenn die Reize stark genug sind. Kältereize sind starke Weckreize. Vor allem Muskel- und Sehnen-Dehnungsrezeptoren aktivieren das Zentrum, und vielleicht bewirkt Morgengymnastik die Wachheit über das retikuläre Aktivierungssystem.

Wenn keine, oder zu wenig Impulse vom Zentrum ausgehen, schlafen wir, obwohl Meldungen von Rezeptoren bis in die sekundären Rindenzentren gelangen, wie man durch Ableitung von Hirnströmen (Elektroenzephalographie, EEG, s. 22-268) nachweisen kann.

Im **Schlaf** ist das Bewußtsein, je nach Schlaftiefe, eingeschränkt bis ausgeschaltet. Die Organtätigkeit unterliegt dem Einfluß des parasympathischen Nervensystems, (s. 270), d. h. die Atmung wird langsamer, dabei tiefer, die Herzfrequenz ist herabgesetzt. Der Muskeltonus, auch derjenige der Blutgefäße sinkt ab und dadurch der Blutdruck. Die Darmtätigkeit ist vermindert, ebenso die der Drüsen, mit Ausnahme der Schweißsekretion. Alles zusammen trägt zur **Erholung** des Organismus bei.

Der **Wach-Schlaf-Rhythmus** wird normaerweise durch die Umwelteinflüße der Tag-Nacht-Folge bestimmt, mit einer Periodendauer von 24 Stunden. Nach einem Langstreckenflug mit zeitlich verschobener Tag-Nacht-Folge ist der Schlaf-Wach-Rhythmus gestört und es dauert meist Tage, bis er sich den neuen Umweltbedingungen angepaßt hat. Schaltet man künstlich alle Umwelteinflüsse, wie Geräusche, Licht oder Temperaturunterschiede, aus, stellt sich eine Schlaf-Wach-Rhythmusperiode von 25 Stunden ein (circardiane Periodik), eine Art „innere Uhr".

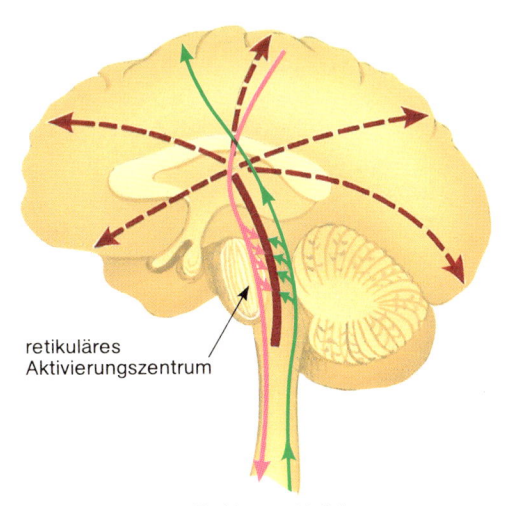

Abb. 22-16. Retikuläres Aktivierungszentrum (Schlaf-Wach-Zentrum). Grün: sensorisch, rosa: motorische Bahn.

Die **Schlaftiefe** kann unterschiedlich sein, man unterscheidet, mit zunehmender Tiefe Stadium 1 bis 4, (Abb. 22-17). Ein junger Erwachsener fällt meist schnell, innerhalb einer Stunde, in den Tiefschlaf, Stadium 4. Stadium 4 tritt in der 2. Nachthälfte nicht mehr auf. Schlafende Kinder verbringen längere Zeit in Stadium 3 und 4, verglichen mit Erwachsenen oder gar älteren Leuten, die einen flacheren Schlaf bei Stadium 1 und 2 aufweisen.

Anhand von Elektroenzephalogrammen konnte festgestellt werden, daß der Schlaf in Phasen, meist 4-5, verläuft. Beim jungen Erwachsenen ergeben sich 4 Phasen flachen Schlafes, begleitet von raschen, ruckartigen Augenbewegungen (engl. **r**apid **e**ye **m**ove-

Elektroenzephalogramm

ments) **REM-Schlaf** genannt. Dem entsprechen 4-5 Phasen tieferen Schlafes ohne Augenbewegungen, **Non-REM-Schlaf**. Abbildung 22-17 zeigt den Schlaftiefenverlauf bei einem jungen Erwachsenen, mit den gegen Morgen länger werdenden REM-Phasen. Bei älteren Menschen, die ja auch häufiger an Schlafstörungen leiden, findet man oft nur Stadium 3 und kurze REM-Phasen, gleichzeitig aber vermehrt Phasen flachen Schlafes mit Wachzuständen. Den REM-Schlaf erkennt man im EEG am Auftreten von Beta-(β)-Wellen, den Non-REM-Schlaf an dem von Delta-(δ)- und Theta-(ϑ)-Wellen.

Außerdem kann das retikuläre Aktivierungssystem die Bewußtseinshelligkeit für die Wahrnehmung von bestimmten Reizen verringern, besonders wenn sie für den Organismus „unwichtig" sind. Fast jeder hat erlebt, wie lästige Geräusche in einer neuen Umgebung, z. B. das laute Ticken einer Uhr, nach Stunden oder Tagen nicht mehr gehört werden. Dieser, **Gewöhnung** (Habituation) genannte Prozeß, darf nicht mit dem der Adaptation verwechselt werden, der eine Leistung der Rezeptoren ist. Gemeinsam gilt aber für beide Prozesse, daß sie einer Überflutung von bewußt zu verarbeitenden Sinnesreizen entgegenwirken.

> **Kurzgefaßt:**
>
> Die Erregungen von Sinnesrezeptoren werden über aufsteigende Nervenbahnen (afferente B.) dem Thalamuskern im Gehirn übermittelt, dort umgeschaltet und in die Hirnrinde zu den **primären sensorischen Zentren** geleitet. Eine den einzelnen Körperteilen entsprechende Repräsentation für Druck-, Temperatur-, Schmerz- und Muskellagesinn (Körpergefühlssphäre) befindet sich im Thalamus und im primären Rindenzentrum. **Sekundäre sensorische Zentren** gibt es z. B. für das Sprachverständnis und für optische Eindrücke. Ausfälle der Zentren führen zu **sensorischer Aphasie** (kein Sprachverständnis), **Seelenblindheit** bzw. **Stereoagnosie.** Nicht genauer lokalisierbare Rindenareale, die den Rindenzentren übergeordnet sind, sorgen für **das Bewußtwerden** von Sinnesreizen, bei ausreichender Anzahl von Impulsen aus dem **retikulären Aktivierungssystem.** Im Schlaf ist das Bewußtsein eingeschränkt bis ausgeschaltet. **Schlaftiefe** (Stadium 1-4) kann aus dem EEG ersehen werden. Ferner wird der Schlaf in **REM-** und **Non-REM-Phasen** eingeteilt. Bei **Gewöhnung (Habituation)** wird das Bewußtwerden „unwichtiger" Sinnesreize unterdrückt.

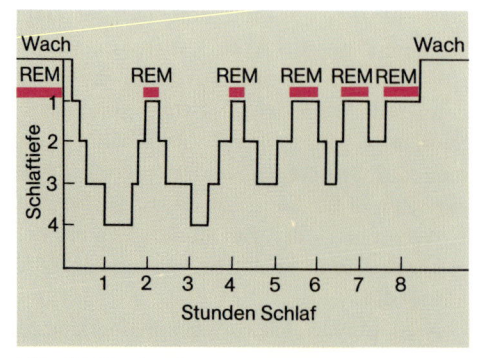

Abb. 22-17. Graphische Darstellung des Schlafrhythmus beim jungen Erwachsenen. Nach dem Einschlafen sind Phasen tiefen Schlafes (Stadium 4) zu beobachten, vor dem Erwachen nehmen die Phasen an Schlaftiefe ab. Die roten Balken bezeichnen die REM-Phasen.

Die elektrischen Erscheinungen des Gehirns (Elektroenzephalogramm)

Bei der Vielzahl von Nervenzellen in der Hirnrinde treten bei wechselnder Aktivität elektrische Erscheinungen auf. Da die Spannungen aber viel kleiner sind als beim Herzmuskel, waren sie erst mit der Entwicklung der elektrischen Verstärkertechnik in der 20er Jahren entdeckt worden. Die Spannungen, die man auf dem Schädel ableiten kann

Elektroenzephalogramm

sind erheblich kleiner (ca. 10-100 µV) als diejenigen des Elektrokardiogramms, die man von der Körperoberfläche ableiten kann (1-5 mV). Bei etwa 1 Mill. Nervenzellen, von denen eine der Elektroden auf der Kopfhaut ableitet, kann man keine einzelnen Zellpotentiale zur Ableitung bringen. Nur wenn Erregungen gleichzeitig (synchron) von vielen Hunderttausend Neuronen in ihrer Aktivität zu- und abnehmen, kann das zu einer meßbaren Potentialänderung auf der Kopfhaut führen. Man nimmt an, daß die besonders ausgeprägten Dendritennetze (s. 6-48) der Rinde solche Synchronisationen zeigen und den Hauptanteil am Enzephalogramm (EEG) ausmachen.

In der Abb. 22-18 sind charakteristische Potentialschwankungen, wie sie vom Hinterhaupt gegen eine unerregte Stelle (Ohrläppchen) beim entspannten Gesunden abgeleitet werden können, dargestellt (8-12 Schwankungen/sec). Nach Öffnen der Augen verändern sich die Schwankungen, was die Potentialgröße und Frequenz anlangt. Die Frequenz wird höher (13-20 Schwankungen/sec), die Spannung kleiner. Da wir über dem Sehzentrum (s. 22-261) ableiten, ist das ein Beweis einer Aktivitätsänderung in dieser Gegend.

Die elektrischen Erscheinungen werden nach der auftretenden Frequenz der Schwankungen eingeteilt, weil die Potentialgröße infolge unterschiedlicher Ableitwiderstände (Dicke der Schädelknochen, elektrische Leitfähigkeit der Haut) zu unzuverlässig wäre. Man unterscheidet 4 Frequenzbereiche, die man mit kleinen griechischen Buchstaben bezeichnet:

30-13/sec	β	wach, geistig aktiv, bei Sinnesreizen, Traum
12-8/sec	α	im Wachzustand inaktiv
7-4/sec	ϑ	beim Einschlafen
3-0,5/sec	δ	im tiefen Schlaf

ϑ- und δ-Wellen treten beim Säugling auch im Wachzustand auf.

Die Diagnostik benutzt viele Ableitelek-

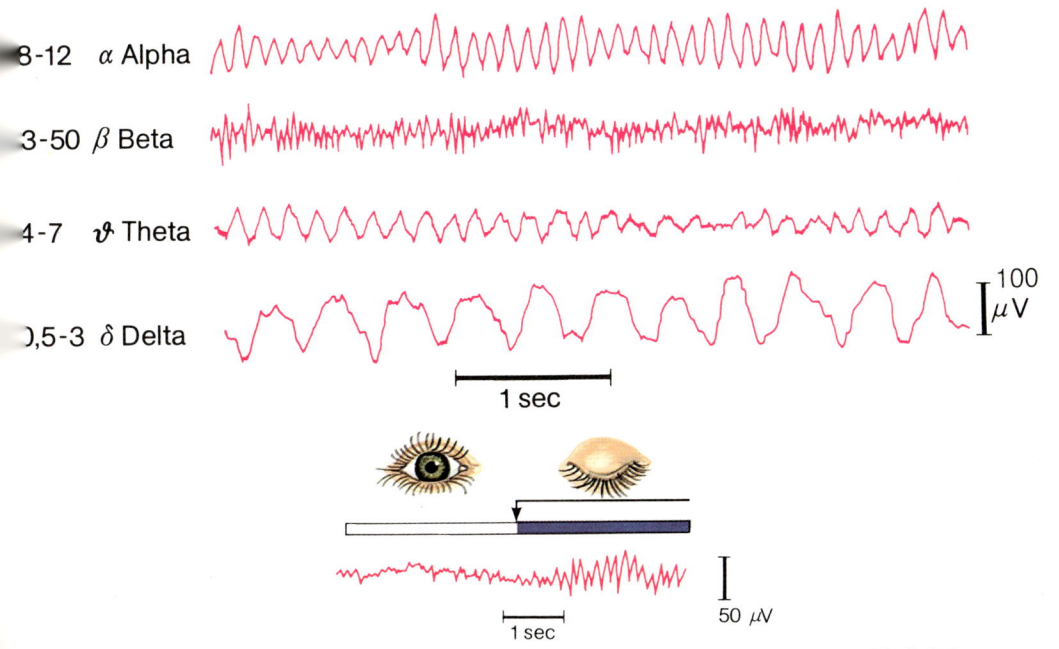

Abb. 22-18. Elektroenzephalogramm mit den charakteristischen vier Wellenarten und dem Einfluß des Augenschlusses bei Hinterhauptableitung.

Peripheres autonomes Nervensystem

troden, wobei nicht nur gegen unerregte Teile (Ohrläppchen), d. h. **unipolar**, sondern auch gegen andere erregte Teile **(bipolar)** abgeleitet wird. Die wichtigste Möglichkeit des EEG ist die Erkennung und Ortung von krankhaften Herden im Gehirn. Dazu werden routinemäßig bis zu 10 verschiedene bipolare bzw. unipolare Ableitungen vorgenommen. Es gehört viel Erfahrung dazu, diese Vielfalt von Registrierungen zu deuten. Aber selbst bei gelegentlichen Mißerfolgen muß man in Betracht ziehen, daß dieses Verfahren für den Patienten keinerlei Risiko bedeutet. Bei anderen Methoden, wie Luftfüllung in die Hirnkammern oder Gabe von Kontrastmitteln in die Blutgefäße zur Röntgendarstellung der Gehirngefäße muß man eine ungleich größere Belastung des Patienten in Kauf nehmen. Über geistige Leistungen sagt das EEG gar nichts aus, es gibt keinen nennenswerten Unterschied zwischen Registrierungen bei einem Nobelpreisträger und einem Meerschweinchen.

> **Kurzgefaßt:**
> Die von der Kopfhaut abgeleiteten elektrischen **Potentialschwankungen** werden nach ihrer **Frequenz** eingeteilt. Am häufigsten treten beim Erwachsenen, im Wachzustand, Frequenzen zwischen 8 und 30/sec (α- u. β-**Wellen**) auf. In entspanntem Wachzustand, bei geschlossenen Augen, leitet man am Hinterkopf Frequenzen von 8 bis 12/sec (α-Wellen) ab. Im Schlaf registriert man Frequenzen zwischen 0,5 und 7/sec (δ- und ϑ-**Wellen**). Diese langsamen Potentialschwankungen sind beim wachen Säugling normal. Der klinische Wert des Elektroenzephalogramms, EEG, beruht auf der Möglichkeit, Hirnstörungen (z. B. Geschwülste) zu lokalisieren sowie Anfallskranke richtig mit Medikamenten einzustellen und zu überwachen.

Das autonome oder vegetative Nervensystem

Dieser Teil des Nervensystems besteht aus **Zentren** in Gehirn und Rückenmark und **peripheren Nervenfasern**, die **zu inneren Organen (vegetativen)** gehen. Es unterliegt nicht dem Willen, ist also unabhängig, autonom von willentlicher Beeinflussung.

Das periphere autonome Nervensystem

Der anatomische Aufbau (s. Lippert, 4. A., S. 433ff.) des autonomen Nervensystems zeigt (Abb. 22-19), daß die Nervenfasern (Neuriten) von den Nervenzellen im Gehirn und Rückenmark, anders als die motorischen Fasern zur Skelettmuskulatur, vor dem Effektororgan umgeschaltet werden, d. h., daß wir **2 Neurone** haben und das 2. Neuron immer außerhalb vom Gehirn bzw. Rückenmark beginnt. Die Umschaltstellen sind Nervenstrukturen, die man **Ganglien** nennt. Die Fasern von den Zentren zu den Ganglien nennt man **prä-**, von den Ganglien zu den Organen **postganglionäre Fasern.**

Das System läßt sich anatomisch und funktionell in zwei verschiedene Einheiten unterteilen: 1.) Das aus dem Gehirn und dem Kreuzbeinabschnitt des Rückenmarks entspringende sog. **parasympathische System**, dessen Ganglien in oder bei den Organen liegen, die es beeinflußt, und 2.) das **sympathische System**, das im Brust- und Lendenbereich des Rückenmarks entspringt. Im Gegensatz zum parasympathischen System liegen die Ganglien nahe beim Rückenmark, für viele Fasern im sog. **Grenzstrang** (s. Lippert, 4. A., S. 437). Drei größere Ganglien liegen etwas entfernter, im Bauchraum, wo mit Umschaltung auf das zweite Neuron die postganglionären Fasern beginnen.

Fast alle inneren Organe werden von beiden Systemen beeinflußt, und zwar gegensinnig. Beim Herzen z. B. erhöht das sympathische System die Schlagfrequenz, das parasympathische vermindert sie. Eine grobe Faustregel sagt: Oberhalb des Zwerchfells

Überträgerstoffe

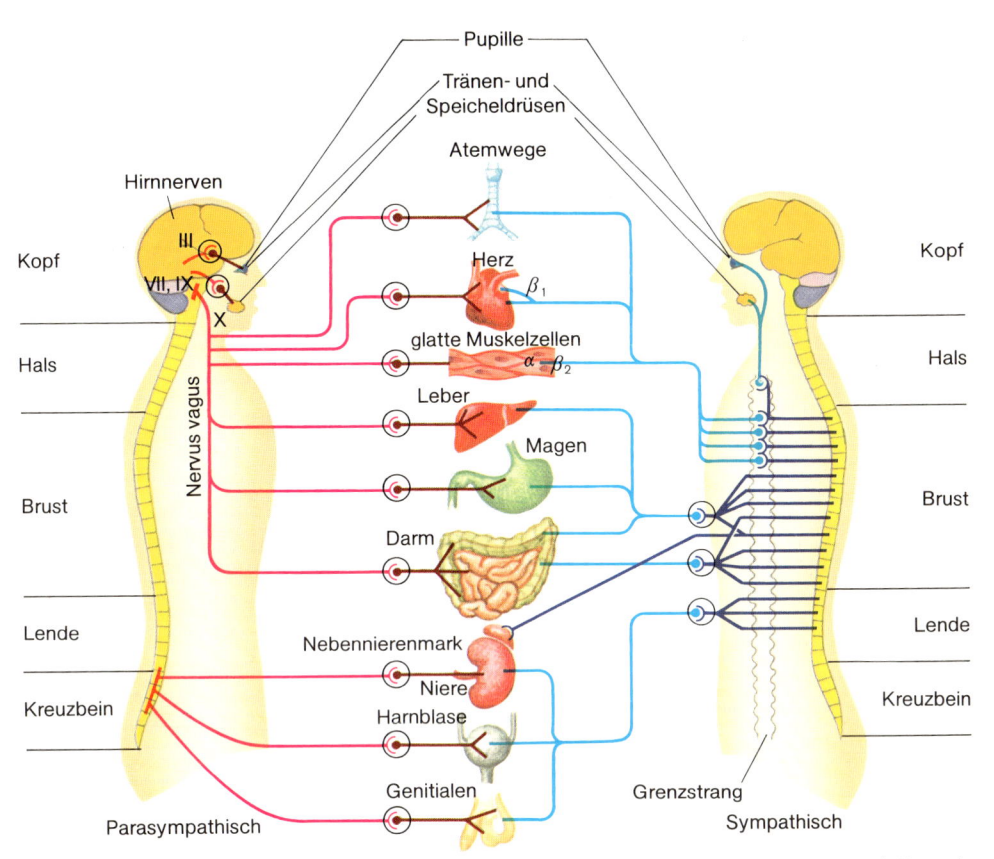

Abb. 22-19. Übersicht über das autonome (vegetative) Nervensystem. An den Endstätten (efferent), dunkelrot gezeichneten Fasern wird Acetylcholin, an den blau gezeichneten Noradrenalin als Überträgerstoff freigesetzt. Die Schweißdrüsen und glatten Muskelfasern werden auch von anderen als hier (vereinfacht) gezeichneten Rückenmarksabschnitten versorgt.

steigert das sympathische System und hemmt das parasympathische, unterhalb des Zwerchfells ist es umgekehrt (Abb. 22-20). Bei schwerer körperlicher Arbeit z. B. überwiegt der **Sympathikotonus** (s. 12-161), die Pupillen sind weit, die Herzfrequenz ist gesteigert, die Atemwege sind weitgestellt, das Verdauungssystem ist gehemmt. Am Ende des ersten Neurons (präganglionär) wird bei beiden autonomen Systemen **Acetylcholin** als **Überträgerstoff** abgegeben (Abb. 22-21). Am Ende des zweiten Neurons unterscheiden sich die Systeme jedoch. Beim parasympathischen wird ebenfalls Acetylcholin, beim sympathischen aber vorwiegend **Noradrenalin** abgegeben. Ein Spezialfall, entwicklungsgeschichtlich bedingt, ist das **Nebennierenmark**, das nur eine präganglionäre Faser hat, und bei dem die postganglionäre Faser durch den Botenstoff Adrenalin ersetzt wird. Das Nebennierenmark gehört also zum humoralen Koordinationssystem (s. 24-299). Adrenalin ist ein dem Noradrenalin ähnliches Hormon. Da es ins Blut abgegeben wird, erreicht es alle Organe. Unter normalen Bedingungen hat Adrenalin vor allem Wirkung auf die Freisetzung von Glukose in Leber und Muskeln (Glykogenolyse). Die blutgefäßverengende Wirkung durch Adrenalin spielt kaum eine Rolle; sie wird vor allem durch die Freisetzung von Noradrenalin an den postganglionären Fasern des Sympathikus er-

Medikamentöse Beeinflussung

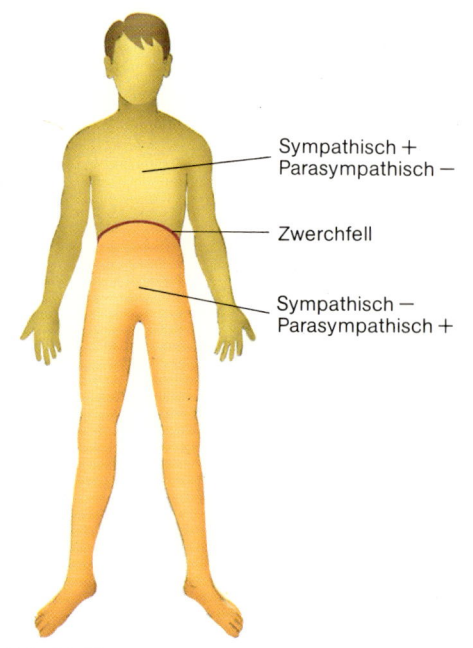

Abb. 22-20. Darstellung der Wirkung des sympathischen und parasympathischen Nervensystems auf die Organe einzelner Körperabschnitte.

reicht. Dieser Mechanismus wirkt schneller und kann auf bestimmte Gefäßgebiete beschränkt werden. Da beide Systeme erregen und hemmen können, wirken auch die Überträgerstoffe je nach Organ erregend oder hemmend. Acetylcholin hemmt die Herzfrequenz und erregt die Darmmuskulatur. Adrenalin steigert die Herzfrequenz und hemmt die Darmmuskulatur.

Für die Medizin hat die Gabe von Überträgerstoffen selbst oder solchen, die ihre Wirkung verstärken Bedeutung, da man den Einfluß des autonomen Nervensystems imitieren („Mimen") kann (Abb. 22-22). Man nennt die Stoffe deshalb **Sympathikomimetika** (Ephedrin, Isoproterenol) bzw. **Parasympathikomimetika** wie z. B. Prostigmin. Das Acetylcholin wird nach seiner Freisetzung von einer Cholinesterase zu einem unwirksamen Stoff gespalten; das ist wichtig, weil sonst eine uferlose Wirkung, vor allem auch an der Skelettmuskulatur, auftreten würde. Ist jedoch die parasympathische Innervation zu schwach, wie z. B. nach Bauchoperationen

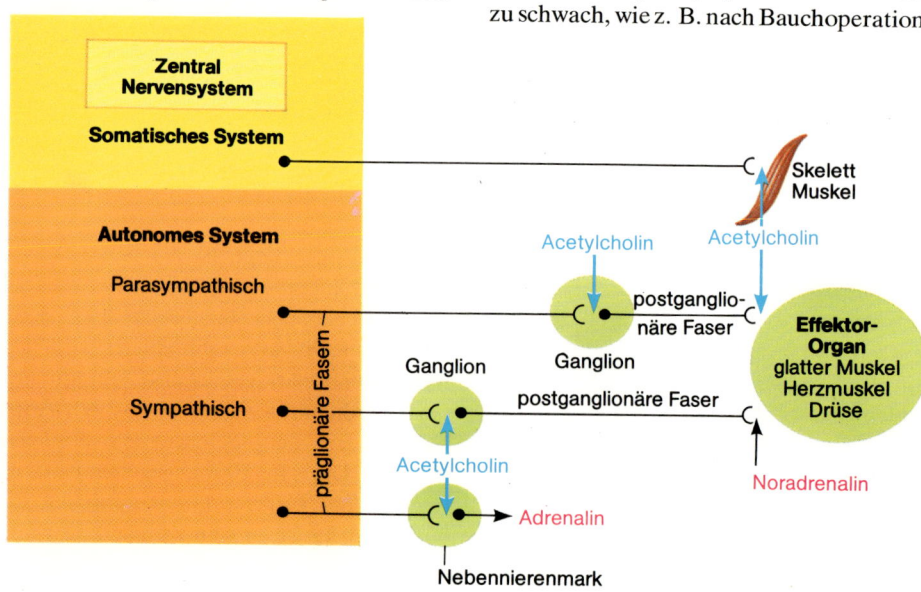

Abb. 22-21. Überträgerstoffe (Transmitter) des somatischen und autonomen Nervensystems mit Bildungs- bzw. Wirkungsorten. Pharmakologisch kann man am glatten Muskel unterschiedliche Wirkung der Überträgerstoffe feststellen, man spricht von α- und $β_2$-Rezeptoren, ($β_1$-Rezeptoren sind im Herzmuskel). Hemmende Wirkung auf β-Rezeptoren kann man durch bestimmte Medikamente (β-Rezeptoren-Blocker) erreichen.

Zentrales autonomes Nervensystem

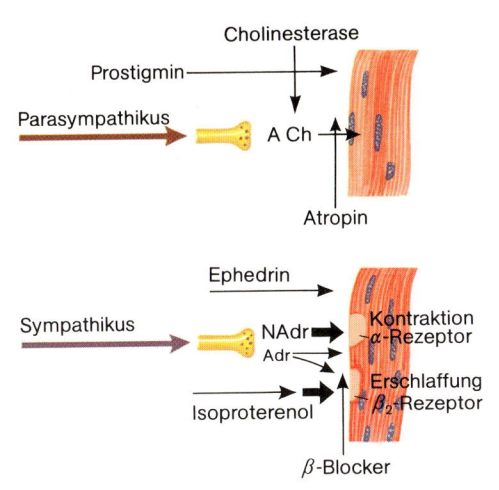

Abb. 22-22. Pharmakologie des peripheren autonomen Nervensystems, ACH = Acetylcholin, NAdr = Noradrenalin. Die Abbildung gibt einige Beispiele für Förderung (durch Prostiginin, Ephedrin und Isoprotenerol) und für Hemmung (durch Cholinesterase und Atropin) parasympatischer (o) und sympatischer (u) Nervenendigungen.

beim Darm, dann kann man durch Hemmung der Esterase die Acetylcholinwirkung steigern. **Prostigmin** ist ein solcher Cholinesterasehemmer, den man nach Bauchoperationen gibt, um die Darmtätigkeit wieder in Gang zu setzen. Stoffe, die die Wirkung der Übertragersubstanzen hemmen, d. h. auf „lösen", nennt man **Lytika. Atropin** ist ein Parasympathikolytikum, weil es die Wirkung des Acetylcholins auf das Erfolgsorgan blockiert. Es hemmt also z. B. die Darmtätigkeit, die Abgabe von Speichel und Schweiß, da die Speichel- und Schweißdrüsen durch Acetylcholin zur Tätigkeit angeregt werden. Die Innervation der Speichel- und Schweißdrüsen zeigt eine Besonderheit, indem sie zum sympathischen Nervensystem gehören, jedoch Acetylcholin als postganglionären Übertragerstoff benützen.

Das zentrale autonome Nervensystem

Im **Rückenmark** haben wir schon die Verknüpfung von sensorischen und autonomen Neuronen kennengelernt (s. 22-260). Der Pupillarreflex des Auges ist ein Reflex, der effektorisch über autonome Nerven läuft und glatte Muskeln der Pupille kontrahiert. Außerdem gibt es eine Reihe von autonomen Reflexzentren im Rückenmark, die die Harnblase, die Geschlechtsorgane und den Enddarm betreffen.

Am Beispiel des **Blasenentleerungsreflexes** soll die Doppelinnervation durch das autonome Nervensystem gezeigt werden (Abb. 22-23). Das parasympathische Nervensystem dient der Blasenentleerung dadurch, daß Dehnungsrezeptoren in der Blasenwand von einer bestimmten Wandspannung ab zu einer Kontraktion der glatten Muskulatur der Blasenwand mit gleichzeitiger Erschlaffung des glatten inneren Schließmuskels führen. Das sympathische System tritt nur bei schwerer körperlicher Arbeit und Streßsituationen in Kraft und hemmt die Entleerung dadurch, daß es die Blasenmuskulaturkontraktion hemmt und die Schließmuskelkontraktion fördert. Die Bahn für den willkürlichen Verschluß der Blase durch Kontraktion des äußeren Schließmuskels ist eingezeichnet. Patienten, bei denen das parasympathische Zentrum im Kreuzbeinmark (s. 22-271) zerstört ist, haben chronische Blasenentleerungsstörungen und müssen wegen der Infektionsgefahr besonders aufmerksam gepflegt werden.

Im **Gehirn** sind ähnlich wie für das sensomotorische System auch **autonome Koordinationszentren**. Sie liegen vor allem unter dem großen sensiblen Schaltganglion (Thalamus), dem **Hypothalamusgebiet** (Abb. 22-23) im Zwischenhirn. Von dort werden koordinierte Aktionen der Organsysteme, also ganze Funktionskomplexe, ausgelöst. So hat man durch Ausschaltversuche und durch Reizung mit feinen, eingestochenen Elektroden Gebiete gefunden, von denen aus offensichtlich der **Wärmehaushalt** beeinflußt wird. Die Regulation des **Salz-Wasser-Haushalts** erfolgt ebenfalls vom Hypothalamus aus über das antidiuretische Hormon und die Hirnanhangdrüse (Hypophyse), wie wir schon gesehen haben (s. 15-

Limbisches System

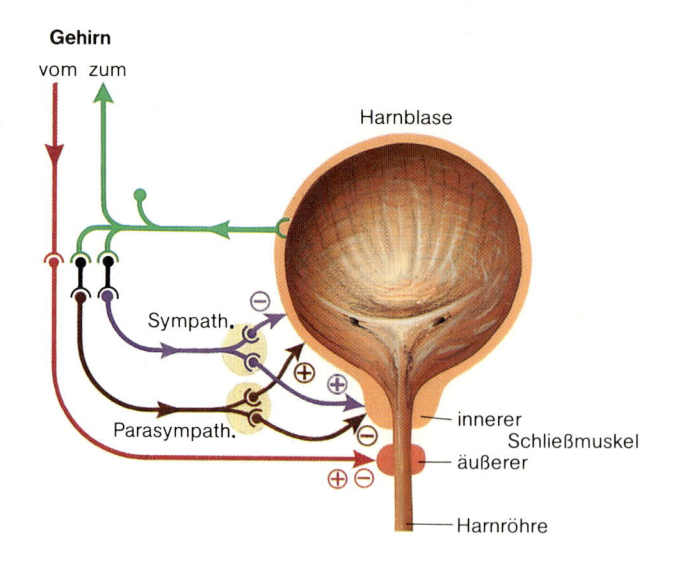

Abb. 22-23. Regelung der Blasenentleerung (Blasenreflexe).

203). Im Tierversuch hat man nach Zerstörung durch einen Nadelstich in einem bestimmten Gebiet ein Zentrum für den **Kohlenhydratstoffwechsel** gefunden. Es kam dabei zu starkem Blutzuckeranstieg, deshalb sprach man vom „Zuckerstich". Aus manchen Gebieten können sinnvoll zusammenwirkende Reaktionen ausgelöst werden, wie z. B. Atem- und Blutdrucksteigerung, Herzfrequenzsteigerung, Pupillenerweiterung, Blutzuckersteigerung und Muskeltonuserhöhung, also eine Koordination von Abläufen, wie sie bei körperlichen Leistungen erforderlich sind und die vor allem durch ein Übergewicht des sympathischen Anteils des autonomen Nervensystems herbeigeführt werden. Gegenteilige, von anderen Orten im Hypothalamus ausgelöste Reaktionen, ähneln denen bei Verdauungsvorgängen und werden hauptsächlich vom parasympathischen System übermittelt.

Wie schon beim Rückenmark gezeigt, ist das autonome Nervensystem nicht völlig unabhängig, autonom, vom übrigen Nervensystem, und je „höher" wir im Gehirn gehen, desto enger werden die **Verknüpfungen mit dem somatomotorischen System**. Dadurch wird eine sinnvolle Koordination aller Körperleistungen erst möglich. Im Hypothalamus haben die autonomen Koordinationszentren enge Verbindung mit vielen afferenten Bahnen von den Rezeptoren der Peripherie und mit den efferenten, vor allem extrapyramidalmotorischen, Bahnen. Darüber hinaus bestehen Verbindungen mit Hirnrindengebieten, die man früher zum Riechhirn rechnete und die auf der Innenseite der beiden Gehirnhälften liegen (s. Abb. 22-24). Von dort lassen sich bei elektrischer Reizung ebenfalls komplexe autonome Reaktionen auslösen. Man hat diese Abschnitte als Rindenanteile des autonomen Nervensystems zu verstehen. Das ganze System der Verknüpfung von somatomotorischem und autonomem System nennt man **limbisches System**.

Bei der experimentellen Auslösung von Reaktionen des autonomen Systems aus dem Hypothalamus hat man gesehen, daß bei Versuchstieren auch Verhaltensformen, wie sie bei Angst und Aggression vorkommen, auftreten, d. h., daß in diesen Regionen auch **Affekte** „gemacht" werden und die Auslösung von ganzen Verhaltensabläufen (die bei höheren Tieren im Schläfenlappen kodiert sind) möglich wird. So kommt man zu dem

Gehirndurchblutung

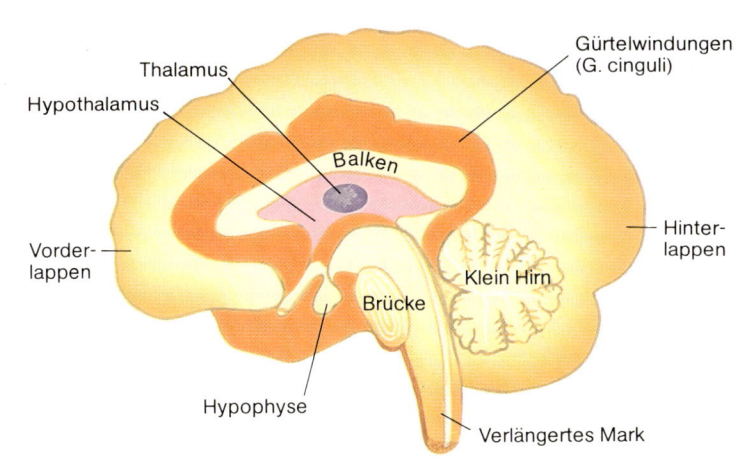

Abb. 22-24. Lage des Hypothalamus und des limbischen Systems im Gehirn.

Schluß, daß das limbische System als ein Hauptverschaltungssystem für Empfindungen, Motorik, autonome Reaktionen der Organe und Stimmungen ist. Beim schlechtgelaunten Magenkranken könnte hier der Ort der Entstehung des Mißmutes auf Grund gestörter autonomer Funktionen im Magen sein, oder der Mißmut wird dort auf das autonome Nervensystem geschaltet und „schlägt auf den Magen".

Untersuchungsmethoden

Die meisten apparativen Untersuchungsmethoden sind so speziell, daß sie vor allem neurologischen und psychiatrischen Abteilungen vorbehalten sind. Elektroenzephalographie (EEG), Echoenzephalographie, Elektromyographie (EMG), Computertomographie (CT), Kontrastmitteldarstellung der Hirngefäße (Angiographie) können zur Erkennung von Erkrankungen des zentralen und peripheren Nervensystems (Blutungen, Tumoren, Verletzungen) beitragen.

Einfache Verfahren zur Funktionsprüfung des Nervensystems gehören andererseits zu jeder ärztlichen Routineuntersuchung. Es sind dies vor allem: Prüfung der Druckschmerzhaftigkeit an den 3 Austrittspunkten des **V. Hirnnerven** (Trigeminus), Prüfung der speziellen Sinnesorgane **(Auge, Gehör, Gleichgewicht)**, der wichtigsten **Fremdreflexe** (Pupillenreflex, Schluckreflex, Bauchhautreflex) und **Eigenreflexe** (Bizepssehnen-, Kniesehnen-, Achillessehnenreflex), Prüfung der **Hautsinne** (Berührung, Schmerz), Prüfung der **Motorik** (Gang, Stand, Körperkraft).

Blut-Hirn-Schranke

Kurzgefaßt:

Das autonome (vegetative) Nervensystem besteht aus einem **parasympathischen Anteil**, der im Gehirn und in Kreuzbeinabschnitten des Rückenmarks entspringt, dessen periphere Umschaltstellen (Ganglien) von **prä- zu postganglionären** Fasern in der Nähe des innervierten Organs liegen. Der **sympathische Anteil** des Systems entspringt im Brust-Lendenbereich des Rückenmarks; die Ganglien liegen meist im Grenzstrang. Fast alle inneren Organe werden von beiden Systemen versorgt und gegensinnig beeinflußt. Beispiel: Der Sympathikus steigert, der Parasympathikus senkt die Herzfrequenz. Übertragerstoffe in den Ganglien sind **Acetylcholin**, am Ende der postganglionären Fasern des Parasympathikus ebenfalls Acetylcholin und beim Sympathikus **Noradrenalin**. Medikamente, die die Wirkung des Sympathikus bzw. Parasympathikus nachahmen, heißen **Mimetika**, z. B. Ephedrin für Sympathikuswirkung, Prostigmin besitzt Parasympathikuswirkung. Medikamente, die die Wirkung der Systeme aufheben, werden **Lytika** genannt, z. B. Atropin, das die Parasympathikuswirkung hemmt. Autonome (vegetative) Zentren gibt es im Gehirn (Pupillarreflex) und im Rückenmark (Blasen-, Darmentleerung, Erektion). Im **Hypothalamus** liegen autonome Koordinationszentren, die z. B. den Kohlenhydratstoffwechsel und den Wasser- und Wärmehaushalt regulieren. Im **Limbischen System** werden autonome und somatische Funktionen, sowie Verhaltensweisen und Affekte verknüpft.

Gehirndurchblutung

Die **Blutzufuhr** zum Gehirn erfolgt über die beiden inneren Halsschlagadern und die beiden Wirbelschlagadern, der **Abfluß** des venösen Blutes aus den tiefen Venen über die Blutleiter der harten Hirnhaut, die sich vorwiegend in die beidseitigen inneren Halsvenen entleeren.

Die Hirnrinde (graue Substanz) ist gegenüber der weißen Substanz etwa 6 mal stärker durchblutet, dasselbe gilt für den Sauerstoffverbrauch. Insgesamt benötigt das Gehirn etwa 50 ml O_2/min. Pro Minute fließen ca. 55 ml Blut durch 100 g Gehirnsubstanz.

Blut-Hirn-Schranke

Die Kapillaren des Gehirns und Rückenmarks verhalten sich in bezug auf ihre **Durchlässigkeit** anders als die anderer Körperregionen. Injiziert man einen sauren Farbstoff (z. B. Trypanblau) in die Blutbahn, färben sich alle Gewebe an außer denen des Gehirns und Rückenmarks. Die Kapillaren dieser Gewebe besitzen ein besonders dickes Grundhäutchen (Basalmembran) und ihre Außenseite ist dicht mit Endfüßchen der Ausläufer von Gliazellen (Astrozyten), den Stützzellen des Nervengewebes, besetzt (Abb. 22-25). Dadurch besteht ein eingeschränkter Stoffaustausch zwischen Blutbahn und Nervengewebe. Großmolekulare Stoffe (z. B. Eiweiße) können die Blut-Hirn-Schranke nicht oder nur ganz langsam überwinden, fettlösliche wesentlich schneller. Glukose und Sauerstoff diffundieren leicht in die Nervengewebe, Kohlensäure ebensoleicht daraus in die Blutbahn zurück.

Die Blut-Hirn-Schranke, die sich erst im Laufe des ersten Lebensjahres entwickelt, hat wahrscheinlich den Sinn, das Milieu der sehr empfindlichen Nervenzellen konstant (z. B. gegenüber pH-Änderungen) zu halten. Klinisch wichtig ist, daß bestimmte Medi-

Liquor cerebrospinalis

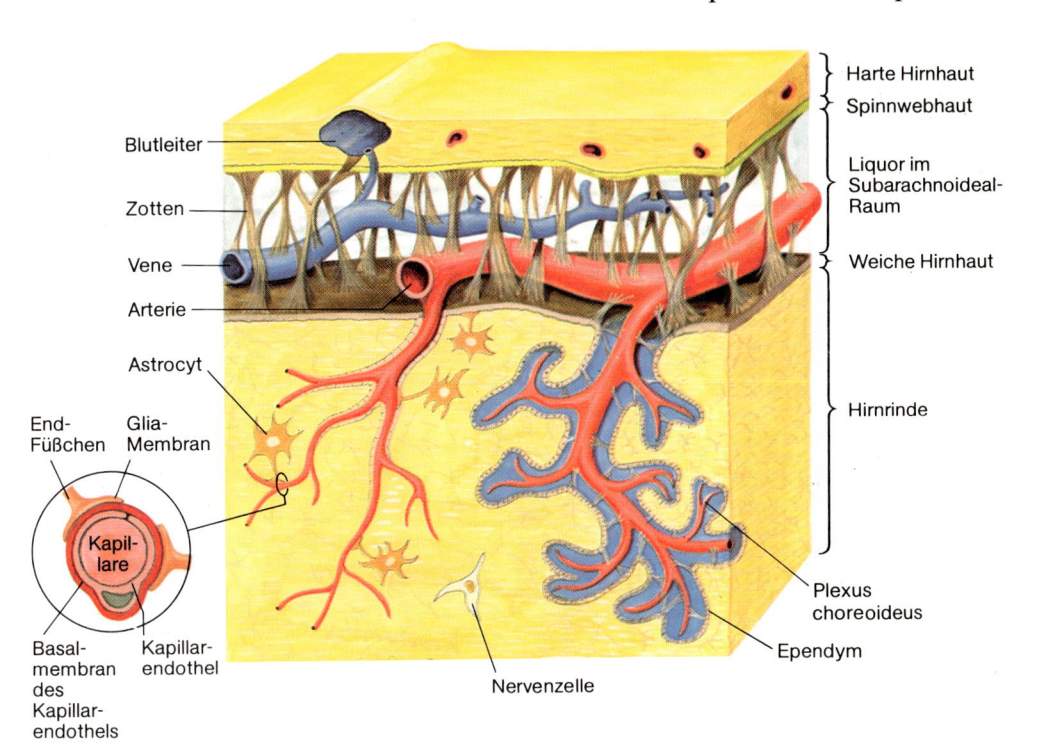

Abb. 22-25. Schematischer Schnitt durch die Hirnhäute, die Hirnrinde sowie eine Hirnkammer. Die Hirn-Rückenmarksflüssigkeit wird im Plexus choreoideus der Hirnkammern gebildet, gelangt durch eine Öffnung in den Raum unter der Spinnwebhaut, die von Zotten durchzogen ist und umspült Gehirn und Rückenmark. Sie wird über die Zotten in die Blutleiter und weiter in das venöse Gefäßsystem abgeführt. Links unten ist eine Kapillare (stark vergrößert) dargestellt (nach *Tschirgi* in Handbook of Physiology, 1960).

kamente, u. a. die Antibiotika Penicillin und Chlortetracyclin, die Blut-Hirn-Schranke nicht, andere, z. B. das Antibioticum Erythromycin, sehr schnell überwinden können.

Interessanterweise besteht in fünf kleinen Gehirnarealen keine Blut-Hirn-Schranke. An einigen dieser Stellen befinden sich Chemo- bzw. Osmorezeptoren (s. 13-187). In einem Gebiet, das im vorderen Teil des Hypothalamus, der mit der Hypophyse engen Kontakt hat (s. 24-283) liegt, werden vermutlich Veränderungen der Plasmazusammensetzung registriert und reguliert. Bekannt ist, daß sich in bestimmten Hypothalamuskernen hormonproduzierende Nervenzellen befinden.

Der Liquor cerebrospinalis

deutsch Gehirn-Rückenmarks-Flüssigkeit, kurz Liquor genannt, beträgt 100-150 ml, füllt die vier Hirnkammern (Ventrikel) aus und umspült Gehirn und Rückenmark vollständig. Der Liquor wird vorwiegend im Adergeflecht (Plexus choreoideus) der Hirnkammern gebildet und gelangt durch 3 Öffnungen der 4. Hirnkammer in den Raum unter der Spinnwebhaut, den Subarachnoidalraum (Abb. 22-25). Durch die Zotten der Spinnwebhaut wird der Liquor resorbiert und gelangt über das Venensystem in den Blutkreislauf. Wenn der Kreislauf des Liquors gestört ist, sei es durch übermäßige

Liquor cerebrospinalis

Produktion oder Abflußbehinderung, entsteht ein „Wasserkopf", Hydrocephalus. Ist die Rückresorption gestört, kommt es zu Liquoransammlung im ganzen Subarachnoidalraum, einem Hydrocephalus externus. Wenn die Öffnungen der 4. Hirnkammer verschlossen sind, sammelt sich der Liquor in allen Hirnkammern an, Hydrocephalus internus.

Die Kapillaren, die unmittelbar mit den Liquorräumen in Verbindung sind, besitzen ebenfalls die beschriebenen dicken Grundhäutchen, man spricht von **Blut-Liquor-Schranke**. Der Liquor ist daher im Vergleich zum Plasma fast farblos, dünnflüssig, weil nahezu eiweiß- und fettfrei.

Funktion des Liquor cerebrospinalis

Zusammen mit den Schädelknochen und den Hirnhäuten schützt der Liquor das Gehirn, das an Zotten, Nerven und vielen dünnen Fasern der Spinnwebhaut elastisch aufgehängt ist. Da das Gehirn allseitig von Liquor umflossen ist, vermindert sich sein Gewicht von ca. 1400 g durch Auftrieb auf ca. 50 g, es ist nahezu schwerelos.

Liquoruntersuchungen

Durch Lumbalpunktion (Einstichstellen zwischen 3. und 4. oder 4. und 5. Lendenwirbel) läßt sich der Liquordruck messen, der bei bestimmten Erkrankungen erhöht ist (Normalwerte beim Kind: 5-10 cm Wassersäule, beim Erwachsenen: 7-20 cm). Meist werden 10 ml Liquor entnommen für die Bestimmung des spezifischen Gewichts, der Eiweiß-, Fett- und Elektrolytwerte und der Zellzahl, der Leukozyten und deren Differenzierung. Normalerweise enthält der Liquor 5 Leukozyten/µl.

Kurzgefaßt:

Die Durchblutung des Gehirns beträgt ca. 55 ml/min/100 g, der O_2-Verbrauch ca. 50 ml/min insgesamt.

Die Blut-Hirn-Schranke, verursacht durch die relative Undurchlässigkeit der Kapillaren, schützt die Nervenzellen gegen Milieuveränderungen.

Der Liquor cerebrospinalis, 100-150 ml, schützt das Gehirn gegen mechanische Schädigungen und trägt zu seiner „Schwerelosigkeit" bei.

23. Das Verhalten

Man kann bei den Leistungen des zentralen Nervensystems vererbte von erlernten unterscheiden. Vererbte sind **Reflexe** und die sog. **angeborenen Verhaltensweisen**. Alles, was das einzelne Lebewesen, Tier oder Mensch, im Laufe des Lebens erlernen, ist davon abzutrennen.

Der Mensch ist das lernfähigste aller Tiere. Voraussetzung ist die hochentwickelte Rinde, die keinen Vergleich im Tierreich hat und die motorischen Fähigkeiten zur Schrift und Sprache, die optische des Lesens, die akustische des Sprachverständnisses, ermöglicht hat.

Wegen der oft allzu volkstümlichen Behandlung dieses Gebietes während der letzten Jahre und der dadurch entstandenen Mißverständnisse sollen hier als Abschluß der Besprechung der nervösen Koordinationssysteme einige einfache Grundzüge erörtert werden, die zum Verständnis dieser Leistungen des Zentralnervensystems beitragen.

In der Tabelle 23-1 ist eine grobe Einteilung getroffen, wobei einfachere Leistungen unten und „höhere" Leistungen oben stehen. Schon auf der Ebene der Reflexe gibt es eine Lernleistung, nämlich die „bedingten" Reflexe, die wir zum Beispiel beim Verdauungstrakt kennengelernt haben. Die Abgabe von Speichel und Magensaft beim Erklingen eines Gonges oder eines Sirenentons, der eine Pause ankündigt, ist ein erlernter Fremdreflex, wie eine genauere Bezeichnung für einen bedingten Reflex lauten könnte.

Die Abb. 23-1 zeigt schematisch, wie ein bedingter Magensaftreflex „erlernt" wird, wenn immer gleichzeitig mit Nahrungsgabe ein Klingelzeichen gegeben wird. Es müssen Neuronenverbindungen in den Reflexzentren, die normalerweise nicht benutzt werden, „gebahnt", d. h. erlernt, werden. Wie letzten Endes der Lernvorgang vor sich geht, ist nicht genau bekannt. Wahrscheinlich werden im Bereich der Synapsen unter dem Einfluß des Erregungsvorganges bei häufiger Wiederholung Veränderungen von Eiweißmolekülen erzeugt, die einen gerichteten Erregungsablauf über bestimmte Neuronenverbände begünstigen und so die Verknüpfung eines „bedingten" afferenten Neurons mit dem efferenten Neuron des Reflexes herstellen. Auf der Grundlage dieser Verschaltung ist es leicht einzusehen, daß es im Bereich der Eigenreflexe mit nur einer Synapse keine Lernvorgänge geben kann, d. h., daß be-

Tabelle 23-1. Vererbte und erlernte Verhalten.

Vererbt		Erlernt
		„höhere" Lernleistungen (Lesen, Schreiben, Musizieren)
		erlerntes Verhalten (Reaktionen)
angeborene Verhaltensweisen		Prägung
Reflexe	Fremd-	„bedingte" Reflexe
	Eigen-	

Gestimmtheit

dingte Reflexe immer Fremdreflexe sein müssen.

Vererbte oder **„angeborene Verhaltensweisen"** können teilweise so aussehen wie Reflexe, die meisten sind aber erheblich komplizierter, wie z. B. der Nestbau der Vögel, Wabenbau der Bienen. Beim Menschen spielen sie nur noch eine untergeordnete Rolle. In dem Maße, wie unsere Lernfähigkeit im Verlauf der Menschheitsentwicklung zunahm, wurden sie weniger wichtig. Der grundlegende Unterschied zu den Reflexen ist, daß diese Verhalten zur Auslösung nicht nur einen „Reiz" erfordern, wie es beim Reflex ist, sondern auch noch einer im Gehirn vorhandenen Voraussetzung, die man „Ge-

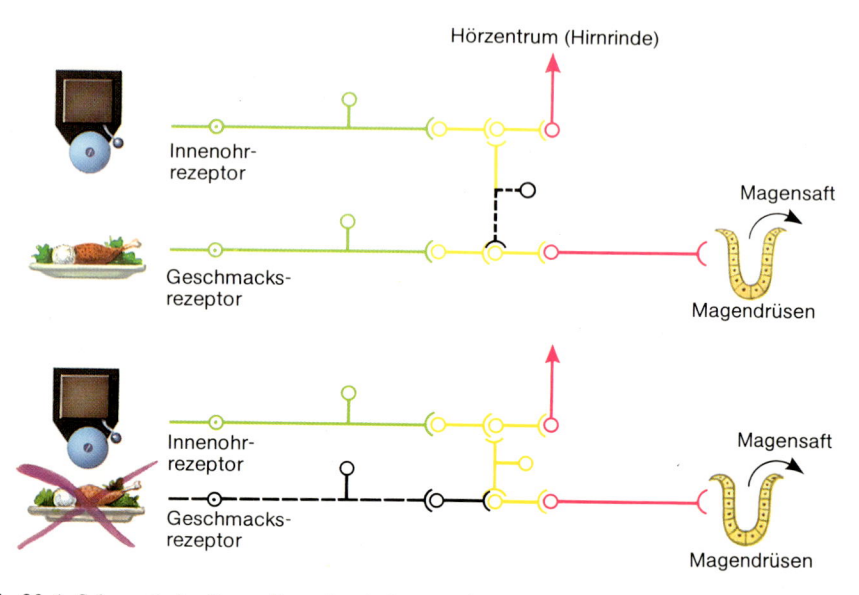

Abb. 23-1. Schematische Darstellung der Anlegung eines bedingten (erlernten) Reflexes. Es entsteht eine „Bahnung" zwischen der zentralen Verschaltung der Hörbahn und Bahnen von den Geschmacks- oder Geruchsrezeptoren. Magensaftabgabe erfolgt dann auf das Klingelzeichen allein.

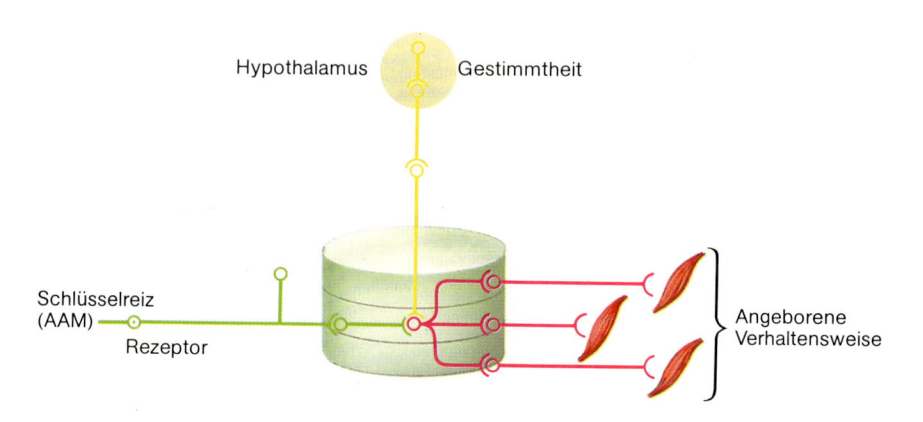

Abb. 23-2. Auslösung angeborener Verhaltensweisen durch Schlüsselreiz (angeborener Auslösemechanismus = AAM) und Gestimmtheit.

Prägung

Abb. 23-3. „Kindchenschema" nach K. *Lorenz*, die linke Reihe löst beim Menschen Brutpflegeverhalten (Streicheln) und entsprechende Empfindungen aus, nicht die erwachsenen Formen derselben Arten (rechts).

stimmtheit" genannt hat, bedarf, um die angeborenen Verhaltensweisen auszulösen (Abb. 23-2). Eine einfache angeborene Verhaltensweise, die auch beim Menschen noch erhalten ist, ist die Hinwendung des Säuglings zur Mutterbrust. Berührt die Brustwarze eine Wange des Säuglings („Schlüsselreiz"), so wendet er den Kopf hin und her. Wenn er Hunger hat („Gestimmtheit": Hunger), wendet er den Kopf so lange, bis er die Brustwarze im Mund hat. Der Unterschied zum Reflex besteht darin, daß die Gestimmtheit Hunger vorhanden sein muß. Ohne Hunger wird der Kopf nicht oder nicht so zielsicher zur Brustwarze gedreht, obwohl der Schlüsselreiz (Berührung der Wange) vorhanden ist. Im Bereich der **Brutpflege** gibt es ein bekanntes Verhalten, das durch optische Schlüsselreize, das sog. **Kindchenschema** (Abb. 23-3), ausgelöst wird. Die runde Kopfform, besonders wenn sie, verglichen mit uns, klein ist, regt uns zu Streichelbewegungen an, wir wollen das Kind oder junge Tier in den Arm nehmen. Eine große Industrie, besonders die Filmbranche, hat sich, ohne diese wissenschaftlichen Hintergründe zu kennen, diese Tatsache zunutze gemacht. Die guten Charaktere erfüllen das Kindchenschema, die bösen haben lange Köpfe mit fliehender Stirn. Schlangen und Krokodile können nur schwerlich als „lieb" bezeichnet werden und werden bei uns keine Umarmungstendenz auslösen.

Auch im Bereich der angeborenen Verhaltensweisen gibt es Lernvorgänge, die individuell verschieden sind, man nennt sie **Prägung**. Ein berühmtes Beispiel ist von *Konrad Lorenz* beschrieben worden. Ein eben geschlüpftes Gänschen („Martina") lief zufällig auf ihn zu, anstatt auf seine Mutter. Als er wegging, folgte es ihm, und er nahm es eine gewisse Zeit zu sich. Danach war es unmöglich, das Gänschen wieder bei seiner Mutter unterzubringen. Das Gänschen war auf den Menschen „geprägt" worden; d. h., daß der Schlüsselreiz für das Folgeverhalten des jungen Tieres relativ „weit" (unspezifisch) ist. Der „Reiz" stellt wahrscheinlich nur etwas Großes, das einen Schatten wirft, dar. Normalerweise ist ja die richtige Mutter in der Nähe, und die Prägung kann dann erfolgen. Aber das Beispiel zeigt, daß dann etwas „gelernt" wird, in diesem Fall ein falsches Mutterbild. Die Wissenschaftler sind sich nicht einig, inwieweit solche Prägungen beim Menschen noch eine Rolle spielen könnten.

Erlerntes Verhalten, oft **erlernte Reaktionen** genannt, sind Handlungsabläufe, die wir unbewußt oder bewußt erlernt haben, wie z. B. das Drücken einer Türklinke, Schlüsselumdrehen, Radfahren, Schalten eines Autos und vieles andere mehr. Die Art des Erlernens kann verschieden sein:

a) **Ohne notwendige Einschaltung des Bewußtseins:** Versuchs- und Irrtumslernen,

Erlernte Verhalten

Belohnungs- und Bestrafungslernen. Das erste spielt besonders im Säuglings- und Kindesalter eine große Rolle (man denke nur daran, welche Vielfalt von Behältnissen Kleinstkinder nicht öffnen sollen und doch schließlich durch „Probieren" aufbekommen). Aber auch im Erwachsenenalter spielt diese Art des Lernens noch eine Rolle. Das Erlernen des Einlegens des Rückwärtsganges an einem neuen oder fremden Auto geschieht meist zu einem Teil durch „Probieren". Belohnungs- und Bestrafungslernen wird meist in Tierexperimenten (Futter als Belohnung, schwache elektrische Schläge als Bestrafung) benutzt. Bei der Tierdressur wird meist Belohnungs- und Bestrafungslernen angewendet.

b) **Mit Bewußtseinseinschaltung** werden viele Handlungsabläufe des täglichen Lebens erlernt, z. B. die Benutzung von Geräten im weitesten Sinne (z. B. Automaten, Plattenspieler usw.), aber auch sportliche Übungen. Der Übergang zu den in Tabelle 23-1 aufgeführten „höheren" Lernleistungen ist fließend. Allen bewußt gelernten Reaktionen ist gemeinsam, daß sie, nachdem sie erlernt sind, ohne nennenswerte Bewußtseinsbeteiligung ablaufen können und damit unsere Aufmerksamkeit für andere Vorgänge freilassen. Beispiele sind, daß wir bis zu einem gewissen Grad schreiben, lesen und musizieren können und dabei etwas anderes denken. Eine weitere wichtige Leistung ist aber auch, daß bei Fehlhandlungen das Bewußtsein korrigierend eingreifen kann. Ein Beispiel mangelhafter Kontrolle ist, wenn bei Datumsangaben Anfang Januar noch die alte Jahreszahl benutzt wird. Noch höhere zentrale Leistungen, wie Fassen von Entschlüssen, sog. „freie" Entscheidungen und ethisches Verhalten, sind im Gehirn kaum mehr lokalisierbar und ihre Erforschung ist bisher ein Feld der Psychologie. Allerdings weiß man durch Verletzungen und Operationen, daß die höchsten Leistungen die Mitwirkung von Stirnhirnstrukturen (Frontalhirn) erfordern. Bei Verletzung oder Zerstörung treten häufig Persönlichkeitsveränderungen (Antriebsarmut, Reizbarkeit, mangelnde soziale Anpassungsfähigkeit) auf.

Kurzgefaßt:

Man unterscheidet **vererbte und erlernte Verhalten**. **Eigen-** und **Fremdreflexe** sowie die **angeborenen Verhaltensweisen** sind vererbte Verhalten. Bei **bedingten Reflexen** ist ein Lernvorgang eingeschlossen: eine angeborene, nicht mit dem Reflex verknüpfte Afferenz wird gebahnt und mit der vererbten Efferenz gekoppelt. Bedingte Reflexe werden erlernt und auch wieder verlernt. **Angeborene Verhaltensweisen** spielen beim Menschen nur noch eine geringe Rolle, bei Tieren betreffen sie z. B. den Nestbau und andere Verhalten der Brutpflege. Der Unterschied zu den Reflexen besteht darin, daß außer dem Reiz (Schlüsselreiz, Auslösemuster) eine **Gestimmtheit** vorhanden sein muß, um die Verhaltensweise auszulösen. Prägung ist ein Lernvorgang bei angeborenen Verhaltensweisen, z. B. Prägung auf die Mutter. **Erlernte Verhaltensweisen** (erlernte Reaktionen) sind meist motorische Abläufe, die man sich **unbewußt** durch Versuchs- und Irrtum- oder Belohnungs-Bestrafungslernen aneignet. Beispiele **bewußt** erlernter Verhaltensweisen sind Schreiben, Musikinstrumentenspiel, schwierige sportliche Übungen.

Höhere Lern- und Verhaltensleistungen, wie das Fassen von Entschlüssen, sog. „freie" Entscheidungen, soziales Verhalten, scheinen vor allem Leistungen von Strukturen im Frontalhirn zu sein.

24. Das hormonelle System

Einleitung

Neben dem Nervensystem ist das hormonelle System, das auch **endokrines System** genannt wird, wichtig für das geordnete Zusammenspiel unserer Körperfunktionen (Abb. 24-1). Das endokrine System benutzt zur Erfüllung seiner vielfältigen Aufgaben **Hormone, Botenstoffe,** die von Drüsen **inkretorisch** vorwiegend in die Blutbahn abgegeben werden. Hormone müssen von Drüsenprodukten, **Sekreten,** unterschieden werden, die **exkretorisch** nach außen durch einen Ausführungsgang abgegeben werden. Als „außen" gilt, wie schon mehrfach dargestellt, z. B. auch der Verdauungstrakt. Manche Drüsen haben eine inkretorische und eine exkretorische Funktion, wie z. B. die Bauchspeicheldrüse, die inkretorisch Insulin, Glukagon und Pankreozymin (s. 10-92), exkretorisch Sekrete zur Verdauung von Eiweiß, Fett und Kohlenhydraten abgibt.

Die **Hirnanhangdrüse** (Hypophyse) wurde lange Zeit als einziges Regulationszentrum für das hormonelle System angesehen. 1930 wurde ein Kapillarnetz beschrieben, das den Hypothalamus mit der Hypophyse verknüpft, später stellte man fest, daß in den Kapillaren Hormone zum Vorderlappen der Hypophyse transportiert werden, sowie Hormone entlang von Nervenbahnen in den Hinterlappen der Hyphophyse wandern. Diese Verbindungen beweisen, daß auch die Hypophyse einer übergeordneten Steuerung durch den **Hypothalamus** unterliegt. Sie sind wichtig, weil der Hypothalamus nicht nur Anschluß zum Thalamus, der mit der Hirnrinde verschaltet ist, hat, sondern auch mit dem **limbischen System** und der **Formatio reticularis** (s. 22-266). Demnach ist der Hypothalamus eine Schaltzentrale sowohl für das humorale als auch für das nervöse Koordinationssystem. Das bedeutet, daß von dort aus Anweisungen an das autonome Nervensystem sowie auf humoralem Wege an inkretorische Drüsen erteilt werden können.

Ihrer Herkunft nach unterscheidet man ganz allgemein:
1. **Hypophyseotrope Hormone, Releasinghormone** (release, engl. = freisetzen): Diese fördern die Freisetzung von Hypophysenhormonen, **Inhibitinghormone** (inhibit, engl. = hemmen) hemmen sie.
2. **Glandotrope Hormone:** Sie wirken auf untergeordnete Drüsen ein.
3. **Glanduläre Hormone** sind Botenstoffe, die auf Rezeptor- oder Target-Zellen (s. u.) einwirken, nachdem sie auf dem Blutweg dorthin gelangt sind.
4. **Gewebshormone** werden meist in unmittelbarer Nähe ihres Wirkungsorts gebildet, brauchen also nicht auf humoralem Wege befördert zu werden.

Wirkungsmechanismen von Hormonen

Nur wenige Wirkungsmechanismen von Hormonen sind völlig aufgeklärt. Es ergeben sich jedoch gemeinsame Merkmale, die hier beschrieben werden und auf die bei der Besprechung der einzelnen Hormone hingewiesen wird.

Hormone üben an ganz bestimmten, als **Target-Zellen** bezeichneten (target, engl. = Ziel) Körperzellen ihre Wirkung aus, z. B. das in der Hypophyse gebildete Prolactin an denjenigen der Brustdrüse. Anderen Zellen fehlt der entsprechende **Rezeptor,** der in der Zellmembran lokalisiert ist. Der Begriff des Rezeptors ist bereits aus der Sinnesphysiologie bekannt. Bestimme Sinnesrezeptoren reagieren nur auf spezifische Reize. Dasselbe gilt für Hormonrezeptoren, die nur durch be-

Regulationsübersicht

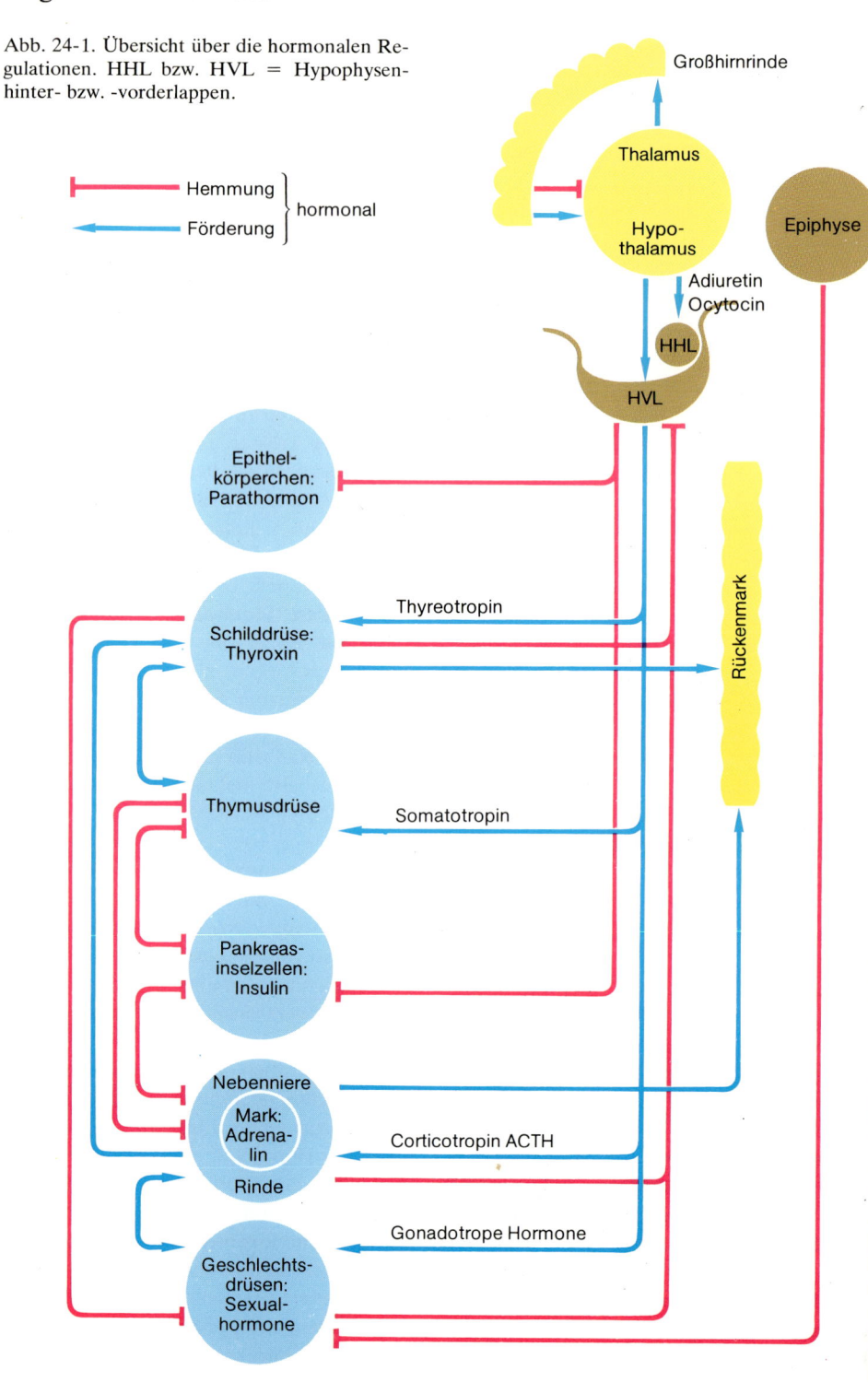

Abb. 24-1. Übersicht über die hormonalen Regulationen. HHL bzw. HVL = Hypophysenhinter- bzw. -vorderlappen.

Hypothalamushormone

stimmte Hormone erregt werden. Da viele Körperzellen auf mehrere Hormone ansprechen, müssen sie auch mehrere unterschiedliche Rezeptoren besitzen. Dies ist von Bedeutung, wenn man an den Mechanismus Regulation-Gegenregulation denkt, der, wie wir später sehen werden, von unterschiedlichen Hormonen ausgelöst wird.

Es gibt Hormone, die ihre Wirkung nicht primär über den Rezeptor in der Zellmembran ausüben, sondern einen sekundären Rezeptor beeinflussen, der als **zweiter Botenstoff** (engl. „**second messenger**") bezeichnet wird. Dieser sekundäre Botenstoff ist das **zyklische Adenosin-Mono-Phosphat,** kurz **cAMP.** Das cAMP kann unterschiedliche Reaktionen in der Zelle beeinflussen, z. B. die Synthese von Enzymen oder die Gen-Aktivierung.

Grundsätzlich gilt jedoch, daß unter physiologischen Bedingungen kein Hormon in der Zelle völlig neue Reaktionen auslösen kann, das heißt, daß biochemische Mechanismen in der Zelle durch Hormone nur mit einem Anstieg oder Abfall der Geschwindigkeit einer festgelegten Reaktion antworten.

Chemisch sind Hormone unterschiedlich aufgebaut, es handelt sich teils um einfache Eiweißmoleküle, teils um komplizierte Polypeptide oder um Verbindungen, die sich vom Cholesterin ableiten lassen, und die die Gruppe der Steroidhormone darstellen. Auf die chemische Struktur wird im Zusammenhang mit den einzelnen Hormonen kurz hingewiesen.

Hormone des Hypothalamus

Im Hypothalamus befinden sich zwei wichtige Kerne, der **Nucleus supraopticus** und der **Nucleus paraventricularis,** Ansammlungen von Nervenzellen, die in der Lage sind, Hormone zu bilden. Die neurosekretorische Fähigkeit der Kerne und die Wanderung von hormonhaltigen Körnchen entlang von Nervenbahnen (Axonen) über den Hypophysenstiel zum Hinterlappen der Hypophyse wurden 1949 und wenige Jahre später die beiden Hormone Adiuretin oder **antidiuretisches Hormon** (ADH) und **Ocytocin** entdeckt. Ihre chemische Struktur ist aufgeklärt. Es handelt sich bei beiden um Octapeptide, das sind Eiweiße, die aus acht Aminosäuren bestehen.

In Abb. 24-2 ist die Nervenverbindung zwischen den Kernen des Hypothalamus und dem Hinterlappen der Hypophyse, **HHL,** schematisch dargestellt. Es ist ferner der Anteil des Hypophysenvorderlappens, **HVL,** in den die ebenfalls im Hypothalamus gebildeten „**Releasinghormone**" (RH) und „**Inhibitinghormone**" (IH) abgegeben werden, zu sehen.

Adiuretin, antidiuretisches Hormon, ADH

Dieses in den o. a. Hypothalamuskernen gebildete Hormon wird, gebunden an ein Trägereiweiß, im Hypophysenhinterlappen gespeichert. Sein **Zielorgan ist die Niere,** und zwar der zweite gewundene Teil des Tubulus, und die Sammelröhren (s. 15-202). ADH wirkt dem Wasserverlust durch die Niere, der

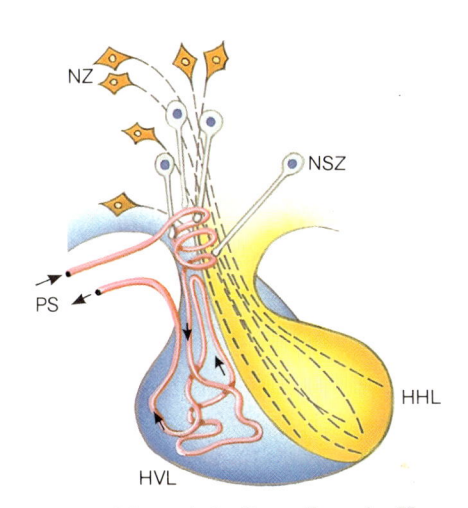

Abb. 24-2. Schematische Darstellung der Hypophyse und ihrer hormontransportierenden kapillaren und neuralen Verbindungen zur Hypothalamusregion, HVL = Hypophysenvorderlappen, HHL = Hypophysenhinterlappen, NZ = Nervenzelle, NSZ = neurosekretorische Zelle, PS = Pfortadersystem.

Antidiuretisches Hormon, Ocytocin

Diurese, entgegen, indem es die **Rückresorption** von Wasser in den Kreislauf fördert. Das Adiuretin ist dafür verantwortlich, daß 10-20% des Wassers des Primärharns, das sind 17-35 Liter täglich, zurückgewonnen werden.

Auf **Zellebene** aktiviert ADH über den ersten Rezeptor in der Zellmembran das Adenylcyclase-System. Über den zweiten Botenstoff, cAMP, wird durch Erhöhung der Membrandurchlässigkeit der Wassereinstrom in die Zelle gefördert.

ADH-Mangel bewirkt eine verstärkte Urinausscheidung. Es führt zum **häufigen Wasserlassen** (Polyurie) und als Folge davon zu übermäßigem Durst und **Trinken großer Flüssigkeitsmengen** (Polydipsie). Das Krankheitsbild wird als **Diabetes insipidus** bezeichnet und kann vielerlei Ursachen haben, z. B. Entzündungen, Tumoren, Arterienverkalkung im Bereich des Hypothalamus und der Hypophyse. Es gibt auch erbliche Formen von ADH-Mangel.

ADH-Überschuß kann entstehen, wenn Drüsenwucherungen das Hormon produzieren. Als Folge ist das Blutvolumen stark vermehrt, die Osmolarität und besonders die Natriumkonzentration im Blut vermindert.

Ocytocin

Dieses Hypothalamushormon ist chemisch dem ADH sehr ähnlich. Es wirkt auf den weiblichen Organismus durch Anregungen
a) der Kontraktion der Gebärmuttermuskulatur (aber nicht während der Schwangerschaft);
b) der Kontraktion der myoepithelialen Zellen (s. Lippert, 4. A., S. 367, A u. B) an der milchproduzierenden Brustdrüse. Das Hormon beeinflußt nicht die Milchproduktion, sondern erleichtert das Abfließen der Milch in die Ausführungsgänge.

Die Ocytocinproduktion und -ausschüttung wird durch weibliche Sexualhormone stark beeinflußt, die besonders während der Schwangerschaft **hemmend** wirken. Erst unter der Geburt spricht die Gebärmutter und nach der Geburt die Brustdrüse auf das Hormon an.

Störungen durch Ocytocinmangel bzw. -überschuß sind nicht bekannt.

Hypothalamushormone, die den Hypophysenvorderlappen (HVL) beeinflussen, sind:
1. Releasing-Hormone (Freisetzungshormone, RH).
2. Inhibiting-Hormone (Hemmungshormone, IH).

Sie werden im Zusammenhang mit den Hormonen des Hypophysenvorderlappens besprochen.

Die beiden Anteile der Hypophyse, der Vorderlappen (HVL oder **Adenohypophyse**) und der Hinterlappen (HHL oder **Neurohypophyse**), haben entwicklungsgeschichtlich eine unterschiedliche Herkunft. Die Neurohypophyse entwickelte sich aus einer Faltung von Nervengewebe des Zwischenhirns, die Adenohypophyse aus einer epithelialen Ausstülpung der Rachenwand. Über den **Trichter-** und den **Mittellappen**, beide zur Adenohypophyse gehörig, wurde eine enge Verbindung zur Neurohypophyse hergestellt (s. Lippert, 4. A., S. 215f.).

Die Neurohypophyse

Hier werden die beiden Hormone des HHL, **Adiuretin** und **Ocytocin**, die im Hypothalamus gebildet wurden, gespeichert und auf bestimmte Reize hin freigesetzt.

Die Adenohypophyse

Hier werden folgende glandotropen Hormone gebildet, welche die angeführten endokrinen Drüsen beeinflussen:
1. Das adrenokortikotrope Hormon ACTH beeinflußt: die Nebennierenrinde.
2. Das thyreotrope Hormon TSH beeinflußt: die Schilddrüse.
3. Das parathyreotrope Hormon beeinflußt: die Nebenschilddrüsen.
4. Das follikelstimulierende Hormon FSH beeinflußt: die Eierstöcke und Hoden.

5. Das luteinisierende Hormon LH beeinflußt: die Eierstöcke.
6. Das laktotrope Hormon LTH beeinflußt: die Milchdrüsen.

Oft wird noch das die interstitiellen Zellen des Hodens beeinflussende Hormon ICSH genannt, das aber mit FSH identisch ist. Die chemische Struktur dieser Hormone, ihr Freisetzungs- und Wirkungsmechanismus werden im Zusammenhang mit den Drüsen besprochen, die sie beeinflussen.

Hormone der Hypophyse

Folgende Hormone der Adenohypophyse haben keine spezielle Drüse als Zielorgan:
1. Das somatotrope Hormon, Wachstumshormon STH.
2. Das melanozytenstimulierende Hormon MSH.

Das Wachstumshormon STH

Als wachstumsförderndes Hormon übt es seinen Einfluß auf den **Kohlenhydrat-, Fett- und Eiweißstoffwechsel** sowie auf den **Salz-Wasser-Haushalt** aus.

Chemisch ist STH ein Eiweiß, das aus 191 Aminosäuren zusammengesetzt ist, die an zwei Stellen eine Schwefelwasserstoffbrücke besitzen.

Im Hypothalamus wurde für STH ein Freisetzungs- und ein Hemmhormon gefunden: STH-RH und STH-IH.

Reize für die Freisetzung von STH bzw. STH-RH sind:
a) Niedriger Blutzuckerspiegel.
b) Niedriger Lipid(Fett)-Gehalt im Plasma.
c) Erhöhter Östrogenspiegel bei der Frau.
d) Erhöhter Glukokortikoidspiegel (Nebennierenrindenhormon).

Die **Wirkungsweise** des Hormons läßt sich am besten veranschaulichen, wenn man die Folgen von STH-Überschuß und STH-Mangel aufzählt.

Hypophysärer Riesenwuchs entsteht bei Überproduktion des Hormons, etwa bei drüsigen Wucherungen (Adenomen). Befindet sich dann der Organismus noch in der Wachstumsphase, d. h., die **Epiphysenfugen,** die Übergangszonen zwischen Knorpel und Knochen, sind noch offen, so beobachtet man ein verstärktes Wachstum der Knochen sowohl der Länge als auch der Dicke nach. Das Muskel- und Fettgewebe wächst entsprechend; auch die Eingeweide sind vergrößert. Es handelt sich um ein proportioniertes Wachstum.

Akromegalie heißt das Krankheitsbild, wenn STH-Überschuß im Erwachsenenalter auftritt. Ein verstärktes Wachstum beobachtet man dann an den Akren, den Körperspitzen. Davon betroffen sind die Nase, das Kinn, Hände und Füße (Abb. 24-3) sowie die Eingeweide.

Hypophysärer Zwergwuchs ist die Folge von STH-Mangel während der Wachstumsphase. Durch Behandlung mit Wachstumshormon können gute Erfolge erzielt werden.

Das melanozytenstimulierende Hormon MSH wird im Mittellappen der Hypophyse gebildet, der im Gegensatz zu Amphibien beim Menschen nur noch rudimentär (verkümmert) ist. Melanozyten sind Zellen, die Pigmentkörnchen enthalten und in tieferen Schichten der Oberhaut (Epidermis) liegen.

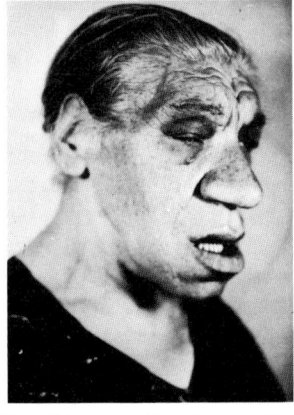

Abb. 24-3. Akromegalie (aus: *Benninghoff/Goerttler* Bd. 2, 1975).

Zirbeldrüsenhormon

Bei Amphibien, z. B. Fröschen, liegen normalerweise alle Farbkörnchen dicht um den Zellkern, dann erscheint die Haut hell. Nach MSH-Ausschüttung verteilen sich die Pigmentkörnchen gleichmäßig in der Zelle, die Haut erscheint dunkler.

Es ist unklar, welche Bedeutung das Hormon beim Menschen hat. Man hat festgestellt, daß bei Bestrahlung mit ultraviolettem Licht vermehrt MSH gebildet und ausgeschüttet wird, worauf die Pigmentkörnchen die Melanozyten **verlassen** und in oberflächlichere Schichten der Epidermis eindringen, evtl. als Schutz gegen zu starke Strahlung. Die MSH-Ausschüttung wird durch die Hypothalamushormone **MSH-RH** und **MSH-IH** (s. o.) reguliert.

Hormon der Zirbeldrüse

In der Zirbeldrüse (Corpus pineale), die im Zwischenhirn (s. Lippert, 4. A., S. 215) liegt, wird aus Serotonin (s. 4-32) **Melatonin** gebildet.

Bei Amphibien und Fischen **hemmt** das Hormon die Ausbreitung der um den Zellkern gelagerten Farbkörnchen (Chromatophoren) in den Melanozyten der Haut, die heller erscheint, als wenn die Farbkörnchen gleichmäßig in der ganzen Zelle verteilt sind. Melatonin wirkt umgekehrt wie das MSH des Hypophysenmittellappens (s. 24-287). Bei Säugetieren ließ sich feststellen, daß **Melatonin die Entwicklung und Funktion der Geschlechtsdrüsen (Gonaden) unterdrückt.** Die Produktion von Melatonin ist abhängig von der Dauer der Lichteinwirkung; es muß demnach eine (vermutlich neurohumorale) Verbindung zwischen der Netzhaut der Augen und der Zirbeldrüse bestehen. Sicher ist:
Dunkelheit regt die Melatoninherstellung an → Unterdrückung der Geschlechtsdrüsentätigkeit.
Helligkeit hemmt die Melatoninherstellung → Steigerung der Geschlechtsdrüsentätigkeit.

Das würde bedeuten, daß bei Säugetieren die Tätigkeit der Geschlechtsdrüsen und damit die Fortpflanzung von der Dauer des täglichen Lichteinfalls abhängig sind.

Für den Menschen konnte man feststellen, daß bei Tumoren der Zirbeldrüse die Gonadenfunktion vermindert, nach Zerstörung der Drüse gesteigert ist.

Kurzgefaßt:

Die humorale Koordination von Körperfunktionen erfolgt durch **Hormone.** Man unterscheidet auf die Hypophyse wirkende, **hypophyseotrope Hormone,** auf die endokrinen Drüsen wirkende, **glandotrope Hormone** und auf Zielzellen wirkende, **glanduläre Hormone** sowie **Gewebshormone.** Der Wirkungsmechanismus der meisten Hormone ist nicht völlig geklärt. Sie können in den Zellen bzw. deren Membranen **chemische Umsetzungen beschleunigen oder verlangsamen,** aber **keine völlig neuen hervorrufen.** Chemisch sind Hormone Eiweißmoleküle oder Cholesterinabkömmlinge, Steroide. Im **Hypothalamus** werden die **Releasing-Hormone,** die die Freisetzung der HVL-Hormone regeln, gebildet sowie **ADH** (Niere) und **Ocytocin** (glatte Muskulatur), die im **Hypophysenhinterlappen** gespeichert werden. Im **Hypophysenvorderlappen** werden folgende glandotropen Hormone gebildet: ACTH (Nebennierenrinde), TSH (Schilddrüse), FSH und LH (Eierstöcke) bzw. ICSH (Zwischenzellen der Hoden) und LTH (Milchdrüsen). STH und MSH (aus dem Mittellappen) beeinflussen keine speziellen Drüsen. Das erstere regt den ganzen Stoffwechsel an, das letztere die Melanozyten der Oberhaut. Im Wachstumsalter führt **STH-Mangel** zu **Zwergwuchs, STH-Überschuß** zu **Riesenwuchs** bzw. im Erwachsenenalter zu **Akromegalie. Melatonin,** das Hormon der Zirbeldrüse, wird bei Dunkelheit vermehrt freigesetzt und **hemmt** die Geschlechtsdrüsentätigkeit.

Schilddrüsenhormone

Hormone der Schilddrüse

Die Schilddrüse liegt dem Schildknorpel des Kehlkopfes auf. Sie bildet drei Hormone: das **Trijodthyronin** (T_3), das **Thyroxin** (T_4) und das **Thyreocalcitonin**. Letzteres soll im Zusammenhang mit dem Hormon der Nebenschilddrüse besprochen werden.

Bildung und Freisetzung

Das Trijodthyronin-Molekül ist an drei Stellen mit Jod besetzt (T_3), das Thyroxin an vier Stellen (T_4). Die Schilddrüse setzt etwa 90–95% T_4 und nur eine geringe Menge T_3 frei. Davon befinden sich etwa 80% in der Blutbahn und in der Leber. Gebildet werden die Hormone in der Drüse durch Anlagerung von Jod an die zuerst synthetisierten und mit einem Kohlenhydratanteil versehenen Aminosäuren. Die „Jodierung" erfolgt stufenweise und stets am Rest der Aminosäure Tyrosin. Die vorletzte Stufe ist T_3 und die Endstufe T_4. Zur Speicherung der Hormone im Kolloid der Drüse (s. Lippert, 4. A., S. 219) sind die Hormone an Globuline gebunden, **Thyreoglobuline**. Das Jod wird von der Drüse aus dem zirkulierenden Blut abgefangen und konzentriert. Da es teilweise, nach Abbau der Hormone, durch den Darm, vor allem aber durch die Niere ausgeschieden wird, müssen stets ausreichende Mengen an Jod mit der Nahrung zugeführt werden. Nahrung, die aus dem Meer stammt, vor allem aber Kochsalz, enthält reichlich Jod. Früher waren in meerfernen Gegenden mit jodarmem Wasser, z. B. in Gebirgstälern, Jodmangelkröpfe sehr verbreitet. Diese Kröpfe entstehen durch vermehrte Ausschüttung des Hypophysenvorderlappenhormons TSH (s. 24-286) bei erniedrigtem T_4-Spiegel im Organismus. Nachdem man den Zusammenhang zwischen Kropfentstehung und Jodmangel erkannt hatte, wurden in jodarmen Gegenden in den Schulen jodhaltige Tabletten verteilt. Heute ist das im Handel befindliche Kochsalz mit Jod angereichert.

Die Ausschüttung von Schilddrüsenhormonen in die Blutbahn wird angeregt, wenn der Thyroxinspiegel im Blutplasma unter die Norm abgesunken ist. Dies wird im Gehirn im Hypothalamus registriert und daraufhin das Hormon **TRF** (**T**hyreotropin **R**eleasing **F**actor) an den Drüsenanteil der Hypophyse abgegeben, der durch Ausschüttung von TSH (**T**hyroid **S**timulating **H**ormone) die Schilddrüse zur Freisetzung ihrer Hormone stimuliert. Vom im Kolloid gespeicherten Thyreoglobulin wird in der Schilddrüsenzelle der Eiweißanteil durch Lysosomenenzyme (s. 1-7) abgespalten. Die nun aktiven Hormone T_4 und T_3 werden in der Blutbahn, an Plasmaeiweiße gebunden, abtransportiert.

Die Ausscheidung der Hormone erfolgt nach Abbau (Inaktivierung) in der Leber, teils durch den Darmtrakt, jedoch vorwiegend durch die Niere mit dem Urin.

Wirkungsweise: Beim Gesunden dienen die Schilddrüsenhormone der Aufrechterhaltung einer ausgeglichenen Energiebilanz des Organismus. Sie ermöglichen, daß der Stoffwechsel dem jeweiligen Bedarf angepaßt wird. Im Kindesalter regen die Hormone die Tätigkeit der Körperzellen aller Organe an; sie fördern in diesem Lebensabschnitt das Wachstum. Im Erwachsenenalter haben sie auf die Gewebe des Gehirns, der Hoden und der Milz keinen Einfluß, in allen anderen Geweben steigern sie den Stoffwechsel. Die biochemische Wirkung der Schilddrüsenhormone in der einzelnen Körperzelle ist nicht geklärt. Wichtig ist, daß die Schilddrüsenhormone auf die Tätigkeit anderer endokriner Drüsen einwirken. So fördern sie beispielsweise die Abgabe von Wachstumshormon **STH** durch die Hypophyse, greifen in den Glukosestoffwechsel über Steigerung der **Insulin**freisetzung aus der Bauchspeicheldrüse ein und regen die Tätigkeit der Nebenniere, besonders die der Nebennierenrinde, an. Eine Wechselwirkung mit den Sexualhormonen ist ebenfalls bekannt.

Schilddrüsenüberfunktion

Die Wirkungsweise der Hormone läßt sich am besten erkennen an Patienten, die an einer Über- oder Unterfunktion der Schilddrüse leiden. Die Symptome sind in Tabelle 24-1 zusammengestellt.

Wenn die **Überfunktion der Schilddrüse (Hyperthyreose)** ein bestimmtes Ausmaß erreicht, spricht man von **Basedowscher Krankheit** oder **Thyreotoxikose**. Die betroffenen Patienten haben oft auffallend hervorstehende, glänzende Augäpfel (Exophthalmus), eine im ganzen vergrößerte Schilddrüse, Muskelzittern, erhöhten Blutdruck und anfallsweise starkes Herzklopfen. Die Kranken sind geistig sehr lebhaft bis unruhig, reizbar und vertragen Wärme schlecht. Sie neigen zu Durchfällen, essen viel und nehmen dabei an Gewicht ab, ihre Energiebilanz ist negativ, der Grundumsatz gesteigert (Abb. 24-4).

Als Ursache für die hervorstehenden Augen (Exophthalmus) ist eine Substanz anzusehen, EPF (**E**xophthalmus **P**roducing **F**actor), die eine erhöhte Fetteinlagerung in den Augenhöhlen hinter den Augäpfeln bewirkt. Das Symptom ist nicht bei allen Fällen von Hyperthyreose vorhanden, wenn es aber besteht, ist es auch durch Behandlung der Überfunktion nicht zu beseitigen. Die **Behandlung** besteht in teilweise operativer Drüsenentfernung oder teilweiser Inaktivierung durch radioaktives Jod (^{131}J).

Bei der **Schilddrüsenunterfunktion (Hy-**

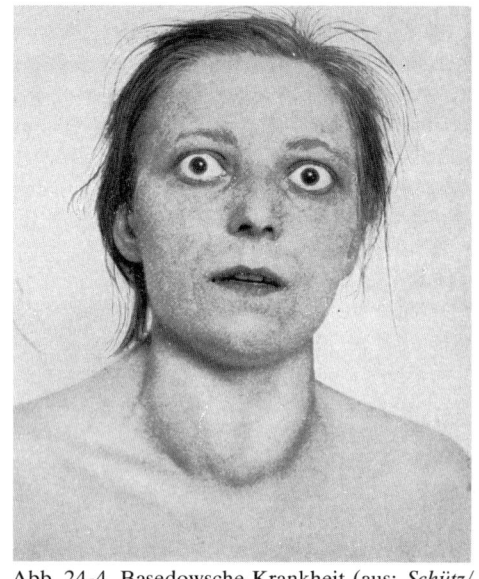

Abb. 24-4. Basedowsche Krankheit (aus: *Schütz/Rothschuh* 1968).

Tabelle 24−1. Die wichtigsten Symptome bei einer Schilddrüsenüber- bzw. -unterfunktion im Erwachsenenalter.

Schilddrüsenüberfunktion	Schilddrüsenunterfunktion
Grundumsatz erhöht	Grundumsatz erniedrigt
geistig und körperlich lebhaft	geistig und körperlich träge
unruhig	schläfrig
häufiges Schwitzen	Frösteln
Haut feucht, warm, gerötet	Haut trocken, kalt, blaß
hervortretende Augäpfel	Myxödem (teigige Haut)
Blutdruck erhöht	Blutdruck erniedrigt
starkes Herzklopfen, teils anfallsweise	schwacher Puls
Appetit erhöht	Appetit erniedrigt
Durchfälle	Verstopfung
Gewichtsabnahme	Gewichtszunahme

Schilddrüsenunterfunktion

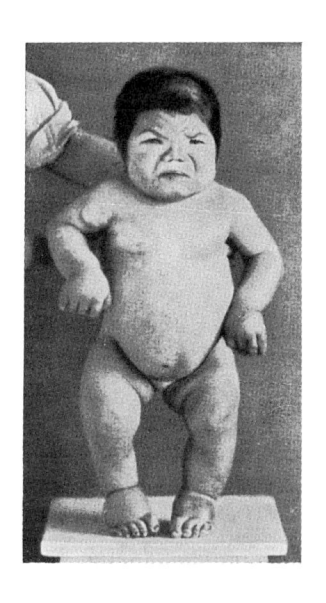

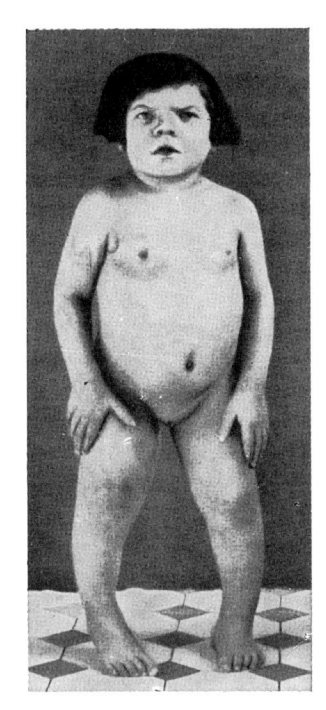

Abb. 24-5. Schwere Schilddrüsenunterfunktion bei einem 17jährigen Mädchen und Zustand nach 13monatiger Behandlung mit Schilddrüsenhormonen (aus: *Schütz/Rothschuh* 1968).

pothyreose) vor der Geburt (angeboren oder infolge Jodmangels) wird das Kind schwachsinnig (**Kretin**) geboren, es ist abnormal klein, geistig zurückgeblieben und besitzt eine lange, aus dem Mund ragende Zunge. Wenn dann nicht sofort eine geeignete Therapie betrieben wird, bleiben Dauerschäden zurück. Bei Schilddrüsenunterfunktion im Kindesalter ist ebenfalls das körperliche und geistige Wachstum verzögert (Abb. 24-5). Hypothyreotische Kinder und Erwachsene machen einen schläfrigen Eindruck, ihre Haut ist trocken und fühlt sich kalt an (Myxödem), sie sind besonders kälteempfindlich, die Schilddrüse ist zum Kropf vergrößert. Der Blutdruck ist niedrig, die Patienten sind appetitlos, leiden an Verstopfung und nehmen an Gewicht zu, der Grundumsatz ist erniedrigt. Die **Behandlung** erfolgt mit jodhaltigen Präparaten.

Außer den beschriebenen Schilddrüsenfunktionsstörungen gibt es gut- und bösartige Geschwülste der Drüse, Störungen bei der Hormonproduktion und Entzündungen der Schilddrüse. Ein Kropf (Struma) kann entstehen, wenn gegen das Globulin des Thyreoglobulins, der Speicherform von T_3 und T_4 oder gegen andere Eiweiße in der Schilddrüsenzelle **Antikörper** gebildet werden. Es ist ein Vorgang, bei dem der Organismus ein von ihm selbst produziertes Eiweiß nicht als solches erkennt, sondern als **Antigen** auffaßt. Es findet eine Antigen-Antikörper-Reaktion (s. 11-128) in der Drüse statt, die neben Entzündungserscheinungen, verhindert, daß ausreichend Schilddrüsenhormone in den Kreislauf gelangen. Ein Kropf, nach dem Entdecker der Krankheit Hashimoto-Struma genannt, entwickelt sich, ähnlich wie bei der Schilddrüsenunterfunktion.

Untersuchungsmethoden

Untersuchungsmethoden
Wichtige Hinweise auf Funktionsstörungen der Schilddrüse ergibt die Betrachtung (**Inspektion**) des Patienten, besonders von Augen, Hals und Haut, ferner die Blutdruckmessung, Abhören der Herztöne sowie die Bestimmung des Grundumsatzes.

Eine sehr genaue Bestimmung der Hormonkonzentration im Plasma erlauben **radioimmunologische Methoden**, die hier nicht näher beschrieben werden können.

Die **Szintigraphie** erlaubt, die Jodaufnahme und den Einbau in die Schilddrüsenhormone zu verfolgen. Dem Patienten wird radioaktiv markiertes Jod (^{131}J) verabreicht und nach einiger Zeit die Verteilung bzw. der Verbleib der markierten Jodteilchen szintigrafisch festgestellt.

Kurzgefaßt:

Schilddrüsenhormone sind: **Trijodthyronin** (T_3), **Thyroxin** (T_4) und **Thyreocalcitonin** (s. u.), die an Eiweiß gebunden als **Thyreoglobuline** gespeichert werden. Zu 90-95% wird T_4 nach folgendem Schema freigesetzt: Sinken der Konzentration im Blut führt zur TRF-Ausschüttung im Hypothalamus, es erfolgt TSH-Ausschüttung des HVL, danach T_4-Ausschüttung durch die Schilddrüse. Jod wird nach Hormoninaktivierung in der Leber aus dem zirkulierenden Plasma in der Drüse aufgefangen, konzentriert und wieder eingebaut. Jodverluste durch Darm und Niere müssen über jodhaltige Nahrung (jodiertes Kochsalz) ersetzt werden. Jodmangel führt zur **Schilddrüsenunterfunktion** (Hypothyreose, Myxödem). Vor der Geburt: geistige und körperliche Unterentwicklung (Kretinismus), im Kindesalter: Entwicklungsstörungen, geistig und körperlich.

Unterfunktion kann durch Jodgaben behandelt werden, Überfunktion durch Entfernen von Schilddrüsengewebe, teils operativ oder durch Strahlenschädigung mit radioaktivem Jod (^{131}J).

Zeichen der **Überfunktion** (Hyperthyreose, Basedowsche Krankheit, Thyreotoxikose) der Schilddrüse sind vor allem Schilddrüsenvergrößerung, hervorstehende, glänzende Augen und Muskelzittern, hoher Blutdruck und Anfälle von starkem Herzklopfen.

Nebenschilddrüsenhormon

Nebenschilddrüsen, Parathormon einschließlich Thyreocalcitonin und D_3-Hormon

Alle drei Hormone greifen regelnd in den Calciumstoffwechsel und indirekt in den Phosphatstoffwechsel ein, da Calcium im Knochen teils als **Calciumphosphat**, größtenteils aber in Form von phosphathaltigen **Hydroxylapatitkristallen** vorliegt. Beim Calcium-An- oder -Abbau wird Phosphat gebunden oder freigesetzt.

Das Hormon **Thyreocalcitonin**, meist abgekürzt als **Calcitonin** (CT) bezeichnet, wird in den außerhalb der Schilddrüsenfollikel liegenden C-Zellen gebildet. Der Name deutet bereits darauf hin, daß das Hormon in den Calciumhaushalt eingreift. Es kann als Gegenspieler des in den Nebenschilddrüsen (Parathyreoideae) hergestellten **Parathormon** (PTH) betrachtet werden.

Chemisch ist Calcitonin ein Polypeptid aus 32 Aminosäuren (MG 3700).

Ausschüttung und Hemmung werden durch den Calciumspiegel im Blutserum geregelt: Ansteigen der Werte über die Norm führt zur Ausschüttung von Thyreocalcitonin, hemmend wirkt das Absinken unter die Norm, was gleichzeitig ein Reiz für die Ausschüttung von Parathormon ist. Die Normalwerte für Calcium und Phosphat im Serum werden in sehr engen Grenzen konstant gehalten.

Normalwerte für Calcium: 2,3-2,6 mmol/l (90-105 mg/l)

Normalwerte für Phosphat: 0,3-0,8 mmol/l (30-70 mg/l)

Das Parathormon wird in den linsengroßen Nebenschilddrüsen, auch Epithelkörperchen genannt, gebildet, von denen der Mensch meist 4 besitzt; sie liegen an der Rückseite der Schilddrüse (Abb. 24-6).

Chemisch ist Parathormon ein Polypeptid aus 84 Aminosäuren (MG 9500).

Ausschüttung und Hemmung wird durch den Serumcalciumspiegel reguliert: Ein **Absinken unter die Norm regt die Ausschüttung** von Parathormon **an**, das **Ansteigen hemmt die Freisetzung.**

Calcium ist wichtig für den **Aufbau und Umbau des Knochengerüsts.** Das Skelett eines Erwachsenen enthält, je nach Körpergröße, zwischen 700 und 1000 g Calcium. Wichtig ist es ferner für die Tätigkeit von **Herz- und Skelettmuskel** und für eine Reihe anderer Funktionen im Körper, wie z. B. die **Blutgerinnung** (s. 11-122).

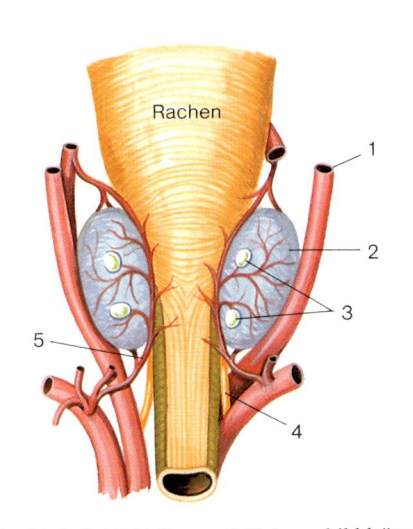

Abb. 24-6. Schilddrüse und Nebenschilddrüsen, von hinten gesehen. 1 = Gemeinsame Halsschlagader, 2 = Schilddrüse, 3 = Rechte Nebenschilddrüsen, 4 = Rückläufiger Kehlkopfnerv, 5 = Untere Schilddrüsenschlagader.

D_3-Hormon

Die Unterschiede zwischen Vitamin D, Vitamin D_2 und D_3-Hormon sind folgende:

Vitamin D (Cholecalciferol) wird mit der Nahrung aufgenommen; es ist z. B. in Fisch- und Säugetierleber, im tierischen Fett (Speck, Butter) und in der Milch enthalten.

Vitamin D_2 ist das pflanzliche, mit UV-Licht bestrahlte Ergosterin (Ergocalciferol), das zur Vorbeugung gegen Rachitis gegeben wird. Rachitis ist eine Vitamin D-Mangelerkrankung des frühen Säuglingsalters. Betroffen werden meist überernährte Flaschenkin-

D$_3$-Hormon, Calciumstoffwechsel

der, Kinder, die in lichtarmen Wohnungen aufwachsen, und außerdem Früh- und Mehrlingsgeburten.

D$_3$-Hormon ist in seiner wirksamen Form identisch mit Cholecalciferol, wird aber vom Körper selbst – über Cholesterin und den ultravioletten Strahlenanteil des Lichtes in der Haut - hergestellt. Auf dem Blutweg wird es an die Orte seiner Wirkung transportiert:
1. **zum Knochensystem,** wo es den Einbau von Calcium und Phosphat in die Knochengrundsubstanz fördert,
2. **zum Dünndarm,** wo die Calcium- und Phosphataufnahme erleichtert wird,
3. **zur Niere.** Dort bewirkt das Hormon eine gesteigerte Rückgewinnung von Calcium und Phosphat aus den Harnkanälchen.

Überdosierung von Vitamin D führt zur Vermehrung von knochenabbauenden Zellen, Osteoklasten und dadurch zur **Knochenzerstörung. Unterdosierung von Vitamin D** führt zur Knochenerweichung (Rachitis), da das Calcium, aus der Blutbahn kommend, nicht oder in nicht ausreichender Menge in die amorphe Knochengrundsubstanz eingebaut werden kann.

Knochengewebe wird durch abbauende Zellen, **Osteoklasten,** und durch aufbauende Zellen, **Osteoblasten,** ständig umgebaut, um das Skelett den im Laufe des Lebens wechselnden Funktionen anzupassen (s. Lippert, 4. A., S. 42). Die Zahl der Osteoklasten und Osteoblasten und ihre Tätigkeit wird hormonell durch Calcitonin, Parathormon und D$_3$-Hormon geregelt.

Thyreocalcitonin, Parathormon, D$_3$-Hormon und Calciumstoffwechsel

Für den Calciumstoffwechsel ist
a) der Dünndarm das Aufnahmeorgan,
b) das Knochensystem das Speicherorgan,
c) die Niere das Ausscheidungsorgan.

In Abb. 24-7 ist die Wirkung der drei Hormone schematisch dargestellt. Ziel der Hormonwirkung ist, den Serum-Calciumspiegel auf dem Normalwert zu halten. Daraus ergibt sich:

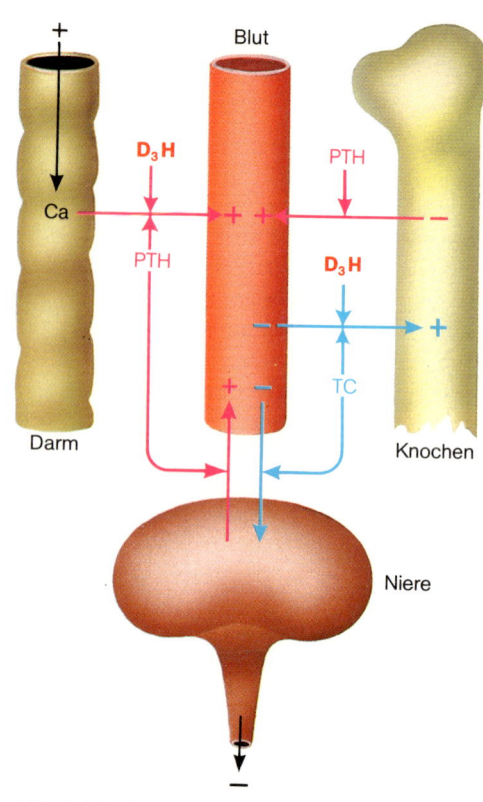

Abb. 24-7. Hormonelle Steuerung des Calciumstoffwechsels. $+$ = Aufnahme, $-$ = Abgabe von Calcium. D$_3$H = D$_3$-Hormon, PTH = Parathormon, TC = Thyreocalcitonin.

Calcitonin senkt den Serum-Calciumspiegel durch
Calciumanbau im Knochensystem,
Calciumausscheidungssteigerung in der Niere.
Parathormon erhöht den Serum-Calciumspiegel durch
Calciumfreisetzung aus dem Knochensystem,
Calciumaufnahmesteigerung im Dünndarm,
Calciumausscheidungshemmung in der Niere.
D$_3$-Hormon erhöht den Serum-Calciumspiegel **trotz** Förderung von

Störungen des Calciumstoffwechsels

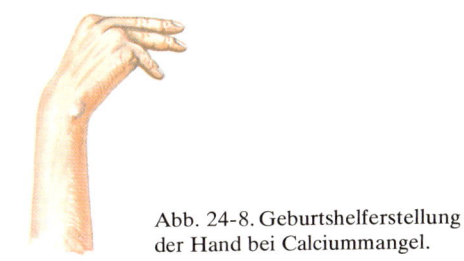

Abb. 24-8. Geburtshelferstellung der Hand bei Calciummangel.

Calciumanbau im Knochensystem **durch erhöhte**
Calciumaufnahmesteigerung im Dünndarm und
Calciumausscheidungshemmung in der Niere.
Analog hierzu wird der Phosphatspiegel des Blutes reguliert.

Krankheiten durch **Thyreocalcitonin-Mangel oder -Überschuß** sind bisher nicht bekannt.

Parathormon-Mangel führt zum Absinken des Calciumspiegels im Blut (Hypokalzämie). Calciummangel steigert die neuromuskuläre Erregbarkeit, es kommt zur **Tetanie** (Krampfneigung), u. a. erkennbar am Trousseauschen Zeichen, der sog. Geburtshelferstellung der Hand (Abb. 24-8). Unbehandelt kann die Tetanie durch Herzflimmern mit Versagen der Herzfunktion zum Tode führen. Durch Parathormon- und Vitamin D-Gaben läßt sich der Calciumspiegel normalisieren, selbst wenn keine Nebenschilddrüsen vorhanden sind. Sie wurden früher in Unkenntnis ihrer Bedeutung bei Kropfoperation oft mit entfernt.

Parathormon-Überschuß (Hyperparathyreoidismus) führt zu Calciumanstieg und Phosphatabfall im Serum. Zeichen dafür sind u. a. Knochenerweichung und Entstehen von calciumhaltigen Nierensteinen. Die Krankheit entsteht durch Überfunktion der Nebenschilddrüsen oder hormonproduzierende Geschwülste.

Hormon des Thymus (Bries)

Die Frage, ob die Thymusdrüse (lymphatisches Gewebe) ein innersektorisches Organ ist, ist bis heute nicht sicher geklärt. Es ist ein Organ, das sich mit Eintritt der Pubertät zurückbildet. In Zusammenhang mit dieser Drüse wurde der sog. Thymustod (bei Narkosen), die frühzeitige bzw. rechtzeitige Geschlechtsreife und die Produktion von Thymosin (bei der Bildung von Abwehrreaktionen) diskutiert.

Kurzgefaßt:

Thyreocalcitonin wird in der Schilddrüse, **Parathormon** in den Nebenschilddrüsen (Epithelkörperchen) und **D_3-Hormon** als Steroid in der Leber mit UV-Bestrahlung in der Haut gebildet. Alle drei Hormone regulieren den Calciumstoffwechsel, an dem hauptsächlich drei Organe beteiligt sind: das Knochensystem (Ca-Einbau), der Dünndarm (Ca-Aufnahme) und die Niere (Ca-Ausscheidung). Die Wirkung der Hormone ist auf S. 24-294 zusammengestellt. Calcium spielt eine Rolle beim Knochenan- und -umbau, bei der Herz- und Muskeltätigkeit und vielen Zellfunktionen.

Nebennierenrindenhormone

Hormone der Nebennierenrinde

Die Nebennieren sind paarig angelegt und bestehen aus einem **Rindenanteil,** der entwicklungsgeschichtlich aus dem mittleren, und einem **Markanteil,** der aus dem äußeren Keimblatt stammt.

Die **Nebennierenrinde** (NNR) besteht aus drei Gewebsschichten, die drei bestimmte Arten von Hormonen bilden:
1. Die äußere oder **Knäuelschicht** (lat. Zona glomerulosa) bildet die **Mineralokortikoide,** die in den Mineralstoffwechsel eingreifen, und von denen **Aldosteron** das wichtigste ist.
2. Die mittlere oder **Bündelschicht** (lat. Zona fasciculata) bildet die **Glukokortikoide,** die hauptsächlich in den Glukose-(Zucker-)stoffwechsel eingreifen. Es sind **Cortisol** und **Corticosteron.**
3. Die innerste oder **Netzschicht** (lat. Zona reticulosa) bildet **Androgene.** Eines der Zwischenprodukte ist **Testosteron,** ein männliches Sexualhormon, das normalerweise in den Hoden gebildet wird.

Über die Wirkung der **Nebennierenandrogene** ist noch wenig bekannt. Zusammenwirkend mit dem Wachstumshormon STH (s. S. 287), fördern sie den Anbau von Eiweiß während des Wachstumsalters. Diesen anabolen (gr.), d. h. aufbauenden (im Gegensatz zum katabolen, abbauenden) Effekt auf den Stoffwechsel (Metabolismus), kann man therapeutisch nutzen, wenn eine Zunahme des Körpergewichts erwünscht ist. Die dabei verwendeten, synthetisch hergestellten Hormone, **Anabolika,** werden auch häufig an Hochleistungssportler und -sportlerinnen verabreicht, um ihre Muskelmasse zu vermehren. Die vermännlichende Wirkung ist nicht vollständig zu unterdrücken. Abbauprodukte der Anabolika sind im Urin nachweisbar (erhöhte Ausscheidung sogenannter 17-Ketosteroide). Bei Überfunktion der Nebenniere, d. h. Testosteronüberschuß, stellt man bei Frauen eine **Vermännlichung** fest; es kommt zur Ausbildung sekundärer männlicher Geschlechtsmerkmale, z. B. tiefer Stimme, Bartwuchs, Vergrößerung der Klitoris.

Chemisch gehören die Nebennierenrindenhormone zu den **Steroidhormonen;** es handelt sich um Ringkohlenwasserstoffe mit 21 C-Atomen, die über die Synthese von **Cholesterin** gebildet werden. Auf Grund ihrer Fettlöslichkeit können sie ins Zellinnere eindringen und über verschiedene biochemische Vorgänge in die Biosynthese von Eiweißen eingreifen.

Die Regulation der Hormonfreisetzung erfolgt über das **A**dreno**c**orticotrope Hormon **ACTH,** das in der Adenohypophyse unter dem Einfluß des Releasinghormons ACTH-RH des Hypothalamus gebildet wird.

Aldosteron

Aldosteron und einige sehr ähnlich gebaute Mineralokortikoide, zusammengefaßt MCS genannt, regulieren Aufnahme, Verteilung in den Körpersäften und die Ausscheidung von **Kalium** und **Natrium.** Da die Ausscheidung in der Niere geschieht, ist sie auch das Hauptzielorgan der MCS. Gefördert wird die Natriumrückgewinnung und die Kaliumausscheidung im Bereich des ersten und zweiten gewundenen Tubulusteiles (s. 15-202).

Aldosteronismus heißt ein Krankheitsbild, bei dem Aldosteron im Überschuß gebildet wird. Das sog. *Conn-Syndrom,* nach dem Entdecker benannt, besteht vor allem in: erhöhtem Blutdruck, EKG-Veränderungen, Natriumvermehrung und Kaliumverminderung im Plasma, Muskelschwäche, häufigem Wasserlassen, Durstgefühl und Eiweißausscheidung im Urin.

Die Glukokortikoide

Cortisol und Corticosteron beeinflussen vor allem den Zuckerhaushalt des Körpers, sie bewirken:
1. eine **Erhöhung des Blutzuckerspiegels.** Sie sind daher Gegenspieler des Insulins (s. u.), das blutzuckersenkend wirkt; man

Funktion der NNR-Hormone

nennt sie daher auch Insulin-Antagonisten. Der Blutzuckergehalt steigt infolge verstärktem Glykogenabbau und verminderter Glukoseaufnahme in die Körperzellen. In der Leber wird

2. die **Neubildung von Zucker** angeregt, die **Glukoneogenese.** Als Bausteine werden dafür **Aminosäuren** auf dem Blutweg angeliefert, die aus dem
3. **Abbau von Eiweißen** aus Körper- bzw. Muskelzellen stammen. Dabei fällt vermehrt Stickstoff an, der im Plasma als Harnstoff transportiert wird (s. 4-32).
4. **Entzündungshemmung** ist eine weitere Funktion der Hormone. Sie hemmen die **Leukozytenwanderung und Phagozytosefähigkeit** (s. 11-113) und unterdrücken die **Schwellung** an Entzündungsherden. Aus diesen Gründen werden Glukokortikoide bei hartnäckigen entzündlichen Prozessen therapeutisch eingesetzt. Eine Langzeittherapie ist jedoch problematisch, weil es als Nebenwirkung zu einem ,,Steroiddiabetes" durch übermäßige Erhöhung des Blutzuckerspiegels kommen kann.
5. **Lymphozyten** in den lymphatischen Organen **werden zerstört.** Bei höheren Gaben von Glukokortikoiden kommt es zur Verkleinerung von Lymphknoten, Thymus und Milz. Da Lymphozyten eine wichtige Rolle bei der Erkennung von Antigenen (s. 11-128) spielen, ist auch
6. die **Infektabwehr und Immunreaktion** gestört. Die Unterdrückung der Immunreaktion durch Glukokortikoide wird therapeutisch genutzt, um der Abstoßung von Transplantaten, Fremdorganen, entgegenzuwirken. Man muß dann aber die Patienten vor Infektionen schützen, da ihre Abwehrfähigkeit unzureichend ist.
7. **Alle Blutkörperchen nehmen zahlenmäßig zu,** mit **Ausnahme** der **Lymphozyten** und der **eosinophilen Leukozyten,** deren Zahl absinkt.
8. **Gerinnungsfaktoren** werden **vermehrt** ins Plasma abgegeben.

Bei Unterfunktion der NNR (*Addison*sche Krankheit) sind sowohl die Glukokortikoide als auch die Mineralokortikoide vermindert, was eine verstärkte ACTH- und MSH-Sekretion durch die Adenohypophyse verursacht. Ein auffallendes Symptom dieser Erkrankung ist die Dunkelfärbung der Haut, neben Gewichtsverlust, niedrigem Blutdruck, Kreislaufschwäche, Appetitlosigkeit und Durchfällen.

Bei krankhafter Überfunktion der NNR (*Cushing*sche Krankheit) ist neben vielen Symptomen das auffälligste das **Vollmondgesicht,** Fettsucht bei gleichzeitigem Muskelschwund, erhöhtem Blutdruck, Anfälligkeit gegen Infektionen und schlechter Wundheilung (Abb. 24-9). Abb. 24-10 zeigt die hormonelle Regulation des Blutzuckerspiegels.

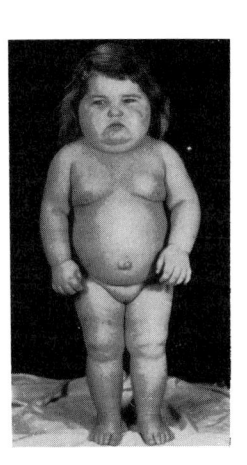

Abb. 24-9. *Cushing*sche Krankheit im frühen Kindesalter: Wachstumsstörung, Vollmondgesicht, Fettsucht des Körperstamms (aus: *Leiber/Olbrich* Bd. 1, 1972).

Regulation des Blutzuckerspiegels

Abb. 24-10. Hormonelle Regulation des Blutzuckerspiegels. Blaue Linien mit Pfeilen: Anregung bzw. Steigerung. Rote Linien mit Balken: Hemmung bzw. Senkung.

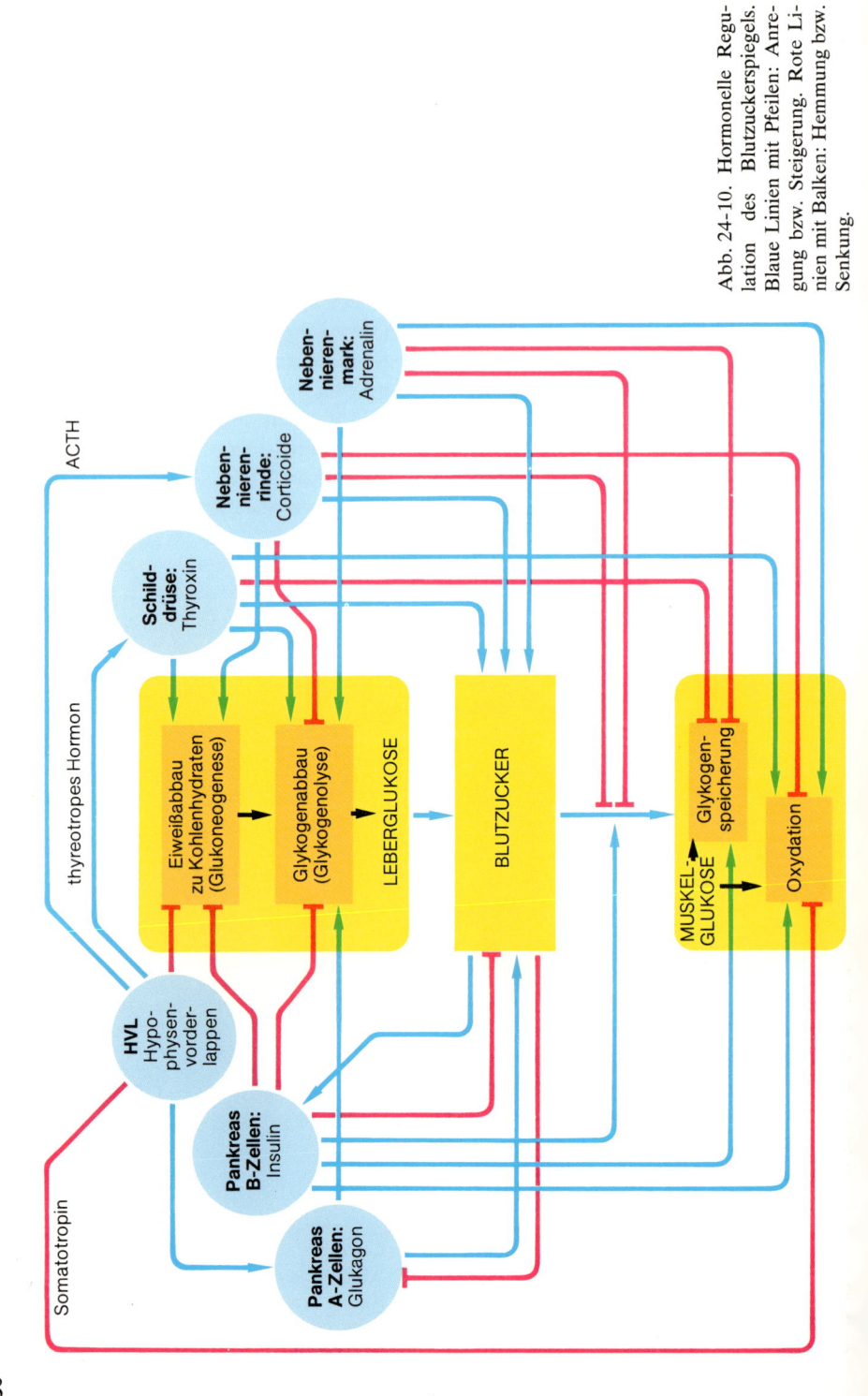

Adrenalin, Noradrenalin

Kurzgefaßt:

Die **Nebennierenrinde** bildet: in der äußeren, Knäuelschicht **Mineralokortikoide,** vor allem **Aldosteron,** das die **Kaliumausscheidung** und die **Natriumrückgewinnung in der Niere** fördert, in der mittleren, Bündelschicht **Glukokortikoide,** vor allem **Cortison** und **Corticosteron,** die den Blutzuckerspiegel erhöhen durch **Glykogenabbau** in der Leber und durch Neubildung von Zucker **(Glukoneogenese)** aus Aminosäuren, sie wirken **entzündungshemmend** und **interdrücken Infektabwehr** sowie **Immunreaktionen,** in der inneren, Netzschicht **Androgene**; Überproduktion (Nebennierengeschwülste) führt bei Frauen zur **Vermännlichung, Unterfunktion** der NNR zur *Addison*schen Krankheit, **Überfunktion** zur *Cushing*schen Krankheit (s. o.).

Absinken der NNR-Hormone im Blut führt zur **ACTH**-Ausschüttung aus dem HVL, angeregt durch das Hypothalamus-Releasinghormon **ACTH-RH.**

Hormone des Nebennierenmarks

Adrenalin und Noradrenalin sind die beiden Hormone des Nebennierenmarks, auch „Katecholamine" genannt. Der Markanteil der Nebenniere, der sich, wie das Nervensystem, aus dem äußeren Keimblatt entwickelt, hat große Ähnlichkeit mit einem Ganglion des sympathischen Nervensystems. Die Hormone werden in den chromaffinen Zellen (lassen sich mit Chromsäure braun anfärben) gebildet und in den Zellen in **Körnchenform** gespeichert. Im Ruhezustand enthalten die Nebennieren beim Menschen 75-80% Adrenalin und nur 20-25% Noradrenalin in ihren Körnchen gespeichert.

Katecholamine werden auch in den sympathischen Ganglien des Nervensystems von chromaffinen Zellen gebildet und in Körnchenform, besonders an den Nervenendigungen, gespeichert (s. 22-271). Diese Körnchen enthalten jedoch zu ca. 85% Noradrenalin und nur ca. 15% Adrenalin. Im sympathischen Nervensystem dient vorwiegend Noradrenalin als Überträgerstoff. In den Stammganglien des Zentralnervensystems findet man zu ca. 80% Dopamin und nur ca. 20% Noradrenalin als Überträgerstoffe.

Chemisch sind sich Noradrenalin und Adrenalin sehr ähnlich (Abb. 24-11). Durch eine N-Methyltransferase wird Noradrenalin zu Adrenalin methyliert (CH_3 an Stickstoff gebunden).

Abbau und Ausscheidung. In der Leber und Niere werden Adrenalin und Noradrenalin abgebaut und erscheinen als Vanillin-Mandelsäure (VMS) im Urin, Spuren davon (im Mikrogrammbereich) auch unabgebaut. Zur **Ausschüttung** von Adrenalin und Noradrenalin aus dem Nebennierenmark kommt es bei Erregung des sympathischen Nerven-

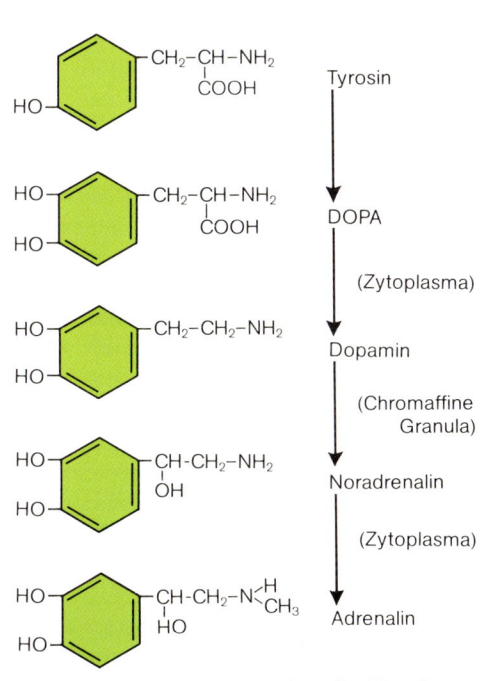

Abb. 24-11. Synthese von Adrenalin, Noradrenalin und Dopamin.

Insulin

systems über Fasern des Eingeweidenervs (N. splanchnicus).

Physiologische Wirkungen der Hormone betreffen praktisch den ganzen Organismus. Die Wirkungen an einzelnen Organsystemen kann man sich am besten klarmachen bei der Vorstellung, daß ein Mensch plötzlich in höchste Gefahr gerät und über eine Adrenalin- bzw. Noradrenalinausschüttung seine Organe an diese Notfallsituation anpassen muß. Die **Noradrenalinwirkung** ist bei Besprechung des autonomen Nervensystems, an dessen sympathischen Nervenendigungen es vor allem freigesetzt wird und wirkt (s. 22-273), dargestellt. Die **Adrenalinwirkungen** dienen vor allem der Energiebereitstellung:

1. **Fettsäuren werden aus den Fettdepots** (Lipolyse),
2. **Glukose aus den Glykogendepots der Leber** (Glykogenolyse) freigesetzt.
3. **Die Blutgerinnung wird aktiviert.**

Durch Lipolyse und Glykogenolyse werden Brennstoffe zur Energiegewinnung bereitgestellt. Dies geschieht über die Aktivierung des „zweiten Botenstoffs" cAMP (s. 24-285).

Krankheiten durch Überfunktion des Nebennierenmarks entstehen, wenn die chromaffinen Zellen geschwulstartig wachsen und Hormone produzieren. Die dann entstehenden **Phäochromozytome** sind meist gutartig. Durch die gesteigerte Katecholaminausschüttung kommt es jedoch zum **Bluthochdruck,** der entweder dauernd besteht oder anfallsweise stark (bis zu 40 kPa bzw. 300 mm Hg) ansteigt. Derartige **Blutdruckkrisen** sind begleitet von Erregungszuständen, Kopfschmerzen, Schweißausbrüchen und Hautblässe. Die starke Hormonproduktion hat eine erhöhte Ausscheidungsrate von Abbauprodukten, Vanillinmandelsäure, im Urin zur Folge, deren Nachweis zur Diagnose des Phäochromozytoms herangezogen wird.

Krankheiten durch Unterfunktion des Nebennierenmarks sind bis jetzt nicht bekannt.

> **Kurzgefaßt:**
>
> **Adrenalin** (75-80%) und **Noradrenalin** (20-25%) sind die Hormone des Nebennierenmarks, die auch in Ganglien des sympathischen Nervensystems gebildet und gespeichert werden. Sie zählen zu den **Überträgerstoffen** des Nervensystems. **Wirkung:** Energiebereitstellung durch Glykogenolyse und Lipolyse, Aktivierung der Blutgerinnung. **Überfunktion** (Phäochromozytom): Bluthochdruck (krisenartig), Erregungszustände, Hautblässe, Schweißausbrüche.

Die Hormone der Bauchspeicheldrüse

Sie werden in den **Langerhansschen** Inseln gebildet. Man unterscheidet A- und B-Zellen, die unterschiedliche Hormone bilden:

A-1-Zellen das **Gastrin,** das auch in der Schleimhaut des Magens und Dünndarms gebildet wird (s. 10-91):
A-2-Zellen das **Glukagon;**
B-Zellen das **Insulin,** das bekannteste unter diesen Hormonen, bei dessen Mangel die **Zuckerkrankheit (Diabetes mellitus)** entsteht.

Insulin

Chemisch besteht das Insulinmolekül (MG ca. 6000) aus 2 Peptidketten, A und B, die an zwei Stellen über zwei Schwefelatome verbunden sind. In den Drüsenzellen wird zuerst eine Vorstufe, **Pro-Insulin,** gebildet, das außer der A- und B-Peptidkette noch eine C-Kette besitzt. Es wird innerhalb der Drüsenzelle in Körnchenform gespeichert; die C-Kette muß jedoch vor der Freisetzung (s. 5-43) in die Blutbahn enzymatisch abgespalten werden. Ein kleiner Anteil Pro-Insulin ist auch im Blut vorhanden, vermutlich aber in dieser Form biologisch inaktiv. Die Insulinkonzentration im Blut beträgt zwischen 5000 und 15000 IE/l Plasma. IE = Internationale Einheiten.

Insulinwirkungen

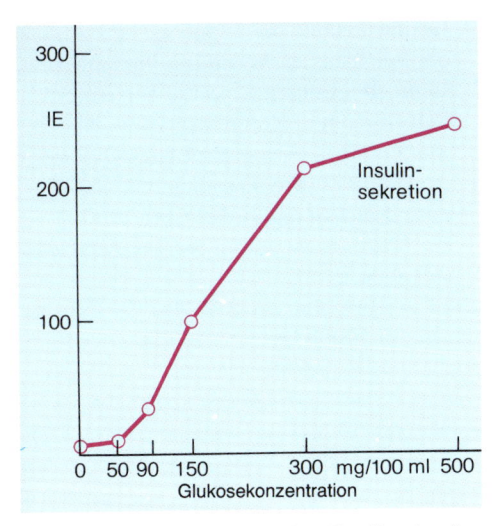

Abb. 24-12. Verhältnis zwischen Insulinsekretion und Glukosekonzentration, IE = Internationale Einheiten.

Freisetzungsreiz für Insulin ist der **Anstieg der Glukosekonzentration im Blut.** Die Glukosekonzentration ist beim Gesunden 4-5 mmol/l Blut (0,8 bis 1 g/l). Abb. 24-12 zeigt, daß die Insulinfreisetzung mit steigender Glukosekonzentration zunimmt. Der steilste Anstieg liegt im Bereich zwischen 3-8 mmol/l (0,5-1,5 g/l), in dem er beim Gesunden (zwischen Hunger und nach Sättigung) schwankt. Bei hohen Konzentrationen, etwa ab 15 mmol/l (3 g/l) nimmt die Insulinabgabe weniger stark zu.

Anstieg der Eiweißkonzentration im Blut (z. B. nach einer reichlichen Fleischmahlzeit) führt ebenfalls zu vermehrter Insulinfreisetzung. Besonders wirksam sind die Aminosäuren: **Arginin, Lysin** und **Leucin.** In gleicher Weise wirken **Fettsäuren** und **Ketonkörper** (s. 4-31), wenn sie in höheren Konzentrationen im Blut auftreten.

Glukagon, Wachstumshormon sowie **Schilddrüsen- und Nebennierenrindenhormone** fördern ebenfalls die Insulinsekretion. Auch eine Reihe von **Arzneimitteln** wirken anregend oder hemmend auf die Tätigkeit der B-Zellen der Langerhansschen Inseln.

Sulfonylharnstoffe. Nach Einführung der Sulfonamidtherapie (bei bakteriellen Infekten) beobachtete man, daß es bei bestimmten Patienten während dieser Behandlung zu einer **Hypoglykämie** kam, d. h., daß der Blutzuckerspiegel unter Normalwerte absank. Man fand, daß gewisse Sulfonylharnstoffe die Insulinproduktion und Ausschüttung anregen. Diese Erkenntnis führte zur Entwicklung antidiabetischer Arzneimittel, die durch den Verdauungstrakt aufgenommen werden können. Insulinpräparate müssen intramuskulär gespritzt werden, weil sie, über den Mund („oral") aufgenommen, verdaut und dadurch unwirksam würden. Sulfonylharnstoffe (z. B. Tolbutamid) sind aber nur bei Zuckerkranken wirksam, deren B-Zellen zwar Insulin produzieren können, jedoch in nicht ausreichenden Mengen, z. B. bei Altersdiabetes. Diabetiker, die von Jugend an zuckerkrank sind, besitzen keine funktionstüchtigen B-Zellen; die Behandlung mit oralen antidiabetischen Mitteln ist bei ihnen nutzlos.

Diazoxid ist ein Arzneimittel, das einmal die Insulinfreisetzung direkt an den B-Zellen **hemmt,** zum anderen die Freisetzung von **Adrenalin** aus dem Nebennierenmark **anregt,** das ebenfalls eine **Hemmwirkung** auf die Insulinsekretion ausübt. Diazoxid gibt man bei Insulinüberproduktion und bei insulinproduzierenden Tumoren.

Wirkungsmechanismus des Insulins

Wir haben erwähnt, daß der Anstieg von Zucker, Eiweißbausteinen und Fettsäuren im Blut **Reize** für die Insulinfreisetzung sind. Dementsprechend wirkt Insulin:
1. **Blutzuckersenkend,** indem es den Eintritt von Glukose in die Körperzellen, vor allem des **Leber- und Muskelgewebes,** erleichtert und beschleunigt. In den **Leberzellen** wird unter der Hormoneinwirkung vorwiegend die Speicherform von Zucker, **Glykogen,** aufgebaut. Wenn mit der Nahrung keine Glukose aufgenommen wird, kann die Leber diese Zuckerspeicher ab-

Diabetes

bauen; den Vorgang nennt man **Glykogenolyse**. Ein kleinerer Teil des von den Leberzellen aufgenommenen Zuckers wird abgebaut, **glykolysiert** (s. 4-29), und dient der Energiegewinnung für die vielfältigen Stoffwechselleistungen des Lebergewebes.

Im **Muskelgewebe** wirkt Insulin ähnlich wie in der Leber, nur daß hier die Energiegewinnung durch **Glykolyse** im Vordergrund steht und ein geringerer Teil des Zuckers zur **Speicherung als Glykogen** aufgebaut wird.

2. **Senkung des Aminosäurenspiegels im Blut.** Die Eiweißbausteine werden in die Zelle transportiert und die **Eiweißsynthese angeregt.**

Der **Aminosäuretransport** in die Zelle ist **aktiv**, d. h., er verbraucht Energie und kann entgegen einem Konzentrationsgefälle erfolgen. Im Gegensatz dazu ist der **Zuckertransport passiv.** Er ist vom Konzentrationsgefälle zwischen Blut und Zelle abhängig und verbraucht keine Energie.

3. Insulin **fördert den Aufbau der Fettspeicher, die Lipogenese.** Fettsäuren werden aus dem Blut in die Fettzellen transportiert und dort zu Triglyceriden aufgebaut. Voraussetzung ist, daß, ebenfalls unter Insulineinwirkung, genügend Glukose in die Fettzellen befördert wird.

4. **Insulin hemmt die Lipolyse,** den Abbau der Fettspeicher. Wenn Insulinmangel besteht, steigt durch Lipolyse der Anteil an Fettsäuren und Ketonkörpern im Blut an, was zur Ansäuerung des Blutes (Azidose) (s. 16-212) führt. Die metabolische Azidose, Zeichen der Stoffwechselstörung, ist ein wichtiges Symptom der Zuckerkrankheit (s. u.).

Bei Unterfunktion der B-Zellen der Langerhansschen Inseln ist in erster Linie der Blutzuckergehalt erhöht. Wenn die Zuckerschwelle der Niere überschritten ist, wird Zucker im Urin ausgeschieden (s. 15-207). Da Zucker nur gelöst ausgeschieden werden kann, ist die tägliche Urinmenge erheblich vermehrt. Die drei wichtigsten Zeichen der Zuckerkrankheit sind erhöhter Blutzuckergehalt (**Hyperglykämie**), Zuckerausscheidung im Urin (**Glykosurie**), häufiges Wasserlassen (**Polyurie**). **Durst** als Folge der Polyurie ist meist das erste Zeichen, das der Zuckerkranke dem Arzt angibt.

Eine vollständige Beschreibung der Zuckerkrankheit würde hier zu weit führen. Fast alle Symptome dieser Stoffwechselkrankheit (Tabelle 24-2) lassen sich aus den physiologischen Wirkungen des Insulins ableiten. Nicht geklärt ist, wie es zu den Gefäßschäden mit Verkalkungsneigung (Sklerose), besonders der Herzkranzgefäße, der Gehirn- und

Tabelle 24-2. Früh- und Spätzeichen bei der Zuckerkrankheit.

Frühzeichen	Spätzeichen
Durst	Durchblutungsstörungen
Polyurie	Netzhautschäden
Juckreiz	Nierenschäden
Gewichtsabnahme	Koronarsklerose
Leistungsabfall	Herzinfarkt
Sehstörungen	Zerebralsklerose
Infektionsgefahr	Nervenschäden
schlechte Wundheilung	Muskel(Waden)-Krämpfe

Altersdiabetes

Nierenarterien, und zur Schädigung der Netzhaut im Auge kommt.

Völlige Mangelfunktion der insulinherstellenden Zellen macht sich in frühester Kindheit bemerkbar. Diese Patienten hatten vor der Entdeckung des Insulins durch *Banting* und *Best* (1921) und seine Einführung in die Behandlung (um 1922) keine Überlebenschancen. Auch heute noch muß ihr Stoffwechsel ständig ärztlich überwacht werden. Sie werden auf eine bestimmte Diät in **Broteinheiten** (BE) und eine bestimmte Insulinmenge in internationalen Einheiten (IE) „eingestellt". Die Einstellung muß zum Beispiel körperlichem Wachstum, Berufsanforderungen usw. entsprechend verändert werden. Jede Nachlässigkeit von seiten des Patienten, z. B. übermäßiges Essen oder Verzögerung der Insulininjektion, kann ihn in Lebensgefahr bringen. Obwohl man heute Insulin synthetisch herstellen kann, sind die Verfahren zu kompliziert, um ausreichende Mengen für die Behandlung zu gewinnen. Man verwendet deshalb hochgereinigte Insulinpräparate aus Bauchspeicheldrüsen von Rindern und Schweinen.

Diabetiker, bei denen die Krankheit erst im mittleren Lebensalter auftritt, besitzen B-Zellen, die aber Insulin nur in unzureichenden Mengen bilden. Auch bei sogenannten Altersdiabetikern wird infolge nachlassener Funktion zuwenig Insulin ausgeschüttet. Beide Formen lassen sich durch Diät, oft auch mit Gewichtsherabsetzung, und oral zuführbaren Mitteln (Sulfonylharnstoffen, s. o.) behandeln.

Überfunktion der B-Zellen kommt bei übermäßiger Nahrungsaufnahme mit nachfolgender Fettsucht vor. Außerdem gibt es insulinproduzierende Tumoren, Insulinome genannt. Beide Störungen lassen sich mit Diazoxid (s. o.) behandeln.

Untersuchungsmethoden

Eine biologische **Insulinbestimmungsmethode** ist die Bestimmung der blutzuckersenkenden Wirkung einer Blutprobe, meist beim Kaninchen. Ein weiterer biologischer Test besteht darin, daß bestimmt wird, welche Blutmenge nötig ist, um bei Mäusen Krämpfe zu erzeugen.

Moderne Methoden sind **radioimmunologische Methoden,** die mit Hilfe von Insulin-Antikörpern durchgeführt werden, und **Radio-Rezeptormethoden,** bei denen man Zellmembranen als Insulinrezeptor benutzt.

Bestimmung des Zuckergehaltes in Urin und Blut (Nüchternwerte) ergeben wichtige Hinweise auf die Funktion der B-Zellen. Durch Schnelltest (Urin) mit imprägnierten Teststreifen können Diabetesverdächtige erfaßt werden. Beim **Glukosetoleranztest** wird dem Patienten eine bestimmte Glukosemenge intravenös gegeben, worauf die Blutzuckerkonzentration ansteigt. Man mißt, nach welcher Zeit sie wieder auf Normalwerte absinkt. Beim Zuckerkranken ist sie nach 3 Stunden noch pathologisch hoch (Abb. 24-13). Nach einer 3tägigen Diät, die nur 300 g Kohlenhydrate enthält, bekommt der Patient einen Trunk mit hohem Zuckergehalt (1,75 g pro kg Körpergewicht). Danach wird die Blutzuckerkonzentration in

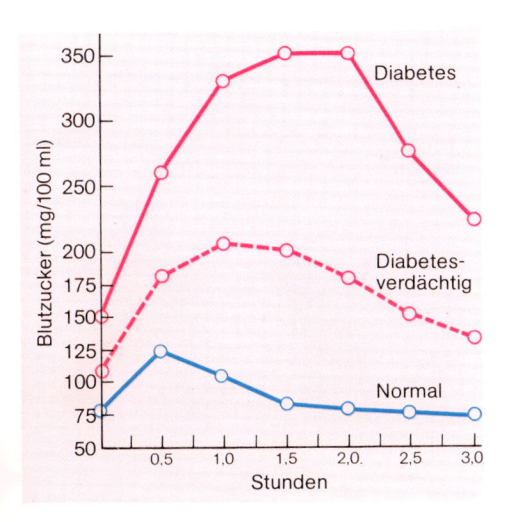

Abb. 24-13. Blutzuckerkurven beim Glukosetoleranztest. Beschreibung im Text.

Glukagon

zeitlichen Abständen kontrolliert. Die Kurven zeigen einen typischen Verlauf beim Diabetiker, bei einem Patienten mit Diabetesverdacht und beim Normalen.

Glukagon

Glukagon wurde früher als unerwünschte Verunreinigung von Insulinpräparaten angesehen. Es wird in den A-2-Zellen der Langerhansschen Inseln gebildet und vorwiegend in der Leber abgebaut.
Reize für die Freisetzung sind:
1. **Niedriger Blutzuckerspiegel** (Hypoglykämie), z. B. beim Fasten.
2. **Anstieg von Aminosäuren im Blut.**
3. **Mangel an freien Fettsäuren im Blut.**
4. **Streßsituationen.**

Chemisch besteht Glukagon aus einer linearen Kette von 29 Aminosäuren (MG um 3500).

Wirkungsweise

Glukagon regt den Abbau von Glykogen in der Leber an, die **Glykogenolyse.** Dies geschieht über die Aktivierung eines zweiten Botenstoffes, des cAMP (s. 24-285). Aus den Speichern wird Glukose frei und in die Blutbahn abgegeben.

Bei **Fasten,** mangelnder Glukosezufuhr, regt Glukagon die Neubildung von Zucker (**Glukoneogenese**) aus Aminosäuren an. Diese Glukagonwirkung, zusammen mit dem anregenden Effekt auf die Lipolyse, dient der Bereitstellung von Brennstoff bei unzureichender Zufuhr (Fasten).

Störungen durch **Über- oder Unterfunktion der A-2-Zellen** wurden bisher nicht beobachtet.

Untersuchungsmethoden

Bei biologischen Tests wird die **blutzuckererhöhende Wirkung** von Glukagon gemessen, zumeist bei Katzen. Ferner kann man den fettlösenden (**lipolytischen**) **Effekt** des Hormons an isoliertem Fettgewebe prüfen.

Radioimmunologische Methoden mit verschiedenen Glukagon-Antikörpern lassen sich zur Bestimmung der Hormonaktivität heranziehen.

Kurzgefaßt:

Drei Hormone findet man in der Bauchspeicheldrüse, **Gastrin,** das auch in anderen Geweben produziert wird (s. Gewebshormone), **Glukagon** aus den A-2-Zellen und **Insulin** aus den B-Zellen der Langerhansschen Inseln. Reize für die Insulinfreisetzung sind: Anstieg der Zucker-, Aminosäure- und Fettsäure-Konzentrationen im Blut. Insulin senkt die Konzentration dieser Stoffe durch Erleichterung ihres Eintretens in Körperzellen. **Insulinmangel,** Zuckerkrankheit (Diabetes mellitus), erkennt man an folgenden Zeichen: erhöhter Blutzuckergehalt, Zuckerausscheidung im Urin, häufiges Wasserlassen, Azidose, Durst, Juckreiz (s. Tab. 24-2). Therapie: Einstellung der Diät nach Broteinheiten (BE), **intramuskuläre Insulingaben.** Bei nur teilweise gestörter Insulinproduktion der B-Zellen können oral verabreichbare **Sulfonylharnstoffe** gegeben werden. **Glukagon** ist ein Gegenspieler, Antagonist, des Insulins. Es erhöht den Blutzuckerspiegel durch Anregung des Glykogenabbaus in der Leber, wirkt fettfreisetzend und eiweißabbauend.

Gewebshormone

Gewebshormone

Es handelt sich um Stoffe, die zwar in die Blutbahn abgegeben, jedoch nicht von einer speziellen Drüse gebildet werden.

Gewebshormone des Magen-Darm-Traktes sind:
1. Gastrin
2. Sekretin
3. Pankreozymin-Cholezystokinin

Gastrin wird in der Schleimhaut des Magens, kleinere Mengen werden auch in der Bauchspeicheldrüse gebildet (MG um 2000). Über den Blutweg **regt es die Bildung von Verdauungssäften des Magens und der Bauchspeicheldrüse an** (s. 10-92).

Sekretin, ein Eiweißkörper mit einem Molekulargewicht um 3000, wird in der Schleimhaut des Zwölffingerdarms gebildet. Es **hemmt die Magensaftsekretion** und **fördert die Freisetzung von Verdauungssäften der Bauchspeicheldrüse und ihren Bikarbonatgehalt** (s. 10-96). Sekretin läßt sich auch im Pankreas selbst nachweisen.

Pankreozymin und Cholezystokinin, früher als zwei verschiedene Hormone angesehen, sind chemisch identische Moleküle (MG um 4000). Sie werden in der Dünndarmschleimhaut gebildet und **steigern die Enzymproduktion der Bauchspeicheldrüse**, kommen aber in kleinen Mengen auch in der Drüse selbst vor. An der **Gallenblase kontrahieren** sie die glatten Muskelfasern (s. Lippert, 4. A., S. 209). Die drei obengenannten Hormone **regen die Freisetzung von Insulin** an und **hemmen diejenige von Glukagon,** zum Teil vermutlich auch direkt, da sie in kleinen Mengen in der Drüse selbst gebildet werden.

Prostaglandine

Diese Gewebshormone wurden zuerst in der menschlichen Samenflüssigkeit entdeckt, sie werden nicht, wie ursprünglich angenommen, in der Prostata, wonach sie benannt sind, sondern in den Samenblasen und anderen Körperorganen gebildet.

Chemisch sind Prostaglandine **Fettsäuren** mit einem 5-C-Ring (Cyclopentan) und 15 weiteren C-Atomen. Abb. 24-14 zeigt die chemische Formel von Prostaglandin A_1 (PGA$_1$). Je nach Anlagerung von OH- oder anderer Gruppen an bestimmte C-Atome wirken sie unterschiedlich und werden in Prostaglandin A, E oder F (PGA, PGE, PGF) eingeteilt.

Bildung und Abbau. Prostaglandine können wahrscheinlich in fast allen Körperorganen gebildet und abgebaut werden. Speicherung konnte man nicht beobachten und nimmt daher an, daß sie **nach Bedarf** synthetisiert werden. PGF und PGE üben ihre Wirkung am Ort ihrer Bildung aus, wo sie auch inaktiviert werden. PGA findet man in höheren Konzentrationen in der Blutbahn, woraus man ableiten kann, daß sie mehr eine Allgemeinwirkung ausüben, z. B. auf Blutzellen, Gefäßdurchlässigkeit, Gefäßtonus und die Blutgerinnung. Tabelle 24-3 zeigt verschiedene Effekte, die für Prostaglandine typisch sind. In der Niere gebildete Prostaglandine beeinflussen vermutlich die Nierendurchblutung, den Blutdruck und den Stoffaustausch (Natrium, Wasser u.s.w.) im Nierengewebe.

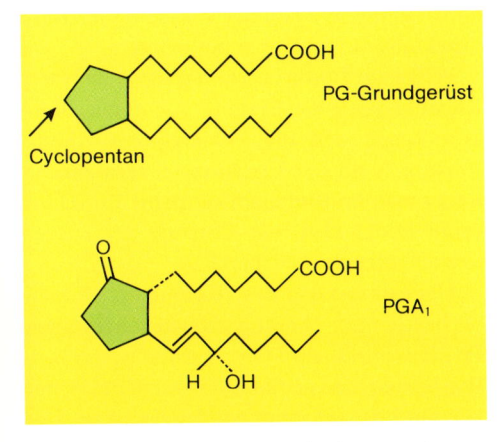

Abb. 24-14. Prostaglandine (PG), Grundgerüst und Prostaglandin A_1 (PGA$_1$).

Prostaglandine, Erythropoietin

Tabelle 24-3. Einige Prostaglandine und ihre Wirkung.

PGA	PGF	PGE
Erschlaffung der Gefäßmuskulatur	Kontraktion der Gefäßmuskulatur	Fördert Ausschüttung von: ACTH, STH, TSH, LH, Glukokortikoiden, Schilddrüsenhormonen, Insulin, Progesteron
Blutdrucksenkung	Blutdrucksteigerung	
Hemmung der Magensaftsekretion	Kontraktion der Bronchialmuskulatur (Verengung)	Erschlaffung der Bronchialmuskulatur (Erweiterung)
Kontraktion der Darmmuskulatur	Kontraktion der schwangeren Gebärmutter	Drucksteigerung im Auge
Kontraktion der schwangeren Gebärmutter	Steigerung der Blutplättchenverklebung	Erschlaffung der nichtschwangeren Gebärmutter
Steigerung der Blutplättchenverklebung	Förderung der Erregungsübertragung an sympathischen Nervenendigungen	Hemmung der Blutplättchenverklebung
Steigerung der Natriumausscheidung der Niere		Hemmung der Erregungsübertragung an sympathischen Nervenendigungen

Prostaglandine (PGF) können zur Einleitung von Frühgeburten und Geburten gegeben werden, da sie an der schwangeren Gebärmutter zur Kontraktion der Muskulatur führen (s. 25-324).

Die in der Samenflüssigkeit enthaltenen Prostaglandine (PGE) lassen die Gebärmuttermuskulatur erschlaffen und erleichtern dadurch den Samenzellen das Durchwandern des Gebärmutterhalses.

Wie bestimmte Krankheitsbilder durch **Über- oder Unterfunktion** der Prostaglandinsynthese beeinflußt werden, ist nicht geklärt. Bekannt ist, daß fiebersenkende und schmerzstillende Arzneimittel die Synthese von Prostaglandinen hemmen. Man kann daraus schließen, daß sie direkt oder über andere Hormone Entzündungsprozesse fördern.

Erythropoietin

Das Hormon wird vor allem in der Niere, aber auch in Leber und Milz gebildet.

Chemisch ist Erythropoietin ein Glykoproteid (MG ca. 46000).

Ein in der Niere gebildetes Enzym, **Erythrogenin,** spaltet aus der im Blutplasma zirkulierenden Vorstufe **Proerythropoietin** das wirksame Erythropoietin ab.

Der Wirkungsmechanismus ist noch nicht völlig geklärt, doch weiß man, daß die Bildung zunimmt, wenn der venöse Sauerstoffdruck absinkt, z. B. bei Anämien.

Wirkung: Erythropoietin steigert im roten Knochenmark die Bildung von roten Blutkörperchen und die Hämoglobinsynthese. Entsprechend der Erythrozytenvermehrung findet man im Blut auch vermehrt Retikulozyten (s. 11-110), die Vorstufe der ausgereiften roten Blutkörperchen.

Überproduktion des Hormons stellt man bei bestimmten Nierengeschwülsten fest, den **Hypernephromen.** Dann werden zuviel rote Blutkörperchen gebildet (Polyzythämie); der Hämatokritwert steigt entsprechend an. Das Blut wird dickflüssiger, was für Herz und Kreislauf eine starke Belastung bedeutet.

Übertragerstoffe, Serotonin, Bradykinin, Histamin

Übertragerstoffe des Nervensystems

Dopamin　　　　　　Adrenalin
Noradrenalin　　　　Acetylcholin

Die drei ersten sind Übertragerstoffe des **sympathischen Nervensystems. Acetylcholin** ist der Übertragerstoff des **parasympathischen Nervensystems.**

Serotonin

Es wird in vielen Geweben aus der Aminosäure Tryptophan gebildet. Besonders hohe Konzentrationen davon findet man im Hypothalamusbereich des Gehirns, in den **Blutplättchen** (Thrombozyten) und in den Gewebsmastzellen. Serotonin wirkt gefäßkontrahierend und dadurch blutstillend, besonders bei Blutungen aus kleinen Gefäßen.

Bradykinin

Bradykinin und ähnliche Substanzen können überall im Körper, unter Einfluß eines weiteren Gewebshormons, dem **Kallikrein** (durch enzymatische Abspaltung aus Globulinen), freigesetzt werden. Sie haben eine gefäßerweiternde (vasodilatatorische) Wirkung, spielen daher bei der örtlichen Blutdruckregulation und bei der Wärmeregulation (Wärmeabgabe) eine Rolle. Außerdem erhöhen sie die Durchlässigkeit der Gefäße, erleichtern den Durchtritt von weißen Blutkörperchen und Flüssigkeit (Ödembildung).

Histamin

Es wird bei Gewebsverletzungen freigesetzt. Es befindet sich konzentriert, neben Heparin, in den Körnchen der **basophilen Granulozyten** und spielt bei der allergischen Reaktion (Rötung der Haut, Jucken und Nesselsucht, s. 11-128) eine Rolle.

Kurzgefaßt:

Gastrin, Bildungsort Magenschleimhaut, **steigert** die Magensaftbildung und die Verdauungsenzymherstellung in der Bauchspeicheldrüse.

Sekretin, Bildungsort Zwölffingerdarm, **hemmt** die Magensaft- und **fördert** die Verdauungsenzym- und Bikarbonatbildung in der Bauchspeicheldrüse.

Pankreozymin (Cholezystokinin), Bildungsort Dünndarm und Bauchspeicheldrüse, steigert die Verdauungssaftherstellung in der Bauchspeicheldrüse, kontrahiert Gallenblase.

Alle drei obengenannten Hormone regen die Insulinproduktion und -Freisetzung an und hemmen diejenige von Glukagon.

Prostaglandine können in fast allen Körperorganen gebildet und inaktiviert werden. Ihre unterschiedliche Wirkungsweise ist aus Tabelle 24-3 ersichtlich.

Erythropoietin, durch ein Enzym aus der Niere aus einer im Plasma zirkulierenden Vorstufe freigesetzt, steigert die Bildung von Erythrozyten im roten Knochenmark und die Synthese von Hämoglobin.

Übertragerstoffe des autonomen Nervensystems sind **Dopamin, Noradrenalin, Adrenalin** (sympathisches S.) und **Acetylcholin** (parasympathisches S.).

Serotonin entsteht aus der Aminosäure Tryptophan, wirkt gefäßzusammenziehend, blutstillend an kleineren Gefäßen.

Bradykinin wirkt erschlaffend auf Blutgefäße und erhöht ihre Wanddurchlässigkeit.

Testosteron

Sexualhormone des Mannes

Das wirksamste männliche Sexualhormon ist **Testosteron,** das in den **Hoden** (Testes) gebildet wird. Die hormonbildenden Zellen liegen **zwischen** den Samenkanälchen und heißen nach ihrem Entdecker **Leydigsche Zwischenzellen.**

Die **Freisetzung** von Testosteron wird vom Hypothalamus über die Hormone FSH-RH und LH-RH (s. 24-286) gesteuert, die auf die Bildung von FSH und LH (auch ICSH = **I**nterstitial **C**ell **S**timulating **Ho**rmone) durch die Adenohypophyse einwirken (Abb. 24-15).

FSH fördert direkt die Samenbildung in den Samenkanälchen der Hoden.

LH regt die interstitiellen Leydigschen Zellen zur Bildung von Testosteron an, das die Samenreifung fördert.

Chemisch ist Testosteron ein Steroid mit 19 C-Atomen (C_{19}-Steroid). Die Strukturformel ist aus Abb. 2-9 zu ersehen, zusammen mit den Formeln für Östrogen und Progesteron, einem Gestagen (s. u.). Sie haben in ihrem Aufbau große Ähnlichkeit, sind aber in ihren Wirkungen sehr unterschiedlich. Testosteron wird im Blut an ein Trägereiweiß gebunden transportiert, ist aber in dieser Form nicht aktiv.

Die **Ausscheidung** des Hormons erfolgt, nach Inaktivierung durch die Leber, in der Niere, teils auch in der Gallenflüssigkeit.

Testoteron entfaltet erstmals seine **Wirkung** im frühen Embryonalalter, bei der **Geschlechtsdifferenzierung.** Obwohl nach der Vereinigung von Ei- und Samenzelle das Geschlecht des neuen Lebewesens bereits feststeht, ist es bis etwa zur 7. Lebenswoche sexuell noch nicht differenziert, d. h., männliche und weibliche Anlagen sind beide vorhanden. Dann werden zum ersten Mal männliche Hormone, vor allem Testosteron, wirksam, wie man durch Tierversuche feststellen konnte. Etwas vereinfacht dargestellt, **unterdrücken** Androgene (männliche Geschlechtshormone) aus den embryonalen Hoden die Weiterentwicklung des Embryos

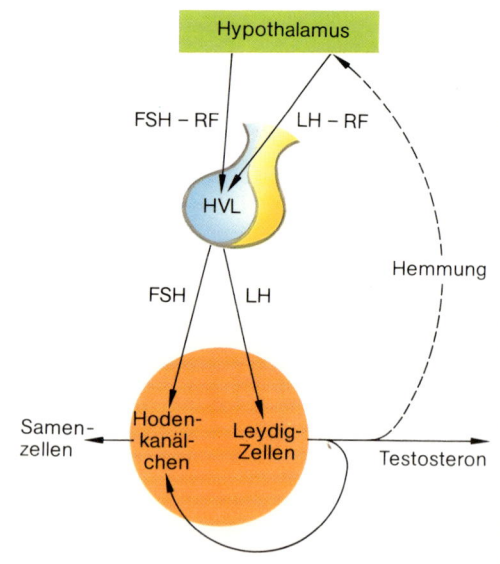

Abb. 24-15. Hormonelle Steuerung der männlichen Geschlechtsdrüsenfunktion. Abkürzungen und Erklärung s. Text.

zu einem weiblichen Wesen und **fördern** die Entwicklung von männlichen Geschlechtsmerkmalen.

In diesem Stadium der Entwicklung kann es zur abnormen Geschlechtsdifferenzierung kommen, z. B. wenn die Hormonproduktion im embryonalen Hoden gestört ist. Es entstehen männliche Pseudohermaphroditen (Scheinzwitter) mit Hoden und weiblichen Genitalorganen.

Geschlechtsreifung: Die nächste aktive Produktionsphase von Sexualhormonen, in diesem Falle von **Testosteron,** setzt kurz vor der Pubertät ein, etwa um das 13. Lebensjahr. In diesem Lebensabschnitt hat Testosteron folgende wichtige Funktionen:

1. Bei der **Samenbildung (Spermiogenese):** In den sich zur gleichen Zeit vergrößernden Hoden werden in den Samenkanälchen unter Testosteron- und FSH-Einfluß aus den unreifen Vorstufen der Samenzellen, den **Spermatogonien,** reife **Spermien,** Samenzellen, gebildet (s. Lippert 267). Durch Wachstum und Teilung

Testosteronwirkungen

entstehen **Spermatozyten.** Bei der Umwandlung vom primären zum sekundären Spermatozyten wird bei der Zellteilung der Satz von 46 Chromosomen halbiert: **Reduktionsteilung** oder **Meiose** (s. Lippert, 4. A., S. 22f.). Im Verlauf der Reifung der weiblichen Eizelle wird ebenfalls der Chromosomensatz halbiert, so daß erst nach der Verschmelzung von Ei- und Samenzelle wieder ein kompletter Chromosomensatz entsteht.

2. Neben einem **Wachstumsschub,** der den ganzen Organismus betrifft, wachsen Hoden und Penis. Durch das Wachstum des Kehlkopfes werden die Stimmbänder verlängert, und die Stimme wird tiefer, männlich (Stimmbruch).
3. Die **Scham-, Achsel- und Bartbehaarung** setzt ein.

Unterfunktion der männlichen Sexualdrüsen (durch Hypophysengeschwülste) vor der **Pubertät** führt zu unproportioniertem Riesenwuchs (Lippert, 4. A., 225; A u. B). Die sekundären Geschlechtsmerkmale bleiben in ihrer Entwicklung zurück, z. B. der Bartwuchs; die Stimme bleibt auffallend hoch.

Unterfunktion nach der Pubertät hat eine Rückbildung der Leydigschen Zwischenzellen, Störung der Samenbildung und Unfruchtbarkeit zur Folge, Symptome, die durch Hormontherapie günstig zu beeinflussen sind.

> **Kurzgefaßt:**
>
> **Testosteron,** unter Einfluß der Hypothalamushormone FSH-RH und LH-RH sowie der Hypophysenvorderlappenhormone FSH und LH (ICSH) in den Zwischenzellen der Hoden gebildetes und freigesetztes Steroidhormon. Wirkung: Geschlechtsdifferenzierung in der Embryonalzeit und Geschlechtsreifung in der Pubertät. Einfluß auf das Wachstum, Samenbildung, Ausbildung der sekundären Geschlechtsmerkmale. **Testosteronmangel vor** der Pubertät führt zum unproportionierten Riesenwuchs, kein Bartwuchs, Eunuchenstimme, **nach** der Pubertät zu Störungen der Samenbildung, evtl. Unfruchtbarkeit.

Sexualhormone der Frau

Die geschlechtsspezifischen Hormone der Frau sind vielfältiger als die des Mannes. Sie müssen nicht nur die Entwicklung der sekundären Geschlechtsmerkmale und der Eireifung steuern, sondern auch den Menstruationszyklus, die Schwangerschaft, den Geburtsvorgang und die Stillperiode.

Für die nichtschwangere Frau sind **Östrogene** und **Gestagene** (z. B. Progesteron) die beiden wichtigsten Hormone, die in wechselnden Konzentrationen in den **Eierstöcken (Ovarien)** gebildet werden.

Freisetzung und Hemmung wird vom Hypothalamus über FSH- und LH-Releasinghormone gesteuert, die in der Adenohypophyse die Produktion von **FSH** (Follikel stimulierendem Hormon) und **LH** (Luteotropem Hormon) überwachen. Die Menge

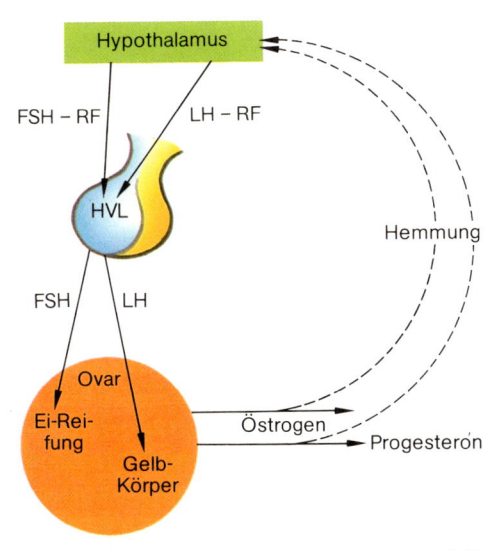

Abb. 24-16. Hormonelle Steuerung der weiblichen Geschlechtsdrüsenfunktion. Abkürzungen u. Erklärung siehe Text.

Östrogene, Gestagene

an ausgeschüttetem FSH steht zu derjenigen von LH in umgekehrtem Verhältnis, was sich in ähnlicher Weise auf die Östrogen/Progesteronproduktion im Eierstock auswirkt. Aus Abb. 24-16 ist zu ersehen, daß eine ansteigende Konzentration von Östrogen bzw. Progesteron hemmende Einflüsse auf den Hypothalamus ausübt. Wird z. B. im Ovar 80% Östrogen und 20% Progesteron (Gestagen) gebildet, so drosselt die hohe Östrogenkonzentration im Blut den FSH-Releasingfaktor, der Gestagengehalt steigt an, der Östrogengehalt nimmt ab. Dieser Rückkopplungsmechanismus bewirkt, daß beide Hormone wechselseitig in ihren Konzentrationen zu- und abnehmen. Er ist eine wichtige Voraussetzung für den Ablauf des Menstruationszyklus (s. u.).

Chemisch sind Östrogene und Gestagene (z. B. Progesteron) einander nahe verwandt, wie aus Abb. 2-9 zu ersehen ist, Östrogen ist ein C_{18}-, Progesteron ein C_{21}-Steroid. Beide werden über die Synthese von Cholesterin gebildet und in der Blutbahn, an ein Trägereiweiß gebunden, transportiert.

Wirkungen der Östrogene und Gestagene

Im Gegensatz zu Testosteron spielen die weiblichen Sexualhormone bei der **Geschlechtsdifferenzierung** im frühen Embryonalalter keine Rolle.

Die **Geschlechtsreifung** ist jedoch hormonabhängig. Im Alter von 7-8 Jahren vergrößern sich die Eierstöcke, und die Produktion von Östrogenen setzt ein. Zuerst beginnt das Wachstum der Brüste, dann setzt die Schambehaarung ein und im Alter von etwa 13 Jahren die **erste Regelblutung (Menarche)**. Regelblutungen treten normalerweise alle 28 Tage ± 3 Tage ein, sie sind aber unmittelbar nach der Menarche noch unregelmäßig, die Zyklen **anovulatorisch**, d. h., es wird kein reifes Ei (lat. ovum) gebildet, und die Gestagenproduktion, die der Vorbereitung einer Schwangerschaft dienen soll, ist unzureichend.

In beiden **Eierstöcken (Ovarien)** sind bei der Geburt etwa 1 Million Vorstufen von Eiern (Oozyten) angelegt, von denen im Alter von ca. 6 Jahren pro Eierstock noch um 200 000 vorhanden sind. Davon reifen während des fortpflanzungsfähigen Alters der Frau etwa 400 zu Eizellen. Die Oozyten sind von einer kernreichen Follikelzellschicht, einem Hüllgewebe (Theca folliculi) und einer Faserschicht umgeben (s. Lippert, 4. A., S. 276f.). Die ganze Eianlage wird als **Graafscher Follikel** bezeichnet. Das follikelstimulierende Hormon **FSH** der Hypophyse regt das Wachstum **eines** Follikels (selten von zwei oder mehreren gleichzeitig) an. Voraussetzung ist, daß das Ei in dem betroffenen Follikel seine endgültige Größe erreicht und die erste Reifeteilung (mitotisch) stattgefunden hat. Die zweite Reifeteilung oder Reduktionsteilung (meiotisch), bei der der **Chromosomensatz** halbiert wird, beginnt erst beim Eisprung. Die Eizelle schwimmt bis dahin in der Follikelflüssigkeit, die ständig zunimmt, bis der Follikel platzt und das Ei herausgeschwemmt wird. Kurz vor dem Eisprung kann der Follikel die Größe von 15-20 mm erreichen. Bei hohen Gonadotropinkonzentrationen (FSH und LH) können auch 2 oder mehrere Follikelsprünge gleichzeitig stattfinden, was zu Zwillings- bzw. Mehrlingsgeburten führen kann. Gonadotropine werden therapeutisch, z. B. bei Unfruchtbarkeit, gegeben, wodurch oft mehrere Follikel gleichzeitig zum Wachstum angeregt werden.

Nach dem Eisprung entsteht im Follikel ein Blutgerinnsel, das resorbiert wird und die eingerissene Stelle verschließt; der Follikel nimmt dann eine gelbliche Farbe an. Von da an spricht man vom **Gelbkörper (Corpus luteum)**. Die Follikel- und Thekazellen bilden nun vorwiegend **Gestagene** (Progesteron), angeregt durch das luteinisierende Hormon **LH** der Hypophyse. Gestagene dienen der Vorbereitung einer zu erwartenden Schwangerschaft. **Progesteron** wird in Form des Abbauproduktes **Pregnandiol** im Urin Schwangerer ausgeschieden.

Menstruationszyklus

Der Menstruationszyklus und seine hormonelle Steuerung

Der Sexualzyklus der Frau weist einen Rhythmus von durchschnittlich 28 ± 3 Tagen auf. Interessant ist, daß Tiere andere sexuelle Rhythmen haben, z. B. Maus und Ratte 4-6 Tage, Meerschweinchen 14 Tage, Schweine 21 Tage, Hunde haben nur 2 Zyklen pro Jahr, Fledermäuse und Murmeltiere nur einen jährlich. Bei Tieren spricht man von Östruszyklen.

Der Menstruationszyklus (Abb. 24-17) wird entsprechend den **Veränderungen der Gebärmutterschleimhaut** in 2 Hauptphasen eingeteilt:
1. die Proliferationsphase,
2. die Sekretionsphase.

Außerdem kann man noch 2 weitere Phasen unterscheiden:
3. Phase der Mangeldurchblutung (ischämische Phase),
4. Phase der Funktionalisabstoßung (Menstruum).

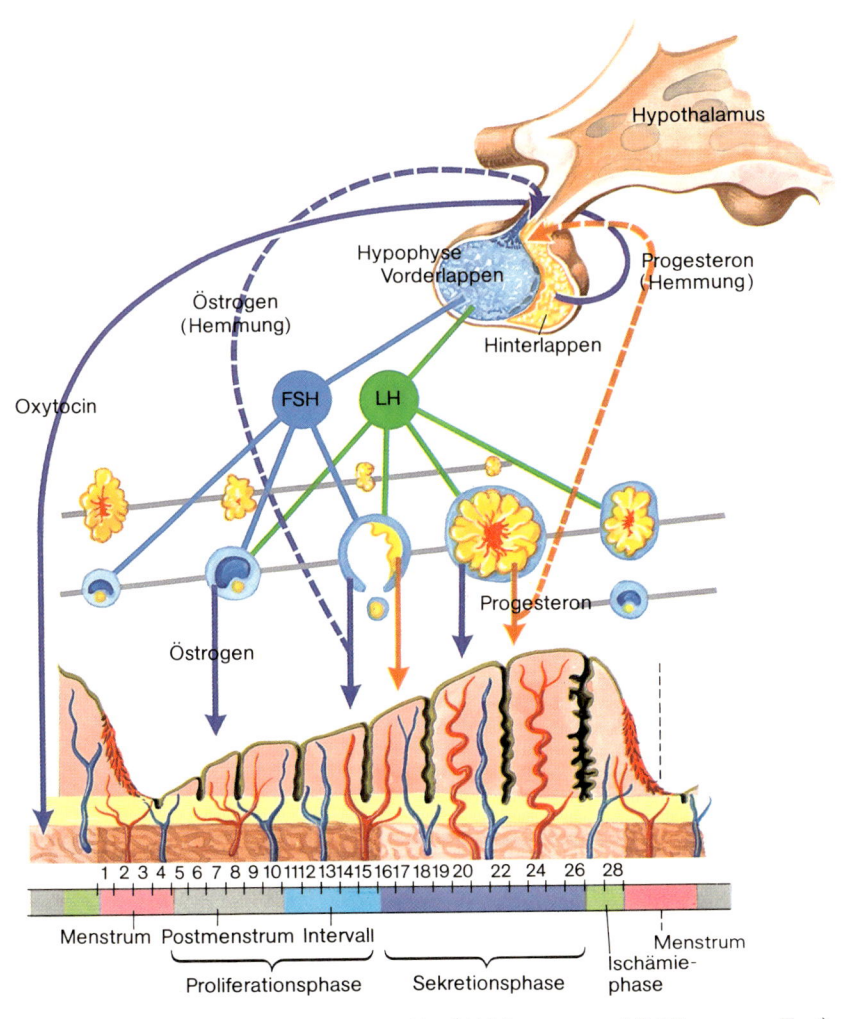

Abb. 24-17. Hormonelle Steuerung des weiblichen Zyklus (Abkürzungen und Erklärungen s. Text).

Hormonelle Steuerung

Während die **Muskelschicht** und die **Basalschicht der Schleimhaut** der **Gebärmutter (Uterus)** den ganzen Zyklus hindurch unverändert bleiben, wächst **(proliferiert)** die **Funktionalisschicht** der Schleimhaut (s. Lippert, 4. A., S. 283ff.); sie nimmt an Dicke zu, wobei die bis dahin gewundenen Schleimdrüsen in die Länge gezogen werden. Während dieser Phase reift das Ei im Follikel des Eierstocks heran und wird gegen die Mitte des Zyklus ausgestoßen (Ovulation). Das Ei wird von den **Fransen (Fimbrien)** der Eileiter aufgefangen und durch den Eileiter in die Gebärmutterhöhle transportiert, was etwa 3-4 Tage dauert. Dann setzt die **Sekretionsphase** ein, die Drüsen der Funktionalisschicht sezernieren Schleim und Glykogen. Wenn keine Eibefruchtung und Einnistung erfolgt ist, schrumpft die Funktionalisschicht, die spiralig gewundenen Blutgefäße degenerieren und lassen Blut austreten. Dieses sammelt sich unter der Funktionalis an, die sich in Fetzen ablöst und mit Blut vermischt abgestoßen wird. Die **Regelblutung** dauert 4-5 Tage, der Blutverlust beträgt zwischen 20 und 60 ml. Es ist sinnvoll, daß das Menstrualblut flüssig bleibt; man hat festgestellt, daß die Konzentration gerinnungsfördernder Faktoren, besonders die des Fibrinogens (s. 11-122), im Menstrualblut niedrig ist. Ferner ist die Urokinasekonzentration (s. 11-123) im Gebärmutterhals relativ hoch, wodurch die Fibrinolyse aktiviert werden kann.

Abb. 24-17 zeigt schematisch die Schleimhautveränderungen in der Gebärmutter, die Eireifung im Follikel, den Eisprung und den Gelbkörperauf- und -abbau. Die Hypophyse und der Hypothalamus sind eingezeichnet, die Hormone, ihre Zielorgane und ihr zeitliches Eingreifen.

In Abb. 24-18 sieht man den An- und Abstieg der Hormonspiegel während des Zyklus sowie den Verlauf der Körpertemperatur. Die **Proliferationsphase** ist durch einen **steilen Östrogenanstieg**, die **Sekretionsphase** durch einen steilen **Progesteronanstieg** ge-

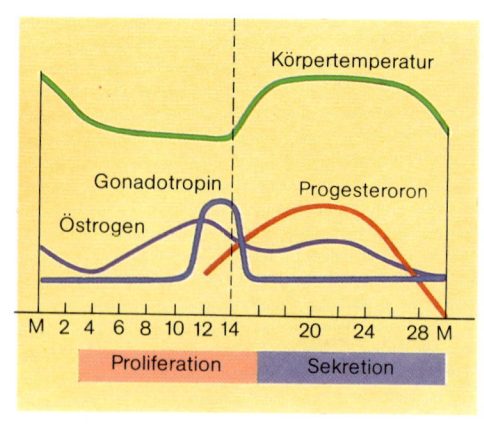

Abb. 24-18. Verhältnis der Östrogen-Gonadotropin- und Progesteron-Ausschüttung sowie Temperaturkurve im Verlauf des Zyklus (M = Menstruation).

kennzeichnet. Am Ende des Zyklus fallen **Östrogen und Progesteron** stark ab, wodurch Hypothalamus und Hypophyse veranlaßt werden, den nächsten Zyklus hormonell vorzubereiten.

Die Hormone, die den Menstruationszyklus steuern, üben ihren Einfluß fast auf alle Körperorgane aus.

Die weibliche **Brust (Mamma)** vergrößert sich im Laufe der Proliferationsphase durch Wachstum des Bindegewebes, in der Sekretionsphase wird auch das Drüsengewebe aktiviert; es bilden sich kleine Drüsengänge, die sich erweitern und mit Sekret füllen. Das Volumen nimmt weiter zu und fällt nach der Menstruation wieder ab.

Die **Körpertemperatur**, morgens beim Aufwachen und rektal gemessen („Basaltemperatur"), steigt etwa 2 Tage nach dem Eisprung um ca. 0,5° C an, bleibt während der ganzen Sekretionsphase hoch und fällt beim Eintreten der Menstruation wieder ab. Temperaturmessungen geben wichtige Hinweise auf die Tätigkeit der Eierstöcke.

Der **Blutdruck** steigt bis kurz vor der Menstruation fortlaufend an (bis um 3 kPa bzw. 20 mm Hg) und sinkt dann wieder auf die Norm.

Klimakterium

Psychische Veränderungen sind besonders auffallend. Kurz vor der Menstruation sinkt die Stimmung ohne äußere Anlässe bei den meisten Frauen stark ab, und die geistige und körperliche Aktivität läßt nach. In manchen Fällen kann es zu schweren Depressionen kommen.

Das **Klimakterium**, die Wechseljahre der Frau, setzt zwischen dem 45. und 50. Lebensjahr ein. Die Fortpflanzungsfähigkeit erlischt allmählich, zuerst die Eireifung mit dem Eisprung, durch Nachlassen der Eierstocktätigkeit. Die Regelblutungen bestehen zunächst fort und werden später unregelmäßig. **Menopause** nennt man die Zeit nach der letzten Regelblutung. Durch das Nachlassen der Östrogenproduktion wird die Hemmwirkung der Östrogene auf die Gonadotropinausschüttung schwächer, vor allem der FSH-Spiegel steigt dann an. Klimakterische Beschwerden äußern sich in Hitzewallungen, Schweißausbrüchen, Herzklopfen, Atembeschwerden und Durchblutungsstörungen. Auch psychische Beschwerden sind häufig, wie Angst, Verstimmung und Reizbarkeit. In schwereren Fällen kann eine Östrogentherapie helfen.

Die äußeren, und in höherem Alter auch die inneren Genitalorgane, bilden sich ebenfalls zurück.

Kurzgefaßt:

Östrogene und **Progesterone** (Gestagene) werden in den Eierstöcken unter Einfluß der Hypothalamushormone FSH-RH und LH-RH und der Hypophysenvorderlappenhormone FSH und LH gebildet. Wirkung: **kein** Einfluß auf die Geschlechtsdifferenzierung, erst auf die Geschlechtsreifung um die Pubertätszeit. Wachstum der Gebärmutter und Eierstöcke sowie Ausbildung der sekundären Geschlechtsmerkmale. Sie steuern den **Sexualzyklus,** erstmalig (Menarche) mit 12-13 Jahren auftretend, Dauer 28 ± 3 Tage. Die Schleimhaut der Gebärmutter durchläuft eine **Proliferationsphase** (Aufbau), während ein Ei im Follikel eines Eierstocks reift. Eisprung und Wanderung durch den Eileiter in die Gebärmutter, wo die **Sekretionsphase** eingesetzt hat. Bei Nichtbefruchtung wird die Schleimhaut und das Ei abgestoßen, die 4-5 Tage dauernde Regelblutung setzt ein. Die Proliferationsphase wird vorwiegend durch Östrogen gesteuert, die Sekretionsphase durch Progesteron. Die **Körpertemperatur** steigt ca. 2 Tage nach dem Eisprung um 0,5° C an, sinkt bei Nichtbefruchtung am Zyklusende wieder ab.

Das **Klimakterium** (Wechseljahre) setzt zwischen dem 45. und 50. Lebensjahr ein. Die **Menopause** ist die Zeit nach der letzten Regelblutung im Leben der Frau.

ated colonies, in Lake Berryessa, USA. Marine Ecology Progress Series, 44, 231-242.

V. Fortpflanzung

25. Empfängnis, Schwangerschaft und Geburt

Um die physiologischen Vorgänge von Befruchtung, Schwangerschaft und Geburt zu verstehen, sollte man sich vorher über die Anatomie der weiblichen und männlichen Geschlechtsorgane informieren (s. Lippert, 4. A., S. 262-291).

Für die **Empfängnis** (lat. conceptio) müssen bestimmte Voraussetzungen bei der Frau und beim Mann erfüllt sein. **Schwangerschaft** und **Geburt** sind komplizierte Vorgänge, die der weibliche Organismus allein leistet.
Für den Mann ist die Potenz ein wichtiger Faktor. Im landläufigen Sinne versteht man darunter die Fähigkeit, den Penis zur Erektion und zum Einführen in die Scheide (Vagina) zu bringen. Der Mediziner spricht in diesem Falle von Potentia coeundi und unterscheidet diese noch von der Potentia generandi. Darunter versteht man die Fähigkeit, a) **gesunde, ausgereifte Samenzellen in ausreichender Zahl** zu bilden und b) diese mit der **geeigneten Menge und Zusammensetzung** von Sekreten zu versehen (s. u.).

Die Veränderungen der männlichen Geschlechtsorgane bei sexueller Erregung (s. Lippert, 4. A., S. 273) erfolgen „reflektorisch" über das Sakralmark im untersten Abschnitt des Rückenmarks. Die Ausstoßung der Samenflüssigkeit (Ejakulation) am Ende des Begattungsaktes erfolgt ebenfalls reflektorisch, kann aber vom Großhirn aus gebahnt oder gehemmt werden.

Das Ejakulat, Spermien mit Sekret, **Sperma** genannt, beträgt durchschnittlich 3,5-4,5 ml. 1 ml Spermaflüssigkeit enthält etwa 80-100 Millionen Samenzellen. Der Anteil an Samenzellen im Ejakulat nimmt mit zunehmendem Alter ab. Wenn weniger als 10 Millionen/ml enthalten sind, kann dies als Ursache für eine Unfruchtbarkeit gelten. Von gleicher Bedeutung wie die Menge der Spermien ist ihre Funktionstüchtigkeit. Nach der Spermiogenese in den Hodenkanälchen fehlt den Zellen noch die Eigenbeweglichkeit. Diese wichtige Fähigkeit erwerben sie erst nach Verlassen der **Nebenhoden**, in denen sie auch gespeichert werden. Es reifen dort die **Kopfkappe** (Akrosom; Abb. 25-1), die um den Achsenfaden spiralig aufgewickelten **Mitochondrien** und die **Plasmahülle**. Diese Bestandteile der Samenzelle liefern die nötige Energie für den **Stoffwechsel** und die **Fortbewegung**. In den Nebenhoden erhalten sie die dafür erforderlichen Enzyme.

Für die Produktion der Samenflüssigkeit sind die folgenden Drüsen verantwortlich: die Vorsteherdrüse (Prostata), die Samen-

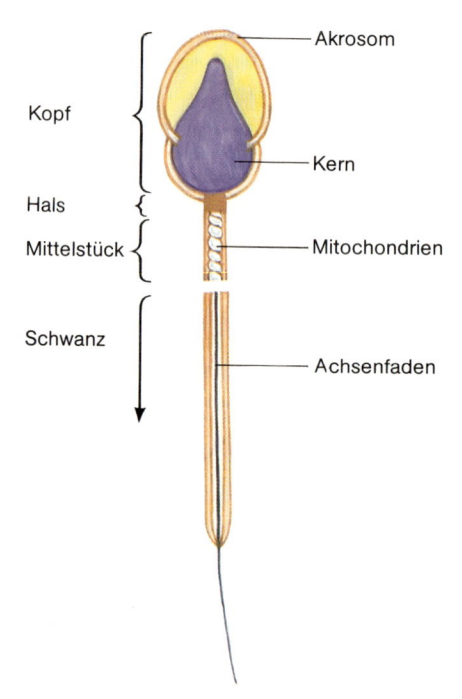

Abb. 25-1. Samenzelle.

Befruchtung

blasen und die Cowperschen Drüsen (s. Lippert, 4. A., S. 261 u. 271). Wichtige Bestandteile der Sekrete sind, neben Wasser, Prostaglandinen, Zitronensäure und Fibrinolysin, **energiespendende Nährstoffe**: Fruktose, Eiweiße, Fett (Phospholipide) sowie **Phosphat- und Bikarbonatpuffer**, die die Spermien im sauren Milieu der Scheide, gegen das sie sehr empfindlich sind, vor dem Zugrundegehen schützen. Die Tätigkeit der Drüsen in Prostata, Hoden und Nebenhoden ist abhängig von einer ausreichenden Produktion von androgenen Hormonen (s. 24-296).

Die Frau muß zur Zeit der Samenaufnahme ein reifes Ei zur Befruchtung bereitstellen. Voraussetzung dafür ist die volle Funktion der Eierstöcke, der Eileiter (Durchgängigkeit) und der Gebärmutter. Eine Empfängnis kurz nach der Menarche ist unwahrscheinlich, da der Zyklus ohne Eireifung, d. h. noch anovulatorisch, verläuft; dasselbe gilt auch für die Zeit der Wechseljahre, vor der **Menopause**. Da ein Ei nach dem Follikelsprung unbefruchtet nur 12-24 Stunden überlebt, ist der Zeitpunkt für eine Befruchtung kurz vor und um den Eisprung am günstigsten. Wie man aus Abb. 24-17 ersehen kann, findet die Ovulation 14 Tage **vor** der nächsten Regel statt, auch wenn der Zyklus im Einzelfall kürzer als 4 Wochen dauert.

Die Befruchtung

Nachdem die Spermien in die Vagina gelangt sind, müssen sie als erstes eine Sperre im Gebärmutterhals (Cervix uteri) überwinden, den **Schleimpfropf**, der das Innere der Gebärmutter vor dem Eindringen von Keimen schützt. Der zähe Schleimpfropf ist um den Ovulationstermin kurzzeitig aufgelockert, so daß ihn dann die Spermien, etwa mit einer Geschwindigkeit von 3 mm/min, durchwandern können, indem sie sich mit Hilfe ihres Schwanzes geißelartig fortbewegen. Während die Spermien im sauren Milieu in der Scheide schnell zugrunde gehen, können sie

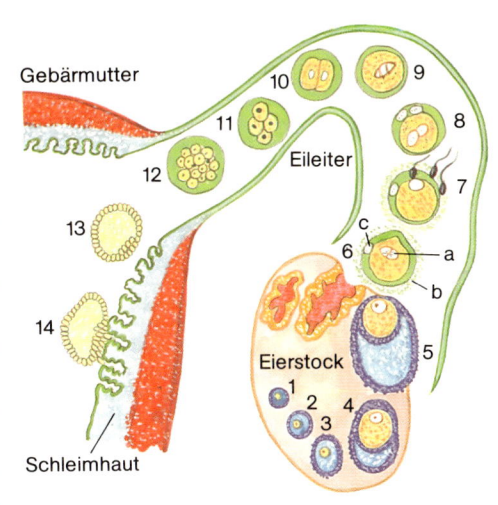

Abb. 25-2. Der Weg der Eizelle vom Eierstock zum Eileiter, die Befruchtung, Zellteilung und Einnistung in die Gebärmutterschleimhaut. 1–4 Eientwicklung im Eierstock, 5 *Graaf*scher Follikel vor dem Eisprung. 6 Eizelle kurz nach dem Eisprung, a Reduktionsteilung (meiotisch), b Glashaut (Zona pellucida), c Polkörperchen, 7 Eindringen der männlichen Samenzelle, 8 Vereinigung des weiblichen und männlichen Vorkerns, 9 erste mitotische Teilung, 10–12 Zwei-, Vierzell- und Morulastadium, 13 Blastozyste, 14 beginnende Einnistung in die Gebärmutterschleimhaut.

im Gebärmutterhals mehrere Tage überleben. Sie wandern durch die Gebärmutterhöhle in die Eileiter, wo sie im erweiterten Teil, der Ampulle, sozusagen das Ei (Abb. 25-2) erwarten. Inzwischen ist durch Eileitersekrete das Ei von seiner Hülle, der Glashaut (Zona pellucida), befreit. Nur **einer** Samenzelle gelingt es, in die Eizelle einzudringen. Vorher löst sich die Kopfkappe auf und entläßt eiweiß- und schleimspaltende Enzyme, die den Weg ins Zellinnere freimachen. Der Fortbewegungsapparat wird zurückgelassen und die beiden Kerne vereinigen sich zu einem einzigen Kern mit nun wieder normalem Satz von 46 Chromosomen. Noch während der Wanderung der befruchteten Eizelle durch den Eileiter in Richtung Gebärmutter setzt eine lebhafte Zelltei-

Plazenta

lung ein; kurz vor dem Verlassen des Eileiters ist das Morulastadium (lat. morula = Maulbeere) erreicht.

Die Einnistung (Nidation)

Nachdem die Morula weitere Entwicklungsstadien durchgemacht hat (s. Lippert, 4. A., S. 293), nistet sich der Keimling **(Embryo)** in der Gebärmutter ein, wobei die oberen Schleimhautschichten durch Enzyme abgebaut werden. Die Schleimhaut der schwangeren Gebärmutter wird nun **Dezidua** genannt.

Die Plazenta (Mutterkuchen)

Alle Baustoffe und Sauerstoff, die das Wachstum des Embryos und Fetus erfordert, müssen von der Mutter geliefert werden. Die beiden Entwicklungsstadien sind anatomisch genau definiert. Während der **Embryonalzeit** bilden sich die Anlagen aller Organe aus, der **Embryo** ist am Ende der Embryonalzeit 5-6 cm lang und ca. 11 Wochen alt. Von da ab findet nur noch eine weitere Differenzierung aller Organe statt, man spricht jetzt vom **Fetus** (ab 3. Monat). Auch im medizinischen Sprachgebrauch wird der klaren Definition nicht immer Rechnung getragen.

Während der ersten Teilungsphasen des befruchteten Eies kann die Ernährung noch durch Diffusion aus der Gebärmutterschleimhaut erfolgen. Drei Wochen nach der Befruchtung ist der Embryo 2 mm lang, eine Herzanlage hat sich gebildet, die schon vor der 4. Woche zu schlagen beginnt und damit den Transport von Stoffen durch Konvektion fördert (s. 5-40). Zu diesem Zeitpunkt bilden sich Zotten, die zuvor um den ganzen Embryo herum bestanden haben (Abb. 25-3), besonders stark an der ursprünglichen Anhaftungsstelle des Eies in der Uterusschleimhaut aus und bilden sich gegen das Uterusinnere hin zurück. Die Zotten wachsen in die Uterusschleimhaut hinein; das mütterliche Gewebe wird so weit aufgelöst, daß schließlich ab 3. Monat die Zotten mit ihren Kapillaren ins mütterliche Blut eintauchen.

Mißbildungen, die nicht erblich bedingt sind (s. 4-38), entstehen durch mangelhafte Sauerstoffversorgung oder andere schädigende Einflüsse (z. B. Medikamente, Alkohol, Röntgenstrahlen), vor allem im ersten Drittel der Schwangerschaft (Abb. 25-4). Gehirn- und Herzfehlentwicklungen können schon in der 2. und 3. Schwangerschaftswoche auftreten. An den Lippen („Hasenscharte") können in der 5., am Gaumen („Wolfsrachen") in der 10.-12. Woche Fehlentwicklungen auftreten.

Die Kapillaren der Zotten bilden in der reifen **Plazenta** etwa eine **Austauschfläche** von 7 m². Das Herz des Feten pumpt durch die Nabelschnurvene fetales Blut in die Zotten der Plazenta, wo der Stoff- und Gasaustausch mit dem mütterlichen Blut stattfindet; durch die Nabelschnurarterien läuft das Blut zurück zum Feten. Die Plazenta ist nicht nur die „Lunge" des Feten, sondern auch sein „Darm" zur Aufnahme von Nahrungsstoffen. Außerdem werden in der Plazenta wichtige Hormone zum Erhalt der Schwangerschaft gebildet (s. 25-322). Abb. 25-5 zeigt schematisch eine Zotteneinheit (Kotyledo), die wie ein vielblättriger Baum in das mütterliche Blut eintaucht. Den Blättern entsprechen die Zotten mit den Kapillaren. Der Raum zwischen den Zotten ist nur ca. 10 μm und mit dem Blut der Mutter gefüllt. Dieser enge Abstand ist nötig, um kleine Diffusionsstrecken zu haben. Das mütterliche Blut schießt fontänenartig aus den Spiralarterien der Uterusmuskulatur mit einem Druck von ca. 10 kPa (75 mm Hg) in Richtung Chorionplatte und fließt dann zur Basalplatte der Uterusschleimhaut in deren Venen wieder ab. Während des Kontaktes des mütterlichen Blutes mit den Zotten werden Nahrungsstoffe und Sauerstoff in die Zottenkapillaren und damit ins fetale Blut aufgenommen. Umgekehrt werden Abbauprodukte und CO_2 ins mütterliche Blut abgege-

Mißbildungen

ben. Gas und Elektrolyte werden durch Diffusion ausgetauscht, kompliziertere Moleküle vorwiegend durch aktive Transportprozesse.

Für den Sauerstoffaustausch ist es günstig, daß das während der Fetalzeit gebildete Hämoglobin (HbF) eine höhere Sauerstoffaffinität als das mütterliche hat, d. h., den Sauerstoff stärker bindet. Die mütterlichen Erythrozyten enthalten Erwachsenenhämoglobin (adultes Hb, HbA), dessen O_2-Affinität durch das 2,3 Diphosphoglyzerat erniedrigt ist (Abb. 25-6).

Während der letzten Wochen vor der Geburt ist das in der Plazenta arterialisierte Blut der Nabelschnurvene nur zu etwa 60% mit Sauerstoff gesättigt und hat einen O_2-Druck von etwa 4 kPa (45-53 mm Hg). Im Hinblick auf den niederen O_2-Druck ähnelt die Situation derjenigen des Menschen in großen Höhen (ca. 7000 m). Ein Unterschied besteht jedoch hinsichtlich des pH-Wertes und CO_2-Druckes, denn bei Höhenaufenthalt besteht ein erhöhter pH-Wert und erniedrigter CO_2-Druck, ähnlich wie bei Hyperventilation.

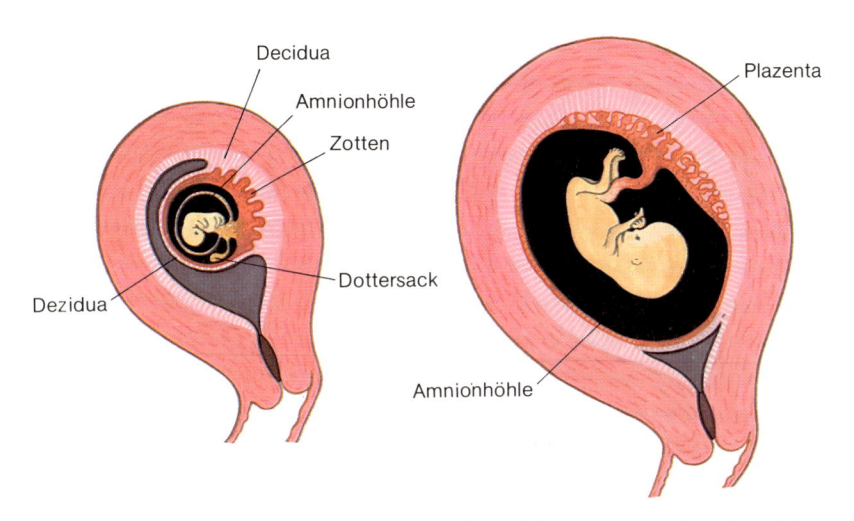

Abb. 25-3. Plazentaentwicklungsstadien. Links: Ende des 2. Monats, rechts: Ende des 4. Monats.

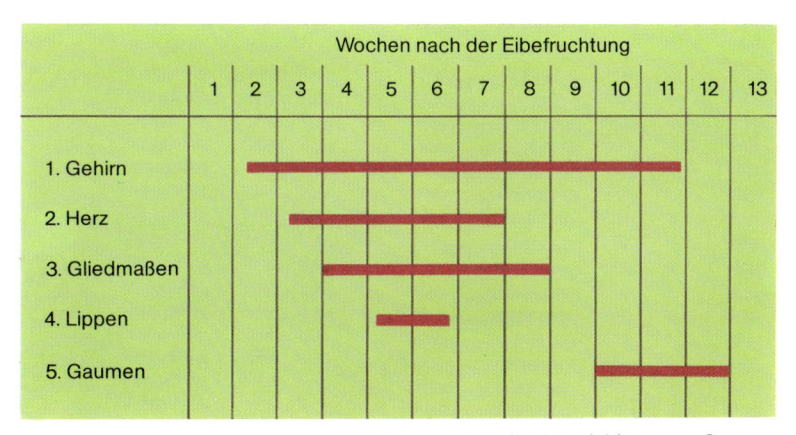

Abb. 25-4. Zeiträume, in denen bevorzugt Mißbildungen bei der Entwicklung von Organen entstehen.

Gasaustausch

Abb. 25-5. Schematische Darstellung einer Zotteneinheit (Kotyledo) der reifen Plazenta. Erklärung im Text.

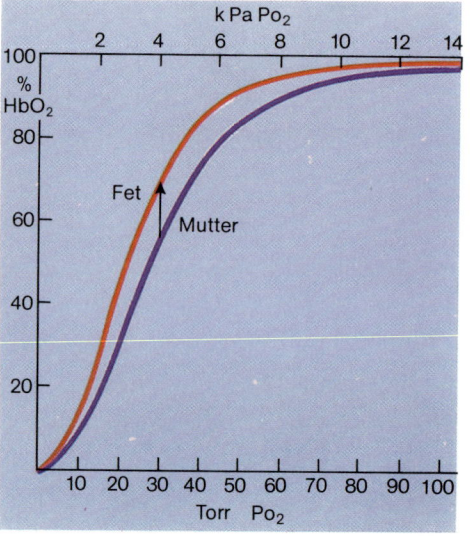

Abb. 25-6. O_2-Bindungskurven des fetalen und mütterlichen Blutes.

Kurzgefaßt:

Voraussetzung für die **Befruchtung** ist, daß der Mann eine ausreichende Menge funktionstüchtigen **Samens** in die Scheide der Frau entleeren kann. Die Samenfäden gelangen durch Geißelbewegung durch die Gebärmutter in die Eileiter. Die Frau muß ein **reifes Ei** aus den Eierstöcken abgeben. Dieses wandert durch die **Eileiter**, wird dort befruchtet und gelangt in die Gebärmutter. Die **Schleimhaut** muß zur Einnistung des Eies **(Nidation)** vorbereitet sein. Die Schleimhaut der schwangeren Gebärmutter heißt **Dezidua**.

Mit Kapillaren versehene **Zotten** bilden sich an der Anhaftungsstelle in der Gebärmutterschleimhaut aus. Die mütterliche Schleimhaut wird aufgelöst, so daß die Zotten ins mütterliche Blut tauchen und der **Austauschweg** zum fetalen Blut in den Zottenkapillaren möglichst kurz ist. Die reife Plazenta hat eine Kapillaraustauschfläche von ca. 7 m². Außer den **Gasen** O_2 und CO_2 werden **Elektrolyte** passiv und **Nährstoffe** sowie **Abbauprodukte** teilweise auch aktiv transportiert. Außerdem bildet die Plazenta die Hormone **Gonadotropin** und **Progesteron. Mißbildungen** durch Mangelversorgung oder andere schädigende Einflüsse entstehen vorwiegend während des 1. Drittels der Schwangerschaft. Die O_2-Versorgung wird durch eine höhere O_2-**Affinität** des fetalen gegenüber dem mütterlichen Blut begünstigt.

Schwangerschaftsveränderungen

Anpassungsvorgänge

Während der Dauer der Schwangerschaft von 280 Tagen, das sind 10 Regelmonate oder etwa 9 Kalendermonate, treten nicht nur an den Genitalorganen, sondern im gesamten Organismus Veränderungen auf. Ein erstes Anzeichen der Schwangerschaft ist meist das **Ausbleiben der Regelblutung**. Das heißt, daß die Funktionalis der Gebärmutterschleimhaut nicht abgestoßen wird, sondern sich zur Dezidua entwickelt (s. o.). Das Epithel der Schleimhaut wird im Laufe der Schwangerschaft durch zunehmende Dehnung dünner, während die **Gebärmutter**, als **Fruchthalter** und später als **Austreibungsorgan** während der Geburt, beträchtlich an Größe und Gewicht zunimmt (von 60 g bis ca. 1200 g). Dies betrifft vor allem die Muskulatur. Zwar nimmt die Zahl der Muskelzellen nicht zu, doch sie vergrößern sich, besonders in Längsrichtung, bis auf das Zehnfache. Die **Gebärmutterkuppe** (Fundus uteri), die vor der Schwangerschaft leicht nach vorn geneigt war, richtet sich auf und rückt höher, bis sie im 9. Schwangerschaftsmonat ihren höchsten Stand erreicht hat und im 10. Monat, wenn der Kopf des Kindes ins kleine Becken eingetreten ist, wieder etwas tiefer steht. Durch Tasten des Fundus kann der Arzt den Schwangerschaftsmonat mit einiger Sicherheit feststellen.

Der **Gebärmutterhals** (Cervix uteri) wird ausgezogen, der obere, sonst enge Anteil wird in die Fruchthalterung einbezogen; der untere Anteil, **Muttermund**, verdickt sich und bildet reichlich zähen Schleim, zum Schutz der Frucht. Die Haltebänder des Uterus, vor allem das **runde Mutterband**, vergrößern sich, und die **Gelenke des Beckenrings** und die **Schambeinfugen** erfahren eine Auflockerung, was den Beckengürtel dehnbarer und weiter macht.

Die Brüste nehmen an Volumen zu, vom 5.-6. Monat an besonders der Drüsenkörper mit seinen Ausführungsgängen, als Vorbereitung für die Milchbildung und das Stillen.

Die Gewebe der Schamlippen und der Scheide sind aufgelockert, stärker durchblutet, und durch die Erweiterung oberflächlicher Venen erscheinen sie **bläulich verfärbt, livide**, ein leicht sichtbares, frühes Schwangerschaftszeichen. Die **Basaltemperatur** fällt nicht ab, sondern bleibt während der ganzen Schwangerschaft um ca. 0,5° C erhöht (s. 24-312).

Die **Zunahme des Körpergewichts** beträgt bis zum Ende der Schwangerschaft ca. 10-15 kg. Die Hälfte davon entfällt auf die **Gebärmutter mit Inhalt** (Fruchtwasser, Kind, Mutterkuchen) und die **Brüste**, der Rest auf **Gewebswasser** und das **vermehrte Blutvolumen** (Hydrämie). Die Konzentration der roten Blutkörperchen und des Hämoglobins nehmen nicht entsprechend zu. Wenn die Hb-Konzentration unter 10 g/100 ml Blut absinkt, kann eine Eisenmangelanämie vorliegen, da die Mutter Eisen an den kindlichen Organismus für dessen Hämoglobinsynthese abgibt. Es müssen dann Eisenpräparate gegeben werden, umso mehr, da die Mutter durch die Geburt noch einen Blutverlust und damit Verlust an Eisen erleidet.

Der Kreislauf muß höhere Leistungen vollbringen (Blutvolumenzunahme um 30%). Das Herzminutenvolumen steigt, ebenso die Pulsfrequenz, was eine Vergrößerung (Hypertrophie) der Herzmuskulatur zur Folge hat. Der venöse Druck, vor allem in den Beinen, nimmt zu, es kommt zur Erweiterung von Venen und oft zur Bildung von Krampfadern. Da auch gerinnungsfördernde Faktoren im Blut vermehrt vorhanden sind, müssen Schwangere, die zu Venenentzündungen neigen, angehalten werden, Stützstrümpfe zu tragen.

Atmung: Das Atemminutenvolumen ist gegen Ende der Schwangerschaft um etwa 40% erhöht. Durch den Zwerchfellhochstand am Ende der Schwangerschaft ist das Atmen erschwert (Dyspnoe; s. 13-188). **Der Stoffwechsel** ist um etwa 30% gesteigert. **Die Niere** muß, als Folge der Blutvolumenzunahme, die glomeruläre Filtration sowie die

Hormonhaushalt

tubuläre Rückresorption wesentlich steigern. Durch Gewebsauflockerung der ableitenden Harnwege können während der Schwangerschaft besonders leicht Keime einwandern und eine Infektion des Nierenbeckens verursachen.

Beim **Mineralstoffwechsel** ist besonders Calcium wichtig. Sein Bedarf ist erhöht, da dem mütterlichen Blut über die Plazenta Calcium zum Aufbau des kindlichen Skeletts entzogen wird. Zu empfehlen sind Milch und Milchprodukte, evtl. Kalkpräparate.

Kurzgefaßt:

Die **Gebärmutter** verzwanzigfacht ihr Gewicht, der Gebärmutterhals verlängert sich, der den Muttermund verschließende Schleim wird dickflüssiger. Die **Gelenke** des **Beckenringes** und die **Schambeinfuge** werden dehnbarer. Die **Brüste** nehmen durch Wachstum der Drüsen an Volumen zu. Die **Schamlippen** sind vergrößert, stärker durchblutet und bläulich gefärbt. Die **Basaltemperatur** bleibt um ca. 0,5° C erhöht. Das **Körpergewicht** nimmt um 10 bis 15 kg zu. Die **Wasserkonzentration** in **Gewebe** und **Blut** (Hydrämie) ist erhöht, das **Blutvolumen** vermehrt. Die **Hämoglobinkonzentration** sinkt häufig infolge **Eisenmangels** noch unter die durch Hydrämie verursachte Konzentration. **Herzminutenvolumen, Herzfrequenz, Atemminutenvolumen** und **Stoffwechsel** sind am Ende der Schwangerschaft um ca. 30 bis 40% erhöht. Die Neigung zu **Krampfadern** ist erhöht. Die **Calciumzufuhr** muß wegen hohen fetalen Bedarfs (Skelettbildung) erhöht sein.

Hormonhaushalt

Eine zu erwartende Schwangerschaft wird bereits zu Beginn der zweiten Phase des Menstruationszyklus, der **Sekretionsphase**, hormonell vorbereitet. Der **Gelbkörper** bildet **Progesteron**; unter seiner Einwirkung wird die Gebärmutterschleimhaut für die Einnistung des befruchteten Keimlings aufgebaut. Die Körpertemperatur steigt an und bleibt hoch, wenn eine Empfängnis stattgefunden hat. Dann bildet sich der Gelbkörper nicht zurück, sondern wächst und verstärkt seine Sekretionstätigkeit. Aus dem Corpus luteum menstruationis wird das Corpus luteum graviditatis der Schwangerschaft. Für diese Umbildung ist beim Menschen ein besonderes Hormon verantwortlich, **HCG** (**H**uman **C**horionic **G**onadotropin), das in den Zotten (Chorion) des Embryos gebildet wird und den Gelbkörper sowie seine volle Hormonproduktion so lange aufrechterhält, bis die **Plazenta** die Progesteron- und Östrogenbildung übernehmen kann.

Auf der Anwesenheit von HCG im Schwangerenurin basiert der bereits 1927 entwickelte Mäusetest (*Aschheim* und *Zondek*). Mit Schwangerenurin läßt sich bei jugendlichen Mäusen das Wachstum der Eierstöcke anregen. Der später entwickelte Froschtest beruht darauf, daß männliche Frösche nach Injektion von Morgenurin Schwangerer innerhalb von 2-4 Stunden Samenzellen freisetzen. Der HCG-Nachweis im Urin, mit modernen immunologischen Methoden durchgeführt, ist bis heute der sicherste Frühtest. Chemisch ist HCG dem Wachstumshormon der Hypophyse verwandt.

Da die **Plazenta** die HCG-Produktion fortsetzt, bleibt der Gelbkörper und seine Hormonproduktion bis zum Ende der Schwangerschaft erhalten; es werden weiterhin Progesteron und Östrogene gebildet, die aber mengenmäßig gegenüber den in der Plazenta gebildeten Hormonen keine so wichtige Rolle spielen wie zu Beginn der Schwangerschaft.

Hormonhaushalt

Die **Plazenta** bildet vorwiegend **Progesteron** und **Östrogene**, also Steroidhormone, die sie jedoch nur in geringen Mengen von Grund auf synthetisieren kann, sondern aus Vorstufen bildet, wie z. B. dem Cholesterin, das aus dem mütterlichen Blut stammt. Man kann die Produktion der Plazentahormone an deren Ausscheidungsformen im Urin verfolgen. Abb. 25-7 zeigt die Ausscheidung von HCG, Pregnandiol und Östriol (die beiden letzteren sind Abbauprodukte von Progesteron bzw. Östrogen) im Laufe der 10 Schwangerschaftsmonate. Man sieht den steilen, aber kurzdauernden Anstieg von HCG sowie die Zunahme der beiden anderen Hormone bis zum Ende der Schwangerschaft.

Relaxin ist ein weiteres, in der Schwangerschaft auftretendes Hormon. Es ist ein niedermolekulares Eiweiß, das in den Eierstöcken produziert wird. Es soll dafür verantwortlich sein, daß die Muskulatur der Gebärmutter während der Schwangerschaft ruhig gestellt ist (engl. relax = entspannen), ein Zusammenziehen der Uteruskulatur könnte zum Ausstoßen der Frucht führen. Relaxin soll ferner die Schambeinfugen und Gelenke des Beckenrings auflockern.

Alle Drüsen mit innerer Sekretion, z. B.

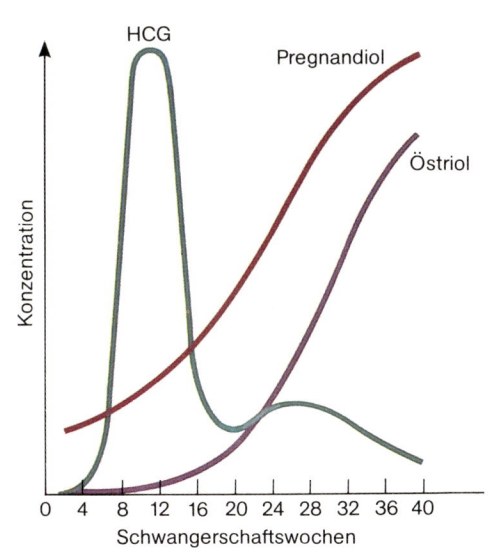

Abb. 25-7. Konzentration der Geschlechtshormone während der Schwangerschaft (HCG = Human Chorionic Gonadotropin).

die Hypophyse, die Nebennieren, vor allem auch die Schilddrüse, zeigen während der Schwangerschaft eine verstärkte Tätigkeit. Oft nimmt z. B. die Schilddrüse derart an Größe zu, daß der Halsumfang der Schwangeren sichtbar größer wird.

Kurzgefaßt:

Während der 2. Hälfte des Menstruationszyklus bildet der **Gelbkörper Progesteron**, das die Gebärmutterschleimhaut für die Nidation vorbereitet. Die Umbildung des Gelbkörpers nach der Befruchtung geschieht durch das in den Zotten der Plazenta gebildete **Human Chorionic Gonadotropin** (HCG). Danach übernimmt die Plazenta die **Progesteronbildung**; außerdem werden die **Östrogene** von ihr gebildet. In den Eierstöcken wird **Relaxin** gebildet, das die Gebärmuttermuskulatur während der Schwangerschaft ruhigstellt und evtl. die Gelenke des Beckenringes auflockert.

Geburt

Geburt

Es ist nicht genau bekannt, welche Faktoren die Geburt auslösen (Lippert, 4. A., S. 300 ff.). Am meisten diskutiert werden hormonelle Veränderungen, z. B. das **Nachlassen der Relaxinwirkung, zunehmender Östrogeneinfluß, Anstieg der Prostaglandinkonzentration.** Ein spezielles Prostaglandin (s. 24-306), PGF_2, wird in der Plazenta gebildet; es erregt die glatte Muskulatur der Gebärmutter. Prostaglandine werden therapeutisch zur Einleitung von Geburten, besonders von Frühgeburten, verwendet.

Wahrscheinlich ist, daß nicht **ein** Hormon den Geburtsvorgang auslöst, sondern ein bestimmtes Konzentrationsverhältnis mehrerer Hormone sowie der **Wachstumsdehnungsreiz der Frucht.**

Wehen sind, wie der Name sagt, schmerzhafte Kontraktionen der Gebärmuttermuskulatur. Sie setzen vorübergehend bereits vor der Geburt ein. Diese sogenannten Senkungswehen verursachen bei erstgebärenden Frauen den Eintritt des kindlichen Kopfes ins kleine Becken, bei mehrgebärenden werden dadurch die unteren Gebärmutterabschnitte zum Geburtskanal ausgewalzt. Die Geburt setzt aber erst ein, wenn die Wehen in regelmäßigen Abständen, die zunehmend kürzer werden, auftreten. Die Wehentätigkeit wird durch einen Reflex gesteuert. Druckrezeptoren im Gebärmutterhals werden durch den Druck des kindlichen Kopfes erregt, afferente Impulse erreichen ein Ganglion (G. uterovaginale), das efferente Impulse zur Gebärmutterkuppe aussendet, die darauf mit einer Muskelkontration (Wehe) reagiert.

Die Eröffnungsperiode. Zunehmende Wehentätigkeit, Häufigkeit und Stärke betreffend, leitet die Geburt ein. Die Schwangere muß sich dann sofort in die Obhut ihrer Geburtshelfer begeben. In der Eröffnungsperiode wird der Gebärmutterhals vollständig zum Geburtskanal ausgewalzt und der Muttermund nach und nach eröffnet. Das Kind ist noch ganz von den Eihäuten umgeben, „schwimmt" im Fruchtwasser, und der tiefertretende Kopf treibt eine Blase davon vor sich her, die durch zunehmenden Druck platzt. Beim **Blasensprung** wird ein kleiner Teil des Fruchtwassers entleert. Bei manchen Schwangeren kommt es kurz vor der eigentlichen Geburt zum **vorzeitigen** Blasensprung. Sie müssen dann wegen der Infektionsgefahr in Klinikbehandlung.

Die Austreibungsperiode ist dadurch gekennzeichnet, daß die Gebärende während der Wehen, nicht in den Pausen, aktiv durch Anspannen der Bauchmuskulatur mithilft, die Frucht auszutreiben. Nach dem Gebärmutterhals werden auch Scheide (Vagina) und die äußeren Genitalien (Vulva) sowie die Beckenbodenmuskulatur maximal gedehnt und in den Geburtskanal einbezogen, während sich der Gebärmutterkörper mehr und mehr über die Frucht zurückzieht. Durch Überdehnung kann es im Dammabschnitt zwischen Scheide und After zum Einriß kommen. Bei drohender Gefahr macht der Geburtshelfer einen seitlichen Entlastungsschnitt, der nach der Geburt genäht wird und schnell heilt. Der vorangehende Teil des Kindes ist normalerweise der Hinterkopf; dadurch kann er mit dem kleinsten Schädeldurchmesser den Beckenausgang passieren. Da die Fugen des kindlichen Schädels noch nicht verschlossen sind, kann sich der Kopf dem Geburtskanal anpassen. Bei Neugeborenen kann man den in die Länge gezogenen Hinterkopf noch längere Zeit beobachten. Der Kopf ist stark gebeugt, so daß zuerst der Hinterkopf, dann der Scheitelabschnitt und durch Streckung Stirn und Gesicht geboren werden. Wenn der Kopf geboren ist, wird er von der Hebamme gehalten, der kindliche Rumpf macht eine Drehung zur Seite, eine Schulter (vordere) wird schamfugenwärts, die andere dammwärts geboren. Der Rumpf kommt dann ohne Schwierigkeit nach, begleitet von einem Schwall des restlichen Fruchtwassers, die Beine sind gestreckt, und das Neugeborene wird von der Hebamme durch „Anheben" zunächst auf den Bauch der Mutter gelegt. Die Geburt dauert bei Erstgebärenden durchschnittlich 6-10, bei Mehrgebärenden 4-6 Stunden.

Die Nachgeburtsperiode. Das Kind wird abgenabelt, d. h., die Nabelschnur wird möglichst nah am Bauch des Kindes abgeklemmt. Etwa 10-20 min. nach der Geburt des Kindes wird die Geburt der Plazenta erwartet. Durch die Kontraktionen der Gebärmuttermuskulatur wurde die Plazenta bereits in der Mitte abgelöst, weil sich ihre Haftstelle verkleinert hat. Darunter sammelt sich Blut an, das durch zunehmenden Druck die Ablösung fördert, die Plazenta rückt gegen die Scheide vor. Lösungszeichen sind: Vorrücken der Nabelschnur und das Hochsteigen der Gebärmutterkuppe bis zur Nabelhöhe. Während einer Wehe, bei der die Frau nochmals zum Mitpressen aufgefordert wird, wird die Plazenta geboren. Es muß untersucht werden, ob Eihäute und Plazenta vollständig sind, denn zurückbleibende Reste würden die Blutstillung verzögern und entzündliche Prozesse auslösen. Reste müssen, wenn nötig, in Narkose von Hand entfernt werden. Zunächst blutet es beträchtlich aus Gefäßen der Plazentahaftstelle, die aber durch **Nachwehen** verkleinert wird. Die Gefäße verschließen sich durch Thrombenbildung, die Konzentration an gerinnungsfördernden Faktoren im Blut ist (s. 25-321) gegen das Ende der Schwangerschaft höher als normal

Kurzgefaßt:

Die **Ursachen** der Geburtsauslösung sind nicht genau bekannt, wahrscheinlich sind es **hormonelle-** und **Dehnungsreize** auf die Gebärmutter. Rhythmische Kontraktionen der Gebärmuttermuskulatur, **Wehen**, zuerst in größeren, dann in kürzeren Abständen, treiben den Feten mit dem Kopf ins kleine Becken und weiten den Geburtskanal. Der **Muttermund** weitet sich aus, die **Fruchtblase** wird sichtbar. Nach dem **Blasensprung** entleert sich etwas Fruchtwasser in die Scheide. Die **Austreibungsperiode** beginnt, die Gebärende hilft durch Bauchmuskelkontraktion, den Feten weiter durch den Geburtskanal zu treiben; Scheide, äußere Genitalien und Beckenbodenmuskulatur werden stark gedehnt. Bei der Normalgeburt wird zuerst der **Hinterkopf**, dann Stirn und Gesicht geboren. Dann erfolgt eine Drehung um etwa 90°, und die **Schultern** werden geboren. Mit dem Rumpf tritt auch das restliche Fruchtwasser aus. Die **Geburtsdauer** ist bei der Erstgebärenden ca. 6-10, bei Mehrgebärenden 4-6 Stunden. In der **Nachgeburtsperiode** wird das Kind **abgenabelt** und die **Plazenta geboren**, die sorgfältig auf Vollständigkeit geprüft werden muß.

Wochenbett

Wochenbett

Im Wochenbett ist der **Ausfluß** (Lochien) noch mehrere Tage blutig, wird dann schleimig-blutig, danach, reichlich mit abgestorbenen weißen Blutkörperchen vermischt, eitrig und wird um die 6. Woche dünnflüssig. Durch Nachgeburtswehen, oft auch durch das Saugen des Kindes beim Stillen ausgelöst (Ocytocinausschüttung, s. 24-286), verkleinert sich die Gebärmutter rasch, der Gebärmutterhals nimmt seine frühere Form an, und der schützende Schleimpfropf bildet sich wieder.

Das Stillen. Die **Milchbildung** wird während der Schwangerschaft durch die hohen Progesteron- und Östrogenkonzentrationen verhindert. Wenn diese nach der Geburt absinken, wird zunächst die Vormilch, das **Kolostrum**, gebildet. Sie ist besonders reich an Eiweiß sowie Mineralstoffen und enthält auch Immunstoffe. Tabelle 25-1 zeigt die Unterschiede der Eiweiß-, Fett- und Kohlenhydrat-Anteile von Kolostrum, Muttermilch und Kuhmilch. Die Milchbildung wird gefördert und erhalten durch das Saugen, vor allem aber auch durch das vollständige Entleeren der Brust. Milchreste müssen, wenn nötig, mit einer Saugpumpe abgesaugt werden. Wenn möglich, soll ein Kind mindestens ¼ Jahr gestillt werden. Dabei muß die Mutter wissen, daß außer Coffein und Nicotin auch Medikamente in die Muttermilch übergehen und das Kind schädigen können.

Sogenannte **Stillhindernisse**, z. B. Hohlwarzen der mütterlichen Brüste oder Hasenscharte (Lippenspalte) beim Kind, sind relativ selten. Nach neueren Erkenntnissen ist der Saugreflex unmittelbar nach der Geburt am stärksten, daher sollte das Kind sofort und am ersten Tag mehrmals angelegt werden. Das Stillen muß mit Geduld und bei Erstgebärenden unter fachkundiger Anleitung geübt werden. Veraltet ist, eine 24stündige Ruhepause für Mutter und Kind einzulegen oder gar abzuwarten, bis die Milch „einschießt". Abgesehen davon, daß die Säuglinge dann stets „Beruhigungsfläschchen" bekommen, ist nachher für sie das Fassen der Brustwarze und Festsaugen am Warzenhof einer prallgefüllten Brust erschwert und oft unmöglich. Abpumpen einer kleinen Milchmenge kann dann helfen.

Zuletzt soll noch betont werden, daß es beim Stillen nicht allein um die Ernährung mit Muttermilch, mit ihrer optimalen Nährstoffzusammensetzung und Temperatur geht, sondern vor allem auch um den frühzeitigen, engen Kontakt zwischen Mutter und Kind, der für die weitere Entwicklung des Kindes sehr wichtig ist.

Die erste Menstruation (Regelblutung) ist 6-8 Wochen nach der Geburt zu erwarten, falls nicht noch gestillt wird. Bei etwa 75% aller Frauen wird eine erneute Empfängnis durch das Stillen verhindert, weil die Eireifung ausbleibt. Das Stillen bietet also keine 100%ige Sicherheit gegen die Empfängnis.

Tabelle 25-1. Eiweiß-, Fett- und Kohlenhydratanteile im Kolostrum, in der Muttermilch und in der Kuhmilch.

	Eiweiß	g/l Fett	Kohlenhydrate
Kolostrum	58	10–40	40–50
Muttermilch	12–15	35–40	60–70
Kuhmilch	35–37	33–35	40–50

Empfängnisverhütung

Methoden der Empfängnisverhütung

Die **Knaus-Ogino-Methode** gründet sich darauf, daß eine Empfängnis nur an ganz bestimmten Tagen des Menstruationszyklus möglich ist und daß in dieser Zeit sexuelle Kontakte vermieden werden. Voraussetzung für das Funktionieren dieser Methode ist, daß die fruchtbaren Tage, z. B. anhand von Basaltemperaturmessungen, bestimmt werden. Sie liegen unmittelbar vor dem Eisprung. Unsicherheitsfaktoren ergeben sich aus Zyklusstörungen. Diese können durch äußere Einflüsse entstehen, z. B. schwere körperliche Belastungen oder Klimawechsel (Urlaub). Bekanntlich wirken auch psychische Belastungen störend, so daß entweder plötzliche Blutungen auftreten oder eine Verzögerung bzw. Ausbleiben der Regelblutung vorkommt.

Medikamentös läßt sich die Ovulation durch Einnahme der „Pille" hemmen. Wenn täglich eine bestimmte Menge an **Gestagenen und Östrogenen** eingenommen wird, hemmt die nun erhöhte Hormonspiegel die Gonadotropinfreisetzung (FSH und LH) in der Hypophyse. Es wird sozusagen hormonell eine Schwangerschaft vorgetäuscht und, wie bei der echten Schwangerschaft, die Eireifung unterdrückt. Die zugeführten Gestagene verhindern auch die Auflockerung des Schleimpfropfes im Hals der Gebärmutter und damit das Eindringen von Samenzellen. Die Wirkung der „Morning-after-Pille" beruht auf ihrem hohen Östrogengehalt, der das Ei schneller als normal den Eileiter passieren läßt. Dadurch wird es mangelhaft ernährt und kann nicht ausreifen und befruchtet werden.

Mechanische Hindernisse für das Eindringen von Samenzellen sind **Portiokappen**, die auf den Muttermund gesetzt werden und ihn verschließen, sowie **Pessare** (Intrauterinpessare), die in die Gebärmutterhöhle eingelegt werden und das Einnisten des befruchteten Eies in die Schleimhaut verhindern sollen. Sekundär ist auch die Umbildung der Schleimhaut während der Proliferations- und Sekretionsphase gestört.

Schaumpräparate sollen einmal das Eindringen von Samenzellen mechanisch verhindern, zum anderen das Scheidenmilieu chemisch verändern, ansäuern, damit die Spermien zugrunde gehen.

Das **Kondom** (Präservativ) stülpt der Mann über das versteifte Glied. Es verhindert mit ziemlicher Sicherheit das Eindringen des Ejakulats in die Scheide und schützt außerdem vor Geschlechtskrankheiten.

Die operative Sterilisationsmethode für den Mann besteht in der Durchtrennung der samenableitenden Wege. Danach ist das Ejakulat samenfrei.

Die operative Sterilisationsmethode für die Frau ist die Unterbindung oder Durchtrennung der Eileiter. Der Eizelle wird dadurch der Weg in die Gebärmutter versperrt.

Kurzgefaßt:

Im Wochenbett besteht ein sich innerhalb von 6 Wochen charakteristisch verändernder **Ausfluß**. Unter **Ocytocin**einfluß verkleinert sich die Gebärmutter. Nach Absinken der Progesteron- und Östrogenkonzentration kommt die **Milchbildung** in Gang. Die **Vormilch** (Kolostrum) ist besonders reich an Eiweiß, Mineral- und Immunstoffen, in der endgültigen **Milch** nimmt die Eiweißkonzentration zugunsten derjenigen von Fett ab. Vollständige **Entleerung** der Brust ist der wichtigste **Anreiz für** ausreichende **Milchbildung**. Es soll etwa während **3 Monaten gestillt** werden.

Empfängnisverhütung geschieht am sichersten durch das **Kondom** für den Mann oder die Einnahme von Gestagenen und Östrogenen (**„Pille"**) durch die Frau. Temperaturkontrolle, Muttermundkappen, Pessare, Schaumpräparate für die Frau sind erheblich unsicherer. **Sterilisation** von Mann oder Frau ermöglicht meist keine spätere Schwangerschaft mehr.

26. Das Neugeborene

Der **erste Atemzug** nach der Geburt wird durch Berührungs- und Kältereize sowie durch Reizung des Atemzentrums infolge CO_2-Druckanstiegs im Blut nach der Unterbrechung des Gasaustausches in der Plazenta ausgelöst. Außerdem regen die Chemorezeptoren in den Glomera (s. 13-187), deren vorgeburtliche Hemmung aufgehoben wird und die jetzt auf den niederen O_2-Druck ansprechen, ebenfalls das Atemzentrum an.

Die flüssigkeitsgefüllte Lunge entleert sich vor allem durch das Zusammenpressen des Brustkorbs beim Durchgang durch den Geburtskanal. Verstärkt wird die Entleerung durch beginnende Atembewegung und das Hochhalten des Neugeborenen an den Fü-

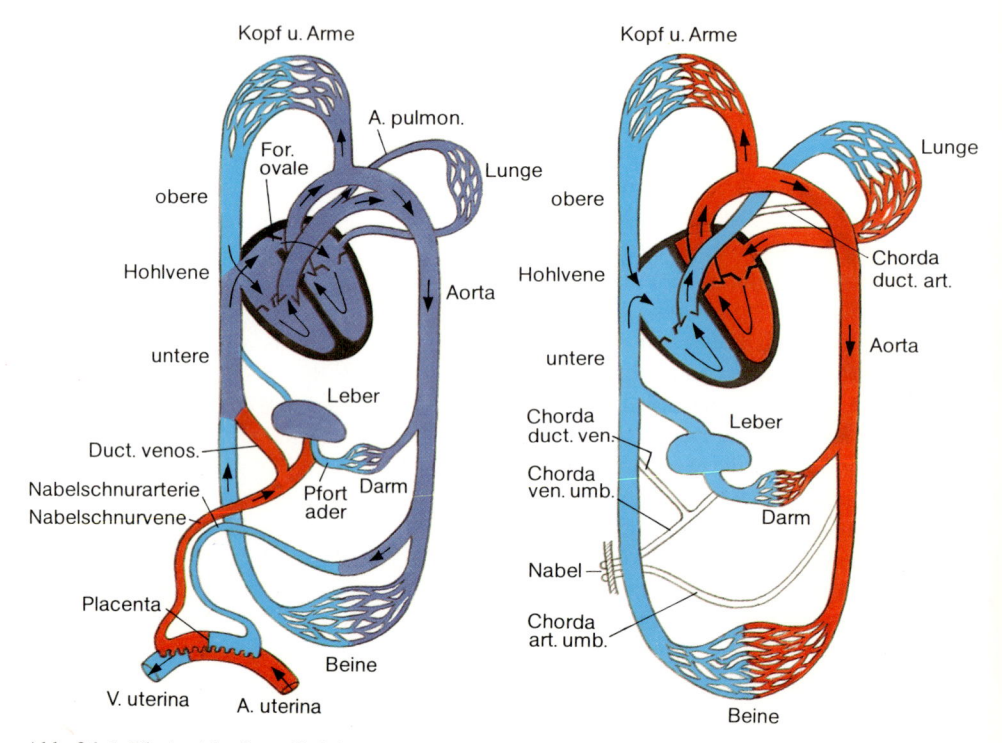

Abb. 26-1. Blutkreislauf vor (links) und nach der Geburt. Man beachte, daß beim Feten das in der Plazenta arterialisierte Blut (Nabelschnurvene, hellrot) schon in der unteren Hohlvene mit venösem Blut aus der Leber und der unteren Körperhälfte vermischt wird. Dieses Blut gelangt größtenteils aus dem rechten Vorhof durch das ovale Fenster in den linken Vorhof, die linke Kammer und von dort über die Aorta zu Kopf und Armen. Der Ductus arteriosus *Botalli* liefert venöses Blut aus der oberen Körperhälfte zum Blut in die Aorta, nachdem die Gefäße zur oberen Körperhälfte abgegangen sind. Man sieht, daß praktisch kein Organ reines arterialisiertes Blut erhält, Gehirn und obere Körperhälfte erhalten noch das „beste" Blut. Venöses Blut: blau, venöses Mischblut: violett. Weiße Stränge (Chordae): zurückgebildete fetale Blutgefäße.

Blutbildung

ßen. Beim normal entwickelten Neugeborenen treten schon nach etwa einer halben Minute unregelmäßige Atemzüge ein, die nach etwa eineinhalb Minuten zu Frequenzen von 60-80/min ansteigen und durch kurze Schreiperioden unterbrochen sind. Nach der ersten halben Stunde stellt sich die Atmung auf etwa 40 Atemzüge pro Minute ein, also fast das Dreifache der Frequenz des Erwachsenen.

Atemnotsyndrom. Bei mangelhafter Bildung der oberflächenspannungsherabsetzenden Substanzen (Surfactant) treten Atemstörungen auf, weil die Lungenentfaltung erheblich mehr Kraft erfordert (s. 13-170). Dies tritt um so häufiger auf, je unreifer der Fet ist. Man muß die betroffenen Kinder maschinell beatmen.

Die Lungenentfaltung führt zu einer Erhöhung des O_2- und Abnahme des CO_2-Druckes in der Lunge und dem Blut der Lungengefäße, wodurch sich diese erweitern und der Lungengefäßwiderstand abnimmt. Der Blutdruck im linken Vorhof steigt mit zunehmender Lungendurchblutung, und die ovale Öffnung zwischen beiden Vorhöfen wird verschlossen. Dies geschieht innerhalb der ersten beiden Lebensstunden. Der in der Fetalzeit die Lunge kurzschließende Ductus arteriosus (Botalli) schließt sich nach etwa einer Woche, und dann bestehen praktisch die Kreislaufverhältnisse des Erwachsenen (Abb. 26-1).

Die **Blutbildung** (Abb. 26-2) erfolgt im ersten Drittel der Schwangerschaft im Dottersackgewebe (s. Abb. 25-3). Aber schon im zweiten Monat beginnt die Blutbildung der Leber, die den Hauptanteil während der ganzen Fetalperiode hat. Ab 5. Monat beginnt die Blutbildung im Knochenmark, das von der Geburt ab bis zum Lebensende unter normalen Bedingungen die Blutbildung übernimmt. Entsprechend den drei Bildungsorten gibt es embryonales, fetales und Erwachsenen-Hämoglobin (s. 25-318). Zum Zeitpunkt der Geburt hat das Neugeborene noch ca. 75% fetales Hämoglobin (HbF), das im 3. Lebensmonat fast vollständig durch Erwachsenen-Hämoglobin (HbA) ersetzt ist.

Die **Neugeborenengelbsucht** (Icterus neonatorum), die normalerweise am 4.-6. Lebenstag am ausgeprägtesten ist, hat ihre Ursache vor allem in einer Unreife der Leber, die nicht genügend Enzym bilden kann, um das Abbauprodukt des Hämoglobins, das Bilirubin, das zuvor über die Plazenta abgegeben wurde, ausscheidungsfähig zu machen. Der Abbau von roten Blutkörperchen ist infolge ihrer hohen Zahl/µl und ihrer verkürzten Lebensdauer während dieser Zeit besonders groß.

Der **Reifegrad eines Neugeborenen** wird z. Zt. vor allem nach einem von *V. Apgar* angegebenen Punktsystem beurteilt, das Hautfarbe, Atmung, Herzfrequenz, Muskeltonus und Reflexablauf erfaßt.

Temperaturregulation. Sofort nach der Geburt ist das Neugeborene noch nicht zu einer ausreichenden Temperaturregulation fähig. Bei Umgebungstemperaturen von weniger als 23° C sinkt die Kerntemperatur (s.

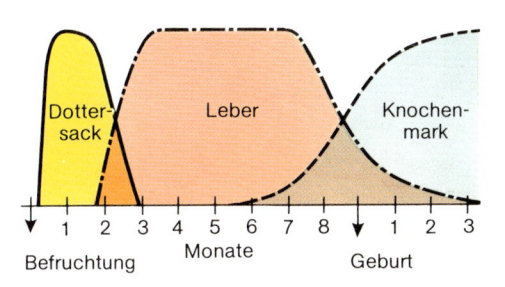

Abb. 26-2. Die Blutbildungsperioden während der Embryonal-, Fetal- und Nachgeburtsentwicklung.

Temperaturregulation

14-193) des Neugeborenen bis auf 34° C ab. Bei 33° C und 60% Luftfeuchtigkeit kann das Neugeborene am ersten Tag seine Kerntemperatur auf etwa 37° C halten. Eine Auskühlungsgefahr ist beim Neugeborenen nicht nur wegen der noch mangelhaften Temperaturregelung größer, sondern auch wegen seiner im Vergleich zum Erwachsenen dreimal größeren Oberfläche pro Körpergewicht. Die Aufwärmung eines ausgekühlten Neugeborenen ist schwierig, weil in einer Umgebung mit genügend hoher Temperatur die Hautrezeptoren über das Wärmeregulationszentrum eine Stoffwechselerniedrigung und dadurch eine Verminderung der Wärmebildung veranlassen (s. 14-192). Bei Frühgeburten ist die Unreife des Temperaturregulationssystems noch ausgeprägter.

Kurzgefaßt:

Der **erste Atemzug** wird durch **Berührungs-** und **Kältereize** der Haut und den **Abfall** des O_2-**Druckes** und **Anstieg** des CO_2-**Druckes** im **Blut** über die **Chemorezeptoren** ausgelöst. Die **Atemzüge** beginnen etwa ½ min nach der Geburt, sie sind noch unregelmäßig und bis zu 80/min. Nach ca. 30 min ist die Frequenz etwa 40/min. Bei mangelhafter Surfactantbildung in den Alveolen, die besonders bei Frühgeborenen häufig ist, tritt das **Atemnotsyndrom** auf. Die mit der Lungenentfaltung zunehmende Arterialisierung des Blutes führt zur Arteriolenerweiterung im **Lungenkreislauf** und einer Widerstandserniedrigung. Die Mehrdurchblutung des Lungenkreislaufs führt zur Drucksteigerung im linken Vorhof, das **ovale Fenster** schließt sich. Der Lungenkurzschluß (Ductus arteriosus, *Botalli*) schließt sich innerhalb der ersten beiden Lebenswochen.

Die **Blutbildung** mit Erwachsenenhämoglobin beginnt im 5. Schwangerschaftsmonat. Bei der **Geburt** sind 75% HbF und **25% HbA** vorhanden, im 3. Lebensmonat nur noch HbA. Die **Neugeborenengelbsucht** in der zweiten Hälfte der 1. Lebenswoche beruht auf einem **Enzymmangel** der Leber, die das **Bilirubin**, das aufgrund erhöhten Erythrozytenabbaus auch vermehrt ist, nicht ausscheidungsfähig machen kann.

Der **Reifegrad** des Neugeborenen wird nach dem Punktsystem von *Apgar* angegeben.

Die **Wärmeregulation** ist beim Neugeborenen noch unzureichend, weshalb **Auskühlung** besonders gefährlich ist.

Bildnachweis

Soweit nicht anders angegeben, sind die Bücher im Verlag Urban & Schwarzenberg, München–Berlin–Wien, erschienen.

Seite 6, Abb.1-1: n. Sobotta/Hammersen, Histologie, 2. neubearb. und erw. Aufl., 1979.

Seite 22, Abb. 3-4; S. 82, Abb. 10-2; Seite 92, Abb. 10-16; S. 97, Abb. 10-23; S. 139, Abb. 12–7: n. Vander/Shermann/Luciano, Human Physiology, Second Edition, McGraw-Hill, Inc., New York, 1975.

Seite 44, Abb. 5-4: n. J. Bennett, Biophy. Biochem. Catalogy, 2 Suppl. 99 (1956).

Seite 47, Abb. 6-3: n. V. Mayersbach/Reale, Grundriß der Histologie des Menschen, Gustav Fischer, Stuttgart, 1973.

Seite 56, Abb. 7-7: n. Bell/Davidson/Scarborough, Textbook of Physiology an Biochemistry, Livingston LTD, Edinburgh, 1968.

Seite 76, Abb.9-6: Werkfoto Hartmann u. Brenn, Frankfurt.

Seite 77, Abb. 9-8: n. Boothy, W. M., I. Sandiford, J. biol. Chem. 54 (1922).

Seite 78, Abb. 9-11: n. Schönthal, H., Lungenfunktionsprüfungen, Thomae, Biberach, 1966.

Seite 79, Abb. 9-12: nach Prof. Dr. Moll, Deutsches Ärzteblatt, 26 (1978).

Seite 81, Abb. 10-1: n. Bruggaier/Kallus, Einführung in die Biologie, 1. Aufl., Moritz Diesterweg, Frankfurt/Main, 1973.

Seite 83, Abb. 10-4: n. Benninghoff/Goerttler, Lehrbuch der Anatomie des Menschen, Band 1, 12. Aufl., 1. Nachdruck, 1979.

Seite 84, Abb. 10-6: n. Bruggaier/Kallus, Einführung in die Biologie, 1. Aufl., Moritz Diesterweg, Frankfurt/Main, 1973.

Seite 89, Abb. 10-11: Schultze, O., Atlas und kurzgefaßtes Lehrbuch der topographischen und angewandten Anatomie, 4. Aufl., bearb. von W. Lubosch. Lehmann, München 1935.

Seite 90, Abb. 10-12: n. Benninghoff/Goerttler, Lehrbuch der Anatomie des Menschen, Bd. 2, 8. Aufl., 1967.

Seite 90, Abb. 10-13: Bauer, R., Einführung in die Röntgendiagnostik innerer Organe, 1971.

Seite 93, Abb. 10-18: Thomas, J. F. u. M. Q. F. Friedmann in D. J. Sandweiss (Ed.) Peptic ulcer, chapter 3, Saunders, Philadelphia 1951.

Seite 96, Abb. 10-22: n. Frisch, K. v., Biologie, Bayr. Schulbuchverlag, München, 1967.

Seite 102, Abb. 10-27: Wallraff, J., Leitfaden der Histologie des Menschen, 8. Aufl., 1972.

Seite 105, Abb. 10-28: Sobotta/Becher: Atlas der Anatomie des Menschen. Herausgegeben von H. Ferner und J. Staubesand, Bd. 2, 17. Aufl., 1973.

Seite 114, Abb. 11-7: Kaboth, W. u. H. Begemann in Gauer, Kramer Jung, Physiologie des Menschen 5, 1971.

Seite 127, Abb. 11-20: Schneider, K.-D., Abteilung für Immunologie, Medizinische Hochschule Hannover, 1979.

Seite 133, Abb. 11-24: Schütz/Caspers/Speckmann, Physiologie, 15. neubearb. Aufl., 1978.

Bildnachweis

Seite 136, Abb. 12-2: n. Landois-Rosemann, Lehrbuch der Physiologie des Menschen, Bd. 1, 1960; Bd. 2, 1962.

Seite 137, Abb. 12-3 und 12-4: n. Benninghoff/Goerttler, Lehrbuch der Anatomie des Menschen, Bd. 2, 11. Aufl., 1975.

Seite 138, Abb. 12-6: n. Sobotta/Becher, Atlas der Anatomie des Menschen, Bd. 3, 16. Aufl., 1962.

Seite 151, Abb. 12-19: (nach Gauer) in Landois-Rosemann, Bd. 1, 1960 und Witzleb in: Schmidt/Thews, Physiologie des Menschen, Springer, Heidelberg, 1977.

Seite 156, Abb. 12-23: Sobotta/Becher, Atlas der Anatomie des Menschen, Band 3, 16. Aufl., 1962.

Seite 168, Abb. 13-2: Benninghoff/Goerttler, Lehrbuch der Anatomie des Menschen, Herausgegeben von H. Ferner und J. Staubesand. Bd. 2, 10. Aufl., 1975 von H. Ferner.

Seite 169, Abb. 13-3: n. E. Weibel, Physiol. Review, 419–495 (1979).

Seite 173, Abb. 13-9: n. Knowles, I. H., S. K. Hong and H. Rahn, J. appl. Physiol. 14 (1959).

Seite 178, Abb. 13-16: G. Primer, Einführung in die Bronchoskopie, 1. Aufl., 1978.

Seite 191, Abb. 14-1: n. Aschoff, J., R. Wever, Naturwissenschaften, 20, 477 (1958), Springer, Heidelberg.

Seite 222, Abb. 17-14: Velhagen, Tafeln zur Prüfung des Farbsinnes, 25. Aufl., VEB Thieme, Leipzig, 1974.

Seite 232, Abb. 17-17: G. Mehrle, Augenheilkunde für Krankenpflegeberufe, 2. Aufl., 1978.

Seite 235, Abb. 18-3: n. Michels, Atlas zur Musik, DTV Bärenreiter, 1977.

Seite 239, Abb. 19-1, 19-2 und Seite 241, Abb. 20-1: n. Bruggaier/Kallus, Einführung in die Biologie, 1. Aufl., Moritz Diesterweg, Frankfurt/Main, 1973.

Seite 243, Abb. 20-4: n. H. Strughold 1924, aus Schmidt-Thews, Physiologie des Menschen, Springer, Heidelberg, 1977.

Seite 245, Abb. 21-2: n. Benninghoff/Goerttler, Lehrbuch der Anatomie des Menschen, Bd. 3, 9. Aufl., 1975.

Seite 258, Abb. 22-7: Benninghoff/Goerttler, Lehrbuch der Anatomie des Menschen, Bd. 3, 9. Aufl., 1975.

Seite 287, Abb. 24-3: Benninghoff/Goerttler, Lehrbuch der Anatomie des Menschen. Herausgegeben von H. Ferner und J. Staubesand. Bd. 1, 11. Aufl., 1975 von Staubesand.

Seite 290, Abb. 24-4 und Seite 291, Abb. 24-5: Schütz/Rothschuh, Bau und Funktionen des menschlichen Körpers. 10./11. Aufl., 1968.

Seite 297, Abb. 24-9: Leiber/Olbrich, Die klinischen Syndrome. Bd. 1, 5. Aufl., 1972.

Sachverzeichnis

A

Abführmittel 100
AB0-System 126, **129f.**
Absorption, Darm 99
- Magen 93
- Niere 203ff.
Aceton 31
Acetyl-Coenzym A 15, 30, 31f., 103
Acetylcholin 50, 55, 271f., 307
ACTH 286, 296f.
Actin 52
Actinfäden 138
Adaptation, Rezeptoren 219
Addisonsche Krankheit 297
Adenohypophyse 286, 308
Adenosindiphosphat s. ADP
Adenosinmonophosphat, zyklisches
  s. cAMP
Adenosintriphosphat s. ATP
ADH 57, 205, 285ff.
Adiadochokinese 263
ADP **25,** 53
Adrenalin 273, 299, 307
Affekte 274
Agglutination 130
Aggregatzustände 20f.
Aktionspotential (Herzmuskel, Nerv) 47ff.
Akklimatisation,
- Temperatur 195
Akkommodation, Auge 222
Akromegalie 287
Aldosteron 16, 59, 296
- Niere 206
Aldosteronismus 296
Alkalose 211ff.
Alkohol 73, 103
Allergie 128f.
allergische Reaktion 128
Alles-oder-nichts-Gesetz 50

Altersdiabetes 303
Alterssichtigkeit 224
Alveolen 167f.
Aminogruppe 16, 20
Aminosäuren **16f.**, 20, 66
- Abbau **31**
- Absorption 99
- essentielle 32, 66
- Sequenz 36
Ammoniak 11, 32
Ampholyte 20
Anabolika 296
Anämie 67, 109f., **118f.**, 321
- perniziöse 68, 70, 92, 110, 119
Androgene 296
Angiotensin I u. II 161
Angiotensinogen 161
Anionen 12
Anode 12
antidiuretisches Hormon s. ADH
Anti-D-Prophylaxe 131
Antigen-Antikörper-Komplex 113
Antigen-Antikörper-Reaktion **128,** 291
Antikörper 116, 126
Aorta 135ff., 145, 151
- Windkesselfunktion 152
Apgar-Punktsystem 329
Aphasie, motorische 264
- sensorische 266
Apnoe 188
Apraxie 264
Arbeit, körperliche 64, 160
Arteriolen 159, 161
Asthma 169
Astrocyten 277
Atemarbeit 173f.
Atemgrenzwert 179
Atemmechanik 170
Atemminutenvolumen 179
Atemmuskulatur 170f.

333

Sachverzeichnis

– Hilfsmuskulatur 171
Atemnotsyndrom 329
Atemzentrum **186f.**
Atemzugvolumen 177
Atmung **167ff.**
– Ausatmung 171
– Einatmung 170f.
– Regulation **186f.**
– Untersuchungsmethoden 175ff.
Atmungskette 33
Atom 8
Atombombe 8
Atomhülle 8
Atomkern 8
Atommasse 9ff.
ATP 7, 13, 15, 24, **25**, 37, 43, 53, 99
Atrioventrikularknoten 139
Atropin 86, 273
Audiometrie 238
Auge, Akkommodation 222
– Bau 220
– Blinder Fleck 228
– Brechkraft 222
– Brennweite 222
– Druckmessung 232
– Dunkeladaptation 230
– Innendruck 221
– Konvergenzreaktion 223
Augenhintergrund 232
Ausfluß 326
Auskühlung 193
Auskultation 163
Autoaggressionskrankheiten 128
autonome Koordinationszentren 273f.
autonomes Nervensystem 55, 86, 99, 147, **270ff.**
– – peripheres 270f.
– – zentrales 273f.
Autoregulation, Kreislauf 159
– Nierendurchblutung 203
auxotonisch 54
Axon 51
Azidose 19
– metabolische 31, 212
– nichtrespiratorische 212
– respiratorische 211

B

Ballaststoffe s. Füllstoffe
Basaltemperatur 312, 321
Basedowsche Krankheit 290
Basen 18
Basenüberschuß 212
basophile Granulozyten 113
Bauchspeicheldrüse 96f.
– Enzyme 96
– Hormone 300
– Regulation 97
Bauhinsche Klappe 98
Beatmung, künstliche 182f.
Beatmungsgeräte 183
bedingte Reflexe 85, 92, **279**
Begriffsbildung 266
Belastungsversuch 79
Belegzellen 91
Beriberi 69
Beschleunigung, lineare 245
– Winkelbeschleunigung 245
Beta-Oxidation 30, 103
Bewußtseinshelligkeit 267
Bilanzminimum 66
Bilirubin 101, 104, 109, 329
Biotsche Atmung 188
Blasenentleerungsreflex 273
Blasensprung 324
Blinder Fleck 228
Blindheit 231
– Rindenblindheit 231
– Seelenblindheit 231, 266
blue babies 185
Blut **108ff.**
Blut-Hirn-Schranke 276f.
Blut-Liquor-Schranke 277
Blutbildung 329
Blutdruck **137,** 145
– Amplitude 161
– Herz-Kreislauf 151
– Menstruation 312
– Messung 164
– venöser 165
Blutdruckkrisen 300
Blutdruckzügler 161

Sachverzeichnis

Bluterkrankheit 39, 124
Blutgerinnung **122 ff.**
– Phasen 122 f.
– Störungen 68, **124**
– Untersuchungsmethoden 125
Blutgerinnungsfaktoren 122
Blutgerinnungshemmer 123
Blutgruppen **129 ff.**
– Testseren 131
Bluthochdruck 15, 161, 300
Blutkörperchen, rote s. Erythrozyten
– weiße s. Leukozyten
Blutkörperchensenkungsgeschwindigkeit (BSG) 134
Blutkreislauf 3, **135 ff.**
Blutplättchen s. Thrombozyten
Blutspeicher 155
Blutstillung **120 f.**
Blutstromgeschwindigkeit 149 f.
Blutübertragung, Kreuzprobe 130
Blutungszeit 121
– Bestimmung 125
Blutvolumen 109, 136, 321
– Bestimmung 133
Blutzuckerspiegel 296, 301
– hormonelle Regulation 298
Bogengänge 245
Bolus (Bissen) 84
Botenstoffe s. Hormone
Bradykinin 159, 307
Brechkraft, Auge 224
Brennweite 224
Brennwert, Nahrungsstoffe 64
Brenztraubensäure s. Pyruvat
Brillengläser 224
Brocasches Sprachzentrum 264
Bronchographie 175, 177
Broteinheiten 303
Brust, Mamma 312
BSG 134

C

Calciumstoffwechsel 294 ff.
– hormonelle Steuerung 294
cAMP 25, 285

Carbaminohämoglobin 119
Carboanhydrase 119
Carboxylgruppe 16, 20
Carrier s. Trägermoleküle
Cerebroside 16
Chemorezeptoren 160, 277
– Atmungsregulation 187
Cheyne-Stokes-Atemtyp 188
Chlorophyll 24
Cholecystokinin (CCK) s. Pankreocymin
Cholesterin 16, 66, 97, 101, 105, 296
Cholinesterase 273
Chromatophoren 288
Chromosomen 7, 309
Chronaxie 49
Chylomikronen 30
Citratzyklus **32 f.**, 103
Clearance 203
CO_2 2
– Absorption 62, 75
– Atmungsregulation 186 f.
– Pufferung 211 f.
– Transport im Blut 119
Code, genetischer **36**
Codon s. Triplett 36
Coenzyme 27 f.
Coffein 99, 326
Coli-Bakterien 36, 91
Computertomographie 175
Conn-Syndrom 296
Corpus luteum s. Gelbkörper
Corticosteron 296
Cortisol 296
Cortison 16
Cumarine 123 f.
Cushingsche Krankheit 297
cyclisches Adenosinmonophosphat s. cAMP
Cytochrome 33

D

D_3-Hormon 293 f.
Dammriß 324
Darm, Durchblutung 135
– Segmentierung 94
Darmbakterien 65, 91

335

Sachverzeichnis

Darmzotten 95
Dauertropf 157
Decarboxylierung 32
Dendrit 48, 50
Dermatom 259
Desaminierung 32, 103
Dezibel (dB) 234
Dezidua 318
Diabetes insipidus 206, 286
– mellitus s. Zuckerkrankheit
Diapedese 112
Diastole 136, 144
Diazoxid 301
Dickdarm, Bau u. Funktion 98f.
– Regulation 99
Differentialblutbild s. Hämogramm
Diffusion 3, **40f.**, 46, 153
– alveolare 167
Diffusionsgeschwindigkeit 41
Diffusionskoeffizient 41
Diffusionsstörung 185
Dioptrie 224
2,3-Diphosphoglycerat (DPG) 118
Dipol 12
Disaccharide 13, 96
Disulfidbindung 17
Diurese 207
DNA 13
DNA-Molekül **35**
Dopamin 50, 264, 299, 307
Doppelbilder 230
Druck- u. Berührungssinn 241
Druckrezeptoren, Carotissinus 160
Drüsen, exkretorische 283
– inkretorische 283
Ductus arteriosus (Botalli) 329
Dünndarm 94ff.
Dunkeladaptation 230
Dunkelreaktion 25
Durst 59, 206, 302
Dyspnoe 188

E

Echokardiographie 166
Efferenzkopie 263

Eieinnistung 318
Eierstöcke 309ff.
Eihäute 324
Eileiter 312
– Fimbrien 312
Eingeweideschmerz 243
Eingeweidesensibilität 216, 243
Einsekundenausatmungskapazität 179
Einzelzuckung 54, 252
Eisen 108
Eisenkreislauf 109
Eisenmangelanämie 110, 119, 321
Eiweiß (Protein) **16,** 66
– Proteinsynthese **34ff.**
– spezifisch-dynamische Wirkung 76
Eiweißabbau 96
Eiweißminimum 66
Eiweißstoffwechsel 103
Elektroenzephalogramm (EEG) 268f.
Elektrokardiogramm (EKG) 140ff., 145
– Ableitung n. Einthoven 142
– – n. Goldberger 142
– Brustwandableitung 143
Elektrolyse **12**
Elektrolyte **12**
– Absorption 99
elektromagnetische Wellen 220
Elektromyogramm, EMG 56
Elektromyographie **55f.**
Elektronenschale 8
Elektrophorese 12
Embryo 318
Emeiozytose 44
Empfängnis 316f.
Empfängnisverhütung 327
– medikamentöse 327
– Pille 327
– Schaumpräparate 327
Empfindungslähmung, dissoziierte 258
Emphysem 187
Emulsion 96
endokrines System 283ff.
endoplasmatisches Retikulum 7, 36
Endplatte, motorische 53
Energie 2
Energiebedarf **71ff.**

Sachverzeichnis

– Schwangere 71
– Schwerstarbeiter 72
– Stillende 71
Energiebilanz 290
Energiegleichgewicht 26
Energiespeicher 13
Enterogastron 92
Entgiftung 103 f.
Entzündungshemmung 297
Enzyme **27 f.**
– Hemmung 28
– Verdauungsenzyme 91 ff.
eosinophile Granulozyten 113
Ephedrin 273
Epithelkörperchen s. Nebenschilddrüsen
Erbrechen 93
Ergometer 77
erlernte Reaktionen 281
Ernährung **64 ff.**
Erregungsausbreitung, Herz 138
Erregungsleitung, Nerv **48**
– saltatorische 48
Erregungsleitungsgeschwindigkeit 49
Erregungsleitungssystem, Herz 138
Erythrogenin 306
Erythropoietin 306
Erythrozyten 110 ff., 116
– Zählung 134
essentielle Aminosäuren 32, 66
Exophthalmus 290
extrapyramidal-motorisches System 262 ff.
Extrasystolen 143 f.
– ventrikuläre 144

F

Farbenblindheit 229
Farbsehen 228 f.
Farbsehschwäche 229
Fette **13**, 66
Fettleber 103
Fettsäuren 15
– Absorption 99
– essentielle 66
– gesättigte 15
– ungesättigte 15
Fettstoffwechsel 30, 103
Fetus 318
Fibrin 122
Fibrinogen 122
Fibrinolyse 123
Fieber 196
Filtration 41, 153
– Ultrafiltration 42
Filtrationsdruck, effektiver, Kreislauf 153 f.
– – Niere 202 f.
Flavin-adenin-dinucleotid (FAD) 31
Flimmerverschmelzungsfrequenz 230
Folsäure 69
Formatio reticularis 266, 283
Froschtest 322
Fruchtwasser 324
Frühgeborene, Atemnotsyndrom 170
Fruktose 13
FSH 286 f., 308 ff.
Fühler s. Rezeptor
Füllstoff 65, 72
Füllungsdruck 146

G

Galaktose 13
Galaktose-Probe 107
Galle **101 f.**
Gallenblase 105
Gallenfarbstoffe 101
Gallensäuren 96 f., 101
Gallensteine 105
Ganglioside 16
Gaspartialdruck 22
Gastrin 92 f., 305
Gasvolumen 21, 76
Gaswechsel 168 f.
Gebärmutter, Schwangerschaft 321
Gebärmutterschleimhaut 311 f.
Geburt 316, **324 f.**
– Austreibungsperiode 324
– Eröffnungsperiode 324
– Nachgeburtsperiode 325
Geburtskanal 324

337

Sachverzeichnis

Gegenstrom-Austauschprinzip, Niere 205
Gehirndurchblutung 136, **276**
Gehirn-Rückenmarks-Flüssigkeit s. Liquor cerebrospinalis
Gehörknöchelchen 234 f.
Gehörsinn 233 ff.
gelber Fleck 225
Gelbkörper 310
Gelbsucht 104
Geräusche 233
Gerinnung s. Blutgerinnung
Geruchsrezeptoren 85, 92, **239**
Geruchssinn **239 f.**
Geschlechtsdifferenzierung 308, 310
Geschlechtsreifung 308, 310
Geschmacksrezeptoren 84 f., 92, **239**
Geschmackssinn 239
Gesichtsfeld 227
Gestagene 309 f.
Gestimmtheiten 281
Gewebshormone 305 ff.
glatte Muskulatur 52, 55
Glaukom 221
Gleichgewichtsregulation 263
Gleichgewichtssinn 244 ff.
Gleichstromreizung 49
glomeruläre Filtrationsrate 208
Glomus aorticum 187
– caroticum 187
Glukagon 300, **304**
Glukokortikoide 296
Glukoneogenese 297
Glukose **10,** 13, 65
Glukoseabbau s. Glykolyse
Glukosestoffwechsel, hormonelle Regulation 298
Glutaminsäure 17
Glycerin 15, 31
Glycin 20
Glykogen 13, 65, 103
Glykogenolyse 300 f.
Glykolyse **29 ff.**, 302
Glykosurie 207, 302
Golgi-Apparat 7
Gonadotropine 310
Graafscher Follikel 310

Granulozyten 113
Grenzstrang 270
grüner Star s. Glaukom
Grundumsatz 76, 290, 292
Gyrus cinguli 275

H

Haargefäße s. Kapillaren
Hämatokrit 109
– Bestimmung 132
Hämoglobin 10, 24, 108 ff., 110, 117 f.
– adultes (HbA) 319, 329
– embryonales (HbE) 329
– fetales (HbF) 319, 329
Hämoglobinbestimmung 133
Hämogramm 133 f.
Hämolyse 70, **112**
Halbseitenlähmung Brown-Séquard 258
Haptoglobine 134
Harnausscheidung 207
Harnflut s. Diurese
Harnstoff 297
– Bildung **32 f.,** 103
Hasenscharte 86
Hashimoto-Struma 291
Hauptzellen 91
Hautdurchblutung 136, 158, 161
Hautsegmente 259 f.
Hautsinne 241 ff.
HCG 322 f.
Headsche Zonen 259 f.
Hebamme 324
Hemmung, antagonistische 252
– laterale 218
Heparin 123
Hering-Breuer-Reflex 186
Herz **137**
– Herzbasis 140
– Herzklappen 137
– Herzmuskel 47, 52, 55, 136, 140
– Herzspitze 139 f.
– Papillarmuskel 138 f., 141
– Sinusknoten 138, 141
Herzerkrankungen

338

Sachverzeichnis

– Extrasystolen 143 f.
– Herzblock, totaler 144
– Herzerweiterung 147
– Herzgeräusche 146
– Herzinfarkt 143
– Herzinsuffizienz 146
– Herzklappenstenosen 147
– Herzrhythmusstörungen 143
Herzmassage 183
Herztätigkeit
– Aktionsphasen 144
– autonomes Nervensystem 147 f.
– Diastole 136, 144
– Erregungsausbreitung 138
– Erregungsleitungssystem 138
– Herzminutenvolumen 146, 159
– Pumpkraft 137 f.
– Schlagfrequenz 147 f.
– Schlagvolumen 146
– Systole 137, 144
Herztöne 146
Herzuntersuchungsmethoden
– Auskultation 163
– Echokardiographie 166
– Elektrokardiographie 140 ff.
– Herzkatheter 163
– Herzschallaufzeichnung 146
– Perkussion 163
Herzzeitvolumen (Herzminutenvolumen) 146, 159
Heuschnupfen 128, 134
Hexosen 13
Hirnanhangdrüse s. Hypophyse
Hirnkammern 277
Hirnrindenfelder, motorische 261, 264
– sensorische 261, 265 f.
Hissches Bündel 139, 141
Histamin 32, 114, 307
Hitzeschock 162
Hitzestau 195
Hitzewallungen 313
Hitzschlag 195
Hochdruck s. Bluthochdruck
Hochleistungssportler 77, 146
Höhenaufenthalt 118
Hörfeld 234

Hörschwellenkurve 235, 261
Hörzentren 237
Hormonarten 283
Hormone, Regulationsübersicht 284
– Wirkungsmechanismen **283 ff.**
hormonelles System 283 ff.
Hormonrezeptor 283
humorale Regulation 57 f.
Hydrocephalus externus 278
– internus 278
Hydrolyse 13
hydrophob 16
Hydroxyfettsäure 31
5-Hydroxytryptophan s. Serotonin
Hyperglykämie 302
Hypernephrom 306
Hyperthyreose 290
Hypertonie s. Bluthochdruck
Hyperventilation 186, 212
Hypervolämie 109
Hypoglykämie 302
hypophysärer Riesenwuchs 287
– Zwergwuchs 287
Hypophyse **283 ff.**
– Hinterlappen 285
– Mittellappen **287**
– Vorderlappen 283 ff.
Hypothalamus 273 f., 283 ff.
– Hormone 285 ff.
Hypothermie 196
Hypothyreose 290
Hypoventilation 118, 188, 212
Hypovolämie 109

I

ICSH s. FSH
Ikterus s. Gelbsucht
Immunglobuline IgA, IgG, IgM 126
Immunisierung, aktive 128
– passive 128
Immunreaktion **125 ff.**
Impfung s. Immunisierung
Indikatorverdünnungsmethode,
– Kreislauf 163
– Plasma-Blutvolumen 133

Sachverzeichnis

- Residualvolumen 180
Infektabwehr 297
Innenohr 234 f.
Innervation, reziproke 256
Insulin 300 ff.
- Wirkungsmechanismus 301 f.
Insulinome 303
Interferone 126
Interstitielle Flüssigkeit 200
Intrapleuraldruck 172
Intrapulmonaldruck 172
Ionenbindung **12**
Isodynamie 73
isoelektrischer Punkt 20
isometrische Muskelkontraktion 54
Isoproterenol 272
isotonische Muskelkontraktion 54
Isotope 10 ff.

J

Jod 289
Jod-131 10, 290
Jodmangelkröpfe 289

K

Kältezittern 193
Kältetherapie 197
Kaliumpumpe 47
Kalorimeter 62
Kalorimetrie 62
- indirekte 73
kalorisches Äquivalent 75
Kallikrein 307
Kammerwasser 221
Kapillaren 136
- Funktion 153
- Lunge 136
Karies 67
Kathode 12
Kationen 12
Kaudruck 83
Kaukraft 83
Kaumuskulatur 83
Kauzentrum 84

Kehldeckel 87
Kernspaltung 8
Ketonkörper 31, 103
Ketonurie 103
Ketosäure 32
Kindchenschema 281
Kinine 126, 159
Kippversuch 247
Klänge 233
Kleinhirn, Gleichgewichtsregulation 263
- Muskeltonus 263
Klimakterium 313
Knaus-Ogino-Methode 327
Kniesehnenreflex s. Patellarsehnenreflex
Kochsalzlösung, physiologische 43
Kochsalzmolekül 9 f.
Körperlagesinn 244 f.
Körperoberfläche 76
Körperschlagader, große s. Aorta
Körpertemperatur
- Haut 191
- Kerntemperatur 191
- Menstruationszyklus 312
- Messung 196
- Rektaltemperatur 191
- Schalentemperatur 191
- Tagesrhythmus 195
Kohlendioxid s. CO_2
Kohlenhydrate 2, **12 ff.**, 65
Kohlenhydratstoffwechsel 103
Kohlenmonoxid, Hämoglobin 118
- Rauchen 189
Kohlensäuretransport i. Blut 119
Kollaterale 48, 50
kolloidosmotischer Druck 43
Kondom 327
Kontrastbrei 90
Kontrastentstehung, Auge 218
Konvektion (Massenfluß) **44**
- Atemgase 44, 168
- Blut 44
Kostmaß 72
Kot 98
- Entleerung 98
- Untersuchung 107
Kotyledo 318, 320

Sachverzeichnis

Krampfadern 157
Kreislauf 135 ff.
– Mechanik 144 f.
– Rechts-links-Shunt 185
– Regulation 158 ff.
– Strömungsgesetze 149
– Untersuchungsmethoden 165
Kreislaufzeit 165
Kreislaufzentrum 160 f.
Kretin 291
Kreuzprobe 130
Kryotherapie 197
Kuhmilch 326
Kurzsichtigkeit 224
Kußmaulsche Atmung 188

L

Langerhanssche Inseln 300
Lautstärke 234
Leber, Bau u. Funktion **101 ff.**
Leberzirrhose 103
Leistungszuwachs 78 f.
Lernarten 281 f.
Leukozyten **112 ff.**
– Zählung 134
Leydigsche Zwischenzellen 308
LH (ICSH) 287, 308 ff.
Lichtquanten 24
Lichtsinn 220 ff.
Limbisches System 274, 283
Linolensäure 66
Linolsäure 15, 66
Lipase 15
Lipogenese 302
Lipolyse 302
Liquor cerebrospinalis 277
Liquoruntersuchung 278
Lochien s. Ausfluß
Lösungen **21**
LTH 287
Lumbalpunktion 278
Lungenbläschen s. Alveolen
Lungenkapazitäten 178
Lungenszintigraphie 177

Lungenvolumina 177
Lymphe 166
Lymphknoten 116, 166
Lymphkreislauf 166
Lymphozyten 114
– B-Lymphozyten 115, 127
– T-Lymphozyten 115, 127
Lymphsystem 154
Lysosomen 7
Lysosomen-Enzyme 289

M

Mäusetest 322
Magen 90 ff.
– Bau 90
– Motorik 92
Magengeschwür 91
– Magensaft, pH 90 f., 105
Magensonde 105
Makrophagen 114
Maltase 96
Maltose 13, 81, 96
MAO (Monoaminooxydase) 32
Massenfluß (Konvektion) **44**
– Atemgase 44, 168
– Blut 44
Mastdarm 98
maximale Atemkapazität 179
Meiose 309 f.
Melanozyten 287
Melatonin 288
Menarche 310
Menopause 313
Menstruationszyklus 311 f.
Menstrum 311
Methämoglobin 117
Methan 11
Milchsäure 29
Milchzucker 13
Milz, Bau u. Funktion 116
Mineralocorticoide 296
Mißbildungen 318 f.
Mitinnervation 186
Mitochondrien 7, 33, 316

341

Sachverzeichnis

Mitose 35
Mittelohr 234f.
Moeller-Barlowsche Krankheit 70
Mol 9ff.
Molekülbindung 10ff.
Molekularbewegung, Brownsche 21, 40
Molekulargewicht (-masse) 9ff.
Monozyten 114
Morgengymnastik 267
Morulastadium 318
Motorik, unwillkürliche 261f.
– willkürliche 261
MSH 288
Muskel, Dehnungsrezeptoren 252
– Kontraktion 53f.
– Tetanus 256
– Tonus 54, 193, 251, 263
Muskelfasern 52
– Querstreifung 52
Muskelfibrillen 52
Muskelpumpe 155
Muskelschwund 247
Muskelspindel 253
Muskulatur **52ff.**
– glatte 52, 55
Mutagene 39
Mutation **38f.**
Mutterkuchen s. Plazenta
Muttermilch 326
Muttermund 321
Myasthenie 56
Myofibrillen 7, 52
Myoglobin 117
Myosin 52
Myosinfäden 138
Myotom 259
Myotonie 56

N

Nabelschnurgefäße 318
Nachbild 229
Nachtblindheit 68
Nährstoffe 3, 64
Nahrungsmitteltabelle 65

Nahrungsstoffe 64
– Absorption 99
Natriumpumpe 47
Natriumcitrat 123
Nebennierenmarkshormone 299ff.
Nebennierenrindenhormone 296f.
Nebenschilddrüsen (Epithelkörperchen) 293
Nebenschilddrüsenhormon 293
Nebenzellen 91
Nephron, anatomischer Bau 201f.
Nervenfasern, Arten 49
– Aα-Fasern 49, 252
– Aγ-Fasern 49, 253
– postganglionäre 270
– präganglionäre 270
Nervensystem 251ff.
– motorisches 251ff.
– peripheres 251
– sensibles 251, 265
– somatisches 251
– zentrales 251ff.
Netzhaut 225, 232
– Stäbchen 225
– Zapfen 225
Neugeborene 328ff.
– Atmung 328f.
– Blutbildung 329f.
– Kreislauf 328
– Reifegrad 329
– Temperaturregulation 329
Neugeborenenikterus, physiologischer 329
– schwerer hämolytischer 131
Neurit 7, 48, 50
Neurohypophyse 286
Neuron 252
Neutronen 8
neutrophile Granulozyten 113
Nicotin
– Rauchen 189
– Stillen 326
– Verdauung 99
Niere, Absorption 203ff.
– Durchblutung 203f., 208
– Funktion 200ff.
– GFR 208
– Nephron 201f.

Sachverzeichnis

– Primärharn 202f.
– Transportmaximum 206
– Untersuchungsmethoden 208f.
– – Biopsie 209
– – Harnuntersuchung 208
– – Inulin-Clearance 208
– – PAH-Clearance 208
Noradrenalin 50, 55, **272**, 299f., 307
Normovolämie 109
Nucleus paraventricularis 285
– supraopticus 285
Nukleinsäuren 13
Nutzeffekt s. Wirkungsgrad
Nystagmus 245f.
– kalorischer 248
– labyrinthärer 246
– optokinetischer 246
– postrotatorischer 248

O

O_2-Affinität 117
O_2-Bindungskurve 117
– fetale 320
– mütterliche 320
O_2-Sättigung, Blut 117f.
Oberflächenschmerz 243
Oberflächensensibilität 216
Oberflächenspannung 170
Ocytocin 286, 326
Ödeme 154
Ölsäure 15
Ösophagus s. Speiseröhre
Östriol 323
Östrogene 15f., 309f.
Oozyten 310
optische Daten 222
Organdurchblutung 135f., 159
Organellen 7
Organverpflanzung 128, 297
orthostatische Belastung 157, 161
Osmorezeptoren 277
osmotische Diurese 207
– Resistenz 112
osmotischer Druck 42
– – effektiver 43

Ovarien s. Eierstöcke
Oxidation, biologische **34**
Oxidationswasser 200
β-Oxidation 30, 103
Oxygenation 117

P

Palmitinsäure 15
Pankreocymin 92, 97, 305
Pantothensäure 69
Papillarmuskel 138f.
Parasympathikolytika 272
Parasympathikomimetika 272
parasympathisches System **270ff.**
Parathormon 294f.
parathyreotropes Hormon 286
Parkinsonsche Erkrankung 263
Patellarsehnenreflex 54, 252
Pellagra 69
Pentosen 13
Pentosephosphatzyklus 30
Pepsin 91
Pepsinogen 91
Peptidbindung 16
Peptidbrücken 17
Perimeter 227
Peristaltik 89, 95
– Antiperistaltik 98
Perkussion 163
Permeabilität 40
perniziöse Anämie 68, 70, 92, 110
Perspiratio insensibilis 195
Pessare 327
Pfortader 100
pH **18**, 20, 28, 187, 211
Phäochromozytom 300
Phagozytose **43f.**, 113
Phon 234
Phonokardiogramm s. Herzschallaufzeichnung
Pholipide 15
Phospholipide 15
Phosphorylierung 29
– oxidative 33
Photosynthese 24

Sachverzeichnis

Pinozytose **43f.**, 100, 115, 154
Plazenta 318ff.
– Gasaustausch 319
Plazentazotten 318
Plasmaeiweiße (MG) 10
Plasmin 123
Plasminogen 113, 123
Plastizität 55
Plethysmographie 166
Plexus choreoideus 277
polarisierte Moleküle 11
Polydipsie 286, 302
Polyneuropathie 55
Polysaccharide 13, 65
Polyurie 286, 302
Portiokappen 327
Potentialdifferenz, EKG 140
Prägung 281
Präservativ s. Kondom
Pregnandiol 310, 323
Primärharn 202ff.
Proerythropoietin 306
Progesteron 311f.
Proliferationsphase 311f.
Prostaglandine 305f.
– PGF$_2$ 324
Prostigmin 273
Protein (Eiweiß) **16,** 66
– Eiweißabbau 81
– Eiweißminimum 66
– Eiweißstoffwechsel 103
– spezifisch-dynamische Wirkung 76
Proteinsynthese **34ff.**
Protonen 8f.
Pseudohermaphroditen 308
Pubertät 309
Pufferung **19f.**
– Atmung 211
– Blut 119, 211
– Niere 212
Puls 152
– Untersuchungsmethoden 163
Pulswellengeschwindigkeit 152, 165
Pupille, Adrenalin-Atropin-Wirkung 221
– Innervation 221, 271
– Pilocarpinwirkung 221

Pupillenerweiterung 86
Pupillenreflex 256
Pyramidenbahn 261
Pyrogene 126
Pyruvat 29f., 33f.

Q

Quickwert 125

R

Rachitis 70, 293
räumliches Sehen 230
Rauchen 189
Reabsorption, kapilläre 154
Reafferenz 263
Rechts-links-Shunt 185
Redoxkörper 34, 70
Reduktion, biologische 34
Reduktionsteilung 309f.
Reflex, Ausbreitung 256
– Bauchhautreflex 256
– bedingter 85, 92, 279
– Eigenreflex 252
– Fluchtreflex 256
– Fremdreflex 254ff.
– gekreuzter Streckreflex 256
– monosynaptischer 252
– polysynaptischer 254
– Pupillenreflex 256
Reflexbogen 252
Reflexzeit 256
Reflexzentrum 252
Refraktärperiode (-phase, -zeit) 55, 139
Regelblutung 310, 312
Regelgröße 57
Regelkreis 57
Reisekrankheit 247
Reiz, adäquater 217
– bedingter 85
– Ortsbezug 217
– unbedingter 85
Reizleitung, siehe Erregungsleitung
Reizschwelle 49
Relaxin 323

Sachverzeichnis

Releasing-Hormone 285
REM-Schlaf 268
Renin 161
Reservevolumen, exspiratorisches 177
– inspiratorisches 177
Residualkapazität, funktionelle 178
Residualvolumen 178, 180
respiratorischer Quotient (RQ) 73
retikuläres Aktivierungssystem 266 f.
Retikulozyten 110 f., 116
Rezeptoren, Atmung 187
– Hormonregulation 283
– Kreislauf 160
– Muskeln 252
– Sinnesorgane **216**, 225, 235, 239, 241, 244
– Verdauung 85, 92, 97
– Wärmeregulation 192
Rhesus-System 130 f.
Rhodopsin 230
Riboflavin 69
Ribonukleinsäure s. RNA
Ribose 13
Ribosomen 7, 37
Richtungshören 236 f.
Riesenmoleküle 10
Rindenblindheit 231
Ringkohlenwasserstoffe 16
Rinnescher Versuch 238
RNA 7, 13, 36 ff.
Röntgendurchleuchtung, Herz 163
– Verdauungskanal 106
Röntgenschichtverfahren 175
Rohkosternährung 72
Rot-Grün-Blindheit 39, 229
rote Blutkörperchen s. Erythrozyten
roter Blutfarbstoff s. Hämoglobin
Rückenmark 257
Rückenmarksquerschnitt 262
Rückkoppelung, negative 57
Ruhepotential **46**
Ruhetonus 251, 254

S

Säuren 18
Säuren-Basen-Haushalt 211 ff.

Salz-Wasser-Haushalt 199 ff.
Sauerstoff 2, 167
Sauerstoffmangel 187
Sauerstoffpartialdruck 22
Sauerstofftransport, Blut 118 f.
Sauerstoffverbrauch 21, 73, 75, 80
Saugreflex 86, 326
Sauna 195
Schalldruckpegel 234
Schalleitung 234 f.
Schalleitungsstörungen 238
Schallempfindungsstörungen 238
Schallwellen 233
Schielen 230
Schilddrüse 10, 289
– Überfunktion 290
– Unterfunktion 67, 290 f.
Schilddrüsenhormone **289 ff.**
Schlaf 267 f.
Schlafmittel, morphinhaltige 99
Schlagvolumen 144 f.
Schleimpfropf 317
Schluckreflex 86
Schlüsselreiz 281
Schmerz, übertragener 259 f.
Schmerzmittel, morphinhaltige 99
Schmerzsinn **242 f.**
Schmerzstoffe 243
Schock, allergischer 128
– hämorrhagischer 162
– Hitzeschock 162
Schrittmachergewebe 138
Schüttelfrost 196
Schwangerschaft 131, 316 ff.
– Atmung 321
– Hormonhaushalt 322 ff.
– Kreislauf 321
– Mineralstoffwechsel 322
– Nierenfunktion 321
Schweiß 194 f., 196
Schwellenreiz 50
Schwitzen 194
second messenger s. cAMP
Seelenblindheit 231, 266
Segelklappen 137, 144 f.
Sehbahn 231

Sachverzeichnis

Sehen, räumliches 230
Sehprobentafeln 226
Sehpurpur s. Rhodopsin
Sehschärfe 225 f.
Sehschärfenbestimmung 231
Sehzentren 231
Sekretin 92, 97, 305
Sekretionsphase 311 f.
sensorisches System 265 ff.
Serotonin 32, 114 f., 121, 159, 288, 307
Sexualhormone der Frau 309 ff.
– des Mannes 308 f.
Sichelzellanämie 119
Siggaard-Andersen-Nomogramm 213
Signalübermittlung 50
Sinusknoten 138, 141
Skelettmuskulatur 52, 159
Sklerotom 259
Skorbut 68
Skotom 228
Sodbrennen 88
somatomotorisches System 251, 274
Sonnenenergie 2
Speichel, Zusammensetzung 85
Speicheldrüsen 84
Speiseröhre 87 f.
Sperma 316
Spermien 308, 316
Spermiogenese 308 f.
Spinnwebhaut 277
Spiralarterien 318
Spirometer 75, 178
Sportherz 146
Sprachbereich 234
Sprache 237
– Störungen 237
Spurenelemente 67
Stärke 13
Standardbikarbonatwert 19, 211
Stammganglien 262
Star, grüner s. Glaukom
Statolithen 244
Stereoagnosie 266
Steroiddiabetes 297
Steroide 16
Steroidhormone 296

Sterilisation 327
STH 287
Stillen 326
Stimme 238
– Störungen 238
Störgröße 57
STPD 76
Streckreflex, gekreuzter 256
Streptokinase 123
Streß 304
Strömungswiderstand 137, 146, 149
– Atmung 169
– Kreislauf 149
Substrat, spezifisches 27 f.
Sulfonylharnstoffe 301 ff.
Surfaktant 170, 329
Sympathikolytika 273
Sympathikomimetika 272
Sympathikotonus 147, 161, 271
sympathisches System **270 ff.**
Synapsen 50 f., 252 f.
Synzytium 138
Systole 137, 144
Szintigraphie 292

T

Targetzellen **283**
Taschenklappen 137, 144, 145
Tastempfindung 241
Tauchen 187
Teerprodukte, Rauchen 189
Temperatur s. a. Körpertemperatur
– Akklimatisation 195
Temperaturrezeptoren, Kälte, Wärme 192
Temperatursinn 242
– Adaptation 242
Testosteron 15, 308
Tetanie 295
tetanusartige Zuckung 54
Thalamus 265
Thrombin 122 f.
Thrombinzeit 125
Thromboplastin 122
Thromboplastinzeit 125

Sachverzeichnis

Thrombose 157
Thrombozyten 115, 121f.
Thymus 295
Thyreocalcitonin 289, 294
Thyreoglobuline 289
Thyroxin (T_4) **289f.**
Tiefenschmerz 243
Tiefensensibilität 216
Töne 233
Tonhöhenempfindung 236
Totraum 181f.
Trägermoleküle (Carrier) 43, 99
Transaminasen 32
Transaminierung 32, 103
Transmitter s. Überträgerstoffe
Transplantation s. Organverpflanzung
Transport 40
– aktiver 99
– passiver 40
Transportmaximum, Niere 206
Transportsysteme 3
Transportvorgänge 40ff.
Tretkurbelarbeit 79
Tretkurbelergometer 77
TRF 289
Triglyceride 15, 30, 99
Trijodthyronin (T_3) **289f.**
Triosen 13
Triplett 36f.
Trommelfell 235
Trommelschlegel 113
TSH 286, 289

U

Übergewichtigkeit 72, 80
Überträgerstoffe 50, **271f.**, 299
Ultrafiltration 42
Urokinase 123, 312
Uterus s. Gebärmutter

V

Vagotonus 147
Valenzelektronen 10

vegetatives Nervensystem s. autonomes Nervensystem
Venenklappen 155f.
Venenpuls 164
Venensystem **155f.**
Venentonus 161
Ventilation 181
– alveolare 181
– Totraumventilation 181
Verdauung 81
Verdauungskanal 82
Verdunstung 194
Vererbung 34
Verhaltensweisen 279ff.
– angeborene 280
Verteilungsstörungen 185
Villikinin 96
Visus s. Sehschärfenbestimmung
viszeromotorisches Nervensystem 251
viszerosensibles Nervensystem 251
Vitalkapazität 178
Vitamin A 69
– Dunkeladaptation 230
Vitamin-B-Komplex 69
Vitamin B_{12} **70,** 92, 119
Vitamin C 70
Vitamin D 70
Vitamin E 70
Vitamin F 66, **71**
Vitamin H 71
Vitamin K **71,** 123f.
Vitamine 16, 67ff.
Vollmondgesicht 297
Vorderhornzelle, motorische 53

W

Wärme 109
Wärmeabgabe 79, 193
Wärmehaushalt 191
Wärmeisolation 14
Wärmekonvektion 194
Wärmeleitung 194
Wärmeproduktion 192

Sachverzeichnis

Wärmeregulation 192 ff.
- Frühgeborene 193, 329
Wärmeregulationszentrum 191
Wärmerezeptoren 192
Wärmestrahlung 194
Wärmetherapie 197
Wasserdiurese 207
Wasserkopf s. Hydrocephalus
Wasserstoffbrücken 17
Weberscher Versuch 238
Wechseljahre 313
Weckzentrum s. retikuläres Aktivierungssystem
Wehen 324
weiße Blutkörperchen s. Leukozyten
Weitsichtigkeit 224
Weltraumfahrt, Schwerelosigkeit 247
Wernickesches Zentrum 265
Wirkungsgrad, Arbeit 78
- Wärmehaushalt 191
Wochenbett 326

Wolfsrachen 86
Wurmfortsatz 98

Z

Zähne 82 f.
Zellatmung 33
Zellkern 7
Zellteilung (Mitose) 35
Zellulose 65
Zirbeldrüse 288
Zucker 2, 13
- Abbau 29
- Absorption 99
Zuckerkrankheit 30, 103, **300 ff.**
- Symptome 303
- Untersuchungsmethoden 303
Zunge 83
Zwölffingerdarm 94
- Hormone 92
Zystoskopie 208